长江学者学术专著

预应力组合箱梁结构受力性能试验研究与理论分析

胡少伟　著

科学出版社

北　京

内 容 简 介

本书是作者自 2003 年开始从事预应力组合箱梁结构研究的成果总结，是预应力组合箱梁结构受力分析与试验研究方面的学术专著。书中阐述了预应力组合箱梁结构在不同荷载下的基本力学性能与试验研究成果，从试验模型提出、室内试验、理论推导分析和数值模拟等方面进行了全面介绍。本书共 6 章：绪论、简支预应力组合箱梁结构抗弯性能、预应力组合箱梁滑移性能研究、连续预应力组合箱梁结构抗弯试验及分析、预应力组合箱梁受扭及弯剪扭复合性能研究、预应力双箱组合梁结构受力性能试验与剪滞效应研究。本书对 60 余根预应力组合箱梁结构复合受力的试验结果、受力机理及力学特性进行了详细阐述。本书提出的受力过程中预应力损失与增量的计算公式、界面滑移的计算分析模型与公式、复合受力下弯剪扭相关性方程等，已经被编入相关技术标准与规范。

本书可供从事组合结构设计和施工的技术人员参考，也可作为高等院校土建、水利、交通和工程力学等相关专业高年级本科生和研究生的教学辅导资料。

图书在版编目(CIP)数据

预应力组合箱梁结构受力性能试验研究与理论分析/胡少伟著. —北京：科学出版社，2020.9

ISBN 978-7-03-063111-4

Ⅰ. ①预⋯ Ⅱ. ①胡⋯ Ⅲ. ①预应力混凝土结构–受力性能–性能试验–研究 Ⅳ. ①TU378

中国版本图书馆 CIP 数据核字（2019）第 250869 号

责任编辑：王 钰 / 责任校对：王万红
责任印制：吕春珉 / 封面设计：东方人华平面设计部

科 学 出 版 社 出版
北京东黄城根北街 16 号
邮政编码：100717
http://www.sciencep.com

北京中科印刷有限公司 印刷
科学出版社发行 各地新华书店经销

*

2020 年 9 月第 一 版 开本：787×1092 1/16
2020 年 9 月第一次印刷 印张：27 1/2
字数：635 000

定价：**228.00 元**
（如有印装质量问题，我社负责调换〈中科〉）

销售部电话 010-62136230 编辑部电话 010-62137026

前　　言

本人自 1996 年有幸在清华大学聂建国教授（现中国工程院院士）的指导下，开始从事钢-混凝土组合梁抗扭性能相关研究工作，后在美国西北大学留学期间，得到西北大学土木系 Brian Moran 教授等的指导，运用薄壁理论和常微分方程求解器（COLSYS）对组合结构复合受力全过程进行了分析建模，从而踏上了组合结构学科的科研之路，至今已在组合结构创新研究领域奋斗了 20 多个春秋。2003 年来到南京水利科学研究院，转向预应力组合结构方面的科研工作。本书是作者带领研究团队与研究生从事预应力组合箱梁结构研究 10 多年来相应成果的总结凝练，是预应力组合箱梁结构复合受力分析与试验系统研究的学术专著。

预应力组合梁结构是在普通组合梁结构、预应力钢结构、预应力混凝土结构基础上发展起来的，它是在普通组合梁的钢梁上施加预应力，使梁在承受外荷载之前承受偏心荷载或者中心荷载，以此减少或抵消梁的自重或外荷载作用下产生的应力，降低峰值应力，调整梁的应力状态，使应力可以限制在特定范围内。预应力组合箱梁结构具有抗弯刚度和抗扭刚度大、整体性能好、稳定性高等诸多优点，被越来越多地运用于桥梁工程、工业厂房和高耸结构中。然而，国内外对预应力组合梁结构的受力性能研究大多以型钢截面为主，对箱型截面的预应力组合梁研究较少，因此，有必要开展预应力组合箱梁结构受力性能的研究。

在历时 10 多年的研究过程中，前期得到了中国留学人员回国创业启动支持计划项目"组合桥梁复合受力设计程序"（批准号：Q40502）、教育部留学回国人员科研启动基金项目"混凝土梁徐变特性与破坏机理"（批准号：Q40504），江苏省自然科学基金项目"预应力高强组合箱梁桥复合受力性能分析与设计"（批准号：BK200710）、中央级公益性科研院所重点科研项目"预应力组合箱梁桥复合受力性能与设计理论研究"（批准号：Y40705）、中央级公益性科研院所重大科研项目"连续组合梁新型结构在工程中应用关键技术研究"（批准号：Y410006）等的资助。后期得到了国家杰出青年科学基金项目"水工混凝土结构工程"（批准号：51325904）、水利部公益性行业科研专项"水闸工程安全评价及除险加固关键技术研发"（批准号：201501036）、江苏省"333 高层次人才培养工程"领军人才资助项目（批准号：BRA2017523）、国家自然科学基金重点项目（批准号：51739008）、国家重点研发计划课题（批准号：2016YFC0401902）、教育部长江学者特聘教授科研启动项目等的陆续资助。

本书提出的受力过程中预应力损失与增量的计算公式、界面滑移的计算分析模型与公式、复合受力下弯剪扭相关性方程等成果，已编入我国相关技术标准与规范。2003～2010 年完成的各类简支组合梁结构复合受力的系列试验研究成果，获得 2011 年度大禹水利科学技术奖一等奖。针对连续预应力混凝土组合结构，2011～2015 年完成了大量足尺寸预应力连续组合箱梁结构试验研究与相关理论分析，建立了完整的预应力连续组合结构分析理论体系与承载能力评价方法，相关成果获得 2015 年度大禹水利科学技术奖一等奖。

本书内容组成：第 1 章为绪论，主要介绍组合梁结构发展现状、预应力组合梁结构力学性能研究概况、组合梁结构应用及展望等。第 2 章为简支预应力组合箱梁结构抗弯性能，主要包括预应力组合箱梁弯曲试验研究、预应力筋内力增量分析与计算、预应力组合箱梁承载能力分析、组合箱梁结构受弯性能全过程分析等。第 3 章为预应力组合箱梁滑移性能研究，主要包括预应力组合箱梁滑移试验研究、预应力组合箱梁滑移理论与计算、预应力组合箱梁滑移性能有限元分析等。第 4 章为连续预应力组合箱梁结构抗弯试验及分析，主要包括连续预应力组合箱梁试验研究、连续预应力筋内力增量分析与计算、连续预应力组合箱梁滑移效应及承载力、连续预应力组合箱梁承载能力分析等。第 5 章为预应力组合箱梁受扭及弯剪扭复合性能研究，主要包括预应力组合箱梁复合弯扭性能试验研究、预应力组合箱梁复合弯剪扭性能试验研究、预应力组合箱梁受扭承载能力分析、预应力组合箱梁弯扭强度理论分析、预应力组合梁在弯剪扭复合作用下的相关性研究、预应力组合箱梁弯扭性能非线性分析等。第 6 章为预应力双箱组合梁结构受力性能试验与剪滞效应研究，主要包括双箱组合梁结构弯曲试验研究、预应力双箱组合梁结构弯曲试验研究、双箱组合梁结构剪力滞计算、双箱组合梁结构剪力滞影响参数分析等。本书侧重对 60 余根预应力组合箱梁结构复合受力试验结果的详细分析，对预应力组合箱梁受力机理及力学特性进行了详细阐述。本书内容涵盖了预应力组合箱梁结构从简支到连续、从单箱到双箱，受力分析从常规受弯到受扭再到复合弯剪扭等复合受力研究，覆盖了预应力组合箱梁结构基本受力试验与分析所涉及的相关研究内容。

本书是由本人主笔撰写并统筹编排，所带的团队成员与 10 余位研究生共同参与完成的。研究生涂启华于 2004～2007 年基于组合结构复合受力 COLSYS 全过程分析建模成果，参与完成了基于薄壁理论的工程结构复合弯扭相关性研究；研究生陈亮于 2006～2009 年参与完成了预应力组合箱梁纯扭与复合弯扭性能试验研究；研究生赵克宇于 2011～2014 年进一步参与完善了预应力组合结构的复合弯扭分析理论，并基于薄壁理论开展了预应力组合箱梁结构抗扭性能试验研究，丰富了预应力组合结构复合受力分析的相关成果。上述三部分成果纳入本书第 5 章。研究生胡汉林于 2007～2010 年参与完成了预应力组合箱梁结构抗弯性能试验研究与理论分析，成果体现于本书第 2 章。研究生梅振华于 2008～2011 年参与完成了预应力界面滑移的系统试验研究，建立了界面滑移的分析模型，研究成果纳入本书第 3 章。研究生叶祥飞、龚洪波于 2009～2013 年协助本人系统完成了连续预应力组合箱梁结构抗弯性能试验研究、相关理论分析及滑移效应研究等，成果纳入本书第 4 章。乔艳敏高工、喻江博士负责本书国内外预应力组合箱梁结构复合受力研究文献的收集整理、总结归纳工作，并参与完成了预应力双箱组合梁结构受力性能试验研究与剪滞效应分析研究，成果纳入本书第 1 章与第 6 章。乔艳敏、喻江等完成了本书的校核工作。在此对上述人员表示衷心感谢！

本人历时两年，数易其稿，完成本书，也完成了 10 余年所做预应力组合箱梁结构科研成果的凝练总结。限于本人水平，不当之处在所难免，敬请读者不吝赐教。

胡少伟

2018 年 10 月 10 日

目　　录

第1章 绪 论

1.1 组合梁结构发展现状

1.1.1 组合梁结构概述

组合结构作为一种新型的结构形式，是指由两种及两种以上的建筑材料通过相互咬合在一起形成更加合理的并且能够共同承担作用力的整体构件。目前，工程中两种最常用的建筑材料是混凝土和钢材，而这两种材料在力学性能上有着不同的优点和缺点。如果仅用其中一种建筑材料，结构性能往往由于材料性能的制约而不能充分发挥作用。将抗拉强度高的型钢与抗压性能优越的混凝土合理地应用到构件的拉伸区域和压缩区域，可以最大限度地发挥高性能和经济的设计功效。通过两种结构合理布局，由钢结构部件与钢筋混凝土结构部件通过剪力连接件组合而成的钢-混凝土组合梁结构，能更充分地发挥组合结构的特性，其组成如图 1-1 所示。

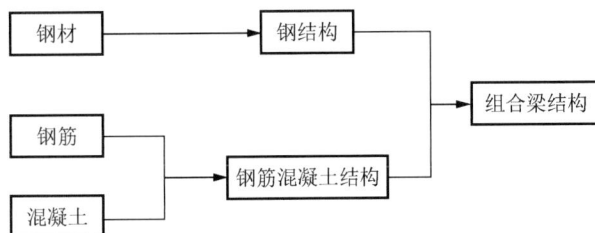

图 1-1 组合梁结构的组成

基于完善的钢筋混凝土结构和钢结构发展而来的组合梁结构，不仅继承了前两者的优点，又不乏自身的特点。其主要表现在：①充分利用了材料性能，减小截面尺寸，减轻自重，减小地震作用；②增大了结构的弹性工作范围空间；③提高了结构的极限承载能力；④增加了强度储备，提高了梁的可靠度；⑤改善了疲劳和断裂性能；⑥降低了造价，施工方便；⑦推迟了混凝土的开裂，延长结构使用寿命；⑧与钢结构相比，不仅可以降低用钢量、增加刚度，还能增强结构的耐久性和耐火性[1~3]。

1.1.2 组合梁结构的起源

众所周知，任何成功的构件设计，往往都需要合理选择材料，充分利用材料的性能，使所用材料各尽所能、协同工作，充分发挥结构的整体作用。钢-混凝土组合构件正是基于这一思想创造出来的一种构件形式。据文献[4,5]介绍，1926 年，J.Kahn 依据上述思想，在钢梁上外包混凝土，并在它们之间加入各式各样的连接件，获得了组合构件的专利权，标志着钢-混凝土组合构件的出现。

一般组合梁截面由四部分组成。①钢筋混凝土翼板：形式有现浇钢筋混凝土板、压型钢板混凝土组合楼板、钢筋混凝土叠合板等。②板托：在混凝土翼板与钢梁上翼缘之间的承托部分。③剪力连接件：钢筋混凝土翼板与钢梁共同工作的基础，主要用来承受钢筋混凝土翼板与钢梁交界面之间的纵向剪力，且抵抗二者之间的相对滑移，还可抵抗钢筋混凝土翼板与钢梁之间的掀起作用。④钢梁：一般的形式有工字型钢梁、焊接钢板梁、箱型钢梁、蜂窝梁、短桄梁。

根据型钢与混凝土的不同组合方式，组合梁结构有不同的截面形式，可以分为外包混凝土组合梁（即钢骨混凝土梁）和 T 型组合梁。其中，外包混凝土组合梁的横截面如图 1-2 所示。T 型组合梁一般是由上部的混凝土翼板与下部的钢梁通过剪力连接件组合而成的，其截面形式较多。T 型组合梁所用钢梁

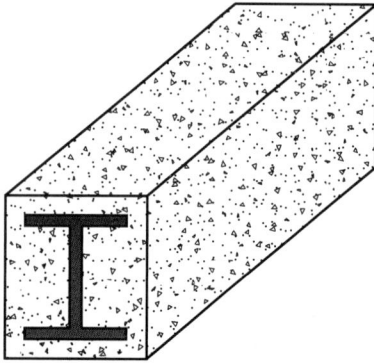

图 1-2　外包混凝土组合梁

通常为工字型钢或者焊接而成的箱型钢梁，其中，箱型钢梁又分为开口箱型钢梁和闭口箱型钢梁。承受外力时，T 型组合梁上部的混凝土主要受压，下部的钢梁主要受拉。常见的钢-混凝土 T 型组合梁的截面形式如图 1-3 所示。

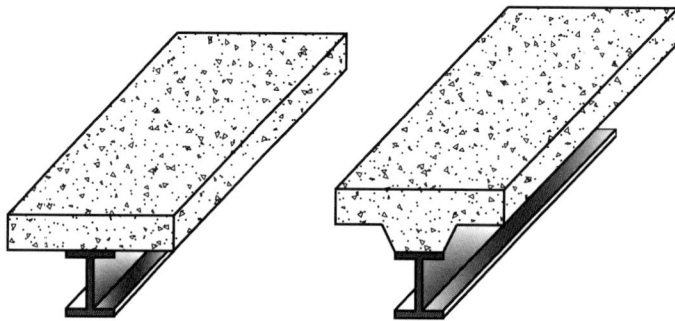

图 1-3　T 型组合梁截面形式

根据交界面上剪力连接件的数量和承载能力，即剪力连接程度的大小，组合梁可以分为完全剪力连接组合梁和部分剪力连接组合梁。完全剪力连接是指在最大弯矩截面到零弯矩截面之间的全部剪力连接件的抗剪能力大于或等于由极限平衡条件确定的交界面剪力；部分剪力连接则是指在最大弯矩截面到零弯矩截面之间的连接件个数小于完全剪力连接件个数。

以钢-混凝土组合梁为最基本构件的钢-混凝土组合结构，兼有钢结构和钢筋混凝土结构的优点，并且能发挥钢材抗拉强度高、混凝土抗压强度高的材料特性。因此，钢-混凝土组合结构是一种较理想的新型结构体系。

1.1.3　组合梁结构的发展

钢-混凝土组合梁从开始出现到现在，其应用范围不断扩大，从桥梁结构上的大跨

桥面梁、工业建筑上的重荷载平台梁和吊车梁，到要求所用梁截面高度小、自重轻的民用建筑中的组合楼层，都有广泛应用，它的发展大致可分为四个阶段。

（1）钢-混凝土组合梁大约出现于 20 世纪 20 年代。随后，在 30 年代中期出现了在钢梁和混凝土板之间加入各式各样连接件的构造方法。

（2）从 20 世纪 40 年代到 60 年代可认为是组合梁发展的第二阶段。在这一阶段，对组合梁开始进行深入、细致的试验研究。许多技术先进的国家都制定了有关组合梁的设计规范或规程。最早的组合梁设计规范或规程大都针对桥梁结构：美国颁布于 1944年，德国颁布于 1945 年，日本制定于 1959 年。各国应用和研究钢-混凝土组合梁几乎都是从桥梁结构开始的。

（3）从 20 世纪 60 年代到 70 年代可认为是组合梁发展的第三阶段。本阶段在总结以前研究和应用成果的基础上，进一步改进了有关组合梁的设计规范或规程。随着钢产量的增加和高层建筑的发展，组合结构的应用和发展几乎日趋赶上钢结构的发展。各国 30 层以上的高层建筑中有 20%采用了压型钢板混凝土组合楼盖，其中也包括组合梁。1971 年由欧洲国际混凝土协会（CEB）、欧洲钢结构协会（ECCS）、国际预应力联合会（FIP）以及国际桥梁与结构工程协会（IABSE）共同成立了组合结构委员会，并正式公布了《钢-混凝土组合结构规程》。可见，组合结构在当时已经发展为继钢结构和钢筋混凝土结构以后的一种新型结构，受到广泛重视。

（4）从 20 世纪 80 年代初至今，为组合梁发展的第四阶段。进入 80 年代，相继出现了预制装配式钢-混凝土组合梁、预应力钢-混凝土组合梁和用压型钢板作为楼层混凝土板底模的组合梁等多种形式的组合梁。

20 世纪 70 年代以来，我国对组合梁的性能进行了较系统的研究，取得了可喜的成果。在此基础上，我国有关部门新修订、编制了《钢结构设计规范》（GBJ 17—88）、《高层民用建筑钢结构技术规程》（JGJ 99—98）和《火力发电厂主厂房钢-混凝土组合结构设计暂行规定》（DLFJ 99—91）等规范、规程[6~8]，上述规范、规程中均包括了组合梁的内容，但均未给出组合梁抗扭设计计算的相关条款。

钢-混凝土组合梁结构兼具钢材与混凝土的力学性能，通过简便的施工工艺与传统的施工方法即可获得优良的结构性能，作为一种新型结构形式，具有明显的经济和社会效益，在我国的社会主义基础建设中得到了广泛的应用。

1.2 预应力组合梁结构力学性能研究概况

1.2.1 预应力组合梁结构的特点

预应力钢-混凝土组合梁是在普通组合梁、预应力钢结构、预应力混凝土结构基础上发展起来的，它是在普通组合梁的钢梁上施加预应力，使梁在承受外荷载之前承受偏心荷载或者中心荷载，以此减少或抵消梁的自重或外荷载作用下产生的应力，降低峰值应力，调整梁的应力状态，使应力可以限制在特定范围内。这样，扩大了材料的弹性范围，更加充分地利用材料，使组合梁承载能力提高。同时，预应力使梁产生反拱，可以抵消梁承受荷载时产生的挠度；预应力也增强了组合梁的刚度，减小了组合梁的变形。

钢梁施加预应力通常有三种方法：预弯复合梁技术、贴焊高强盖板技术、体外预应力技术[9,10]。预弯复合梁技术多用于预应力混凝土结构；贴焊高强盖板技术的原理是当梁处于反拱状态时在钢梁上下翼缘贴焊高强钢板，然后解除约束，钢梁回弹，由于贴焊高强钢板限制钢梁回弹从而产生一定的预应力，此方法多用于既有梁的补强加固；体外预应力技术是张拉预应力高强钢筋或钢绞线，通过锚具和转向装置连接在钢梁上，随着体外预应力技术的发展，此方法不仅用于新桥设计也可用于旧桥加固。

普通钢-混凝土组合梁充分发挥了钢材的抗拉强度和混凝土抗压强度，弥补了单一材料的受力缺点，具有承载能力高、延性好等优点，但其用于连续组合梁时，负弯矩区受力状况不理想，容易引起混凝土开裂、钢梁受压区局部失稳，应用时不尽理想。对普通钢-混凝土组合梁施加预应力，改善其受力性能，拓宽了钢-混凝土组合梁的应用领域。与普通钢-混凝土组合梁相比，预应力钢-混凝土组合梁有如下几个优点[11~14]。

（1）施加预应力可以扩大钢梁的弹性范围，调整结构内力分布，显著提高结构的弹性、弹塑性阶段的刚度，减小结构变形。

（2）使用预应力技术可以有效利用高强钢材，减轻结构自重，节约钢材 10%～30%，降低总造价 10%～20%。

（3）增强钢-混凝土组合梁的疲劳抗力。施加预应力后，使钢梁承受的拉应力降低，降低低韧性钢梁的脆断可能性，通过降低有效幅值延长了结构的疲劳使用寿命。

（4）在连续钢-混凝土组合梁的中间支座区域，分别对钢梁和混凝土翼板施加预应力，不仅可以充分发挥钢材和混凝土的材料优势，还可以改善负弯矩区受力性能。

（5）在组合梁的修复加固中，采用预应力技术是一种经济有效、施工简便的方法，在不破坏原有结构形式的条件下，可以较为显著地改善结构使用状态，提高原有结构的极限承载力。

（6）进一步减小截面高度，有效地提高结构的跨高比限值。

与预应力钢结构相比，预应力钢-混凝土组合梁结构高度较小，混凝土翼板可以提高钢梁的刚度、改善钢梁的稳定性能。在实际铁路桥梁工程中，预应力钢-混凝土组合桥梁的行车噪声较预应力钢梁小，动力性能较好，因此得到广泛应用。

与预应力混凝土结构相比，预应力钢-混凝土组合梁具有承载能力高、自重轻、抗疲劳性好等优势，同时跨越能力强，减少了中间支座数量，缩短工期。

但是，预应力钢-混凝土组合梁也有其缺点。第一，组合梁和预应力组合梁都存在栓钉焊接施工过程，焊接过程相对烦琐。第二，预应力组合梁结构对预应力锚固构造要求较高，防火、防腐要求严格，造价稍贵。第三，组合梁和预应力组合梁结构目前理论尚不够完善，各国规范还不成熟。这些缺点都限制了预应力钢-混凝土组合梁的应用。但是只要扬长避短，预应力钢-混凝土组合梁结构是值得重视发展的一种结构体系，将会广泛应用于土木工程领域。

1.2.2 预应力组合梁结构抗弯性能概况

预应力钢-混凝土组合梁结构是在预应力技术及普通钢-混凝土组合梁基础上发展起来的，它既继承了预应力钢结构及预应力钢筋混凝土结构的优点，同时又不乏自身的特点。预应力钢-混凝土组合梁的研究最早开始于 Sziland，他针对曲线布置的预应力简支组合梁，推导了计算钢梁及混凝土应力的计算公式，公式中考虑了混凝土的收缩、徐变及预应力的损失等因素。

从 20 世纪 90 年代开始，我国对预应力钢-混凝土组合梁也开始了较多的研究。1997年，舒赣平、吕志涛[15]提出了预应力钢-混凝土组合梁在施工阶段、使用阶段的强度及变形验算方法，将预应力视为外荷载，运用能量方程进行求解；由于塑性阶段非线性及刚度的变化，该方法在塑性阶段的运用较为困难，并且没有考虑界面滑移的影响。

2002 年，宗周红等[16]研究了不同预应力施工顺序和建造方法的预应力钢-混凝土组合梁受弯承载力的弹塑性分析方法，给出了计算弹性承载力和极限承载力的基本方程。

2002 年，聂建国等[17]对预应力钢-混凝土组合梁进行研究，建立了考虑滑移效应和预应力筋内力增量的弹性抗弯承载力计算公式，提出分两步计算考虑预应力筋内力增量的极限抗弯承载力，即先计算预应力增量为零时的极限抗弯承载力，然后计算有效预应力增量影响下的极限承载力，最后进行叠加。

2010 年，胡少伟、陈亮[18]针对三根试验梁，以预应力等级和箍筋间距为参数，采用预应力影响系数，推导出了箱型组合梁的开裂扭矩计算公式，并基于变角空间桁架模型理论，推导了极限扭矩计算公式，并将计算值和实测值进行了对比分析，指出预应力等级对试验梁开裂扭矩影响明显，而箍筋间距和预应力等级对试验梁极限抗扭承载力影响不大。

1.2.3 预应力组合梁结构滑移性能概况

1912 年，E.S.Andrews 提出基于弹性理论的换算截面法。该方法假定钢材和混凝土为理想弹性材料，按照强度等效原则，将两种材料换算成一种材料，以简化计算。通常是把混凝土截面换算成为钢截面，然后根据初等弯曲理论进行截面设计和计算。其物理意义明确，计算简便，适用于组合梁弹性工作阶段受力性能的计算。我国《钢结构设计标准》（GB 50017—2017）、《公路钢结构桥梁设计规范》（JTG D64—2015）和《铁路结合梁设计规定》（TBJ 24—89）关于组合梁的设计都是采用这种计算方法。截面换算法采用以下公式计算组合梁的截面惯性矩，即

$$I = I_0 + A_0 d_c^2 \qquad (1.1)$$

式中：$I_0 = I_s + \dfrac{I_c}{\alpha_E}$，$I_s$ 和 I_c 分别为钢梁和混凝土板的惯性矩，α_E 为钢梁与混凝土板的

弹性模量之比；$A_0 = \dfrac{A_s A_c}{\alpha_E A_s + A_c}$，$A_s$ 为钢梁截面面积，A_c 为混凝土板截面面积；d_c 为钢

梁与混凝土板之间形心的距离。采用截面换算法计算钢梁底部开始屈服时的截面抗弯强度，即弹性抗弯强度 M_y，可采用以下公式。

$$M_y = W f_y \qquad (1.2)$$

式中：W 为换算截面后得到的钢梁截面底部纤维的截面抵抗矩；f_y 为钢梁的屈服强度。

截面换算法假定混凝土翼板和钢梁是完全共同作用，梁截面符合平截面假定，在进行截面应变分析时没有考虑界面滑移应变的不利影响，使得其变形和承载力的计算结果偏于不安全。

欧洲钢结构协会（ECCS）的组合结构规程及我国重新修订的《钢结构设计标准》（GB 50017—2017）中采用的是极限强度理论。根据《钢结构设计标准》（GB 50017—2017），对于完全抗剪连接组合梁的受弯承载力的计算公式如下所述。

（1）塑性中和轴在混凝土翼板内，即 $Af \leqslant b_e h_{c1} f_c$ 时：

$$M \leqslant b_e x f_c y \tag{1.3}$$

$$x = \frac{Af}{b_e f_c} \tag{1.4}$$

式中：M 为正弯矩设计值；A 为钢梁的截面面积；x 为混凝土翼板受压区高度；y 为钢梁截面应力的合力至混凝土受压区截面应力的合力间的距离；f_c 为混凝土抗压强度设计值；b_e 为混凝土翼板的有效宽度；f 为钢梁抗拉强度设计值。

（2）塑性中和轴在钢梁截面内，即 $Af > b_e h_{c1} f_c$ 时：

$$M \leqslant b_e h_{c1} f_c y_1 + A_c f y_2 \tag{1.5}$$

$$A_c = 0.5(A - b_e h_{c1} f_c / f) \tag{1.6}$$

式中：A_c 为钢梁受压区截面面积；y_1 为钢梁受拉区截面形心至混凝土翼板受压区截面形心的距离；y_2 为钢梁受拉区截面形心至钢梁受压区截面形心的距离；h_{c1} 为混凝土板的厚度。

对于部分抗剪连接组合梁在正弯矩区段的受弯承载力宜符合下列公式规定：

$$x = \frac{n_r N_v^c}{b_e f_c} \tag{1.7}$$

$$A_c = \frac{Af - n_r N_v^c}{2f} \tag{1.8}$$

$$M_{u,r} = n_r N_v^c y_1 + 0.5(Af - n_r N_v^c) y_2 \tag{1.9}$$

式中：$M_{u,r}$ 为部分抗剪连接时组合梁截面正弯矩受弯承载力；n_r 为部分抗剪连接时最大正弯矩验算截面到最近零弯矩点之间的抗剪连接件数目；N_v^c 为每个抗剪连接件的纵向受剪承载力。

聂建国等[19]在换算截面法的基础上，引入了两条假定：①钢梁和混凝土翼缘的弯曲曲率相同；②滑移应变引起的截面附加应力按线性分布。推导出了组合梁界面滑移和滑移应变的计算方法，即

$$\varepsilon_s = \frac{\alpha \beta p (e^{-\alpha x} - e^{\alpha x - \alpha l})}{2(1 + e^{-\alpha l})} \tag{1.10}$$

$$s = \frac{\beta p (1 + e^{-\alpha l} - e^{\alpha x - \alpha l} - e^{-\alpha x})}{2(1 + e^{-\alpha l})} \tag{1.11}$$

式中：α、β 为经验系数。进一步推导出弹性抗弯承载能力降低量 ΔM_y 与挠度下降量 Δf 的计算方法，实现了滑移效应对弹性抗弯强度与挠度影响的定量计算，其计算公式为

$$\Delta M_y = \frac{h_s E_s}{6EI} M_y \xi (h A_w + 2h_c A_{ft}) \tag{1.12}$$

$$\Delta f = \frac{\beta p \left(\dfrac{1}{2} - \dfrac{1-\mathrm{e}^{\alpha l}}{1+\mathrm{e}^{\alpha l}} \right)}{2h} \tag{1.13}$$

式中：ξ 为组合梁的刚度折减系数；E_s 为钢梁的弹性模量；A_w 和 A_{ft} 分别为钢梁腹板和上翼缘的面积；h_c 和 h_s 分别为混凝土翼板和钢梁的截面高度；h 为组合梁的截面高度；M_y 为按照截面换算法算得的弹性抗弯承载能力。这一计算公式反映了滑移效应对弹性抗弯计算值的影响，弥补了截面换算法偏于不安全的缺陷，使计算值与实测结果吻合得更好。考虑滑移效应之后的弹性抗弯承载力为

$$M_{py} = M_y - \Delta M_y \tag{1.14}$$

在文献[19]中，聂建国等假定在考虑滑移效应时，混凝土受压区等效矩形应力块高度系数和应力系数均与不考虑滑移效应时相同，分别取 0.8 和 1.0，得到受滑移效应影响组合梁极限抗弯强度的降低量 ΔM_u，其计算公式为

$$\Delta M_u = A_s f_y \left(1 - \frac{1}{1+\xi_2} \right) \left(h_c - 0.4 \frac{x_u}{1+\xi_2} \right) - \frac{0.4 A_s f_y \xi_2}{1+\xi_2} \tag{1.15}$$

式中：f_y 为钢梁的屈服强度；A_s 为钢梁的截面积；$\xi_2 = \dfrac{x_u \xi_{su}}{h \xi_u}$，$x_u$ 为不考虑滑移效应时塑性中和轴至混凝土顶板的距离，ξ_{su} 为强度极限状态时的滑移应变，ξ_u 为强度极限状态时板顶混凝土的极限压应变。通过对大量实验结果的分析，聂建国认为考虑到钢梁的强化效应的有利影响，滑移效应对完全剪力连接组合梁极限抗弯强度的影响可以忽略不计。

聂建国等[20~22]对采用工字钢的预应力组合梁的抗弯承载能力进行了研究，给出了预应力组合梁弹性抗弯承载能力的计算公式，即

$$M_y = W_1(\xi_i + \xi_y) E_s \tag{1.16}$$

式中：ξ_i 为对钢梁施加预应力时钢梁下翼缘压应变；ξ_y 为钢梁屈服应变；$W_1 = \dfrac{3(e_t^2 + I_h A_0) W}{e_t^2 + 3 I_h A_0}$，为无预应力筋时的截面抗弯系数，其中，$I_h$ 为换算截面惯性矩，e_t 为预应力筋到组合梁弹性中和轴的偏心距，W 为组合梁的截面抵抗矩，$A_0 = \dfrac{A_h + A_t}{A_h A_t}$，$A_h$ 为换算截面面积，A_t 为预应力筋的面积。

2004 年，聂建国等[23]研究了钢-高强混凝土组合梁的抗弯承载力，建议使用以下公式计算滑移效应引起的弹性极限抗弯强度的降低量，即

$$\Delta M_y = \frac{h_s^2 \xi_s E_s}{4h} A_w \tag{1.17}$$

式中：h_s 为钢梁高度；E_s 为钢梁的弹性模量；A_w 为钢梁腹板面积；h 为组合梁高度；ξ_s 为滑移应变。

2008 年，刘殿忠[24]在其博士学位论文中对滑移效应的影响进行了研究，在聂建国研究成果的基础上给出了适用于轻骨料组合梁抗弯承载能力降低量的计算公式。其中弹性承载能力的降低量沿用式（1.17）的计算方法，而极限承载能力的降低量修正为

$$\Delta M_u = A_s f_y \left(1 - \frac{1}{1+\xi_2}\right)\left(h_c - 0.375\frac{x_u}{1+\xi_2}\right)\frac{0.375 A_s f_y \xi_2}{1+\xi_2} \qquad (1.18)$$

2008 年，付果[25]在其博士论文中对普通简支钢-混凝土组合梁的抗弯性能进行了研究，也给出了相应弹性附加弯矩的计算公式，即

$$\Delta M_y = E_s \frac{H_s}{6h}\frac{p}{k_1}(\lambda_1^2 C_2 + \alpha^2 C_4 + 2\alpha\beta C_3 - 2\varphi_2 q)(2H_c A_{ft} + h A_w) \qquad (1.19)$$

式中：H_s 为钢梁的高度；H_c 为混凝土板的高度；C_2、C_3、C_4 为滑移公式分项系数。

1.2.4　预应力组合梁结构复合受扭性能概况

组合梁的受扭荷载主要由混凝土翼板和钢梁两部分来承担，而组合梁的扭转破坏主要是由混凝土翼板产生大量的扭转斜拉裂缝破坏使得组合梁不能正常工作导致的。由于钢-混凝土组合梁的极限强度分析是一个带裂缝工作的空间受力问题，内力分布比较复杂，破坏形式又与加载情况下的扭弯比、混凝土强度、钢梁强度、剪力连接程度、配筋形式等有关。弯扭构件的破坏类型一直是国内外学术界研究的重点。在弯剪扭复合受力下组合梁存在以受弯为主和受扭为主两种不同的荷载加载情况，可以将组合梁分为扭型破坏、弯型破坏、扭弯型破坏三种不同的破坏形式。当扭弯比比较大时为扭型破坏，弯矩在混凝土翼板上引起的压应力不大，而由扭矩引起的剪应力导致混凝土翼板产生斜拉破坏，构成了空间受力桁架体系，因此可以采用空间桁架理论来进行分析；同时由弯矩产生的压应力使得混凝土翼板形成压扭复合状态，可以提高组合梁的抗扭承载能力。而对于扭弯比比较小时为弯型破坏，由弯矩引起的压应力很大，不能形成充分的空间桁架体系，此时混凝土的破坏形式为剪压破坏[26]。

根据已有的空间桁架理论[27]，组合梁弯剪扭作用下的破坏方式类似于钢筋混凝土构件受扭的第二种破坏方式[28]，即在翼板底部出现塑性绞线。通过计算组合梁在弯剪扭复合受力状态下相关强度的计算公式，可以得到对应的参数值弯剪扭强度公式。

当扭弯比比较大时，由弯矩引起的组合梁弯压应力比较小，组合梁所受的主要荷载是扭转引起的斜拉破坏，混凝土翼板形成一道道螺旋形裂缝，而弯矩在此时给混凝土翼板一定的压应力，使混凝土翼板形成了压扭的效果，压扭的状况可以提高组合梁的抗扭强度，可以用空间桁架模型理论来进行分析。而当扭弯比比较小时，由扭矩形成的拉应力比较小，而由弯矩形成的压应力比较大，此时在混凝土上主要形成大致平直的弯型裂缝，组合梁破坏为剪压破坏，因此不能用空间桁架模型理论来进行分析。

胡少伟[29]通过在开口截面组合梁弯扭作用下的理论分析，得到在大扭弯比的情况下弯扭强度相关公式和计算方法。

采用 COLSYS 软件，利用广义坐标法，胡少伟对开口和闭口两种截面组合梁在考虑滑移和翘曲情况下进行扭转非线性分析，然后利用薄壁结构理论对弯扭作用下箱型组合梁进行约束扭转分析。将组合梁截面进行等效，利用开口薄壁杆件的约束扭转理论给出了组合梁扭转的近似上下限分析方法。同时提出了影响组合梁抗扭的主要因素和组合梁的抗扭设计要求。

剪力连接件工作性能与组合梁结构受力特性密切相关，在组合梁复合弯扭的作用下，胡少伟提出了组合梁连接件受力分析的级数法，考虑了组合梁交界面的滑移及掀起

的影响，根据弹性力学理论给出了沿梁长挠度、连接件滑移等参数的级数表达式，满足精度的要求。同时在合理假设的基础之上，将复合弯扭下的直梁等效为圆弧曲梁，经过理论推导，提出了复合受扭状态下组合梁中剪力连接件的实用设计方法。

文献[30]通过对组合梁施加预应力作用，在分析中加入了预应力影响系数的计算，得到了在预应力作用下组合梁的开裂扭矩和极限扭矩相关计算公式，以及在受扭极限状态下组合梁的极限状态分析。采用混凝土相关曲线方程，用 MATLAB 求解超静定方程组，得到了预应力组合箱梁复合受力的相关方程。

1.2.5　预应力组合梁结构剪力滞性能概况

对于钢-混凝土组合结构中剪滞效应的研究，最早出现于 20 世纪 70 年代。据相关文献记载，1974 年，Asekola[31]对组合结构的剪滞效应做了研究分析，但分析较浅显。

1993 年，包头钢铁学院的岳爱臣和东南大学的杨允表等对组合梁结构的剪滞效应做了研究分析，并推导出相应剪力滞计算公式[32,33]。

1996 年，Roberto 等[34]对薄壁十字交叉的钢-混凝土组合梁进行了剪滞效应分析，并得到了剪滞效应的翘曲位移解。

2002 年，西南交通大学程海根和强士中[35]根据组合翼板微元的变形协调条件和平衡条件，建立了横截面翼板法向应力微分方程，在两端简支的边界条件下，采用分离变量法求得应力解，然后得到组合箱梁翼板的剪力滞系数，最后通过算例验证了该方法的精度，得到满意的结果。

2003 年，文献[36]对箱型钢-混凝土组合斜拉桥的剪滞效应做了分析。同年，文献[37]在假定位移模式及相应假定条件下，利用虚功原理推导出了考虑滑移效应的组合箱梁的平衡和变形协调方程，并利用差分法求得考虑剪滞效应的表达式解，最后通过算例进行了比较分析。

2009 年，苏州科技学院李平[38]对钢-混凝土组合箱梁剪滞效应进行了试验研究。他模拟实际工程，制作了 2 根钢-混凝土组合箱梁的模型，研究在弹性阶段和塑性阶段的情况，得到如下结论：①荷载作用位置对组合箱梁结构中剪滞效应影响显著；②得到了剪滞效应纵向变化规律；③与钢箱梁对比分析发现，组合箱梁的剪滞效应不明显；④随着荷载的不断增加，上翼板中剪滞效应呈减小趋势，而下翼板中剪滞效应却保持不变。他还利用 ANSYS 软件做了模拟分析。

2010 年，李运生等[39]对考虑混凝土开裂影响的钢-混凝土连续组合梁的剪滞效应进行了研究。他们基于换算截面法和能量变分原理，考虑混凝土开裂的影响，分别推导出反向跨中集中荷载和反向两点对称荷载作用下钢-混凝土简支组合梁的控制微分方程，最后通过叠加原理分析了连续组合梁的剪滞效应。研究发现，混凝土开裂使连续组合梁剪力滞系数分布规律发生变化，在开裂边缘剪力滞系数发生突变，但开裂长度对剪滞效应影响并不大。

2013 年，长安大学周勇超等[40]定义组合梁截面翘曲位移函数和广义相对滑移函数；并基于最小势能原理和变分原理，推导出了组合梁在受到相对滑移和剪滞效应时，其挠度、相对滑移、剪力滞系数的分析表达式。通过分析表明：组合梁挠度和剪力滞系数都与相对滑移量和混凝土板最大转角位移差无关，而与相对滑移趋势和相对转动趋势成正比，相对滑移受到翘曲位移函数的影响。

2013 年和 2014 年，南京水利科学研究院胡少伟等[41~46]通过确定组合翼板微元体的变形协调条件和平衡微分方程，对薄壁双箱组合梁结构进行了剪滞效应分析和试验研究；建立了该种类型组合梁结构的翼板横截面法向应力微分方程，在考虑两端简支的边界条件下，利用解析解法求得其解析应力解表达式；并以室内试验模型梁为算例，进行了对比分析。

1.3　组合梁结构应用及展望

1.3.1　引言

钢-混凝土组合梁结构兼具钢材与混凝土力学性能的优点，通过简便的施工工艺与传统的施工方法即可获得优良的结构性能，作为一种新型结构形式，具有明显的经济和社会效益，在我国的社会主义基础建设中得到了广泛的应用。尽管对该种结构形式还有待进一步研究，目前还没有专门的组合梁设计规范，但由于它的诸多优势，组合梁结构必将随着研究的深入和基础建设的需求而得到更广泛的应用。

1.3.2　组合梁结构在交通工程中的运用

自 20 世纪 20 年代出现钢-混凝土组合结构以来，这种桥型很快在工程上得到广泛的应用。1960 年，苏联建造了一座五跨连续预应力组合梁桥；1972 年，德国建成了世界上第一座组合结构斜拉桥——Kurt-Schumacher 桥；1986 年，法国建成了世界上首座波形钢腹板箱梁桥——Cognac 桥[47]。此后，组合桥梁结构在美国、德国、挪威等发达国家得到了应用推广和大力发展。随着我国桥梁工程的研究和发展，组合结构作为新型的结构形式逐渐应用于大江大河的桥梁建设、城市高架桥建设，以及跨海大桥建设等领域。近年来，钢-混凝土组合梁结构在我国发展速度很快，在城市立交桥、高架桥、铁路桥以及公路桥领域已经得到了应用，并且取得了很好的经济和社会效益。

瑞士 1991 年建成的 Bois de Rosset 桥（23m+34.2m+11×42.75m+51.3m+38.5m），槽型钢截面+横向预应力混凝土桥面板，4 根纵向体外索箱内布置，索力合计 8830kN（图 1-4）；日本 1998 年完成的千岁高架引桥，为槽型截面组合箱梁桥（图 1-5）。

图 1-4　瑞士 Bois de Rosset 桥

图 1-5　日本千岁高架引桥

我国已经建成的大跨斜拉桥中，南浦大桥、杨浦大桥和青州闽江大桥等均为组合梁斜拉桥，其中闽江大桥（跨径为 250m+605m+250m）为国内外最大跨径的组合梁斜拉桥。图 1-6 为某组合桥梁现场施工图。

图 1-6 组合桥梁现场施工图

如图 1-7 所示，上海长江大桥引桥[48]采用钢-混凝土组合连续箱梁结构体系，采用通长 5m 的等高梁。组合箱梁的混凝土桥面板跨度以及外侧悬臂比较大，该桥具有跨度与规模大、正常运营使用时荷载大等特点。

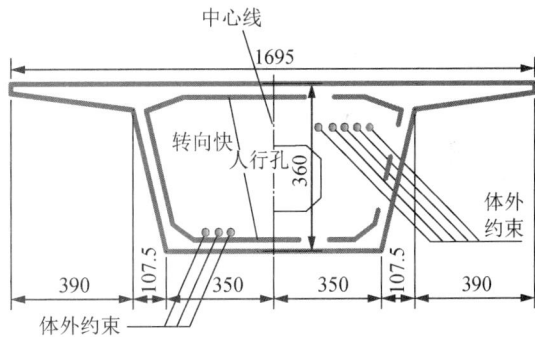

图 1-7 上海长江大桥引桥（单位：cm）

如图 1-8 所示，重庆石板坡大桥复线桥[49]为了与已建旧桥形成协调一致的桥型，采用了连续钢构梁桥跨形式，主跨为满足通航要求跨径达到了 330m。为此，主跨段采用了填充式混凝土后承压板组合梁结构，在预制的钢箱梁端部的顶板位置、底板位置和腹板位置形成双壁形式，并在内部填充现浇混凝土。钢-混凝土组合梁段通过剪力连接件、预应力钢绞线将预制钢箱梁与混凝土梁连成整体。

如图 1-9 所示的泰州长江大桥接线工程中的姚大路桥[50]为四跨折腹式组合箱梁，跨径布置为 25m+30m+30m+25m，横桥向斜交角为 70°。底板连接采用一种新的结合构造，即钢翼缘板置于混凝土底板下部，在腹板下部和翼缘板上同时布置焊钉与混凝土底板相连。这种构造增加了连接件的布置空间。

图 1-8 重庆石板坡大桥复线桥

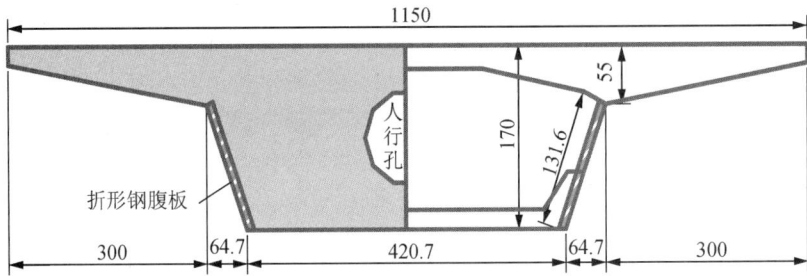

图 1-9 泰州长江大桥折腹式组合箱梁横截面（单位：cm）

为了缓解交通压力，提供更便捷的陆岛通道，提高物流效应，促进经济的发展，加强地区、区域甚至国家之间的交流与合作，跨海工程的设计和建造提上了议事日程，如我国的台湾海峡通道、琼州海峡通道和渤海湾通道，跨海大桥工程的建设也开始蓬勃发展。如图 1-10 所示，位于上海市浦东新区的东海大桥[51]，全长 32.5km，宽 31.5m。其中，主通航段采用的是双塔单索面钢箱-混凝土组合梁斜拉桥，长 830m，桥面宽 33m。主梁横断面为钢-混凝土组合箱型截面，由单箱三室钢梁和混凝土桥面板组成，钢结构与混凝土面板之间的连接采用剪力钉连接。

图 1-10 东海大桥主跨段

1.3.3 组合梁结构在水利工程中的运用

三峡工程永久船闸施工桥是一座使用时间 3～5 年的临时施工用桥，船闸施工完成后需拆除。施工桥桥面设计为 2 车道，桥面宽 7m，受力主体由 3 根施加预应力索的钢桁架梁组成。钢桁架上弦杆与桥面系统由剪力连接件连接，成为受力的整体。此方案不仅最大变形及应力均最小，而且施工方便，便于拆除。在同类条件下应用预制装配式预应力钢桁-混凝土组合梁桥比箱-混凝土组合梁桥的用钢量少 40%，节约造价 40%以上，缩短工期 60%以上，表明该体系桥梁具有明显的经济效益和社会效益，该桥已经通过三峡工程施工高峰期的验证，表明其具有良好的使用性能。

浙江省临安市里畈水库[47]是一座以防洪为主，具有供水、发电、灌溉等功能的水利工程。在大坝河床段布置宽 63.6m 的敞开式溢流堰，在堰顶布置净跨 60m 的公路桥一座，以满足水库大坝运行要求。整个公路桥采用组合梁结构的设计方式，大大缩短了现场施工周期并减少工程量，结构刚度大，承载能力高，具有良好的抗疲劳性能。组合梁结构采用的钢梁为 3 块钢板焊接成的工字钢，剪力连接件采用钢筋连接件，混凝土采用厚 150mm 的 C20 混凝土板。该结构与普通混凝土结构相比可以减少桥上与桥下施工的交叉干扰，从现场施工开始到安装、支撑、立模和扎筋、浇筑，只用了 1 个月的时间，这对于季节性的水利工程尤为重要。组合梁结构与普通钢结构相比减少了钢材用量 17%~25%，与普通混凝土结构相比节省了混凝土 40%左右。而且其中的轻质钢梁在施工中可作为立模骨架，大大减少了脚手架的施工量。里畈水库经过多年使用后，特别是经过几次大洪水的考验，运行正常，表明在水利工程中组合梁结构有着很大的推广利用价值[52~54]。

如图 1-11 所示，江苏省苏州市的澹台湖水利枢纽[55]位于苏州市城市中心区南面京杭大运河与老运河交汇处以北约 900m 的老运河上，枢纽有一座 16m×120m 船闸。船闸闸首启闭机房大梁搁置在闸墩上，启闭设备重力和闸门启闭力均由横跨在闸墩上的两根大梁承担。大梁采用型钢-混凝土组合结构，净跨为 16m。机房大梁具有比传统钢筋混凝土梁承载力大、结构刚度大、整体稳定性好等优点，并且降低了约 35%的梁高，节约了工程材料。大梁混凝土采用 C30 细骨料混凝土，钢梁采用 Q235B 型钢材。整体工程施工周期短，对其他施工干扰少，不影响施工进度，费用适中，满足工程景观规划要求，非常值得推广。

图 1-11　澹台湖水利枢纽船闸

1.3.4 组合梁结构在建筑工程中的运用

太原第一热电厂第五期工程，选择了叠合板组合梁方案，柱为钢管混凝土柱，通过加强环与组合梁相连，形成了完整的钢-混凝土组合结构体系。山西省电力勘测设计院和郑州工学院合作，对叠合板组合梁进行了试验研究，包括钢筋混凝土简支叠合板、连续叠合板、钢-混凝土叠合板简支和连续组合梁等，成果为叠合板组合楼层结构设计提供了依据。次梁沿纵向布置（梁跨 9m）并支承在梁跨为 7m 的主梁上，如图 1-12 所示。与压型钢板组合楼层相比，节省钢材 30%，降低造价 76%。由于缩短工期，第一台机组提前发电所创造经济效益近 700 万元。继太原第一热电厂第五期工程之后，第六期工程和阳泉第二发电厂等工程也采用了叠合板组合梁结构。

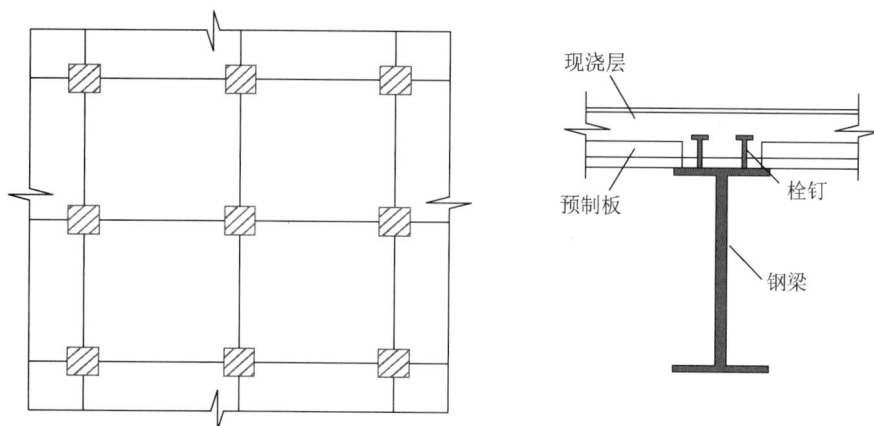

图 1-12　太原第一热电厂柱网布置及组合梁截面

北京技术交流培训中心的两幢 18 层塔楼，楼盖结构采用冷弯薄壁型钢-混凝土简支组合梁，跨度 6m，间距 1.5m，组合梁全高 300mm（包括混凝土楼板厚度）。组合楼盖结构设计是以试验研究成果为依据的。剪力连接件设计节省栓钉用量达 47%（仅这 2 幢高层建筑的楼盖结构就节约栓钉数近 10 万个）。与钢筋混凝土叠合楼板相比较，结构自重降低 29%，水泥节约 34%，钢材节约 22%，木材节约 7%，造价降低 5%，施工周期缩短 25%，并且使建筑标准提高了一大步，为我国城镇住宅建设提供了一种轻型、优质、大跨的楼盖结构形式。这种新型组合梁在高层建筑楼盖结构中具有广阔的应用前景，有利于推动大开间灵活分隔的高层建筑的发展。

位于江苏无锡的龙希国际大酒店如图 1-13 所示，是集酒店服务、公寓套房及附属公共设施于一体的超高层综合建筑设施。此建筑高度 328.0m，总建筑面积 212 987.422m^2，由高 252.6m 的外围筒体和高 328.0m 的中央核心筒体构成。其主要结构采用的是型钢-混凝土组合结构，外框架由型钢-混凝土组合梁框架结构和钢管混凝土柱组合而成，内筒体采用型钢-混凝土组合结构。此工程在建筑上的独特设计风格在于大楼顶部安置一个直径为 50m 的大球体，下部型钢-混凝土组合结构用来承受顶部球体荷载。在剪力墙混凝土结构内设有 H 型钢柱形成钢-混凝土组合框架。

图 1-13 龙希国际大酒店

山东滨州会展中心，总建筑面积 45 000m²，建筑结构中的大跨度楼板采用了钢-混凝土组合楼板，竖向承重柱采用的是钢管混凝土柱。5 根主梁的跨度为 40.8m，为了提高抗压能力，且满足施工的整体稳定性，截面采用箱型钢-混凝土组合截面，次梁采用"I"型钢-混凝土组合截面，剪力连接件采用栓钉焊接（图 1-14）。

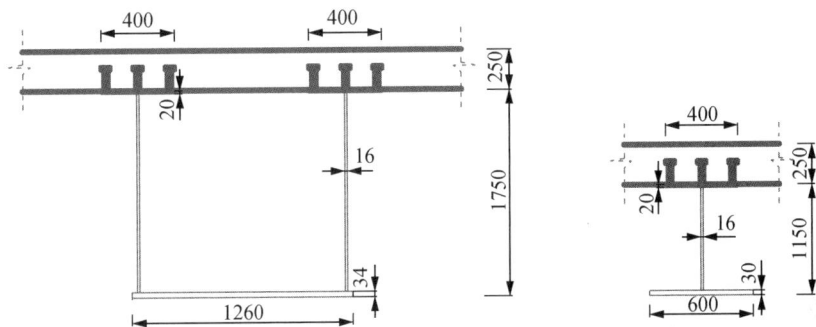

图 1-14 滨州会展中心钢-混凝土组合梁截面

1.3.5 组合梁结构展望

随着国民经济的快速发展和现代化建设的日新月异，在工程领域，对工程设计的要求也越来越高。诸多工程实践表明，钢-混凝土组合梁结构具有钢筋混凝土结构和钢结构的优良性能，在工程运用领域取得了卓越的技术效应和社会经济效应，适合我国的发展。

目前，组合梁新的应用方向为地下结构、结构加固。特别是把工字型钢腹板按折线形切开改焊为高度更大的蜂窝型梁，既提高了抗弯能力，又便于管道通过有洞的腹板，非常适合于工业厂房。此外，预弯型钢-混凝土预应力组合梁也得到了应用，将预制的带有挠度的工字型钢梁，加载状态下在下翼缘浇注混凝土，待混凝土达到一定强度后卸载，使下翼缘混凝土预压，然后将其运至现场吊装，铺设预制梁板，浇注上部混凝土，成为装配整体构件。因此，组合梁结构必将随着研究的深入和基础建设的需求而得到更为广泛的应用。

第 2 章　简支预应力组合箱梁结构抗弯性能

2.1　预应力组合箱梁弯曲试验研究

2.1.1　引言

预应力箱型截面组合梁具有抗弯刚度和抗扭刚度大、整体性能好、稳定性高等诸多优点,被越来越多地运用于桥梁工程、工业厂房,以及高耸结构中。然而,国内外对预应力钢-混凝土组合梁的抗弯性能研究大多以型钢截面为主,对箱型截面的预应力组合梁研究较少,有必要开展预应力组合箱梁弯曲性能的研究。

简支预应力组合箱梁承受正弯矩作用,主要在钢梁底部受拉区布置预应力筋对其施加预应力。预应力布筋形式可以分为直线型布筋和折线型布筋,而直线型布筋又分为有转向块和无转向块两种。预应力钢-混凝土组合箱梁的预应力施加方法有先张法、后张法两种。先张法是在浇筑混凝土翼板之前施加预应力,后张法是在混凝土翼板浇筑后达到设计强度后施加预应力。对于先张法,有效预应力应该控制在张拉的预应力不应使钢梁受拉屈服,同时留有预应力筋应力增加空间。对于后张法,由于混凝土翼板与钢梁连接成整体,梁的刚度得到提高,有效预应力除了满足上述两个条件外,还要保证预应力张拉过程中混凝土翼板不受拉开裂。

2.1.2　试验准备

1. 试件设计与制作

本次试验共设计了 10 根预应力组合箱梁试件,其中 9 根为纯弯曲梁,梁长 4.0m;1 根为弯剪梁,梁长 2.0m。在试件设计中,钢梁采用 Q235-B 碳素结构钢中板焊接组合,托板和底板采用 10mm 中板,腹板采用 8mm 中板。混凝土翼板所采用的混凝土强度等级为 C60,翼板内纵筋采用 ϕ10 热轧光圆钢筋 R235,上下分别均匀布置 5 根;箍筋采用 ϕ8 热轧圆盘条 Q235,采用 ϕ8@200 配筋。栓钉连接件尺寸规格为 ϕ16×100,材料为 ML15。根据塑性方法设计[56,57],均采用完全剪力连接形式。经过计算,栓钉间隔为 140mm,并沿纵向双排均匀布置。预应力筋采用由 7 根直径为 5～6mm 的高强度钢丝捻制的 1860MPa 级 ϕ^j15.24 钢绞线。预应力组合箱梁试件截面构造如图 2-1 所示,试件设计参数如表 2-1 所示。

本次试验预应力布筋形式有三种:直线型不加转向块、直线型加转向块、折线型布筋。由于试验条件的限制,组合梁预应力均在组合梁翼板混凝土养护到设计强度后进行后张法施加。对于直线型布筋形式的预应力组合梁施加的预应力均可保证混凝土不开裂,但是对于折线型布筋形式,由于偏心距和受力特点不同,同时考虑试验的对比性要

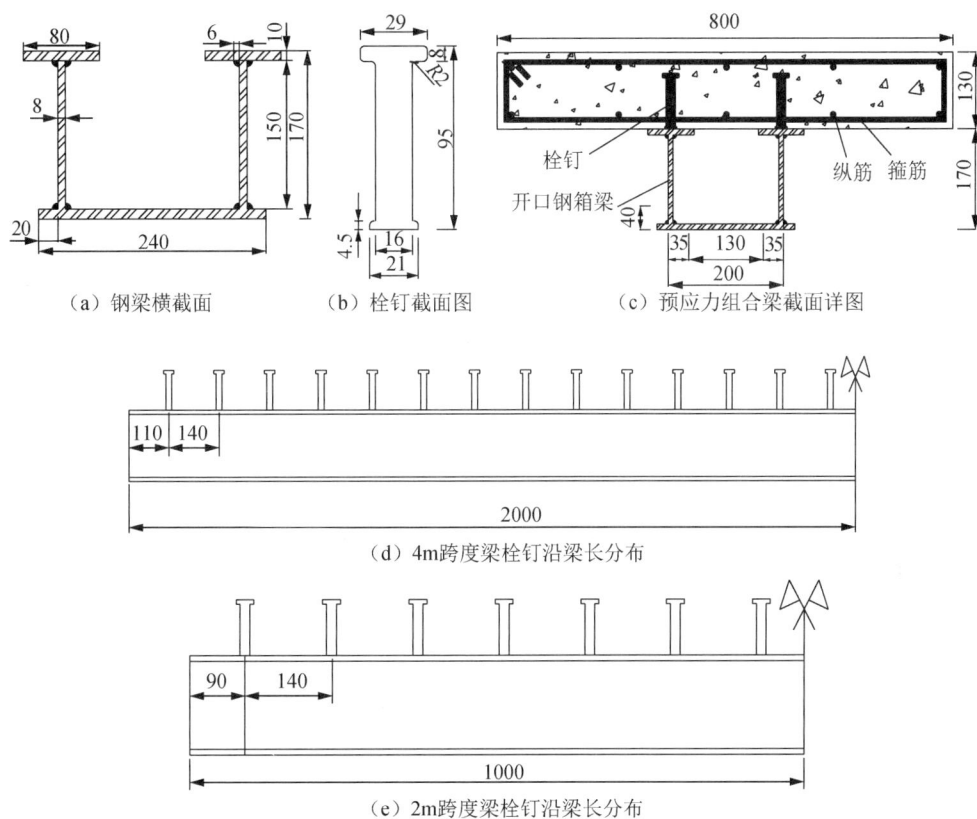

（a）钢梁横截面   （b）栓钉截面图   （c）预应力组合梁截面详图

（d）4m跨度梁栓钉沿梁长分布

（e）2m跨度梁栓钉沿梁长分布

图 2-1 试件截面构造详图（单位：mm）

表 2-1 预应力组合箱梁试件设计参数

试验梁号	跨度/mm	截面尺寸/mm		混凝土板配筋		钢筋保护层/mm	栓钉布置	加载方式
		钢梁	混凝土板	纵筋	箍筋			
PCB-15								纯弯
CB-16								纯弯
PCB-17								纯弯
SCB-18		上翼缘：80×10 腹板：150×8 下翼缘：240×10		上下两层布置 $\phi10$ @187.5	$\phi8$@200		$2\phi16$ @140	加固，纯弯
PCB-19								纯弯
PCB-20	4000		800×130			20		纯弯
SCB-21								加固，纯弯
SCB-22								加固，纯弯
PCB-23								纯弯
PCB-24	2000							弯剪

求，为保证混凝土板不开裂，在试验施加少量荷载后进行预应力张拉。为了防止梁在偏心受力下产生较大扭矩引起开裂，张拉分级分侧进行，每束张拉分 5、6 级完成。考虑锚具变形、锚具与端板之间的缝隙被挤紧以及千斤顶卸载时夹片在锚具内滑移使得被拉紧的钢绞线内缩会导致较大的预应力损失，因此进行一定程度的超张拉。同时采用压力传感器及锚索计判断是否张拉到位，然后在每级卸荷情况下读取静力测试数据，测量钢绞线预应力大小、预拱度以及组合梁应变。锚具及夹片的类型符合设计规范规定和预应力钢材张拉的要求。由于预压力很大，在锚固端及转向块处都采取加固措施以保证钢梁的局部受压稳定。

组合梁的预应力布筋形式及断面如图 2-2 所示。组合梁预应力张拉情况如表 2-2 所示。

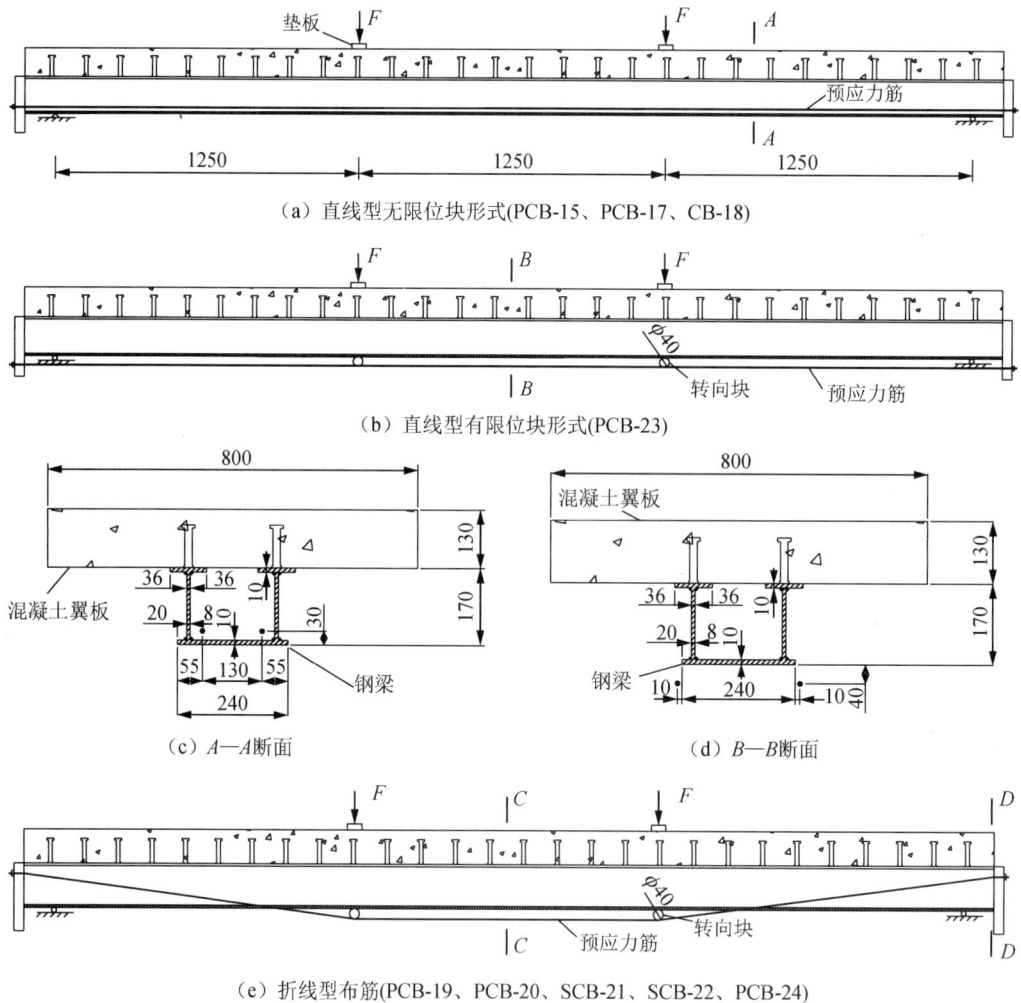

（a）直线型无限位块形式(PCB-15、PCB-17、CB-18)

（b）直线型有限位块形式(PCB-23)

（c）A—A断面　　　　　　　　（d）B—B断面

（e）折线型布筋(PCB-19、PCB-20、SCB-21、SCB-22、PCB-24)

图 2-2　预应力布筋形式及断面图（单位：mm）

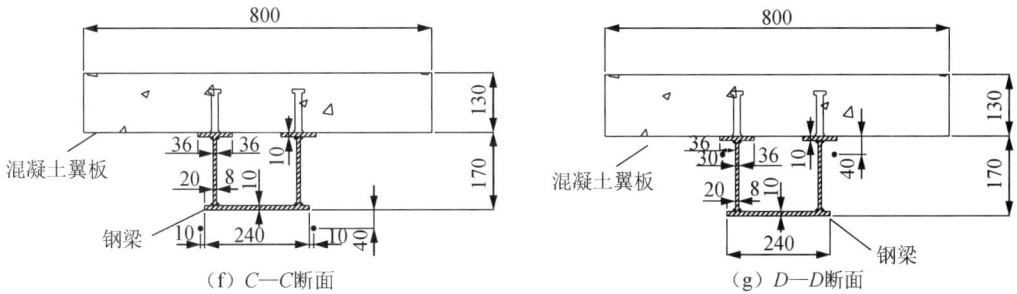

（f）C—C断面　　　　　　　　　　（g）D—D断面

图 2-2　（续）

表 2-2　组合梁预应力张拉情况

试验梁号	预应力布筋形式	张拉预应力大小/kN	占预应力极限强度百分比/%	预拱度/mm
PCB-15	直线型无转向块（2 根）	204.6	39.5	1.65
CB-16	—	—	—	—
PCB-17	直线型无转向块（2 根）	230.73	44.6	1.83
SCB-18	直线型无转向块（2 根）	232.03	44.8	2.02
PCB-19	折线型布筋（2 根）	191.65	38.33	2.42
PCB-20	折线型布筋（4 根）	183.40	36.68	—
SCB-21	折线型布筋（2 根）	199.88	38.4	2.32
SCB-22	折线型布筋（2 根）	242.45	46.88	2.68
PCB-23	直线型有转向块（2 根）	198.07	38.4	2.72
PCB-24	折线型布筋（2 根）	191.43	37.0	—

2. 加载装置及方案

加载装置如图 2-3 所示，为了使组合箱梁试件跨中段产生纯弯段，组合梁 PCB-15、CB-16、PCB-17、SCB-18、PCB-19、PCB-20、SCB-21、SCB-22、PCB-23 实行三分点加载。而组合梁 PCB-24 采取跨中单点加载进行弯剪试验。加载设备采用液压伺服仪，采用分级（每级 10kN）持续加载的方式施加外荷载直到组合梁试件破坏，在混凝土底板开裂、钢梁屈服、组合梁破坏阶段减少加载等级以确定屈服荷载、极限荷载。

（a）加载装置实物图

图 2-3　加载装置实物图及示意图

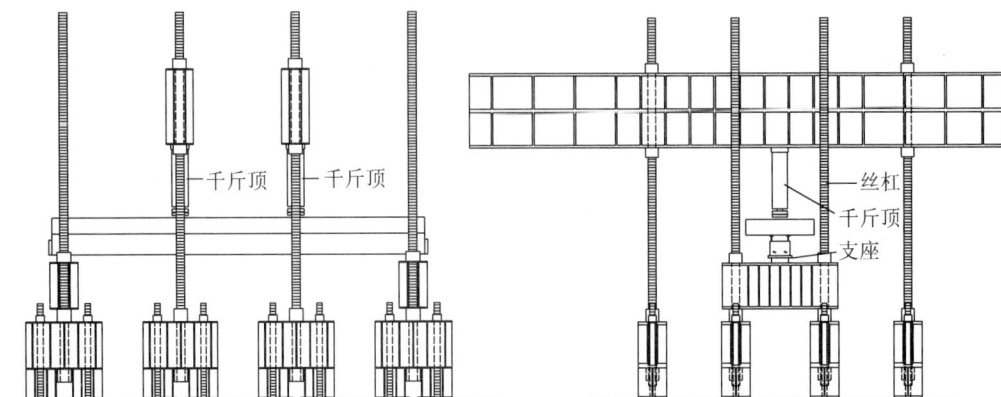

（b）加载装置示意图

图 2-3　（续）

3. 量测内容

根据试验研究目的，在预应力张拉和加载过程中重点测量以下内容：①钢筋应变，跨中和加载点等特征位置处的混凝土应变，钢梁托板、腹板和底板特征位置处的应变，交界面的滑移；②梁跨中、加载点及支座处的位移；③预应力筋的应力增量。需要观测的内容：各级荷载下混凝土裂缝开展情况，记录钢梁屈服荷载、组合梁破坏荷载等。具体测试内容如下所述。

（1）在跨中、加载点、1/6 跨处混凝土、钢筋、钢梁上布置应变片，测量加载全过程的应变情况，重点测量沿截面高度的应变的变化和交界面上的应变差。通过对钢梁应变的测量，准确地得到组合梁的屈服荷载，通过混凝土应变的观测，预知混凝土的开裂与压溃。

（2）在组合梁半跨内的交界面处布置导杆引伸仪，测量钢-混凝土交界面处的滑移。

（3）预应力组合梁剪滞效应的测定，测量翼板混凝土沿板宽的应变分布。

（4）通过在预应力筋锚固端布置压力传感器来测量预应力筋的内力增量。

（5）在跨中、左右加载点、支座等特征位置布置位移计，测量加载全过程中梁的各点挠度。

（6）观察梁在加载过程中的结构基本性能，如钢梁屈曲状态和混凝土开裂形态，描绘裂缝开展过程。

（7）梁的承载能力测试，测量梁的承载能力。

分别对混凝土翼板、纵向钢筋、箱型钢梁、预应力筋、滑移测点等进行测点布置，具体布置如下所述。

（1）混凝土应变测点布置。为测量混凝土剪滞效应，在跨中翼板顶部梁中轴线一侧每隔 8cm 布置应变片共 5 片；为测量交界面剪力差，在跨中、左右加载点、1/6 跨三个特征截面混凝土翼板底部布置应变片；为测量应变沿梁高的变化情况，在混凝土板侧面三个特征截面处沿高度方向布置应变片。混凝土上电阻应变片型号为 BF120-80AA。

（2）钢筋应变测点布置。钢筋应变片预埋于混凝土中，分别在三个特征截面上下层钢筋上布置应变片，根据对称性，布置在梁中轴线一侧。钢筋上电阻应变片型号为BF120-3AA。

（3）钢梁应变测点布置。在三个特征截面，钢梁高度方向布置应变片。钢梁顶板预埋有应变片，腹板中轴线、腹板中轴线上下 5cm、底板轴线处均布置应变片。纯弯曲段钢梁上应变片型号为 BF120-3AA，弯剪段应变片型号为 BF120-3CA。

（4）预应力筋应力增量测量。鉴于在预应力筋上贴应变片会导致其局部截面减小，导致不安全，因此分别在锚固端布置压力传感器用以测量预应力内力增量。

（5）交界面导杆引伸仪布置。为测量加载过程中组合梁交界面沿梁长的分布，在半跨范围内从跨中到支座每隔 31.25cm 布置导杆引伸仪，导杆引伸仪测量 11cm 范围内的滑移大小。

（6）位移计布置。分别在特征截面及支座处布置位移计，用以测量加载过程中梁的挠度变化。

应变数据均采用 DH-3188 静态应变采集仪及配套软件进行采集。应变片、导杆引伸仪、位移计布置情况如图 2-4 所示。

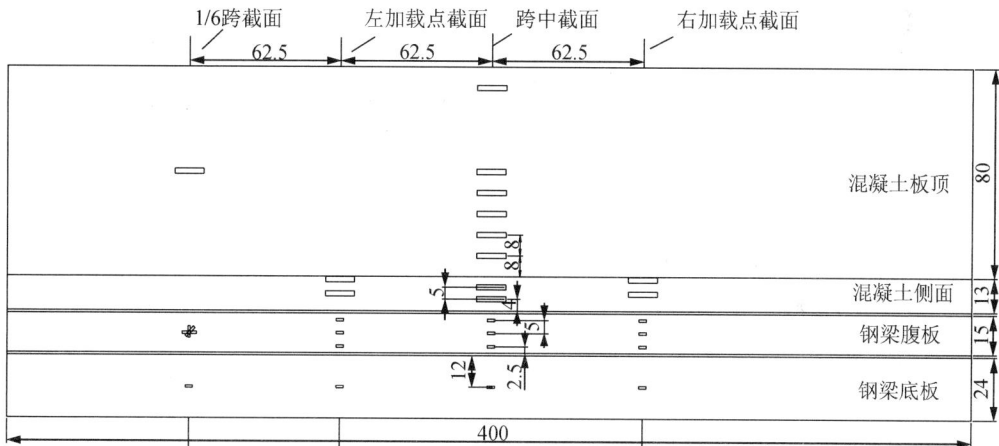

（a）纯弯梁的应变片布置

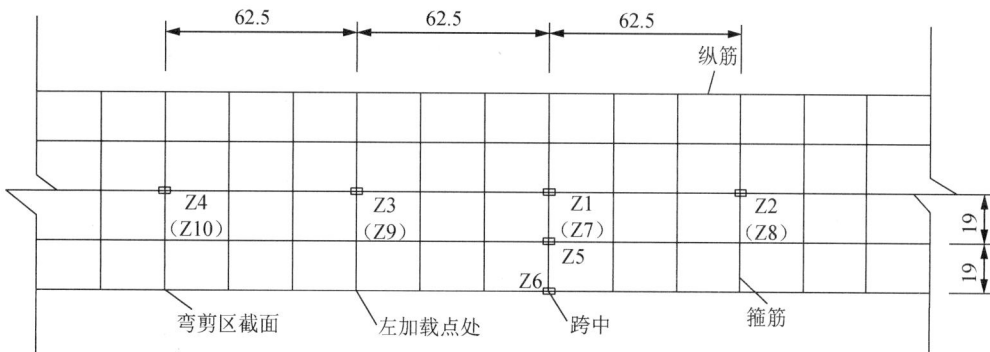

（b）钢筋上应变片布置

图 2-4　测点应变片、导杆引伸仪、位移计布置尺寸图（单位：cm）

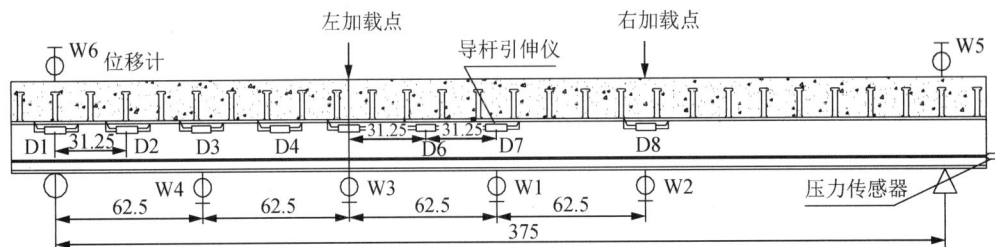

（c）导杆仪、位移计布置

图 2-4　（续）

在预应力布筋测试过程中，PCB-15、PCB-17、SCB-18 为直线型无转向块布筋形式组合梁；PCB-19、PCB-20、SCB-21、SCB-22、PCB-24 为折线型布筋形式组合梁；PCB-23 为直线型有转向块形式组合梁；CB-16 为普通钢-混凝土组合梁。PCB-15、PCB-17、PCB-19、PCB-20、PCB-23 进行纯弯试验，SCB-18、SCB-21、SCB-22 进行预应力加固组合梁纯弯试验，PCB-24 进行弯剪试验。具体试验对比参数如表 2-3 所示。

表 2-3　预应力组合箱梁试验对比参数

试验编号	分组	预应力筋数量	有效预应力/kN	偏心距/mm	加载方式	对比参数
PCB-15	直线型无转向块	2	204.6	156.8	纯弯	有效预应大小、加固效果
CB-16	无预应力	—	—	—	纯弯	
PCB-17	直线型无转向块	2	230.73	156.8	纯弯	
SCB-18	直线型无转向块	2	232.03	156.8	加固，纯弯	
PCB-19	折线型	2	191.65	236.8	纯弯	力筋根数、有效预应力大小对加固效果的影响
PCB-20	折线型	4	183.40	236.8	纯弯	
SCB-21	折线型	2	199.88	236.8	加固，纯弯	
SCB-22	折线型	2	242.45	236.8	加固，纯弯	
PCB-23	直线型有转向块	2	198.07	236.8	纯弯	偏心距及转向块
PCB-24	折线型	2	191.43	236.8	弯剪	加载方式

2.1.3　试验现象和结果

1. 试验现象及破坏过程

PCB-15 梁在加载初期阶段，组合梁钢梁、混凝土、预应力应变及跨中挠度处于线性增长阶段，钢梁与混凝土的黏结效果未破坏，交界面未产生滑移，表现出良好的弹性性能。加载至 91.1kN 时，交界面出现 0.1mm 的滑移，随着荷载的增加，滑移量逐渐变大，混凝土与钢梁的自然黏结破坏，栓钉开始承受交界面剪力。当荷载增加至 238.6kN

时，即纯弯段弯矩为 148.75kN·m 时，纯弯段及加载点处混凝土板底出现可见裂缝，裂缝长度约为 20cm，裂缝宽度较小。随着荷载增加至 254.76kN 时，弯剪段的混凝土板底也出现裂缝。荷载增加至 395.57kN 时，即纯弯曲段弯矩为 247.23kN·m 时，钢梁底板屈服。钢梁屈服后，钢梁应变出现非线性的增长，裂缝数量增多，原有裂缝变长变宽，弯剪区滑移量达到 0.3mm。加载至 591.94kN 时，钢梁腹板大部分已经屈服，挠度及滑移增长较快，混凝土板底裂缝宽度最大达到 0.7mm，板顶加载点至支座产生沿梁长的纵向裂缝。最后，达到极限荷载 628.8kN 时，结构进入大变形阶段，加载点处混凝土压碎，导致结构不能继续承压，停止加载。此时混凝土部分应变片破坏，板顶纯弯区混凝土应变达到 2654με，钢梁底部应变达到 7122με。

其他纯弯试验梁的加载破坏形态与 PCB-15 类似。PCB-17 与 PCB-15 一样均为直线型无转向块的预应力组合梁，其加载破坏过程、形态相似，仅特征荷载值大小不同。PCB-19、PCB-20 为折线型布筋的预应力组合梁，预应力筋通过转向块和锚具对组合梁传递预应力。转向块的存在使预应力筋变形较大，加载时，时而出现预应力筋在转向块处变形摩擦的声音。SCB-18、SCB-21、SCB-22 为预应力加固组合梁，在加固前组合梁的受力性能与 CB-16 相似。加固后，相同荷载下梁的变形较之加固前减少。PCB-23 为直线型有转向块组合梁，预应力筋偏心距较 PCB-15 大，因此在加载过程中，相同荷载下变形较小。同时，由于有转向块对预应力筋的限制作用，纯弯段预应力筋偏心距基本没有改变，在破坏阶段，预应力筋的变形较大。

PCB-24 为跨中承受集中力荷载的弯剪试验梁，承受荷载时，梁体内无纯弯曲段。由于截面处于弯剪共同作用状态，在加载至 360kN 时，梁底板出现不同于纯弯梁的斜向裂缝。荷载达到 969kN 时，跨中板顶混凝土压碎，混凝土板侧面出现较大的斜向裂缝，结构破坏。

10 根试验梁基本上是由于混凝土压碎导致结构承载力降低，破坏位置均为弯矩最大截面，破坏形态为弯曲破坏，未出现由于钢梁局部受压产生的失稳现象，也没有栓钉被剪断的现象。

各预应力组合箱梁试件的混凝土开裂、裂缝扩展及破坏如图 2-5 所示。

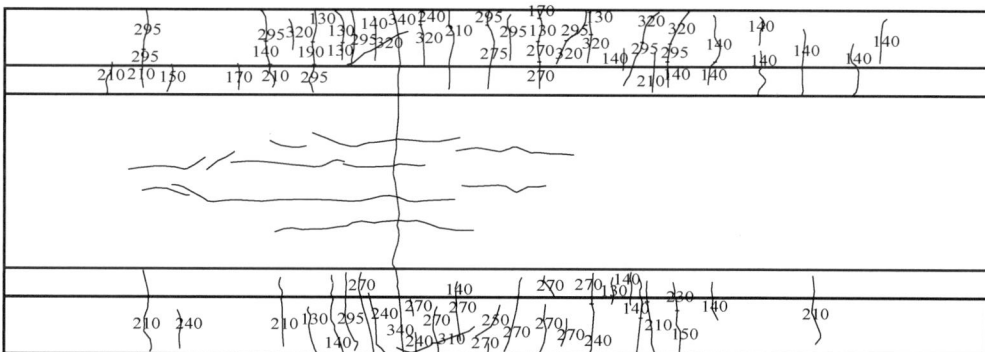

（a）PCB-15试件裂缝分布

图 2-5　试验梁破坏时裂缝展开图

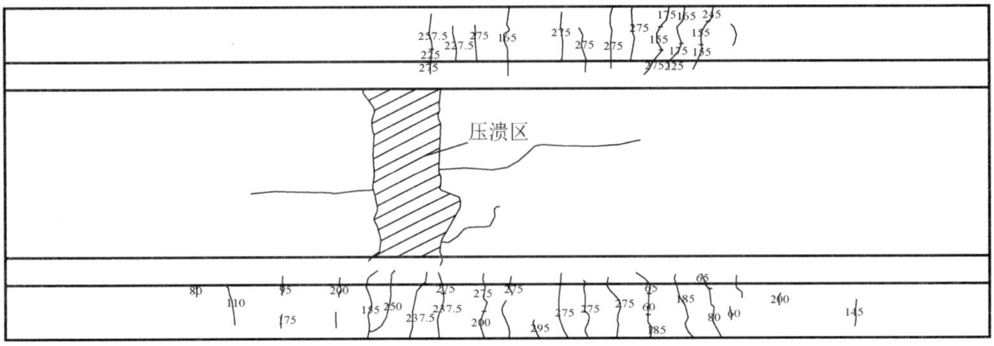

（b）CB-16试件裂缝分布

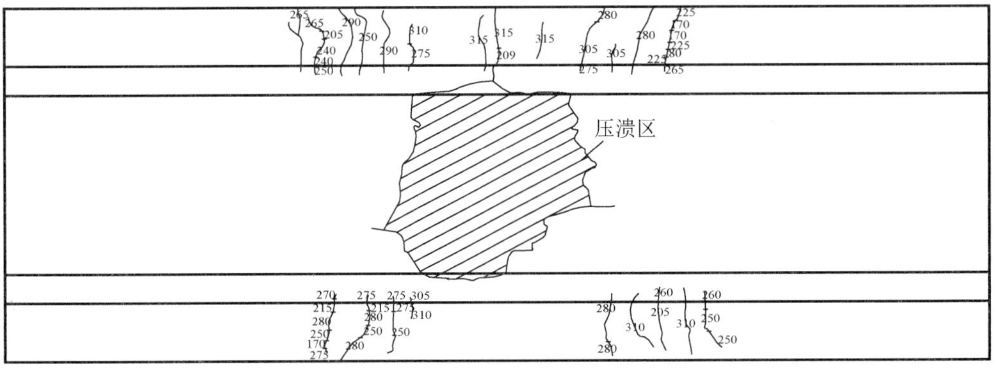

（c）PCB-17试件裂缝分布

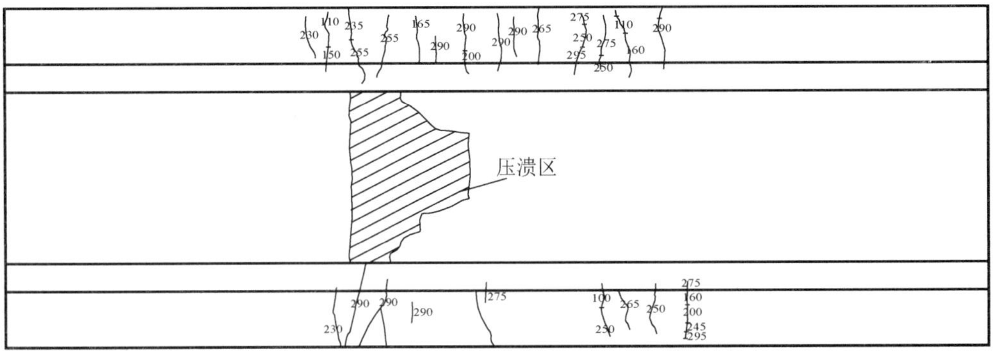

（d）SCB-18试件裂缝分布

图 2-5 （续）

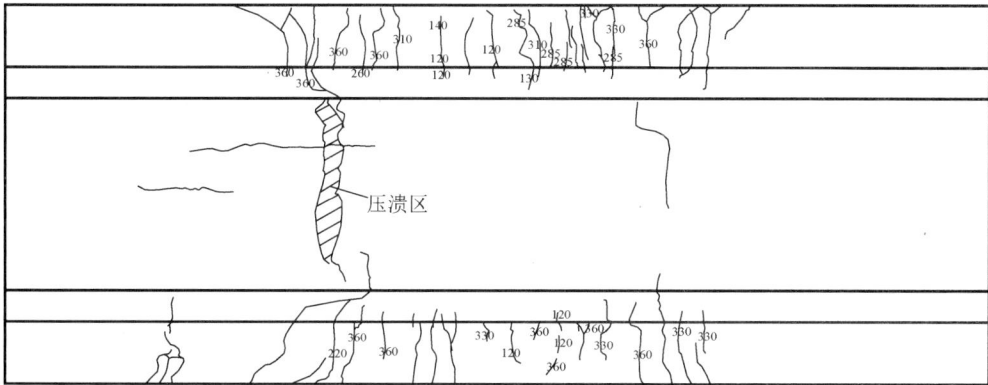

（e）PCB-19试件裂缝分布

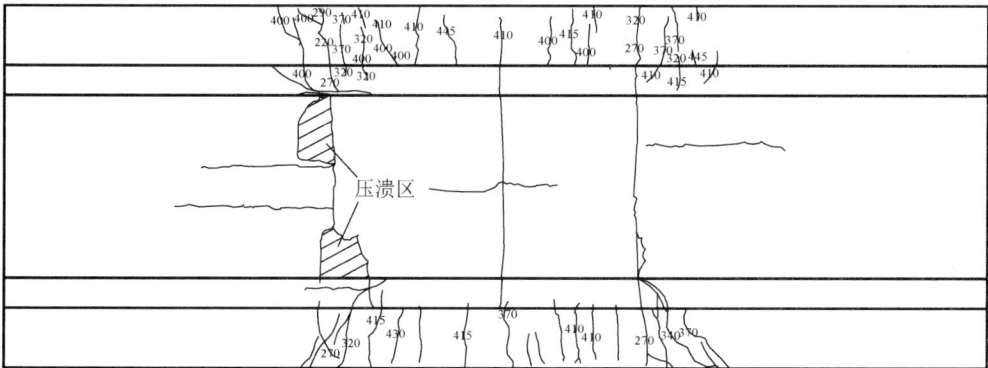

（f）PCB-20试件裂缝分布

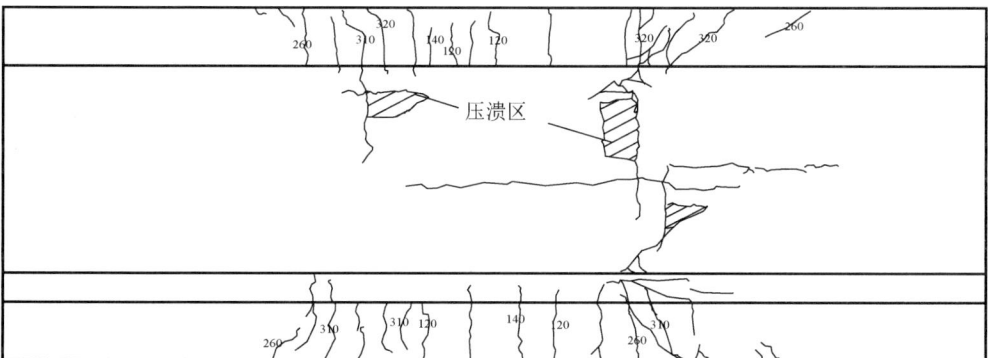

（g）SCB-21试件裂缝分布

图 2-5　（续）

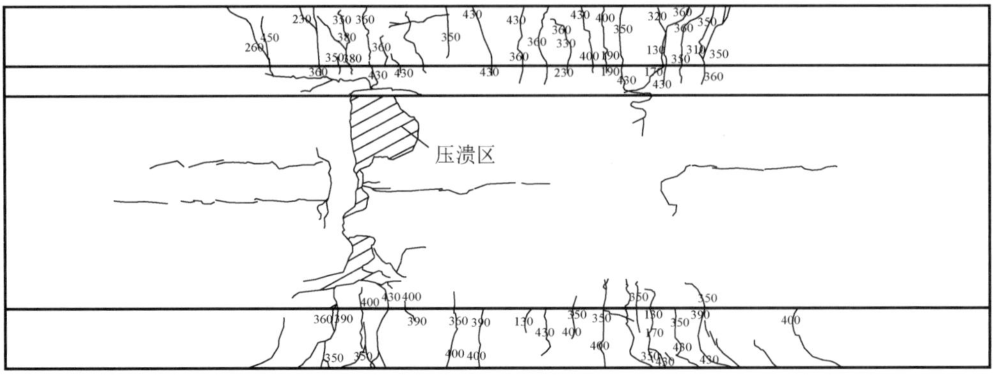

（h）SCB-22试件裂缝分布

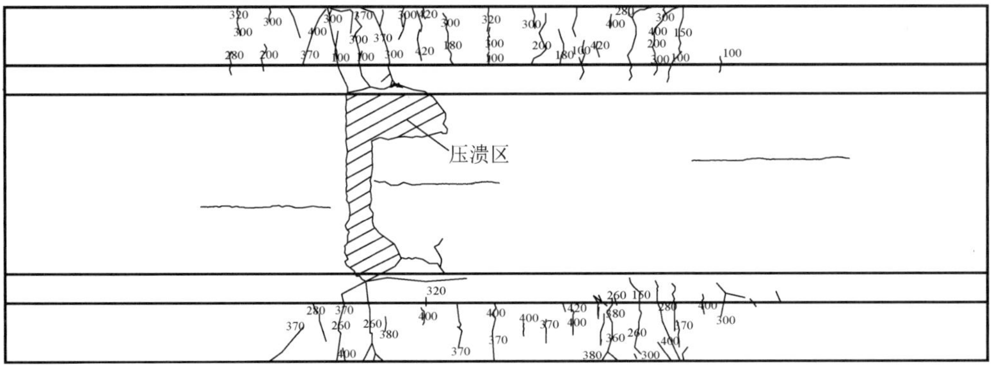

（i）PCB-23试件裂缝分布

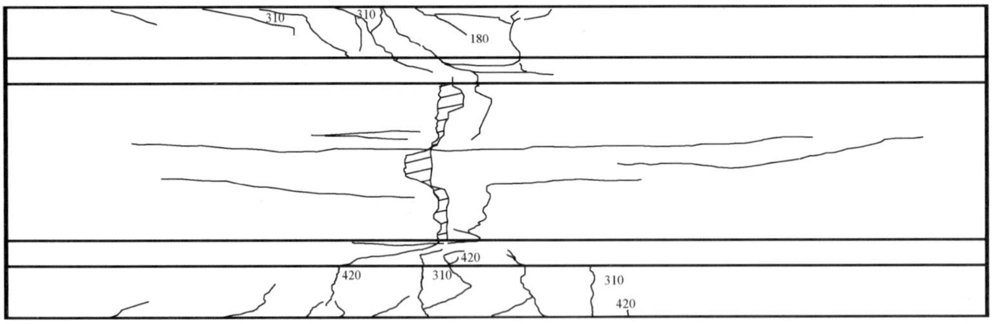

（j）PCB-24试件裂缝分布

图 2-5 （续）

2. 特征荷载

预应力组合箱梁试验的主要结果如表 2-4 所示。表中 M_y、δ_y、ΔP_y 为钢梁底部屈服时的跨中弯矩、跨中挠度、预应力筋内力增量；M_u、δ_u、ΔP_u 为承载能力极限状态时的跨中弯矩、跨中挠度、预应力筋内力增量；P_u 为承载能力极限状态时的预应力筋内力。

表 2-4 预应力组合箱梁测试主要试验结果

试验梁号	M_y / (kN·m)	δ_y /mm	ΔP_y /kN	M_u / (kN·m)	δ_u /mm	ΔP_u /kN	P_u /kN	$\dfrac{M_u}{M_y}$	$\dfrac{\delta_u}{\delta_y}$
PCB-15	247.23	13.74	29.5	393.02	47.74	90.66	295.26	1.59	3.47
CB-16	216.3	12.55	—	366.32	49.58	—	—	1.69	3.95
PCB-17	262.31	14.15	27.1	396.27	45	95.87	326.6	1.51	3.18
SCB-18	—	—	—	389.4	48.94	80.16	313.25	—	—
PCB-19	280.25	14.11	34.54	454.38	62.99	162.24	353.89	1.62	4.46
PCB-20	272	14.1	75.81	482	58.86	269.86	453.26	1.77	4.17
SCB-21	215/290	10.22/13	12.98	472.81	61.54	166.35	366.23	—/1.63	—/4.73
SCB-22	210.1/310	11.15/13.75	9.36	494.6	58.53	156.43	398.88	—/1.59	—/4.25
PCB-23	270.125	14.5	36.12	488.75	67.08	195.4	393.47	1.8	4.63
PCB-24	259	4.95	20.79	436.05	28.21	130	321.43	1.68	5.7

注:"—"表示试验数据缺损。

从表 2-4 中可以得出如下结论:

(1)相对于普通组合梁 CB-16,预应力扩大了组合梁的弹性范围,提高了组合梁的承载力。对于直线型不加转向块的组合梁 PCB-15、PCB-17,随着有效预应力的提高,钢梁底部屈服时的跨中弯矩由 247.23kN·m 增长至 262.31kN·m,但极限承载力提高不明显。原因是尽管 PCB-17 的预应力筋极限内力 326.6kN 较之 PCB-15 的 295.26kN 大,但由于预应力筋无转向块导致二次效应使二者差距的影响效果减小。同样,对于折线型布筋的预应力组合梁,PCB-20 的预应力筋数量是 PCB-19 的 2 倍,尽管其初始有效预应力较低,但其极限承载能力较强,说明预应力筋数量增多可以有效提高组合梁的承载能力。对于直线型有转向块的组合梁 PCB-23,由于转向块的作用及偏心距的增加,其预应力筋内力增量为 195.4kN,较之 PCB-15 的 90.66kN 有较大幅度的提高。将 PCB-19 与 PCB-23 相比可以发现,在有效预应力与偏心距相同时,折线型布筋形式的 M_y 较大,但直线型布筋的预应力组合梁的 M_u 较大。

(2)对于预应力加固组合梁,SCB-18 的极限承载力较之 PCB-17 略小;SCB-22 与 SCB-21 相比,初始有效预应力较高,梁的极限承载能力较强,而挠度较小。

(3)对于折线型布筋形式或者有转向块的预应力组合梁来说,预应力筋内力增量相对较大。极限状态时,一般挠度较大的,预应力内力增量也较大。

(4)对于无转向块的预应力组合梁,屈强比与延性比都较之普通组合梁低;而对于有转向块的预应力组合梁,屈强比与延性比大部分都有所提高。这说明预应力筋与组合梁相互作用越充分,越能够有效地提高组合梁的抗弯性能。

(5)PCB-24 梁的剪跨比较大,因此受剪力影响较大,极限荷载较之 PCB-23 较小。

3. 弯矩-挠度关系

图 2-6 给出了预应力箱梁测试的弯矩-挠度曲线。

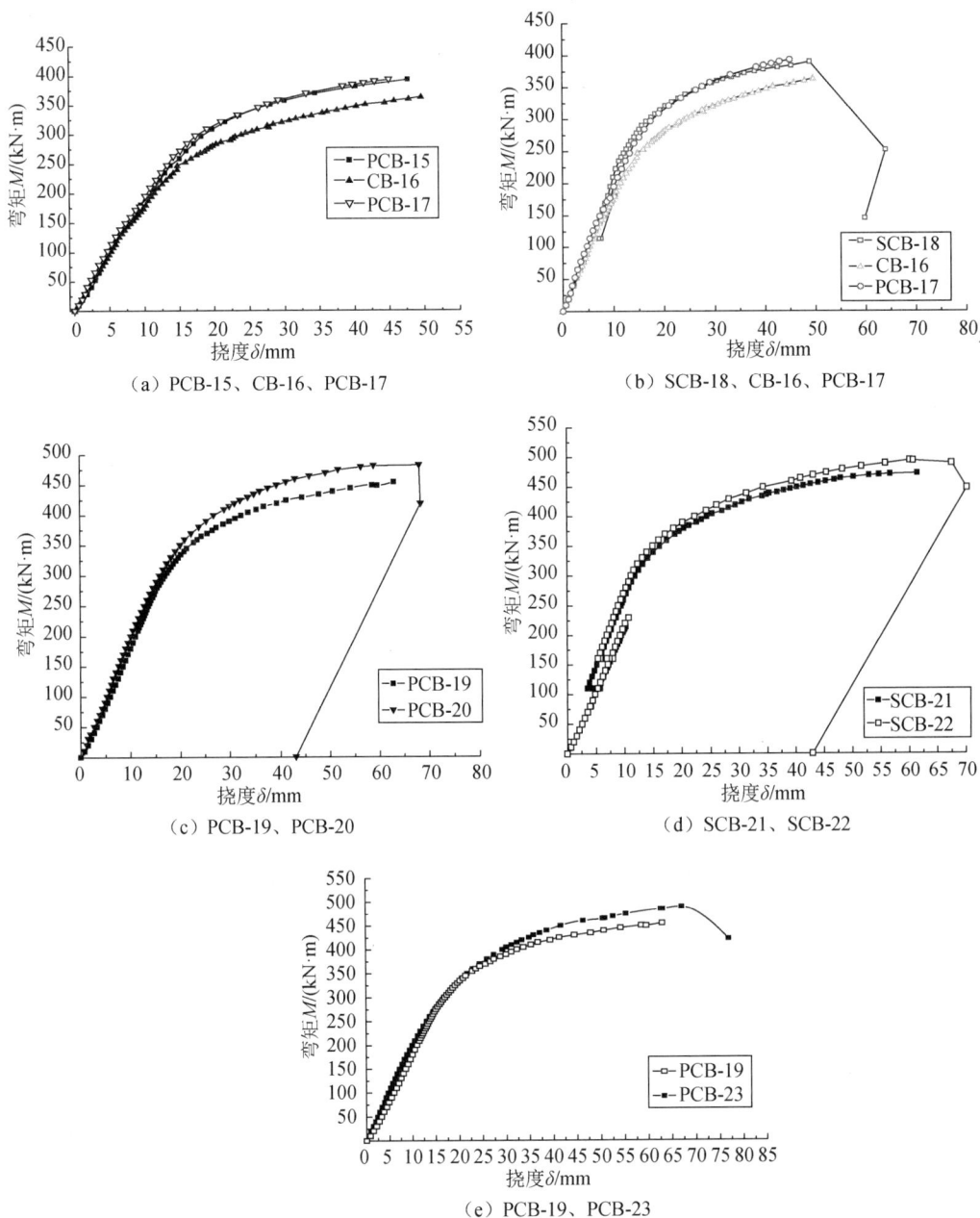

（a）PCB-15、CB-16、PCB-17

（b）SCB-18、CB-16、PCB-17

（c）PCB-19、PCB-20

（d）SCB-21、SCB-22

（e）PCB-19、PCB-23

图 2-6　试验梁弯矩-挠度曲线

从试验梁的弯矩-挠度曲线可以看出，对比试验结果，混凝土板的开裂并不会造成预应力组合梁挠度呈非线性增长趋势，预应力组合梁特征曲线可以分为三段。第一阶段为弹性工作阶段，从开始加载直至钢梁屈服为止。第二阶段为弹塑性工作阶段，从钢梁屈服时的荷载为起点至极限荷载值为终点；钢梁底板屈服后，随着荷载继续增大，钢梁应变呈非线性增长，受拉区钢梁屈服面积不断扩大，翼板混凝土也进入弹塑性阶段，挠度变化较快。第三阶段为下降段,当荷载达到极限荷载时,混凝土板顶压应变达到混凝土的极限压应变,混凝土板在跨中或加载点处破坏,截面的抗弯能力下降,混凝土板退出工作,由钢梁独自承担荷载,结构出现大变形。破坏阶段挠度增长过快,可能导致预应力筋的拉断,因此试验在结构达到承载力极限后未继续加载,弯矩-挠度曲线的下降段(破坏)没有测出来。

从图 2-6(a)可以看出,施加预应力后,在弹性阶段,组合梁的刚度略有增加,组合梁的弹性范围扩大,并且初始有效预应力越大,其刚度增加越多、弹性范围越大。但二次效应的存在使得预应力的作用降低,初始有效预应力的区别在弹塑性阶段没有表现出来。从图 2-6(b)可以看出,SCB-18 在施加预应力之前,弯矩-挠度曲线与 CB-16 较为接近,当钢梁底部屈服时卸载,然后对组合梁进行预应力张拉,张拉完毕后重新进行加载,发现组合梁的刚度得到增强,弯矩-挠度曲线与 PCB-17 较为接近。从图 2-6(c)可以看出,折线型布筋时,由于转向块的存在消除了二次效应,预应力筋内力对组合梁刚度的增强效果比较明显,尽管 PCB-20 初始有效预应力较低,但其预应力筋数量多,其内力增量较大,其刚度与承载力较 PCB-19 大。从图 2-6(d)可以看出,有效预应力越大,对组合梁的加固效果越明显,极限承载力也越大。从图 2-6(e)可以看出,预应力布筋形式的差别对组合梁的刚度与强度有影响,直线型有转向块布筋形式的预应力组合梁刚度较大,极限承载能力也较大。

4. 应变分析

预应力组合箱梁在承受荷载时,钢、混凝土的不同材料性质导致二者之间变形不协调。为此需要研究预应力组合梁的截面应变分布。图 2-7 给出了 PCB-15、CB-16 和 PCB-17 三根组合梁的截面应变分布,均选取了 7 个不同跨中弯矩值时的应变状态。

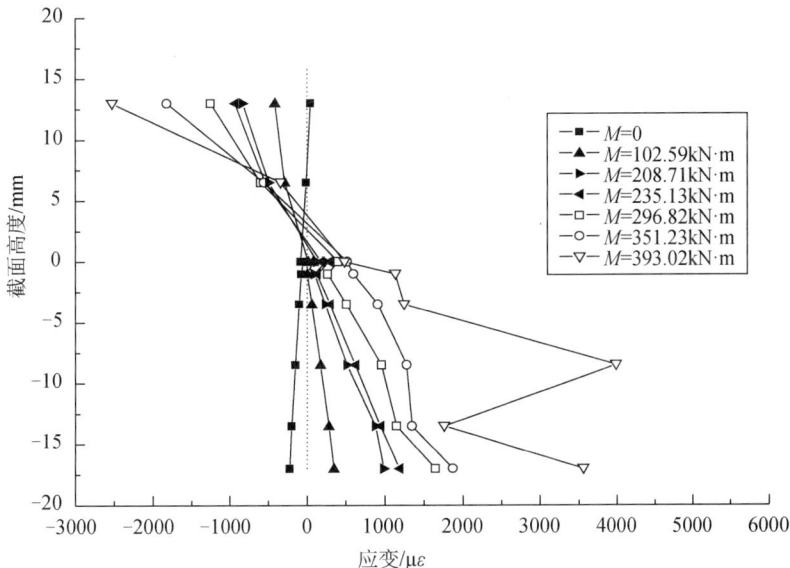

(a)PCB-15 试件

图 2-7　截面应变分布图

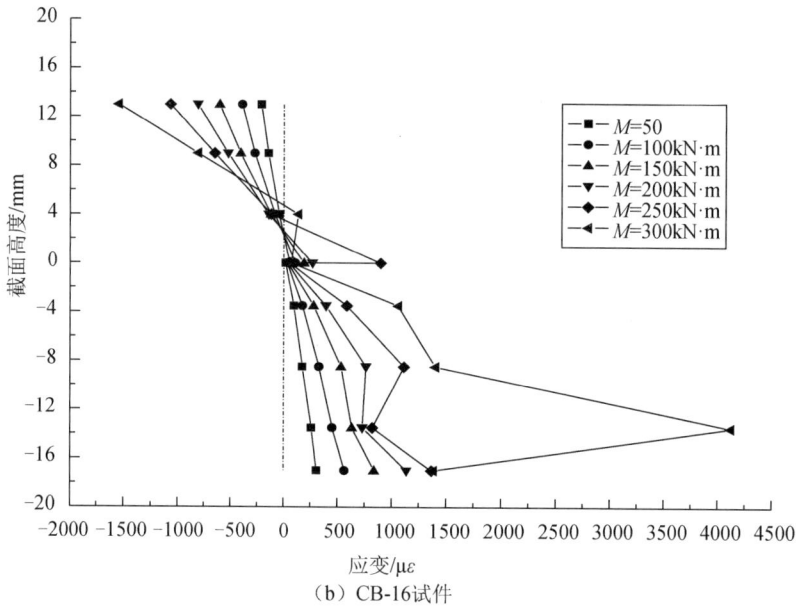

（b）CB-16试件

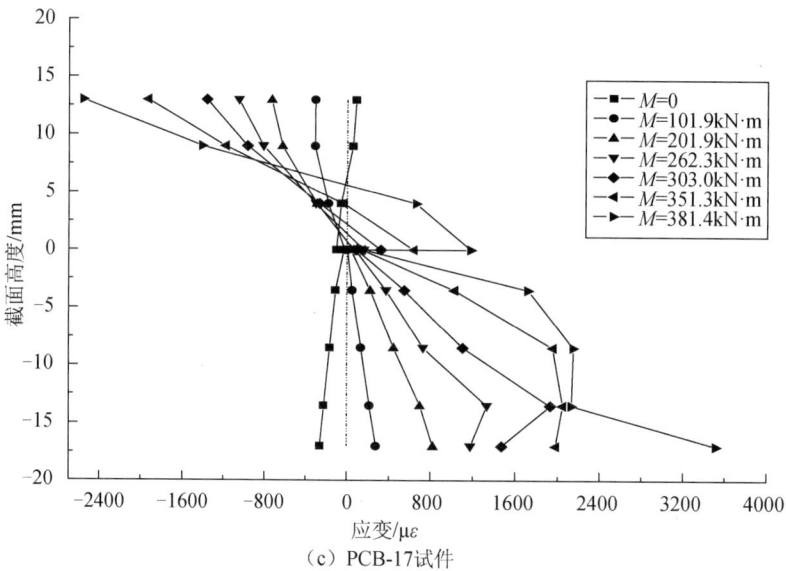

（c）PCB-17试件

图 2-7 （续）

从图 2-7 中可以看出，预应力组合梁与普通组合梁的界面应变分布特点相差不大。在加载初期，组合梁的钢、混凝土交界面就存在应变差，但基本上符合变形平截面假定。当进入弹塑性加载阶段后，交界面滑移应变差会很大。随着荷载的增加，钢梁腹板底会出现翘曲现象，梁中和轴不断上升，在破坏阶段已不满足平截面假定。同时可以看到，预应力组合梁在破坏阶段，钢梁底板及腹板基本达到屈服状态，而钢梁托板还未达到屈服。

5. 交界面滑移

预应力组合箱梁在承受荷载过程中，交界面沿梁纵轴线方向会产生滑移，滑移的产生会降低组合梁的刚度，影响梁的弹性承载能力。图 2-8 给出了 PCB-15、CB-16 试验过程中组合梁交界面沿纵向的滑移分布，图 2-9 给出了 PCB-15、CB-16 试验过程中梁上不同位置滑移的增长情况。

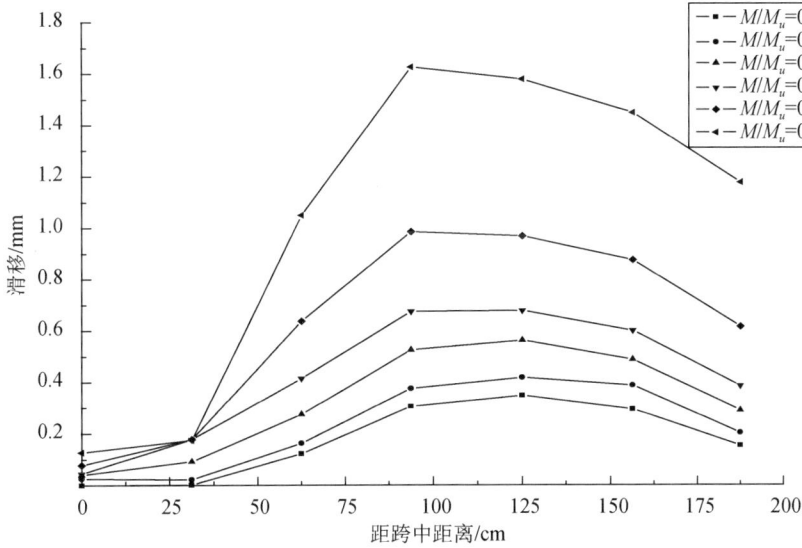

（a）PCB-15试件

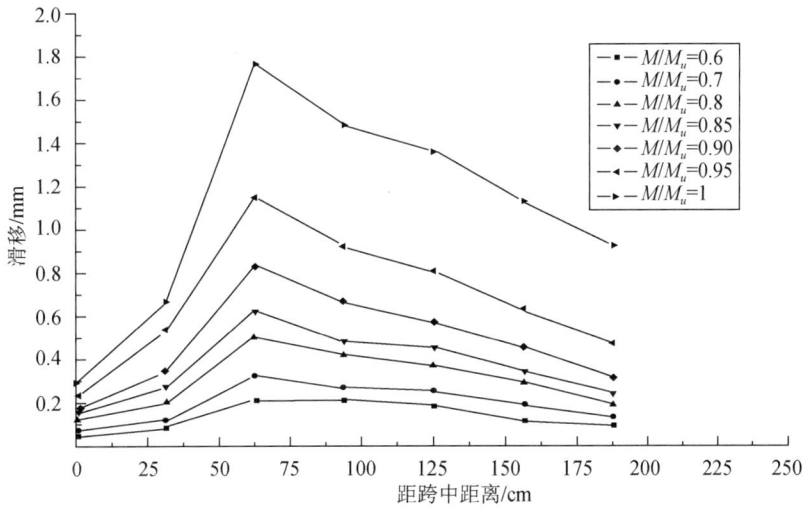

（b）CB-16试件

图 2-8　交界面滑移分布图

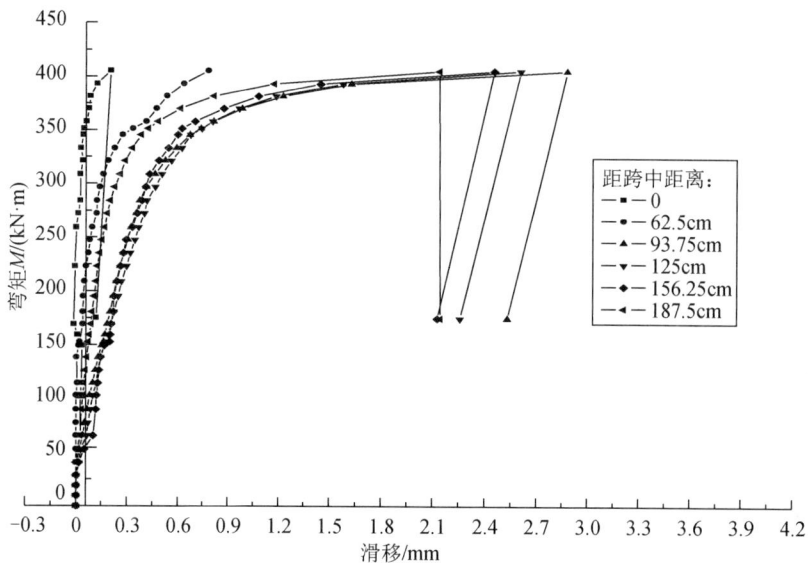

（a）PCB-15试件

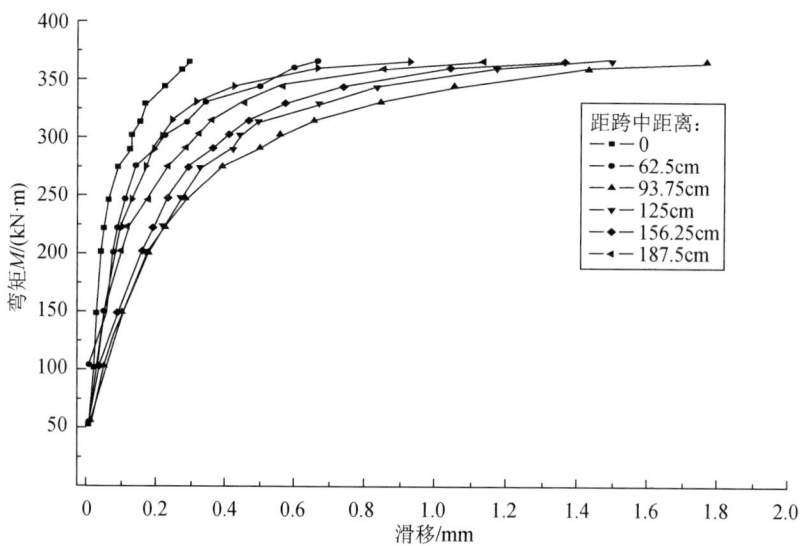

（b）CB-16试件

图 2-9　交界面弯矩-滑移曲线

从图 2-8 可以看出，预应力组合梁与普通组合梁的滑移分布情况类似：在组合梁跨中，交界面滑移较小，远离跨中，滑移增大，但是由于支座处受到局部压力的限制，越靠近支座，滑移量逐渐变小。

从图 2-9 可以看出，预应力组合梁的弯矩-滑移曲线可以分为三个阶段：第一阶段，在加载的初期，由于钢与混凝土的自然黏结尚未破坏，交界面未出现滑移，随着荷载的增加，自然黏结不足以抵抗交界面的剪力，自然黏结破坏，开始出现滑移；第二阶段，栓钉周围的混凝土还未压碎，滑移主要由栓钉的弯曲变形及混凝土压缩产生，这一阶段，滑移的增长较缓慢；第三阶段，栓钉周围的混凝土逐渐拉裂，栓钉的弯曲和混凝土的开裂破坏为滑移的主要来源，此时，滑移的增长较为迅速。

6. 预应力筋内力增量

预应力组合梁承受荷载后，由于梁的变形，会使锚固在钢梁两端的预应力筋产生变形，从而产生预应力增量，进一步提高梁截面的承载能力。对于直线型无转向块布筋形式，预应力筋变形产生的内力增量通常会达到初始有效预应力的 50%左右，而折线型布筋形式或直线型有转向块形式，内力增量会达到初始有效预应力的 70%左右，因此有必要对预应力筋的内力增量进行观测，找出预应力筋内力增量与荷载及结构变形的关系。

图 2-10 给出了预应力组合梁的弯矩-预应力筋内力增量曲线。图 2-11 给出了预应力组合梁的挠度-预应力筋内力增量曲线。

从图 2-10 和图 2-11 可以看出，弯矩-预应力筋内力增量曲线与弯矩-挠度曲线形状相似，而预应力内力增量与挠度呈近似线性关系，不同类型布筋形式导致斜率有所不同；在加载初期预应力筋内力增量与弯矩呈近似线性关系，当达到屈服荷载后，预应力筋内力增长变快，与弯矩为非线性关系；预应力筋的内力增量与预应力筋布筋形式相关，对于直线型布筋形式，有转向块，预应力筋的内力增量增长较快，对于折线型布筋形式，预应力筋内力开始增长较缓慢，后来增长较快；偏心距也是预应力筋内力增量的影响因素之一，偏心距越大，内力增量越大；预应力组合梁的初始刚度影响结构的变形，进而影响预应力筋的内力增量，即刚度较小时，梁变形较大，预应力筋内力增量较大。

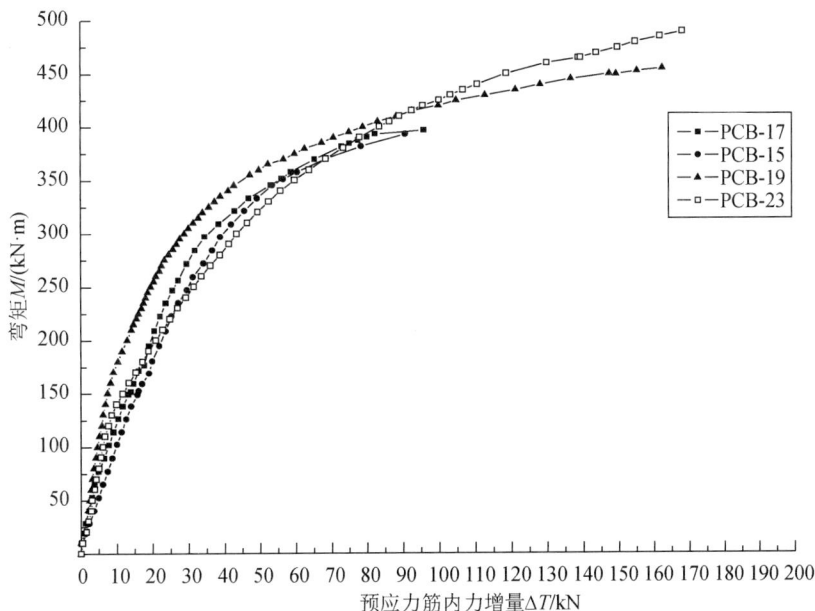

图 2-10　弯矩-预应力筋内力增量曲线图

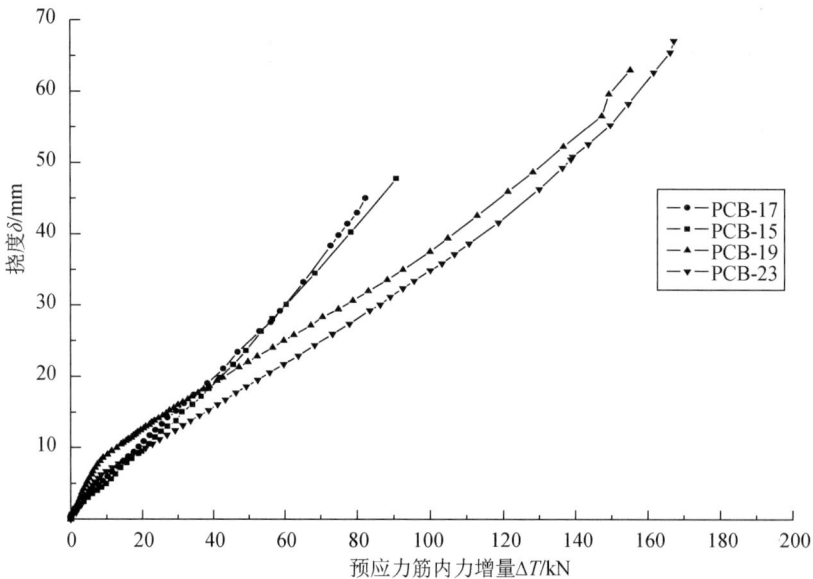

图 2-11　挠度-预应力筋内力增量曲线

2.1.4　小结

通过对 10 根预应力钢-混凝土组合箱梁的试验研究、试验过程分析及试验结果的总结，可以得到如下结论。

对于该种类型的预应力组合箱梁力学性能而言，其破坏特征为：钢梁大部分截面达到屈服，翼板混凝土压溃，结构发生过大变形，导致结构破坏。预应力组合梁在加载初期阶段，钢、混凝土应变差较小，截面基本符合平截面假定，随着荷载的增加，交界面应变差也变大。当结构临近破坏阶段时，钢梁腹板底部会出现一定的翘曲现象，交界面应变差也较大，已经不符合平截面的假定了。预应力组合梁在加载过程中，弯矩-挠度曲线分为三阶段：在钢梁屈服前，为线弹性阶段，翼板底部混凝土开裂对预应力组合梁的刚度没有明显影响；钢梁屈服后为弹塑性阶段，挠度增长变快；破坏后进入下降段，混凝土逐渐退出工作，由钢梁独自承担荷载。预应力组合梁有较高的承载能力和较好的变形性能，挠度延性系数为 3.5~5.0。预应力组合梁在承受荷载时，即使是完全剪力连接，也存在着滑移，滑移会影响组合梁的受力性能，降低梁截面刚度和强度。

通过预应力组合箱梁试件中的预应力筋力学性能方面的研究，得到如下结论。

（1）对于直线型无转向块的预应力组合梁，相同数量预应力筋，较大的初始有效预应力可以提高组合梁的弹性承载力，但由于二次效应的作用，对极限承载力影响很小；直线型有转向块的预应力组合梁，对组合梁的极限承载力有较大幅度的提高；折线型布筋形式的预应力组合梁，布置预应力筋数量越多，极限承载能力越大；折线型布筋的预应力组合梁，预应力筋内力增长在前期较为缓慢，后期变化较快；偏心距越大，预应力筋内力增量也较大。

（2）利用预应力张拉技术对普通混凝土组合梁进行加固，可以较大幅度地提高既有组合梁的刚度和承载能力，并且初始有效预应力越大，加固效果越好。

（3）预应力筋内力增量通常能达到初始预应力的 50%～70%，内力增量与结构的刚度、变形有关。一般情况下，梁刚度越大，内力增量越小。

2.2　预应力筋内力增量分析与计算

2.2.1　引言

从预应力组合箱梁试验结果可以看出，预应力组合箱梁在受力后，其弯曲下挠会使预应力筋产生应力增量。随着组合箱梁挠度的增大，预应力筋内力增量会达到初始张拉预应力的 50% 以上，因此在计算组合箱梁的应力和变形时，不能忽略预应力应力增量的影响。本书试验试件采用体外预应力技术，除了在锚固端和转向块的位置与结构相连，其他部位与结构并无接触。在计算时，应变协调条件不再适用，因此不能从梁截面的应变特征来确定预应力筋的应力，而需要通过计算锚固端和转向块处的变形来确定。

从试验梁的预应力内力增量-挠度曲线可以看出，体外预应力筋内力增量与挠度近似呈线性关系，但是由于布筋形式的不同，线性关系难以确定。王景全[58]推导了基于挠度的预应力筋应变增量的计算公式

$$\Delta \varepsilon_{pe} = \xi \frac{e_m \delta}{L^2} \qquad (2.1)$$

式中：e_m 为预应力筋锚固端距组合梁弹性中和轴的距离；δ 为组合梁的挠度；L 为组合梁的净跨；ξ 为应变增量系数，体外预应力筋与梁体连接点（转向块）越多，应变增量系数 ξ 越大，规定对于直线型无转向装置的预应力筋 ξ 取 4，对于布置无穷个转向块时 ξ 取 8，对于一般情况，应变增量系数 ξ 为 4～8。对于布筋形式不同的情况应变增量系数 ξ 的取值依然需要通过试验来确定，具有一定的局限性。

根据组合箱梁在不同受力阶段的特点求解预应力筋应力增量。在弹性阶段，基于能量法求解预应力筋的应力增量；对于破坏阶段，根据组合梁截面的塑性发展程度，确定预应力组合箱梁的跨中挠度和梁端转角，计算预应力筋的伸长量，从而得到预应力筋应力增量。

2.2.2　预应力筋的预应力损失概述

体外预应力筋在张拉及使用过程中，由于施工因素、材料性能和环境条件等的影响，预应力钢筋的应力水平会不断降低。所谓的预应力损失指的是预应力钢筋在张拉锚固后的预应力与构件稳定后所能保持的预应力的差值。尽管预应力损失对结构的承载能力极限状态下的抗弯承载能力影响较小，但是对于正常使用状态下的性能，如反拱、挠度及结构应力状态有密切的关系。因此，正确估计、计算和减少预应力筋应力损失对于预应力组合梁的设计计算有重要意义[59~62]。

目前，一般将预应力损失分为两类：瞬时损失和长期损失。瞬时损失指的是施加预应力时短时间内完成的损失，包括锚具变形和钢筋滑移、混凝土弹性压缩、分批张拉等

损失。长期损失包括混凝土的收缩、徐变和预应力松弛损失。我国《公路钢筋混凝土及预应力混凝土桥涵设计规范》（JTG 3362—2018）[63]及《混凝土结构设计规范》（GB 50010—2010）（2015 年版）[64]等都只针对体内有黏结和无黏结的预应力混凝土结构，对于体外预应力钢-混凝土组合结构并不能完全适合。预应力组合梁的预应力损失主要由锚固损失、摩擦损失及预应力松弛损失组成，但本书组合梁试验从张拉到加载至破坏是在较短时间内完成的，因此预应力松弛损失不予考虑，只计算锚固损失和摩擦损失。

1. 锚固损失

锚固损失是由锚具变形、垫板缝隙挤紧、预应力钢筋内缩所引起的预应力损失。

对于直线型布筋，可以按下列公式计算

$$\sigma_{l1} = \frac{\alpha}{l} E_p \qquad (2.2)$$

式中：l 为张拉端至锚固端之间预应力筋的有效长度，取张拉端至锚固端间直线距离；α 为张拉端锚具变形和钢筋回缩值，按表 2-5 取用；E_p 为预应力筋的弹性模量，依据现行《混凝土结构设计规范》取值。

表 2-5　张拉端锚具变形和钢筋回缩值 α　　　　　　　　（单位：mm）

项目	支撑式锚具		锥塞式锚具	夹片式锚具	
	螺帽缝隙	每块后加垫板的缝隙		有顶压	无顶压
α	1	1	5	5	6~8

锚固端的锚具在张拉预应力筋过程中已挤紧，因此 α 值只考虑张拉端。

对于折线型布筋，计算方法有所不同。当锚具变形、钢筋内缩时，预应力筋将会在转向块处产生反向摩擦。由于反向摩擦的影响，σ_{l1} 在张拉端最大，经过每个转向块时会减少，预应力筋回缩影响最远端转向块时消失，预应力筋的应力分布如图 2-12 所示。

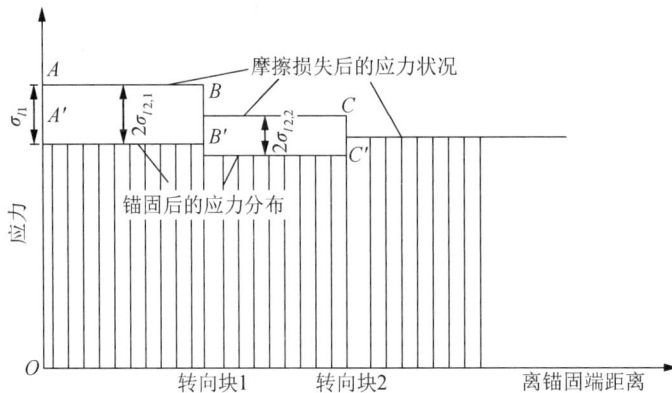

图 2-12　预应力筋应力分布图

从图 2-12 可以看出，当锚具变形时，由于钢筋的回缩在转向块 1 处产生摩擦力，会使 AB 段预应力筋产生应力损失 σ_{l1}，转向块处原本有正向的摩擦力，钢筋回缩时产生反向的摩擦力，假设正反向摩擦力大小相同，则 AB 段的预应力损失 $\sigma_{l1,1} = 2\sigma_{l2,1}$。若锚具变形产生的预应力损失在转向块 1 不能平衡就会继续在转向块 2 产生摩擦，使 BC 段预应力筋产生应力损失 $\sigma_{l2,2}$。依此类推，有可能在各个转向块处产生摩擦用以平衡锚具变形产生的应力损失。

折线型预应力筋的锚具变形和钢筋回缩值 α 参考表 2-5。

预应力筋锚具变形和钢筋回缩产生的力 $F = \alpha A_p E_s / l$，其中 A_p 为预应力筋的横截面积，E_s 为预应力筋弹性模量，l 为预应力筋总长。转向块的摩擦力 $F_i = 2A_p \sigma_{l2,i}$，其中 $\sigma_{l2,i}$ 为张拉端到第 k 个转向块区域间的预应力筋应力。若 $\sum_{i=1}^{k-1} F_i < F < \sum_{i=1}^{k} F_i$，即钢筋回缩影响区为张拉端到第 k 个转向块的区域，一般来说，一端张拉的情况，影响区域不超过构件全长；两端张拉的情况，影响区域不超过构件全长的 1/2。若摩擦损失较小，即 $F \geqslant \sum_{i=1}^{n} F_i$，$n$ 为转向块总个数，则回缩力的差值部分按全长分配考虑。

若影响区域为第 k 个转向块，则第 i 个转向块的锚固损失为

$$\sigma_{l1,i} = 2\sigma_{l2,i} \qquad 1 < i \leqslant k-1 \tag{2.3}$$

$$\sigma_k = \alpha E_s / l - \sum_{j=1}^{k-1} 2\sigma_{l2,j} \qquad i = k \tag{2.4}$$

2. 摩擦损失

与有黏结或无黏结的预应力混凝土结构不同，预应力组合梁的摩擦损失只发生在预应力筋与钢梁的连接处。对于直线型布筋组合梁只在锚固端与组合梁相连，通常忽略锚固端的摩擦损失；对于折线型布筋组合梁会在转向块处产生摩擦损失。预应力筋与转向块之间的摩擦力大小取决于相互之间正压力的大小及摩擦系数，而预应力筋的摩擦损失 σ_{l2} 即为预应力筋在各转向块处的摩擦力之和。

对于单个转向块的摩擦损失为

$$\sigma_{l2} = \sigma_{con}(1 - e^{-\mu\theta}) \tag{2.5}$$

式中：θ 为力筋轴心线之间的空间夹角；μ 为摩擦系数，按表 2-6 取值；σ_{con} 为预应力筋初始的有效应力。

表 2-6　摩擦系数 μ 的取值

钢绞线及转向块类型	μ
未经润滑的钢绞线对钢制转向块	0.20～0.25
涂抹油脂的钢绞线对钢制转向块	0.16～0.20
装在塑料管内的钢绞线对钢制转向块	0.16～0.20

而当 $\mu\theta < 0.2$ 时，则 $\sigma_{l2} = \mu\theta\sigma_{con}$。

布置多个转向块时，摩擦损失的计算应分段考虑预应力筋的实际张拉应力，从张拉端起算，第一个转向块的摩擦损失为

$$\sigma_{l2,1} = \mu\theta_1\sigma_{con} \tag{2.6}$$

第 i 段预应力筋的实际初始张拉应力为

$$\sigma_i = \sigma_{con} - \sum_{j=1}^{i-1} \sigma_{l2,j} \tag{2.7}$$

第 i 个转向块处的摩擦损失为

$$\sigma_{l2,i} = \mu\theta_i \left(\sigma_{con} - \sum_{j=1}^{i-1} \sigma_{l2,j} \right) \tag{2.8}$$

2.2.3　不同布筋预应力增量计算方法

为求解预应力组合梁在正常使用极限状态下的弹性承载力和变形，首先需确定预应力组合梁的预应力增量。此阶段钢梁与翼板混凝土材料均处于弹性阶段，因此采用能量法[65]能够较为方便地求解不同布筋形式的预应力筋应力增量，计算结果也较为准确。

能量法的原理[66]：假定弹性体在受力作用的过程中始终保持平衡，因而没有动能的改变，而且弹性体的非机械能也没有变化，于是，外力势能的减少（外力所做的功）就完全转变为形变势能（应变能），存储于弹性体内部。形变势能可以用应力在其相应的应变上所做的功来计算。能量法应用于计算预应力组合梁弹性阶段的预应力筋应力增量时做出如下假定：

（1）预应力组合梁处于弹性阶段，钢梁、预应力筋和混凝土材料均处于弹性范围。

（2）忽略组合梁的剪切变形的影响。

（3）不计预应力筋在转向块处的摩擦影响，假定预应力筋在转向块处可以自由滑动，预应力筋的内力处处相等。

（4）在弹性工作状态下，预应力筋相对梁体位置变化引起的二次效应可以忽略。

图 2-13 给出了预应力组合箱梁在外荷载作用下的变形情况。根据能量法原理，外荷载做功为 $W = Fw/2$，组合梁结构的应变能包括梁的弯曲应变能 U_1、预应力增量对梁体的压缩应变能 U_2 和预应力筋的拉伸应变能 U_3，由能量守恒原理建立的能量法基本方程[67]为

$$W = U_1 + U_2 + U_3 \tag{2.9}$$

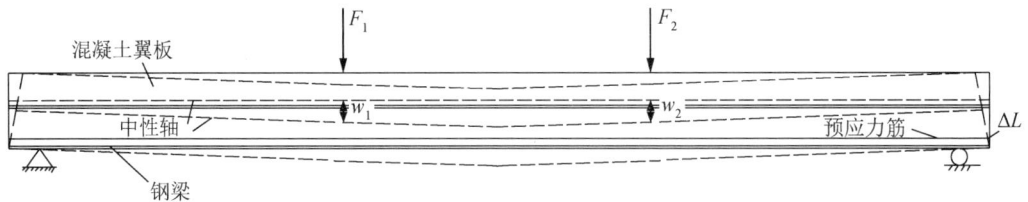

图 2-13　预应力组合箱梁受力变形示意图

1. 直线型布筋分析

针对试验梁 PCB-15、PCB-17，建立直线型无转向块布筋形式的四点弯曲预应力组合梁应力增量计算模型。

以预应力组合梁形心轴为水平坐标轴，建立组合梁计算坐标系 xoy，如图 2-14 所示。预应力筋只在组合梁两端 A、B 点与梁体锚固，在组合梁三分点上作用大小相同的集中力 F，预应力筋内力增量 ΔP 对梁体的作用可以简化为组合梁两端的集中力与弯矩。

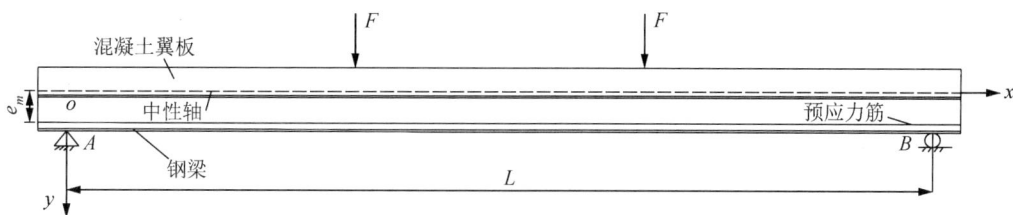

图 2-14　直线型（无转向块）布筋的预应力组合箱梁布置图

预应力组合梁在集中荷载及该荷载下产生的预应力内力增量 ΔP 的作用下，沿梁长的弯矩为

$$M(x) = \begin{cases} Fx - \Delta P e_m & 0 \leqslant x < L/3 \\ FL/3 - \Delta P e_m & L/3 \leqslant x \leqslant 2L/3 \\ F(L-x) - \Delta P e_m & 2L/3 < x < L \end{cases} \qquad (2.10)$$

式中：e_m 为直线筋锚固点到组合梁截面形心的距离；L 为梁的净跨。

根据梁的近似挠曲微分方程[68]

$$-EIy'' = M(x) \qquad (2.11)$$

式中：EI 为考虑预应力作用的组合梁抗弯刚度，可按照文献[4]计算。将式（2.10）代入式（2.11）积分，并引入边界条件，可得梁体变形曲线为

$$y(x) = \begin{cases} \dfrac{1}{EI}\left[\dfrac{1}{9}FL^2x - \dfrac{1}{6}Fx^3 + \dfrac{1}{2}\Delta P e_m x(x-L)\right] & 0 \leqslant x < L/3 \\[2mm] \dfrac{1}{EI}\left[\dfrac{1}{6}FLx(L-x) - \dfrac{1}{162}FL^3 + \dfrac{1}{2}\Delta P e_m x(x-L)\right] & L/3 \leqslant x \leqslant 2L/3 \\[2mm] \dfrac{1}{EI}\left[\dfrac{1}{6}Fx^3 - \dfrac{1}{2}FLx^2 + \dfrac{7}{18}FL^2x - \dfrac{1}{18}FL^3 + \dfrac{1}{2}\Delta P e_m x(x-L)\right] & 2L/3 < x \leqslant L \end{cases}$$

$$(2.12)$$

外力 F 所做的功为

$$W = Fy(L/3) = \frac{5}{162EI}F^2L^3 - \frac{1}{9EI}F\Delta P e_m L^2 \qquad (2.13)$$

预应力组合梁的弯曲变形能为

$$U_1 = \frac{1}{2EI}\int_0^L M^2(x)\mathrm{d}x = \frac{1}{2EI}\left(\frac{5}{81}F^2L^3 + \Delta P^2 e_m^2 L - \frac{4}{9}FL^2\Delta P e_m\right) \qquad (2.14)$$

预应力组合梁在预应力筋内力增量 ΔP 作用下产生的轴向压缩变形应变能为

$$U_2 = \frac{\Delta P^2 L}{2E_s A_0} \qquad (2.15)$$

式中：E_s 为钢梁的弹性模量；A_0 为组合梁换算钢截面面积。

预应力筋的拉伸应变能为

$$U_3 = \frac{\Delta P^2 L}{2E_p A_p} \qquad (2.16)$$

式中：E_p、A_p 分别为预应力筋的弹性模量和截面面积。

将式（2.13）～式（2.16）代入式（2.9），求解方程得到预应力内力增量 ΔP 为

$$\Delta P = \frac{2FLe_m}{9\left[e_m^2 + EI\left(\frac{1}{E_pA_p} + \frac{1}{E_sA_0}\right)\right]} \tag{2.17}$$

则预应力筋应力增量 Δf_p 为

$$\Delta f_p = \frac{2E_pFLe_m}{9\left[EI + E_pA_p\left(e_m^2 + \frac{EI}{E_sA_0}\right)\right]} \tag{2.18}$$

2. 折线型布筋分析

针对试验梁 PCB-19、PCB-20，建立折线型布筋形式的四点弯曲预应力组合梁应力增量计算模型。

如图 2-15 所示，折线型布筋形式的组合梁，预应力筋在 A、B 两点锚固在组合梁上，同时 C、D 处布置转向块。锚固端与组合梁截面形心距离为 e_{m1}，转向块处与组合梁截面形心的距离为 e_{m2}，θ 为预应力筋的转向角。在承受荷载后，预应力筋产生内力增量 ΔP，预应力筋在转向块处产生向上的集中力 F_{pres}，并在梁端产生轴向力 N_p。

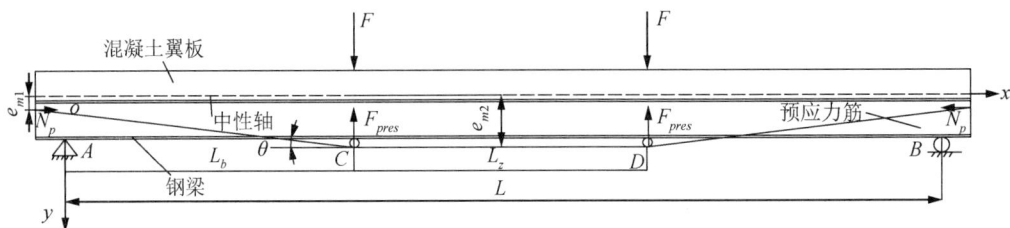

图 2-15 折线型布筋的预应力组合箱梁布置图（一）

预应力组合梁在集中力 F 作用下，预应力筋产生内力增量 ΔP，因此在转向块处产生向上的集中力 F_{pres}，在锚固端产生 N_p，其中 $F_{pres} = \Delta P\sin\theta$，$N_p = \Delta P\cos\theta$。则沿梁长的弯矩为

$$M(x) = \begin{cases} (F - \Delta P\sin\theta)x - \Delta P\cos\theta e_{m1} & 0\leqslant x < L/3 \\ (F - \Delta P\sin\theta)L/3 - \Delta P\cos\theta e_{m1} & L/3\leqslant x\leqslant 2L/3 \\ (F - \Delta P\sin\theta)(L-x) - \Delta P\cos\theta e_{m1} & 2L/3 < x\leqslant L \end{cases} \tag{2.19}$$

根据梁的变形微分方程和边界条件即可以得到梁的挠度曲线，即

$$y(x) = \begin{cases} \frac{1}{EI}\left[(F-\Delta P\sin\theta)\left(\frac{1}{9}L^2x - \frac{1}{6}x^3\right) + \frac{1}{2}\Delta P\cos\theta e_{m1}x(x-L)\right] & 0\leqslant x<L/3 \\ \frac{1}{EI}\left\{(F-\Delta P\sin\theta)\left[\frac{1}{6}Lx(L-x) - \frac{1}{162}L^3\right] + \frac{1}{2}\Delta P\cos\theta e_{m1}x(x-L)\right\} & L/3\leqslant x\leqslant 2L/3 \\ \frac{1}{EI}\left[(F-\Delta P\sin\theta)\left(\frac{1}{6}x^3 - \frac{1}{2}Lx^2 + \frac{7}{18}L^2 - \frac{1}{18}L^3\right) + \frac{1}{2}\Delta P\cos\theta e_{m1}x(x-L)\right] & 2L/3 < x\leqslant L \end{cases}$$

$$\tag{2.20}$$

外力 F 所做的外力功为

$$W = Fy(L/3) = \frac{F}{EI}\left[\frac{5}{162}(F - \Delta P \sin\theta)L^3 - \frac{1}{9}\Delta P \cos\theta e_{m1}L^2\right] \quad (2.21)$$

预应力组合梁的弯曲变形能为

$$U_1 = \frac{1}{2EI}\int_0^L M^2(x)\mathrm{d}x$$

$$= \frac{1}{2EI}\left[\frac{5}{81}(F - \Delta P\sin\theta)^2 L^3 + \Delta P^2\cos^2\theta e_{m1}^2 L - \frac{4}{9}(F - \Delta P\sin\theta)L^2\Delta P\cos\theta e_{m1}\right] \quad (2.22)$$

预应力组合梁在预应力筋内力增量 ΔP 作用下产生压缩变形能，即

$$U_2 = \frac{\Delta P^2\cos^2\theta L}{2E_s A_0} \quad (2.23)$$

预应力筋的拉伸应变能为

$$U_3 = \frac{\Delta P^2 L\left(1 + \dfrac{2}{\cos\theta}\right)}{6E_p A_p} \quad (2.24)$$

将式（2.21）~式（2.24）代入式（2.9）中，求解方程得到预应力筋内力增量 ΔP 为

$$\Delta P = \frac{5\sin\theta FL^2 + 18\cos\theta FLe_{m1}}{5\sin^2\theta L^2 + 81\cos^2\theta\left(e_{m1}^2 + \dfrac{EI}{E_s A_o}\right) + 27\left(1 + \dfrac{2}{\cos\theta}\right)\dfrac{EI}{E_p A_p} + 36e_{m1}L\sin\theta\cos\theta} \quad (2.25)$$

则预应力筋应力增量 Δf_p 为

$$\Delta f_p = \frac{E_p(5\sin\theta FL^2 + 18\cos\theta FLe_{m1})}{27\left(1 + \dfrac{2}{\cos\theta}\right)EI + E_p A_p\left[5\sin^2\theta L^2 + 81\cos^2\theta\left(e_{m1}^2 + \dfrac{EI}{E_s A_0}\right) + 36e_{m1}L\sin\theta\cos\theta\right]} \quad (2.26)$$

针对试验梁 PCB-24，即采用折线型布筋形式（跨中有转向块）的预应力组合梁在跨中集中荷载作用下，根据相同的思路建立模型计算预应力筋的应力增量。

如图 2-16 所示，预应力筋在 A、B 两点锚固在组合梁上，同时跨中 C 处布置转向块。锚固端与组合梁截面形心距离为 e_{m1}，转向块处与组合梁截面形心的距离为 e_{m2}，θ 为预应力筋的转向角。

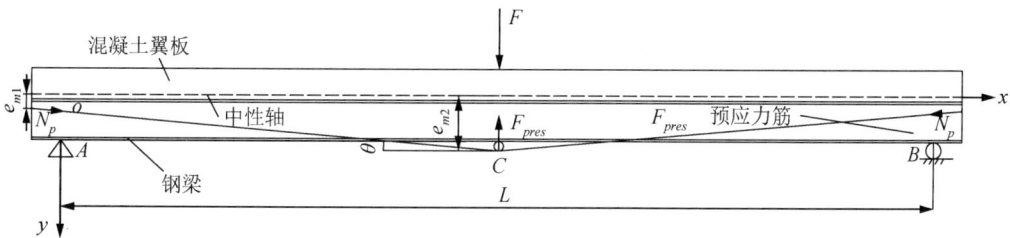

图 2-16　折线型布筋的预应力组合箱梁布置图（二）

当组合梁跨中承受集中力 F 时，预应力筋产生增量 ΔP，根据结构受力特点得到组合梁沿梁长的弯矩为

$$M(x) = \begin{cases} \left(\dfrac{1}{2}F - \Delta P\sin\theta\right)x - \Delta P\cos\theta e_{m1} & 0 \leqslant x \leqslant L/2 \\[3mm] \left(\dfrac{1}{2}F - \Delta P\sin\theta\right)(L-x) - \Delta P\cos\theta e_{m1} & L/2 \leqslant x \leqslant L \end{cases} \tag{2.27}$$

根据变形微分方程及边界条件可得沿梁长的位移

$$y(x) = \begin{cases} \dfrac{1}{EI}\left[-(F - 2\Delta P\sin\theta)\left(\dfrac{1}{12}x^2 - \dfrac{1}{16}L^2\right)x + \dfrac{1}{2}\Delta P\cos\theta e_{m1}x(x-L)\right] & 0 \leqslant x \leqslant L/2 \\[3mm] \dfrac{1}{EI}\left[-\dfrac{1}{6}\left(\dfrac{1}{2}F - \Delta P\sin\theta\right)(L-x)^3 - \dfrac{1}{2}(L-x)\left(\Delta P\cos\theta e_{m1} + \dfrac{1}{4}\Delta P\sin\theta L^2 - \dfrac{1}{8}FL^2\right)\right] & L/2 \leqslant x \leqslant L \end{cases}$$

$$\tag{2.28}$$

外力 F 做的外力功为

$$W = \frac{1}{2}Fy(L/2) = \frac{1}{96EI}(F^2L^3 - 2F\Delta P\sin\theta L^3 - 6F\Delta P\cos\theta L^2 e_{m1}) \tag{2.29}$$

预应力组合梁的弯曲变形能为

$$\begin{aligned} U_1 &= \frac{1}{2EI}\int_0^L M^2(x)\mathrm{d}x \\ &= \frac{1}{24EI}\left[\left(\frac{1}{2}F - \Delta P\sin\theta\right)L^2\left(\frac{1}{2}FL - \Delta P\sin\theta L - 6\Delta P\cos\theta e_{m1}\right) + 12\Delta P^2\cos^2\theta e_{m1}^2 L\right] \end{aligned}$$

$$\tag{2.30}$$

预应力组合梁在内力增量 ΔP 作用下的轴向压缩变形能为

$$U_2 = \frac{\Delta P^2 \cos^2\theta L}{2E_s A_0} \tag{2.31}$$

预应力筋的拉伸应变能为

$$U_3 = \frac{\Delta P^2 L}{2\cos\theta E_p A_p} \tag{2.32}$$

将式（2.29）~式（2.32）代入式（2.9）中，求解方程得到预应力筋内力增量 ΔP 为

$$\Delta P = \frac{\sin\theta FL^2 + 3\cos\theta FLe_{m1}}{2\sin^2\theta L^2 + 24\cos^2\theta\left(e_{m1}^2 + \dfrac{EI}{E_s A_0}\right) + \dfrac{24EI}{\cos\theta E_p A_p} + 12e_{m1}L\sin\theta\cos\theta} \tag{2.33}$$

则预应力筋应力增量 Δf_p 为

$$\Delta f_p = \frac{E_p(\sin\theta FL^2 + 3\cos\theta FLe_{m1})}{\dfrac{24EI}{\cos\theta} + E_p A_p\left[2\sin^2\theta L^2 + 24\cos^2\theta\left(e_{m1}^2 + \dfrac{EI}{E_s A_0}\right) + 12e_{m1}L\sin\theta\cos\theta\right]} \tag{2.34}$$

对于折线型布筋形式的预应力组合梁，预应力筋转向角 θ 会随着梁的下挠而变大，满足以下计算公式。

$$\cos\theta = \frac{l_b}{\sqrt{l_b^2 + (y_z + e_{m2} - e_{m1})^2}}, \qquad \sin\theta = \frac{y_z + e_{m2} - e_{m1}}{\sqrt{l_b^2 + (y_z + e_{m2} - e_{m1})^2}}$$

式中：l_b 为转向块到组合梁支座的距离；y_z 为转向块处的竖向位移，即式（2.20）和式（2.28）均为隐式，需要进行迭代求解。但是由于梁在弹性阶段的变形较小，为简化计算认为 θ 不变，θ 按下式计算。

$$\cos\theta = \frac{l_b}{\sqrt{l_b^2 + (e_{m2} - e_{m1})^2}} \tag{2.35}$$

$$\sin\theta = \frac{e_{m2} - e_{m1}}{\sqrt{l_b^2 + (e_{m2} - e_{m1})^2}} \tag{2.36}$$

2.2.4　极限状态下预应力筋内力增量分析

为求解预应力组合梁承载能力极限状态下的力筋应力增量，需计算组合梁在极限状态下的跨中挠度 δ_u 及梁端转角 θ_u。按照塑性发展程度，将组合梁沿全长分为弹性区、弹塑性区和塑性铰区[12]。对应于不同区域，假定组合梁的曲率分布如图 2-17 所示。假定组合梁的塑性区长度为 $2l_u$，塑性曲率为 φ_u，弹塑性区长度为 l_{pe}，弹塑性曲率为 φ_{pe}，弹性区长度为 l_e，组合梁屈服曲率为 φ_y（弹性区最大曲率）。

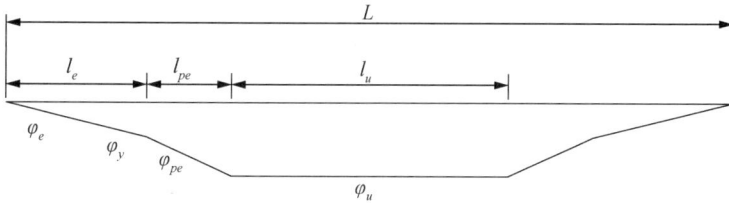

图 2-17　极限状态下组合梁的典型曲率分布图

组合梁正截面在塑性极限状态时有三种情况：①混凝土板达到抗压极限，钢梁仍有强度储备。②钢梁全截面进入屈服，混凝土仍有强度储备。③钢梁下翼缘受拉应变达到受拉极限应变，混凝土板仍有强度储备。组合梁处于塑性极限状态时，塑性中和轴一般位于混凝土板中，混凝土本身的应力-应变关系比较复杂，近似假定塑性中和轴在混凝土受压区下边缘。因此可以得到截面的塑性曲率 φ_u。

翼板混凝土受压破坏时为

$$\varphi_u = \varepsilon_{cu} / c_0 \tag{2.37}$$

钢梁受拉破坏时为

$$\varphi_u = \varepsilon_{su} / (h - c_0) \tag{2.38}$$

式中：ε_{cu} 为混凝土的极限压应变；ε_{su} 为钢的极限拉应变；h 为组合梁截面高度；c_0 为极限状态时混凝土受压区高度。

根据组合梁截面在极限状态时的平衡条件求受压区高度 c_0。

$$c_0 = \frac{f_p A_p + f_y A_s}{0.8 f_c B_c} = \frac{(f_{p0} + \Delta f_p) A_p + f_y A_s}{0.8 f_c B_c} \tag{2.39}$$

式中：f_c 为翼板混凝土抗压强度；B_c 为翼板的有效宽度；f_{p0} 为预应力筋的初始张拉应力；f_y 为钢梁的屈服强度；A_s 为钢梁受拉区的面积。

根据虚功原理，组合梁的极限挠度 δ_u 和梁端转角 θ_u 可分别由公式 $\delta_u = \int_0^{L/2} x\varphi(x)\mathrm{d}x$

和 $\theta_u = \int_0^{L/2} \varphi(x)\mathrm{d}x$ 得到[69]，则组合梁的极限挠度和梁端转角为

$$\delta_u = \frac{1}{3}\varphi_y l_e^2 + \frac{1}{2}l_{pe}\left(l_e + \frac{1}{2}l_{pe}\right)(\varphi_y + \varphi_u) + \frac{1}{2}l_u\left(l_e + l_{pe} + \frac{1}{4}l_u\right)\varphi_u \quad (2.40)$$

$$\theta_u = \frac{1}{2}\varphi_y l_e + \frac{1}{2}l_{pe}(\varphi_y + \varphi_u) + \frac{1}{2}l_u\varphi_u \quad (2.41)$$

试验研究结果表明，塑性区等效长度约为梁的高度[70]，即 $l_u = h$。如果梁存在纯弯矩区且弯矩最大，则塑性区等效长度为 $l_u = h + l_z$，其中 l_z 为纯弯矩区长度。对于弹性区的长度，首先求出预应力组合梁的屈服弯矩 M_y 和预应力内力增量 Δf_p，此时根据弯矩的分布就可以求出弹性区长度 l_e，屈服曲率可以用下式求解

$$\varphi_y = \frac{M_y - M_p}{B} \quad (2.42)$$

式中：M_p 为预应力引起的等效弯矩；B 为考虑滑移的组合梁折减刚度。

（1）对于直线型无转向块布筋形式的组合梁，如图 2-14 所示。

预应力筋的初始长度为 $l = L$，则极限状态下预应力筋的长度为

$$l' = 2\sin\theta_u e_m + L\cos\theta_u \quad (2.43)$$

预应力筋的伸长量 Δl 为

$$\Delta l = l' - l = 2\sin\theta_u e_m + L(\cos\theta - 1) \quad (2.44)$$

一般 θ_u 较小，即可认为 $\sin\theta_u = \theta_u$，$\cos\theta_u - 1 = -\theta_u^2/2$。若预应力筋处于弹性阶段，预应力筋的应力增量为

$$\Delta f_p = \left(\frac{2\theta_u e_m}{L} - \frac{\theta_u^2}{2}\right)E_p \quad (2.45)$$

联立式（2.37）、式（2.39）、式（2.41）及式（2.45）进行迭代求解，即可求出预应力筋内力增量 Δf_p。

（2）对于折线型双转向块的组合梁，如图 2-15 所示。

预应力筋的伸长量 Δl 为

$$\Delta l = 2\left[\sqrt{(\theta_u e_{m1} + l_b\cos\theta_u)^2 + (y_z + e_{m2} - e_{m1})^2} - \sqrt{l_b^2 + (e_{m2} - e_{m1})^2}\right] \quad (2.46)$$

若预应力筋处于弹性阶段，则预应力筋应力增量 Δf_p 为

$$\Delta f_p = \frac{2E_p\left[\sqrt{(\theta_u e_{m1} + l_b\cos\theta_u)^2 + (y_z + e_{m2} - e_{m1})^2} - \sqrt{l_b^2 + (e_{m2} - e_{m1})^2}\right]}{l_z + 2\sqrt{l_b^2 + (e_{m2} - e_{m1})^2}} \quad (2.47)$$

式中：l_z 为转向块之间的距离；l_b 为转向块到梁端的距离，即 $l = 2l_b + l_z$；对于直线型双转向块的组合梁 $e_{m1} = e_{m2}$。

（3）对于折线型单转向块的组合梁，如图 2-16 所示。

预应力筋的伸长量 Δl 为

$$\Delta l = 2\left[\sqrt{(\theta_u e_{m1} + L/2)^2 + (y_z + e_{m2} - e_{m1})^2} - \sqrt{L^2/4 + (e_{m2} - e_{m1})^2}\right] \quad (2.48)$$

若预应力筋处于弹性阶段，预应力筋应力增量 Δf_p 为

$$\Delta f_p = \frac{E_p\left[\sqrt{(\theta_u e_{m1} + L/2)^2 + (y_z + e_{m2} - e_{m1})^2} - \sqrt{L^2/4 + (e_{m2} - e_{m1})^2}\right]}{\sqrt{L^2/4 + (e_{m2} - e_{m1})^2}} \qquad (2.49)$$

2.2.5　结果分析

根据上述公式分别计算预应力组合箱梁在正常使用极限状态和塑性极限状态时的预应力筋增量，并与试验结果进行比较，如表 2-7 所示。其中下标 y、u 代表正常使用极限状态值和塑性极限状态值，下标 j、t 分别代表计算值和试验值。

表 2-7　预应力筋增量计算值与试验值比较

试验梁号	$\Delta P_{y,j}$	$\Delta P_{y,t}$	$\Delta P_{u,j}$	$\Delta P_{u,t}$	$\Delta P_{y,j}/\Delta P_{y,t}$	$\Delta P_{u,j}/\Delta P_{u,t}$
PCB-15	33.98	29.50	109.80	90.66	1.15	1.21
PCB-17	34.98	27.10	116.25	95.87	1.29	1.21
PCB-19	43.69	34.54	158.40	162.24	1.26	0.97
PCB-20	77.41	75.81	282.90	269.86	1.02	1.05
PCB-23	40.00	36.12	234.33	195.40	1.11	1.19
PCB-24	26.06	20.79	153.40	130.00	1.25	1.18

从表 2-7 可以看出，预应力筋内力增量计算值大多较试验值偏大，这是因为在推导理论公式时忽略了预应力筋与钢梁之间的摩擦，而试验值并不是通过测量预力筋应变得到的，而是通过锚固在梁端的压力传感器测量的，所以偏差是正常的，理论公式符合精度要求。组合梁 PCB-23 在极限状态时，预应力筋内力计算值超过屈服值 190kN，试验实测值也接近屈服值，因此预应力筋的布置和初始张拉值需要综合考虑使其有较安全的增长空间。

2.2.6　小结

针对预应力组合箱梁不同受力阶段的特点，分别推导了组合箱梁在弹性阶段、塑性极限状态时的预应力筋应力增量计算公式。组合箱梁在弹性阶段时，假定组合箱梁的刚度不变，通过能量法求解预应力增量；组合箱梁在塑性极限状态时，通过计算预应力筋在该状态下的变形得到预应力筋的应力增量。理论计算结果和试验结果进行对比，精度满足要求。

2.3　预应力组合箱梁承载能力分析

2.3.1　引言

预应力组合箱梁按极限状态设计法进行设计时，需考虑正常使用和承载能力两个极限状态。对正常使用极限状态，考虑荷载的短期效应组合，以挠度、应力为控制指标；对承载能力极限状态，在不发生局部或整体屈曲的前提下，认为全截面进入塑性。

重点探讨预应力组合箱梁的极限状态设计方法，对预应力组合箱梁在正常使用极限状态下和承载能力极限状态下的计算方法进行理论研究，并将理论计算结果与试验结果对比。在正常使用极限状态理论分析过程中，建立考虑滑移效应的组合梁抗弯刚度，将预应力等效为外力，计算预应力组合梁的弹性承载力和挠度。在承载能力极限状态理论分析中，采用简化的塑性理论，考虑预应力筋的二次效应，推导出预应力组合箱梁抗弯承载能力的计算公式，并对抗弯承载能力进行迭代求解。

2.3.2 挠度与承载力分析

1. 考虑滑移效应的组合箱梁抗弯刚度

1）组合箱梁的折减刚度计算

组合箱梁承受荷载后，剪力连接件承受剪力变形，导致钢梁与混凝土翼板产生滑移，按照传统的换算截面法计算组合梁的变形和应力会导致结果偏大，导致结构设计的不安全，因此必须考虑滑移效应引起的组合箱梁抗弯刚度的折减。

我国现行规范《钢结构设计标准》（GB 50017—2017）[71]中，对组合箱梁的抗弯刚度考虑了滑移效应，折减刚度 B 可计算为

$$B = \frac{EI_{\text{eq}}}{1+\xi} \tag{2.50}$$

式中：E 为钢梁的弹性模量；I_{eq} 为组合梁的换算截面惯性矩；ξ 为刚度折减系数。

$$\xi = \eta\left[0.4 - \frac{3}{(jl)^2}\right] \tag{2.51}$$

$$\eta = \frac{36Ed_{\text{c}}pA_0}{n_{\text{s}}khl^2} \tag{2.52}$$

$$j = 0.81\sqrt{\frac{n_{\text{s}}N_{\text{v}}^{\text{c}}A_1}{EI_0 p}}(\text{mm}^{-1}) \tag{2.53}$$

$$\begin{cases} A_0 = \dfrac{A_{\text{cf}}A}{\alpha_{\text{E}}A + A_{\text{cf}}} \\[2mm] A_1 = \dfrac{I_0 + A_0 d_{\text{c}}^2}{A_0} \\[2mm] I_0 = I + \dfrac{I_{\text{cf}}}{\alpha_{\text{E}}} \end{cases} \tag{2.54}$$

式中：A_{cf} 为混凝土翼板截面面积；对压型钢板混凝土组合板的翼板，应取其较弱截面的面积，且不考虑压型钢板；I 为钢梁截面惯性矩；I_{cf} 为混凝土翼板的截面惯性矩；对压型钢板混凝土组合板的翼板，应取其较弱截面的惯性矩，且不考虑压型钢板；d_{c} 为钢梁截面形心到混凝土翼板截面（对压型钢板混凝土组合板为其较弱截面）形心的距离；h 为组合梁截面高度；p 为抗剪连接件的纵向平均间距；k 为抗剪连接件刚度系数，$k = N_{\text{v}}^{\text{c}}$；$n_{\text{s}}$ 为抗剪连接件在一根梁上的列数。

文献[72]给出了计算组合梁折减刚度新的表达形式，当钢梁和混凝土翼板两者不存在组合作用时，二者都按照自己的形心轴弯曲，截面的抗弯刚度为 $EI_0 = EI_s + E_cI_c$，当钢梁和混凝土完全组合时，截面的抗弯刚度为 $EI_{eq} = EI_s + E_cI_c + EA_0d_c^2$，而考虑滑移效应时的组合梁抗弯刚度可以表达为

$$B = EI_0 + \phi EA_0d_c^2 \tag{2.55}$$

式中：ϕ 为钢梁与混凝土梁的组合作用系数。

组合作用系数与折减刚度系数的关系如下式

$$\xi = \frac{(1-\phi)A_0d_c^2}{I_0 + \phi A_0d_c^2} \tag{2.56}$$

2）栓钉抗剪刚度的确定

从上节内容可以看出，不管是刚度折减系数 ζ 还是组合作用系数 ϕ，都涉及栓钉连接件的抗剪刚度 k，栓钉抗剪刚度则需通过试验研究结果得到。由试验研究结果得到的荷载-滑移曲线是反映连接件工作性能的特征曲线。对于栓钉连接件，各国学者提出了多种剪力-滑移曲线。应用比较广泛的是 Ollgaard 于 1971 年提出的模型[73]，公式形式为

$$V = V_u(1 - e^{-ns})^m \tag{2.57}$$

式中：V_u 为栓钉的极限承载力；s 为滑移；m、n 为根据试验得到的参数。

如 Ollgaard 提出 $m = 0.558$、$n = 1\text{mm}^{-1}$；Johnson 提出 $m = 0.989$、$n = 1.535\text{mm}^{-1}$；Aribert 提出 $m = 0.8$、$n = 0.7\text{mm}^{-1}$。各公式定义的栓钉剪力-滑移关系曲线如图 2-18 所示。

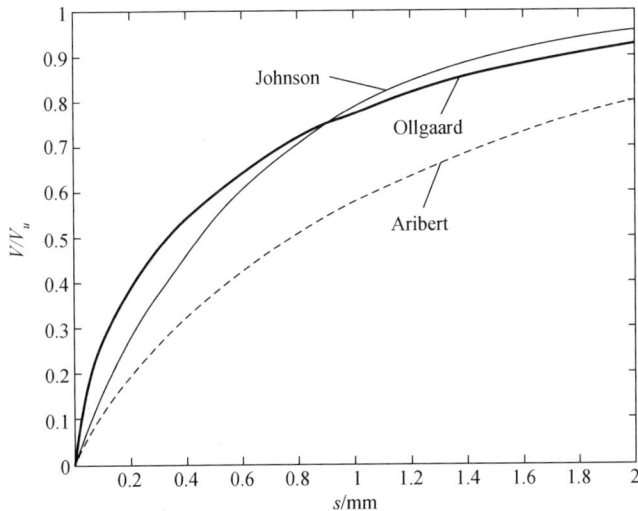

图 2-18　剪力-滑移关系曲线

从式（2.56）可以看出，栓钉的刚度是不断变化的，随着荷载的增加，刚度越来越小。为简化计算一般认为在栓钉受力的弹性阶段，栓钉承受的剪力为其极限荷载的 50%[74]，而且此时认为其滑移为 0.5mm，由此可以认为栓钉的抗滑移刚度在数值上等于

栓钉的极限承载力，即 $k = N_{v,k}^c$。此时，$N_{v,k}^c$ 为承载力的标准值，并不是栓钉本身剪切破坏的承载力，而是考虑混凝土破坏时对应的承载力。

从 20 世纪 50 年代开始，国内外许多研究者对单个栓钉连接件的承载能力进行了研究，依据试验结果提出了各自的计算方法[75~78]，国内外规范也对栓钉的承载能力标准值和设计值做出了规定。

ECCS1981《组合结构》给出了栓钉抗剪承载力标准值计算公式

$$N_{v,k}^c = 0.46 A_s \sqrt{f_{ck}' E_c} \leqslant 0.7 f_u A_s \qquad (2.58)$$

欧洲规范 EC4（2004）[79]对栓钉承载力的计算公式改为设计值表达式

$$N_v^c = \frac{0.37 A_s \sqrt{f_{ck}' E_{cm}}}{\gamma_v} \leqslant \frac{0.8 f_u A_s}{\gamma_v} \qquad (2.59)$$

我国《钢结构设计标准》（GB 50017—2017）[71]给出了栓钉承载能力设计值为

$$N_v^b = n_v \frac{\pi d^2}{4} f_v^b \qquad (2.60)$$

式中：f_{ck}' 为混凝土的 150mm×300mm 圆柱体抗压强度特征值（有 95%保证率的强度）；E_{cm} 为混凝土的平均弹性模量；γ_v 为栓钉承载力的抗力分项系数，EC4 建议取 1.25；A_s 为栓钉截面积；f_u 为栓钉材料极限抗拉强度；n_v 为受剪面数目；f_v^b 为栓钉的抗剪和承压强度设计值。相关参数可根据国家标准《电弧螺柱焊用圆柱头焊钉》（GB/T 10433—2002）[80]选用。

150mm×300mm 圆柱体试件的强度 f_{ck}' 与我国 150mm 立方体试件的强度 $f_{cu,k}$ 之间存在如下关系[70]，即

$$f_{ck}' = (0.8 \sim 0.85) f_{cu,k} = (1.675 \sim 1.779) f_c$$

若将式（2.56）作为计算栓钉承载力标准值的依据，并用我国规范符号进行表达，则

$$N_{v,k}^s = 0.46 A_s \sqrt{f_{ck}' E_c} = 0.46 A_s \sqrt{(1.675 \sim 1.779) f_c E_c} = (0.5953 \sim 0.6136) A_s \sqrt{f_c E_c}$$

上式近似等于我国规范设计值的 1.4 倍。

若将式（2.57）用我国规范符号进行表达，则

$$N_{v,k}^s = 0.37 A_s \sqrt{f_{ck}' E_{cm}} = 0.37 A_s \sqrt{(1.675 \sim 1.779) f_c E_{cm}} = (0.479 \sim 0.494) A_s \sqrt{f_c E_{cm}}$$

上式近似等于我国规范设计值的 1.13 倍。

本书取栓钉抗剪刚度标准值为上述规范的平均值，即

$$k_{0.5} = 1.25 \times 0.43 A_s \sqrt{f_c E_c} \qquad (2.61)$$

其值为我国栓钉承载力设计值的 1.25 倍，单位为 N/mm。

栓钉受力的弹塑性阶段时，即当栓钉承受极限荷载的 70%~75%时，栓钉附近的混凝土开裂，栓钉的割线刚度已经下降，此时取

$$k_{0.75} = \frac{1}{1.2} \times 0.43 A_s \sqrt{f_c E_c} \qquad (2.62)$$

则根据栓钉在弹性阶段和弹塑性阶段的不同刚度计算组合作用系数 φ。当栓钉处于弹性阶段时，

$$\begin{cases} \xi_{0.5} = \dfrac{E_s A_0}{KL^2} = \dfrac{p E_s A_0}{n_s k_{0.5} L^2} = 0.8 \dfrac{E_s A_0}{n_s k L^2} = 0.8\xi \\ \phi_{0.5} = \dfrac{1}{1+8\xi} \end{cases} \tag{2.63}$$

当栓钉处于弹塑性阶段时，

$$\begin{cases} \xi_{0.75} = \dfrac{E_s A_0}{KL^2} = \dfrac{p E_s A_0}{n_s k_{0.75} L^2} = 1.2 \dfrac{E_s A_0}{n_s k L^2} = 1.2\xi \\ \phi_{0.75} = \dfrac{1}{1+12\xi} \end{cases} \tag{2.64}$$

2. 考虑滑移效应的组合梁挠度分析

滑移效应对预应力组合梁的受力性能有较大的影响，因此在计算预应力组合梁的挠度时应该考虑滑移效应的不利影响，运用上节给出的折减刚度进行挠度计算。从试验组合梁的荷载-挠度曲线可以看出，混凝土开裂时，曲线斜率没有明显变化，即假定混凝土开裂不影响预应力组合梁的刚度。

预应力组合梁的受力过程可分为两个阶段，即预应力张拉阶段和外荷载作用阶段。

（1）预应力张拉阶段。张拉预应力时，组合梁产生反拱 δ_1。将预应力按等效荷载作为外力，运用结构力学公式求出。

$$\delta_1 = \int_0^l \frac{\bar{M}(x) M_p(x)}{B} \mathrm{d}x = \int_0^l \frac{\bar{M}(x) M_p(x)}{E_s I_0 + \phi A_0 d_c^2} \mathrm{d}x \tag{2.65}$$

式中：$M_p(x)$ 为预应力 P 等效荷载产生的弯矩；$\bar{M}(x)$ 为在拟求位移位置作用单位荷载产生的弯矩。

（2）外荷载作用阶段。预应力组合梁承受外荷载时，组合梁产生向下的弹性挠度 δ_2。若不考虑预应力筋增量，外荷载作用产生的弹性挠度为 $\delta_荷$。同时在外荷载作用下，预应力筋产生预应力增量 ΔP，预应力增量使组合梁产生反拱 $\delta_{\Delta p}$。则弹性挠度为

$$\delta_2 = \delta_荷 - \delta_{\Delta p} \tag{2.66}$$

同样，设在拟求位移位置作用单位荷载，产生的弯矩分布为 $\bar{M}(x)$，则有

$$\delta_荷 = \int_0^l \frac{\bar{M}(x) M_荷(x)}{B} \mathrm{d}x = \int_0^l \frac{\bar{M}(x) M_荷(x)}{E_s I_0 + \phi A_0 d_c^2} \mathrm{d}x \tag{2.67}$$

$$\delta_{\Delta P} = \int_0^l \frac{\bar{M}(x) M_{\Delta P}(x)}{B} \mathrm{d}x = \int_0^l \frac{\bar{M}(x) M_{\Delta P}(x)}{E_s I_0 + \phi A_0 d_c^2} \mathrm{d}x \tag{2.68}$$

在计算预应力增量等效荷载产生的弯矩 $M_{\Delta P}(x)$ 时，可不考虑预应力筋偏心距的减小。

3. 考虑滑移效应的组合梁弹性承载能力计算

正常使用极限状态以预应力组合梁的钢梁屈服为极限点，为计算正常使用极限状态下的挠度，必须先求解预应力组合梁的弹性承载力，即屈服荷载。经典的换算截面法可

以较为方便地进行应力计算，但是没有考虑钢梁与混凝土翼板界面间的滑移。本书运用附加变形法[12]来计算预应力组合梁的弹性承载力。

附加变形法计算步骤如下所述。

（1）根据换算截面法计算不考虑滑移效应的预应力组合梁的弹性承载力 M_y'。

a．对组合梁施加预应力阶段。施加预应力后，钢梁底板压应力为 ε_1，此时将预应力作为内力考虑，构件未承受外力，$M_1 = 0$。

b．施加外荷载以平衡预应力阶段。施加一定外荷载后，使钢梁底板应力为 0。此时预应力筋的内力增量为 ΔP_1，预应力筋内力增量产生的弯矩为 M_{P1}，组合梁截面的弯矩为

$$M_2 = W\sigma_1 + M_{P1} \qquad (2.69)$$

式中：W 为换算截面法计算的组合梁抗弯截面模量；σ_1 为预应力产生的钢梁压应力，$\sigma_1 = E_s\varepsilon_1$。

c．在 M_2 的基础上继续施加荷载至钢梁底部达到屈服应变 ε_y，此时预应力增量为 ΔP_2，预应力筋产生的弯矩为 M_{P2}，此时组合梁承受的弯矩为

$$M_3 = W\sigma_y + M_{P2} \qquad (2.70)$$

将上述组合梁承受的弯矩进行叠加，并令 $M_P = M_{P1} + M_{P2}$，则预应力组合梁的弹性承载力为

$$M_y' = W(\sigma_y + \sigma_1) + M_P \qquad (2.71)$$

当预应力组合梁承受外荷载时，假设当预应力组合梁屈服时外荷载为 F_y，则外弯矩为

$$M_y' = f(F_y) \qquad (2.72)$$

弹性阶段的预应力筋内力增量可由式（2.66）、式（2.74）或式（2.82）得到，然后联立式（2.71）、式（2.72）即可以解得 M_y'。

（2）考虑界面间的滑移效应，运用附加变形法计算组合梁截面弹性弯矩减小的折减系数。

由于滑移的存在，预应力组合梁的弹性承载力要小于式（2.71）给出的计算值，为了定量计算滑移效应引起的截面承载力的降低，引入如下假设：①钢梁和混凝土受弯时具有相同的弯曲曲率；②滑移效应引起截面的附加变形，产生的应力、应变按线性分布；③考虑滑移效应对预应力增量的影响。计算模型如图 2-19 所示。

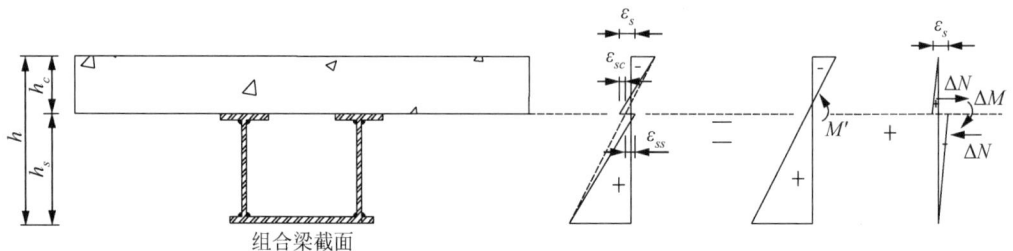

图 2-19　附加变形法计算模型

假设组合梁不考虑滑移时的弯矩为 M'，此时交界面的相对滑移应变为 ε_s，则钢梁顶部的附加应变为

$$\varepsilon_{ss} = \varepsilon_s h_s / h \tag{2.73}$$

钢梁截面的附加压力为

$$\Delta N_s \approx E_s \varepsilon_s h_s (0.5 A_{s1} + A_{s3}) / h \tag{2.74}$$

则由 ΔN_s 引起的截面弯矩减小的附加弯矩为

$$\Delta M = E_s \varepsilon_s h_s (h A_{s1} + 2 h_c A_{s3}) / 6h \tag{2.75}$$

式中：A_{s1}、A_{s3} 分别为钢梁腹板、钢梁托板截面积。

根据附加变形法，由 ΔM 引起的附加曲率为

$$\Delta \varphi = \varepsilon_s / h = \zeta' M' / (EI_h) \tag{2.76}$$

将式（2.76）代入式（2.75）可得

$$\Delta M = \frac{\zeta' M' h_s}{6 I_{eq}} (h A_{s1} + 2 h_c A_{s3}) \tag{2.77}$$

式中：$I_{eq} = (E / E_s) \cdot I_h$。

组合梁截面承受的实际弯矩为

$$M = M' - \Delta M \tag{2.78}$$

因此，在弹性极限状态，对应钢梁屈服时的组合梁弯矩为

$$M_y = M'_y - \Delta M = \left[1 - \frac{\zeta' h_s}{6 I_{eq}} (h A_{s1} + 2 h_c A_{s2}) \right] M'_y \tag{2.79}$$

式中：M'_y 为按照换算截面法得到的预应力组合梁屈服弯矩，可由式（2.72）求得；ζ' 为预应力组合梁的刚度折减系数，可由文献[81]计算公式得到。为简化计算，若认为预应力对组合梁滑移无影响，则可由组合梁的刚度折减系数代替，即可用式（2.66）计算。

下面针对试验组合梁，根据式（2.79）和式（2.66）分别计算预应力组合梁屈服荷载 M_y 与正常使用极限状态时的挠度 δ_y，并与试验结果进行比较，计算结果如表 2-8 所示。

表 2-8 预应力组合箱梁屈服荷载与屈服挠度实测值与计算值对比

试验梁号	$M_{y,j}$ / (kN·m)	δ_j /mm	$M_{y,t}$ / (kN·m)	δ_t /mm	$M_{y,j}/M_t$	δ_j/δ_t
PCB-15	243.52	14.76	247.23	13.74	0.98	1.07
PCB-17	250.43	15.02	262.31	14.15	0.95	1.06
PCB-19	266.4	14.59	280.25	14.11	0.95	1.03
PCB-20	255.35	13.63	272	14.1	0.938	0.96
PCB-23	253.81	14.91	270.13	14.5	0.94	1.03
PCB-24	244.88	5.21	259	4.95	0.94	1.05

注：j 代表计算值；t 代表试验实测值。

从表 2-8 可以看出，初始有效预应力越大，屈服荷载越大。除组合梁 PCB-20 外，挠度的计算值都比实测值要大，而屈服荷载的计算值都较实测值小。总体上，理论计算值与实测值吻合较好，可供实际应用参考。

2.3.3 预应力组合梁的极限抗弯承载力计算

1. 基本假定

目前规范中并没有针对预应力组合梁的设计条文，一般来说，当钢梁钢板的宽厚比满足规范要求时，可以认为组合梁在达到塑性极限状态之前，不发生局部或整体失稳。本书按照简化的塑性理论来计算预应力组合梁的极限抗弯承载力，做出如下假定。

（1）截面应变符合平截面假定，极限状态时，钢梁截面全截面达到屈服，受压区混凝土的应力分布近似取矩形应力分布，且不考虑受拉区混凝土的作用。

（2）尽管钢梁与翼板混凝土界面间滑移会降低极限承载能力，但由于钢材的强化作用可以抵消这种影响，不考虑滑移对极限承载能力的影响。

（3）不考虑混凝土板内普通钢筋的作用，试验结果表明，极限状态时，预应力组合梁中普通钢筋的极限应变均较小，且普通钢筋按照构造配筋，配筋率较小，与钢梁相比可以忽略不计。

（4）混凝土、钢梁、钢绞线的本构关系均按照现行设计规范执行。

2. 组合梁极限承载能力计算

一般来说，对于完全剪力连接的预应力组合梁，其塑性中轴位于混凝土翼板内[82]，因此极限状态时梁截面应力、应变分布如图 2-20 所示。

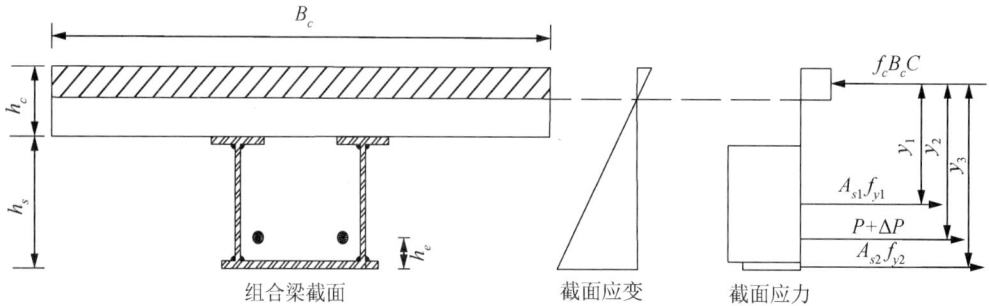

图 2-20　极限状态时梁截面的应力、应变分布

对于完全剪力连接的组合梁，剪力连接件能够有效地传递组合梁界面间的剪力，因此混凝土的等效矩形受压区高度 c 与钢梁和预应力筋受力有关，根据力的平衡条件得

$$f_c B_c c = A_{s1} f_{y1} + A_{s2} f_{y2} + (P + \Delta P) \tag{2.80}$$

式中：f_c 为混凝土抗压强度；B_c 为混凝土翼板的有效宽度；A_{s1}、A_{s2} 分别为钢梁腹板、底板的截面面积；f_{y1}、M_P 分别为腹板、底板的屈服强度；P、ΔP 分别为预应力筋的初始预应力和预应力内力增量。

从试验结果看，钢梁顶板的应变较小，因此不考虑其对抗弯承载力的贡献。翼板混凝土等效受压区高度为

$$c = \frac{f_{y1} A_{s1} + f_{y2} A_{s2} + (P + \Delta P)}{f_c B_c} = \frac{f_{y1} A_{s1} + f_{y2} A_{s2} + (f_p + \Delta f_p) A_p}{f_c B_c} \tag{2.81}$$

从式（2.45）、式（2.47）、式（2.49）可以看出，预应力增量 ΔP 与翼板混凝土受压区高度相关，可按照以下步骤进行迭代求解：

（1）令 $\Delta f_{p0} = 0$ 代入式（2.39）求得混凝土受压区高度 c_1。

（2）将混凝土受压区高度 c_1 代入式（2.45）、式（2.47）或式（2.49）得到 Δf_{p1}。

（3）将得到的 Δf_{p1} 代入式（2.39）求得混凝土受压区高度 c_2。

（4）重复步骤（1）～（3），直到 $\Delta f_{pn} - \Delta f_{pn-1}$ 较小为止，即可求出混凝土等效受压区高度 c 与预应力增量 Δf_p。

对混凝土等效受压区中心求矩，即可得到预应力组合梁的极限抗弯承载力。

$$M_u = f_{y1} A_{s1} y_1 + f_{y2} A_{s2} y_2 + (f_p + \Delta f_p) A_p y_3 \qquad (2.82)$$

式中：y_1、y_2 分别为受拉区钢梁腹板、钢梁底板截面形心到混凝土翼板受压区截面形心的距离；y_3 为考虑二次效应后的预应力筋截面形心到混凝土翼板受压区截面形心的距离。

对于直线型无转向块布筋形式的组合梁，在极限状态时，偏心距会减小，会减小预应力作用对承载能力的贡献。此时，预应力筋截面形心到混凝土翼板受压区截面形心的距离 y_3 可计算为

$$y_3 = h - h_e - \frac{c}{2} - \delta_u \qquad (2.83)$$

式中：δ_u 为预应力组合梁跨中的极限挠度，可按式（2.40）求得。

对于折线型或有转向块布筋形式的组合梁，偏心距损失较小，可以不考虑二次效应的影响。

分别按照式（2.82）和式（2.40）计算试验梁的极限抗弯承载能力 M_u、极限挠度 δ_u 并与试验结果进行比较，如表 2-9 所示。

表 2-9 抗弯承载力试验实测值与计算值的比较

试验梁号	$\delta_{u,j}$ / mm	$\delta_{u,t}$ / mm	$M_{u,j}$ /(kN·m)	$M_{u,t}$ /(kN·m)	$\delta_{u,j}/\delta_{u,t}$	$M_{u,j}/M_{u,t}$
PCB-15	53.57	47.74	360	393.02	1.12	0.92
PCB-17	54.45	49.58	365.83	396.27	1.10	0.923
PCB-19	67.88	62.99	429.07	454.38	1.08	0.944
PCB-20	64.28	58.86	453.4	482	1.09	0.941
PCB-23	62.49	67.08	441.6	488.75	0.93	0.90
PCB-24	15.54	28.21	418.31	436.05	0.55	0.96

注：j 代表计算值，t 代表试验实测值。

从表 2-9 的计算结果可以看出，理论计算值与试验结果较吻合，挠度的计算值偏大，而极限承载力偏小，计算公式是偏于安全的。弯剪试验梁 PCB-24 的挠度值偏小的原因是跨度较小，剪力对挠度的影响较大，而运用曲率面积法求极限挠度时，只考虑了弯矩的作用。

2.3.4 小结

本节主要讨论了预应力组合箱梁在正常使用极限状态和塑性极限状态时的挠度和

承载力计算方法。在推导了考虑滑移效应的组合箱梁折减抗弯刚度的计算公式的基础上，将预应力作为外力，求解正常使用极限状态时的挠度和弹性承载力。最后运用简化的塑性理论推导了预应力组合箱梁的极限抗弯承载力计算公式，该公式能够反映组合箱梁的受力特点。利用推导的理论公式对试验梁进行验算，与试验结果吻合较好，可供实际应用参考。

2.4　组合箱梁结构受弯性能全过程分析

2.4.1　引言

通过试验研究，对预应力钢-混凝土组合箱梁的受弯性能有了一定的了解，然而需要在理论上对预应力组合箱梁的力学行为有更进一步的认识，这样可以为设计计算公式提供可靠的理论依据。通常情况下，预应力组合箱梁可以看成一种压弯构件，压弯构件承受竖向荷载及轴向力，竖向荷载产生挠度，轴向压力将挠度放大或缩小，即使是完全线弹性材料的压弯构件，其对荷载的反应也是非线性的。在塑性阶段（极限状态）或弹塑性阶段，材料的非线性使压弯构件问题（主要是控制微分方程的解析求解）更加复杂。因此，几何非线性和材料非线性的综合影响使压弯构件问题需要借助数值方法求解[83]。

弯矩曲率法的原理[84~86]：在给定轴力（由预应力筋产生）的情况下，截面弯矩-曲率关系用增量迭代法计算，即把截面划分为若干个小单元，单元划分的足够小，以使单元上的应力可以看作常数，然后引入截面的平面应变图式，计算轴力与弯矩值，使它们与截面承受的荷载相吻合，此时平面应变图式的曲率即为所求结果，否则就修改平面应变图式，重复上述过程直到吻合。采用这种方法就可以求得相应轴力的全部弯矩和曲率，再运用共轭梁法可以容易地求得任意截面的转角和挠度，找到荷载与变形的关系。

采用弯矩曲率法对预应力钢-混凝土组合箱梁从加载至破坏进行全过程非线性分析，在分析过程中考虑了预应力筋的布筋形式及应力增量的影响。预应力钢-混凝土组合箱梁结构与受力较为复杂，利用弯矩曲率法建立迭代方程式需要满足以下基本条件：

（1）平截面假定。无论在弹性阶段还是极限状态，梁截面纵向纤维应变沿高度呈线性分布。从试验结果可以看出，平截面假定是基本符合的。

（2）单元的应力均匀分布。混凝土及钢梁上划分的单元上应力均匀分布。

（3）不考虑组合梁交界面的滑移影响。

（4）不考虑预应力筋的摩阻损失，预应力筋应力沿长度方向为常量。

（5）考虑受拉区混凝土参加工作，但当某一混凝土纤维的拉应变超过 150×10^{-6} 时，该混凝土纤维退出工作。

（6）假设预应力组合梁有足够的抗剪强度，有足够锚固能力，组合梁最终因受弯而破坏。

2.4.2　材料本构的建立

1. 混凝土材料应力-应变关系

对于混凝土单轴受压应力-应变关系，国内外许多学者根据自己的试验数据先后提出了有理式、多项式、幂函数、指数函数及三角函数等多种解析表达式，并且彼此相差较大。鉴于试验组合梁翼板采用高强混凝土浇筑，本书采用李惠提出的高强混凝土应力-应变关系[87]

$$y = \begin{cases} 1.115x + 0.26x^2 - 0.375x^3 & 0 \leqslant x \leqslant 1 \\ 0.498^{x-1} & 1 \leqslant x \leqslant 4 \end{cases} \tag{2.84}$$

式中：y 为 σ / σ_{c0}，x 为 $\varepsilon / \varepsilon_{c0}$，其中 σ 和 ε 分别为混凝土的压应力和压应变，σ_{c0} 和 ε_{c0} 分别为混凝土的峰值压应力和峰值压应变。

混凝土的峰值应变是指对应峰值应力的应变，而将构件极限承载力对应的应变称为极限应变。在应力-应变关系曲线上，将应力降至峰值应力 85% 对应的应变定义为极限应变。

普通混凝土的峰值应变在 $2000\mu\varepsilon$ 左右，随强度变化较小；高强混凝土的峰值应变要大于普通混凝土，随着强度的提高，峰值应变也在增加。李惠等通过试验得到了高强混凝土立方体抗压强度和峰值应变之间的统计关系为

$$\varepsilon_{c0} = (1433.7 + 10.434f) \times 10^{-6} \qquad 50\text{MPa} \leqslant f \leqslant 100\text{MPa} \tag{2.85}$$

高强混凝土的峰值应变随强度的提高而提高，但是其极限应变却随着强度的提高而下降，下降段变陡，表现出强度越高脆性越显著的特性。对于高强混凝土而言，极限应变为（3000～3300）$\mu\varepsilon$，为分析方便，将高强混凝土极限应变统一取为 $\varepsilon_{c0} = 3000\mu\varepsilon$。

混凝土轴向受拉应力-应变曲线一般采用两折线或三折线的模型，本书采用国家规范《混凝土结构设计规范》（GB 50010—2010）（2015 年版）推荐的混凝土单轴受拉的应力-应变关系[64]

$$\begin{cases} \sigma = (1 - d_t) E_c \varepsilon \\ d_t = \begin{cases} 1 - \rho_t \left[1.2 - 0.2x^5 \right] & x \leqslant 1 \\ 1 - \dfrac{\rho_t}{\alpha_t (x-1)^{1.7} + x} & x > 1 \end{cases} \\ x = \dfrac{\varepsilon}{\varepsilon_{t,r}} \\ \rho_t = \dfrac{f_{t,r}}{E_c \varepsilon_{t,r}} \end{cases} \tag{2.86}$$

式中：α_t 为混凝土单轴受拉应力-应变曲线下降段的参数值，按表 2-10 取用；$f_{t,r}$ 为混凝土的单轴抗拉强度代表值，其值可根据实际结构分析需要分别取 f_t、f_{tk} 或 f_{tm}；$\varepsilon_{t,r}$ 为与单轴抗拉强度代表值 $f_{t,r}$ 相应的混凝土峰值拉应变，按表 2-10 取用；d_t 为混凝土单轴受拉损伤演化参数。

表 2-10　混凝土单轴受拉应力-应变曲线的参数值

$f_{t,r}$ /(N/mm²)	1.0	1.5	2.0	2.5	3.0	3.5	4.0
$\varepsilon_{t,r}$ /(×10⁻⁶)	65	81	95	107	118	128	137
α_t	0.31	0.70	1.25	1.95	2.81	3.82	5.00

由于混凝土开裂后应力较小，当混凝土拉应变达到 150×10^{-6}，受拉混凝土退出工作。

2. 钢材材料应力-应变关系

钢材的本构关系采用两折线弹塑性强化模型，如图 2-21 所示。当钢材的应力超过屈服应力后，弹塑性阶段的弹性模量为屈服前的 1/10。

$$\sigma_s = \begin{cases} E_s\varepsilon_s & \varepsilon_s \leqslant \varepsilon_y \\ f_y + 0.1E_s\varepsilon_s & \varepsilon_y < \varepsilon_s < \varepsilon_u \end{cases} \tag{2.87}$$

式中：f_y 为钢材的屈服强度和极限强度。

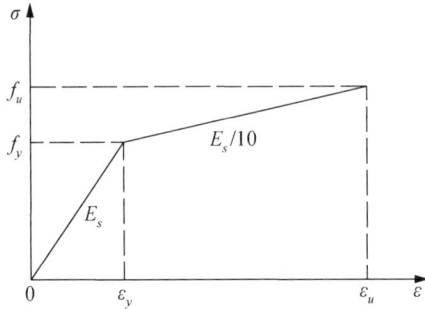

图 2-21　钢材材料应力-应变关系曲线

钢材的受压应力-应变关系可认为与受拉应力-应变关系相同。

3. 预应力筋材料应力-应变关系

预应力筋的应力-应变关系曲线[70]如图 2-22 所示。预应力筋开始受力后，应力与应变按比例增长，其比例（弹性）极限约为 $\sigma_{pe} \approx 0.75 f_{pu}$。此后，应变逐渐加快发展，曲线的斜率渐减。当曲线呈水平时达到极限强度 f_{pu}。拉伸曲线没有明显的屈服台阶，将对应于残余应变为 0.2×10^{-2} 的应力作为屈服强度 f_{py}，我国规范取为 $0.85 f_{pu}$。

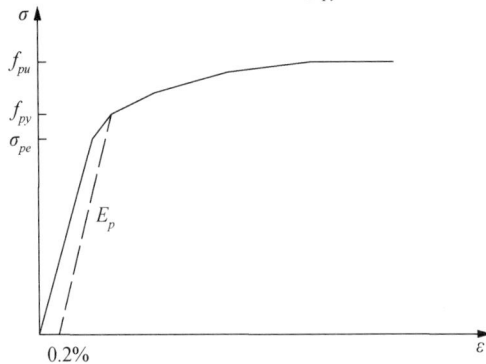

图 2-22　预应力筋应力-应变关系

预应力筋的应力、应变可按下式计算

$$\begin{cases} \sigma_p = E_p\varepsilon_p & 0 \leqslant \sigma_p \leqslant \sigma_{pe} \\ \varepsilon_p = \dfrac{\sigma_p}{E_p} + 0.002\left(\dfrac{\sigma_p}{\sigma_{py}}\right)^{13.5} & \sigma_p > \sigma_{pe} \end{cases} \tag{2.88}$$

2.4.3　组合箱梁结构弯矩-曲率法

1. 过程分析

第一步，将组合梁划分为 n 个单元和 $n+1$ 个截面。

将组合梁划分为 n 个单元和 $n+1$ 个截面，如图 2-23 所示。

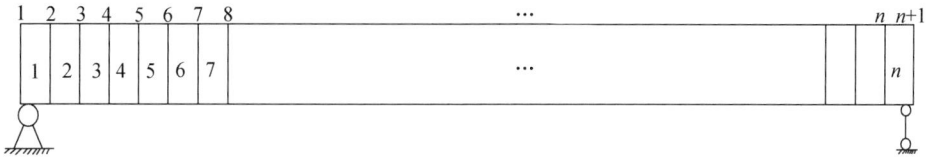

图 2-23　组合梁模型单元、截面划分图

第二步，求解各截面的弯矩-曲率关系。

弯矩与曲率计算，主要是为求得截面弯矩与曲率的对应关系，一般需从弯矩和曲率两者之间选定一个作为已知，确定另一个。若先确定曲率 φ（分级加变形），计算中只需修改混凝土顶面纤维应变 ε_c；若先确定弯矩 M（分级加荷载），计算中需要同时修改 φ 和 ε_c。在求解最大弯矩截面的弯矩曲率关系时分级加变形求解，其他截面运用分级加荷载求解。

（1）选取组合箱梁最大弯矩截面，将截面沿高度划分为有限条带，每一个条带应力均匀分布，钢梁上下翼缘按独立部分处理，不划分条带，如图 2-24 所示。

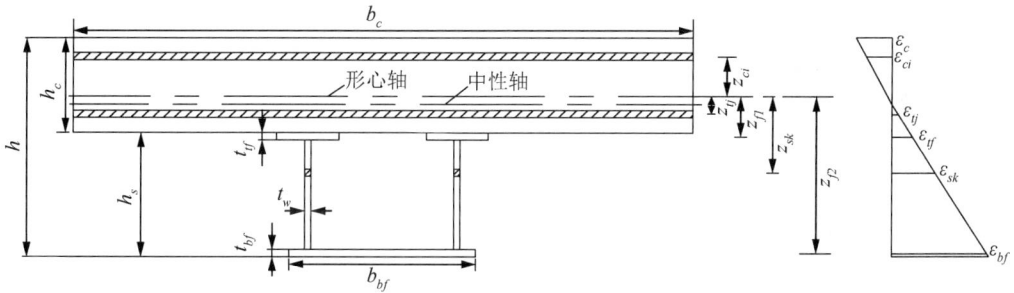

图 2-24　组合箱梁截面应力-应变分布图

（2）取曲率 $\varphi = \varphi + \Delta\varphi$。

（3）假定组合梁截面顶面纤维应变为 ε_c。

（4）求出各混凝土条带单元、钢梁腹板条带单元应变。

（5）按照混凝土、钢材的本构关系求出相应的应力。

（6）求出截面的受压区、受拉区内力总和，判别是否满足平衡条件。

（7）若不满足平衡条件，则调整应变值 ε_c，重复步骤（4）～（6）。

（8）满足平衡条件，则计算内力弯矩，从而得到曲率 φ 所对应的弯矩 M_{max}。

第三步，求解荷载变形关系。

（9）求得 M_{max} 后，即可求得荷载 F，由此可以求得各截面的弯矩 M_i，并求出各分

段处的曲率 φ_i 。

（10）分段处的曲率已知后，根据共轭梁法计算各截面的转角及位移值，求出预应力筋的应力增量 Δf_p ，可得当前荷载状态下预应力筋的应力 f_p 。

（11）以 f_p 作为预应力筋新的应力值重复（3）～（10）直至前后两次计算的 f_p 值满足设定的精度为止。此时计算出的混凝土、钢梁应变和应力，预应力筋应力，梁的位移即是跨中截面曲率为 φ 时的精确值。

循环计算（2）～（11）至预设的挠度值为止，可得完整的荷载挠度曲线。需要注意的是，当计算到极限弯矩 M_u 后，弯矩 M 及荷载 P 会下降，塑性区的各截面则进入 $M-\varphi$ 曲线的下降段，而塑性区以外区段的各截面需要按初始刚度卸载。

2. 截面应力分析

如图 2-23 所示为预应力组合梁第 m 个截面的应变情况，在外力作用下，截面的应变情况可由混凝土顶面混凝土纤维应变 ε_c 及截面曲率 φ 求得。

受压区高为

$$c = \frac{\varepsilon_c}{\varphi} \tag{2.89}$$

确定中性轴位置，比如判定是否在混凝土翼板中，即是否满足 $c < h_c$ 。

（1）若满足，则混凝土截面有受压区和受拉区。分别将混凝土受压区和受拉区分为 n_1 和 n_2 个条带；将钢梁顶板及底板分别作为一个条带；钢梁腹板分为 n_3 个条带。

受压区混凝土第 i 个条带的压应变及距形心轴距离分别为

$$\varepsilon_{ci} = -\frac{c}{n_1}\left(n_1 - i + \frac{1}{2}\right)\varphi \tag{2.90}$$

$$z_{ci} = h_x - \frac{c}{n_1}\left(i - \frac{1}{2}\right) \tag{2.91}$$

受拉区混凝土第 j 个条带的拉应变及距形心轴距离分别为

$$\varepsilon_{tj} = \frac{h_c - c}{n_2}\left(j - \frac{1}{2}\right)\varphi \tag{2.92}$$

$$z_{tj} = h_x - c - \frac{h_c - c}{n_2}\left(j - \frac{1}{2}\right) \tag{2.93}$$

钢梁托板拉应变及距形心轴距离分别为

$$\varepsilon_{tf} = \left(h_c - c + \frac{1}{2}t_{tf}\right)\varphi \tag{2.94}$$

$$z_{tf} = h_x - h_c - \frac{1}{2}t_{tf} \tag{2.95}$$

钢梁腹板第 k 个条带拉应变及距形心轴距离分别为

$$\varepsilon_{sk} = \left[h_c - c + t_{tf} + \frac{h_s - t_{tf} - t_{bf}}{n_3}\left(k - \frac{1}{2}\right)\right]\varphi \tag{2.96}$$

$$z_{sk} = h_x - h_c - t_{tf} - \frac{h_s - t_{tf} - t_{bf}}{n_3}\left(k - \frac{1}{2}\right) \tag{2.97}$$

钢梁底板拉应变及距形心轴距离分别为

$$\varepsilon_{bf} = \left(h - c + \frac{1}{2}t_{bf}\right)\varphi \tag{2.98}$$

$$z_{bf} = h_x - h + \frac{1}{2}t_{bf} \tag{2.99}$$

式中：h_x 为形心轴距翼板顶端距离。

（2）若不满足，则钢梁存在受压区，各截面单元的应变仍可按照上述方法得到，在此不赘述。

已知混凝土和钢材的应力-应变关系，因此可根据混凝土应变、钢梁应变求得相应的应力，即 $\sigma_{ci} = \sigma(\varepsilon_{ci})$、$\sigma_{tj} = \sigma(\varepsilon_{tj})$、$\sigma_{tf} = \sigma(\varepsilon_{tf})$、$\sigma_{sk} = \sigma(\varepsilon_{sk})$、$\sigma_{bf} = \sigma(\varepsilon_{bf})$。

符号系统规定：

（1）应变：拉应变为正，压应变为负。

（2）轴力：垂直于截面指向右侧为正。

（3）弯矩：使截面下缘受拉为正，上缘受拉为负。

（4）曲率：以截面下缘受拉为正。

3. 截面平衡关系的建立

翼板混凝土受压区合力 N_c 及对形心轴产生的力矩 M_c 分别为

$$N_c = \sum_{i=1}^{n_1} \sigma_{ci} b_c \frac{c}{n_1} \tag{2.100}$$

$$M_c = \sum_{i=1}^{n_1} \sigma_{ci} b_c \frac{c}{n_1} z_{ci} \tag{2.101}$$

翼板混凝土受拉区合力 N_t 及对形心轴产生的力矩 M_t 分别为

$$N_t = \sum_{j=1}^{n_2} \sigma_{tj} b_c \frac{h_c - c}{n_2} \tag{2.102}$$

$$M_t = \sum_{j=1}^{n_2} \sigma_{tj} b_c \frac{h_c - c}{n_2} z_{tj} \tag{2.103}$$

钢梁托板合力 N_{tf} 及对形心轴产生的力矩 M_{tf} 分别为

$$N_{tf} = \sigma_{tf} b_{tf} t_{tf} \tag{2.104}$$

$$M_{tf} = \sigma_{tf} b_{tf} t_{tf} z_{tf} \tag{2.105}$$

钢梁腹板合力 N_s 及对形心轴产生的力矩 M_s 分别为

$$N_s = \sum_{k=1}^{n_3} 2\sigma_{sk} t_w \frac{h_s - t_{bf} - t_{tf}}{n_3} \tag{2.106}$$

$$M_s = \sum_{k=1}^{n_3} 2\sigma_{sk} t_w \frac{h_s - t_{bf} - t_{tf}}{n_3} z_{sk} \tag{2.107}$$

钢梁底板合力 N_{bf} 及对形心轴产生的力矩 M_{bf} 分别为

$$N_{bf} = \sigma_{bf} t_{bf} b_{bf} \tag{2.108}$$

$$M_{bf} = \sigma_{bf} t_{bf} b_{bf} z_{bf} \tag{2.109}$$

预应力筋的总拉力 N_p 及对形心轴产生的力矩 M_p：对于直线型不加转向块的情形，$N_p = (\sigma_{p0} + \Delta\sigma_p)A_p$，$M_p = N_p(e_m - \delta_m)$；对于折线型的情形，$N_p = (\sigma_{p0} + \Delta\sigma_p)A_p \cos\theta$，$M_p = N_p(e_{m1} - \delta_m) + (\sigma_{p0} + \Delta\sigma_p)A_p \sin\theta f(x_m)$。预应力组合梁作用有外荷载时，截面承受弯矩 M_m，混凝土、钢梁、预应力筋之间，存在着如下内力平衡关系。

（1）水平力平衡。

$$N_c + N_t + N_{tf} + N_s + N_{bf} + N_p = 0 \tag{2.110}$$

（2）弯矩平衡（对截面形心轴）。

$$M_m + M_c + M_t + M_{tf} + M_s + M_{bf} - M_p = 0 \tag{2.111}$$

若截面曲率 φ 先确定，且满足式（2.110）时，就可以根据式（2.111）求得截面承受的弯矩；若截面外力弯矩 M_m 已知，则可以联立式（2.110）、式（2.111）求得截面的曲率。

4. 预应力筋内力增量计算

以组合梁的固定端 A 为坐标原点，利用组合梁在锚固端和转向处的变形，求得在结构受力后预应力筋新的坐标位置，由此可求出预应力钢筋的变形和应力。设组合梁的 A、B、C、D 点的转角为 θ_A、θ_B、θ_C、θ_D，梁 B、C、D 点的轴向变形分别为 u_B、u_C、$u_D(u_A = 0)$，C、D 两点的竖向变形为 y_C、y_D，则预应力筋的伸长量为 Δl，再根据预应力筋的应力-应变关系求出应力增量 Δl_p。

1）直线型无转向块

$$\begin{cases} \Delta l = 2\theta_A e_m + u_B \\ \Delta f_p = f(\Delta l_p / L) \end{cases} \tag{2.112}$$

2）折线型双转向块

$$\begin{cases} \Delta l = \sqrt{(y_C + e_{m2} - e_{m1})^2 + (l_b + u_C - e_{m2}\theta_C + e_{m1}\theta_A)^2} + (l_z + u_D - u_C + 2\theta_C e_{m2}) \\ \quad + \sqrt{(y_D + e_{m2} - e_{m1})^2 + (l_b + u_B - u_D - e_{m1}\theta_B + e_{m2}\theta_D)^2} - (l_z + 2l_b / \cos\theta) \\ \Delta f_p = f\left[\Delta l / (l_z + 2l_b / \cos\theta)\right] \end{cases} \tag{2.113}$$

3）折线型单转向块

$$\begin{cases} \Delta l = \sqrt{(y_C + e_{m1} - e_{m2})^2 \left(\dfrac{L}{2} + u_C + \theta_A e_{m1}\right)^2} \\ \quad + \sqrt{(y_C + e_{m1} - e_{m2})^2 \left(\dfrac{L}{2} + u_B - u_C - \theta_B e_{m1}\right)^2} - L / \cos\theta \\ \Delta f_p = f(\Delta l \cos\theta / L) \end{cases} \tag{2.114}$$

5. 组合箱梁变形计算

计算预应力筋的内力增量需求解预应力筋锚固端与转向块处的位移，而且全过程分析程序是以组合梁的挠度为计算终止控制条件，因此需对组合梁进行变形计算。

1）截面挠度计算

已知各截面的曲率后，并假设组合梁单元内曲率为线性分布，根据共轭梁法原理[88]，将曲率作为荷载作用在虚梁上，计算虚梁上的弯矩，即可求解各截面的位移。

组合梁第 m 个截面的挠度计算式为

$$\delta_m = \frac{(m-1)L^2}{2n^2}\sum_{i=1}^{n}(\varphi_i+\varphi_{i+1})\left(1-\frac{2i-1}{2n}\right)-\frac{L^2}{2n^2}\sum_{i=1}^{m-1}(\varphi_i+\varphi_{i+1})\left(m-\frac{2i+1}{2}\right) \quad 1\leqslant m\leqslant n+1$$

（2.115）

则组合箱梁跨中挠度为

$$\delta_{\text{中}} = \begin{cases} \dfrac{\delta_{\frac{n+2}{2}}}{2} & n=2k \\[3mm] \dfrac{L^2}{4n}\sum_{i=1}^{n}(\varphi_i+\varphi_{i+1})\left(1-\dfrac{2i-1}{2n}\right)-\dfrac{L^2}{2n^2}\sum_{i=1}^{\frac{n-1}{2}}\dfrac{n-2i}{2}(\varphi_i+\varphi_{i+1})-\dfrac{L^2}{32n^2}\left(\varphi_{\frac{n+1}{2}}+\varphi_{\frac{n+3}{2}}\right) & n=2k+1 \end{cases}$$

（2.116）

转向块处的竖向变形与转向块的位置有关。对于折线型单转向块的布筋形式，转向块通常位于梁的跨中，因此 $f_c=\delta_{\text{中}}$；而对于折线型双转向块的布筋形式，转向块离梁端距离为 l_b，并假设转向块处于第 a 个单元之中，即 l_b 满足 $(a-1)\dfrac{L}{n}\leqslant l_b\leqslant a\dfrac{L}{n}$，则

$$y_c = \delta_a + \left(\frac{nl_b}{L}-a+1\right)(\delta_{a+1}-\delta_a)$$

（2.117）

$$y_D = \delta_{n-a+2} + (\delta_{n-a+1}-\delta_{n-a+2})\left(\frac{nl_b}{L}-a+1\right)$$

（2.118）

对于对称荷载的情形，$y_C=y_D$。

2）截面转角计算

主要计算预应力筋锚固段的转角及转向块处的转角，同样，利用共轭梁法将梁的曲率作为荷载作用于虚梁，计算截面剪力，即可求出实梁的截面转角。

组合箱梁第 m 个截面的转角为

$$\theta_m = \frac{L}{2n}\left[\sum_{i=1}^{n}(\varphi_i+\varphi_{i+1})\left(1-\frac{2i-1}{2n}\right)-\sum_{i=1}^{m-1}(\varphi_i+\varphi_{i+1})\right]$$

（2.119）

锚固端的转角为

$$\theta_A = \frac{L}{2n}\sum_{i=1}^{n}(\varphi_i+\varphi_{i+1})\left(1-\frac{2i-1}{2n}\right)$$

（2.120）

$$\theta_B = \frac{L}{2n} \sum_{i=1}^{n} (\varphi_i + \varphi_{i+1}) \frac{1-2i}{2n} \qquad (2.121)$$

转向块处的转角为

$$\theta_C = \theta_a + \left(\frac{nl_b}{L} - a + 1\right)(\theta_{a+1} - \theta_a) \qquad (2.122)$$

$$\theta_D = -\theta_a + (\theta_a - \theta_{a+1})\left(\frac{nl_b}{L} - a + 1\right) \qquad (2.123)$$

同样，在对称荷载作用下，有 $\theta_A = -\theta_B$，$\theta_C = -\theta_D$。

3）轴向变形计算

各截面的轴向压缩变形通过截面形心轴处的应变 ε' 来计算：第 m 个截面的轴向变形为

$$u_m = \int_{Am} \varepsilon'(x)\mathrm{d}x = \frac{L}{2n} \sum_{i=1}^{m-1} (\varepsilon_i' + \varepsilon_{i+1}') \qquad (2.124)$$

转向块处的轴向变形为

$$u_C = \int_{AC} \varepsilon(x)\mathrm{d}x = u_a + \left(\frac{nl_b}{L} - a + 1\right)(u_{a+1} - u_a) \qquad (2.125)$$

$$u_D = \int_{AD} \varepsilon(x)\mathrm{d}x = u_a + (u_{a+2} - u_{a+1})\left(a - \frac{nl_b}{L}\right) \qquad (2.126)$$

锚固端的轴向变形为

$$u_A = 0 \qquad (2.127)$$

$$u_B = \int_{AB} \varepsilon'(x)\mathrm{d}x = \frac{L}{2n} \sum_{i=1}^{n} (\varepsilon_i' + \varepsilon_{i+1}') \qquad (2.128)$$

2.4.4　程序编制

利用 VB 语言编制了计算程序，可对不同的截面、不同荷载形式、不同布筋形式的预应力钢-混凝土组合箱梁受弯全过程进行受力分析，得到预应力组合箱梁的弯矩-挠度曲线、弯矩-预应力筋增量曲线。程序流程图如图 2-25 所示。

根据所编程序对试验梁 PCB-19 进行计算，试验的参数通过可视化截面输入，如图 2-26 所示。计算得到弯矩-挠度曲线、弯矩-预应力增量曲线，如图 2-27 所示。

从图 2-27 可以看出，用弯矩曲率法能够较好地对预应力组合箱梁的受弯全过程进行模拟。在加载初期，弯矩-挠度曲线基本呈线性变化，说明组合箱梁处于弹性工作阶段，随着荷载的增加，荷载增长速度相对变形增长较慢，这一阶段钢梁已屈服，屈服范围向上发展，梁处于弹塑性工作阶段，直至达到极限承载力而破坏。通过计算结果与试验结果比较发现，二者形状、趋势相似，只是大小不同，这是由于计算时未考虑组合箱梁钢-混凝土界面的滑移，导致承载力较高，而变形较小，说明滑移会使预应力组合箱梁的承载能力降低，而变形增加。预应力增量的计算结果也较试验值大，这是由于计算时未考虑预应力筋与转向块间的摩擦损失。

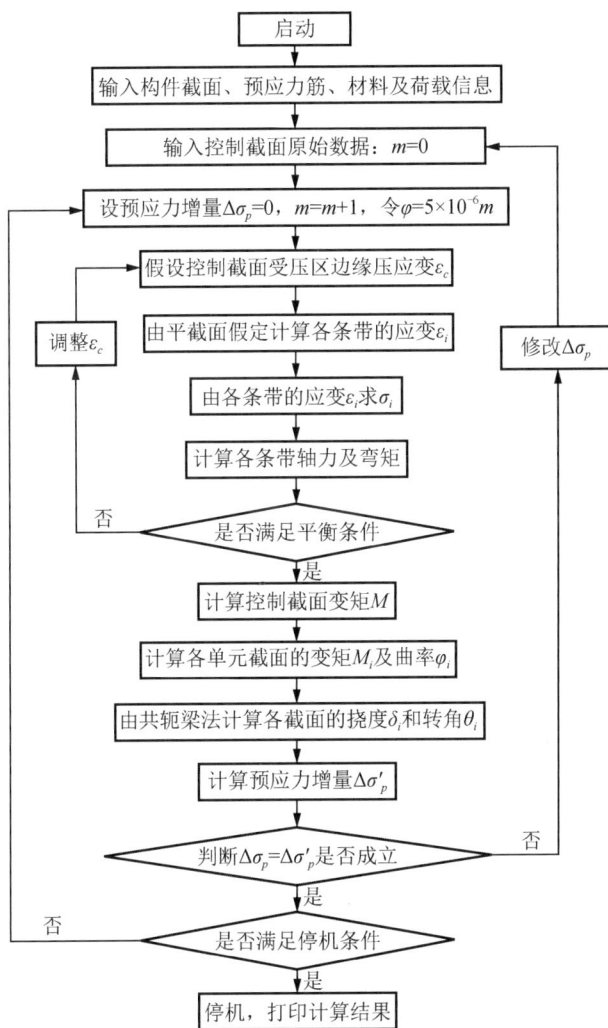

图 2-25　全过程分析流程图

图 2-26　抗弯全过程分析程序参数输入界面

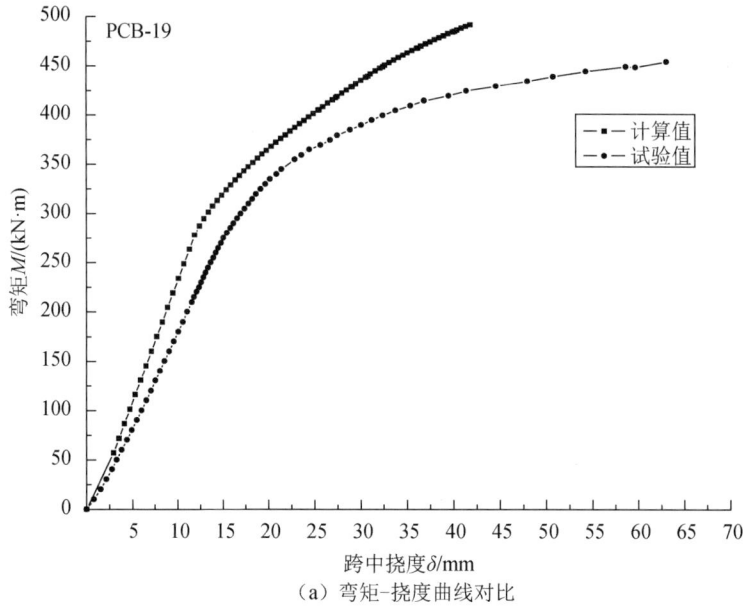

（a）弯矩-挠度曲线对比

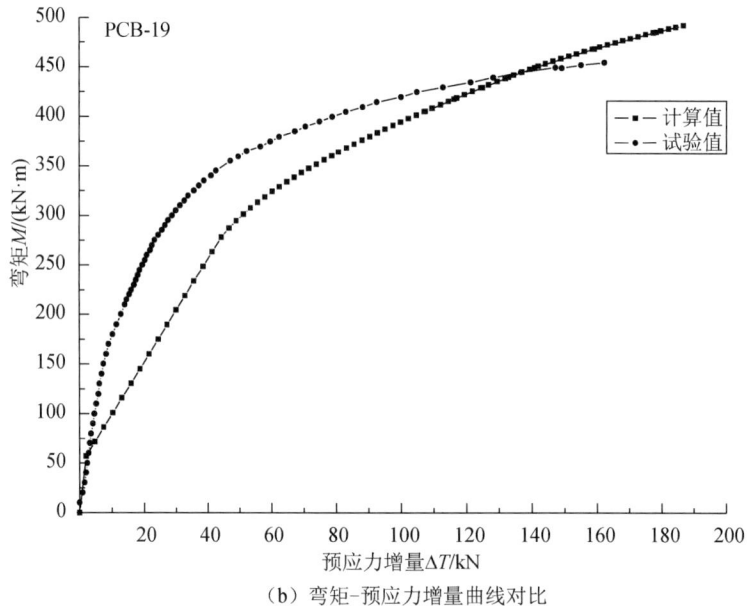

（b）弯矩-预应力增量曲线对比

图 2-27　计算结果与试验结果对比

2.4.5　小结

　　基于弹塑性变形理论，考虑材料与几何非线性影响，运用弯矩曲率法对预应力组合箱梁的受弯全过程进行了非线性分析，推导了一系列基于该方法的公式，并用 VB 编制了计算机程序，计算结果与试验结果有着相同的规律，数值基本吻合。该方法能够较好地模拟预应力组合梁的受弯全过程。

第3章 预应力组合箱梁滑移性能研究

3.1 预应力组合箱梁滑移试验研究

3.1.1 引言

钢-混凝土组合箱梁中钢梁和混凝土翼板协同工作，使得钢材主要承受拉荷载，混凝土主要承受压荷载，以便于两种材料特性得以充分发挥，从而使组合箱梁具有抗弯承载能力高、刚度大、变形小的优点。因此，确保钢梁与混凝土翼板能很好地协同工作是组合箱梁设计的关键。然而，根据已有的试验研究发现，无论采用刚性连接件还是柔性连接件，无论是完全剪力连接组合箱梁还是部分连接组合箱梁，在外荷载作用下，混凝土翼板和钢梁都会在交界面上产生相对滑移。其中，采用刚性剪力连接件的完全剪力连接组合箱梁，相对滑移较小，对组合箱梁受力性能的影响也较小；而采用柔性剪力连接件的组合箱梁，界面水平相对滑移会对组合箱梁的受力性能产生较大影响，使组合箱梁的承载能力降低，刚度减小，变形增大。对于预应力钢-混凝土组合箱梁，界面滑移同样会对其抗弯性能产生不利影响。因此，有必要对预应力组合箱梁的界面相对滑移进行试验研究，以便完善组合箱梁构件的设计计算理论，促进组合箱梁在工程中更广泛的应用。

目前，国内外对组合箱梁相关的实验研究主要针对未施加预应力的组合箱梁，而且多数试件都采用了工字型钢。实际上，预应力技术已经越来越多地应用到了组合箱梁结构中，以改善组合箱梁的受力性能。另外，使用箱型钢梁的组合箱梁具有更好的稳定性、更高的抗弯承载能力，是一种使用得较多的截面形式。

3.1.2 试验目的及设计原则

为了进一步了解钢梁与混凝土翼板之间水平相对滑移的分布和发展规律，以及界面相对滑移对组合箱梁基本力学性能的影响规律，在已有组合箱梁界面滑移研究基础上[29,89~93]，着重对预应力组合箱梁的界面滑移进行深入研究，为此，开展了预应力组合箱梁界面滑移试验，以解决下列问题：

（1）测量预应力组合箱梁界面相对滑移的大小，分析其沿梁长的分布规律，以及随外荷载增加的变化规律，绘制滑移分布曲线以及滑移-荷载曲线。

（2）测量组合箱梁结构的跨中截面应力，绘制截面应力分布图，分析预应力组合箱梁滑移应变，了解其随外荷载的变化情况。

（3）分析剪力连接程度和布筋方式对预应力组合箱梁界面滑移、滑移应变以及组合箱梁抗弯承载能力和挠度的影响。

（4）检测预应力组合箱梁的弹性抗弯承载能力、极限抗弯承载能力，并分析界面相对滑移对组合箱梁承载能力的影响。

（5）检测组合箱梁的挠度，分析界面相对滑移对组合箱梁变形的影响。

参考相关试验研究[94~100]，本次试验试件的设计遵循以下原则：

（1）试件设计要符合试验考虑的参数。本试验选择栓钉的抗剪连接程度、预应力施加方式、有无转向块、加载方式等作为主要研究参数，对比分析各影响参数对组合箱梁界面滑移和抗弯性能的影响。因此，针对主要的试验参数，简支梁试验共设计了六组试件，尽量为每个参数设置两根试件，避免因为试验结果的离散性得出错误的定性分析结果。

（2）试件尺寸要能模拟实际结构。一般简支组合箱梁的标准断面高跨比为 1/20～1/10，模型缩小后高跨比仍需满足真实结构的要求。

（3）试件尺寸设计要考虑到实验室空间以及试验设备等因素。本试验采用 60t 的千斤顶施加荷载，为了确保试件最终破坏，其截面尺寸不能太大，否则极限抗弯承载能力将超过所能施加最大外荷载引起的内力。另外，考虑到试验空间的限制以及加工制作的简便，试件长度也不宜过大，截面形状应尽量简单。为了模拟跨度在 30～40m 的预应力钢-混凝土组合箱梁的受力情况，可将试件长度定在 3～4m。

（4）混凝土板宽度的确定最好有利于简化计算。在设计中为简化计算，通常取钢梁和有限混凝土板宽作为构件的有效截面，并假设该宽度内的纵向应力沿宽度方向均匀分布。欧洲规范 4、美国建筑钢结构设计规范（LRFD）、我国《钢结构设计标准》（GB 50017—2017）中均提出了组合箱梁混凝土板有效宽度的计算公式。本试验试件参考规范将混凝土翼板宽控制在计算有效宽度内，取 0.8m。

（5）试件需满足稳定性要求。对钢箱梁的腹板和下翼缘的宽厚比需要进行合理地选取，以保证局部的稳定。可增设必要的加劲肋，以防止失稳。例如在支座与加载点等处增设加劲肋。

（6）混凝土板的配筋要满足构造要求。混凝土翼板内的钢筋在混凝土开裂后能够限制裂缝的发展，使混凝土开裂后强度不会迅速降低。

（7）试件设计需合理确定栓钉的数量。首先根据《钢结构设计标准》（GB 50017—2017）和《电弧螺柱焊用圆柱头焊钉》（GB/T 10433—2002）[80]的相关规定，计算单个栓钉的抗剪承载能力；然后按照混凝土翼板、钢梁尺寸计算完全剪力连接时的栓钉个数；最后确定不完全剪力连接时所需的栓钉数量。反向加载时，由于受力机理不同，栓钉数量的计算方法也略有不同。

（8）设计试件时需考虑预埋传感器的布置。试验中要测量钢梁翼板、钢筋的应变，需要在混凝土板内部埋置应变片，因此需要事先确定应变片的位置与数量。

3.1.3　试验准备

1. 材料特性

1）混凝土材料

浇筑试件梁时，同时制作 3 个 150mm×150mm×150mm 混凝土立方体试块（测量混凝土的立方体抗压强度 f_{cu}），3 个 150mm×150mm×300mm 混凝土棱柱体试块（测量弹

性模量 E_c ），3 个 100mm×100mm×515mm 混凝土棱柱体试块（测量轴心抗拉强度 f_t ），与浇筑的组合箱梁同条件下养护，如图 3-1 和图 3-2 所示。混凝土材料性能试验结果如表 3-1 所示。

图 3-1　制作混凝土试块

（a）立方体抗压试验　　　　　　　（b）棱柱体抗压试验　　　　　　　（c）轴心抗拉试验

图 3-2　混凝土材料性能试验

表 3-1　混凝土材料性能试验结果

试件梁号	立方体抗压强度 f_{cu} /MPa	抗拉强度 f_t /MPa	抗压弹性模量 E_c /GPa	抗拉弹性模量 E_t /GPa
CB-A	60.53	3.73	35.01	43.8
PCB-B	62.4	4.73	48.02	50.97
PCB-C	65.89	4.15	42.24	42.5
PCB-D	54.7	3.73	39.96	43.8
PCB-E	55.85	3.74	44.01	43.8
PCB-F	62.16	3.73	36.1	43.8
PCB-G	65.67	3.90	45.28	40.0
PCB-H	66.67	3.80	46.36	41.0
PCB-I	67.52	4.19	48.16	37.2

2）钢材材料

组合箱梁所用到的钢梁、钢筋、预应力筋的材料性能如表 3-2 和表 3-3 所示。

表 3-2　钢梁材料性能

项目	弹性模量 E_s /(×10⁴MPa)	屈服应变 ε_y /(×10⁻⁶)	屈服强度 f_y / MPa	极限强度 f_u / MPa
腹板	20.6	1456	300	445
托板与底板	20.6	1165	235	400

表 3-3　预应力筋、钢筋材料力学性能

项目	直径 D /mm	截面积 A /mm²	弹性模量 E /(×10⁴MPa)	屈服应变 ε_y /(×10⁻⁶)	屈服强 f_y / MPa	极限强度 f_u / MPa
纵筋	10	78.5	20.6	1214	250	385
箍筋	8	50.24	20.6	1190	245	380
预应力筋	15.2	139	19.5	7153	1395	1860

2. 模型梁设计与加工

根据试验目的，设计了 9 根钢-混凝土组合箱梁。其中 8 根为预应力组合箱梁，是本次试验主要研究对象，另外一根为不加预应力的组合箱梁，作为对照组。所有试件长度均为 4000mm，截面高度为 300mm，其中混凝土板截面高度为 130mm，钢梁截面高度为 170mm。混凝土翼板所使用的混凝土强度等级为 C60，纵向钢筋采用 I 级钢筋。钢箱梁为 Q235 钢板焊接而成，底板和托板采用 10mm 厚钢板，腹板采用 8mm 厚钢板，栓钉直径 ϕ16。试验主要考虑参数包括连接程度、预应力筋布置方式、初始预应力大小等。为了使获得的实验数据更加可靠，各个参数基本相同的梁均制作两根，作为一组。将 9 根梁分为 5 组，试件跨中截面图如图 3-3 所示，试件具体设计参数如表 3-4 所示。

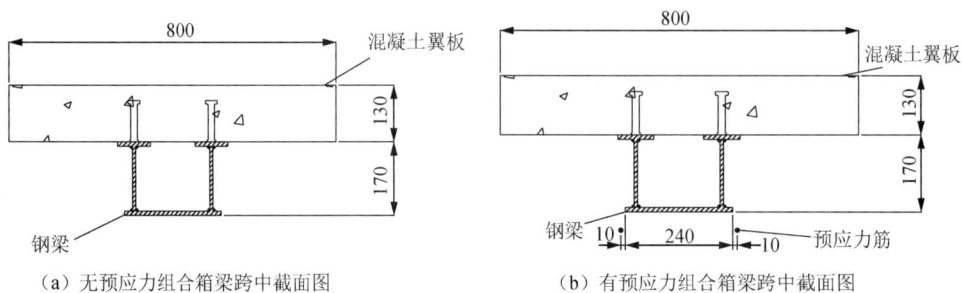

（a）无预应力组合箱梁跨中截面图　　　　　（b）有预应力组合箱梁跨中截面图

图 3-3　组合箱梁跨中截面构造（单位：mm）

表 3-4　不同剪力连接预应力组合箱梁设计参数

分组	梁编号	栓钉数量	栓钉间距/mm	剪力连接程度	预应力筋布置	有无转向块	初始预应力/kN	预应力偏心距/mm
第一组	CB-A	56	140	1	—	—	—	—
第二组	PCB-B	56	140	1	折线型	有	200	236.8
	PCB-C	56	140	1	折线型	有	180	236.8
第三组	PCB-D	56	140	1	直线型	无	200	156.8
	PCB-E	56	140	1	直线型	无	230	156.8
第四组	PCB-F	56	140	1	直线型	有	200	236.8
	PCB-G	56	140	1	直线型	有	200	243.3
第五组	PCB-H	28	280	0.5	直线型	有	200	243.3
	PCB-I	28	280	0.5	直线型	有	240	243.3

所有组合箱梁总长度为 4000mm，均为简支梁，支座间距 3750mm，加载时在三分点处同步施加大小相等的集中力，两个集中力到两端支座的距离均为 1250mm。其中第一组为不施加预应力的组合箱梁，可用于研究普通组合箱梁的界面滑移情况，并与其他各组进行对比分析。第二组采用折线型布筋方式，用于研究折线布置预应力筋的组合箱梁，及其界面滑移情况，并与第三组进行对比分析。第四组与第三组进行对比分析，可考察转向块对界面滑移的影响，与第五组对比分析可考察连接程度对界面滑移的影响。第六组采用反向加载，用于研究组合箱梁在负弯矩作用下界面滑移的情况，各组试件如图 3-4 所示。

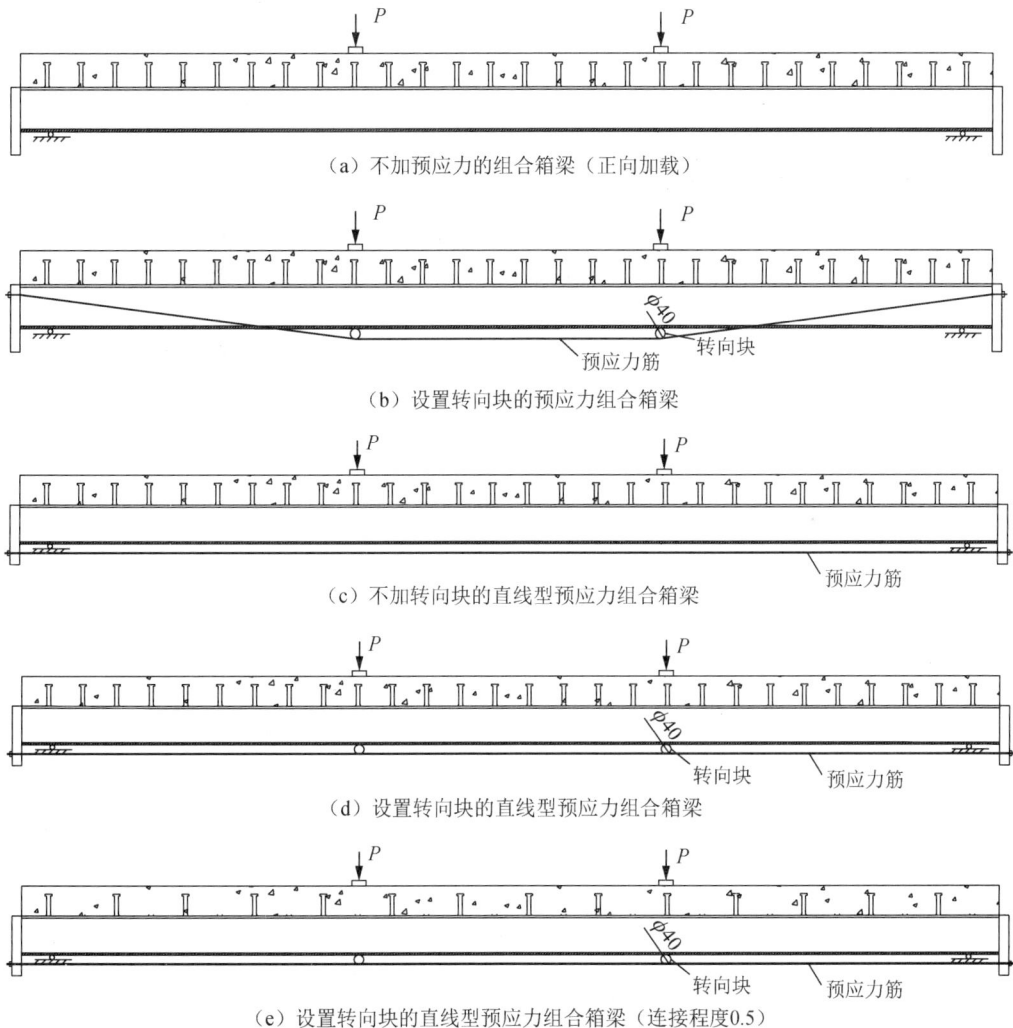

（a）不加预应力的组合箱梁（正向加载）

（b）设置转向块的预应力组合箱梁

（c）不加转向块的直线型预应力组合箱梁

（d）设置转向块的直线型预应力组合箱梁

（e）设置转向块的直线型预应力组合箱梁（连接程度0.5）

图 3-4　不同布筋组合箱梁示意图

1）钢梁与栓钉的焊接

本试验所用钢箱梁委托南京光亚钢结构有限公司加工制作，托板、底板和腹板的焊接采用手工电弧焊，焊条采用 E43 系列，6mm 等焊脚尺寸的普通式直角角焊缝，沿全梁焊接。钢材选用 Q235，腹板采用 8mm 厚钢板，底板采用 10mm 厚钢板。

　　为了使混凝土翼板与钢梁能够协同工作，充分发挥两种材料的特性，需要在组合箱梁的交界面上布置连接构件传递纵向剪力。本试验中的连接件采用柔性栓钉连接件，该栓钉型号为 $\phi16$，制作材料为ML15。连接程度为1.0的组合箱梁，所用钢梁沿长度方向焊接两列栓钉，每一列等间距焊接28个。连接程度为0.5的组合箱梁，所用钢梁也沿长度方向焊接两列栓钉，每一列等间距焊接14个栓钉。所有栓钉均委托宜兴科技试验工厂焊接，钢梁截面及栓钉尺寸如图3-5所示。焊接及应变片布设如图3-6和图3-7所示。

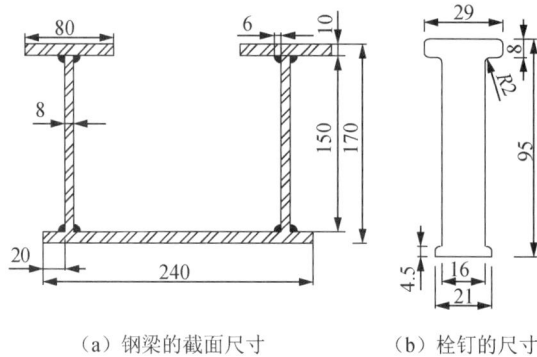

（a）钢梁的截面尺寸　　　　　　　（b）栓钉的尺寸

图 3-5　钢梁和栓钉的尺寸

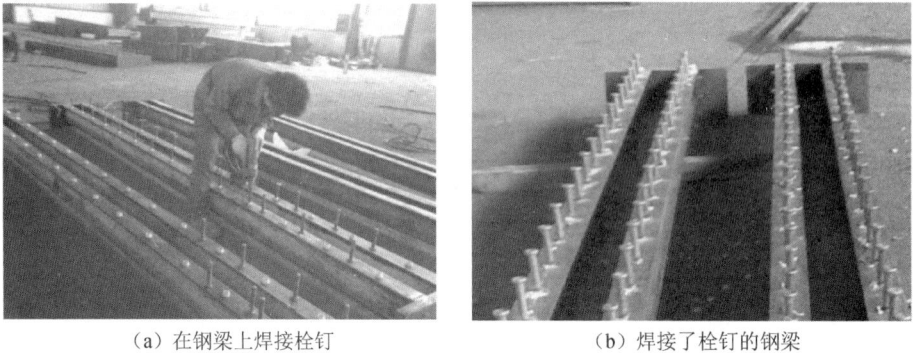

（a）在钢梁上焊接栓钉　　　　　　　（b）焊接了栓钉的钢梁

图 3-6　栓钉的焊接

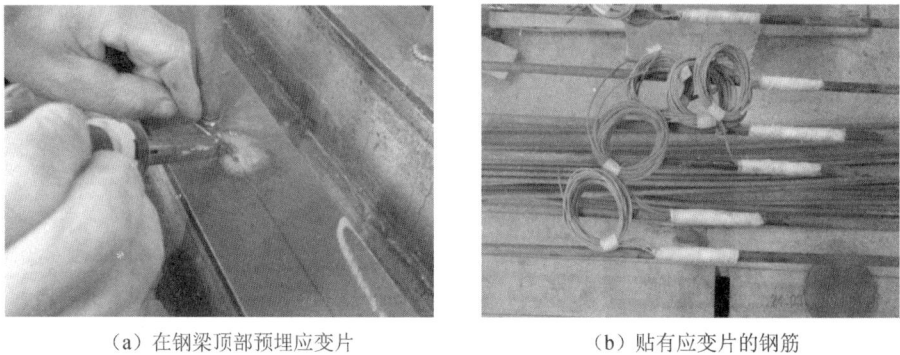

（a）在钢梁顶部预埋应变片　　　　　　　（b）贴有应变片的钢筋

图 3-7　预埋应变片

2）制模与绑扎钢筋

翼板内上下各均匀地布置 5 根纵筋，采用直径为 $\phi 10$ 的热轧光圆钢筋；箍筋采用 $\phi 8$ 的热轧圆盘条。预应力筋采用 1860MPa 级钢绞线，在钢梁底部附近对称曲线型布置 2 束，采用后张法施工。在制作模板绑扎钢筋之前，先要确定预埋应变片的位置，并在栓钉、钢梁和钢筋上粘贴应变片，涂上硅胶、环氧树脂进行保护。混凝土翼板的模板采用木模板，支于钢梁上部。纵向钢筋采用 $\phi 10$ 钢筋，上下各布置 5 根。箍筋采用 $\phi 8$ 钢筋，沿梁长每 20cm 布置一匝，制模及绑扎钢筋过程如图 3-8 所示。

图 3-8　制模与绑扎钢筋

3）混凝土浇筑与养护

所有试件均采用南京宏洋混凝土公司出售的商品混凝土。该混凝土由 PII52.5 型号水泥、粒径为 5～25mm 的碎石粗骨料、中砂、I 级粉煤灰及 JM-8 外加剂等原料拌制而成。浇筑前放置好垫块，确保混凝土翼板的保护层厚度为 25mm。浇筑过程中采用手提式高频振捣棒振捣密实。混凝土浇筑完成后，在室内养护 28 天，达到设计强度即可用于试验，浇筑过程如图 3-9 所示。

（a）振捣混凝土　　　　　　　　　　　　　（b）浇筑完成后

图 3-9　浇筑混凝土翼板

3. 试验设备

1）试验加载装置

本书试验采用最大力值为 600kN 的液压千斤顶对组合箱梁施加集中荷载，用液压伺服机为千斤顶提供液压，利用分压器使两个液压千斤顶的力值相同，同步加载。加载时在伺服机控制界面输入所需力值，伺服液压机自动调整液压，从而将千斤顶的力调整到所需的大小，试验仪如图3-10和图3-11所示。

（a）加载装置实物图

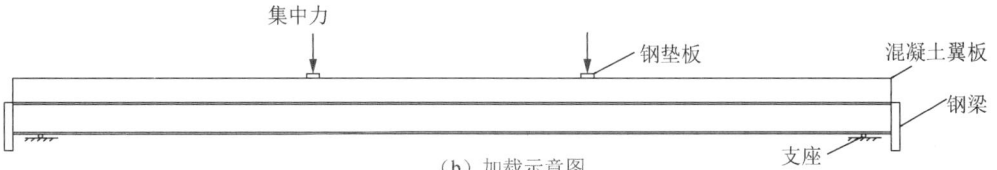

（b）加载示意图

图 3-10　试验加载装置

（a）伺服液压机手动控制台　　　　（b）伺服液压控制器　　　　（c）伺服液压控制界面

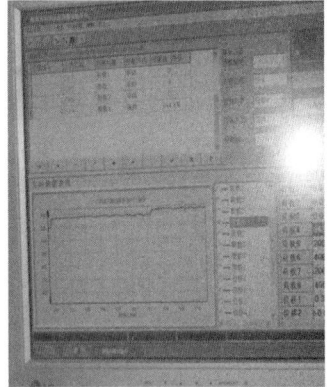

图 3-11　伺服液压装置

2）预应力施加装置

如图 3-12 所示，试验采用穿心式千斤顶进行预应力拉伸，与相应的液压机配套工作。预应力大小通过布置在预应力筋端部的传感器测量，传感器与应变采集箱连接，可自动读取预应力大小。

（a）穿心式千斤顶   （b）液压机

图 3-12   预应力施加装置

3）应变采集装置

如图 3-13 所示，试验中的应变采集使用应变片，应变片与应变采集箱连接，每级荷载相应的应变通过与采集箱配套的软件界面输出并保存。

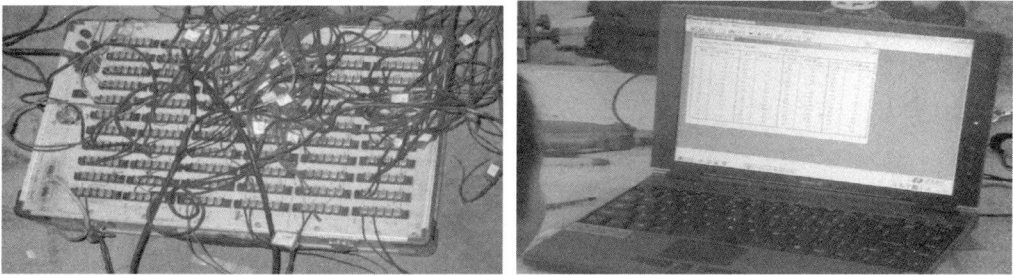

（a）应变采集箱   （b）应变输出界面

图 3-13   应变片的布置

3.1.4   试验测试过程

根据本书研究目的，需要重点测量以下内容：界面滑移沿梁长的分布和发展情况，关键截面的应变分布、交界面上的滑移和滑移应变差，梁跨中、加载点及支座处的挠度，各级荷载下预应力筋的应力增量。另外需要观测记录的内容：混凝土裂缝开展情况，钢梁底部的屈服荷载，组合箱梁的极限破坏荷载等。具体测试内容如下所述。

（1）如图 3-14 所示，在组合箱梁半跨内沿梁长的交界面处布置一定数量的导杆引伸仪测量交界面处的滑移，用于绘制滑移分布曲线以及荷载-滑移曲线。

（a）导杆引伸仪的布置实物图

图 3-14   导杆引伸仪的布置

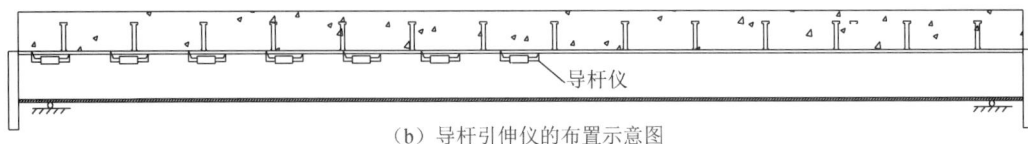

（b）导杆引伸仪的布置示意图

图 3-14 （续）

（2）如图 3-15 所示，在跨中、加载点两个关键截面的混凝土、钢筋和钢梁上布置应变片，重点测量沿截面高度上的应变分布和交界面上的应变差。

（a）混凝土翼板上的应变片　　　　　　（b）钢梁上的应变片

图 3-15　应变片的布置

（3）通过对钢梁底部应变的测量，得到组合箱梁的屈服荷载。

（4）如图 3-16 所示，在每根预应力筋锚固端布置一个压力传感器来测量预应力筋的预应力大小和预应力的增量。

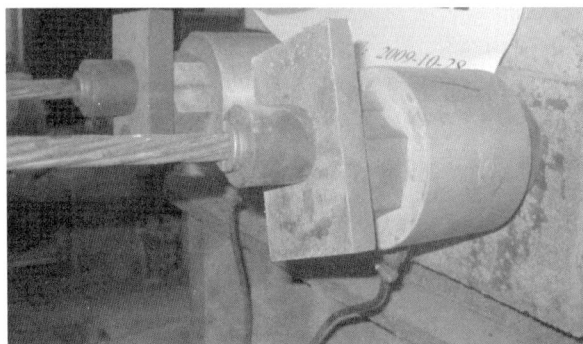

图 3-16　压力传感器布置

（5）如图 3-17 所示，在跨中、加载点、支座等处布置位移计测量每级荷载各点挠度。

（6）记录混凝土翼板发生上部被压溃时的外荷载大小，得到组合箱梁极限抗弯承载能力。

（7）观察梁在加载过程中混凝土开裂形态，记录裂缝开展过程。

图 3-17　位移计的布置

1. 预应力张拉

本书试件有 8 根为预应力组合箱梁，在施加外荷载前，需要先对组合箱梁施加预应力。在组合箱梁的混凝土翼板养护到设计强度之后，即可采用后张法施加预应力。预应力筋有不同的布筋方式，本书试验涉及直线型不加转向块、直线型加转向块和折线型三种布筋方式。直线型布筋不加转向块时，预应力筋穿过组合箱梁两端板下部预留的小孔即可；直线型布筋加转向块时，预应力穿过组合箱梁两端板下部预留的小孔，还需绕过加载点附近钢梁底部焊接的转向块；折线型布筋时，预应力筋绕过转向块，并穿过组合箱梁两端板上部预留的小孔。

预应力张拉时需注意，由于试验是在钢梁底部左右两侧分别布置一根预应力筋，两根预应力筋的预应力大小不等可能产生较大的扭矩，进而产生开裂。初始预应力不能过大，否则会导致组合箱梁负弯矩较大，使得上部的混凝土翼板开裂，也会使预应力筋在加载过程中出现拉断，不利于安全。为了防止预应力张拉过程中出现较大弯矩，导致混凝土翼板顶部出现裂缝，可采用分级张拉的方式。为了防止预应力张拉过程中出现较大扭矩，使混凝土翼板开裂，每一级张拉在两根预应力筋上均完成后，再进行下一级张拉，张拉过程如图 3-18 所示。

预应力张拉前按照不同布筋方式放置好预应力筋，装上压力传感器和锚具。然后分 6 级张拉预应力筋，通过压力传感器读取预应力大小，以达到预定的初始预应力。锚具与端板之间的缝隙被挤紧、锚具变形、夹片在锚具内滑移等原因，会导致一定程度的预应力损失，因此最后一级预应力张拉可进行一定程度的超张拉。

图 3-18　预应力张拉

2. 外荷载

所有组合箱梁均采用三分点加载，使组合箱梁在跨中段产生纯弯段。如前所述，加载设备采用液压伺服机，并利用分压器使两个液压千斤顶的力值相同。采用分级（每级 10kN）加载的方式施加外荷载，直到组合箱梁试件破坏。观察混凝土翼板底面是否出现裂缝，记录开裂时的荷载，换算得到开裂弯矩。观察钢梁底部应变的变化情况，记录钢梁开始屈服时的荷载，换算得到弹性抗弯承载能力。当混凝土板顶部出现压溃的现象时，记录此时的荷载，换算得到极限抗弯承载能力。

为了准确测得弹性抗弯承载能力和极限抗弯承载能力，可以根据钢梁底部和混凝土顶部的应变情况，在钢梁底部临近屈服或混凝土顶部临近压碎时，适当调整每级荷载的大小，使测得的特征荷载值更准确。

3. 数据采集

需要采集的数据主要包括应变片测量的应变、导杆引伸仪测量的滑移量、位移计显示的挠度值、压力传感器测量的预应力值。对于每一级荷载，都要进行一次数据采集工作，然后施加下一级荷载。

数据采集过程中还要记录混凝土翼板上裂缝的变化情况。用彩笔描绘荷载每增加三级时，裂缝的延伸情况，在裂缝旁边标注相应的荷载，最后绘制成裂缝。

3.1.5 试验结果分析

1. 试验现象及破坏特性

当外荷载足够大时，混凝土翼板底部会出现裂缝，一般最先在纯弯段出现。试验中发现设计参数相同的试件，开裂荷载也可能相差较大，规律性不强。但开裂荷载一般小于弹性抗弯承载能力。预应力组合箱梁在线弹性阶段即出现了裂缝，但混凝土板的开裂并不会造成挠度呈现非线性增长趋势。

随着外荷载的增大，混凝土翼板底部的裂缝会不断地延伸、变宽，并相互贯通。混凝土翼板的侧面和顶面也会先后出现裂缝，顶面除横向裂缝外，还会出现纵向裂缝。最后，混凝土翼板底面、侧面和顶面上的横向裂缝会相互贯通。

当外荷载达到组合箱梁的极限承载能力时，混凝土翼板顶部的压应变达到混凝土的极限压应变，混凝土板会压溃。此时，混凝土板退出工作，由钢梁独自承担荷载，截面的抗弯能力明显下降，结构出现大变形。混凝土翼板压溃时，由于挠度增长很快，预应力筋变形较大，可能导致预应力筋被拉断。混凝土板的压溃现象通常出现在组合箱梁的纯弯段，如图 3-19 所示。

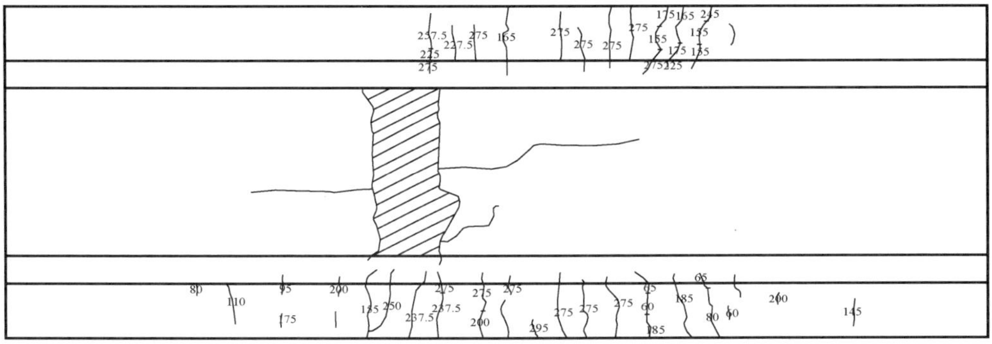

图 3-19　混凝土翼板的开裂与压溃

图 3-19 描述了一根预应力组合箱梁混凝土翼板开裂与压溃的情况，阴影部分表示压溃区，不规则的折线表示混凝土板底部和侧面的裂缝，旁边的数字代表裂缝产生和扩展时所对应的外荷载。

2. 特征荷载

组合箱梁的荷载特征值主要包括开裂荷载、弹性抗弯承载能力和极限抗弯承载能力。开裂荷载为混凝土翼板开始出现裂缝时的荷载；弹性抗弯承载能力为钢梁底部开始屈服时的承载能力；极限抗弯承载能力为组合箱梁结构破坏时的抗弯承载能力。本书主要分析弹性抗弯承载能力和极限抗弯承载能力。

表 3-5 列出了各试件的特征荷载，及其对应的挠度、预应力增量。表中 M_y、δ_y、ΔT_y 为钢梁底部开始屈服时的跨中弯矩、挠度和预应力筋增量；M_u、δ_u、ΔT_u 为承载能力极限状态时的跨中弯矩、挠度和预应力筋增量。

表 3-5　特征荷载与对应的挠度、预应力增量

试件编号	M_y/（kN·m）	M_u/（kN·m）	δ_y/mm	δ_u/mm	ΔT_y/kN	ΔT_u/kN
CB-A	216.3	366.32	12.55	49.58	—	—
PCB-B	280.25	454.38	14.11	62.99	34.54	162.24
PCB-C	272	482	14.1	58.86	35.81	169.86
PCB-D	247.23	393.02	13.74	47.74	29.5	90.66
PCB-E	262.31	396.27	14.15	45	27.1	95.87
PCB-F	270.13	488.75	14.5	67.08	36.12	195.4
PCB-G	300	470	16.71	41.57	53.26	191.3
PCB-H	210	350	12.40	50.25	38.50	109.2
PCB-I	224.38	354	15.95	49.44	40.99	111.08

现根据表 3-5 进行对比分析，结合试验准备中对不同试验参数组合箱梁的分组，分析不同试验参数对预应力组合箱梁的受力性能影响。

表 3-5 中 CB-A 力没有施加预应力的组合箱梁，而 PCB-B～PCB-G 均为预应力组合箱梁，且连接程度与 CB-A 相同。PCB-B～PCB-G 的弹性抗弯承载能力与极限抗弯承载能力均明显高于 CB-A，说明预应力的施加能够明显提高组合箱梁的抗弯承载能力。

PCB-B、PCB-C、PCB-F、PCB-G 为设有转向块的组合箱梁，其弹性抗弯承载能力均在 270kN·m 以上，极限抗弯承载能力也均在 450kN·m 以上，而其他没有设置转向块的组合箱梁，弹性抗弯承载能力均不足 270kN·m，极限抗弯承载能力均不足 450kN·m。说明设置转向块对组合箱梁的抗弯承载能力有很显著的提高。另外，还可以发现这四根试件承载能力极限状态下的挠度略大于未设置转向块的预应力组合箱梁，这是因为它们的预应力增量较大，在混凝土发生局部破坏时，预应力筋可以保证组合箱梁继续承受更大的荷载。

PCB-F、PCB-G、PCB-H、PCB-I 均为设有转向块的直线型布筋预应力组合箱梁，但前两根试件剪力连接程度为 1，后两根剪力连接程度为 0.5，对比发现前两根的弹性抗弯承载能力与极限抗弯承载能力均明显高于后两根。说明剪力连接程度会影响预应力组合箱梁的抗弯承载能力，剪力连接程度降低，承载能力也降低。试验过程中发现，连接程度为 0.5 的预应力组合箱梁达到抗弯承载能力以前，发生了一定的掀起，削弱了钢梁和混凝土翼板的共同作用。

PCB-B、PCB-C、PCB-F、PCB-G、PCB-H、PCB-I 均为设置了转向块的预应力组合箱梁，对比没有设置转向块的预应力组合箱梁 PCB-D、PCB-E，可以发现设有转向块的预应力组合箱梁达到极限抗弯承载能力时，其预应力增量明显高于未设置转向块的预应

力组合箱梁。说明转向块的设置，有利于充分发挥预应力筋的作用。

PCB-B、PCB-C 为设有转向块且折线型布筋的预应力组合箱梁，PCB-F、PCB-G 为设有转向块且直线型布筋的预应力组合箱梁，对比可发现前两根与后两根的弹性抗弯承载能力、极限抗弯承载能力相当。因此，在设置转向块之后，布筋方式不会对预应力组合箱梁的承载能力产生影响。鉴于直线型布筋在施加预应力时更容易操作，建议工程实践中采用设置转向块的直线型布筋方式。

PCB-D 和 PCB-E 的设计参数相近，仅仅初始预应力不同，PCB-H 和 PCB-I 的其他参数也相同，初始预应力不一样。对比分析可发现，初始预应力会对预应力组合箱梁的弹性抗弯承载能力产生比较明显的影响，初始预应力越大，弹性抗弯承载能力也越大。但初始预应力增加，不能对预应力组合箱梁的极限抗弯承载能力产生明显的提高。

3. 预应力组合箱梁挠度特性

分析各试件的荷载-挠度曲线，结合试验现象，可以发现，预应力组合箱梁的特征曲线可以分为三个阶段。①弹性阶段，该阶段预应力组合箱梁的跨中挠度与外荷载基本符合线性关系，挠度的增长较慢，直到钢梁底部屈服，达到弹性抗弯承载能力。②弹塑性阶段，该阶段跨中挠度增长逐渐加快，挠度随外荷载呈现出非线性增长的特征，直到预应力组合箱梁达到极限抗弯承载能力；到达极限抗弯承载能力后，预应力组合箱梁进入塑性阶段，这一阶段外荷载已经无法继续增长，反而急剧减小，但跨中的挠度迅速增大，混凝土翼板被压碎。③本书试验中，第三阶段的挠度变化过快，受到试验仪器限制，出于安全考虑，未读取这一阶段的挠度。所以预应力组合箱梁第三阶段的受力特征在图 3-20 中未能表现出来。

从图 3-20 中，还可以发现，剪力连接程度为 1 的几根组合箱梁中，未施加预应力的组合箱梁最先进入在弹塑性阶段，且刚度下降最快。连接程度为 0.5 的两根预应力组合箱梁，其刚度下降甚至比未施加预应力的组合箱梁还要快。说明预应力的施加能有效提高组合箱梁的刚度，增大组合箱梁的弹性工作范围；而栓钉数量的折减则会显著降低组合箱梁的刚度。

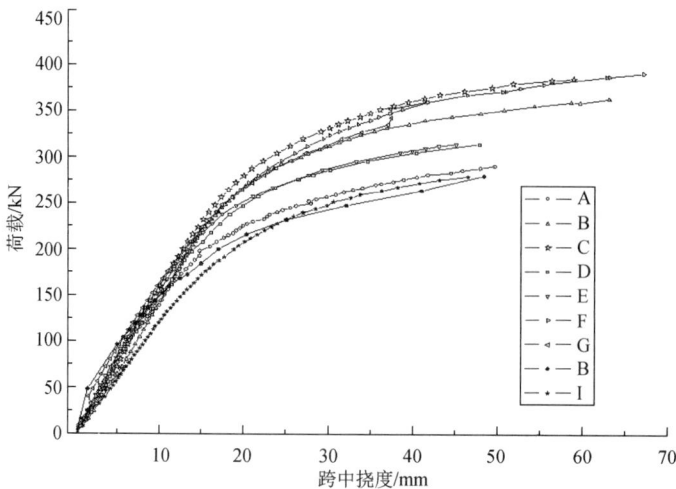

图 3-20　各试件的跨中挠度

4. 跨中截面应变

预应力组合箱梁受弯过程中，钢梁和混凝土翼板可以协同作用，但钢和混凝土为两种不同的材料，二者之间会因为变形不协调产生相界面相对滑移，从而引起滑移应变。本小节结合几根组合箱梁试件跨中的截面应变分布情况，分析交界面上滑移应变随外荷载增大的发展情况。图 3-21～图 3-24 为试验梁跨中截面应变分布图，纵坐标表示各测点到交界面的距离，横坐标表示应变。其中，CB-A 为未施加预应力的组合箱梁，其他为预应力组合箱梁；PCB-I 为连接程度为 0.5 的组合箱梁，其他组合箱梁连接程度为 1.0。

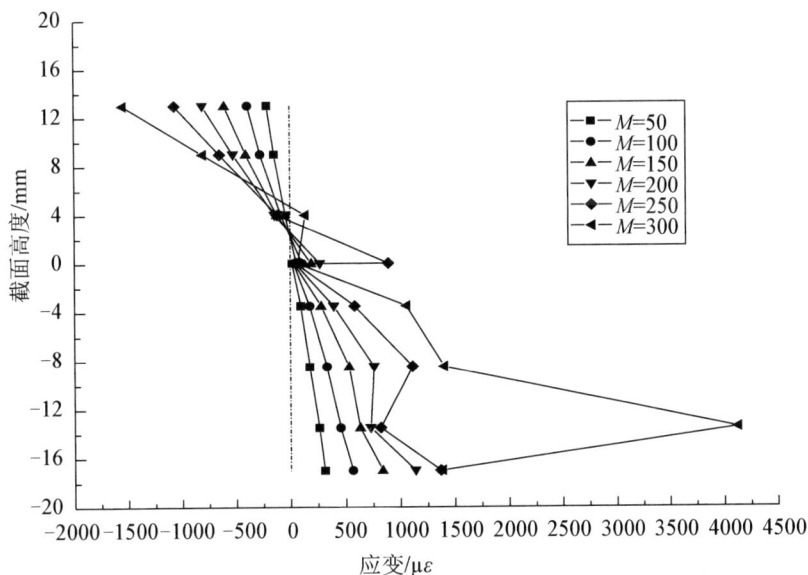

图 3-21　CB-A 跨中截面应变分布

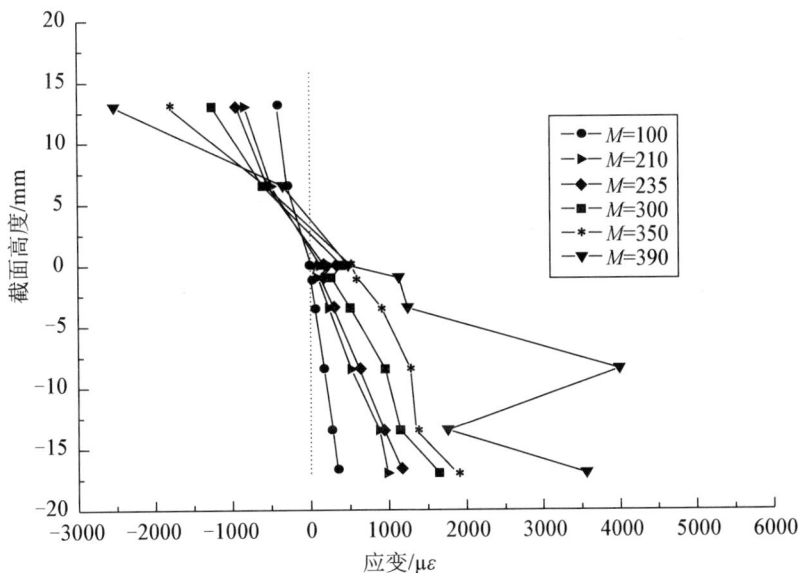

图 3-22　PCB-E 跨中截面应变分布

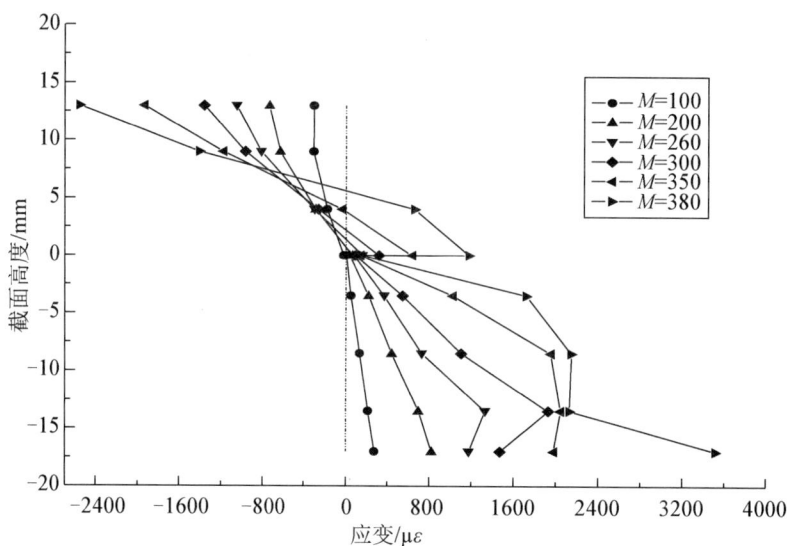

图 3-23　PCB-F 跨中截面应变分布

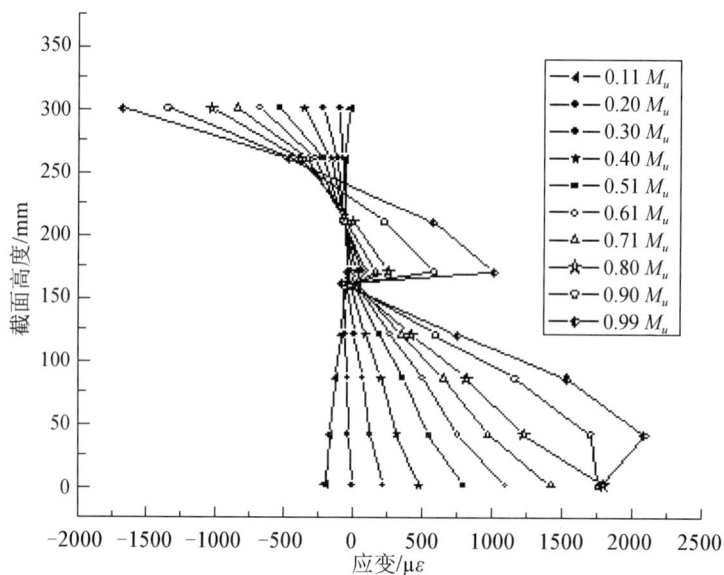

图 3-24　PCB-I 跨中截面应变分布图

　　从图 3-21～图 3-24 可以看出，预应力组合箱梁的截面应力分布类似于普通组合箱梁，二者跨中截面应变差的发展规律也基本一致。在组合箱梁弹性工作阶段，跨中截面的滑移应变不大，随荷载增加也较为缓慢。因此，在对计算精度要求不高的情况下，可近似认为组合箱梁在弹性工作阶段符合平截面假定。当组合箱梁进入弹塑性工作阶段时，滑移应变明显增加较快，组合箱梁接近破坏时，滑移应变非常大，可达 1000～2000με。在滑移应变增大过程中，混凝土板的中性轴不断上升。对于部分剪力连接的组合箱梁，界面的滑移应变尤为明显。由于在受力过程中存在一定的掀起效应，部分剪力连接的预应力组合箱梁的钢梁顶部应力近似为零。

5. 界面滑移分析

本试验的预应力施加采用后张法，张拉过程中组合箱梁的交界面上出现相对滑移，但滑移量一般较小。在预应力加到 100kN 左右时，最大滑移量基本上小于 0.1mm，可以忽略不计。

试验结果表明，在外荷载作用下，无论采用完全剪力连接还是部分剪力连接，也无论是否施加了预应力、采用何种布筋方式，由于连接件的变形和周围混凝土的压缩变形，在钢梁与混凝土翼板的交界面上都会产生水平相对滑移。滑移一般先出现在剪跨段，且滑移量随着外荷载增大而增大。

图 3-25 和图 3-26 描绘了组合箱梁界面相对滑移沿梁长的分布情况，以及随荷载增加的发展情况。其中，横坐标表示测量点到跨中的距离，纵坐标表示测点的滑移量。如图 3-25 和图 3-26 所示，滑移沿梁长有规律地分布。

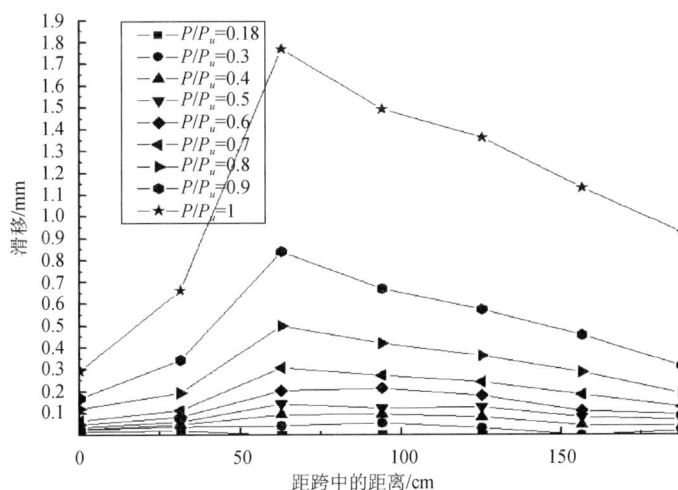

图 3-25　普通组合箱梁 CB-A 交界面滑移分布

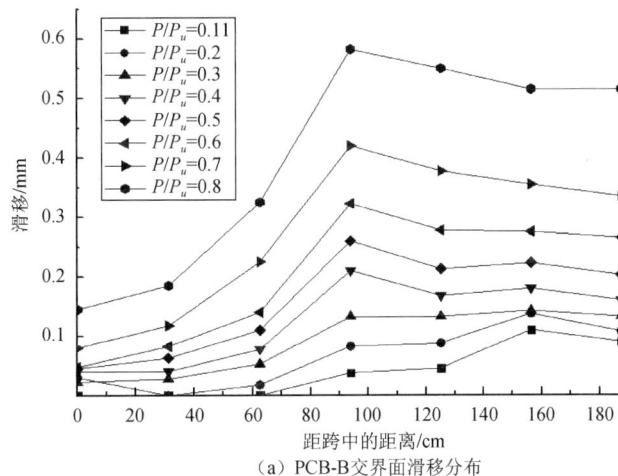

（a）PCB-B 交界面滑移分布

图 3-26　预应力组合箱梁的界面滑移分布图

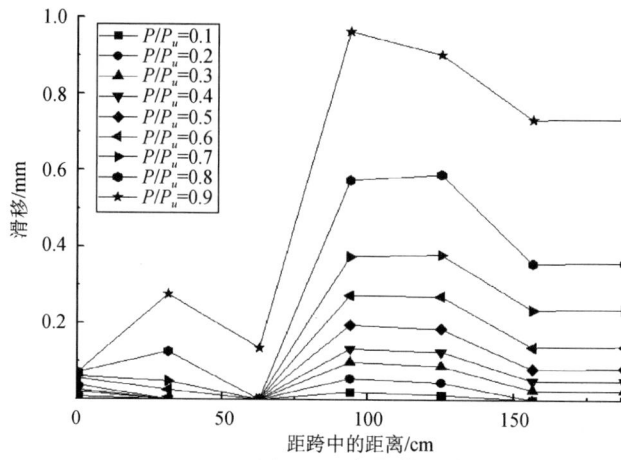

（b）PCB-C交界面滑移分布

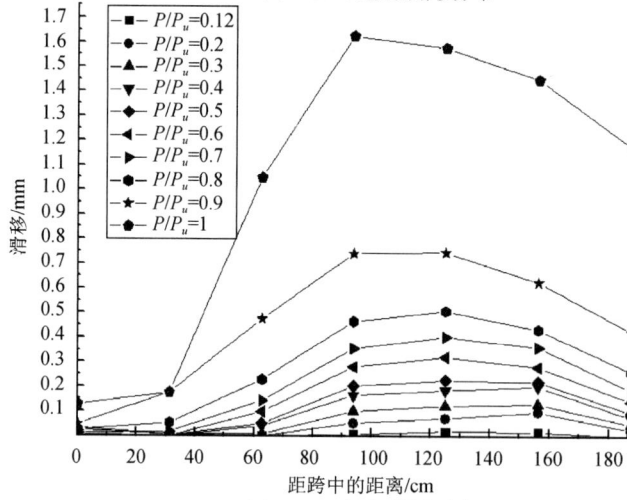

（c）PCB-D交界面滑移分布

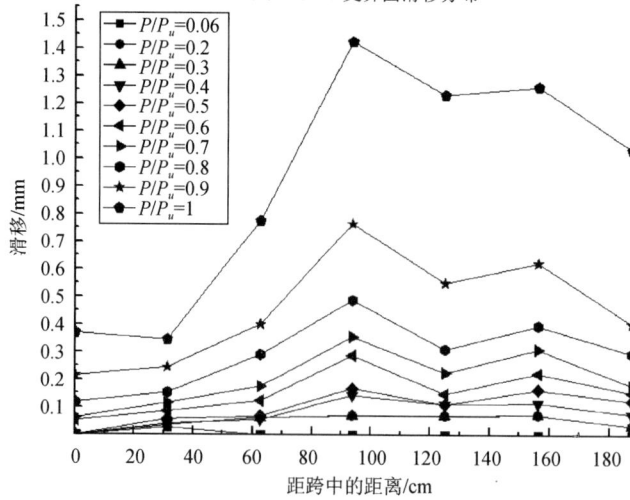

（d）PCB-E交界面滑移分布

图 3-26 （续）

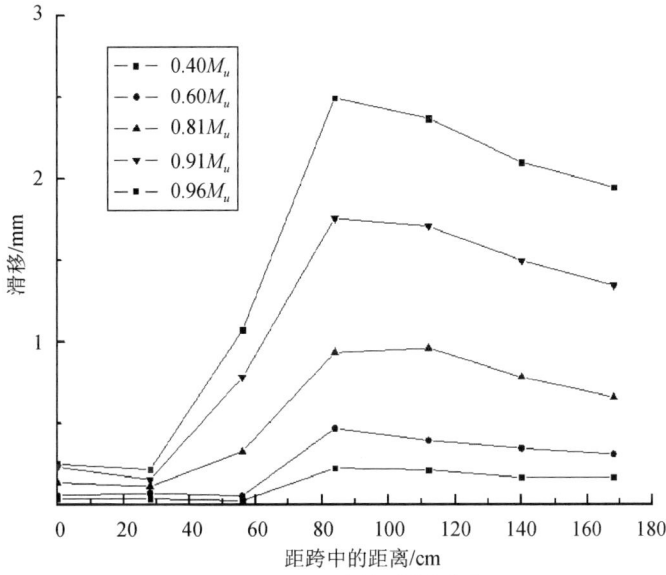

（e）PCB-G交界面滑移分布

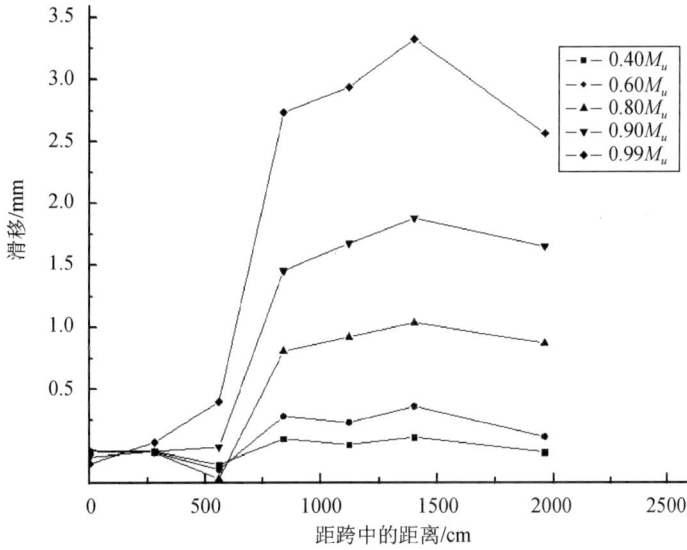

（f）PCB-I交界面滑移分布

图 3-26 （续）

　　组合箱梁为对称结构，试验所施加的外荷载也是对称荷载。因此，界面相对滑移理论上也应该是关于组合箱梁中点对称的。如以上的滑移分布图所示，各梁跨中的滑移近似为零。试验过程中也发现，界面相对滑移基本符合对称规律。因此，在界面滑移分布图中，仅描绘半跨之内的滑移分布情况即可。

　　在组合箱梁的弹性工作阶段，滑移量的增加较为缓慢，沿梁长分布较为均匀。而在弹塑性工作阶段，滑移量的增加越来越快，且沿梁长分布明显不均匀。相对滑移沿梁长分布在半跨之内呈现出中间大、两端小的形态，这与已有的相关试验研究成果[5]吻合。跨中的滑移近似为零，滑移的最大值出现在加载点附近，而不是在梁端。这主要是因为混凝土翼板底部开裂后，靠近加载点处裂缝较多，裂缝的宽度也较大，增大了滑移量。

　　如前文所述，界面滑移的大小与测点距跨中的距离有关，也与荷载的大小直接相关。本小节结合几根组合箱梁试件的梁端荷载-滑移曲线，以及界面滑移的形成机理，对界面滑移随外荷载增加的发展过程进行说明。

　　与未施加预应力的组合箱梁类似，预应力组合箱梁的荷载-滑移曲线一般可以分为三个阶段，三个阶段滑移产生和增长的机理有所不同。

　　在第一阶段，界面上的纵向剪切力克服自然黏结力，滑移开始出现。当外荷载较小时，由于钢与混凝土之间的自然黏结力，交界面基本没有出现滑移。但随着荷载的增加，当自然黏结不足以抵抗交界面纵向剪力时，自然黏结即发生破坏，交界面就开始出现滑移。由图 3-27 和图 3-28 所示的梁端荷载-滑移曲线可知，当外荷载达到 50kN 左右时，梁端界面滑移才会出现。

　　在第二阶段，界面相对滑移缓慢增长。这一阶段滑移主要是由栓钉的弯曲变形及混凝土压缩产生的，栓钉周围的混凝土还未压碎。如图 3-27 和图 3-28 所示，这一阶段梁端的界面滑移与外荷载近似呈线性关系。

　　在第三阶段，界面相对滑移逐渐加快。这一阶段，栓钉周围的混凝土出现局部的拉裂，栓钉的弯曲变形和混凝土的开裂破坏为滑移的主要原因。如图 3-27 和图 3-28 所示，这一阶段梁端的界面滑移随外荷载非线性增长。

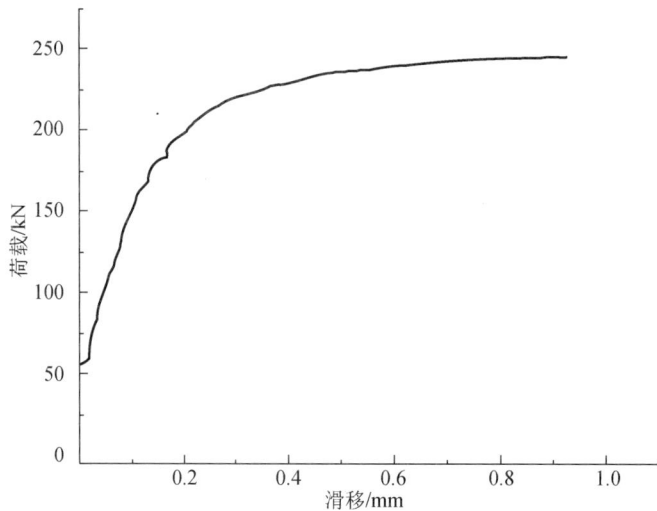

图 3-27　CB-A 梁端荷载-滑移曲线

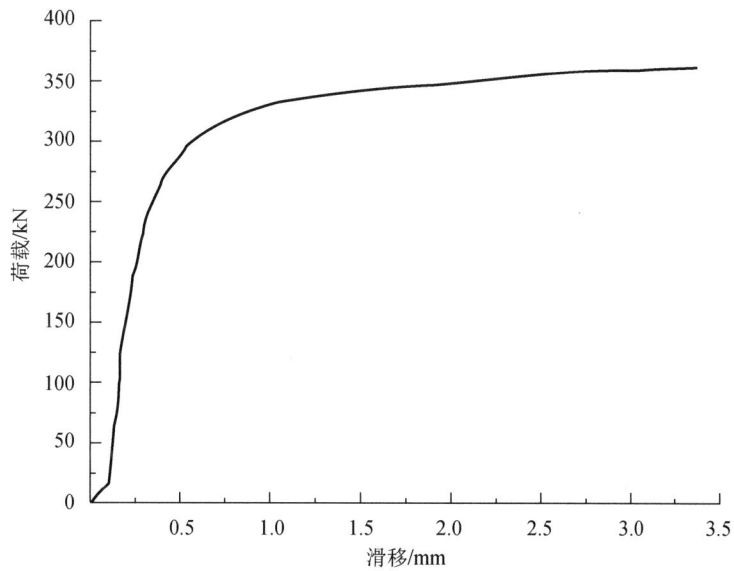

（a）PCB-B梁端荷载–滑移曲线

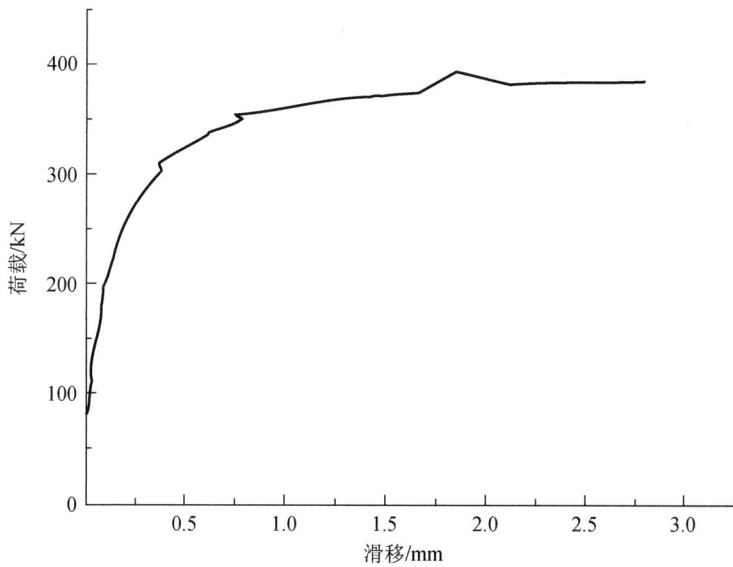

（b）PCB-C梁端荷载–滑移曲线

图 3-28　预应力组合箱梁梁端荷载–滑移曲线

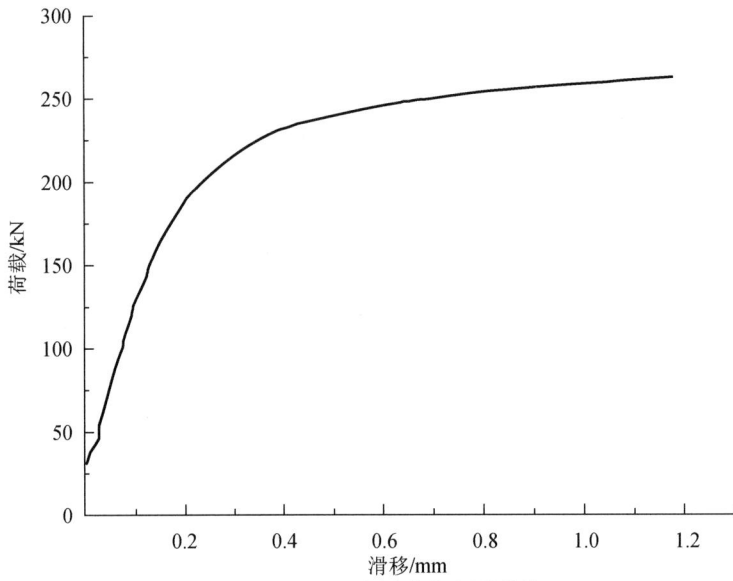

（c）PCB-D梁端荷载-滑移曲线

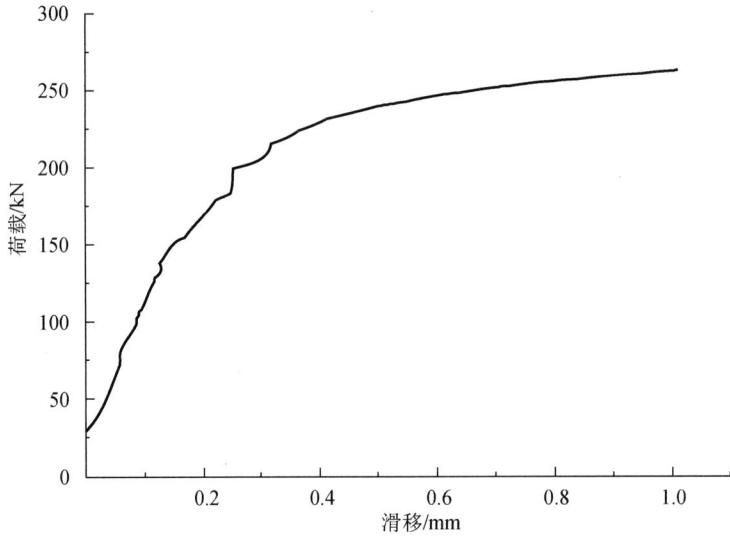

（d）PCB-E梁端荷载-滑移曲线

图 3-28 （续）

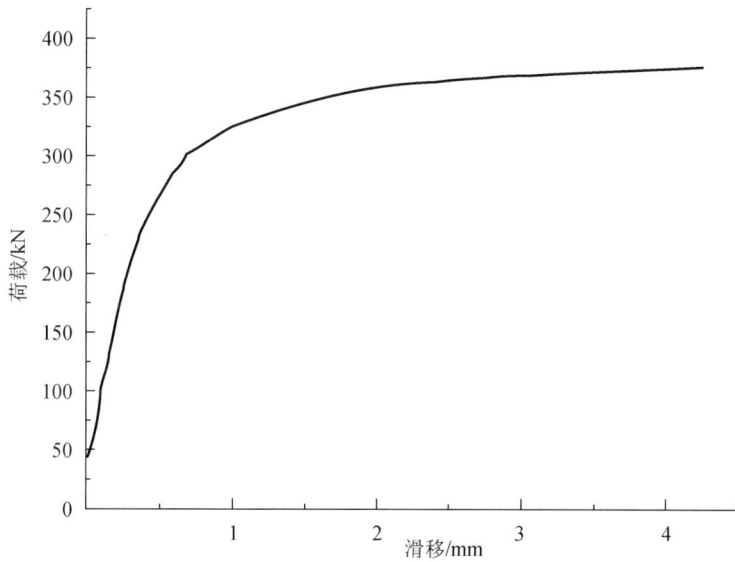

（e）PCB-G梁端荷载-滑移曲线

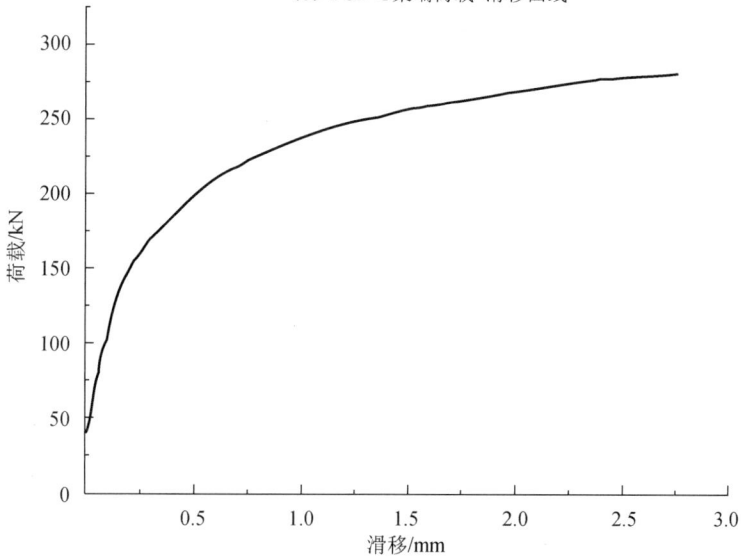

（f）PCB-I梁端荷载-滑移曲线

图 3-28　（续）

　　另外，由图 3-28 可知，到达极限抗弯承载能力时，PCB-B、PCB-C、PCB-G、PCB-I 的梁端界面滑移比 PCB-D、PCB-E 大，这是因为前几根梁设置了转向块，能充分发挥预应力筋的作用，组合箱梁到达极限承载能力前能够允许发生较大的弯曲变形。

3.1.6　小结

　　本节对 9 根组合箱梁的试验结果进行了分析。首先分析了预应力组合箱梁的受力性能，得到以下结论：预应力的施加能够有效提高组合箱梁的弹性抗弯承载能力和极限抗弯承载能力，设置转向块后，预应力的作用发挥更充分；连接程度减半后预应力组合箱梁的承载能力会明显降低；预应力组合箱梁的荷载-挠度曲线跟普通组合箱梁类似，均可分为弹性、弹塑性和塑性三个阶段；预应力的施加能有效提高组合箱梁的刚度；连接程度减小，抗弯刚度会明显降低。

本节重点对界面滑移相关的试验结果进行了分析，得到以下结论：预应力组合箱梁和普通组合箱梁一样，在承受外荷载时会产生界面相对滑移，且沿梁长的分布情况也类似；界面滑移随荷载的增大而增大，在组合箱梁的弹性工作阶段变化较慢，弹塑性阶段增加较快；界面相对滑移的增长可分为三个阶段，每个阶段界面滑移的来源不同，导致各阶段滑移的增长速度不同；预应力组合箱梁界面的相对滑移会导致钢和混凝土交界面上产生应变差，滑移应变在组合箱梁的弹性工作阶段变化较慢，组合箱梁在这一阶段近似符合平截面假定；在弹塑性阶段组合箱梁变化较快，且数值较大。

3.2　预应力组合箱梁滑移理论与计算

3.2.1　引言

钢-混凝土组合箱梁由混凝土翼板、钢梁和剪力连接件三种构件组成。剪力连接件将混凝土翼板与钢梁连接成整体，共同受力。在荷载作用下，由于连接件的柔性，使得钢梁和混凝土板之间发生滑移，而无法形成完全共同作用，部分共同作用使组合箱梁的受力性能比普通单一材料结构复杂得多。

在正常使用荷载作用下，钢-混凝土组合箱梁的钢梁一般仍然处于弹性工作阶段，混凝土翼板的最大压应力也位于应力-应变曲线的上升段，这已被大量的试验和数值计算结果所证实。因此，有必要对预应力组合箱梁弹性阶段的受力性能进行研究。

我国现行的《钢结构设计规范》（GB 50017—2017）采用了折减刚度法计算组合箱梁的挠度，该方法由清华大学聂建国教授提出，用于在考虑界面相对滑移的情况下，对未施加预应力的普通组合箱梁的受力性能进行分析。

本章主要在折减刚度法的基础上，对采用后张法施加预应力的预应力组合箱梁进行研究。分析预应力组合箱梁的界面滑移和滑移应变，并在考虑界面滑移和预应力增量的前提下，对预应力组合箱梁弹性抗弯性能进行分析。

3.2.2　预应力增量计算方法

分析预应力组合箱梁的界面滑移和受力性能，需要先确定预应力增量的大小。本节采用结构力学方法[101]，对预应力组合箱梁加载之后产生的预应力增量进行分析。分析过程假定组合箱梁的所有材料均处于弹性阶段，包括预应力筋。将预应力组合箱梁视为一次超静定结构，采用力法计算预应力增量。计算过程中忽略锚固和摩擦造成的预应力损失，认为沿预应力筋长度方向的预应力大小相等。

外荷载为跨度三分点处的两个集中荷载 P，将预应力增量以 ΔT 代替，大小为单位力的 ΔT 倍，从而将超静定结构转化为静定结构，则外力 P 造成的沿预应力方向的位

移为

$$\delta_{1p} = -\frac{2PeL^2}{9E_sI} \qquad (3.1)$$

式中：L 为梁的跨度；e 为预应力筋截面到组合箱梁中合轴的距离；I 为组合箱梁的换算截面惯性矩；E_s 为钢梁的弹性模量。单位力造成的沿预应力方向的位移为

$$\delta_{11} = \frac{e^2L}{E_sI} + \frac{I}{E_sA} + \frac{L}{E_pA_p} \qquad (3.2)$$

式中：E_p 为预应力筋的弹性模量；A 为组合箱梁等效截面积；A_p 为预应力筋截面积。根据变形协调条件可得

$$\delta_{11}\Delta T + \delta_{1p} = 0 \qquad (3.3)$$

由上式可得

$$\Delta T = \frac{2PeL}{9\left(e^2 + \dfrac{I}{A} + \dfrac{E_sI}{E_pA_p}\right)} \qquad (3.4)$$

根据式（3.4），在已知外荷载大小时，可以算得预应力的增量。下表列出了在某一外荷载作用下，两根组合箱梁预应力增量的计算值和实测值，其中 ΔT_j 为计算值，ΔT_t 为实测值。

表 3-6 中预应力增量的计算值与实测值相比偏大，这是因为计算过程中未考虑锚固和摩擦引起的预应力损失等不利因素的影响。

表 3-6　预应力增量计算值与实测值对比

梁编号	荷载 P/kN	ΔT_j/kN	ΔT_t/kN
PCB-D	198	35.7	29.5
PCB-E	210	36.8	27.1

3.2.3　预应力组合箱梁界面滑移与滑移应变

大量的试验和数值计算结果已经证实，无论是完全剪力连接还是部分剪力连接的组合箱梁，在受弯时其界面都会产生相对滑移，组合箱梁的界面滑移又会导致滑移应变的产生。滑移应变是组合箱梁交界面处的相对滑移沿梁长的变化率，即单位长度上的相对滑移。

在正常使用荷载作用下，钢-混凝土组合箱梁的钢梁仍然处于弹性工作阶段，混凝土翼板的最大压应力也位于应力-应变曲线的上升段。因此，分析滑移效应时，可将组合箱梁作为弹性体来考虑，并做如下假设：①交界面上的水平剪力与界面相对滑移成正比；②钢梁和混凝土翼板具有相同的曲率；③上部的混凝土翼板和下部的钢梁分别符合平截面假定。对在三分点处两点对称加载的预应力钢-混凝土组合箱梁进行分析，图 3-29 是预应力简支组合箱梁的示意图。

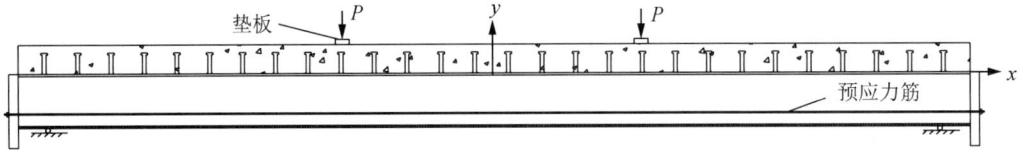

图 3-29 预应力简支组合箱梁

取组合箱梁的一个微段，如图 3-30 所示。

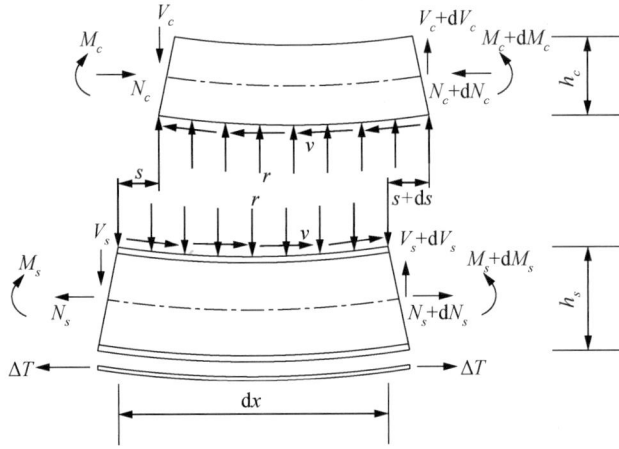

图 3-30 预应力组合箱梁微段

对混凝土单元左侧形心计算弯矩，则有

$$dM_c + V_c dx = v dx \frac{h_c}{2} - r dx \frac{dx}{2} \qquad (3.5)$$

式中：M_c 为混凝土单元弯矩；V_c 为混凝土单元剪力；h_c 为混凝土单元截面高度；v 为交界面上单位长度上的水平剪力；r 为交界面上单位长度上混凝土翼板和钢梁之间的竖向挤压力。对钢梁单元左侧形心计算弯矩，则有

$$dM_s + V_s dx = v y_1 dx + r dx \frac{dx}{2} \qquad (3.6)$$

式中：M_s 为钢梁单元弯矩；V_s 为钢梁单元剪力；y_1 为钢梁顶部到钢梁形心的距离。由式（3.5）和式（3.6）可得到

$$\frac{dM_c}{dx} + \frac{dM_c}{dx} + V_c + V_s = vz \qquad (3.7)$$

式中：z 为混凝土翼板截面形心到钢梁截面形心的距离。由假设②可得

$$\phi = \frac{M_s}{E_s I_s} = \frac{\alpha_E M_c}{E_s I_c} \qquad (3.8)$$

式中：ϕ 为截面曲率；I_s、I_c 为钢梁和混凝土翼板的惯性矩；E_s 为钢梁的弹性模量；α_E 为钢梁和混凝土翼板的弹性模量比。混凝土底板拉应变为

$$\varepsilon_{tb} = \frac{\phi h_c}{2} - \frac{\alpha_E N_c}{E_s A_c} \qquad (3.9)$$

钢梁顶板拉应变为

$$\varepsilon_{tt} = \frac{N_s}{E_s A_s} - \phi y_1 \tag{3.10}$$

式中：N_s 为钢梁单元轴力；A_s 为钢梁单元截面面积。

交界面上的滑移应变为

$$\varepsilon_s = S' = \varepsilon_{tb} - \varepsilon_{tt} = \phi z - \frac{\alpha_E N_c}{E_s A_c} - \frac{N_s}{E_s A_s} \tag{3.11}$$

由平衡条件可知

$$N_s = N_c - \Delta T \tag{3.12}$$

式中：N_c 为混凝土单元轴力；A_c 为混凝土单元截面面积；ΔT 为预应力筋单元的预应力增量。

纯弯段和弯剪段的竖向剪力之和为

$$V_c + V_c = \begin{cases} 0 & 0 \leqslant x \leqslant \dfrac{L}{6} \\[2mm] P & \dfrac{L}{6} < x \leqslant \dfrac{L}{2} \end{cases} \tag{3.13}$$

根据混凝土翼板的平衡条件可得

$$\frac{\mathrm{d}N_c}{\mathrm{d}x} = -v \tag{3.14}$$

由假设①可得

$$pv = KS \tag{3.15}$$

式中：p 为剪力连接件间距；K 为滑移刚度系数；S 为滑移量。由式（3.11）～式（3.13）和式（3.15）可得

$$\frac{\mathrm{d}\phi}{\mathrm{d}x} = \begin{cases} \dfrac{KSz}{E_s I_0 p} & 0 \leqslant x \leqslant \dfrac{L}{6} \\[3mm] \dfrac{KSz + Pp}{E_s I_0 p} & \dfrac{L}{6} < x \leqslant \dfrac{L}{2} \end{cases} \tag{3.16}$$

式中：I_0 为组合梁换算截面惯性矩。

对式（3.11）求导，并将式（3.12）～式（3.16）代入，可以得到

$$\frac{\mathrm{d}\phi}{\mathrm{d}x} = \begin{cases} \alpha^2 S & 0 \leqslant x \leqslant \dfrac{L}{6} \\[3mm] \alpha^2 S - \alpha^2 \beta P & \dfrac{L}{6} < x \leqslant \dfrac{L}{2} \end{cases} \tag{3.17}$$

式中：$\alpha^2 = \dfrac{KA_1}{E_s I_0 p}$；$\beta = \dfrac{hp}{2KA_1}$。其中，$A_1 = \dfrac{I_0}{A_0} + d_c^2$，$\dfrac{1}{A_0} = \dfrac{1}{A_s} + \dfrac{\alpha_E}{A_c}$，$d_c$ 为混凝土截面形心到组合梁截面形心的距离。

求解方程（3.17）时，根据边界条件 $S(x=0)=0$，$S'\left(x=\dfrac{L}{2}\right) = \dfrac{\Delta T}{E_s A_s} - \dfrac{\Delta T e y_2}{E_s I_s}$，$y_2$ 为预应力筋截面形心到组合梁截面形心的距离，即得到界面相对滑移和滑移应变。

$$S = \begin{cases} C_1 e^{\hat{\alpha}x} + C_2 e^{-\hat{\alpha}x} & 0 \leqslant x \leqslant \dfrac{L}{6} \\ C_3 e^{\hat{\alpha}x} + C_4 e^{-\hat{\alpha}x} + \beta P & \dfrac{L}{6} < x \leqslant \dfrac{L}{2} \end{cases} \tag{3.18}$$

$$\varepsilon_s = S' = \begin{cases} \alpha C_1 e^{\hat{\alpha}x} - \alpha C_2 e^{-\hat{\alpha}x} & 0 \leqslant x \leqslant \dfrac{L}{6} \\ \alpha C_3 e^{\hat{\alpha}x} - \alpha C_4 e^{-\hat{\alpha}x} & \dfrac{L}{6} < x \leqslant \dfrac{L}{2} \end{cases} \tag{3.19}$$

式 中： $C_1 = \dfrac{2Gt^3 + \beta Pt\alpha^2 + \beta Pt^5\alpha^2}{2(t^6-1)\alpha^2}$ ， $G = \dfrac{\Delta T}{E_s A_s} - \dfrac{\Delta T e y_2}{E_s I_s}$ ， $t = e^{\frac{\alpha L}{6}}$ ； $C_2 = -C_1$ ；

$C_3 = C_1 - \dfrac{\beta P}{2t}$ ； $C_4 = -C_1 - \dfrac{\beta Pt}{2}$ ； e 为预应力筋到组合箱梁换算截面形心的距离。

3.2.4　考虑界面滑移的抗弯承载能力分析

无论是普通组合箱梁，还是预应力组合箱梁，界面滑移都会对其弹性抗弯承载能力产生影响。界面滑移导致滑移应变的产生，而滑移应变会对组合箱梁的弹性抗弯性能产生不利影响。因此，在计算预应力组合箱梁的弹性抗弯承载能力时，有必要考虑滑移效应的影响。

本书试验采用后张法施加预应力，然后施加外荷载。因此，外荷载产生的弯矩一部分与组合箱梁截面产生的抵抗弯矩抵消，另一部分与预应力增量产生的弯矩抵消。初始预应力在组合箱梁截面底部产生的初始压应力为

$$\delta_0 = \frac{T_0}{A} + \frac{T_0 e}{W} \tag{3.20}$$

式中： T_0 为初始预应力； A 为组合箱梁换算截面积； W 为组合箱梁换算截面抗弯抵抗矩。同理，预应力增量 ΔT 在组合箱梁底部产生的压应力为

$$\delta_1 = \frac{\Delta T}{A} + \frac{\Delta T e}{W} \tag{3.21}$$

可得

$$\Delta T = \frac{2PeL}{9\left(e^2 + \dfrac{I}{A} + \dfrac{E_s I}{E_p A_p}\right)} = \frac{2eM}{3\left(e^2 + \dfrac{I}{A} + \dfrac{E_s I}{E_p A_p}\right)} \tag{3.22}$$

则考虑界面相对滑移的抗弯承载能力为

$$M_y = \zeta(\delta_0 + \delta_1 + f_y)W \tag{3.23}$$

式中： f_y 为钢梁底板屈服强度； W 为组合箱梁换算截面的抗弯抵抗矩； ζ 为组合箱梁弹性抗弯承载能力折减系数，可根据文献[5]按照以下公式计算

$$\zeta = 1 - \frac{h_s E_s}{6EI}\xi(hA_w + 2h_c A_{ft}) \tag{3.24}$$

令 $\mu = \dfrac{2e}{3\left(e^2 + \dfrac{I}{A} + \dfrac{E_s I}{E_p A_p}\right)}$，则由式（3.20）～式（3.23）可得

$$M_y = \frac{\zeta(\delta_0 + f_y)W}{1 - \zeta\left(\dfrac{W}{A} + e\right)\mu} \tag{3.25}$$

根据上式可计算预应力组合箱梁的弹性抗弯承载能力，令刚度折减系数 $\xi = 0$，即 $\zeta = 1$ 则可算得不考虑界面相对滑移的弹性抗弯承载能力。表 3-7 给出了 3 根预应力组合箱梁的弹性抗弯承载能力的计算值与实测值，其中 M_{yj} 为考虑滑移的计算值，M'_{yj} 为不考虑滑移的计算值，M_{yt} 为实测值。

表 3-7　弹性抗弯承载能力计算值与实测值

梁编号	M_{yj} / (kN·m)	M'_{yj} / (kN·m)	M_{yt} / (kN·m)
PCB-D	244.0	267.6	247.2
PCB-E	256.0	279.9	262.3
PCB-F	259.4	286.1	270.1

由表 3-7 可知，界面滑移效应会导致预应力组合箱梁的弹性抗弯承载能力降低，忽略滑移效应会使弹性抗弯承载能力的计算值偏于不安全，考虑界面滑移效应之后，得到的计算值更准确，且偏于安全。

3.2.5　考虑界面滑移的预应力组合箱梁挠度计算

本节采用结构力学方法，对预应力组合箱梁弹性阶段的挠度进行分析。分析过程假定组合箱梁的所有材料均处于弹性阶段，包括预应力。将预应力增量视为外力，组合箱梁的挠度包括由对称集中荷载引起的挠度及由预应力增量引起的挠度两部分，计算过程中考虑界面相对滑移的影响。

预应力组合箱梁的外荷载为三分点处的两个集中荷载 P。为了考虑界面滑移的影响，梁体抗弯刚度取折减刚度 B。为了计算跨中挠度，在跨中施加单位力。外荷载引起的挠度为

$$\delta_p = \frac{23PL^3}{648B} \tag{3.26}$$

预应力增量引起的挠度为

$$\delta_{\Delta T} = \frac{\Delta TeL^2}{8B} \tag{3.27}$$

则预应力组合箱梁跨中挠度的计算公式为

$$\delta = \delta_p + \delta_{\Delta T} = \frac{23PL^3}{648B} - \frac{\Delta TeL^2}{8B} \tag{3.28}$$

其中 ΔT 可采用式（3.4）计算，$B = \dfrac{EI}{1+\xi}$。由式（3.4）知 $\Delta T = \mu M$，令 $u = \dfrac{2e}{3\left(e^2 + \dfrac{I}{A} + \dfrac{E_s I}{E_p A_p}\right)}$

且 $M = PL/3$，代入式（3.28）则可得弹性承载能力极限状态下跨中挠度

$$\delta_y = \frac{(23 - 27e\mu)L^2 M_y}{216B} \tag{3.29}$$

其中 M_y 可用式（3.23）计算，令刚度折减系数 $\xi = 0$，即 $\zeta = 1$，则可算得不考虑界面相对滑移的跨中挠度。表 3-8 列出了 3 根预应力组合箱梁弹性抗弯承载能力极限状态下的挠度，其中 δ_{yj} 为考虑界面滑移效应的挠度值，δ'_{yj} 为不考虑界面滑移效应的挠度值，δ_{yt} 为跨中挠度实测值。

表 3-8　跨中挠度的计算值与实测值

梁编号	δ_{yj}/mm	δ'_{yj}/mm	δ_{yt}/mm
PCB-D	14.07	9.47	13.74
PCB-E	14.33	9.64	14.15
PCB-F	14.91	10.04	14.5

由表 3-8 可知，界面滑移效应会导致预应力组合箱梁的变形增大，忽略滑移效应会使挠度的计算值偏于不安全，考虑界面滑移效应之后，得到的计算值更为准确，且偏于安全。

3.2.6　小结

无论是普通组合箱梁，还是预应力组合箱梁，界面滑移都会对其受力性能产生影响。本章针对采用后张法施加预应力的组合箱梁，在普通组合箱梁折减刚度法的基础上，采用结构力学方法进行弹性分析。在考虑界面滑移和预应力作用的前提下，分析了挠度的计算方法及弹性抗弯承载能力的计算方法，并通过试验结果进行验证。

3.3　预应力组合箱梁滑移性能有限元分析

3.3.1　引言

有限元分析是进行结构力学性能研究的一种常用方法，它可以对试验中的各种因素加以合理地模拟，避免结构试验中一些次要因素的干扰，还可以对分析模型进行理想化的处理，得到试验无法得到的分析结果。本章对完全共同作用的组合箱梁进行模拟，即通过对交界面上下节点进行耦合处理，从而模拟试验中无法实现的界面连接条件。ANSYS 有限元软件是一个适用于微机平台的有限元分析软件，可以高效解决各类结构的线性和非线性等问题，广泛应用于混凝土结构和钢结构的计算分析。混凝土结构和钢结构相关的有限元分析研究成果[102~107]，也可以运用到组合箱梁的有限元模拟中。本章将应用 ANSYS 有限元软件对采用开口钢箱梁的组合箱梁进行非线性分析，以分析界面滑移沿梁长的分布情况、界面滑移的大小与连接程度之间的关系、界面滑移随外荷载的变化情况，以及界面滑移对组合箱梁受力性能的影响。

3.3.2　有限元模型建立

本节将对 3 根预应力钢-混凝土组合箱梁试件进行模拟分析，编号分别为 PCB-1、

PCB-2、PCB-3。其中 PCB-1、PCB-2 为部分共同作用组合箱梁，连接程度分别为 0.5 和 1.0；PCB-3 为完全共同作用组合箱梁。三根简支组合箱梁的全长均为 4000mm，支座间跨度均为 3750mm，截面尺寸与前文试验所用试件相同；梁端施加 200kN 的预应力，施加位置与前文所用试件相同，图 3-31 为模拟对象的示意图。

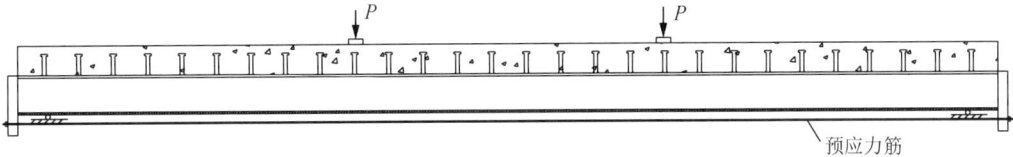

图 3-31　模拟对象

1. 有限元单元

1）栓钉模型

模拟不完全共同作用组合箱梁的界面相对滑移，采用合适的栓钉模型是关键，栓钉连接件通常用弹簧单元或杆单元模拟。其中弹簧单元物理意义明确，弹簧的本构关系也易于用已有的连接件推出试验确定。本节采用非线性弹簧单元 Combin39 来模拟栓钉，以弹簧单元的轴向力模拟栓钉的剪切力。如图 3-32 所示，每个弹簧单元有 2 个节点，每个节点有沿 X、Y、Z 轴平动的 3 个自由度，不考虑弹簧的弯曲和扭转。

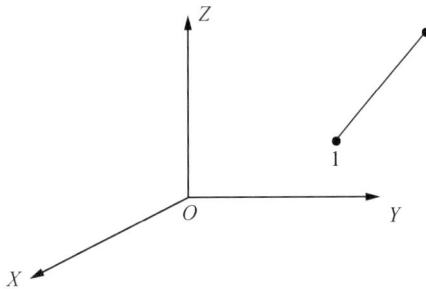

图 3-32　Combin39 单元

通过已有的栓钉推出试验可确定栓钉的剪力-滑移曲线，如图 3-33 所示。采用弹簧的轴向力模拟栓钉的剪力时，也可以用图 3-33 的曲线定义弹簧的荷载-变形曲线，实现非线性模拟。

通过控制栓钉单元的数量可以反映组合箱梁的不同连接程度。完全剪力连接，即连接程度为 1 的组合箱梁，布置 56 个弹簧；连接程度为 0.5 的组合箱梁，布置 28 个弹簧。弹簧单元的位置与试验所用试件中栓钉的位置相同。

模拟完全共同作用的组合箱梁时，假定栓钉的抗剪刚度无限大，混凝土翼板和钢梁是变形协调的。因此，可以将混凝土板底部的节点和钢梁顶部的节点进行耦合处理，并且沿梁长方向，以及横截面的横向和竖向均进行耦合处理。

2）钢梁模型

钢梁的模拟可以采用薄壁壳单元或实体单元。本节模拟对象采用的是开口箱型钢梁，由钢板焊接而成，其厚度相对于组合箱梁的截面尺寸很小。因此，开口箱型钢梁可以采用 Shell43 单元进行模拟。每个 Shell43 单元有 4 个节点，每个节点有 6 个自由度：沿 X、Y、Z 方向的平动自由度，以及绕 X、Y、Z 轴的转动自由度，如图 3-34 所示。

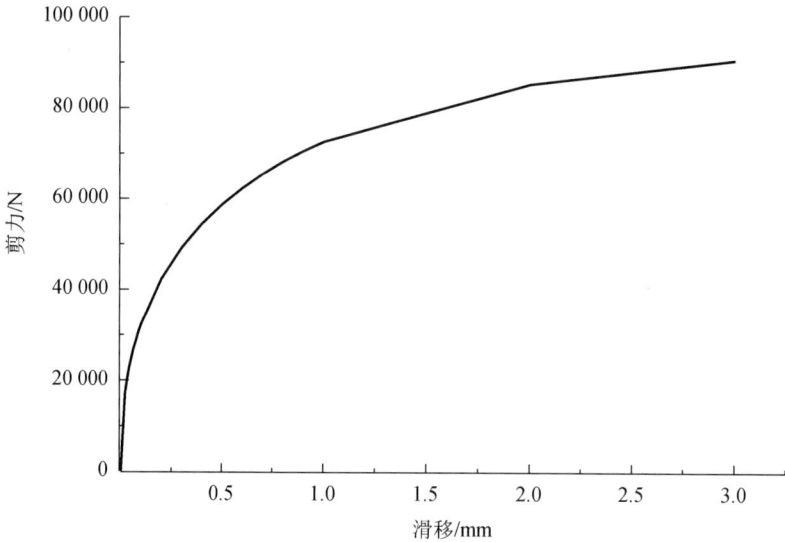

图 3-33　栓钉的剪力-滑移曲线关系

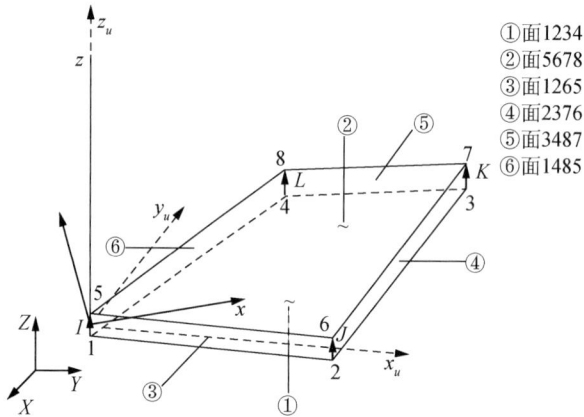

①面1234
②面5678
③面1265
④面2376
⑤面3487
⑥面1485

图 3-34　Shell43 单元

钢材的应力-应变曲线采用钢材本构关系采用双线性随动强化模型（BKIN），如图 3-35 所示。

3）钢筋混凝土模型

主要讨论混凝土翼板和钢梁之间的相对滑移，且钢筋在混凝土中的分布较均匀，为了简化计算，混凝土采用整体式模型，采用 Solid65 单元模拟混凝土。Solid65 单元可以考虑混凝土的很多非线性性质，如开裂、压碎等。通过沿三个方向配置体积配筋率，该单元还可以考虑钢筋的作用，简化建模过程，纵向、横向、竖向的配筋率分别为 0.75%、0.69%、0.42%。如图 3-36 所示，每个 Solid65 单元有 8 个节点，每个节点均有 X、Y、Z 三个方向平动自由度。

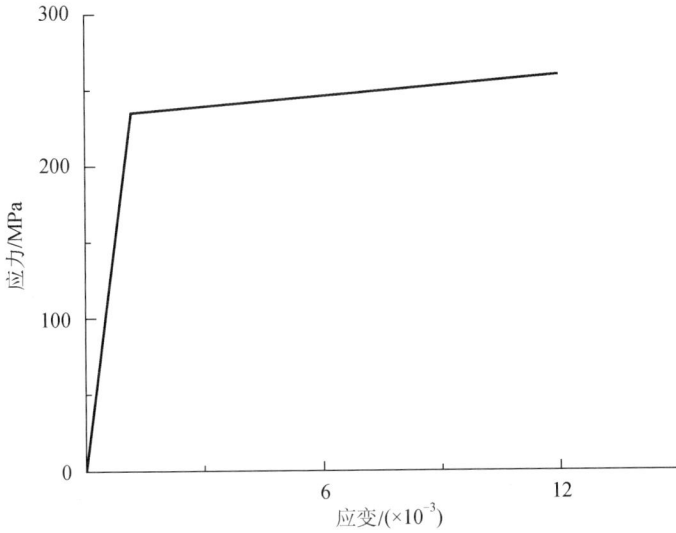

图 3-35　钢材本构关系

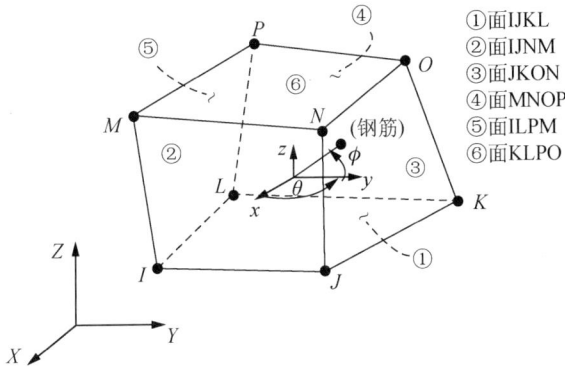

①面 IJKL
②面 IJNM
③面 JKON
④面 MNOP
⑤面 ILPM
⑥面 KLPO

图 3-36　Solid65 单元

混凝土单轴受压应力-应变曲线采用 Saenz 公式的计算结果，公式为

$$\sigma = k_3 f_c \frac{A(\varepsilon/\varepsilon_0)+(D-1)(\varepsilon/\varepsilon_0)^2}{1+(A-2)(\varepsilon/\varepsilon_0)+D(\varepsilon/\varepsilon_0)^2} \qquad (3.30)$$

所得曲线关系如图 3-37 所示。

混凝土的破坏准则采用 William-Warnke 五参数破坏准则，为了容易收敛，裂缝剪力传递系数 f_t 可在 0.3～0.5 调整，闭合裂缝剪力传递系数 f_c 可在 0.8～1.0 调整。

输入单元信息、几何尺寸，划分网格后，所得到的组合箱梁几何模型如图 3-38 所示。

2. 约束与外荷载

1）施加约束

在钢梁底部节点施加约束条件，距梁左端 125mm 的节点上施加纵向和竖向约束，距梁右端 125mm 的节点上施加竖向约束。

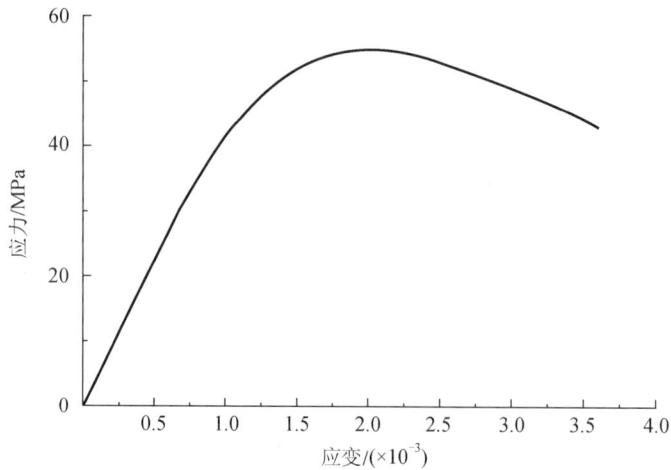

图 3-37   混凝土单轴受压应力-应变曲线

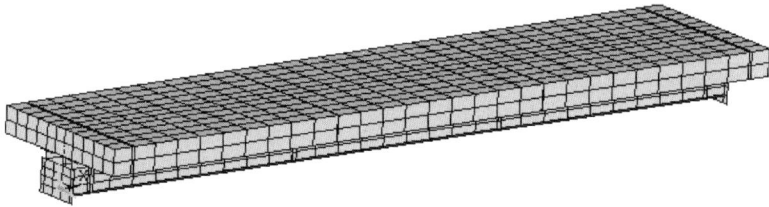

图 3-38   组合箱梁模型

2）施加重力荷载

按照 9.8N/kg 给组合箱梁施加重力荷载，荷载分 10 个子步骤施加。

3）施加预应力和预应力增量

为了简化计算，易于收敛，将预应力等效为梁端集中力。施加完重力荷载后，在梁端预应力筋的四个锚固点处分别施加 100kN 的集中荷载，作为初始预应力，荷载分 100 个子步骤施加。预应力增量施加方式，在跨度三分点处混凝土顶部施加竖向位移的过程中，同步施加 100kN 的预应力增量。

4）施加外荷载

在跨度三分点处混凝土顶部的节点上，施加两个大小相等、方向相同的竖向位移，大小为 100mm，方向向下，分 200 个子步骤加载。分析模拟结果时，根据梁端的支座反力，可以确定每一子步骤对应外荷载的大小。

3.3.3   模拟结果分析

1）界面相对滑移

对于部分共同作用的组合箱梁，钢梁和混凝土翼板在交界面上会发生相对滑动，图 3-39 为组合箱梁沿梁长方向的变形。如图 3-39 所示，在梁端，上部的混凝土板相对于钢梁发生了明显的相对错动，与试验现象一致。

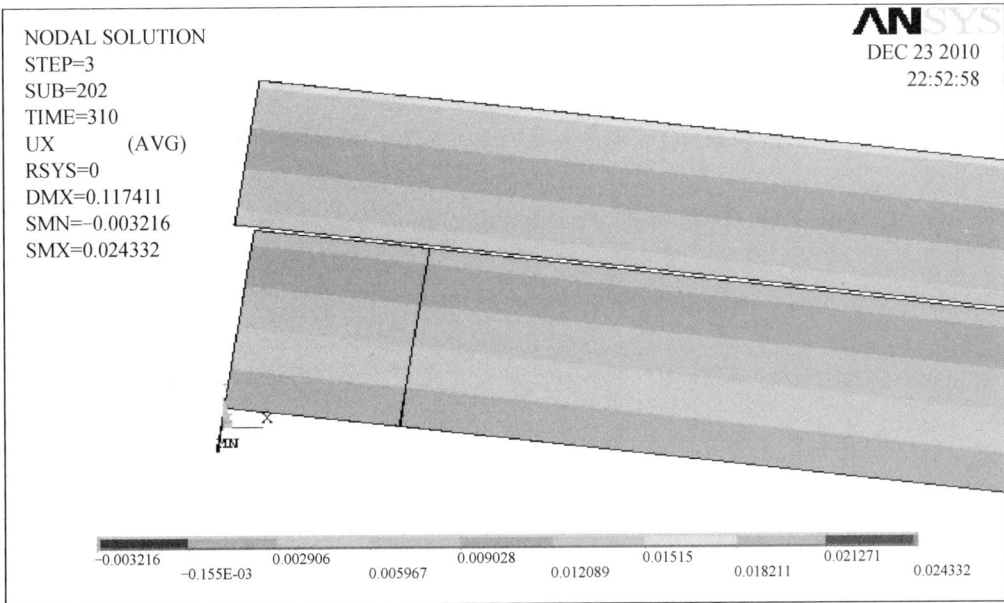

图 3-39　梁端相对滑移

　　在相同的外荷载下，界面相对滑移的大小与预应力组合箱梁的连接程度有关，连接程度低的组合箱梁界面相对滑移较大，连接程度高的组合箱梁界面相对滑移较小。图 3-40 为 PCB-1、PCB-2 荷载-梁端滑移曲线。如图 3-40 所示，连接程度低的预应力组合箱梁，端部界面滑移随外荷载增加更快，与试验现象一致。

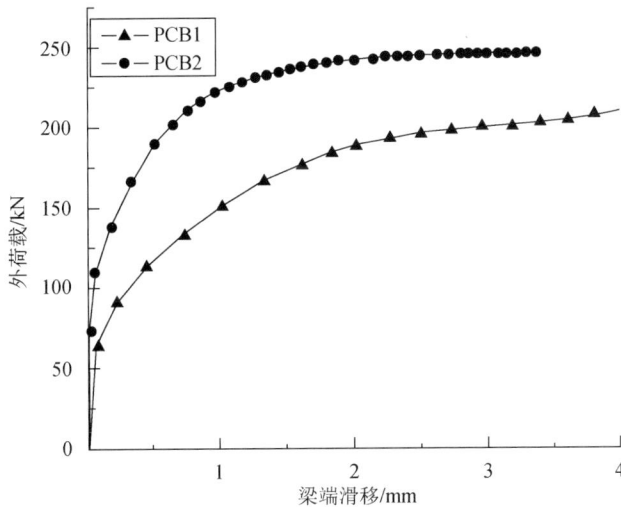

图 3-40　荷载-梁端滑移曲线

　　预应力组合箱梁的界面滑移沿梁长按照一定的规律分布。如图 3-41 所示，在跨度三分点处的外荷载为 200kN 时，界面相对滑移在半跨之内呈现出跨中小、端部大的特点，与试验现象一致。

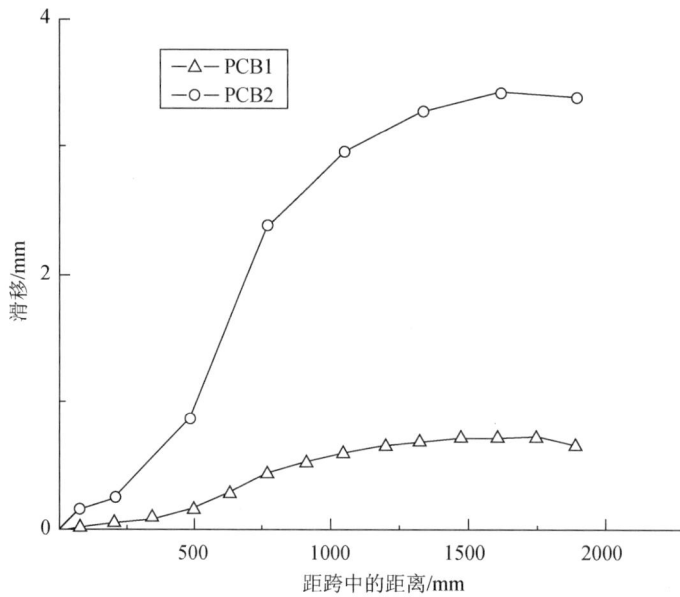

图 3-41　界面滑移分布

2）挠度变形

在施加预应力和施加外荷载的过程中，组合箱梁都会发生一定的弯曲变形。施加初始预应力之后，跨中产生向上的位移，竖向挠度变形情况如图 3-42 所示。

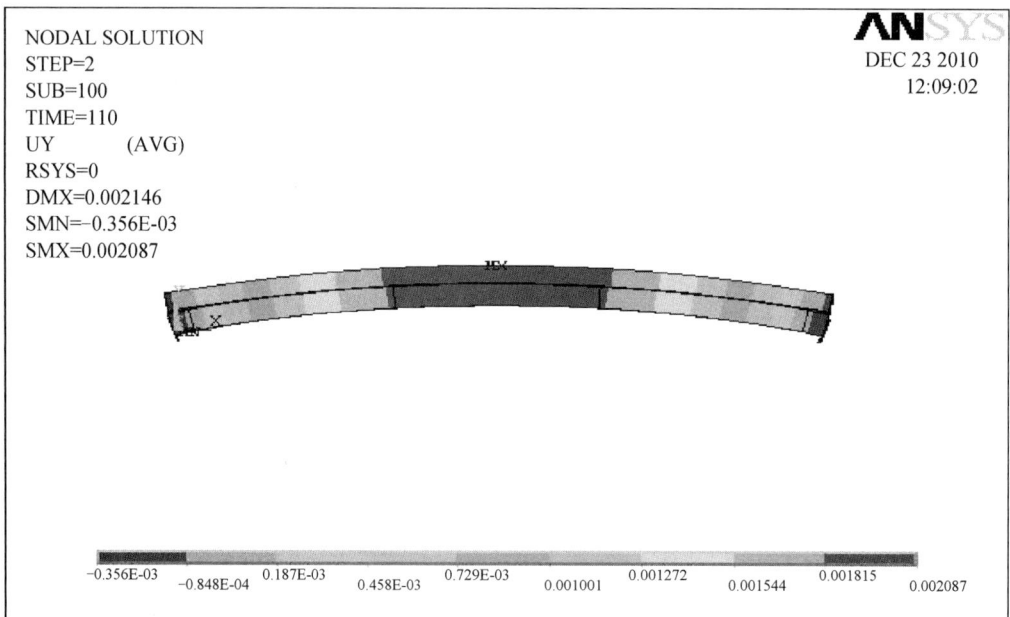

图 3-42　施加初始预应力后的挠度变形

施加外荷载和预应力增量之后，组合箱梁的跨中会产生向下的位移，竖向挠度变形情况如图 3-43 所示。

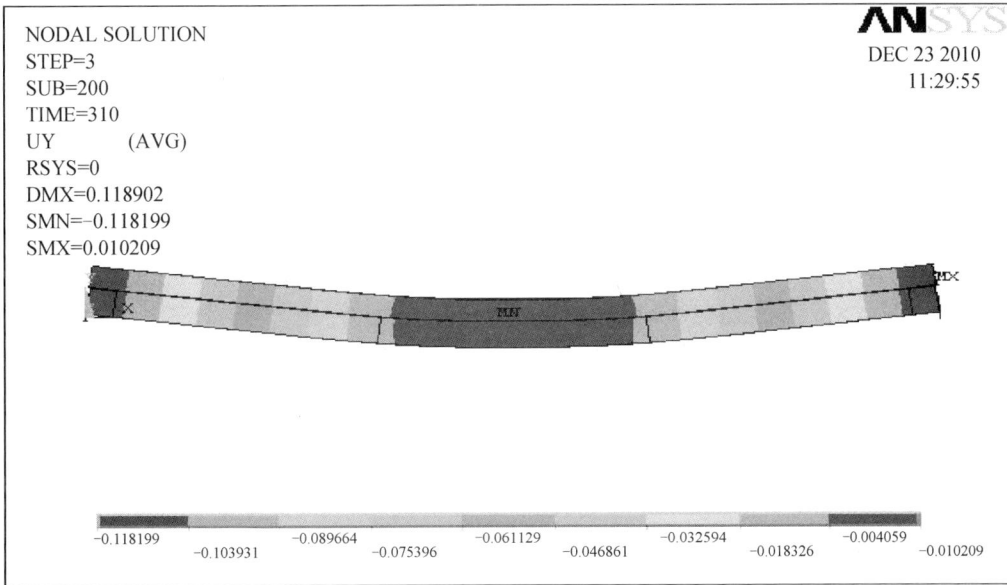

图 3-43　施加外荷载和预应力增量后的挠度变形

施加预应力和施加外荷载的过程中都会产生弯曲变形，但工程实践中比较关心的是施加外荷载时的抗弯刚度。这里给出三根预应力组合箱梁的荷载-挠度曲线，分析不同的界面连接对组合箱梁抗弯刚度的影响。荷载-挠度曲线如图 3-44 所示，其中纵坐标表示跨度三分点处集中力，横坐标表示由外荷载引起的跨中挠度。

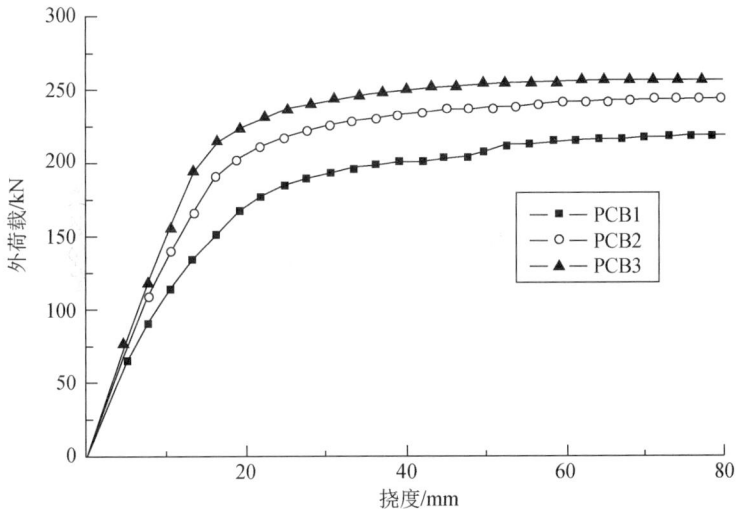

图 3-44　荷载-挠度曲线

由图 3-44 可知，预应力组合箱梁的界面滑移会对其挠度变形产生影响。在相同的外荷载作用下，部分共同作用组合箱梁 PCB-1、PCB-2 的挠度大于完全共同作用组合箱梁 PCB-3，表明组合箱梁的界面相对滑移会降低预应力组合箱梁的抗弯刚度。在相同的外荷载作用下，PCB-1 的挠度大于 PCB-2 的挠度，表明连接程度降低时组合箱梁的滑移效应更加明显，抗弯刚度降低更加显著，与试验现象一致。综上所述，界面相对滑移会对组合箱梁的抗弯刚度产生较为明显的不利影响。

3）弹性抗弯承载能力

表 3-9 列出了三根预应力组合箱梁的弹性抗弯承载能力，表中数据显示，组合箱梁的界面滑移会对弹性抗弯承载能力产生影响。部分共同作用组合箱梁 PCB-1、PCB-2 的弹性抗弯承载能力小于完全共同作用组合箱梁 PCB-3，表明部分共同作用的预应力组合箱梁，其界面滑移会降低弹性抗弯承载能力。PCB-1 的弹性抗弯承载能力小于 PCB-2，表明连接程度减半时，组合箱梁的滑移效应较明显，弹性抗弯承载能力减小更显著。

表 3-9　预应力组合箱梁的弹性抗弯承载能力

梁编号	PCB-1	PCB-2	PCB-3
弹性抗弯承载能力/（kN·m）	216.8	239.4	252.6

4）应力分布

两点对称加载时，预应力组合箱梁纯弯段拉应力，如图 3-45 所示。

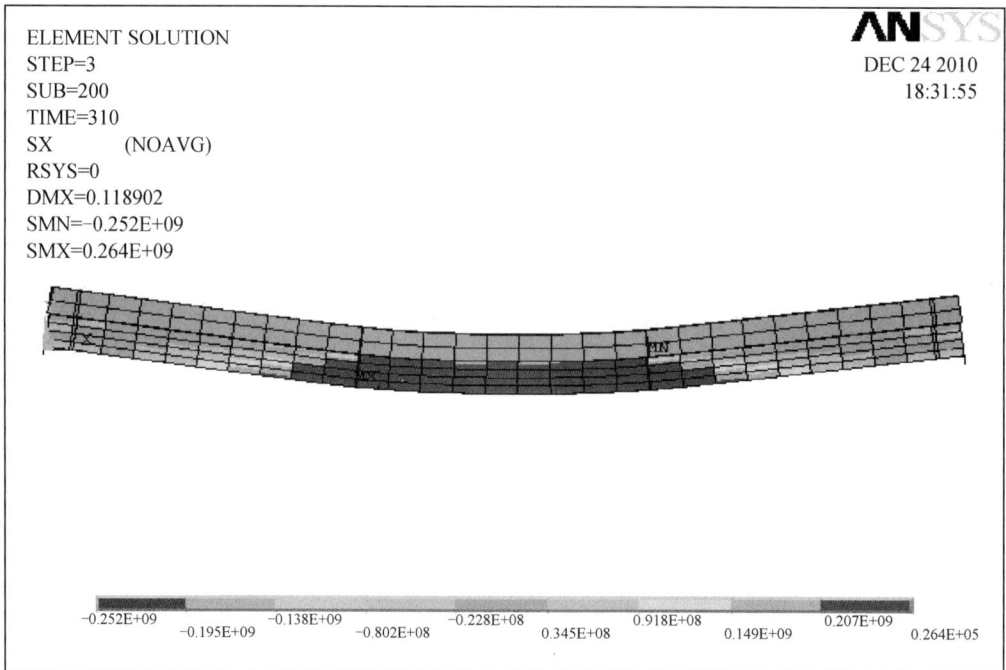

图 3-45　纵向应力云图

5）组合箱梁的破坏

如图 3-46 所示，荷载足够大时，组合箱梁的混凝土翼板会发生开裂，并且随着荷载的增大，裂缝增多。开裂主要集中在纯弯段，与实验现象一致。

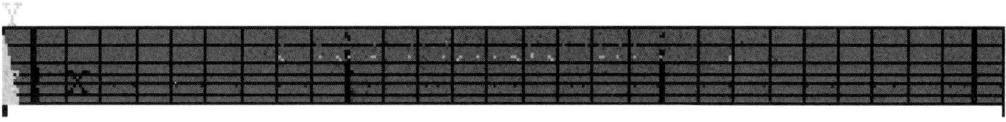

图 3-46　混凝土翼板的开裂

3.3.4　小结

应用 ANSYS 有限元软件，对组合箱梁界面滑移及滑移效应进行了分析。模拟对象的尺寸选择同试验的试件一致，仅对混凝土翼板和开口箱型钢梁的交界面进行不同的处理。对于完全共同作用的组合箱梁，耦合交界面上下的节点。对于部分共同作用的组合箱梁，采用弹簧单元模拟栓钉，通过调整弹簧单元的数量控制连接程度。

通过有限元计算，分析了界面滑移沿梁长的分布情况，以及滑移随外荷载的变化情况。对计算结果进行分析可以发现，组合箱梁的界面滑移沿梁长的分布情况和前文的试验结果一致，梁端界面滑移随荷载的变化规律也和试验结果基本一致。

还分析了界面相对滑移对预应力组合箱梁受力性能的影响。分析表明，界面相对滑移会降低组合箱梁的弹性抗弯承载能力和抗弯刚度，连接程度减半时，组合箱梁的界面滑移更加明显，滑移效应也更加显著。

第4章 连续预应力组合箱梁结构抗弯试验及分析

4.1 连续预应力组合箱梁试验研究

4.1.1 引言

连续预应力组合箱梁相比简支预应力组合箱梁而言，具有更大的抗弯刚度，可进一步降低梁高、减小变形、提高承载力。但连续组合箱梁负弯矩区的开裂导致沿梁长各截面刚度不一致，对裂缝的控制和开展、承载力及内力重分布等都有较大影响，因此负弯矩区的设计是连续组合箱梁设计的关键问题。本章重点研究连续预应力组合箱梁的整体受力性能及负弯矩区的受力性能，为连续预应力组合箱梁的设计提供理论依据。

4.1.2 试验试件准备

1. 试件设计

参照《钢结构设计标准》[71]的有关规定，钢-混凝土组合箱梁需满足以下基本要求。

（1）钢-混凝土组合箱梁的截面尺寸需满足竖向荷载作用下对刚度的要求，对梁的高跨比有一定的限制，对于简支组合箱梁，高跨比翼板可取 1/20～1/10，对于连续组合箱梁可取 1/25～1/20，试件设计时，结合考虑试验大厅的空间和场地等限制因素，取梁高 0.3m，梁净跨 3.75m。

（2）混凝土翼板需考虑剪力滞后的影响，满足有效宽度的要求。由于剪切变形对弯曲正应力的影响，使得混凝土翼板纵向正应力沿宽度方向分布不均，从本质上讲，即圣维南原理的体现，钢梁对混凝土的局部约束，使得纵向正应力由中间向两边递减。钢-混凝土设计时，为简化计算，常取钢梁和一般宽度的混凝土作为有效截面，认为在此界面内，正应力分布均匀。欧洲规范 4 规定有效宽度取净跨的 1/4 与实际翼板宽度的较小值，本试验中取混凝土板宽 0.8m，满足有效宽度的要求。

（3）按照塑性方法进行钢-混凝土组合箱梁设计时，需要某些截面形成塑性铰，产生一定的塑性转动，因而需要对钢梁截面的宽厚比进行严格限制，防止在钢梁屈服前发生失稳破坏。欧洲规范 4 便根据发生失稳时的截面应力水平，将截面划分为四类，即塑性截面、密实截面、半密实截面、纤细截面。在我国钢结构规范中，前两类统称为密实截面，截面宽厚比有如下要求：

$$\text{翼缘：} \quad \frac{b}{t} \leqslant 9\varepsilon \tag{4.1}$$

$$\text{腹板：} \quad \begin{cases} \dfrac{N}{Af}<0.37 & \dfrac{h_0}{t_w} \leqslant \left(72-100\dfrac{N}{A}\right)\varepsilon \\[2mm] \dfrac{N}{Af} \geqslant 0.37 & \dfrac{h_0}{t_w} \leqslant 35\varepsilon \end{cases} \tag{4.2}$$

式中：b、t 分别为翼缘宽度、翼缘厚度；h_0、t_w 分别为腹板高度、腹板厚度；A 为截面积；N 为轴向力；f 为钢材抗拉抗压强度设计值；$\varepsilon = \sqrt{235/f_y}$，$f_y$ 为钢材抗拉强度设计标准值。

根据上述的基本设计要求，试验设计了 4 根正向加载简支组合箱梁（PCB-25～PCB-28）、13 根反向加载的简支组合箱梁（CB-29、PCB-30、PCB-31、PCB-40、CB-41、PCB-42～PCB-45、CB-46、PCB-47～PCB-49）、8 根连续组合箱梁（PCCB-32、PCCB-33、CCB-34、PCCB-35～PCCB-38、CCB-39），同时，为更好地理解连续组合箱梁与钢梁受力性能的不同，试验还设计了一根连续纯钢梁（SB-35）。其中，CB-29、CB-41、CB-46 为普通组合箱梁，进行反向加载；PCB-25～PCB-28 为预应力组合箱梁，预应力施加在钢梁上，组合箱梁承受正向荷载；PCB-30、PCB-31、PCB-40、PCB-42～PCB-45、PCB-47～PCB-49 为预应力组合箱梁，采用混凝土翼板内预埋 PVC 管的方式对组合箱梁施加预应力；PCCB-32、PCCB-33、CCB-34、PCCB-35～PCCB-38 为预应力钢-混凝土连续组合箱梁，采用直线型布筋形式体外施加预应力，CCB-39 为钢-混凝土连续组合箱梁；简支组合箱梁梁长 4m，连续组合箱梁梁长 7.75m，所有试件钢梁均采用开口箱型截面，混凝土翼板为 800mm×130mm。试验组合箱梁的基本设计参数如表 4-1 所示。

表 4-1　钢-混凝土组合箱梁试件设计参数

试件编号	跨度/(mm×mm)	翼板/(mm×mm)	纵筋	箍筋	预应力筋	栓钉	加载方式
PCB-25	4000	800×130	$10\phi10$	$\phi8@200$	$2\phi^j15.24$	$2\phi16@140$	正向对称加载
PCB-26	4000	800×130	$10\phi10$	$\phi8@200$	$2\phi^j15.24$	$2\phi16@140$	正向对称加载
PCB-27	4000	800×130	$10\phi10$	$\phi8@200$	$2\phi^j15.24$	$2\phi16@280$	正向对称加载
PCB-28	4000	800×130	$10\phi12$	$\phi8@200$	$2\phi^j15.24$	$2\phi16@280$	正向对称加载
CB-29	4000	800×130	$10\phi12$	$\phi8@200$	—	$2\phi16@750$	反向对称加载
PCB-30	4000	800×130	$10\phi12$	$\phi8@200$	$3\phi^j15.24$	$2\phi16@180$	反向对称加载
PCB-31	4000	800×130	$10\phi12$	$\phi8@200$	$3\phi^j15.24$	$2\phi16@270$	反向对称加载
PCCB-32	7750	800×130	$10\phi16$	$\phi8@200$	$2\phi^j15.24$	$2\phi16@90$	对称加载
PCCB-33	7750	800×130	$10\phi16$	$\phi8@200$	$2\phi^j15.24$	$2\phi16@90$	对称加载
CCB-34	7750	800×130	$10\phi12$	$\phi8@200$	—	$2\phi16@140$	对称加载
SB-35	7750	—	—	—	—	—	对称加载
PCCB-35	7750	800×130	$10\phi16$	$\phi8@200$	$2\phi^j15.24$	$2\phi16@90$	对称加载
PCCB-36	7750	800×130	$10\phi16$	$\phi8@200$	$2\phi^j15.24$	$2\phi16@90$	对称加载
PCCB-37	7750	800×130	$10\phi16$	$\phi8@200$	$2\phi^j15.24$	$2\phi16@130$	对称加载
PCCB-38	7750	800×130	$10\phi16$	$\phi8@200$	$2\phi^j15.24$	$2\phi16@130$	对称加载
CCB-39	7750	800×130	$10\phi16$	$\phi8@200$	—	$2\phi16@90$	对称加载
PCB-40	4000	800×130	$10\phi16$	$\phi8@200$	$3\phi^j15.24$	$2\phi16@230$	反向集中加载
CB-41	4000	800×130	$10\phi16$	$\phi8@200$	—	$2\phi16@230$	反向集中加载
PCB-42	4000	800×130	$10\phi18$	$\phi8@200$	$3\phi^j15.24$	$2\phi16@140$	反向集中加载
PCB-43	4000	800×130	$10\phi18$	$\phi8@200$	$3\phi^j15.24$	$2\phi16@140$	反向集中加载
PCB-44	4000	800×130	$10\phi16$	$\phi8@200$	$3\phi^j15.24$	$2\phi16@160$	反向集中加载
PCB-45	4000	800×130	$10\phi16$	$\phi8@200$	$3\phi^j15.24$	$2\phi16@160$	反向集中加载
CB-46	4000	800×130	$10\phi16$	$\phi8@200$	—	$2\phi16@160$	反向集中加载
PCB-47	4000	800×130	$10\phi16$	$\phi8@200$	$3\phi^j15.24$	$2\phi16@160$	反向集中加载
PCB-48	4000	800×130	$10\phi16$	$\phi8@200$	$3\phi^j15.24$	$2\phi16@160$	反向对称加载
PCB-49	4000	800×130	$10\phi16$	$\phi8@200$	$3\phi^j15.24$	$2\phi16@160$	反向对称加载

组合箱梁试件混凝土翼板采用高强混凝土，标号为 C60，上下均匀配置 5 根热轧光圆钢筋 HPBR235，箍筋采用 $\phi8$ 热轧圆盘条，剪力连接件采用牌号为 ML15AL 的 $\phi16\times100$

圆柱头栓钉，普通平焊 B1 型瓷环，均沿梁长纵向双排均匀布置，预应力筋采用ϕ^j15.24 的钢绞线，抗拉强度标准值为 1860MPa。钢–混凝土组合箱梁试件截面构造详图如图 4-1 所示，试件钢梁构造详图如图 4-2 所示。

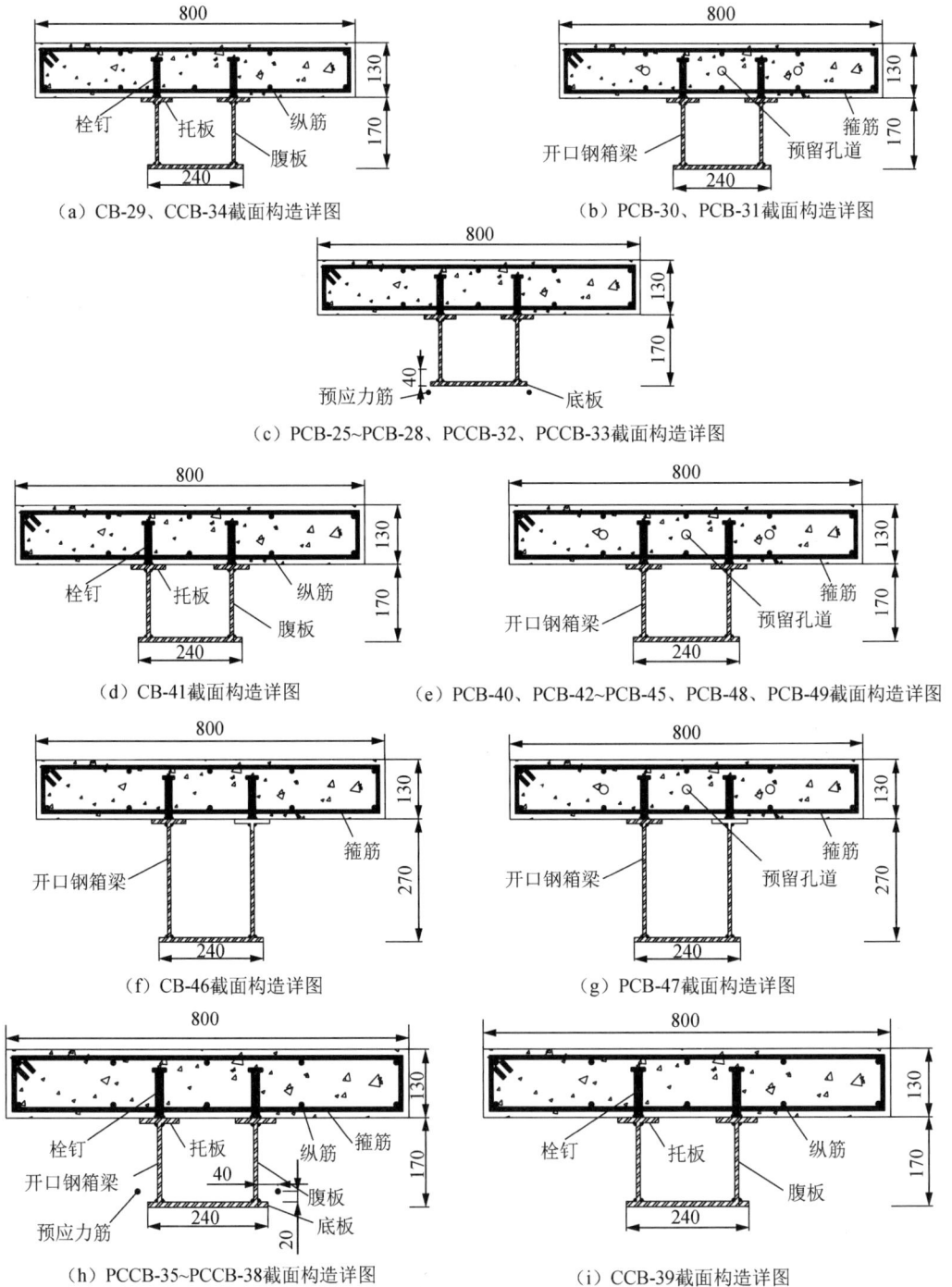

（a）CB-29、CCB-34截面构造详图

（b）PCB-30、PCB-31截面构造详图

（c）PCB-25~PCB-28、PCCB-32、PCCB-33截面构造详图

（d）CB-41截面构造详图

（e）PCB-40、PCB-42~PCB-45、PCB-48、PCB-49截面构造详图

（f）CB-46截面构造详图

（g）PCB-47截面构造详图

（h）PCCB-35~PCCB-38截面构造详图

（i）CCB-39截面构造详图

图 4-1　组合箱梁试件截面构造详图（单位：mm）

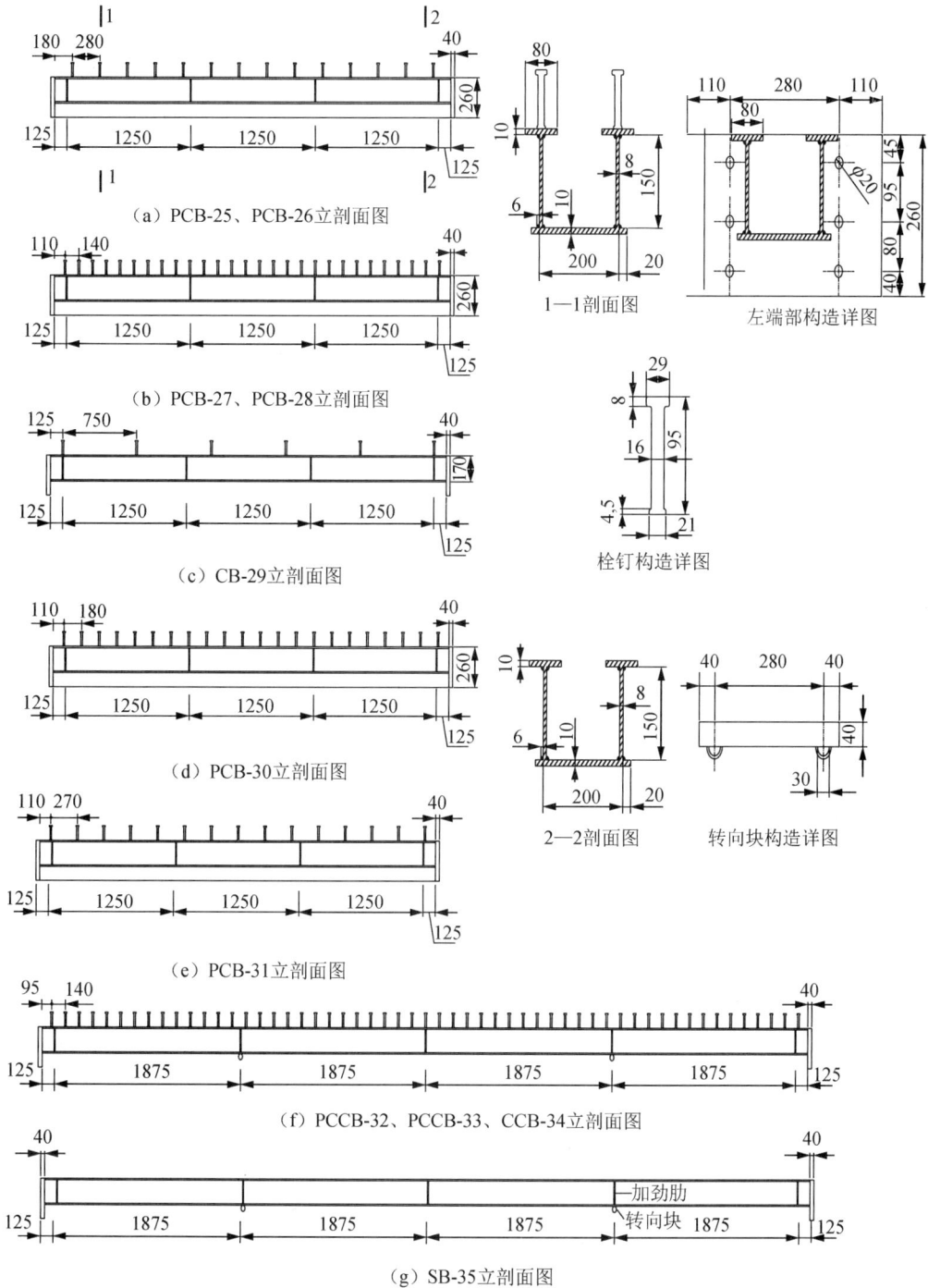

（a）PCB-25、PCB-26 立剖面图

（b）PCB-27、PCB-28 立剖面图

（c）CB-29 立剖面图

（d）PCB-30 立剖面图

（e）PCB-31 立剖面图

（f）PCCB-32、PCCB-33、CCB-34 立剖面图

（g）SB-35 立剖面图

1—1 剖面图

左端部构造详图

栓钉构造详图

2—2 剖面图

转向块构造详图

图 4-2　钢梁构造详图（单位：mm）

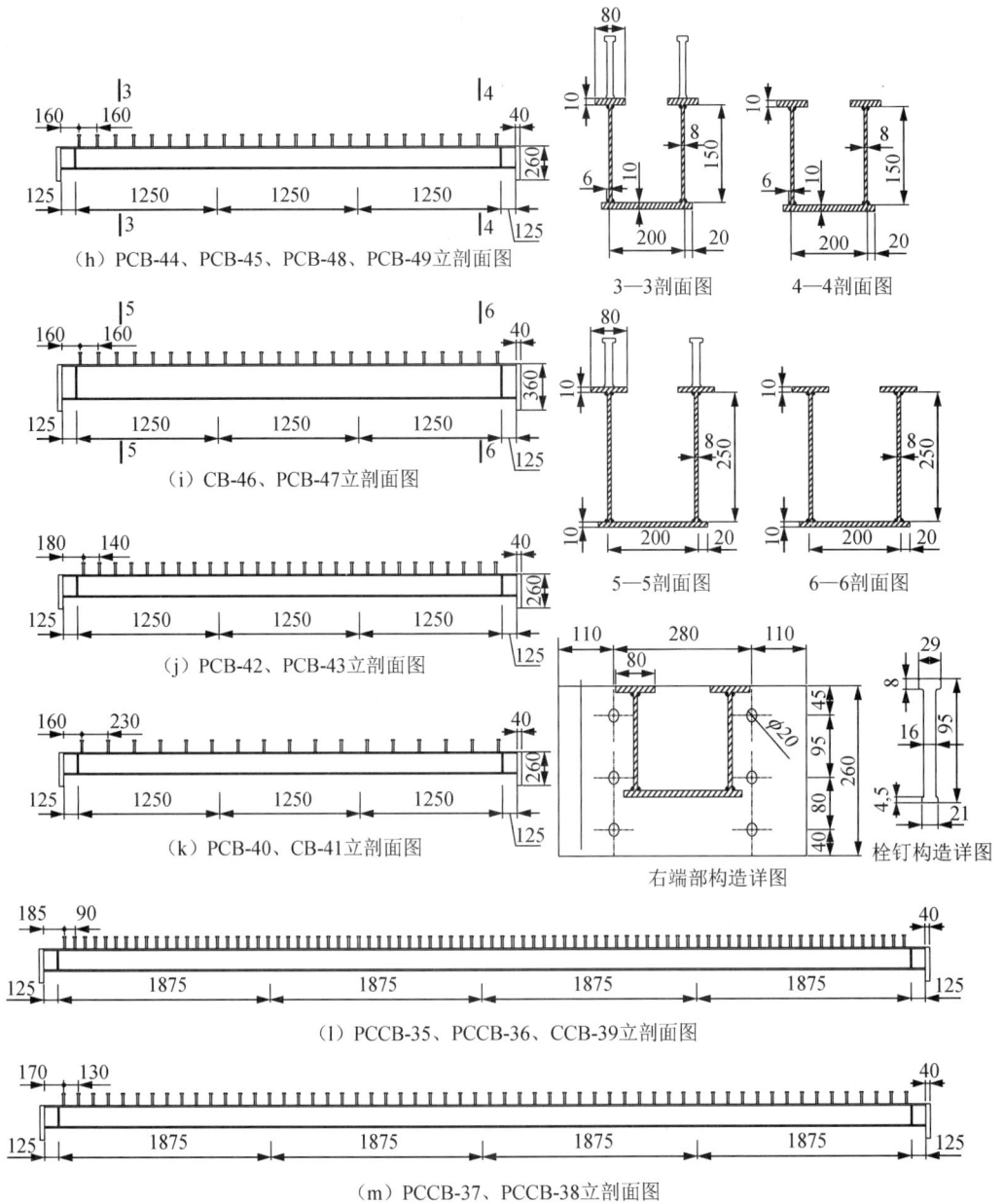

（h）PCB-44、PCB-45、PCB-48、PCB-49立剖面图

3—3剖面图　　　　4—4剖面图

（i）CB-46、PCB-47立剖面图

5—5剖面图　　　　6—6剖面图

（j）PCB-42、PCB-43立剖面图

右端部构造详图　　栓钉构造详图

（k）PCB-40、CB-41立剖面图

（l）PCCB-35、PCCB-36、CCB-39立剖面图

（m）PCCB-37、PCCB-38立剖面图

图 4-2 （续）

2. 试件制作及材料参数

　　试验钢箱梁由南京光亚钢结构有限公司加工制成，钢箱梁采用 Q235-B 一级钢材焊接组合，托板和底梁采用 10mm 钢板，腹板采用 8mm 钢板。焊接采用手工电弧焊，焊条为 E43 系列，采用比例为 1∶1 的普通式直角角焊缝，焊脚尺寸为 6mm，沿梁长焊接；栓钉焊接委托宜兴科技实验工厂完成；试件模板使用木模板，混凝土采用南京宏洋雨花混凝土有限公司提供的预制商品混凝土，由规格为 PII52.5 的水泥、粉煤灰、中砂、碎石、水及外加

剂 JM-8 拌制而成，制模与混凝土浇筑、养护均在南京水利科学研究院材料结构研究所结构大厅完成，浇筑时，同时制备了 6 组 150mm×150mm×150mm 的立方体试件、6 组 150mm×150mm×300mm 的棱柱体试件及 6 组 100mm×100mm×500mm 的棱柱体试件，与组合箱梁在相同条件下进行养护，分别用以测量混凝土的立方体抗压强度值、弹性模量及抗拉强度值。

钢-混凝土组合箱梁试件的准备与制作过程如图 4-3 所示，各材料的材性参数如表 4-2～表 4-5 所示。

（a）栓钉焊接

（b）焊接钢梁

（c）制模过程

（d）内部布置应变片

（e）钢梁内部布置应变片

（f）钢筋布置应变片

（g）预应力孔道布置

（h）混凝土浇筑

图 4-3　组合箱梁试件准备与制作

表 4-2　钢梁钢板材性力学性能

钢板类型	钢材材料	E_s / MPa	ε_y / $(\times10^{-6})$	f_y / MPa	f_u / MPa
腹板	Q235	20.6×10^4	1456	300	445
托板与底板	Q235	20.6×10^4	1165	240	400

表 4-3　预应力筋、钢筋材料力学性能

钢筋类型	D/mm	A/mm^2	E_s / MPa	ε_y / $(\times10^{-3})$	f_y / MPa	f_u / MPa
纵筋	10	78.5	20.6×10^4	1214	250	385
箍筋	8	50.24	20.6×10^4	1190	245	380
预应力筋	15.2	139	19.5×10^4	7153	1395	1860

表 4-4　栓钉材性试验结果

项目	抗拉强度/MPa	屈服强度/MPa	伸长率/%	收缩率/%
标准值	≥400	≥320	≥14	≥50
实测值 1	443	396	18	69
实测值 2	451	403	17	68
实测值 3	449	401	17	68
实测值 4	442	394	18	69
实测值 5	455	406	16	66
实测值 6	448	400	17	67
实测值 7	455	405	16	65
实测值 8	443	396	18	69
实测值 9	437	391	19	72
实测值 10	439	393	18	69

表 4-5　混凝土材性试验结果

试件梁号	立方体抗压强度 $f_{cu,150}$ /MPa	抗拉强度 f_{tk} /MPa	抗压弹性模量 E_c /GPa	抗拉弹性模量 E_t /GPa
PCB-25	66.67	2.61	46.36	35.9
PCB-26	66.67	2.61	46.36	35.9
PCB-27	66.67	2.61	46.36	35.9
PCB-28	66.67	2.61	46.36	35.9
CB-29	67.52	2.66	48.16	30.6
PCB-30	67.52	2.66	48.16	30.6
PCB-31	67.52	2.66	48.16	30.6
PCCB-32	62.16	4.05	36.1	39.7
PCCB-33	62.16	4.05	36.1	39.7
CCB-34	62.16	4.05	36.1	39.7
PCCB-35	64.67	2.92	37.1	30.1
PCCB-36	64.67	2.92	37.1	30.1
PCCB-37	64.67	2.92	37.1	30.1
PCCB-38	64.67	2.92	37.1	30.1
CCB-39	64.67	2.92	37.1	30.1
PCB-40	67	4.05	36.8	39.7

续表

试件梁号	立方体抗压强度 $f_{cu,150}$ /MPa	抗拉强度 f_{tk} /MPa	抗压弹性模量 E_c /GPa	抗拉弹性模量 E_t /GPa
CB-41	67	4.05	36.8	39.7
PCB-42	67	4.05	36.8	39.7
PCB-43	67	4.05	36.8	39.7
PCB-44	67	4.05	36.8	39.7
PCB-45	65.56	2.83	38.16	32.2
CB-46	65.56	2.83	38.16	32.2
PCB-47	65.56	2.83	38.16	32.2
PCB-48	65.56	2.83	38.16	32.2
PCB-49	65.56	2.83	38.16	32.2

由于试验条件的限制，未对预应力钢绞线进行材料性能试验，设计和计算过程按规范取强度设计值 $f_{ptk} = 1860\text{MPa}$，弹性模量 $E_s = 1.95 \times 10^5 \text{MPa}$。

3. 试验装置及加载方案

试验加载设备采用八通道液压伺服机，结合配套的伺服液压计算机控制系统，使用其中一个通道，通过分油器使得两个 600kN 的千斤顶出力相等，实现同步加载。

正弯矩简支组合箱梁 PCB-25～PCB-28 采用三分点对称加载，钢梁置于反力架上，千斤顶作用于混凝土之间的钢板上。在加载前，先进行预应力张拉，预应力筋采用直线型布筋形式，张拉共分五级，直至钢绞线承受张拉荷载 100kN，然后由 0kN 开始，逐级加载，每级 8kN，待荷载稳定后，再记录各级荷载所对应的应变、挠度、裂缝开展等测点数据，当新的裂缝产生较少，已有裂缝宽度较大，接近破坏时，不再进行裂缝记录，继续加载，直至试件破坏。正弯矩试验装置如图 4-4（a）所示。

负弯矩简支组合箱梁 CB-29、PCB-30、PCB-31、PCB-48、PCB-49 采用三分点对称加载，将其翻转，混凝土翼板置于反力架上，反力架与翼板之间设置半圆形钢条，以模拟铰支座；钢梁加载点与千斤顶间先后放置 1cm 厚橡胶、4cm 厚钢板，以防止发生局部破坏。负弯矩试验装置如图 4-4（b）所示。

（a）正弯矩试验装置　　　　　　　　　　（b）负弯矩试验装置

图 4-4　简支正、负弯矩试验装置布置

组合箱梁 CB-29 由 0 开始，逐级加载，每级 8kN，待荷载稳定后，再记录各级荷载所对应的应变、挠度、裂缝开展等测点数据，当新的裂缝产生较少，已有裂缝宽度较大，接近破坏时，不再进行裂缝记录，继续加载，直至试件破坏。

　　预应力组合箱梁在加载前，先进行预应力张拉，预应力筋采用直线型布筋形式，将预应力筋穿入混凝土翼板预埋的 PVC 管中，张拉时采用先两边、后中间的张拉顺序，以防止三根预应力筋张拉过程中混凝土翼板偏心受荷载，张拉共分五级，直至钢绞线承受张拉荷载 100kN，停止张拉，然后按每级 8kN 逐级加载，并记录各级荷载下对应的测点数据，直至试件破坏。预应力张拉装置如图 4-5 所示。

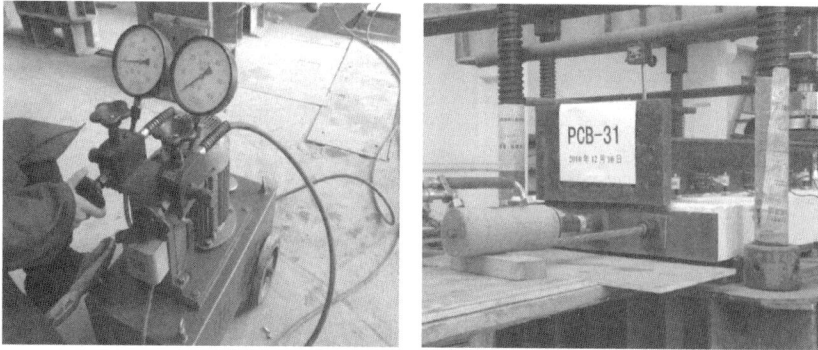

图 4-5　预应力张拉装置

　　连续组合箱梁试件及纯钢梁均在两跨跨中加载，中间支座处设置一上部反力架，以在预应力张拉阶段提供向下的支撑反力，加载点与千斤顶之间依次放置橡胶与钢板，以防止混凝土发生局部破坏。试验装置如图 4-6 所示。

（a）PCCB-32、PCCB-33、PCCB-35~PCCB-38试验装置　　　　　（b）CCB-34、CCB-39试验装置

图 4-6　连续组合箱梁试验装置图

　　连续组合箱梁 PCCB-32、PCCB-33、PCCB-35～PCCB-38 在加载前进行预应力张拉，预应力筋采用直线型布筋形式，并在两跨跨中设置转向块，分五级张拉，直至预应力钢绞线受力达到 100kN，停止张拉；然后按每级 8kN 逐级加载，并记录各级荷载下对应的应变、挠度、裂缝开展等测点数据，直至试件破坏；CCB-34、SB-35、CCB-39 则直接逐级加载，并记录各级测点数据，直至试件破坏。

　　4. 量测内容与测点布置

　　本试验测量的主要内容为典型截面各材料（钢筋、钢梁、混凝土、栓钉及预应力钢绞线）的应变、跨中挠度、钢与混凝土交界面的相对滑移及支座反力。

（1）在钢和混凝土两种材料上，沿梁长在跨中截面、弯剪段的中间截面及加载点截面分别布置型号为 BF120-3AA、BF120-80AA 的电阻应变片，通过东华 DH3816 静态应变采集仪测量跨中截面和弯剪段的混凝土、钢梁及钢筋的应变，以研究各截面的应变分布；同时，沿混凝土翼板宽度方向布置 3 个应变片，测量翼板的正向正应力分布，以验证混凝土翼板的剪滞效应。

（2）在支座处、加载点及跨中布置电子位移计测量试验梁的挠度。

（3）沿梁长从跨中到端支座均匀布置 7 个导杆引伸仪，引伸仪的两个端头分别位于混凝土翼板和钢梁上，以测出钢与混凝土交界面在该区段内的相对滑移。

（4）在梁端的预应力筋锚具上放置应变式压力传感器，以控制预应力张拉值及测量预应力增量。

（5）每根试件的混凝土翼板均用白色涂料刷白，并画上 10cm 的方格网，试验过程中用彩笔观察记录裂缝的开展情况。

组合箱梁应变片、位移计及导杆引伸仪的布置图如图 4-7 和图 4-8 所示。

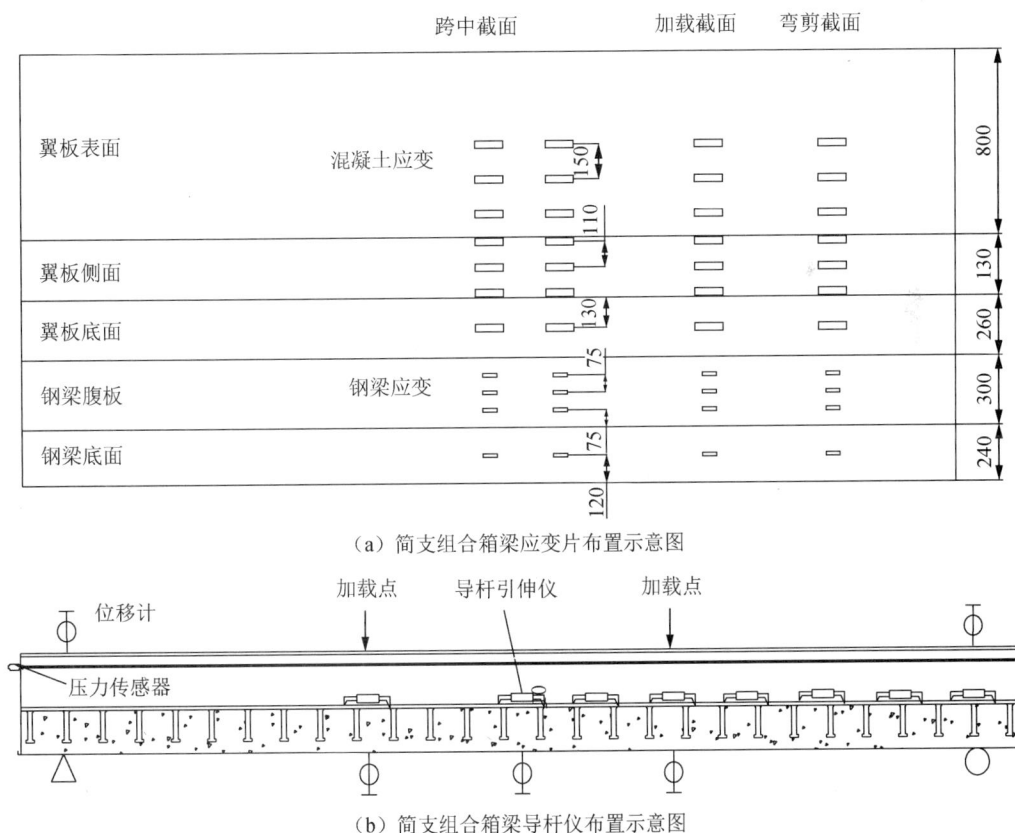

（a）简支组合箱梁应变片布置示意图

（b）简支组合箱梁导杆仪布置示意图

图 4-7　简支组合箱梁测点布置图

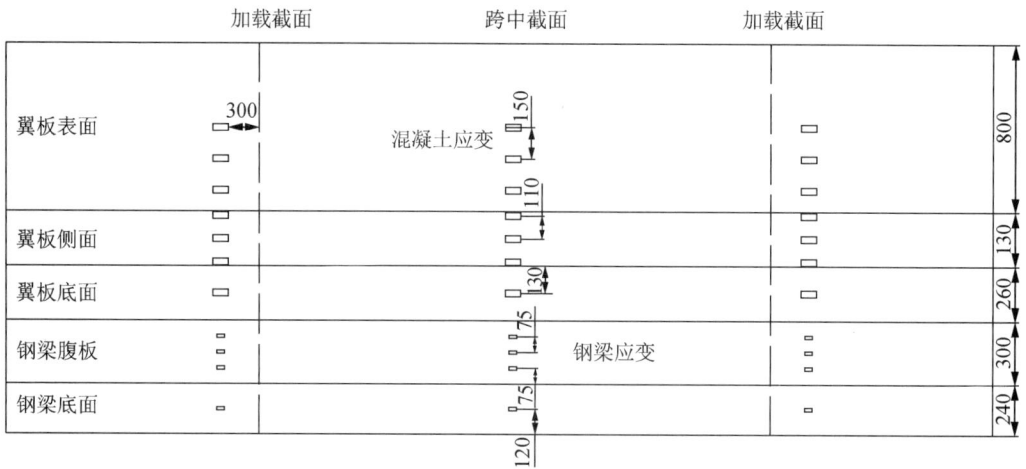

（a）连续组合箱梁应变片布置示意图

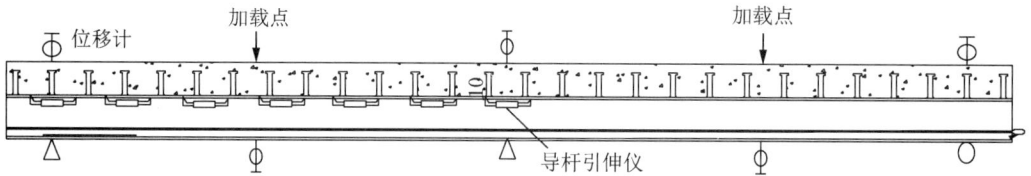

（b）连续组合箱梁导杆仪布置示意图

图 4-8　连续组合箱梁测点布置图

（6）在左右支座处各设置一个滚动铰支座反力测试装置，以测量连续组合箱梁的内力重分布情况，测试装置图如图 4-9 所示。

图 4-9　导杆引伸仪及电子位移计布置图

4.1.3　试验结果与分析

1. 破坏特征及特征荷载

PCB-25、PCB-26 为部分剪力连接的预应力组合箱梁，剪力连接程度为 0.5，在加荷初期阶段，界面没有发生相对滑移，钢梁与混凝土表现出良好的组合作用，跨中挠度及钢梁、钢筋、混凝土应变均随荷载线性变化，处于线弹性工作状态；当加载至 56kN 时，混凝土发出微小的响声，钢梁与混凝土的黏结力开始发生破坏，栓钉开始承受纵向剪力，加载界面的交界面处出现 0.1mm 的相对滑移，随着荷载的增加，混凝土承受的拉应变增大，加载至 96.1kN 时，加载点及跨中截面的混凝土翼板底面出现横向裂缝；随着继续加载，弯剪区段靠近加载点的截面开始产生裂缝，纯弯段的裂缝也在逐渐增加，并向翼板表面发展，当荷载加至 168kN 时，钢梁底部开始屈服，随着荷载的继续增加，屈服范围逐渐向上扩大，中性轴向上移动，新的裂缝产生较少，翼板底部的裂缝宽度变大，荷载加至 280kN 时，跨中及加载点处的挠度增加速率明显加快，加载点处及部分跨中混凝土被压碎，达到极限状态，组合箱梁受弯破坏，停止加载，最终挠度为 50.25mm。

PCB-27、PCB-28 为完全剪力连接组合箱梁，当荷载加至 184kN 时，纯弯段靠近加载点的部位开始出现裂缝，屈服荷载分别为 216kN、240kN，极限荷载均在 370kN 左右，最终均为左加载点处混凝土压碎破坏，承载力较部分连接组合箱梁而言，均有较大的提高，屈服荷载有所差异可能与材料的差异性有关，混凝土的压碎没有发生在跨中。主要有两点原因使得两个千斤顶的出力有所差异，一是由于制造工艺的限制，千斤顶油缸自身的摩擦不同；二是千斤顶的放置有误差，在前期表现不明显，在加荷的后期，右边的千斤顶与组合箱梁不再保持垂直，作用在梁上的力小于左边的千斤顶，因而使得破坏点发生在左边的加载点附近。正向加载的简支组合箱梁破坏特征如图 4-10 所示。

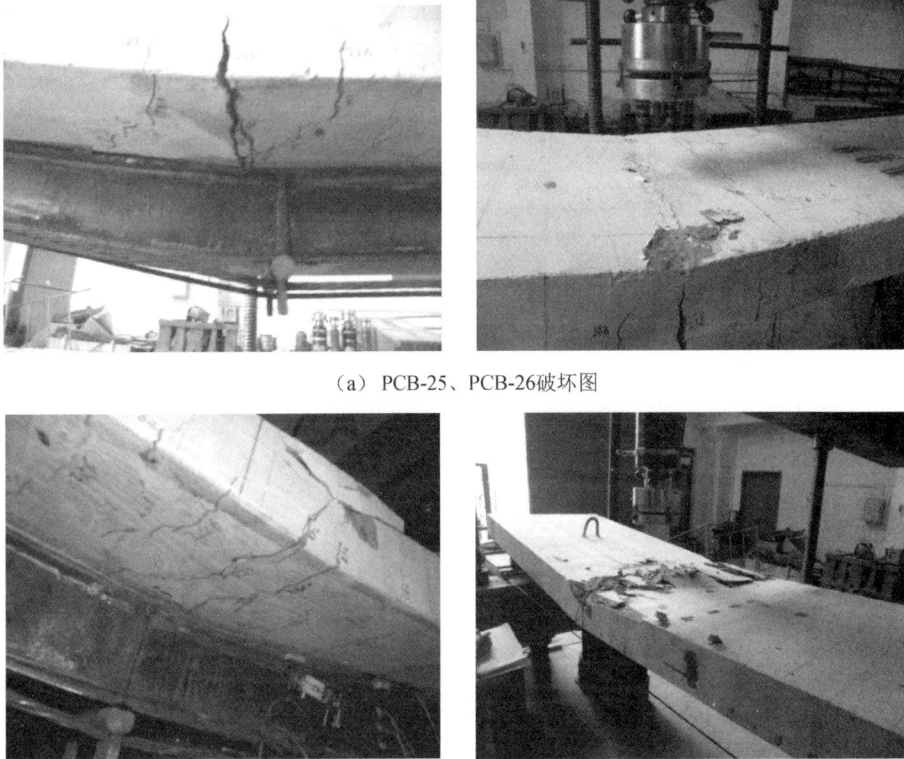

（a）PCB-25、PCB-26破坏图

（b）PCB-27、PCB-28破坏图

图 4-10　正向加载的简支组合箱梁破坏特征图

PCB-30、PCB-31 为预应力简支组合箱梁，预应力在加载前施加在混凝土翼板上，并对其进行反向加载，使其承受负弯矩，在加载的初期阶段，同样有一个较好的弹性工作阶段，两种材料的组合工作状况良好，但由于受力状况的不同，混凝土受拉，与承受正弯矩的组合箱梁相比，在荷载为 60kN 左右时，纯弯段翼板表面便开始出现受拉裂缝，并随着荷载的增加而逐渐增多，裂缝的长度、深度及宽度也不断向更深的层次发展。随着荷载的增加，钢筋与钢梁均逐步开始屈服，直至 208kN，组合箱梁开始进入大变形阶段，跨中挠度快速增长，混凝土翼板的裂缝最宽达到 8mm，组合箱梁达到极限抗弯承载力，无法继续承载，受弯破坏。CB-29 相比上述两根组合箱梁，没有施加预应力，破坏的过程较为相似，开裂荷载及极限荷载有较大的降低，分别为 24kN、136kN，说明在混凝土翼板上施加预应力，不仅能很好地延迟混凝土的开裂，而且还能提高极限抗弯承载力，这主要是因为预应力筋在释放预应力的同时，还发挥了的纵向钢筋的作用。反向加载的简支组合箱梁破坏特征如图 4-11 所示。

（a）CB-29破坏图

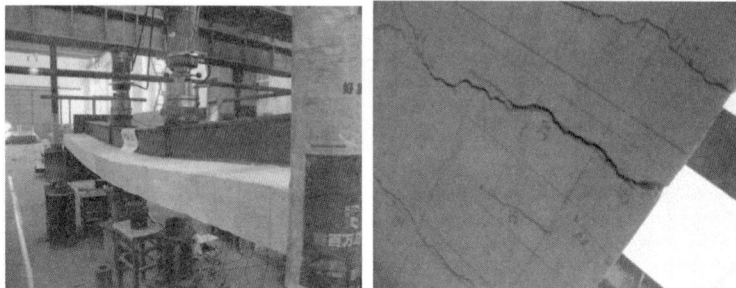

（b）PCB-30、PCB-31破坏图

图 4-11　反向加载的简支组合箱梁破坏特征图

PCCB-32 为预应力连续组合箱梁，当外载加至 120kN 时，在中支座截面处混凝土翼缘表面出现肉眼可观测到的裂缝；加荷至 200kN 时，混凝土翼板表面的裂缝沿横向基本贯通；加荷至 220.69kN 时，左跨加载点截面钢梁下翼缘出现受拉屈服；加荷至 355.8kN 时，中支座截面混凝土翼板内纵向钢筋开始受拉屈服；加荷至 380kN 时，中支座截面钢梁下翼缘开始受压屈服；加荷至 500kN 时，左跨中截面混凝土翼板压碎破坏，中支座全截面屈服，形成塑性铰，钢梁受压下缘出现腹板和下翼缘共同屈曲现象，PCCB-33 与 PCCB-32 类似；CCB-34 为普通连续组合箱梁，当外载加至 60kN 时，在中支座截面处混凝土翼缘表面出现肉眼可观测到的裂缝；加荷至 80kN 时，混凝土翼板表面的裂缝沿横向基本贯通；加荷至 200kN 时，中支座截面混凝土翼板内纵向钢筋开始受拉屈服；加荷至 260kN 时，右跨加载点截面钢梁下翼缘出现受拉屈服；加荷至 330kN 时，中支座截面钢梁下翼缘开始受压屈服；加荷至 500kN 时，右跨中截面混凝土翼板压碎破坏，中支座全截面屈服，形成塑性铰，钢梁受压下缘出现腹板和下翼缘共同屈曲现象。此时组合箱梁进入大变形，无法继续承受荷载。SB-35 为两跨纯钢连续梁，当荷载加至 120kN 时，跨中钢梁上翼缘开始受压屈服，荷载加至 150kN 时，中支座钢梁底部受压屈服，荷载为 236kN 时，钢梁屈服范围增大，但并未扩展至全截面，跨中挠度迅速增长，钢梁破坏。

PCCB-35 连续组合箱梁初始预应力张拉值为 109.62kN。当外载加至 160kN 时，在中支座截面处混凝土翼板上表面出现肉眼可观测到的裂缝；加荷至 200kN 时，混凝土翼板表面的裂缝沿横向基本贯通；加荷至 240kN 时，左跨中截面钢梁下翼缘出现受拉屈服；加荷至 330kN 时，中支座截面混凝土翼板内纵向钢筋开始受拉屈服；加荷至 380kN 时，中支座截面钢梁下翼缘开始受压屈服；加荷至 500kN 时，左跨中截面混凝土翼板压碎破坏，中支座全截面屈服，形成塑性铰，钢梁受压下缘出现腹板和下翼缘共同屈曲现象。此时组合箱梁进入大变形，无法继续承受更大荷载。

PCCB-36 梁初始预应力张拉值为 112.83kN。当外载加至 100kN 时，在中支座截面处混凝土翼板上表面出现肉眼可观测到的裂缝；加荷至 160kN 时，混凝土翼板表面的裂缝沿横向基本贯通；加荷至 210kN 时，中支座截面混凝土翼板内纵向钢筋开始受拉屈服；加荷至 240kN 时，中支座截面钢梁下翼缘开始受压屈服；加荷至 300kN 时，右跨中截面钢梁下翼缘出现受拉屈服；加荷至 500kN 时，右跨中截面混凝土翼板压碎破坏，中支座全截面屈服，形成塑性铰，钢梁受压下缘出现腹板和下翼缘共同屈曲现象。此时组合箱梁进入大变形，无法继续承受荷载。

PCCB-37 梁初始预应力张拉值为 104.66kN。当外载加至 80kN 时，在中支座截面处混凝土翼板上表面出现肉眼可观测到的裂缝；加荷至 140kN 时，混凝土翼板表面的裂缝沿横向基本贯通；加荷至 220kN 时，中支座截面混凝土翼板内纵向钢筋开始受拉屈服；加荷至 290kN 时，右跨中截面钢梁下翼缘出现受拉屈服；加荷至 300kN 时，中支座截面钢梁下翼缘开始受压屈服；加荷至 470kN 时，右跨中截面混凝土翼板压碎破坏，中支座全截面屈服，形成塑性铰，钢梁受压下缘出现屈曲现象。此时组合箱梁进入大变形，无法继续承受荷载。

PCCB-38 梁初始预应力张拉值为 109.62kN。当外载加至 120kN 时，在中支座截面处混凝土翼板上表面出现肉眼可观测到的裂缝；加荷至 160kN 时，混凝土翼板表面的裂缝沿横向基本贯通；加荷至 250kN 时，中支座截面混凝土翼板内纵向钢筋开始受拉屈服；加荷至 310kN 时，左跨中截面钢梁下翼缘出现受拉屈服；加荷至 370kN 时，中支座截面钢梁下翼缘开始受压屈服；加荷至 460kN 时，左跨中截面混凝土翼板压碎破坏，中支座全截面屈服，形成塑性铰，钢梁受压下缘出现屈曲现象，同时混凝土翼板与钢梁交界面的相对滑移显著，在右跨处界面出现栓钉被剪断，混凝土板掀起，界面发生明显脱离。此时组合箱梁进入大变形，无法继续承受荷载。

CCB-39 梁为普通连续组合箱梁。当外载加至 60kN 时，在中支座截面处混凝土翼板上表面出现肉眼可观测到的裂缝；加荷至 80kN 时，混凝土翼板表面的裂缝沿横向基本贯通；加荷至 200kN 时，中支座截面混凝土翼板内纵向钢筋开始受拉屈服；加荷至 260kN 时，右跨中截面钢梁下翼缘出现受拉屈服；加荷至 330kN 时，中支座截面钢梁下翼缘开始受压屈服；加荷至 500kN 时，右跨中截面混凝土翼板压碎破坏，中支座全截面屈服，形成塑性铰，钢梁受压下缘出现腹板和下翼缘共同屈曲现象。此时组合箱梁进入大变形，无法继续承受荷载。

　　正弯矩简支组合箱梁试件的试验结果如表 4-6 所示，负弯矩简支组合箱梁试件的试验结果如表 4-7 所示，连续组合箱梁试验结果如表 4-8 所示。

表 4-6　正弯矩简支组合箱梁试验结果

项目		试件编号			
		PCB-25	PCB-26	PCB-27	PCB-28
屈服状态	M_y/(kN·m)	210.0	224.38	270.13	300.00
	δ_y/mm	12.4	15.95	14.50	16.71
	ΔP_y/kN	38.5	40.99	49.16	53.26
极限承载力状态	M_u/(kN·m)	350.00	349.00	488.75	470.00
	δ_u/mm	50.25	49.44	47.08	41.57
	ΔP_u/kN	109.2	111.08	195.4	191.3
对比状态	M_u/M_y	1.67	1.56	1.81	1.57
	δ_u/δ_y	4.05	3.10	3.25	2.49
	$\Delta P_u/\Delta P_y$	2.84	2.71	3.97	3.59

项目		试件编号				
		PCB-40	CB-41	PCB-42	PCB-43	PCB-44
初始预应力	P_0/kN	146.71	—	145.61	291.92	306.05
开裂状态	M_{cr}/(kN·m)	46.875	28.13	75	75	56.25
	δ_{cr}/mm	1.3	1.9	3.62	1.14	2.08
	ΔP_{cr}/kN	0	—	0	0	4.3
屈服状态	M_y/(kN·m)	159.4	93.75	121.88	121.88	150
	δ_y/mm	11.4	9.76	7.38	2.9	10.16
	ΔP_y/kN	8.76		1.04	0.58	18.57
极限承载力状态	M_u/(kN·m)	253.13	196.88	253.13	271.88	251.25
	δ_u/mm	136.72	61.42	141.32	45.82	137.14
	ΔP_u/kN	81.33	—	77.03	129.92	198.34
对比状态	M_u/M_y	1.59	2.1	2.08	2.23	1.68
	δ_u/δ_y	12	6.3	19.15	15.8	13.5
	$\Delta P_u/\Delta P_y$	9.28	—	74.07	224	10.68

项目		试件编号				
		PCB-45	CB-46	PCB-47	PCB-48	PCB-49
初始预应力	P_0/kN	346.08		356.53	342.05	341.41
开裂状态	M_{cr}/(kN·m)	75	46.88	131.25	87.5	87.5
	δ_{cr}/mm	3.28	1.76	3.4	5.22	5.04
	ΔP_{cr}/kN	0	—	0	0	0
屈服状态	M_y/(kN·m)	215.63	206.25	271.88	162.5	162.5
	δ_y/mm	29.02	7.68	9.28	16.14	15.28
	ΔP_y/kN	27.92	—	5.02	13.29	15.66
极限承载力状态	M_u/(kN·m)	239.06	328.13	356.25	250	273.75
	δ_u/mm	109.96	56.42	18.9	87.4	141.24
	ΔP_u/kN	127.23	—	23.65	141.4	224.42
对比状态	M_u/M_y	1.11	1.59	1.31	1.54	1.68
	δ_u/δ_y	3.79	7.35	2.04	5.42	9.24
	$\Delta P_u/\Delta P_y$	4.56	—	4.71	10.64	14.33

　　注：表中 M_{cr}、δ_{cr}、ΔP_{cr} 分别为实测混凝土翼板开裂时的跨中弯矩、跨中挠度及预应力增量；M_y、δ_y、ΔP_y 分别为实测钢梁底部或纵筋屈服时的跨中弯矩、跨中挠度和预应力增量；M_u、δ_u、ΔP_u 分别为实测极限承载力状态时的跨中弯矩、跨中挠度和预应力增量。

表 4-7　负弯矩简支组合箱梁试验结果

项目		试件编号		
		CB-29	PCB-30	PCB-31
开裂状态	M_{cr}/（kN·m）	30.00	85.00	81.25
	δ_{cr}/mm	4.47	6.85	6.98
	ΔP_{cr}/kN	—	5.06	9.24
屈服状态	M_y/（kN·m）	97.31	135.00	134.3
	δ_y/mm	20.73	15.75	17.66
	ΔP_y/kN	—	47.39	46.56
极限承载力状态	M_u/（kN·m）	170.00	248.75	216.25
	δ_u/mm	152.32	121.36	104.14
	ΔP_u/kN	—	211.40	165.25
对比状态	M_u/M_y	1.75	1.84	1.61
	δ_u/δ_y	6.81	4.96	3.76
	$\Delta P_u/\Delta T_y$	—	4.46	3.55

项目		试件编号				
		PCB-40	CB-41	PCB-42	PCB-43	PCB-44
初始预应力	P_0/kN	146.71	—	145.61	291.92	306.05
开裂状态	M_{cr}/（kN·m）	46.875	28.13	75	75	56.25
	δ_{cr}/mm	1.3	1.9	3.62	1.14	2.08
	ΔP_{cr}/kN	0	—	0	0	4.3
屈服状态	M_y/（kN·m）	159.4	93.75	121.88	121.88	150
	δ_y/mm	11.4	9.76	7.38	2.9	10.16
	ΔP_y/kN	8.76	1.04	1.04	0.58	18.57
极限承载力状态	M_u/（kN·m）	253.13	196.88	253.13	271.88	251.25
	δ_u/mm	136.72	61.42	141.32	45.82	137.14
	ΔP_u/kN	81.33	—	77.03	129.92	198.34
对比状态	M_u/M_y	1.59	2.1	2.08	2.23	1.68
	δ_u/δ_y	12	6.3	19.15	15.8	13.5
	$\Delta P_u/\Delta P_y$	9.28	—	74.07	224	10.68

项目		试件编号				
		PCB-45	CB-46	PCB-47	PCB-48	PCB-49
初始预应力	P_0/kN	346.08	—	356.53	342.05	341.41
开裂状态	M_{cr}/（kN·m）	75	46.88	131.25	87.5	87.5
	δ_{cr}/mm	3.28	1.76	3.4	5.22	5.04
	ΔP_{cr}/kN	0		0	0	0
屈服状态	M_y/（kN·m）	215.63	206.25	271.88	162.5	162.5
	δ_y/mm	29.02	7.68	9.28	16.14	15.28
	ΔP_y/kN	27.92		5.02	13.29	15.66
极限承载力状态	M_u/（kN·m）	239.06	328.13	356.25	250	273.75
	δ_u/mm	109.96	56.42	18.9	87.4	141.24
	ΔP_u/kN	127.23	—	23.65	141.4	224.42
对比状态	M_u/M_y	1.11	1.59	1.31	1.54	1.68
	δ_u/δ_y	3.79	7.35	2.04	5.42	9.24
	$\Delta P_u/\Delta P_y$	4.56	—	4.71	10.64	14.33

表 4-8　连续组合箱梁试验结果

项目		试件编号			
		PCCB-32	PCCB-33	CCB-34	SB-35
弹性承载力状态	P_y/kN	240	200.00	210.00	94.78
	δ_y/mm	13.34	5.24	8.62	19.09
极限承载力状态	P_u/kN	500.00	500.00	490.00	154.93
	δ_u/mm	52.74	45.58	54.32	61.03

项目		试件编号				
		PCCB-35	PCCB-36	PCCB-37	PCCB-38	CCB-39
初始预应力	P_0/kN	109.62	112.83	104.66	109.62	—
弹性承载力状态	F_y/kN	240	210	220	250	200
	δ_y/mm	12.08	6.14	7.0	7.74	6.78
	ΔP_y/kN	5.83	3.80	4.08	6.12	—
极限承载力状态	F_u/kN	500.00	500.00	480	460	490
	δ_u/mm	52.44	44.54	26.88	40.58	54.32
	ΔP_u/kN	31.20	29.74	11.37	26.53	—
对比状态	F_u / F_y	2.08	2.38	2.18	1.84	2.45
	δ_u / δ_y	4.34	7.25	3.84	5.24	8.01
	$\Delta P_u / \Delta P_y$	5.35	7.83	2.79	4.33	—

2. 弯矩-挠度特性分析

正向加载的简支组合箱梁弯矩-挠度关系曲线如图 4-12 所示。

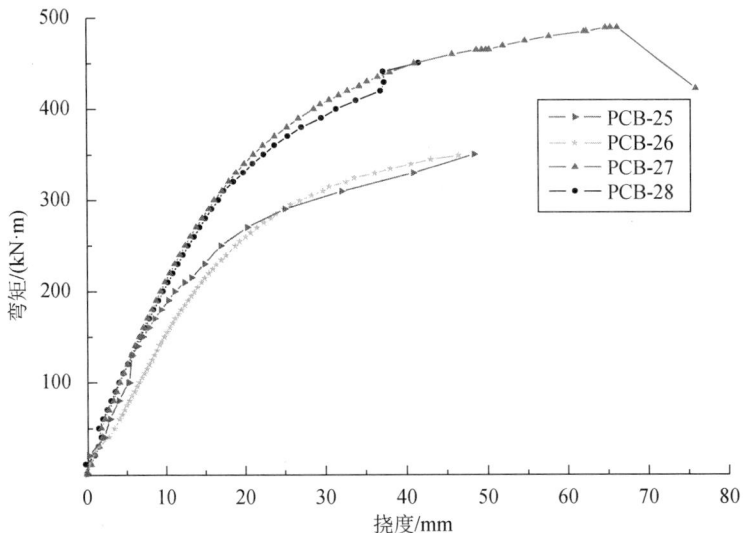

（a）弯矩-挠度关系曲线图

图 4-12　正向加载的简支组合箱梁弯矩-挠度曲线图

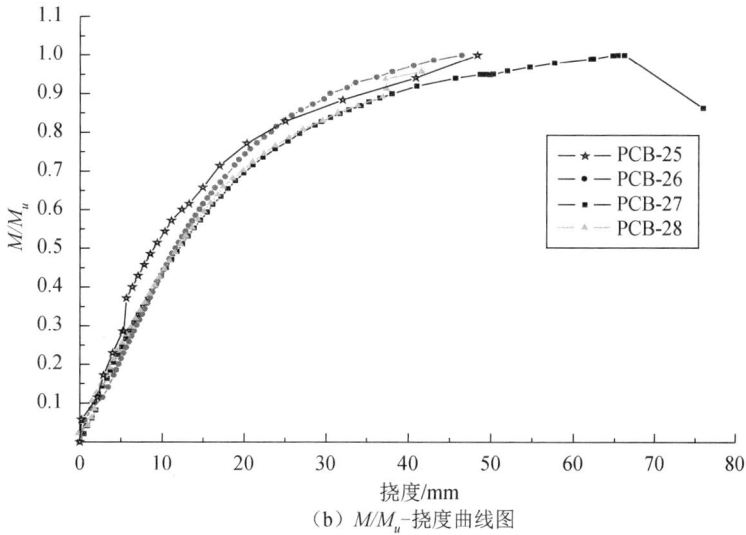

（b）M/M_u-挠度曲线图

图 4-12　（续）

　　从正弯矩简支组合箱梁的弯矩-挠度曲线图可以看出，完全剪力连接的组合箱梁 PCB-26、PCB-27 的抗弯刚度要大于部分剪力连接组合箱梁，但刚度与剪力连接程度并不成正比例关系；同时，从 M/M_u-挠度曲线图可以看出，无论是完全剪力连接还是部分剪力连接的预应力组合箱梁，其弯矩-挠度特征曲线都大致可划分为三个阶段：从开始加载至 $0.6M_u$，钢梁底部开始屈服，此阶段内抗弯刚度基本保持不变，可称为弹性工作阶段；从 $0.6M_u$ 到极限荷载时的 M_u，钢梁的屈服范围逐渐向上延伸，抗弯刚度逐步减小，变形及变形速率逐渐增大，此阶段可称为弹塑性阶段；当荷载达到极限荷载后，此时钢筋以达到屈服，混凝土开始压碎，刚度迅速减小，跨中挠度迅速增长，组合箱梁已不能继续承载，考虑到试验的安全因素，停止加载，没有测出荷载减小、变形增加的过程，即下降段。

　　反向加载的简支组合箱梁弯矩-挠度关系曲线如图 4-13 所示。

　　从负弯矩简支组合箱梁的弯矩-挠度关系曲线图可以看出，预应力组合箱梁 PCB-30、PCB-31 的栓钉间距分别为 180mm、270mm，但两者的弯矩-挠度关系曲线比较一致，尤其是在弹性工作阶段，两者吻合良好；预应力组合箱梁相比普通组合箱梁 CB-29，具有更大的刚度，当荷载加至开裂荷载时弯矩为 30kN·m，抗弯截面刚度逐渐减小，从图上也可看出，跨中挠度增长斜率明显开始偏离预应力组合箱梁，说明在混凝土翼板上施加预应力，能明显提高组合箱梁的开裂荷载，增大弹性工作区段。从 M/M_u-挠度曲线图可以看出，对于承受负弯矩的简支组合箱梁，无论是否施加预应力，都同样可对其受力过程划分为三个阶段。

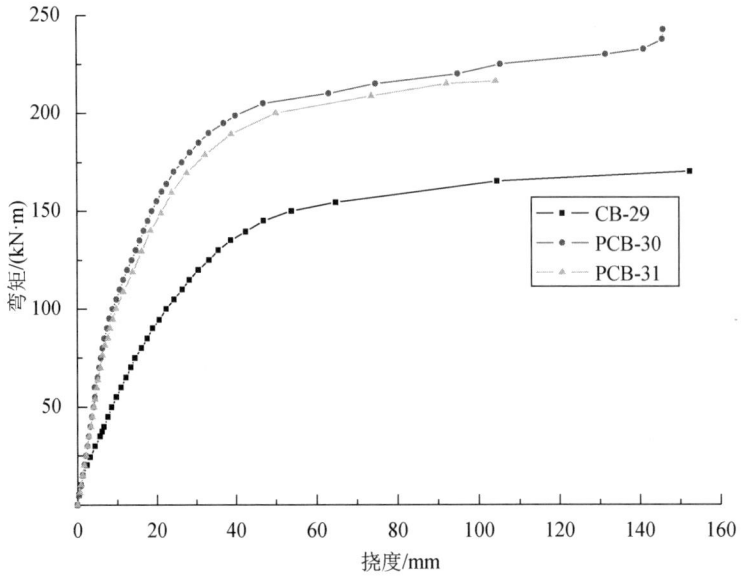

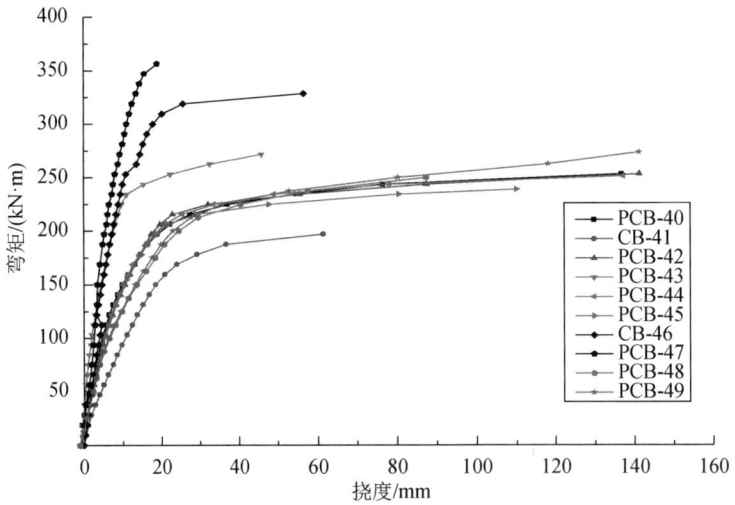

（a）弯矩-挠度关系曲线图

图 4-13　负向加载的简支组合箱梁弯矩-挠度曲线图

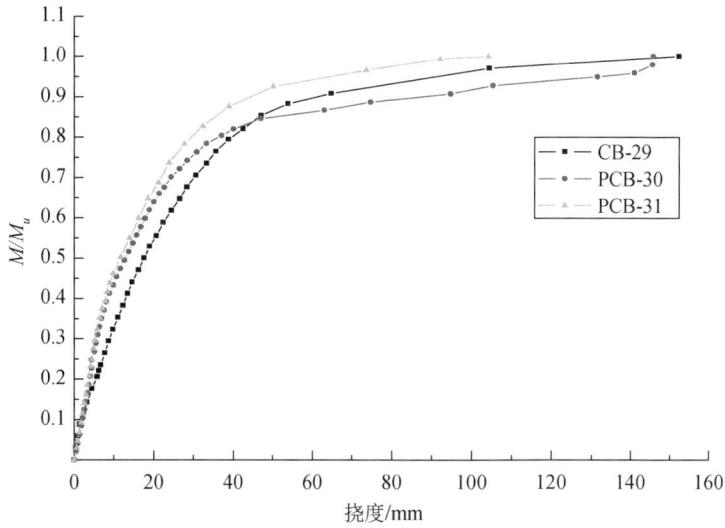

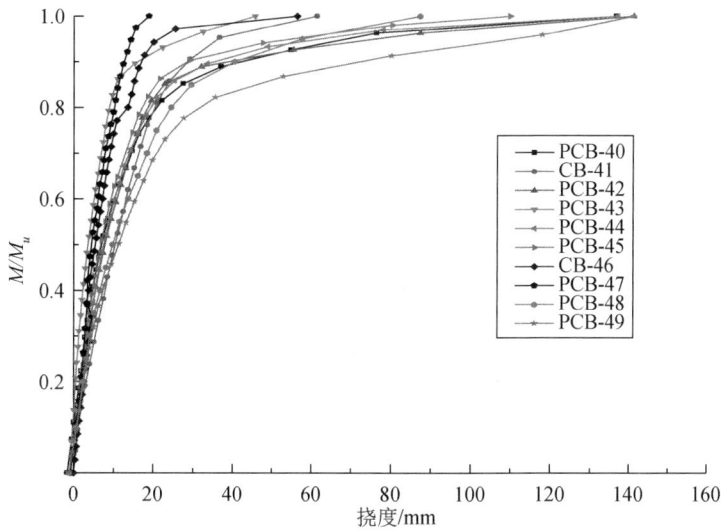

（b）M/M_u-挠度曲线图

图 4-13 （续）

正、负弯矩简支组合箱梁弯矩-挠度曲线图如图 4-14 所示，可以看出，由于受力性质不同，正弯矩简支组合箱梁的刚度及抗弯承载力明显高于负弯矩简支组合箱梁；混凝土的开裂对承受正弯矩的刚度组合箱梁影响很小，弹性工作段几乎不受影响，而对承受负弯矩的组合箱梁有较大的影响，开裂后，组合箱梁的截面抗弯刚度迅速降低，曲线斜率明显出现转折。

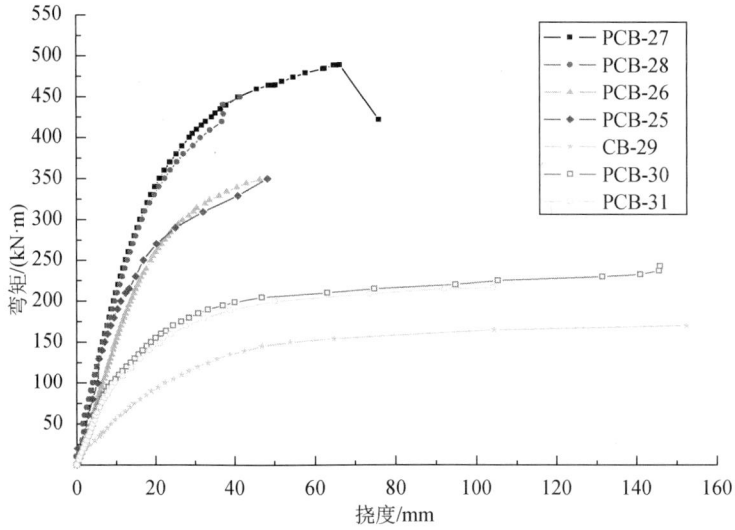

（a）弯矩-挠度关系曲线图

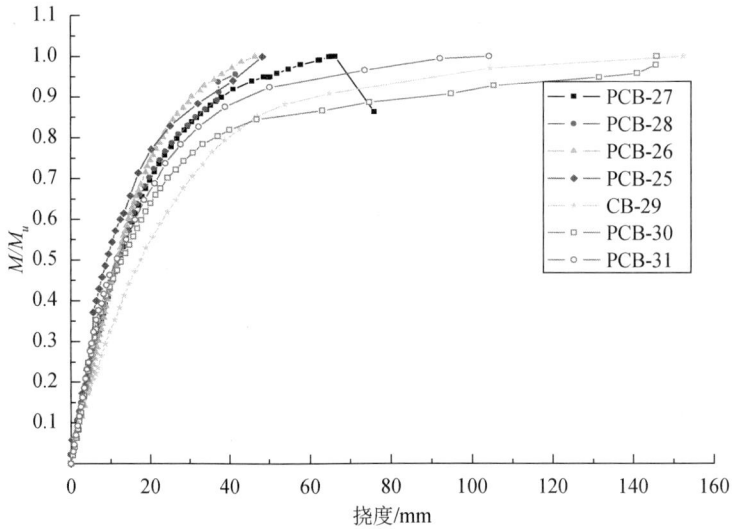

（b）M/M_u-挠度曲线图

图4-14 正、负弯矩简支组合箱梁弯矩-挠度曲线图

连续组合箱梁弯矩-挠度关系曲线如图4-15所示。

PCCB-32、PCCB-33为两根试验参数完全相同的预应力连续组合箱梁，但两者的弯矩-挠度关系曲线出现了一定的偏离，经过试验数据分析，主要有三个原因：一是前者在加载过程中，跨中钢梁先出现屈服，而后者则是中支座的钢筋先出现屈服，可能在试件支座过程中，PCCB-32浇注不均匀，跨中的相对刚度较小，因此挠度较PCCB-33更大；二是由预应力的大小不同引起的，PCCB-32的初始预应力较PCCB-33小，而试验发现，预应力的大小与跨中挠度的相关性较高，较为敏感；三是由于两个千斤顶的出力误差与位置误差，导致左跨的端支座反力值偏大，故而使得跨中钢梁先于中支座钢筋达到屈服，从而两根试验梁的弯矩-挠度曲线出现了偏差。PCCB-37和PCCB-38为抗剪连接程度 0.7 的预应力连续组合箱梁，但相比完全剪力连接设计的组合箱梁，弹性承载力并没有下降，而极限承载力也只降低 5%左右，下降幅度与剪力连接程度并不成正比例关系，在满足一定承载力和延性条件下，采用部分剪力连接可以既能达到工程设计要求又能降低造价；施加预应力能明显提高组合箱梁的弹性承载能力，基本能提高 25%的幅值，但对连续梁的极限承载能力提高并不明显；完全剪力连接组合箱梁的跨中挠度延性系数为 4.3～7.3，剪力连接程度为 0.7 的组合箱梁跨中挠度延性系数为 3.8～5.2。

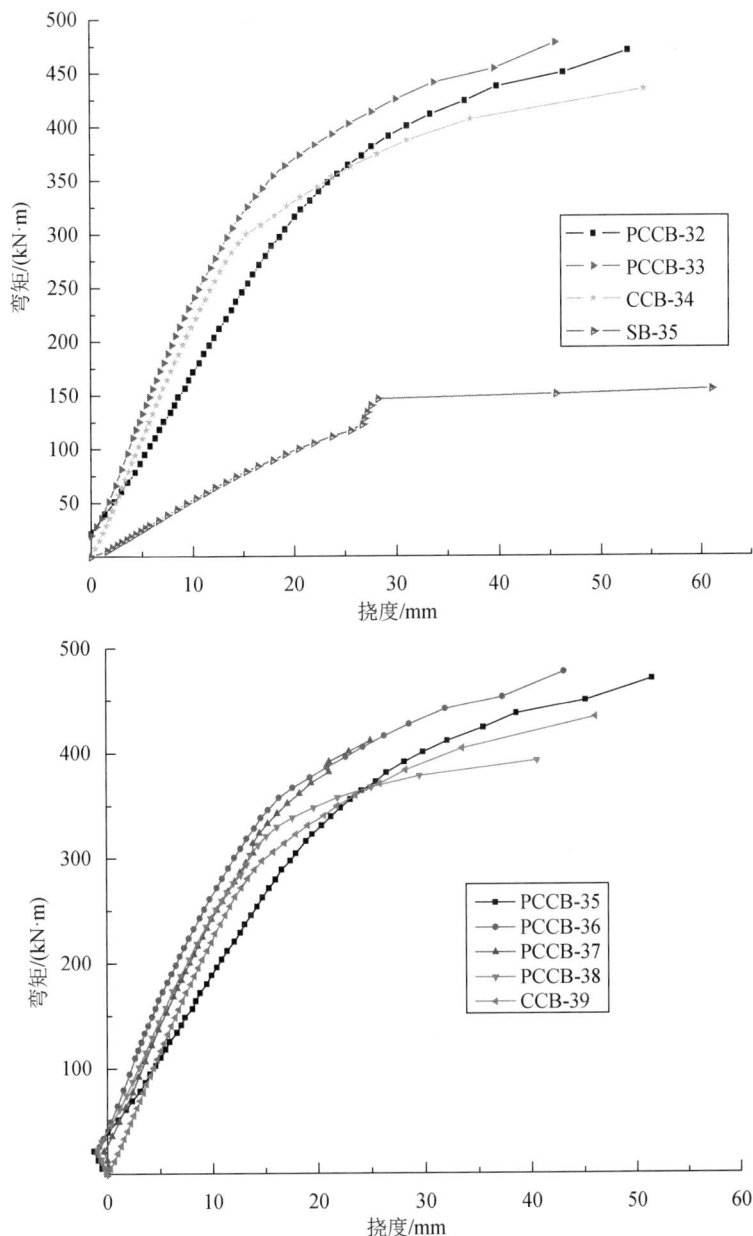

（a）弯矩-挠度关系曲线图

图 4-15　连续组合箱梁弯矩-挠度曲线图

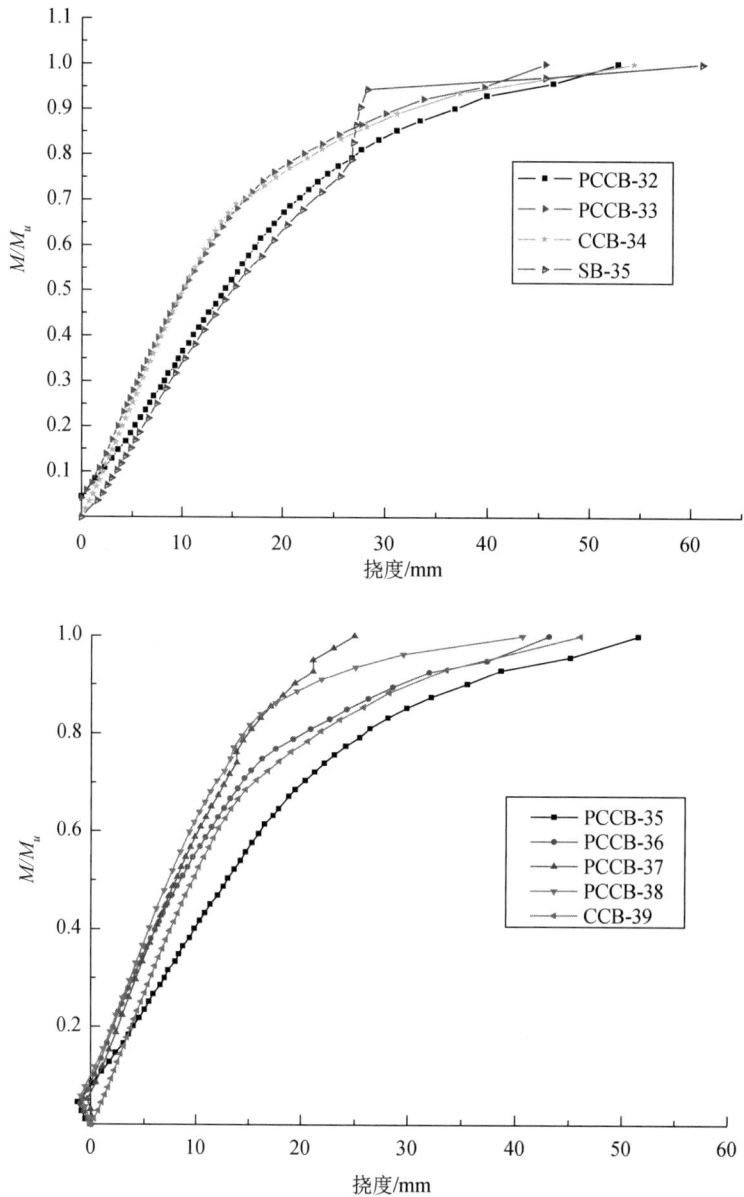

（b）M/M_u-挠度曲线图

图 4-15 （续）

此外，在弹塑性段的后期，CCB-33 的刚度较施加预应力的组合箱梁小，变形更大。从图 4-15 还可以看出，钢-混凝土组合箱梁的抗弯刚度明显高于纯钢梁。

3. 应变特性分析

1）组合箱梁截面应变分布

钢-混凝土组合箱梁作为一种组合结构，不管保证其组合作用的剪力连接件是否足够，由于连接件本身的变形及混凝土的压缩，在混凝土与钢梁的交界面上总会存在相对滑移，对组合箱梁的协调工作产生影响，这种影响在试验结果中的截面应变分布上表现得较为明显，因此，可以通过对截面应变分布情况的分析，探讨组合箱梁的受弯工作性能。承受正弯矩、负弯矩的简支组合箱梁及连续组合箱梁的截面应变分布图分别如图 4-16～图 4-18 所示。

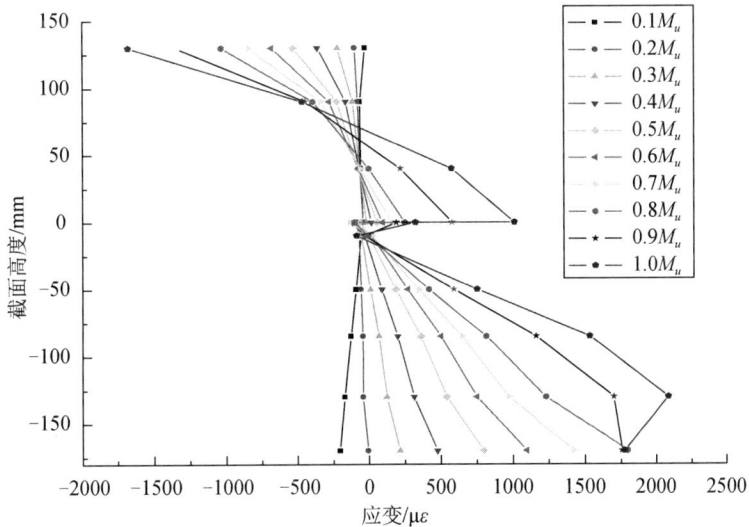

（a）PCB-26截面应变

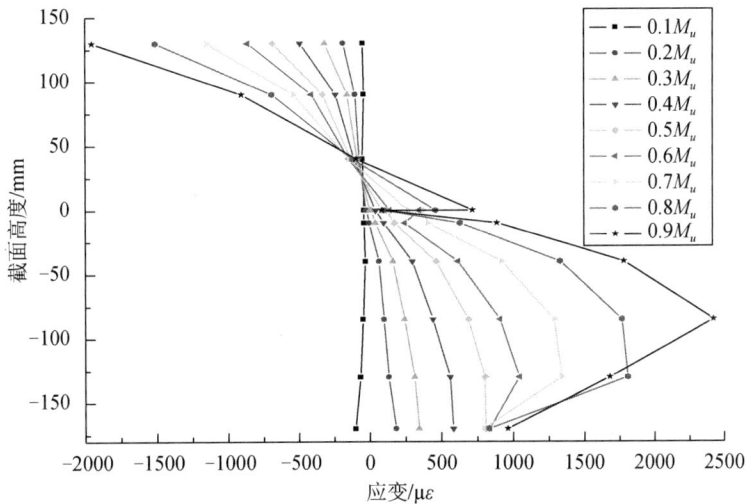

（b）PCB-28截面应变

图 4-16　正弯矩简支组合箱梁截面应变分布图

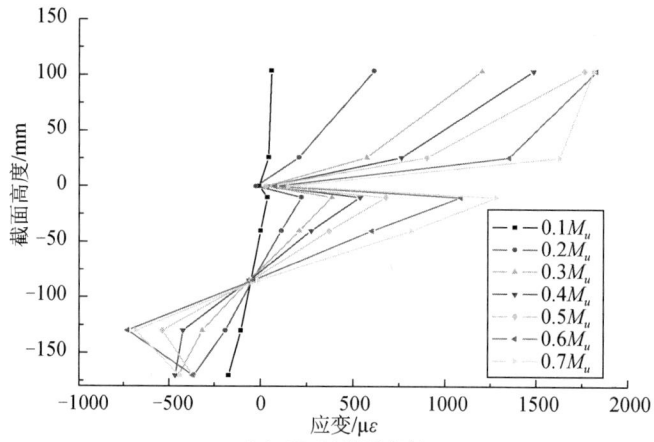

（a）CB-29截面应变

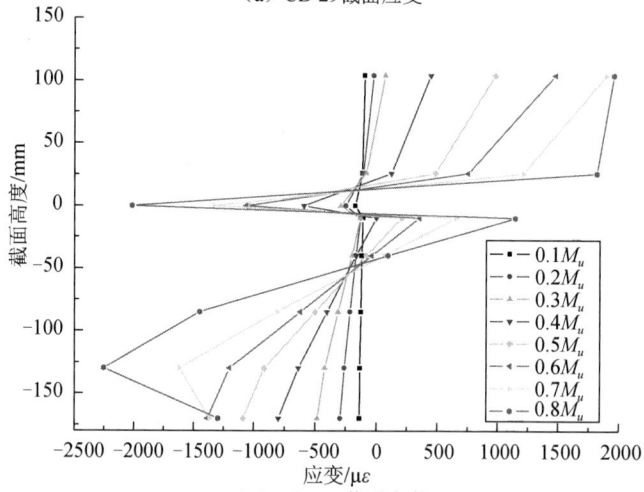

（b）PCB-30截面应变

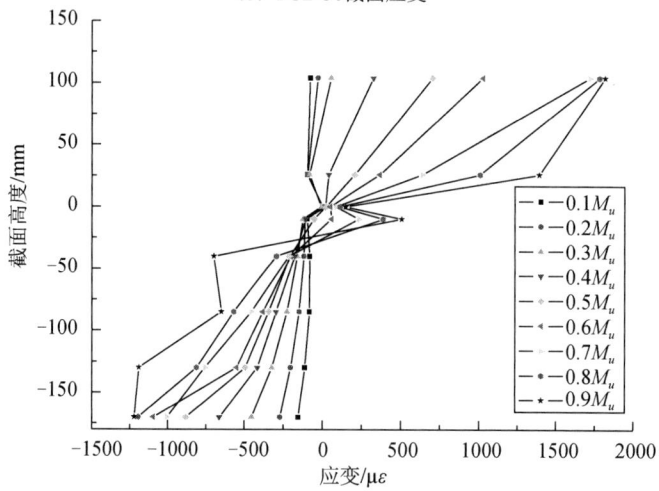

（c）PCB-31截面应变

图 4-17　负弯矩简支组合箱梁截面应变分布图

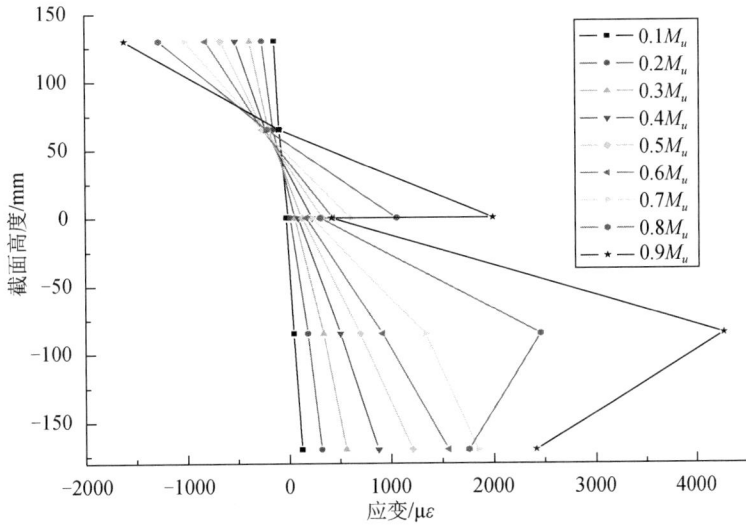

（a）PCCB-32跨中截面应变

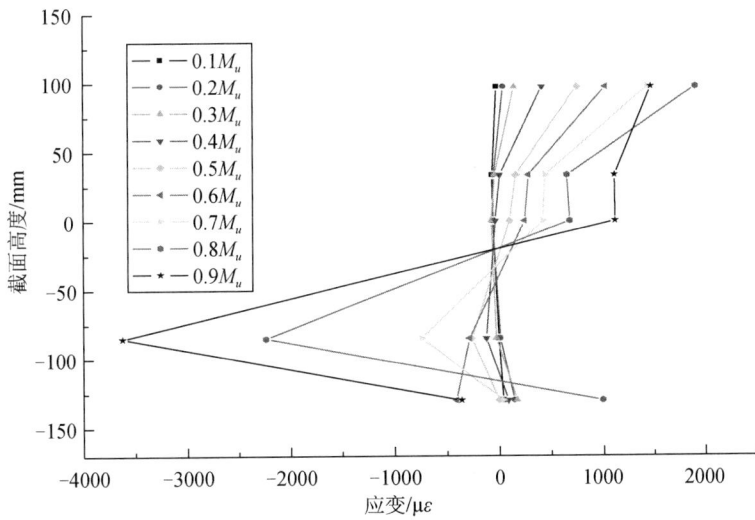

（b）PCCB-32中支座截面应变

图 4-18　连续组合箱梁截面应变分布图

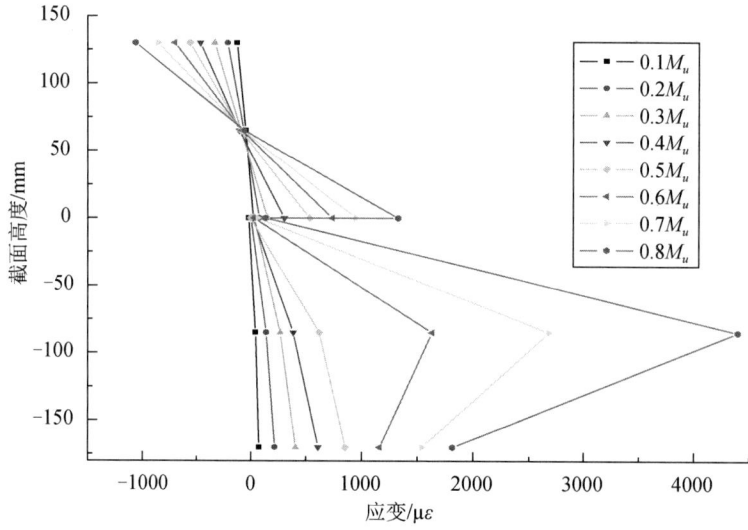

（c）PCCB-33跨中截面应变

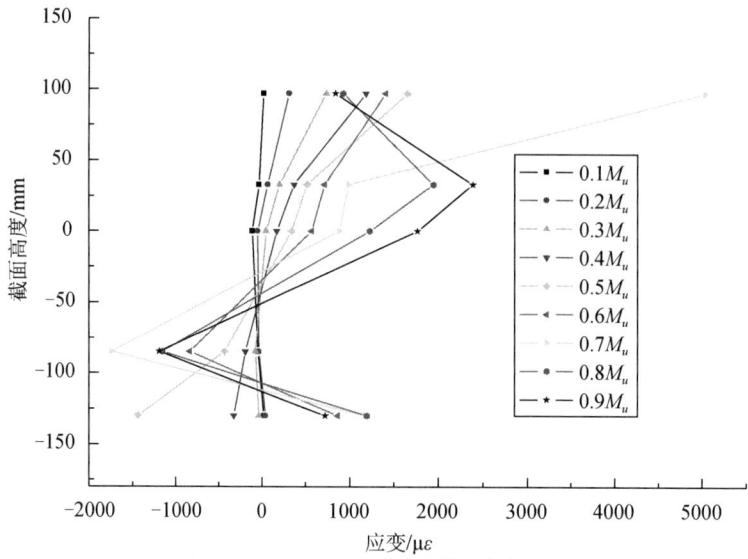

（d）PCCB-33中支座截面应变

图4-18 （续）

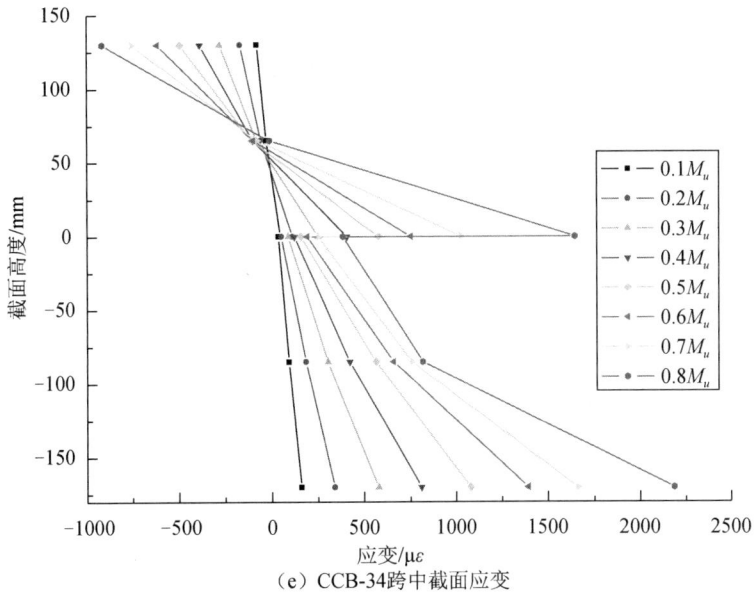

（e）CCB-34跨中截面应变

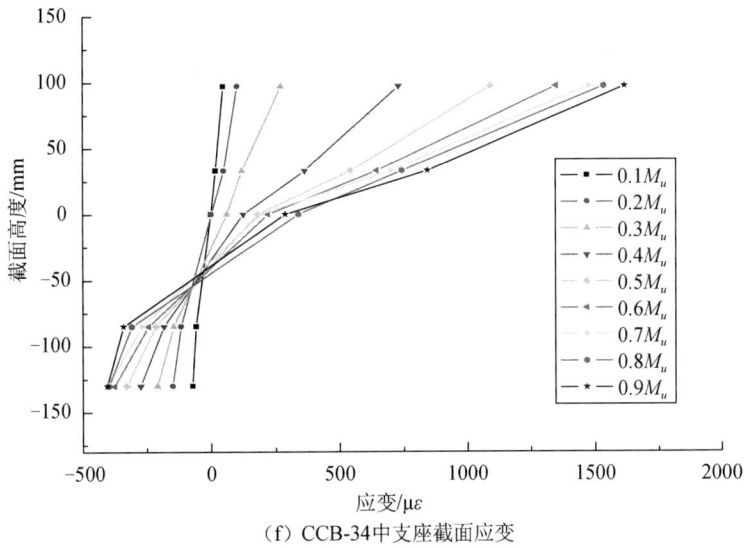

（f）CCB-34中支座截面应变

图 4-18　（续）

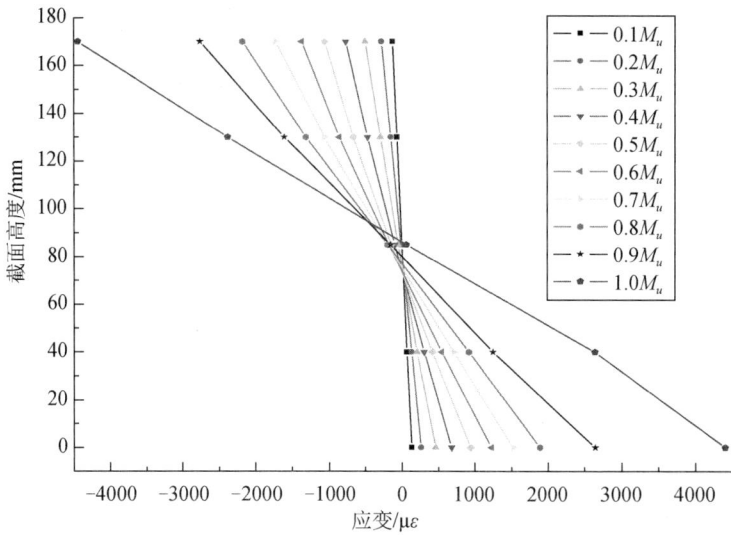

（g）SB-35跨中截面应变

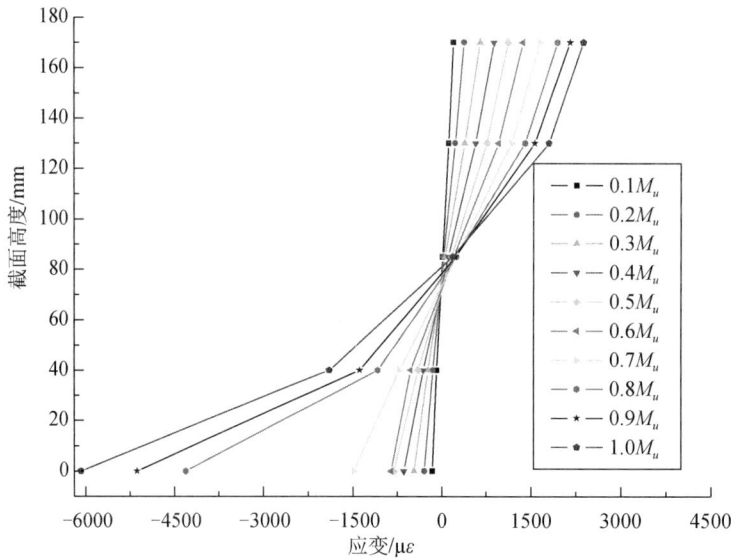

（h）SB-35中支座截面应变

图 4-18　（续）

　　从图 4-16 可以看出，栓钉间距对承受正弯矩的简支组合箱梁的截面应变分布影响
较小，栓钉间距较大的 PCB-26 在交界面处的应变差大于 PCB-28 交界面处产生的应变
差，但都近似复合平截面假定，破坏时，钢梁除上翼缘附近外，均已达到屈服。

　　从图 4-17 可以看出，是否施加预应力对承受负弯矩的简支组合箱梁的截面应变分
布形式影响不大，到达破坏状态时，三根组合箱梁翼板中的受力钢筋均已达到屈服，而
中和轴以下仅有靠近钢梁底部的部分发生屈服，尤其是没有施加预应力的 CB-29，钢梁
应变只到 500 左右，主要是因为混凝土开裂后，中和轴以上完全由纵向钢筋承担拉应力，
而由于受力钢筋配置不够，使得钢梁不能完全达到屈服，因此，在对于成受负弯矩的组

合箱梁，增加翼板中的受力钢筋，对增加组合箱梁的极限承载力有较明显的作用。

从图 4-18 可以看出，由于受力性质相同，连续组合箱梁跨中的截面应变分布与承受正弯矩的简支组合箱梁一致，连续组合箱梁中支座的截面应变分布与承受负弯矩的简支组合箱梁一致，但连续梁中支座处钢梁底部的应变波动较大，主要是因为钢梁受压发生屈曲而引起的。纯钢梁 SB-35 在两个截面处的应变分布都很好地符合平截面假定，只是中支座处钢梁底部应变在破坏阶段发生大变形，应变增长较快。

2）混凝土应变

承受正弯矩的组合箱梁及连续组合箱梁跨中截面的混凝土压应变对荷载的增长曲线如图 4-19 和图 4-20 所示。

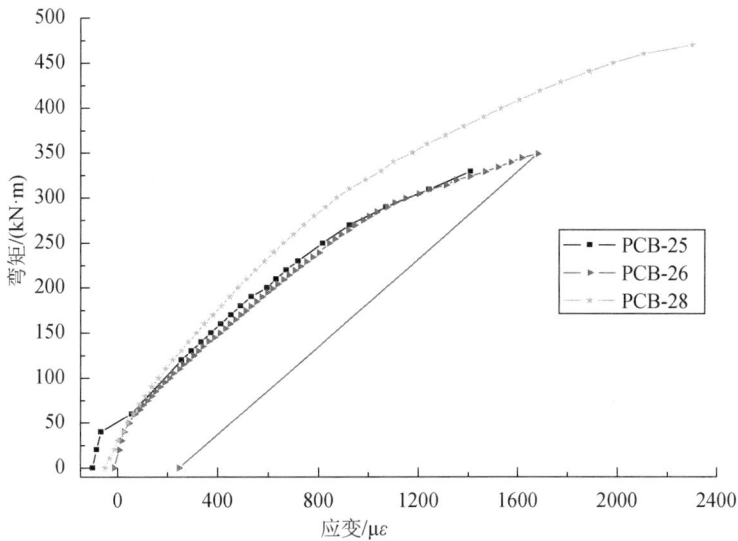

图 4-19　PCB-25、PCB-26、PCB-28 混凝土压应变增长曲线

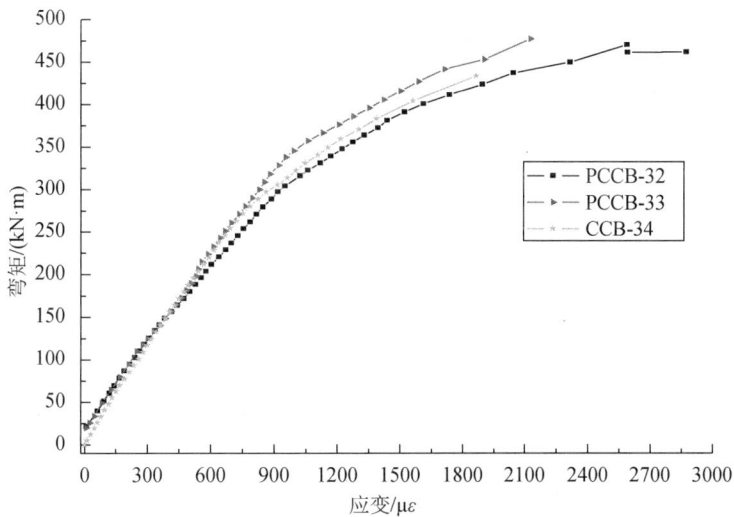

图 4-20　PCCB-32、PCCB-33、CCB-34 混凝土压应变增长曲线

　　从图 4-19 和图 4-20 可以看出，栓钉间距较大的组合箱梁相比间距小的组合箱梁，混凝土压应变随荷载的增长较快；当组合箱梁在发生受弯破坏时，无论是简支组合箱梁，还是连续组合箱梁，且不论是否施加预应力，混凝土的压应变随荷载的增长曲线较为一致，且具有较长的线性增长段，其弹塑性工作区段较小，极限压应变均能达到 2400 以上，超过了混凝土棱柱体达到极限抗压强度时的应变值 2000。这说明混凝土材料的受压性能比较稳定，在组合箱梁中不受结构形式的影响，为进行组合箱梁计算时，直接运用小试件所得出的本构关系提供了试验依据。

　　各试验梁混凝土翼板上表面纵向压应变沿宽度方向的分布图如图 4-21 所示。

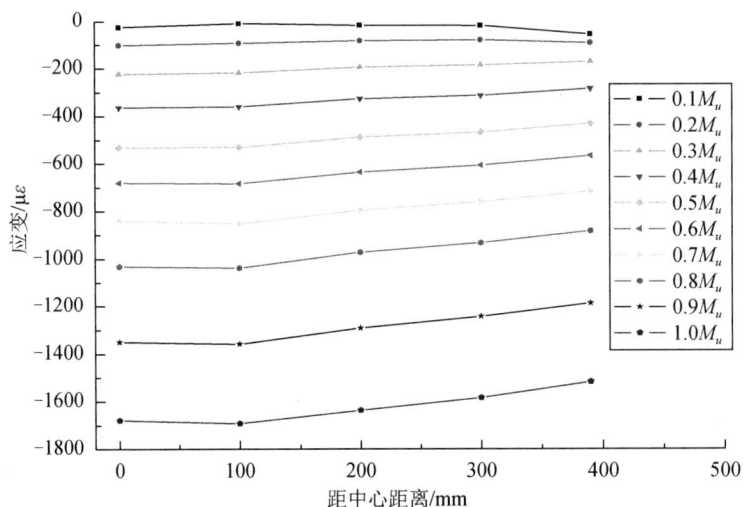

（a）PCB-26 翼板表面应变分布

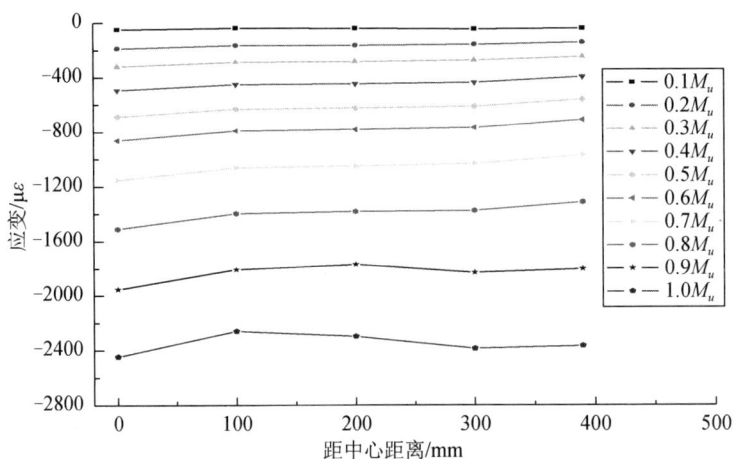

（b）PCB-28 翼板表面应变分布

图 4-21　混凝土翼板纵向压应变沿板宽分布图

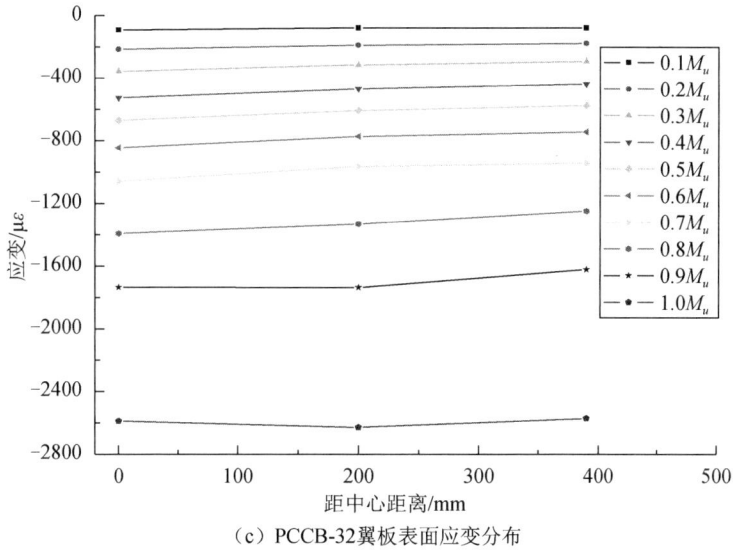

（c）PCCB-32翼板表面应变分布

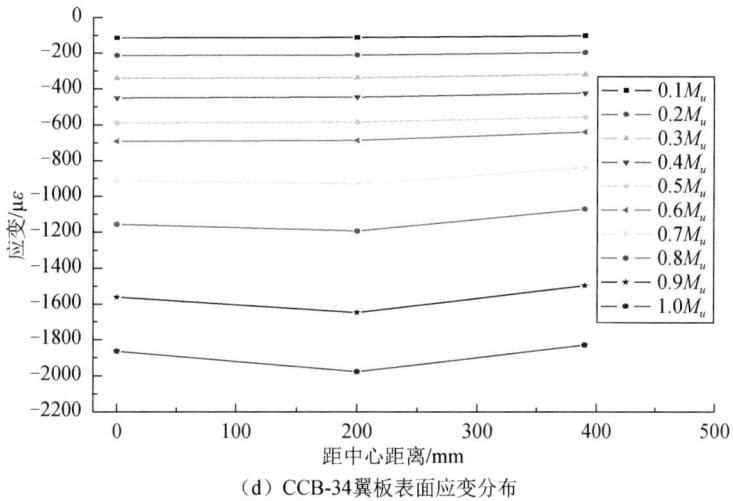

（d）CCB-34翼板表面应变分布

图 4-21　（续）

　　从图 4-21 可以看出，栓钉间距、施加预应力与否，对混凝土纵向压应变沿翼板宽度方向的分布几乎没有影响，翼板表面应变分布均匀，剪滞效应不明显，因此，试验梁按欧洲规范取翼板宽 800mm，完全满足有效宽度的要求，为后面的理论分析提供了保证。

　　3）钢梁应变

　　承受正弯矩、负弯矩的简支组合箱梁及连续组合箱梁的钢梁应变随弯矩的变化情况如图 4-22 所示。

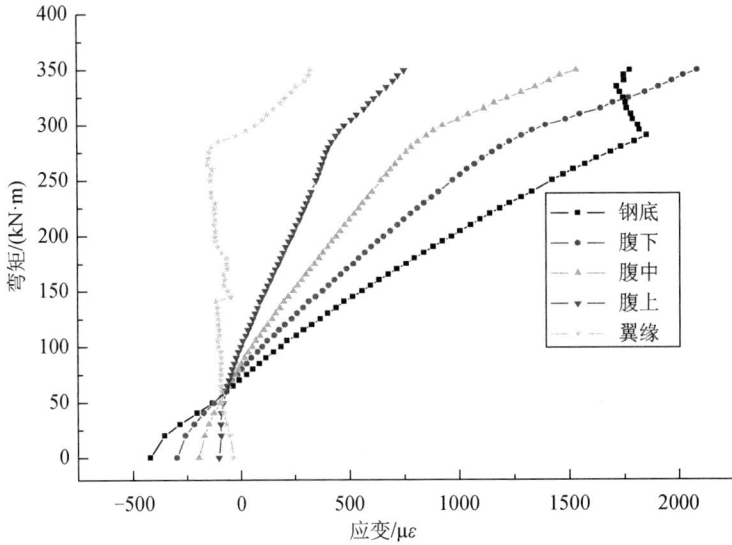

（a）PCB-26跨中钢梁应变增长曲线

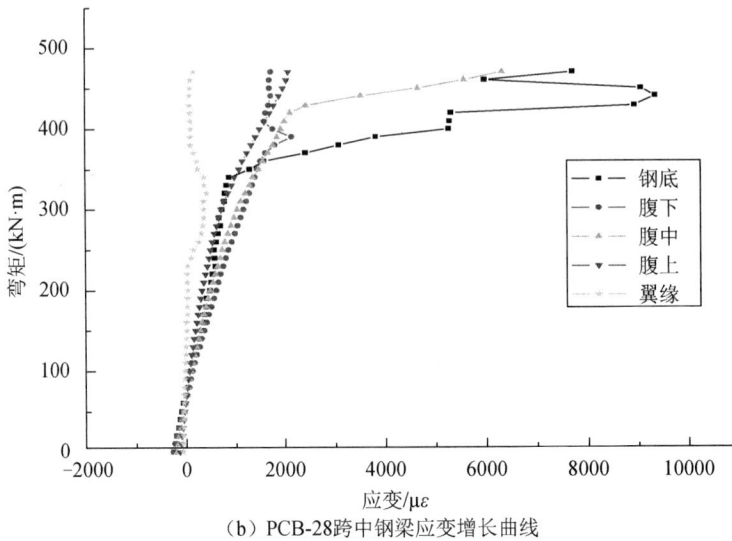

（b）PCB-28跨中钢梁应变增长曲线

图 4-22　组合箱梁钢梁应变增长曲线图

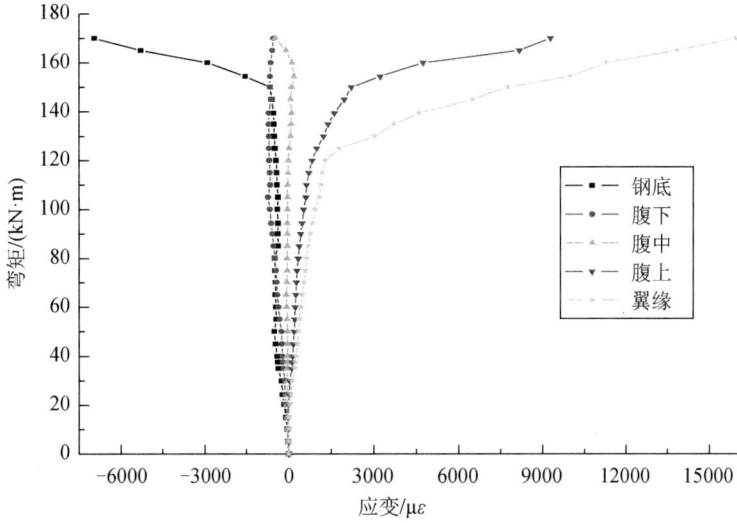

（c）CB-29跨中钢梁应变增长曲线

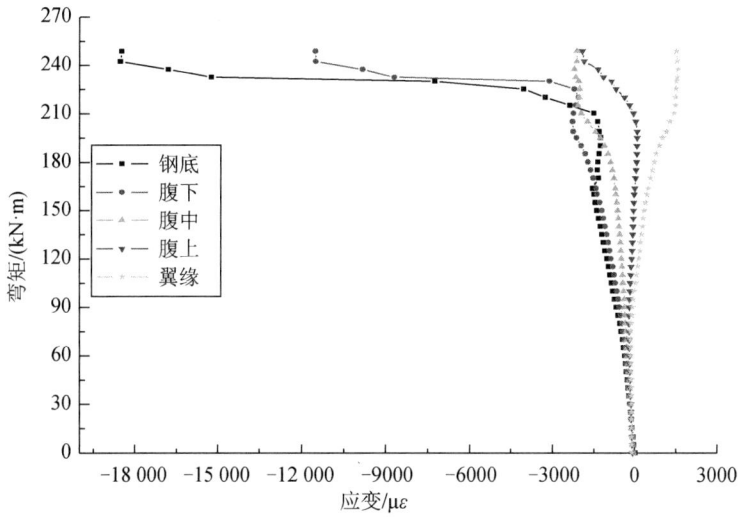

（d）PCB-30跨中钢梁应变增长曲线

图 4-22　（续）

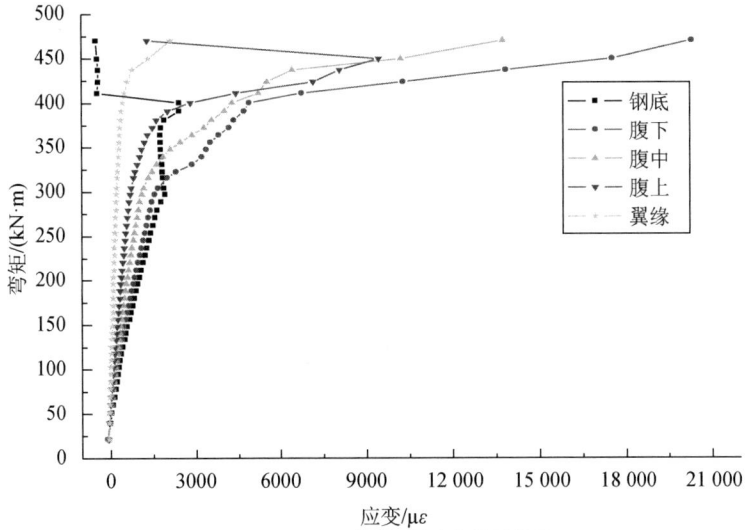

（e）PCCB-32跨中钢梁应变增长曲线

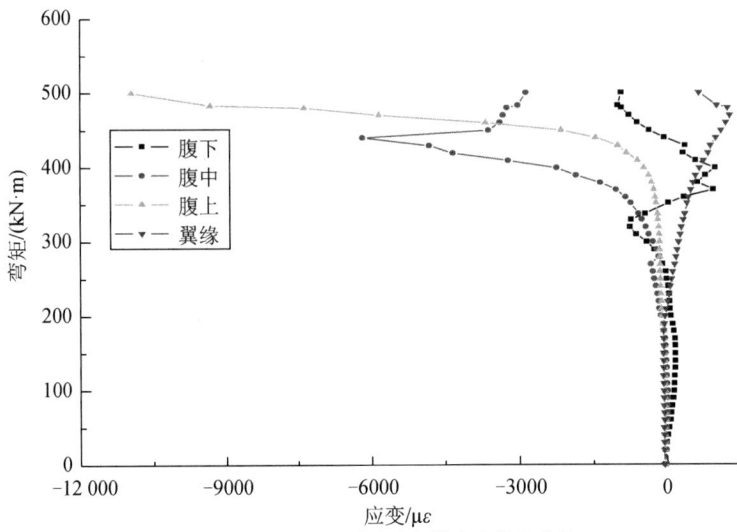

（f）PCCB-32中支座钢梁应变增长曲线

图 4-22 （续）

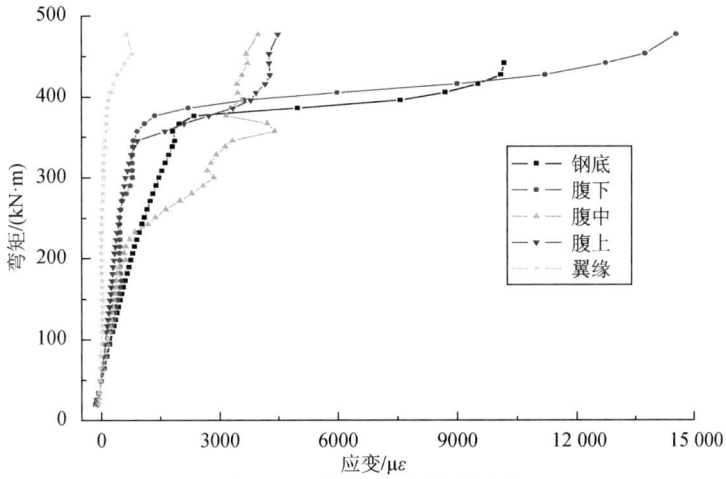

（g）CCB-34跨中钢梁应变增长曲线

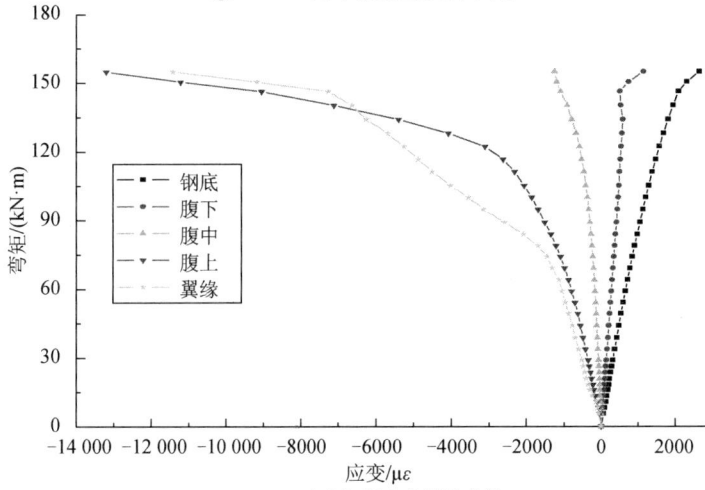

（h）SB-35跨中钢梁应变增长曲线

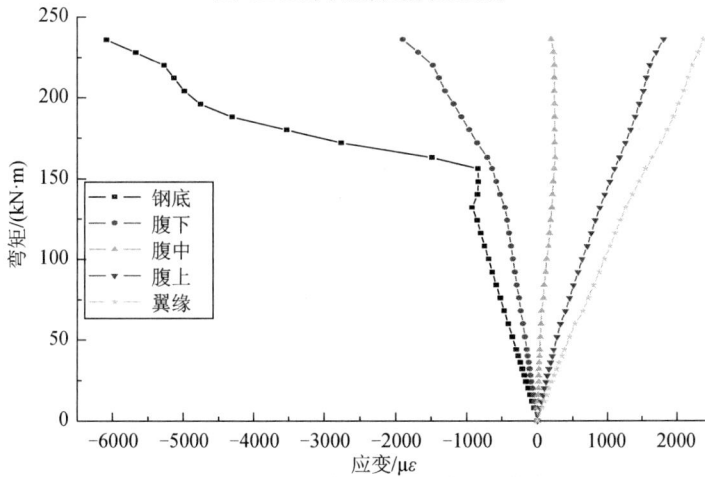

（i）SB-35中支座钢梁应变增长曲线

图 4-22　（续）

在图 4-22 中，通过图（a）与图（b）可以看出，PCB-28 相比 PCB-26，钢梁的屈服范围更大，由于栓钉数量是通过极限状态时所能承受的纵向剪力等于钢梁全截面极限受拉荷载与混凝土极限受压荷载的最小值而确定的，在本试验中，栓钉的个数是由钢梁控制的，因此，栓钉多的 PCB-28，钢梁的受拉性能得到更好的发挥，提高了抗弯承载力；由图（c）与图（d）可以看出，在混凝土与板内施加预应力，预应力筋充当了纵向受力钢筋的作用，因此，PCB-30 钢梁下翼缘的拉应变较 CB-29 小；比较图（e）～（g）可知，对连续梁布置直线型的体外预应力筋，对钢梁的应变增长影响较小；试验过程中，由于纯钢梁跨中钢翼缘达到屈服时，变形增长较快，出于安全因素，试验没有继续加载，因此，图中没有屈服后的大变形阶段。

4）钢筋应变

试验梁受力过程中钢筋的应变增长情况如图 4-23 所示，应变值为跨中截面翼板上层布置的纵筋应变。

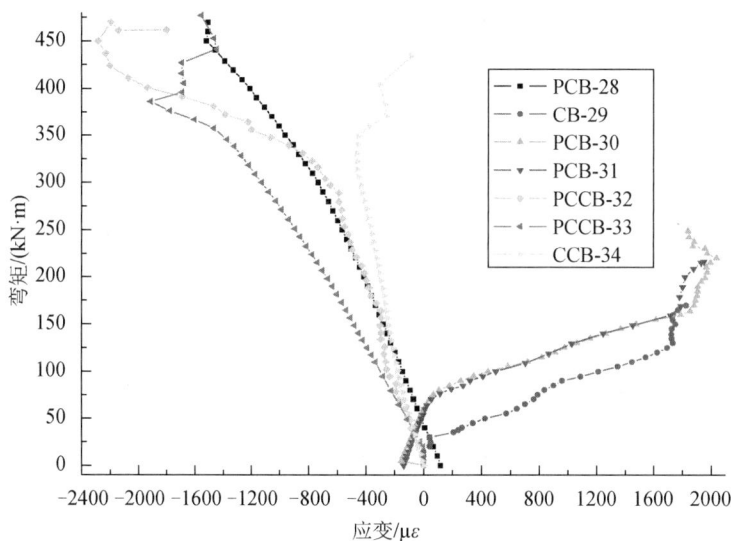

图 4-23　钢筋应变增长曲线图

从图 4-23 可以看出，对于承受负弯矩的组合箱梁 CB-29、PCB-31，其开裂荷载下的弯矩分别为 30kN·m、85kN·m，说明对混凝土翼板施加预应力，可以明显提高开裂荷载，延长组合箱梁的弹性工作区段；各组合箱梁在极限状态时，无论受压还是受拉，钢筋均达到屈服，并发生了一定程度的应力强化。

5）栓钉应变

组合箱梁中栓钉的纵向应变变化情况如图 4-24 和图 4-25 所示。

从图 4-24 可以看出，对于简支组合箱梁，加载截面处的栓钉均处于受拉状态，达到屈服后，应变随荷载增长较快；组合箱梁承受正弯矩时的抗拉刚度大于负弯矩工作时的抗拉刚度，且对于承受负弯矩的组合箱梁，当对翼板施加预应力时，栓钉的抗拉刚度也明显提高，主要是由于翼板受到预加应力，使得混凝土对栓钉的围压力增强。

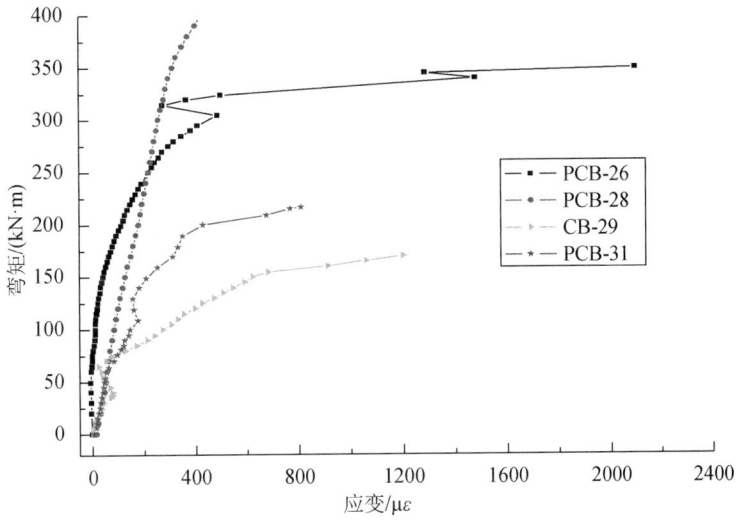

图 4-24　简支组合箱梁加载点栓钉纵向应变

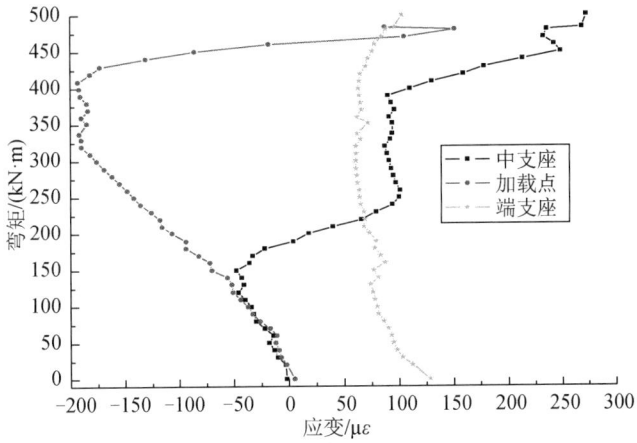

（a）PCCB-32 栓钉应变

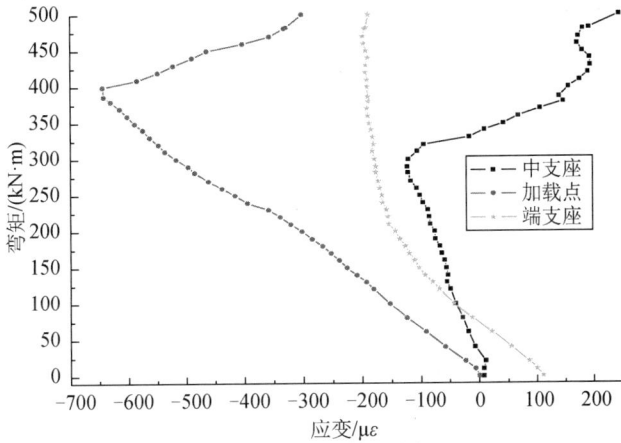

（b）PCCB-33 栓钉应变

图 4-25　连续组合箱梁栓钉纵向应变

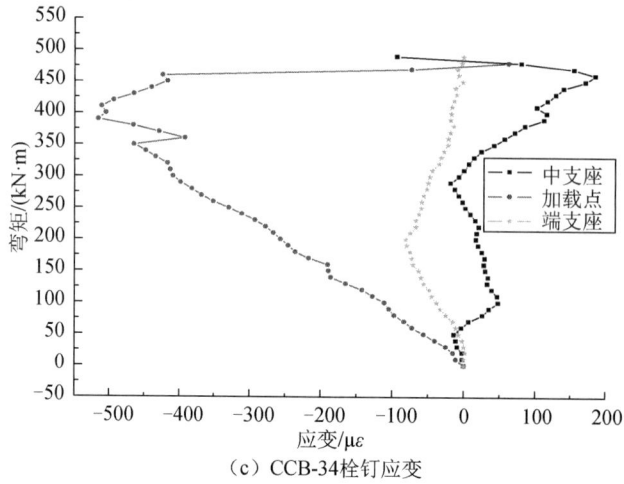

（c）CCB-34栓钉应变

图 4-25　（续）

从图 4-25 可以看出，中支座处的栓钉处于受拉状态，材料性能发挥比较充分，都发生了较大程度的应力强化；端支座处的栓钉应力水平较低；加载点截面的栓钉随荷载的增加，压应力逐渐增大，当接近破坏状态时，应变开始减小，这主要是因为此时的混凝土开始被压碎，交界面有一定程度的脱开，传递的纵向剪力减小，组合作用降低所致。

4. 交界面滑移特性分析

组合箱梁交界面滑移沿梁长的分布特征如图 4-26 所示。图中简支梁取半跨，连续梁取一跨进行分析。

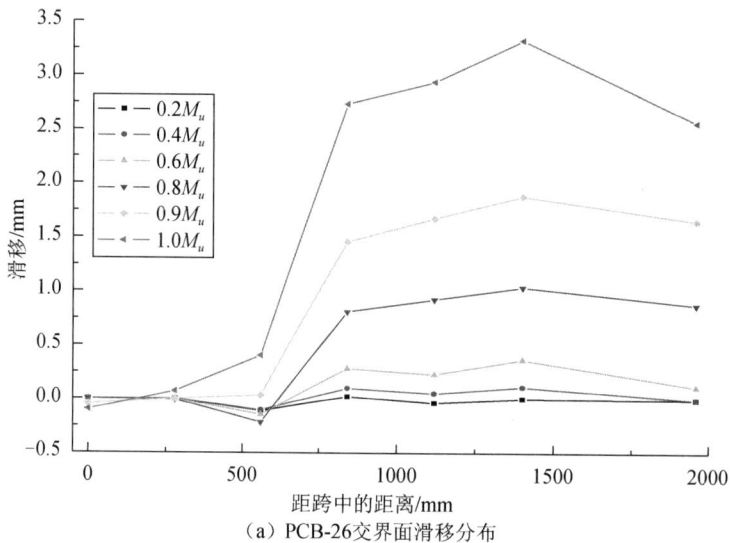

（a）PCB-26交界面滑移分布

图 4-26　组合箱梁交界面滑移沿梁长分布特征图

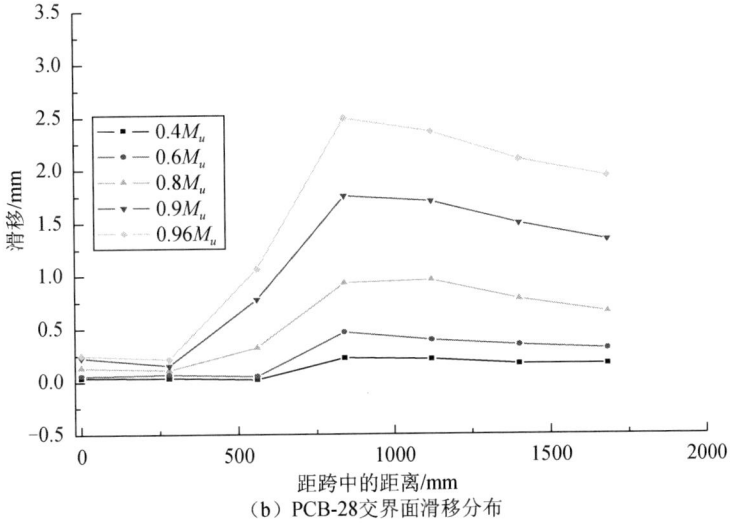

（b）PCB-28交界面滑移分布

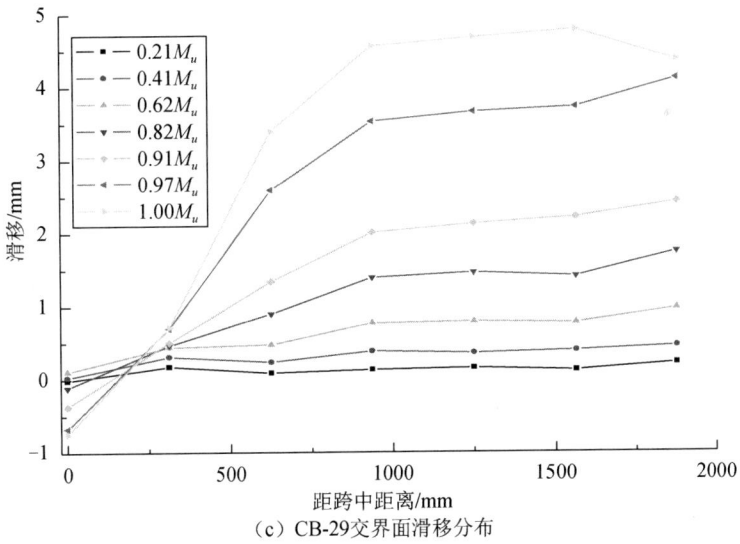

（c）CB-29交界面滑移分布

图 4-26　（续）

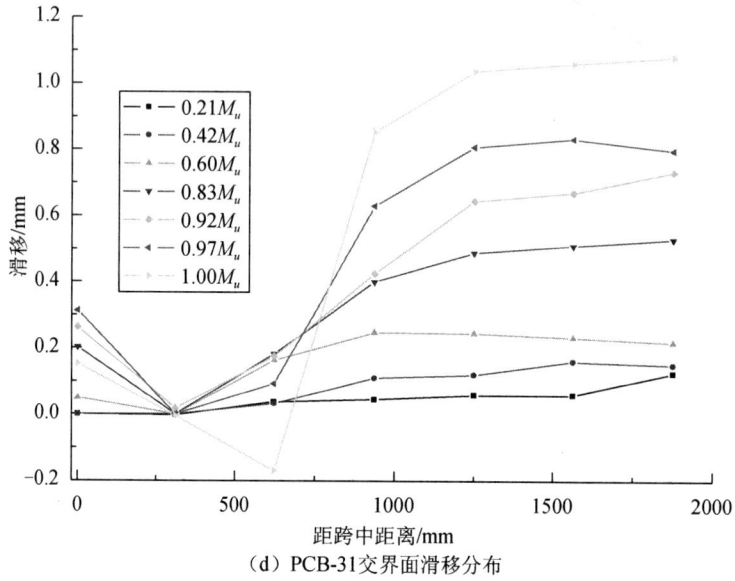

（d）PCB-31交界面滑移分布

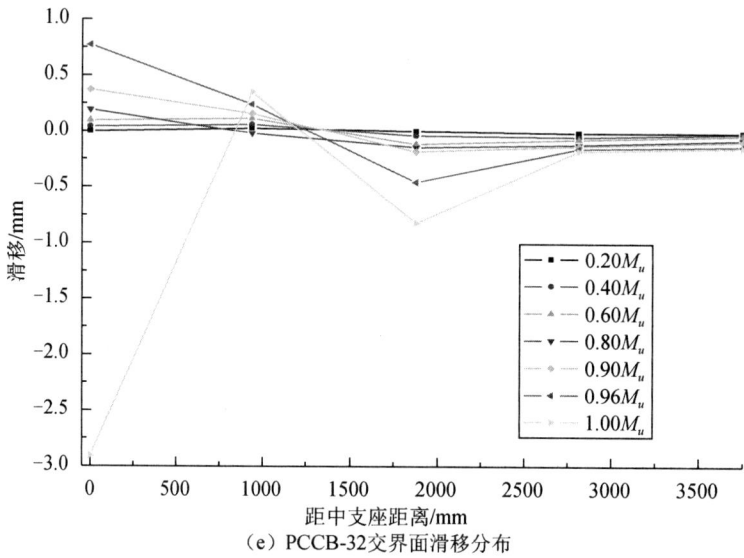

（e）PCCB-32交界面滑移分布

图 4-26　（续）

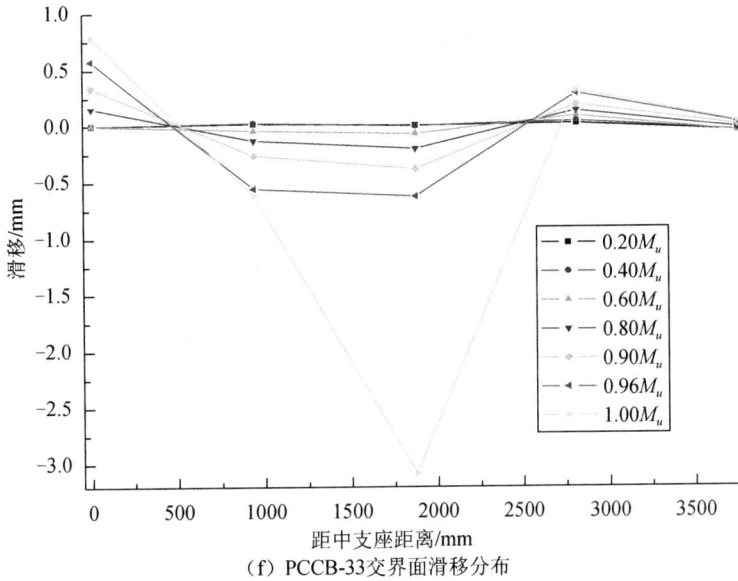

（f）PCCB-33交界面滑移分布

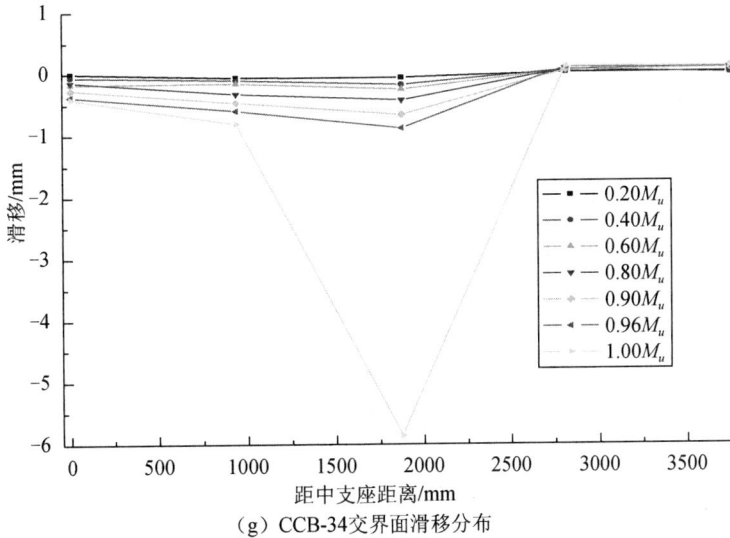

（g）CCB-34交界面滑移分布

图 4-26　（续）

　　由图 4-26（a）～（c）可知，施加预应力的简支组合箱梁 PCB-26、PCB-28，其交界面的相对滑移量均大于无预应力组合箱梁 CB-29，其最大滑移量接近 5mm，而前者的滑移量分别为 3.3mm、2.5mm，说明预应力的施加减小了界面滑移，增强了组合箱梁的协同工作；此外，栓钉间距的增大，也使滑移量有所增大，说明，随着剪力连接程度的降低会使滑移量增加；此外，由于结构受对称荷载，且在纯弯段没有剪力，跨中的滑移量基本为零，随着跨中荷载的增长，滑移量不断增大，由于端支座处局部的压应力较大，一定程度上限制了滑移的发展，最大滑移发生在靠近支座的截面。由图 4-26（e）～（g）可以看出，连续组合箱梁在中支座的滑移都在 0.5mm 左右，且最大滑移均发生在加载点附近。

　　组合箱梁弯矩-滑移增长曲线如图 4-27 所示。每根组合箱梁分别给出了多个截面滑移对弯矩的增长曲线，每个截面位置以距跨中的距离表示。

　　从图 4-27 可以看出，所有组合箱梁的弯矩-滑移增长曲线均大致可划分为四个阶段：在加载初期，钢与混凝土组合作用良好，滑移量基本为零；随着荷载的增大，钢与混凝土之间的黏结力开始发生破坏，交界面产生滑移，此时滑移的增长与弯矩呈线性关系；随着混凝土所承受的压应力逐渐增大，但没达到极限抗压强度，混凝土发生压缩变形，滑移量增长加快；随着荷载的继续增加，混凝土开始被压碎，栓钉本身也发生弯曲变形，交界面滑移迅速增加，直至组合箱梁破坏。

（a）PCB-26弯矩-滑移增长曲线

（b）PCB-28弯矩-滑移增长曲线

图 4-27　组合箱梁弯矩-滑移增长曲线

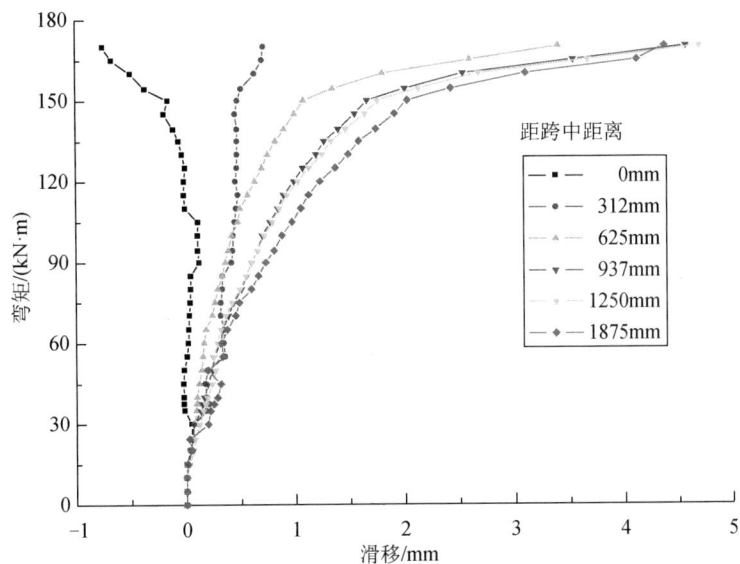

（c）CB-29弯矩-滑移增长曲线

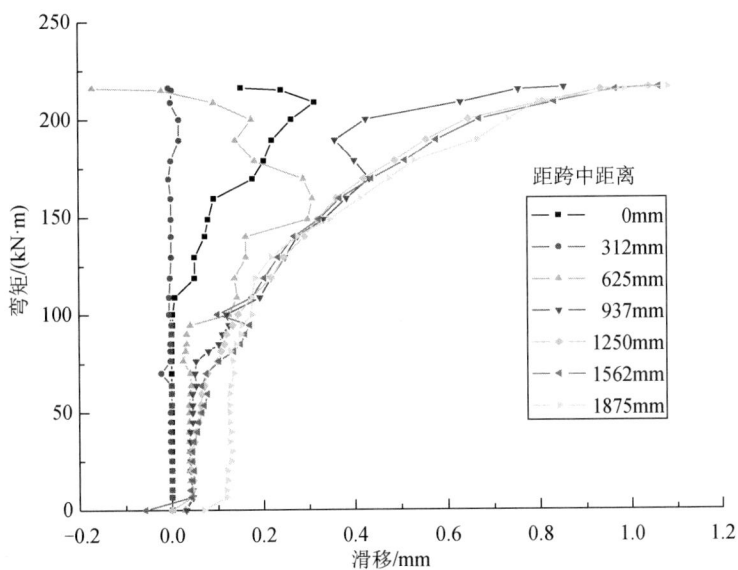

（d）PCB-31弯矩-滑移增长曲线

图 4-27 （续）

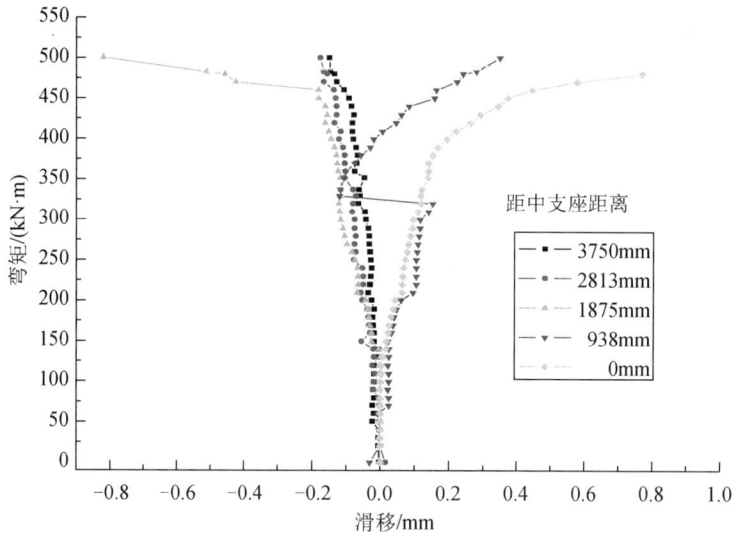

（e）PCCB-32弯矩-滑移增长曲线

图 4-27 （续）

5. 预应力筋内力增量特性

对组合箱梁施加预应力，无论预应力筋布置在钢梁上还是混凝土翼板中，预应力筋与组合箱梁为一个整体，随着荷载的增加，预应力筋会随着组合箱梁的变形而变形，进而产生预应力增量。各组合箱梁的有效预应力及预应力增量情况如表 4-9 所示。图 4-28、图 4-29 分别为预应力增量随荷载及跨中挠度变化的关系曲线图。

表 4-9　有效预应力预应力增量参数　　　　　　（单位：kN）

项目	试件编号					
	PCB-26	PCB-28	PCB-30	PCB-31	PCCB-32	PCCB-33
P_0	244.34	205.10	433.70	427.31	110.53	112.83
ΔP_y	40.99	68.27	47.39	46.56	—	—
ΔP_u	111.08	191.30	211.4	165.25	31.32	29.74
项目	试件编号					
	PCB-40	PCB-42	PCB-43	PCB-44	PCB-45	PCB-47
P_0	146.71	145.61	291.92	306.05	346.08	356.53
ΔP_y	8.76	1.04	0.58	18.57	27.92	5.02
ΔP_u	81.33	77.03	129.92	198.34	127.23	23.65
项目	试件编号					
	PCCB-35	PCCB-36	PCCB-37	PCCB-38	—	—
P_0	109.62	112.83	104.66	109.62	—	—
ΔP_y	5.83	3.79	4.08	6.12	—	—
ΔP_u	31.2	29.74	11.37	26.53	—	—

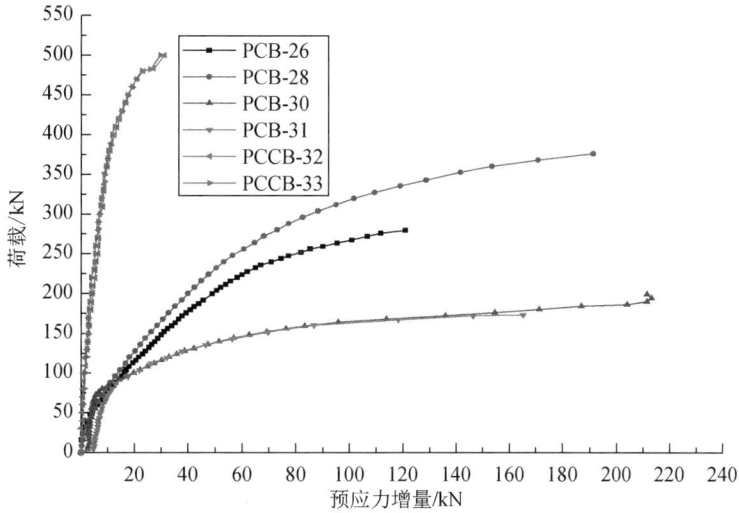

图 4-28 组合箱梁荷载-预应力增量曲线图

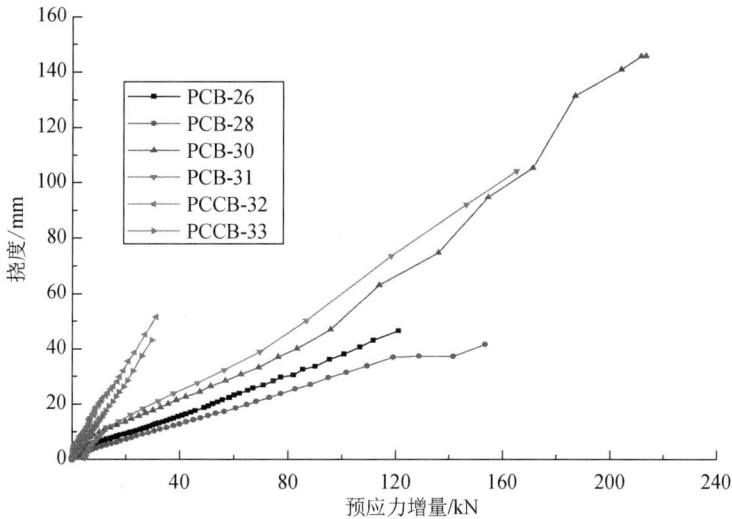

图 4-29 组合箱梁挠度-预应力增量曲线

　　根据表 4-9 并结合图 4-28、图 4-29 可以看出，连续组合箱梁的预应力增量最小，这主要是因为连续组合箱梁的刚度较大，变形相对较小；栓钉间距小的组合箱梁的预应力增量较间距大的组合箱梁大，且在相同荷载下，后者产生的预应力增量大，说明栓钉间距小的组合箱梁具有更大的刚度；对于承受负弯矩的组合箱梁，开裂后，混凝土退出工作，组合箱梁截面刚度减小，主要由纵向钢筋承受拉应力，因此，承受负弯矩的组合箱梁变形较大，从而具有较大的预应力增量。从图 4-29 可以看出，无论是简支组合箱梁还是连续组合箱梁，跨中挠度均与预应力增量呈现出较好的线性关系。

6. 内力重分布特性

在加荷的初期阶段，连续组合箱梁各截面刚度一致，随着荷载的增加，中支座混凝土发生开裂，从而使中支座截面附近刚度降低，致使连续梁沿梁长的抗弯刚度不再相同，此外，随着中支座处纵向钢筋及钢梁的屈服，产生塑性铰，从而使连续组合箱梁发生内力重分配，中支座反力向端支座转移，使跨中弯矩增大，中支座弯矩减小，这一现象也称作弯矩调幅。连续组合箱梁的内力重分布情况如图 4-30 所示。

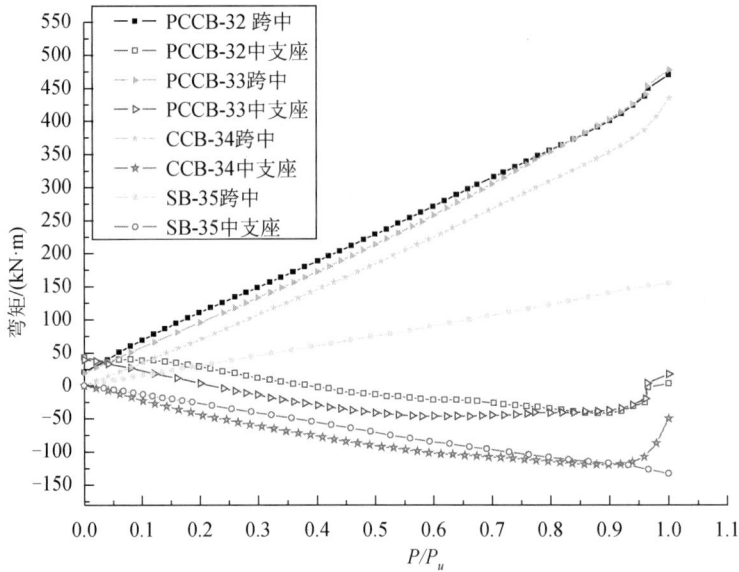

（a）中支座内力重分布

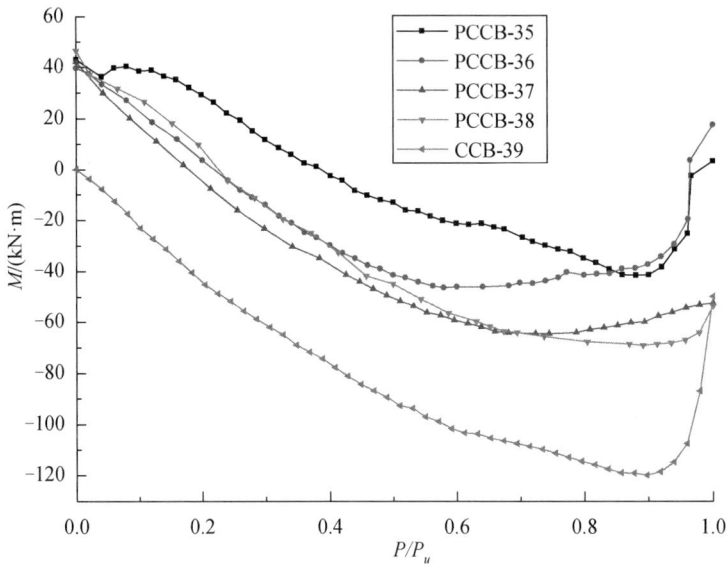

（b）跨中弯矩内力重分布

图 4-30 连续组合箱梁内力重分布图

从图 4-30 可以看出，在加载初期阶段，预应力连续组合箱梁负弯矩区尚未开裂，各区段刚度一致，弯矩随荷载呈线性增长；随着荷载的增加，中支座出现裂缝，刚度降低，连续组合箱梁出现内力重分布；当荷载增至 $0.8P_u$ 时，中支座处钢筋钢梁均发生屈服，产生塑性铰，中支座弯矩逐渐减小，跨中弯矩继续增加，当荷载加至 $0.9P_u$ 时，跨中支座也出现塑性铰，连续组合箱梁达到极限承载力；预应力的施加大大降低了中支座处的初始负弯矩；对于纯钢梁，由于各区段的刚度基本一致，内力重分布现象不明显。

4.1.4 小结

通过对预应力钢-混凝土组合箱梁及纯钢梁的对比试验研究与分析，得出以下结论。

（1）对于承受正弯矩的简支组合箱梁，无论剪力连接是否完全，均是跨中钢梁先发生屈服，然后加载点或跨中混凝土被压碎，表现为受弯破坏；对于承受负弯矩的简支组合箱梁，随着荷载的增加，依次表现为混凝土开裂、钢筋屈服、钢梁屈服，最后由于裂缝的不断开展及钢筋钢梁的屈服，组合箱梁刚度迅速降低，出现大变形，组合箱梁达到极限状态；对于连续组合箱梁，中支座及跨中钢梁均有可能先发生屈服，破坏时，表现为跨中混凝土被压碎；不论是正向加载还是反向加载，且是否施加预应力，组合箱梁的受弯过程均可划分为三个阶段：弹性工作段、弹塑性工作段及下降段。

（2）完全剪力连接组合箱梁的抗弯刚度大于部分剪力连接组合箱梁，但刚度与剪力连接程度并不成正比例关系。

（3）由于受力性质不同，正弯矩简支组合箱梁的刚度及抗弯承载力明显高于负弯矩简支组合箱梁；混凝土的开裂对承受正弯矩的刚度组合箱梁影响很小，弹性工作段几乎不受影响，而对承受负弯矩的组合箱梁有较大的影响，开裂后，组合箱梁的截面抗弯刚度迅速降低，弯矩-挠度曲线斜率明显出现转折。

（4）翼板与钢梁的组合作用良好，截面应变基本符合平截面假定，但在加载后期应变差较大。

（5）承受正弯矩区段的组合箱梁，混凝土翼板的纵向压应变在有效宽度内分布较为均匀，剪滞效应不明显。

（6）在混凝土翼板上施加预应力，效果明显，能明显提高组合箱梁的开裂荷载，增大弹性工作区段。

（7）预应力的施加减小了界面滑移，增强了组合箱梁的协同工作；栓钉间距的增大，也使滑移量有所增大，说明剪力连接程度降低会使滑移量增加；此外，两点对称加载的组合箱梁，跨中的滑移量基本为零，由于端支座处局部的压应力较大，一定程度上限制了界面滑移的发展，最大滑移发生在靠近支座的截面；连续组合箱梁在中支座的滑移都在 0.5mm 左右，且最大滑移均发生在加载点附近。

（8）由于连续组合箱梁的刚度较大，变形相对较小，其预应力增量较小；栓钉间距小的组合箱梁的预应力增量较间距大的组合箱梁大，且在相同荷载下，后者产生的预应力增量大，说明栓钉间距小的组合箱梁具有更大的刚度；对于承受负弯矩的组合箱梁，开裂后，混凝土退出工作，组合箱梁截面刚度减小，主要由纵向钢筋承受拉应力，因此，承受负弯矩的组合箱梁变形较大，从而具有较大的预应力增量；无论是简支组合箱梁还是连续组合箱梁，跨中挠度均与预应力增量呈现出较好的线性关系。

4.2　连续预应力筋内力增量分析与计算

4.2.1　引言

预应力组合箱梁较普通组合箱梁而言具有诸多优点，拓宽了组合箱梁的弹性工作范围，增大了组合箱梁的截面抗弯刚度，使变形减小，提高了抗弯承载力，充分利用了材料性能。同时，预应力组合箱梁作为一个共同受力的整体，使组合箱梁由静定结构变为一次超静定结构，理论分析时通常取多余力为预应力筋内力，它由预应力施加完毕后的有效预应力与受荷过程中产生的预应力增量两部分所组成，其中有效预应力即为张拉控制应力扣除预应力损失后实际存在的预拉应力，预应力损失与张拉工艺、构件配置、配筋方式及材料特性等因素有关，主要包括锚具损失、摩擦损失、预应力松弛及混凝土收缩变形等损失，相关的计算方法较多[108~113]，《混凝土结构设计规范》中也有相应的计算公式，计算较为简便；但对于与预应力筋布置形式、加载方式及作用位置等因素相关的预应力增量的计算，则研究相对较少，各规范中也无相关内容。在进行组合箱梁设计时，计算组合箱梁的截面应力状态、变形及抗弯承载力等均需计算预应力增量的大小，因此，准确求解预应力筋在受荷载过程中的应力增量是预应力组合箱梁设计的必要前提和关键步骤，是一个十分值得关注的问题。

本章将运用能量法推导对于直线型布筋的简支组合箱梁和连续组合箱梁弹性状态时的预应力筋内力增量计算公式；并根据预应力筋内力增量与跨中挠度的线性关系，推导出体外预应力组合箱梁极限状态时的预应力筋内力增量。

4.2.2　预应力组合箱梁弹性阶段内力增量分析

为运用能量法推导体外预应力组合箱梁弹性状态时预应力筋内力增量的计算公式，根据组合箱梁的受力特点，做如下基本假定：

（1）预应力筋与组合箱梁为均质的弹性体。

（2）平截面假定成立。

（3）组合箱梁以受弯为主，不计梁的剪切变形。

（4）不计预应力筋与转向块处的摩擦损失，预应力筋处处内力相等。

将预应力筋与组合箱梁划为整体，根据能量法原理，外力所做的功等于整体结构的形变势能，其中外荷载做功为 $W = Fy/2$，结构的形变势能包括组合箱梁的弯曲应变能 U_1、预应力筋内力增量使梁体压缩产生的应变能 U_2 及预应力筋内力增量引起的拉伸应变能 U_3，根据能量守恒原理建立的能量法基本方程[67]为

$$W = U_1 + U_2 + U_3 \qquad (4.3)$$

1. 简支预应力组合箱梁内力增量计算

1）正弯矩组合箱梁内力增量计算

本节分别对三种加载方式下的直线型布筋有转向块简支组合箱梁的预应力筋内力增量进行推导，计算模型如图 4-31～图 4-33 所示。由于转向块的布置，预应力筋与组合箱梁的变形基本一致，忽略"二次效应"的影响。

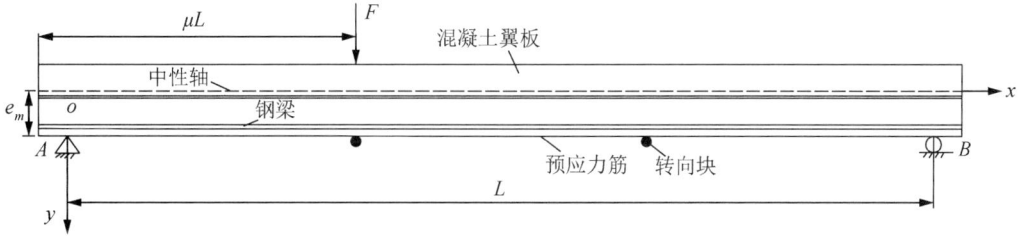

图 4-31　有转向块单点集中加载简支组合箱梁示意图

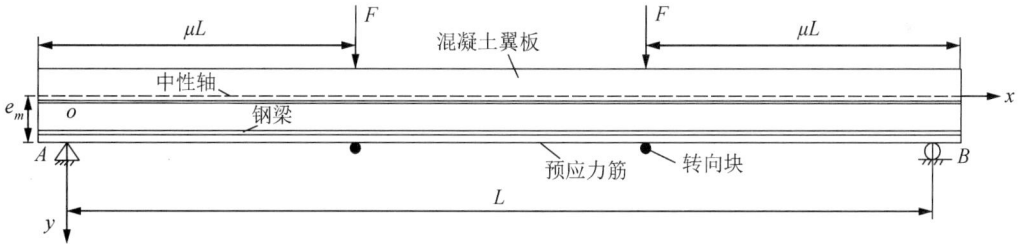

图 4-32　有转向块两点对称加载简支组合箱梁示意图

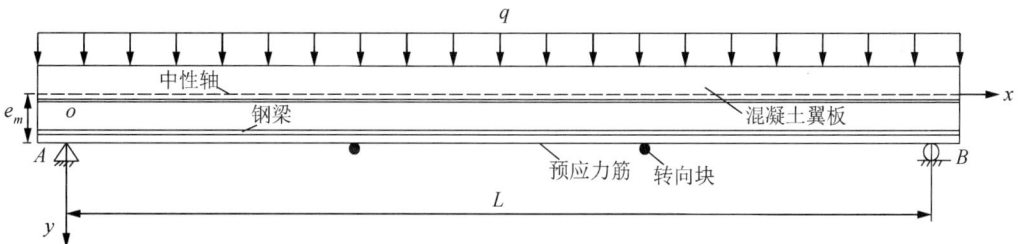

图 4-33　有转向块均布加载简支组合箱梁示意图

（1）单点集中加载。

组合箱梁在外荷载及预应力筋作用下，任意截面弯矩为

$$M(x) = \begin{cases} (1-\mu)Fx - (P_0 + \Delta P_y)e_m & 0 \leqslant x \leqslant \mu L \\ \mu F(L-x) - (P_0 + \Delta P_y)e_m & \mu L \leqslant x \leqslant L \end{cases} \quad (4.4)$$

式中：L 为梁的净跨；μ 为加载点到端支座距离与组合梁净跨度之比；μL 为端支座到加载点的距离；P_0 为有效预应力；ΔP_y 为弹性状态时的预应力筋内力增量；e_m 为预应力筋锚固点到组合箱梁截面形心的距离。

根据材料力学中挠曲线近似微分方程[68]：

$$y''(x) = -\frac{1}{EI}M(x) \quad (4.5)$$

式中：EI 为考虑界面滑移的预应力组合箱梁抗弯刚度。

将式（4.4）代入式（4.5），解微分方程得

$$y(x)=\frac{1}{EI}\left\{\begin{array}{l}\left[\frac{1}{6}(\mu-1)Fx^3+\frac{1}{2}(P_0+\Delta P_y)e_m(x^2-Lx)+\frac{1}{6}FL^2(\mu^3-3\mu^2+2\mu)x\right]\qquad 0\leqslant x\leqslant\mu L\\[3mm]\left[\frac{1}{6}\mu F(x^3-3Lx^2)+\frac{1}{2}(P_0+\Delta P_y)e_m(x^2-Lx)+\frac{1}{6}FL^2(\mu^3+2\mu)x-\frac{1}{6}F\mu^3L^3\right]\quad \mu L\leqslant x\leqslant L\end{array}\right.$$

$$(4.6)$$

由式（4.6）可得荷载作用处位移为

$$y(\mu L)=\frac{\mu^2(1-\mu)^2}{3EI}FL^3-\frac{(\mu-\mu^2)}{2EI}(P+\Delta P_y)e_mL^2 \qquad (4.7)$$

外荷载对预应力组合箱梁所做功为

$$W=\frac{1}{2}F\cdot y(\mu L)=\frac{1}{2EI}\left[\frac{\mu^2(1-\mu)^2}{3EI}F^2L^3-\frac{(\mu-\mu^2)}{2EI}F(P+\Delta P_y)e_mL^2\right] \quad (4.8)$$

预应力组合箱梁在外荷载作用下产生的弯曲形变能为

$$U_1=\int_0^L\frac{M^2(x)}{2EI}\mathrm{d}x-\int_0^L\frac{(P_0e_m)^2}{2EI}\mathrm{d}x$$
$$=\frac{1}{2EI}\left[\frac{1}{3}F^2L^3\mu^2(1-\mu)^2-\mu(1-\mu)FL^2(P_0+\Delta P)e_m+(\Delta P^2+2\Delta PP_0)e_m^2L\right]\quad(4.9)$$

预应力筋内力增量使梁体压缩产生的应变能为

$$U_2=\frac{(P_0+\Delta P_y)^2L}{2EA_0}-\frac{P_0^2L}{2EA_0}=\frac{\Delta P_y^2+2\Delta P_yP_0}{2EA_0}L \qquad (4.10)$$

式中：E 为钢梁的弹性模量；A_0 为组合箱梁换算成钢时的等效面积。

预应力筋内力增量引起预应力筋拉伸产生的应变能为

$$U_3=\frac{(P_0+\Delta P_y)^2L}{2E_pA_P}-\frac{P_0^2L}{2E_pA_P}=\frac{\Delta P_y^2+2\Delta P_yP_0}{2E_pA_P}L \qquad (4.11)$$

式中：E_p、A_P 分别为预应力筋的弹性模量和截面有效面积。

将式（4.8）～式（4.11）代入式（4.3）可解得

$$\Delta P_y=\frac{1}{2}\left(Fk_2-2P_0+\sqrt{4P_0^2+k_2^2F^2}\right) \qquad (4.12)$$

式中：$k_2=\frac{\mu-\mu^2}{2(e_m^2+k_1)}Le_m$，$k_1=\left(\frac{1}{EA_0}+\frac{1}{E_pA_p}\right)EI$。

弹性极限状态时，根据内力弯矩与外力弯矩平衡，则有

$$(f_y-\sigma_0)W+\Delta P_ye_m=F\mu L \qquad (4.13)$$

式中：f_y 为钢梁屈服强度；σ_0 为预应力张拉完时钢梁底部产生的预压应力；W 为截面抵抗矩。

通常情况下，$\sqrt{4P_0^2+k_2^2F^2}-2P_0\leqslant Fk_2$，联立式（4.12）、式（4.13）可得弹性极限状态下的预应力筋增量为

$$\Delta P_y = \frac{W}{\dfrac{2\mu L}{k_2} - e_m}(f_y - \sigma_0) \tag{4.14}$$

（2）两点对称加载。

组合箱梁在外荷载及预应力筋作用下，任意截面弯矩为

$$M(x) = \begin{cases} Fx - (P_0 + \Delta P_y)e_m & 0 \leqslant x \leqslant \mu L \\ F\mu L - (P_0 + \Delta P_y)e_m & \mu L \leqslant x \leqslant (1-\mu)L \\ F(L-x) - (P_0 + \Delta P_y)e_m & (1-\mu)L \leqslant x \leqslant L \end{cases} \tag{4.15}$$

将式（4.15）代入式（4.5），解微分方程得

$$y(x) = \frac{1}{EI}\begin{cases} -\dfrac{1}{6}Fx^3 + \dfrac{1}{2}(P_0 + \Delta P_y)e_m x^2 - \left[\dfrac{1}{2}(P_0 + \Delta P_y)e_m L + \dfrac{1}{2}FL^2(\mu^2 - \mu)\right]x \\ -\dfrac{1}{2}F\mu L x^2 + \dfrac{1}{2}(P_0 + \Delta P_y)e_m x^2 - \left[\dfrac{1}{2}(P_0 + \Delta P_y)e_m L + \dfrac{1}{2}FL^2\mu\right]x - \dfrac{1}{6}FL^3\mu^3 \\ -\dfrac{1}{2}FLx^2 + \dfrac{1}{6}Fx^3 + \dfrac{1}{2}(P_0 + \Delta P_y)e_m x^2 - \left[\dfrac{1}{2}(P_0 + \Delta P_y)e_m L + \dfrac{1}{2}FL^2(\mu^2 - \mu + 1)\right]x \\ \quad -\dfrac{1}{6}FL^3(3\mu^2 - 3\mu + 1) \end{cases}$$

$$\tag{4.16}$$

由式（4.16）可得荷载作用处位移为

$$y(\mu L) = y\left[(1-\mu)L\right] = \frac{1}{EI}\left[\frac{1}{6}FL^3(3\mu^2 - 4\mu^3) - \frac{1}{2}(P_0 + \Delta P_y)e_m L^2(\mu - \mu^2)\right] \tag{4.17}$$

外荷载对预应力组合箱梁所做功为

$$W = 2 \times \frac{1}{2}F \cdot y(\mu L) = \frac{1}{2EI}\left[\frac{1}{3}F^2 L^3(3\mu^2 - 4\mu^3) - F(P_0 + \Delta P_y)e_m L^2(\mu - \mu^2)\right] \tag{4.18}$$

预应力组合箱梁在外荷载作用下产生的弯曲形变能为

$$\begin{aligned} U_1 &= \int_0^L \frac{M^2(x)}{2EI}\mathrm{d}x - \int_0^L \frac{(P_0 e_m)^2}{2EI}\mathrm{d}x \\ &= \frac{1}{2EI}\left[\frac{2}{3}F^2 L^3 \mu^3 - 2FL^2\mu^2(P_0 + \Delta P_y)e_m + 2(P_0 + \Delta P_y)^2 e_m^2 \mu L \right. \\ &\quad \left. + (1-2\mu)\left[F\mu L - (P_0 + \Delta P_y)e_m\right]^2 - P_0^2 e_m^2 L\right] \end{aligned} \tag{4.19}$$

将式（4.10）、式（4.11）、式（4.19）代入式（4.3）可解得

$$\Delta P_y = \frac{1}{2}\left[k_2 F - 2P_0 + \sqrt{4p_0^2 + k_2^2 F^2}\right] \tag{4.20}$$

式中：$k_2 = \dfrac{Le_m(\mu - \mu^2)}{e_m^2 + k_1}$，$k_1 = \left(\dfrac{1}{EA_0} + \dfrac{1}{E_p A_p}\right)EI$。

弹性极限状态下的预应力筋增量按式（4.14）计算，其中 k_2 按式（4.20）取值。

（3）均布加载。

组合箱梁在外荷载及预应力筋作用下，任意截面弯矩为

$$M(x)=\frac{1}{2}qLx-\frac{1}{2}qx^2-(P_0+\Delta P_y)e_m \qquad 0\leqslant x\leqslant L \tag{4.21}$$

将式（4.21）代入式（4.5），解微分方程得

$$y(x)=\frac{1}{EI}\left[\frac{q}{24}(x^4-2Lx^3+L^3x)+\frac{1}{2}(P_0+\Delta P_y)e_m(x^2-Lx)\right] \qquad 0\leqslant x\leqslant L \tag{4.22}$$

外荷载对预应力组合箱梁所做功为

$$W=\int_0^L\frac{1}{2}qy(x)\mathrm{d}x=\frac{1}{240EI}\left[q^2L^5-10qe_mL^3(P_0+\Delta P_y)\right] \tag{4.23}$$

预应力组合箱梁在外荷载作用下产生的弯曲形变能为

$$U_1=\int_0^L\frac{M^2(x)}{2EI}\mathrm{d}x-\int_0^L\frac{(P_0e_m)^2}{2EI}\mathrm{d}x$$

$$=\frac{1}{2EI}\left[\frac{1}{120}q^2L^5-\frac{1}{6}qe_mL^3(P_0+\Delta P_y)+(\Delta P_y^2+2P_0\Delta P_y)e_m^2L\right] \tag{4.24}$$

将式（4.10）、式（4.11）、式（4.24）代入式（4.3）可解得

$$\Delta P_y=\frac{1}{2}\left[k_2qL-2P_0+\sqrt{4p_0^2+k_2^2(qL)^2}\right] \tag{4.25}$$

式中：$k_2=\dfrac{e_mL}{12(e_m^2+k_1)}$ ， $k_1=\left(\dfrac{1}{EA_0}+\dfrac{1}{E_pA_p}\right)EI$ 。

弹性极限状态时，根据内力弯矩与外力弯矩平衡，有

$$(f_y-\sigma_0)W+\Delta P_ye_m=\frac{1}{8}qL^2 \tag{4.26}$$

通常情况下，$\sqrt{4p_0^2+k_2^2(qL)^2}-2P_0\ll Fk_2$，联立式（4.25）、式（4.26）可得弹性极限状态下的预应力筋增量为

$$\Delta P_y=\frac{W}{\dfrac{L}{4k_2}-e_m}(f_y-\sigma_0) \tag{4.27}$$

2）负弯矩组合箱梁内力增量计算

对于承受负弯矩作用的预应力简支组合箱梁，通常在翼板中预留孔道，预应力施加在混凝土上，外荷载作用时，预应力筋与组合箱梁变形一致，二次效应很小，因此，预应力筋内力增量的计算方法与正弯矩简支梁计算方法相同，但刚度计算方法不同，需用公式 $B_s=EI'$ 确定，其中 I' 为截面换算惯性矩；同时，两者的弹性极限抗弯承载力计算也不相同，因此，在运用内外力弯矩平衡方程时，其弹性极限抗弯承载力按式（4.155）表示。

按照上述方法推导的负弯矩简支组合箱梁预应力筋内力增量计算公式如下。

（1）集中加载为

$$\Delta P_y=\frac{f_y\dfrac{I'}{e_r'}-\sigma_{0r}\dfrac{I}{e_r}}{\dfrac{2\mu L}{k_2}-e_m'} \tag{4.28}$$

式中：k_2 按式（4.12）计算；e'_r、e'_m 分别为混凝土开裂后换算截面惯性矩时，最外层钢筋、预应力筋作用点到换算截面形心的距离；e_r 为外层钢筋到换算截面形心的距离；I 为开裂前的换算截面惯性矩；A_0 为组合箱梁换算为钢梁的截面面积；σ_{0r} 为最外层受拉钢筋产生的初始压应力（受压为止，受拉为负）。

（2）两点对称加载为

$$\Delta P_y = \frac{f_y \dfrac{I'}{e'_r} - \sigma_{0r} \dfrac{I}{e_r}}{\dfrac{2\mu L}{k_2} - e'_m} \tag{4.29}$$

式中：k_2 按式（4.20）计算。

（3）均不加载为

$$\Delta P_y = \frac{f_y \dfrac{I'}{e'_r} - \sigma_{0r} \dfrac{I}{e_r}}{\dfrac{L}{4k_2} - e_m} \tag{4.30}$$

式中：k_2 按式（4.25）计算。

2. 连续预应力组合箱梁内力增量计算

本节分别对两种加载方式下的直线型布筋有转向块连续组合箱梁的预应力筋内力增量进行推导，计算模型如图 4-34 和图 4-35 所示。

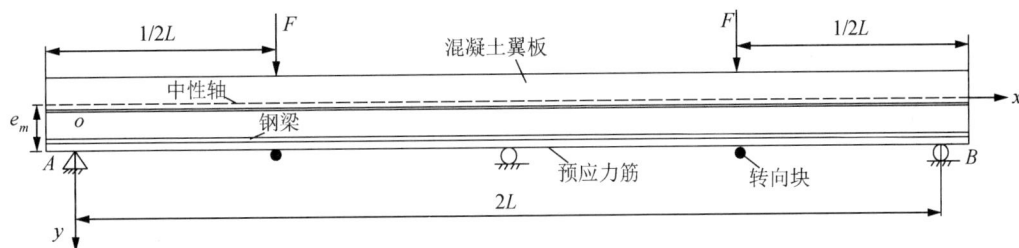

图 4-34　有转向块跨中集中加载连续组合箱梁示意图

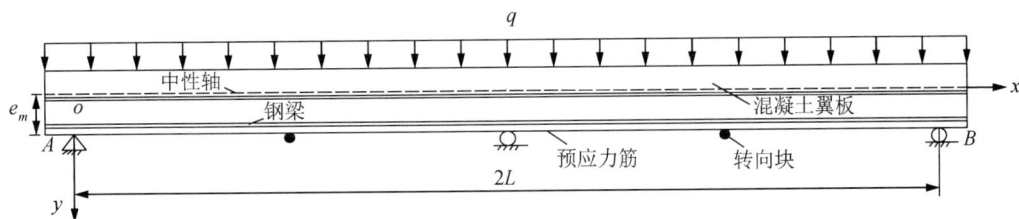

图 4-35　有转向块均布加载连续组合箱梁示意图

1）对称加载作用

组合箱梁在外荷载及预应力筋作用下，任意截面弯矩为

$$M(x) = \begin{cases} \dfrac{5}{16}Fx + \dfrac{3}{2L}(P_0 + \Delta P_y)e_m x - (P_0 + \Delta P_y)e_m & 0 \leqslant x \leqslant \dfrac{L}{2} \\[4mm] F\left(\dfrac{L}{2} - \dfrac{11}{16}x\right) + \dfrac{3}{2L}(P_0 + \Delta P_y)e_m x - (P_0 + \Delta P_y)e_m & \dfrac{L}{2} \leqslant x \leqslant L \end{cases} \quad (4.31)$$

式中：$M(x)$ 为半跨的弯矩；L 为单跨距离。

将式（4.31）代入式（4.5），解微分方程得

$$y(x) = \dfrac{1}{EI}\begin{cases} \dfrac{F}{96}(3L^2 x - 5x^3) - \dfrac{e_m}{4}(P_0 + \Delta P_y)\left(\dfrac{x^3}{L} + xL - 2x^2\right) & 0 \leqslant x \leqslant \dfrac{L}{2} \\[4mm] \dfrac{F}{96}(11x^3 - 24Lx^2 + 15L^2 x - 2L^3) - \dfrac{e_m}{4}(P_0 + \Delta P_y)\left(\dfrac{x^3}{L} + xL - 2x^2\right) & \dfrac{L}{2} \leqslant x \leqslant L \end{cases}$$

$$(4.32)$$

由式（4.32）可得荷载作用处位移为

$$y\left(\dfrac{L}{2}\right) = \dfrac{1}{EI}\left[\dfrac{7}{768}FL^3 - \dfrac{1}{32}(P_0 + \Delta P_y)e_m L^2\right] \quad (4.33)$$

外荷载对预应力组合箱梁所做功为

$$W = 2 \times \dfrac{1}{2}F \cdot y(\mu L) = \dfrac{1}{EI}\left[\dfrac{7}{768}F^2 L^3 - \dfrac{1}{32}(P_0 + \Delta P_y)e_m FL^2\right] \quad (4.34)$$

外荷载作用下产生的弯曲形变能为

$$U_1 = \int_0^L \dfrac{M^2(x)}{EI}\mathrm{d}x - 2\int_0^L \dfrac{1}{2EI}\left(\dfrac{3}{2L}P_0 e_m x - P_0 e_m\right)^2 \mathrm{d}x$$

$$= \dfrac{1}{EI}\left[\dfrac{7}{768}F^2 L^3 - \dfrac{1}{16}(P_0 + \Delta P_y)e_m FL^2 + \dfrac{1}{4}e_m^2(\Delta P_y^2 + 2P_0 \Delta P_y)\right] \quad (4.35)$$

将式（4.10）、式（4.11）、式（4.35）代入式（4.3）可解得

$$\Delta P_y = \dfrac{1}{2}\left(k_2 F - 2P_0 + \sqrt{4p_0^2 + k_2^2 F^2}\right) \quad (4.36)$$

式中：$k_2 = \dfrac{e_m L}{8(e_m^2 + 4k_1)}$，$k_1 = \left(\dfrac{1}{EA_0} + \dfrac{1}{E_p A_p}\right)EI$。

弹性极限状态时，根据内力弯矩与外力弯矩平衡，有

$$(f_y - \sigma_0)W + \Delta P_y e_m = \dfrac{5}{32}FL \quad (4.37)$$

通常情况下，$\sqrt{4p_0^2 + k_2^2(qL)^2} - 2P_0 \ll Fk_2$，联立式（4.36）、式（4.37）可得弹性极限状态下的预应力筋增量为

$$\Delta P_y = \dfrac{W}{\dfrac{5L}{16k_2} - e_m}(f_y - \sigma_0) \quad (4.38)$$

2）均布加载

组合箱梁在外荷载及预应力筋作用下，任意截面弯矩为

$$M(x) = \dfrac{3}{8}qLx - \dfrac{1}{2}qx^2 + \dfrac{3}{2L}(P_0 + \Delta P_y)e_m x - (P_0 + \Delta P_y)e_m \quad 0 \leqslant x \leqslant L \quad (4.39)$$

式中：$M(x)$ 为半跨的弯矩，L 为单跨距离。

将式（4.39）代入式（4.5），解微分方程得

$$y(x) = \frac{1}{EI}\left[\frac{q}{48}(2x^4 - 3Lx^3 + L^3x) - \frac{e_m}{4}(P_0 + \Delta P_y)\left(\frac{x^3}{L} + xL - 2x^2 \right) \right] \qquad 0 \leqslant x \leqslant \frac{L}{2}$$

$$(4.40)$$

外荷载对预应力组合箱梁所做功为

$$W = 2\int_0^L \frac{1}{2}qy(x)\mathrm{d}x = \frac{1}{EI}\left[\frac{1}{320}q^2L^5 - \frac{1}{48}qe_mL^3(P_0 + \Delta P_y) \right] \qquad (4.41)$$

外荷载作用下产生的弯曲形变能为

$$U_1 = 2\int_0^L \frac{M^2(x)}{2EI}\mathrm{d}x - 2\int_0^L \frac{1}{2EI}\left(\frac{3}{2L}P_0 e_m x - P_0 e_m \right)^2 \mathrm{d}x$$

$$= \frac{1}{EI}\left[\frac{1}{320}q^2L^5 - \frac{1}{24}qe_mL^3(P_0 + \Delta P_y) + \frac{1}{4}e_m^2L(\Delta P_y^2 + 2P_0\Delta P_y) \right] \qquad (4.42)$$

将式（4.10）～式（4.42）代入式（4.3）可解得

$$\Delta P = \left[k_2 qL - 2P_0 + \sqrt{4p_0^2 + k_2^2(qL)^2} \right] \qquad (4.43)$$

式中：$k_2 = \dfrac{e_m L}{12(e_m^2 + 4k_1)}$，$k_1 = \left(\dfrac{1}{EA_0} + \dfrac{1}{E_p A_p} \right)EI$。

弹性极限状态时，根据内力弯矩与外力弯矩平衡，有

$$(f_y - \sigma_0)W + \Delta P_y e_m = \frac{1}{16}qL^2 \qquad (4.44)$$

通常情况下，$\sqrt{4p_0^2 + k_2^2(qL)^2} - 2P_0 \ll Fk_2$，联立式（4.43）、式（4.44）可得弹性极限状态下的预应力筋增量为

$$\Delta P_y = \frac{W}{\dfrac{L}{8k_2} - e_m}(f_y - \sigma_0) \qquad (4.45)$$

4.2.3 预应力组合箱梁极限承载阶段内力增量分析

通过对预应力筋内力增量与挠度的试验结果进行分析，可以看出，简支组合箱梁及连续组合箱梁的预应力筋内力增量与挠度在结构受力全过程中均表现出良好的线性关系，这是因为预应力筋在梁端与组合箱梁固结，其变形与组合箱梁的整体变形相协调。因此，在计算组合箱梁承载力极限状态预应力筋内力增量时，可以假定预应力筋内力增量与组合箱梁的跨中挠度呈线性关系。

对于受弯构件，在考虑承载力的同时，还应满足一定的延性要求。所谓延性是指结构构件或截面受力超过弹性阶段以后，在承载力无显著变化情况下的后期变形能力。对于整个结构而言，延性应该以整个结构的变形来衡量，通常用位移延性系数 μ_Δ 表示[114]为

$$\mu_\Delta = \frac{\delta_u}{\delta_y} \qquad (4.46)$$

式中：δ_y、δ_u 分别为组合箱梁弹性极限状态下与承载力极限状态下的跨中挠度。

根据假定则有承载力极限状态下与弹性极限状态下的预应力筋内力增量比值等于

位移延性系数，即

$$\Delta P_u = \mu_\Delta \Delta P_y \qquad\qquad (4.47)$$

式中：ΔP_u 为承载力极限状态下预应力筋内力增量；ΔP_y 为弹性极限状态时的预应力筋内力增量。

　　根据试验结果，在计算组合箱梁承载力极限状态时的预应力筋内力增量时，为简化计算，对于正弯矩组合箱梁，μ_Δ 取 3.0；对于负弯矩组合箱梁，μ_Δ 取 4.5。

4.2.4　试验结果与理论计算对比分析

　　根据上述推导公式分别计算预应力组合箱梁在弹性极限状态和承载力极限状态时的预应力筋内力增量，并与试验结果进行比较，如表 4-10 所示。

表 4-10　预应力筋内力增量试验值与计算值的比较

编号	ΔP_{yj}	ΔP_{yt}	ΔP_{uj}	ΔP_{ut}	$\Delta P_{yj} / \Delta P_{yt}$	$\Delta P_{uj} / \Delta P_{ut}$
PCB-27	59.55	49.16	178.65	195.4	1.21	0.914
PCB-28	59.55	68.27	178.65	191.30	0.87	0.93
PCB-30	43.46	47.39	195.57	211.40	0.92	0.93
PCB-31	43.39	46.56	195.26	165.25	0.93	1.18

注：下标 y、u 分别代表弹性极限状态和承载力极限状态；下标 j、t 分别代表计算值和试验值。

　　从表 4-10 可以看出，预应力筋内力增量计算值较试验值小，这是因为：计算组合箱梁截面抗弯刚度时没有考虑界面滑移效应的影响，使得刚度值偏大；考虑组合箱梁变形时，忽略了二次效应的影响；比较 PCB-31 与 PCB-30 可以发现，栓钉间距对弹性状态时的预应力筋内力增量影响不大，但对承载力极限状态有影响，栓钉间距大的，其预应力筋内力增量小。计算结果表明，理论值与试验值偏差较小，且偏于保守，满足设计要求。

4.2.5　小结

　　（1）运用能量法分别推导了简支组合箱梁在正弯矩及负弯矩作用下弹性工作状态的预应力筋内力增量计算公式，考虑了三种不同的加载方式，且推导过程中考虑了初始预应力的影响，发现初始预应力越大，使得相同荷载下产生的预应力筋内力增量越小，但影响的幅度较小。

　　（2）通过假定预应力筋内力增量与组合箱梁跨中挠度的线性关系，引入位移延性系数，从而根据弹性极限状态下的预应力筋内力增量计算承载力极限状态下的预应力筋内力增量。理论计算值和试验值进行对比，精度大致满足要求，且偏于安全。

4.3　连续预应力组合箱梁滑移效应及承载力

4.3.1　引言

　　简支预应力组合箱梁滑移效应分析表明，在正弯矩或负弯矩作用下，预应力组合箱梁滑移的分布规律相同，同时考虑到在一般荷载条件和构造要求下，连续梁负弯矩区的长度远小于正弯矩区，因此可以统一按正弯矩区的滑移公式分析预应力连续组合箱梁的滑移，即

$$s'' = \alpha^2 s - \frac{\alpha^2 \beta P}{2} \tag{4.48}$$

式中：s 为滑移函数；$\alpha^2 = \dfrac{KA_1}{E_s I_0 p}$；$\beta = \dfrac{d_c p}{KA_1}$，$A_1 = \dfrac{I_0}{A_0} + d_c^2$，$\dfrac{1}{A_0} = \dfrac{1}{A_s} + \dfrac{\alpha_E}{A_c}$，其中 A_s 和 A_c 分别表示钢梁和混凝土翼板的面积，d_c 为混凝土截面形心到组合梁截面形心的距离，α_E 为钢材弹性模量与混凝土弹性模量之比。

4.3.2　界面滑移应变计算

对于两跨跨中集中加载的预应力连续组合箱梁，其计算模型如图 4-36 所示。

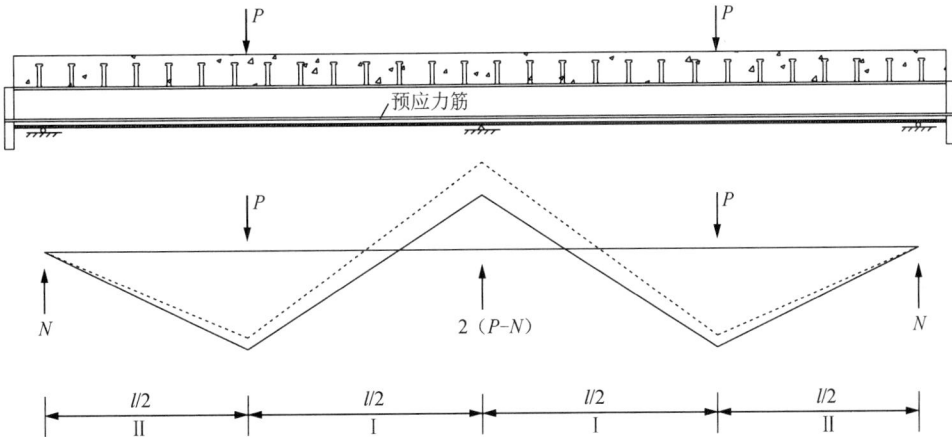

图 4-36　预应力连续组合箱梁计算模型

设边支座反力为 N，则第 I（内剪跨段）和第 II（外剪跨段）区段的混凝土与钢梁间的滑移微分方程分别为

$$s_1'' = \alpha^2 s_1 + \alpha^2 \beta(P - N) \tag{4.49}$$

$$s_2'' = \alpha^2 s_2 - \alpha^2 \beta N \tag{4.50}$$

考虑边界条件 $s_1(x=0) = 0$、$s_1(l/2) = s_2(l/2)$、$s_1'(l/2) = s_2'(l/2)$、$s_2'(l) = \dfrac{T_1}{E_s A_s} - \dfrac{T_1 e d_c}{E_s I_0}$，$T_1$ 为预应力筋内力，求解得

$$s_1 = \frac{\alpha\beta\left(\lambda + Pe^{-\frac{\alpha l}{2}} + Pe^{\frac{3\alpha l}{2}}\right) + \gamma e^{\alpha l}}{\alpha(1 + e^{2\alpha l})} e^{\alpha x} + \frac{\alpha\beta\left(\lambda e^{2\alpha l} + Pe^{\frac{\alpha l}{2}} + Pe^{\frac{5\alpha l}{2}}\right) - \gamma e^{\alpha l}}{\alpha(1 + e^{2\alpha l})} e^{-\alpha x} - \beta(P - N) \tag{4.51}$$

$$s_2 = \frac{\alpha\beta\lambda + \gamma e^{\alpha l}}{\alpha(1 + e^{2\alpha l})} e^{\alpha x} + \frac{\alpha\beta\lambda e^{2\alpha l} - \gamma e^{\alpha l}}{\alpha(1 + e^{2\alpha l})} e^{-\alpha x} + \beta N \tag{4.52}$$

式中：$\lambda = P - N - P\cosh\dfrac{\alpha l}{2}$；$\gamma = \dfrac{T_1}{E_s A_s} - \dfrac{T_1 e d_c}{E_s I_0}$。

对以上两式求导即得

$$\varepsilon_{s1} = \frac{\alpha\beta\left(\lambda + Pe^{-\frac{\alpha l}{2}} + Pe^{\frac{3\alpha l}{2}}\right) + \gamma e^{\alpha l}}{1 + e^{2\alpha l}}e^{\alpha x} - \frac{\alpha\beta\left(\lambda e^{2\alpha l} + Pe^{\frac{\alpha l}{2}} + Pe^{\frac{5\alpha l}{2}}\right) - \gamma e^{\alpha l}}{1 + e^{2\alpha l}}e^{-\alpha x} \quad （4.53）$$

$$\varepsilon_{s2} = \frac{\alpha\beta\lambda + \gamma e^{\alpha l}}{1 + e^{2\alpha l}}e^{\alpha x} - \frac{\alpha\beta\lambda e^{2\alpha l} - \gamma e^{\alpha l}}{1 + e^{2\alpha l}}e^{-\alpha x} \quad （4.54）$$

由反弯点 $x_c = \frac{P - 2N}{2(P - N)}l$ 处的条件 $\varepsilon_{s1}(x_c) = \frac{T_1}{E_s A_s} - \frac{T_1 e d_c}{E_s I_0}$，代入式（4.53）可得边支座反力 N。

实际的分析表明，滑移效应对连续组合箱梁弹性阶段内力重分布的影响较小，主要因素是混凝土开裂所引起的正、负弯矩区组合截面抗弯刚度的改变。支座反力可根据内力重分布的规律得到，这样得到的滑移及滑移应变与精确值基本接近。

4.3.3 承载能力计算

1. 开裂承载能力计算

在初始加载阶段，由于预应力作用，中支座混凝土并未开裂，刚度沿梁长相等，直到加荷至混凝土开裂，此时的荷载定义为开裂荷载 P_{cr}。

因此，开裂承载能力可按等刚度梁计算。由于此阶段梁的变形和界面相对滑移都较小，不计二次预应力和界面滑移效应，设初始预应力为 T_0，混凝土开裂时的预应力筋内力增量为 ΔT_{cr}，则开裂时的预应力筋内力为 $T_{cr} = T_0 + \Delta T_{cr}$，预应力产生的主弯矩为 $T_{cr}e_0$，其中 e_0 为预应力筋锚固处到换算截面中和轴的距离，开裂承载能力计算模型如图4-37所示。

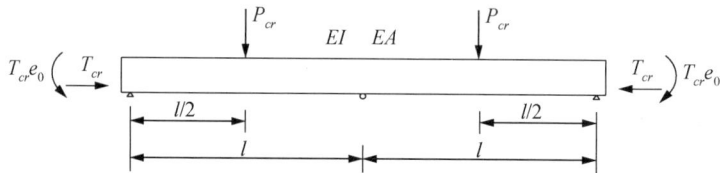

图 4-37 开裂承载能力计算模型

预应力增量计算可采用能量法，即

$$\Delta T_{cr} = \frac{P_{cr}le_0}{16\left(e_0^2 + \frac{4EI}{EA} + \frac{4EI}{E_p A_p}\right)} \quad （4.55）$$

由内外力弯矩平衡关系可得

$$M_{cr} = \frac{3P_{cr}l}{16} - \frac{T_{cr}e_0}{2} \quad （4.56）$$

$$\alpha_E f_t + \frac{T_{cr}}{A} = \frac{M_{cr}}{W_{1c}} \quad （4.57）$$

式中：α_E 为钢材弹性模量和混凝土弹性模量之比；f_t 为混凝土抗拉强度；W_{1c} 为组合箱梁未开裂换算截面对混凝土翼板顶部的抗弯抵抗矩。

联立式（4.55）～式（4.57）得开裂荷载为

$$P_{cr} = \frac{16W_{1c}T_0 + 8AT_0e_0 + 16W_{1c}A\alpha_E f_t}{3lA - 16W_{1c}\psi - 8A\psi e_0} \tag{4.58}$$

式中：$\psi = \dfrac{le_0}{16\left(e_0^2 + \dfrac{4EI}{EA} + \dfrac{4EI}{E_pA_p}\right)}$。

将 P_{cr} 代入式（4.55）和式（4.56）可求得开裂承载能力状态下的预应力筋内力增量 ΔT_{cr} 和开裂弯矩 M_{cr}。

开裂承载力状态下的跨中挠度计算可采用单位力法。在加载点处作用一单位集中力，求得其弯矩图为 $\overline{M}_k$，则跨中挠度为

$$\delta_{cr} = \int_0^{2l} \frac{(M_P + M_T)\overline{M}_k}{EI} \mathrm{d}x \tag{4.59}$$

式中：M_P、M_T 分别为外荷载和预应力筋内力作用下沿梁长的弯矩分布值，弯矩分布如图 4-38 所示。

当 $T_{cr} = 0$ 时，代入式（4.58）即得普通连续组合箱梁的开裂承载能力。

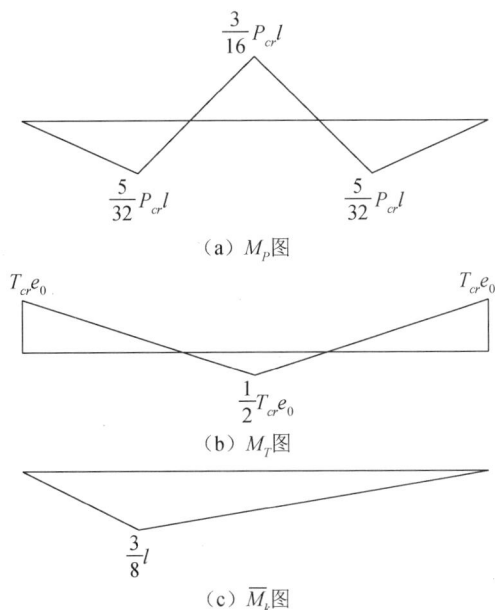

$\dfrac{3}{16}P_{cr}l$

$\dfrac{5}{32}P_{cr}l$ $\dfrac{5}{32}P_{cr}l$

（a）M_P图

$T_{cr}e_0$ $T_{cr}e_0$

$\dfrac{1}{2}T_{cr}e_0$

（b）M_T图

$\dfrac{3}{8}l$

（c）$\overline{M}_k$图

图 4-38 外荷载和预应力筋内力作用下沿梁长的弯矩分布

2. 弹性承载能力计算

随着荷载的增大，中支座混凝土开始开裂，负弯矩区刚度不断下降，沿梁长刚度不再相同，组合箱梁开始发生内力重分布，但全梁仍处于弹性阶段，该阶段结束的标志是

钢梁或钢筋任意一点开始屈服。试验结果表明，由于初始预应力大小和剪力连接程度的不同，中支座纵向受拉钢筋、中支座钢梁受压下翼缘和跨中钢梁受拉下翼缘都有可能首先进入屈服状态。定义这一阶段结束时的荷载为屈服荷载 P_y。对于中支座截面，当钢梁截面为第三和第四类截面时，受压下翼缘钢板常常屈曲先于屈服，而这种情况并不在本书研究的范围之内，本书定义的屈服荷载仅针对密实截面而言。

对于具有密实截面的预应力连续组合箱梁，其弹性承载能力计算模型如图 4-39 所示。

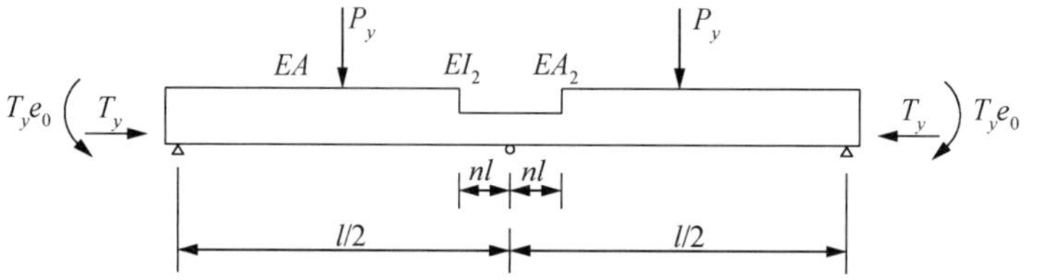

图 4-39　弹性承载能力计算模型

图 4-39 中，n 为中支座混凝土开裂区的单侧长度与单跨长度的比值。正弯矩区段需考虑滑移效应对刚度的影响，轴向刚度按换算截面法计算，为 EA，在中支座两边 nl 长度范围内的负弯矩区段混凝土开裂退出工作，抗弯刚度 EI_2 和轴向刚度 EA_2 需考虑钢梁、纵向钢筋和预应力筋的组合作用，I_2 为混凝土开裂后剩余部分的抗弯刚度，A_2 为混凝土开裂后剩余部分的截面面积。

由混凝土开裂区与未开裂区交界处的钢筋抗拉屈服条件可得

$$\frac{P_y\left(\frac{l}{2}-nl\right)-N(1-nl)+T_ye_0}{W_{1c}}-\frac{T_y}{A}=\alpha_E f_t \tag{4.60}$$

式中：N 为连续梁端支座反力值，可由反弯点 $x_c=\frac{P_y-2N}{2\left(P_y-N\right)}l$ 处的条件 $\varepsilon_{s1}(x_c)=\frac{T_y}{E_sA_s}-\frac{T_yed_c}{E_sI_0}$，代入式（4.53）求得，$x_c$ 为反弯点到端支座的距离。

中支座钢梁下翼缘开始屈服作为弹性阶段的结束标志，即

$$\frac{\frac{P_yl}{2}-Nl+T_ye_0}{W_{2s}}+\frac{T_y}{A_2}=f_y \tag{4.61}$$

式中：W_{2s} 为中支座截面对钢梁下边缘的弹性抵抗矩。

在弹性阶段，连续梁变形较小，可以忽略二次预应力作用，认为预应力筋与钢梁整体变形协调一致，即预应力筋的总体变形量等于预应力筋位置处钢梁部分变形的总和。于是预应力筋内力增量可以通过建立体系的平衡方程、变形协调方程及物理方程来求解。

外荷载引起的荷载弯矩 M_P 和预应力引起的次弯矩 M_{sec}、预应力引起的主弯矩 M_{main} 分布图如图 4-40 所示。

（a）M_P+M_{sec}图

（b）M_{main}图

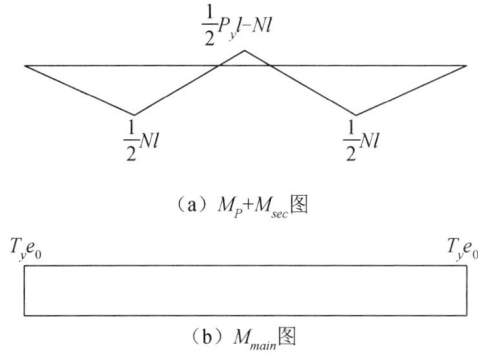

图 4-40　M_P+M_{sec}、M_{main}分布图

在中支座混凝土开裂区段$(0 \leqslant x < nl)$，由于只考虑钢筋和钢梁的贡献，可以不考虑滑移效应，预应力筋位置处钢梁总应变为

$$\varepsilon^{-} = -\frac{M_P(x) + M_{sec}(x) + M_{main}(x)}{EI_2}e_1 - \frac{T_y}{EA_2} \qquad (4.62)$$

在混凝土未开裂区段$(nl \leqslant x \leqslant l)$需考虑滑移效应，预应力筋位置处钢梁部分总应变为

$$\varepsilon^{+} = \varepsilon_e - \Delta\phi(y_0 - e_0) - \frac{T_y}{AE} \qquad (4.63)$$

式中：ε_e为不考虑滑移效应按换算截面法计算得到的应变值。

$$\varepsilon_e = \frac{M_P(x) + M_{sec}(x) + M_{main}(x)}{EI}e_0 \qquad (4.64)$$

$$\Delta\phi = \frac{\varepsilon_s}{h} \qquad (4.65)$$

式中：ε_s可分别由式（4.53）和式（4.54）求得。

单跨长预应力筋伸长量为

$$\Delta l_p = \int_0^{nl} \varepsilon^{-} dx + \int_{nl}^{\frac{l}{2}}\left[\varepsilon_e - \frac{\varepsilon_{s1}}{h}(y_0 - e_0) - \frac{T_y}{AE}\right]dx + \int_{\frac{l}{2}}^{l}\left[\varepsilon_e - \frac{\varepsilon_{s2}}{h}(y_0 - e_0) - \frac{T_y}{AE}\right]dx \qquad (4.66)$$

因此，预应力筋内力增量为

$$\Delta T_y = E_p A_p \frac{\Delta l_p}{l} \qquad (4.67)$$

$$T_y = T_0 + \Delta T_y \qquad (4.68)$$

联立式（4.60）～式（4.68），可求得ΔT_y、T_y、P_y、n。

3. 极限承载能力计算

随着荷载的增大，组合箱梁开始进入弹塑性区段，此时中支座截面和跨中截面都形成塑性铰，组合箱梁不能再承受更大荷载，达到极限承载能力状态[115,116]，定义此时的荷载为极限荷载P_u。荷载弯矩和次弯矩的分布如图 4-41 所示。

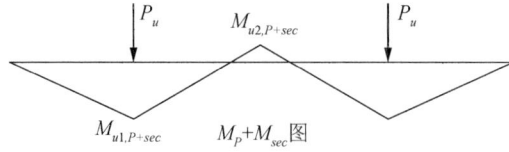

图 4-41 荷载弯矩和次弯矩分布

总弯矩 M 为

$$M = M_{main} + M_{P+sec} \tag{4.69}$$

式中：M_{main} 为极限状态下预应力筋的弯矩，$M_{main} = -T_u e(x)$，其中 T_u 为极限状态下预应力筋内力，$e(x)$ 为从中支座起 x 位置处偏心距的大小，即预应力筋形心位置到截面中和轴的距离。

以下分几种情况讨论 $M_{u1,P+sec}$。

（1）完全剪力连接条件下，当塑性中和轴在钢梁的腹板内，即满足条件

$$f_c h_c b_e + A_{st} f_y < (A_{sb} + A_{sw}) f_y + T_u \tag{4.70}$$

式中：f_c 为混凝土抗压强度设计值；h_c 为混凝土板高度；b_e 为混凝土板有效宽度；A_{st} 为钢梁底板截面面积；A_{sb} 为钢梁托板截面面积；A_{sw} 为钢梁腹板截面面积；f_y 为钢梁抗拉强度设计值；T_u 为极限状态下预应力筋内力。此时组合箱梁截面的应力分布如图 4-42 所示。

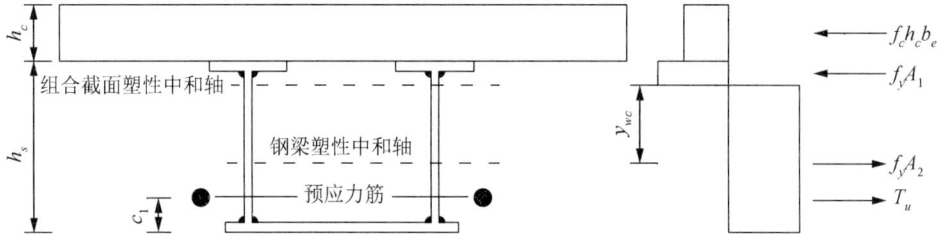

图 4-42 组合箱梁截面应力图（一）

$$M_{u1,P+sec} = M_s + (f_c h_c b_e - T_u)\left(y_1 - \frac{y_{wc}}{2} + \frac{h_c}{2}\right) + T_u\left(h - c_1 - \frac{h_c}{2}\right) \tag{4.71}$$

式中：$y_{wc} = \dfrac{f_c h_c b_e - T_u}{4 f_y t_w}$；$M_s$ 为钢梁的弯矩；y_1 为预应力筋到组合截面塑性中和轴的距离；y_{wc} 为钢梁塑性中和轴到组合截面塑性中和轴的距离；T_u 为极限状态下预应力筋内力；c_1 为预应力筋到钢梁底板的距离。

（2）完全剪力连接条件下，当塑性中和轴在钢梁的上翼缘内，即满足条件

$$(A_{sb} + A_{sw} - A_{st}) f_y + T_u < f_c h_c b_e < A_s f_y + T_u \tag{4.72}$$

此时组合箱梁截面的应力分布如图 4-43 所示。其中，A_s 为钢梁截面面积；A_1 为组合截面塑性中和轴以上钢梁截面面积；A_2 为组合截面塑性中和轴以下钢梁截面面积。

$$M_{u1,P+sec} = A_s f_y\left(y_1 + \frac{h_c}{2}\right) + T_u\left(h - c_1 - \frac{h_c}{2}\right) - (A_s f_y + T_u - f_c h_c b_e)\left(\frac{h_c}{2} + \frac{y_t}{2}\right) \tag{4.73}$$

式中：y_t 为组合截面塑性中和轴到混凝土板底面的距离，$y_t = \dfrac{A_s f_y + T_u - f_c h_c b_e}{4 f_y b_t}$，$b_t$ 为钢梁托板的宽度。

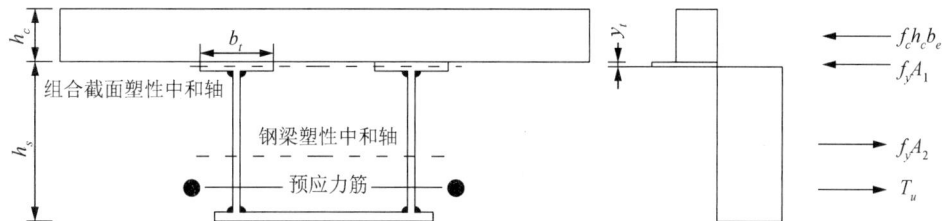

图 4-43　组合箱梁截面应力图（二）

（3）完全剪力连接条件下，当塑性中和轴在混凝土翼板内，即满足条件

$$A_s f_y + T_u < f_c h_c b_e \tag{4.74}$$

此时组合截面的应力分布如图 4-44 所示。

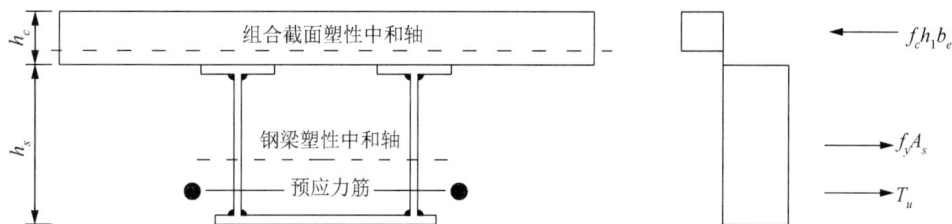

图 4-44　组合箱梁截面应力图（三）

$$M_{u1,P+sec} = A_s f_y \left(y_1 + h_c - \frac{h_1}{2} \right) + T_u \left(h - c_1 + \frac{h_1}{2} \right) \tag{4.75}$$

式中：$h_1 = \dfrac{T_u + A_s f_y}{f_c b_e}$。

同样分几种情况讨论 $M_{u2,P+sec}$。

（1）完全剪力连接条件下，当塑性中和轴在钢梁的腹板内，即满足条件

$$2 A_r f_r + T_u + A_{st} f_y < (A_{sb} + A_{sw}) f_y \tag{4.76}$$

式中：A_r 为混凝土板内钢筋的截面面积；f_r 为混凝土板内钢筋抗拉强度设计值。此时组合箱梁截面的应力分布如图 4-45 所示。

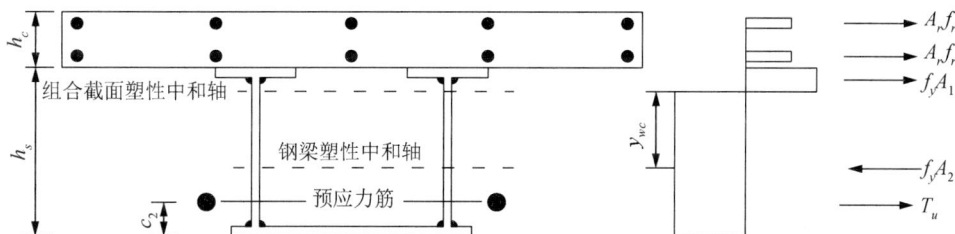

图 4-45　组合箱梁截面应力图（一）

$$M_{u2,P+sec} = T_u \left(h_s - y_1 - c_2 + \frac{y_{wc}}{2} \right) - A_r f_r (2 y_1 + y_2 + y_3 - y_{wc}) - M_s \tag{4.77}$$

式中：$y_{wc} = \dfrac{2A_r f_r + T_u}{4 f_y t_w}$；$y_1$ 为钢梁上翼缘到组合截面塑性中和轴的距离；y_2 为钢梁腹板截面形心到组合截面塑性中和轴的距离；y_3 为钢梁下翼缘到组合截面塑性中和轴的距离。

（2）完全剪力连接条件下，当塑性中和轴在钢梁的上翼缘内，即满足条件

$$(A_{sb} + A_{sw} - A_{st}) f_y < 2A_r f_r + T_u < A_s f_y \tag{4.78}$$

此时组合箱梁截面的应力分布如图 4-46 所示。

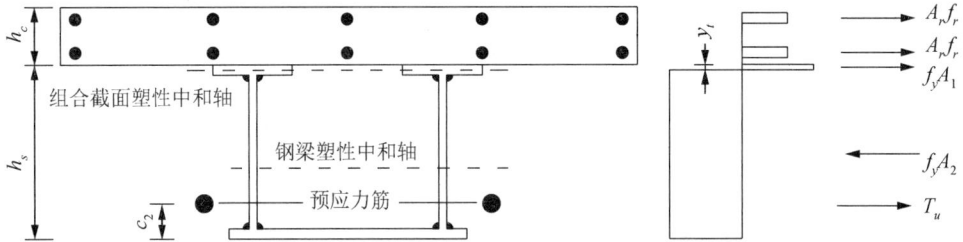

图 4-46　组合箱梁截面应力图（二）

$$M_{u2,P+sec} = T_u(h_s - y_1 - c_2) - A_r f_r (2y_1 + y_2 + y_3) - 4 f_y b_t y_t \left(y_1 - \frac{y_t}{2} \right) \tag{4.79}$$

式中：$y_t = \dfrac{A_s f_y - 2A_r f_r - T_u}{4 f_y b_t}$。

（3）完全剪力连接条件下，当塑性中和轴在混凝土翼板内，即满足条件

$$2A_r f_r + T_u = A_s f_y \tag{4.80}$$

则 $M_{u2,P+sec}$ 为

$$M_{u2,P+sec} = T_u(h_s - y_1 - c_2) - A_r f_r (2y_1 + y_2 + y_3) \tag{4.81}$$

由平衡关系可得极限承载力 P_u 为

$$P_u = \frac{4M_{u1,P+sec} - 2M_{u2,P+sec}}{l} \tag{4.82}$$

对于极限承载力状态下的预应力筋内力增量计算，引入位移延性系数 μ_Δ 为

$$\mu_\Delta = \frac{\delta_u}{\delta_y} \tag{4.83}$$

式中：δ_u、δ_y 分别为极限承载力和弹性承载力状态下的跨中挠度。

由试验可得预应力筋内力增量和挠度基本呈线性关系，于是，极限承载力状态下的预应力筋增量为

$$\Delta T_u = \mu_\Delta \Delta T_y \tag{4.84}$$

式中：ΔT_y 为弹性承载力状态下的预应力筋增量。μ_Δ 可通过试验获得。

4.3.4　计算值与试验对比分析

根据上述推导公式分别计算预应力连续组合箱梁的弹性和极限承载力，并与试验值进行比较，结果如表 4-11 所示。

表 4-11　弹性和极限承载力计算值与试验值比较

编号	P_{yj}	P_{yt}	P_{uj}	P_{ut}	P_{yj}/P_{yt}	P_{uj}/P_{ut}
PCCB-35	271.7	240.0	437.8	500.0	1.13	0.88
PCCB-36	230.6	210.0	439.2	500.0	1.10	0.88
PCCB-37	234.6	220.0	437.7	480.0	1.07	0.91
PCCB-38	257.8	250.0	438.9	460.0	1.03	0.95

注：下标 y、u 分别代表弹性极限状态和承载力极限状态；下标 j、t 分别代表计算值和试验值。

从表中可以看出，PCCB-36 为完全剪力连接设计，弹性承载力计算值比实测值大，因为计算值是以中支座钢梁下翼缘开始屈服为标志，而实测结果是中支座截面混凝土翼板内纵向钢筋先受拉屈服；极限承载力计算值比实测值小，因为计算值是假定跨中截面和中支座截面都完全塑性，而实际情况是当组合箱梁破坏时，跨中截面还没有达到全截面塑性，同时由于连续梁内力重分布，极限状态时跨中截面和中支座截面不会同时达到全塑性，这样就使得中支座截面弯矩计算值偏大，从而极限荷载计算值偏小。

4.3.5　极限弯矩调幅系数

预应力连续组合箱梁内力重分布的直接原因是负弯矩区混凝土板的开裂退出工作和正负弯矩区钢材屈服形成塑性铰。塑性内力重分布主要由组合箱梁控制截面所能够产生的极限转动能力决定的，影响负弯矩区塑性铰转动能力的因素有截面相对受压区高度 ξ_u、预应力度 D、初始有效轴压比 n、负弯矩区轴力比 R、综合轴力比 R_p、部分预应力比 PPR[117~119]。

对于预应力连续组合箱梁，为与普通连续组合箱梁的弯矩调幅系数相统一，将预应力作为等效荷载，并以外荷载产生的弯矩为调幅对象，则预应力连续组合箱梁极限弯矩调幅值可计算为

$$\beta_t^p = \frac{(M_e + M_p) - M_u}{M_e} \qquad (4.85)$$

式中：M_p 为张拉预应力产生的次弯矩值；M_e 为外荷载作用下弹性弯矩计算值；M_u 为实测极限弯矩值[120]。

按上式计算的各连续梁跨中及中支座极限弯矩调幅值如表 4-12 所示。

表 4-12　预应力连续组合箱梁跨中及中支座极限弯矩调幅值

试件编号	截面位置	M_e/（kN·m）	M_p/（kN·m）	M_u/（kN·m）	β_t^p/%
PCCB-35	跨中	292.97	13.52	423.75	−40.03
	中支座	−316.41	27.03	−41.29	78.41
PCCB-36	跨中	292.97	13.80	477.51	−58.28
	中支座	−232.45	27.60	−46.28	68.22
PCCB-37	跨中	275.39	12.80	411.56	−44.80
	中支座	−246.09	25.60	−64.54	63.37
PCCB-38	跨中	269.53	13.41	392.56	−40.67
	中支座	−288.28	26.81	−69.11	66.73

可知，预应力连续组合箱梁正弯矩区的弯矩调幅系数在 40% 以上，负弯矩区在 60% 以上；剪力连接程度对内力重分布幅值影响不大；在弹塑性阶段，负弯矩区钢梁发生屈

曲，使截面转动延性降低，从而使正弯矩区截面达不到全塑性内力，其极限弯矩小于按简化塑性理论计算的值[121,122]。

4.3.6　负弯矩区全过程分析

通过上述试验研究与理论分析，深入探讨了预应力连续组合箱梁的弹性和极限承载能力。虽然上述方法可用于结构设计，满足结构安全使用的要求，但不能全面地描述结构的受力破坏全过程。因此若要了解结构的受力全过程，有必要进行结构的非线性全过程分析。本章采用弯矩-曲率法来分析预应力连续组合箱梁负弯矩区受弯破坏的全过程。

1. 材料本构关系

1）混凝土的应力-应变关系

（1）混凝土单轴受压应力-应变关系采用 Rusch 方程[123]为

$$\sigma_c = \begin{cases} f_c\left[2\dfrac{\varepsilon_c}{\varepsilon_{c0}} - \left(\dfrac{\varepsilon_c}{\varepsilon_{c0}}\right)^2\right] & \varepsilon_c \leqslant \varepsilon_{c0} \\ f_c & \varepsilon_{c0} < \varepsilon_c < \varepsilon_{cu} \end{cases} \tag{4.86}$$

式中：ε_{c0} 为混凝土峰值压应变，$\varepsilon_{c0} = 0.002$；ε_{cu} 为混凝土极限压应变，$\varepsilon_{cu} = 0.0033$。

（2）混凝土单轴受拉应力-应变关系[123]为

$$\sigma_c = \begin{cases} -f_t\left[2\dfrac{\varepsilon_c}{\varepsilon_{t0}} - \left(\dfrac{\varepsilon_c}{\varepsilon_{t0}}\right)^2\right] & \varepsilon_c \leqslant \varepsilon_{t0} \\ -f_t & \varepsilon_{t0} < \varepsilon_c < \varepsilon_{tu} \end{cases} \tag{4.87}$$

式中：ε_{t0} 为混凝土峰值拉应变，$\varepsilon_{t0} = 0.0001$；$\varepsilon_{tu}$ 为混凝土极限拉应变，$\varepsilon_{tu} = 0.00015$。

混凝土应力-应变关系如图 4-47 所示。

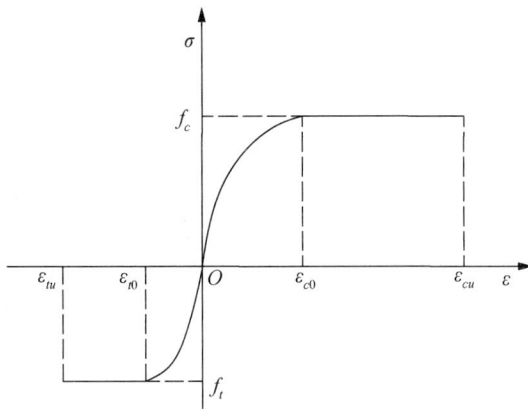

图 4-47　混凝土应力-应变关系

2）钢材的应力-应变关系

钢梁和钢筋的应力-应变关系采用 von Mises 准则，即

$$\sigma_s = \begin{cases} E_s \varepsilon_s & \varepsilon_s \leqslant \varepsilon_y \\ f_y + 0.01 E_s (\varepsilon_s - \varepsilon_y) & \varepsilon_y < \varepsilon_s < \varepsilon_u \end{cases} \quad (4.88)$$

式中：$\varepsilon_y = \dfrac{f_y}{E_s}$；$\varepsilon_u = \dfrac{f_u - f_y}{0.01 E_s} + \dfrac{f_y}{E_s}$。

钢材的应力-应变关系如图 4-48 所示。

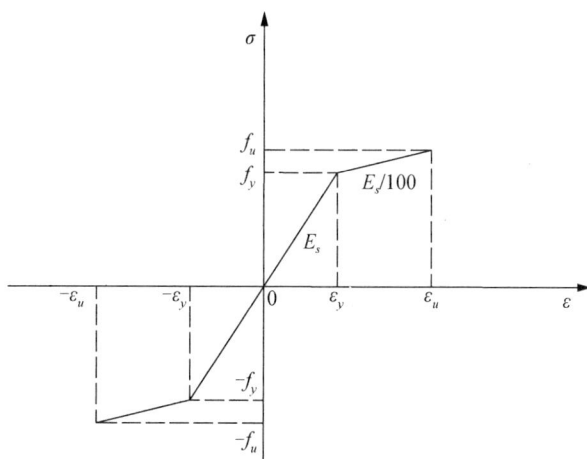

图 4-48　钢材的应力-应变关系

3）预应力筋的应力-应变关系

预应力筋的应力-应变关系为

$$\begin{cases} \sigma_p = E_p \varepsilon_p & 0 \leqslant \sigma_p \leqslant \sigma_{pe} \\ \varepsilon_p = \dfrac{\sigma_p}{E_p} + 0.002 \left(\dfrac{\sigma_p}{f_{py}} \right)^{13.5} & \sigma_p > \sigma_{pe} \end{cases} \quad (4.89)$$

式中：比例极限 $\sigma_{pe} = 0.75 f_{pu}$；屈服强度 $f_{py} = 0.85 f_{pu}$。

预应力筋的应力-应变关系如图 4-49 所示。

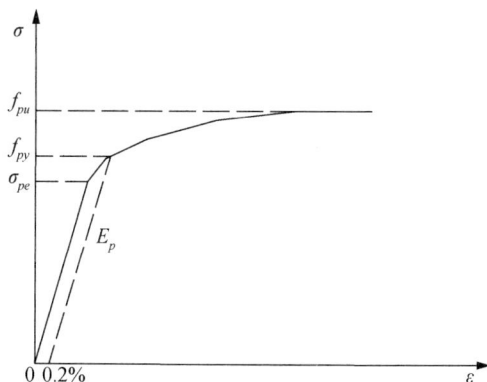

图 4-49　预应力筋的应力-应变关系

2. 弯矩-曲率法原理

1）分析过程

将组合箱梁连梁长等分成 n 个梁单元和 $n+1$ 个截面，如图 4-50 所示。

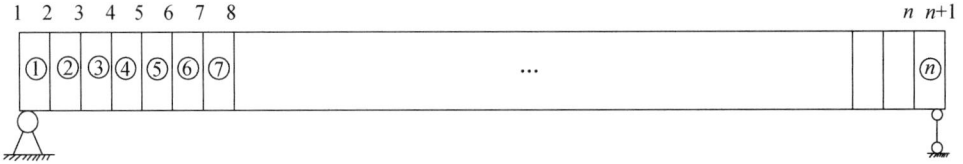

图 4-50　梁单元和截面

计算弯矩-曲率关系时，根据采用的变量增量不同，分为分级加变形和分级加荷载两种方法，本书在跨中最大弯矩截面采用分级加变形，在其他截面采用分级加荷载。

（1）将截面分成若干区域，每个区域又划分为若干条带。

（2）取 $\varphi = \varphi + \Delta\varphi$，$\varphi$ 初始值为 0。

（3）设混凝土顶面应变为 ε_c。

（4）由平截面假定，截面应变分布呈线性，求出截面各区域各条带的应变。

（5）根据材料本构模型求得各条带的应力。

（6）求得各区域内力，判断是否平衡。

（7）若不平衡则调整 ε_c 值，重复（3）～（6）直至平衡。

（8）内力平衡之后，可计算得内力弯矩，从而得到 φ 所对应的 M_{max}。

（9）由 M_{max} 求得外荷载 F，从而可以求各截面的 M_i 和 φ_i。

（10）采用共轭梁法计算各截面的挠度和转角，进而求得预应力筋增量 Δf_p 和预应力筋内力 f_p。

（11）将 f_p 作为新的内力回代（3）～（10）直至前后 f_p 接近于相等。求得此时各截面的内力和曲率。

（12）循环（2）～（11）直至达到跨中截面挠度控制值。

2）截面内力计算

组合箱梁第 m 个截面的应变可由混凝土顶面应变和曲率得到，受拉区高度为

$$t = \frac{\varepsilon_t}{\varphi} \tag{4.90}$$

若 $t < h_c$，则存在混凝土受压区。将受拉区和受压区分别划分为 n_1 和 n_2 个条带，则混凝土受拉区第 i 个条带的拉应变和到形心轴的距离为

$$\varepsilon_{ti} = \frac{t}{n_1}\left(n_1 - i + \frac{1}{2}\right)\varphi \tag{4.91}$$

$$z_{ti} = h_z - \frac{t}{n_1}\left(i - \frac{1}{2}\right) \tag{4.92}$$

混凝土受压区第 j 个条带的压应变和到形心轴的距离为

$$\varepsilon_{cj} = -\frac{h_c - t}{n_2}\left(j - \frac{1}{2}\right)\varphi \tag{4.93}$$

$$z_{cj} = h_z - t - \frac{h_c - t}{n_2}\left(j - \frac{1}{2}\right) \tag{4.94}$$

钢梁顶板压应变和到形心轴的距离为

$$\varepsilon_{tf} = -\left(h_c - t + \frac{t_{tf}}{2}\right)\varphi \tag{4.95}$$

$$z_{tf} = h_z - h_c - \frac{t_{tf}}{2} \tag{4.96}$$

钢梁腹板第 k 个条带压应变和到形心轴的距离为

$$\varepsilon_{sk} = -\left[h_c - t + t_{tf} + \frac{h_f}{n_3}\left(k - \frac{1}{2}\right)\right]\varphi \tag{4.97}$$

$$z_{sk} = h_z - h_c - t_{tf} - \frac{h_f}{n_3}\left(k - \frac{1}{2}\right) \tag{4.98}$$

钢梁底板压应变和到形心轴的距离为

$$\varepsilon_{bf} = -\left(h - t - \frac{t_{bf}}{2}\right)\varphi \tag{4.99}$$

$$z_{bf} = h_z - h + \frac{t_{bf}}{2} \tag{4.100}$$

若 $t > h_c$，则钢梁存在受拉区，截面各条带应变和到形心轴的距离计算按上述各式同理得到。

由各材料的本构模型可得各条带的应力，从而得到截面内力。

混凝土受拉区合力和对截面形心轴的弯矩为

$$N_t = \sum_{i=1}^{n_1} \sigma_{ti} b_c \frac{t}{n_1} \tag{4.101}$$

$$M_t = \sum_{i=1}^{n_1} \sigma_{ti} b_c \frac{t}{n_1} z_{ti} \tag{4.102}$$

混凝土受压区合力和对截面形心轴的弯矩为

$$N_c = \sum_{j=1}^{n_2} \sigma_{cj} b_c \frac{h_c - t}{n_2} \tag{4.103}$$

$$M_c = \sum_{j=1}^{n_2} \sigma_{cj} b_c \frac{h_c - t}{n_2} z_{cj} \tag{4.104}$$

钢梁顶板合力和对截面形心轴的弯矩为

$$N_{tf} = \sigma_{tf} b_{tf} t_{tf} \tag{4.105}$$

$$M_{tf} = \sigma_{tf} b_{tf} t_{tf} z_{tf} \tag{4.106}$$

钢梁腹板合力和对截面形心轴的弯矩为

$$N_s = \sum_{k=1}^{n_3} 2\sigma_{sk} t_w \frac{h_f}{n_3} \tag{4.107}$$

$$M_s = \sum_{k=1}^{n_3} 2\sigma_{sk} t_w \frac{h_f}{n_3} z_{sk} \tag{4.108}$$

钢梁底板合力和对截面形心轴的弯矩为

$$N_{bf} = \sigma_{bf} b_{bf} t_{bf} \tag{4.109}$$

$$M_{bf} = \sigma_{bf} b_{bf} t_{bf} z_{bf} \tag{4.110}$$

预应力筋内力和对截面形心轴的弯矩为

$$N_p = \left(f_{p0} + \Delta f_p\right) A_p \tag{4.111}$$

$$M_p = N_p e_m \tag{4.112}$$

由截面内外合力和弯矩平衡为

$$N_t + N_c + N_{tf} + N_s + N_{bf} + N_p = 0 \tag{4.113}$$

$$M_t + M_c + M_{tf} + M_s + M_{bf} - M_m + M_p = 0 \tag{4.114}$$

式中：M_m 为外荷载在第 m 个截面产生的弯矩。

预应力筋内力增量可由预应力筋和组合箱梁的变形协调条件得到

$$\Delta l_p = \frac{8\delta_{中} e_m}{l} \tag{4.115}$$

$$\Delta f_p = f\left(\frac{\Delta l_p}{l}\right) \tag{4.116}$$

式中：$\delta_{中}$ 为跨中位移量；e_m 为预应力筋到组合箱梁截面型心的距离；l 为预应力筋的有效长度；f 为预应力筋的极限抗拉强度

3）组合箱梁变形计算

在得到各个截面的曲率分布之后，运用共轭梁法可以得到各个截面的挠度与转角，则第 m 个截面的挠度为

$$\delta_m = \frac{(m-1)L^2}{2n^2}\sum_{i=1}^{n}(\varphi_i + \varphi_{i+1})\left(1 - \frac{2i-1}{2n}\right) - \frac{L^2}{2n^2}\sum_{i=1}^{m-1}(\varphi_i + \varphi_{i+1})\left(m - \frac{2i+1}{2}\right) \qquad 1 \leq m \leq n+1$$

$$\tag{4.117}$$

则跨中截面挠度为

$$\delta_{中} = \begin{cases} \delta_{\frac{n+2}{2}} & n = 2k \\ \frac{L^2}{4n}\sum_{i=1}^{n}(\varphi_i + \varphi_{i+1})\left(1 - \frac{2i-1}{2n}\right) - \frac{L^2}{2n^2}\sum_{i=1}^{\frac{n-1}{2}}\frac{n-2i}{2}(\varphi_i + \varphi_{i+1}) - \frac{L^2}{16n^2}\left(\varphi_{\frac{n+1}{2}} + \varphi_{\frac{n+3}{2}}\right) & n = 2k+1 \end{cases}$$

$$\tag{4.118}$$

3. 计算流程

计算流程图如图 4-51 所示。

由于计算模型根据平截面假定和不考虑滑移效应，故针对弹性阶段，按上述流程对 PCB-40 进行计算，其计算结果与试验结果对比如表 4-13 所示。

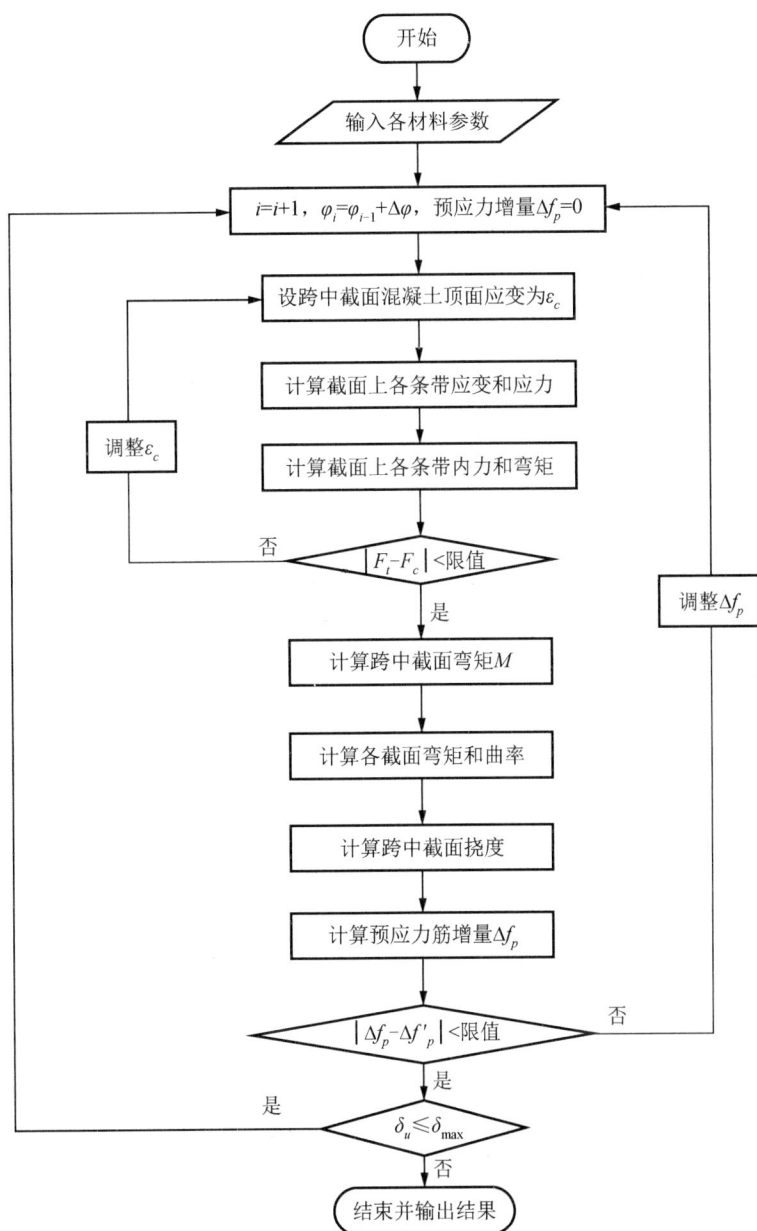

图 4-51   计算流程图

表 4-13   计算结果与试验结果对比

F/kN	$\varphi_{\text{中}}$	Δf_p / kN	$M_{\text{中}}$ / (kN·m)	$\delta_{\text{中}j}$ /mm	$\delta_{\text{中}t}$ /mm	$\delta_{\text{中}j}$ / $\delta_{\text{中}t}$
0	-1.7×10^{-7}	-0.46	0	-0.51	-0.54	0.94
20	3.5×10^{-7}	0.24	18.75	0.27	0.29	0.93
40	8.7×10^{-7}	0.94	37.50	1.04	1.06	0.98
60	1.4×10^{-6}	1.63	56.25	1.82	1.92	0.94
80	1.9×10^{-6}	2.33	75.00	2.59	2.92	0.88

F/kN	$\varphi_{中}$	Δf_p / kN	$M_{中}$ / (kN·m)	$\delta_{中j}$ /mm	$\delta_{中t}$ /mm	$\delta_{中j}$ / $\delta_{中t}$
100	2.4×10^{-6}	3.03	93.75	3.36	4.01	0.84
120	2.9×10^{-6}	3.72	112.50	4.13	5.02	0.82
140	3.5×10^{-6}	4.42	131.25	4.90	6.16	0.79

注：下标 j、t 分别代表计算值和试验值。

可以看出，计算值不考虑混凝土与钢梁之间界面滑移，同时预应力增量的计算模型相对比较近似，使得计算值偏大，因此跨中挠度计算值比实测值偏小，随着荷载的增加，计算值与实测值的偏差也不断扩大。

4.3.7 小结

（1）在正弯矩或负弯矩作用下，预应力组合箱梁滑移的分布规律相同，同时考虑到在一般荷载条件和构造要求下，连续梁负弯矩区的长度远小于正弯矩区，因此统一按正弯矩区的滑移公式推导了预应力连续组合箱梁的滑移效应。

（2）由能量法，不考虑滑移效应和二次预应力作用的影响，按等刚度梁计算了预应力连续组合箱梁的开裂承载能力。

（3）考虑滑移效应，忽略二次预应力作用，认为预应力筋与钢梁整体变形协调一致，即预应力筋的总体变形量等于预应力筋位置处钢梁部分变形的总和。通过建立体系的平衡方程、变形协调方程及物理方程求得弹性承载能力。

（4）分别讨论了不同塑性中和轴的荷载弯矩和预应力次弯矩，由平衡关系得到了极限承载能力，通过引入位移延性系数可以方便地得到极限承载力状态下的预应力筋内力增量；运用弯矩调幅法分析了极限承载力状态下的内力重分布规律。

4.4　连续预应力组合箱梁承载能力分析

4.4.1 引言

在结构设计中，均采用极限状态设计法，所谓的极限状态一般可分为两大类，即承载力极限状态和正常使用极限状态。正常使用极限状态对应于结构或构件达到正常使用或耐久性能的某种规定限制，一般以变形、裂缝宽度等为控制条件；承载能力极限状态对应于结构或构件达到最大承载能力或达到极限承载状态对应的变形[114]。因此，在进行连续预应力组合箱梁设计时，需要对这两种极限状态下的组合箱梁刚度、变形及承载力计算方法进行研究。根据受力性质的不同，分别对正弯矩和负弯矩作用下的组合箱梁进行分析。

4.4.2 正弯矩预应力组合箱梁极限承载力分析

目前，对于承受正弯矩的预应力简支组合箱梁承载力的研究较多，最具代表性的是聂建国提出的考虑滑移的折减刚度计算法[5]，但大多是针对完全剪力连接的组合箱梁，对部分剪力连接组合箱梁承载力的研究较少。现主要对部分剪力连接组合箱梁承载力进行研究。

　　根据极限状态时剪力连接件所需传递的钢与混凝土交界面上剪力的大小，可计算出所需的连接件数目为 n_f，组合箱梁设计实际所采用的数目为 n_r，通常则用 n_f / n_r 表示剪力连接程度，当 n_f / n_r 小于 1 时，即为部分剪力连接。在抗弯承载力和变形的允许范围内，有时不需要充分发挥组合箱梁的强度，可采用部分剪力连接，这样不仅能减少连接件的数目，节约成本，还有利于翼板内的布筋等施工布置。试验和分析表明，随着剪力连接程度的降低，钢梁和混凝土翼板的协同工作程度也会降低，交界面的相对滑移增大，组合箱梁的塑性性能得不到充分发挥，从而使得抗弯极限承载力下降。欧洲规范 4 建议采用线性插值[79]的方法计算部分剪力连接组合箱梁的抗弯极限承载力，但随着连接程度的降低，计算值与实测值相差较大，结果过于保守；聂建国等对此推导了相关计算公式，但没有考虑预应力的因素。

　　本章分两种方法对部分剪力连接组合箱梁极限抗弯承载力进行分析：一是引入强化效应系数，推导了部分剪力连接预应力钢-混凝土组合箱梁的极限抗弯承载力计算公式；二是对欧洲规范 4 建议的线性插值公式进行修正。

　　1. 部分剪力连接预应力组合箱梁极限抗弯承载力理论推导

　　为简化分析，推导建立部分剪力连接预应力组合箱梁极限抗弯承载力的计算公式，做以下三条假定：

　　（1）受弯承载力极限状态时，组合箱梁截面应力呈矩形分布，混凝土翼板应力达到塑性极限抗压强度 γf_c（其中 γ 为混凝土的塑性特征系数），混凝土受拉即退出工作；由于钢-混凝土组合箱梁表现出良好的延性，在抗弯极限状态时，钢梁下翼缘及部分腹板已进入强化阶段，且随着剪力连接程度的提高，钢梁的强化作用越加显著，因此，有必要将抗弯极限状态时的钢梁强度提高，提高后的应力为 αf_y，其中 α 为应力强化系数，且

$$\alpha = \frac{f_u}{f_y}\left(\frac{n_r}{n_f}\right)^{0.47} \tag{4.119}$$

式中：f_y、f_u 分别为钢梁屈服和极限状态下的强度；n_r、n_f 分别为部分和完全剪力连接系数。

　　（2）钢梁与混凝土之间的组合作用力完全通过剪力连接件传递，不考虑结合面黏结力对抗剪的贡献。

　　（3）剪力连接件能够充分发挥其塑性变形能力，且不考虑其垂直掀起效应。

　　塑性设计时的钢和混凝土的应力-应变模型如图 4-52 所示。

　　根据材料力学知识，组合箱梁的抗弯极限承载力 M_u 的确定与组合截面极限状态时塑性中和轴的位置密切相关。对于完全剪力连接的预应力组合箱梁，界面相对滑移较小，可按一个中和轴的简化塑性理论[124,125]计算极限抗弯承载力；随着剪力连接程度的降低，界面相对滑移增大，会使组合截面上出现两个距离相对较远的中和轴，分别位于混凝土和钢梁上，因此，对于部分剪力连接的预应力组合箱梁，应按照两个中和轴的简化塑性理论计算极限抗弯承载力。部分剪力连接预应力组合箱梁极限抗弯承载力计算模型

如图 4-53 所示（其中 h、h_s、h_c 及 e 分别表示组合箱梁截面高度、钢梁高度、混凝土翼板高度及预应力筋与钢梁底部的距离）。

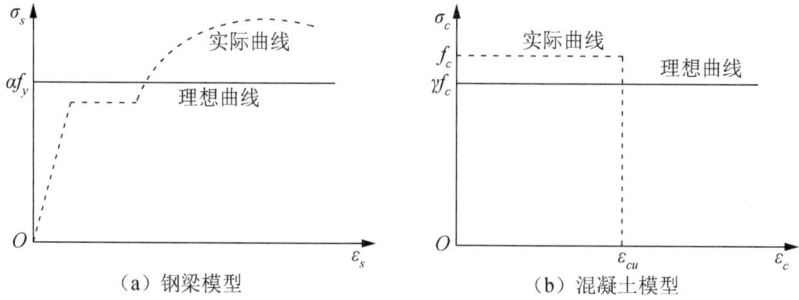

（a）钢梁模型　　　　　　　　　　（b）混凝土模型

图 4-52　假定的应力-应变关系模型

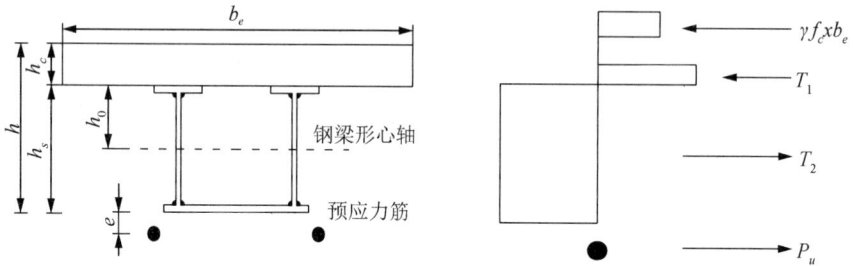

注：T_1、T_2 分别表示钢梁受拉区的合力和受压区的合力。

图 4-53　部分剪力连接预应力组合箱梁极限抗弯承载力计算模型

为方便公式推导，记

$$P_u = (P_0 + \Delta P_u)A_p \tag{4.120}$$

$$C = \gamma f_c x b_e \tag{4.121}$$

式中：P_u 为预应力筋极限状态所承受的拉力；C、f_c、x 及 b_e 分别为受压区混凝土合力、混凝土的抗压强度、混凝土翼板的受压区高度和有效宽度。

由假定（2）和（3）可知，抗弯承载力极限状态时，沿梁上的剪力均匀分布，且全部由剪力连接件承担，则有

$$C = n_r N_v^c \tag{4.122}$$

式中：N_v^c 为单个剪力连接件的抗剪承载力。

$$T_2 + P_u = T_1 + C = T_1 + n_r N_v^c \tag{4.123}$$

$$T_1 + T_2 = \alpha A_s f_y \tag{4.124}$$

由式（4.123）和式（4.124）可得 $T_1 = \dfrac{\alpha A_s f_y + T_p - n_r N_v^c}{2}$，$T_2 = \dfrac{n_r N_v^c + \alpha A_s f_y - T_p}{2}$。

根据抗弯承载力极限状态时钢梁塑性中和轴位置的不同，又可分以下两种情况进行分析。

（1）当钢梁塑性中和轴位于上翼缘时，即满足 $\alpha A_s f_y + P_u \leqslant 2\alpha A_t f_y + n_r N_v^c$。式中 A_s、A_t 及 f_y 分别表示钢梁截面面积、上翼缘面积及其屈服强度，此时的极限抗弯承载力计

算模型如图 4-54 所示。其中 T 为钢梁应力分解后所需叠合的压力，h_0 为钢梁形心轴到上翼缘的距离。

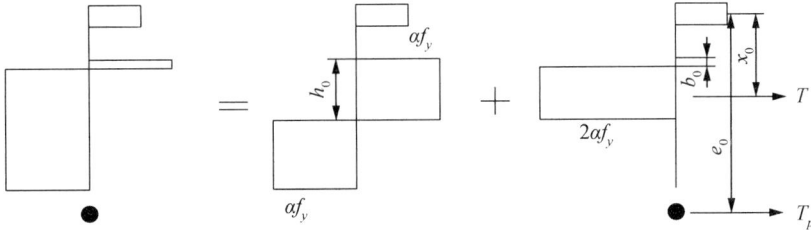

图 4-54　钢梁中和轴位于上翼缘时的极限抗弯承载力计算模型

由图 4-54 所示的计算模型，根据力的平衡关系可得

$$T = n_r N_v^c - P_u \tag{4.125}$$

钢梁受压区高度 b_0 为

$$b_0 = \frac{T_1}{\alpha f_y b_t} = \frac{\alpha A_s f_y + P_u - n_r N_v^c}{2\alpha f_y b_t} \tag{4.126}$$

式中：b_t 为钢梁上翼缘宽度。

对于开口钢箱梁，根据塑性中和轴的定义，经推导并化简可得

$$h_0 = \frac{A_b - A_t + 2h_s t_w}{4t_w} \tag{4.127}$$

式中：A_b、A_w 分别为钢梁下翼缘面积和钢梁腹板面积。

合力 T 的作用点到受压区混凝土作用点距离为

$$x_0 = \frac{1}{2}(h_0 + b_0 - x + 2h_c) \tag{4.128}$$

代入式（4.126）、式（4.127）及 $x = \dfrac{n_r N_v^c}{\gamma f_c b_e}$ 得

$$x_0 = \frac{1}{4}\left(\frac{A_b - A_t + 2h_s t_w}{2t_w} + \frac{\alpha A_s f_y + P_u - n_r N_v^c}{\alpha f_y b_t} - \frac{2n_r N_v^c}{\gamma f_c b_e} + 4h_c \right) \tag{4.129}$$

预应力筋到受压区混凝土形心的距离为

$$e_0 = h + e - \frac{1}{2}x \tag{4.130}$$

当钢梁受纯弯曲而达到全截面塑性时，对开口钢箱梁的塑性中和轴计算弯矩，则有塑性极限弯矩为

$$M_s = \left[A_t(h_0 - 0.5t_t) + A_b(h_s - h_0 - 0.5t_t) + (h_0 - t_t)^2 t_w + (h_s - h_0 - t_t)^2 t_w \right]\alpha f_y \tag{4.131}$$

因而，钢梁中和轴位于上翼缘时的部分剪力连接预应力组合箱梁极限抗弯承载力为

$$M_u = M_s + Tx_0 + P_u e_0 \tag{4.132}$$

将式（4.125）、式（4.129）～式（4.131）代入式（4.132），则有

$$M_u = \left[A_t(h_0 - 0.5t_t) + A_b(h_s - h_0 - 0.5t_t) + (h_0 - t_t)^2 t_w + (h_s - h_0 - t_t)^2 t_w \right] \alpha f_y$$

$$+ \frac{1}{4}(n_r N_v^c - P_u) \left(\frac{A_b - A_t + 2h_s t_w}{2t_w} + \frac{\alpha A_s t_y + P_u - n_r N_v^c}{\alpha f_y b_t} - \frac{2n_r N_v^c}{\gamma f_c b_e} + 4h_c \right)$$

$$+ P_u \left(h + e - \frac{1}{2}x \right) \tag{4.133}$$

（2）当钢梁塑性中和轴位于腹板时，即满足 $\alpha A_s f_y + P_u > 2\alpha A_t f_y + n_r N_v^c$，此时的极限抗弯承载力计算模型如图 4-55 所示。

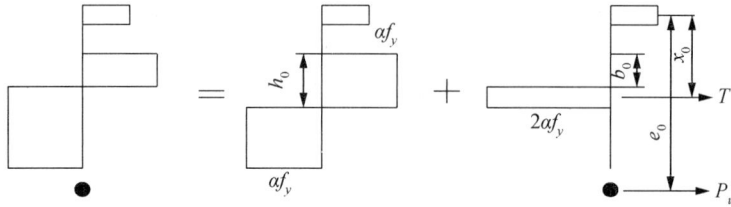

图 4-55　钢梁中和轴位于腹板时的极限抗弯承载力计算模型

由力的等效关系有

$$T_1 = \frac{\alpha A_s f_y + P_u - n_r N_v^c}{2} = \alpha A_t f_y + 2\alpha(b_0 - t_t) t_w f_y \tag{4.134}$$

解得

$$b_0 = \frac{(A_s - 2A_t)\alpha f_y + P_u - n_r N_v^c}{2t_w \alpha f_y} + 2t_t \tag{4.135}$$

将式（4.135）代入式（4.128）可得

$$x_0 = \frac{1}{4}\left[\frac{A_b - A_t + 2h_s t_w}{2t_w} + \frac{(A_s - 2A_t)\alpha f_y + P_u - n_r N_v^c}{t_w \alpha f_y} - \frac{2n_r N_v^c}{\gamma f_c b_e} + 4t + 4h_c \right] \tag{4.136}$$

将式（4.136）代入式（4.132），则钢梁中和轴位于上翼缘时的部分剪力连接预应力组合箱梁极限抗弯承载力为

$$M_u = \left[A_t(h_0 - 0.5t_t) + A_b(h_s - h_0 - 0.5t_t) + (h_0 - t_t)^2 t_w + (h_s - h_0 - t_t)^2 t_w \right] \alpha f_y$$

$$+ \frac{1}{4}(n_r N_v^c - P_u) \left[\frac{A_b - A_t + 2h_s t_w}{2t_w} + \frac{(A_s - 2A_t)\alpha f_y + P_u - n_r N_v^c}{t_w \alpha f_y} - \frac{2n_r N_v^c}{\gamma f_c b_e} + 4t + 4h_c \right]$$

$$+ P_u \left(h + e - \frac{1}{2}x \right) \tag{4.137}$$

2. 部分剪力连接预应力组合箱梁极限抗弯承载力经验公式

对于部分剪力连接组合箱梁的极限承载能力计算，欧洲规范建议通过线性插值的方法来简化计算，即

$$M_u = M_s + \frac{n_r}{n_f}(M_{uf} - M_s) \tag{4.138}$$

式中：M_{uf} 为完全剪力连接组合箱梁的极限抗弯承载能力。完全剪力连接的预应力钢-混凝土组合箱梁极限抗弯承载力可按下式计算[93]，即

$$M_u = f_y A_s y_1 + (P_0 + \Delta P_u) y_p \tag{4.139}$$

式中：y_p 为预应力筋到受压区混凝土形心的距离；y_1 为钢箱形心到受压区混凝土形心的距离。

试验设计了 4 根不同剪力连接程度的预应力组合箱梁，由试验结果（表 4-6）可知，当剪力连接程度为 0.5 时，部分剪力连接组合箱梁的抗弯极限承载力较完全剪力连接组合箱梁只降低 28%，若按式（4.138），则计算值降低 42%，因此，线性插值的方法过于保守，低估了部分剪力连接组合箱梁的极限抗弯承载力，有必要对其进行修正，以本试验结果及国内外 7 根不同剪力连接程度的组合箱梁试验资料，根据最小二乘法，建议对式（4.138）进行修正，按式（4.140）计算部分剪力连接组合箱梁的极限抗弯承载能力。

$$M_u = M_s + \left(\frac{n_r}{n_f}\right)^{0.42} (M_{uf} - M_s) \tag{4.140}$$

根据本试验和汇总的国内外组合箱梁研究者的试验结果，各部分剪力连接组合箱梁按式（4.132）、式（4.138）、式（4.140）计算的极限承载能力及其实测值如表 4-14 所示。表中的试件包括跨中集中加载、两点对称加载及均不加载方式，具有较广泛的代表性。表中 $M_实$、M_{u1}、M_{u2}、M_{u3} 分别代表极限承载能力实测值、按式（4.132）、式（4.138）、式（4.140）得到的计算值。由表 4-14 可知，对于部分剪力连接组合箱梁的极限承载力计算，式（4.132）、式（4.140）具有更高的精度。

表 4-14　部分剪力连接组合箱梁极限抗弯承载力计算值与实测值的比较

连接程度 n_r/n_f	$M_实$	M_{u1}	M_{u2}	M_{u3}	$\dfrac{M_实}{M_{u1}}$	$\dfrac{M_实}{M_{u2}}$	$\dfrac{M_实}{M_{u3}}$
0.42[126]	172.6	—	135.8	168.07	—	1.271	1.027
0.49[127]	13.6	—	11.9	14.32	—	1.143	0.949
0.5	354	338.6	270.65	353.8	1.045	1.229	1.001
0.5	350	338.6	270.65	353.8	1.034	1.293	0.989
0.58[126]	182.2		154.6	179.92		1.179	1.013
0.67[126]	189.8		165.2	185.76		1.149	1.022
0.77[127]	15.4		14.6	15.82		1.055	0.974
0.83[126]	197.8		184	195.11		1.075	1.014
0.89[127]	45.4		46.4	49.22		0.978	0.923
均值	—	—	—	—	1.040	1.159	0.990
方差	—	—	—	—	0.008	0.111	0.035

4.4.3　负弯矩预应力组合箱梁极限承载力分析

1. 正常使用极限状态下挠度及抗弯承载力计算

大量试验及研究表明，在正常使用极限状态下的组合箱梁，钢梁与钢筋均处于弹性工作状态，正弯矩区受压区混凝土应变也在应力-应变曲线的上升段，负弯矩区的混凝

土在较小荷载水平下即发生开裂，计算时一般不考虑其受拉作用，但此时的钢筋与钢梁仍处于弹性阶段，即弹性工作阶段的结构性能反映正常使用阶段的结构行为。因此，对正常使用极限状态下的组合箱梁研究即可转化为对组合箱梁弹性工作状态的研究分析，即按弹性理论进行计算。

1）负弯矩区截面刚度计算

在组合箱梁设计中，截面刚度的确定是变形及抗弯承载力计算的基础，因此需首先确定组合箱梁的截面抗弯刚度。

在连续组合箱梁中，由于负弯矩区的混凝土会受拉开裂，从而使得组合箱梁的截面抗弯刚度沿梁长不再相等，需要根据其受力特点分区段确定其截面抗弯刚度，即分为正弯矩区和负弯矩区分别考虑。对于负弯矩区段的划分，与荷载作用形式、大小等因素均有关系，没有明确的理论计算公式，欧洲规范 4[79] 及我国的《钢结构设计标准》[71] 取中支座附近 $0.15L$（L 为组合箱梁单跨跨度）为负弯矩区段，该区段内则忽略混凝土的受拉作用，只考虑钢梁及钢筋，按照截面换算法计算其截面抗弯刚度。正弯矩区的截面刚度则按照考虑滑移的折减刚度法进行计算，折减刚度 B 可计算为

$$B = \frac{EI_{eq}}{1+\xi} \tag{4.141}$$

式中：E 为钢梁的弹性模量；I_{eq} 为组合梁的换算截面惯性矩；ξ 为刚度折减系数。

从上述可知，欧洲规范 4 与《钢结构设计标准》均没有考虑混凝土的受拉作用，然而，当混凝土翼板受拉开裂后，尽管开裂截面混凝土提供的抗弯刚度完全丧失，但未开裂的混凝土截面还能提供部分截面刚度，这就使未开裂区段钢筋的应变较开裂截面的钢筋应变小，即钢筋的平均应变小于裂缝截面的钢筋应变，从而出现受拉钢化效应。受拉钢化效应对混凝土抗弯构件的影响计算方法主要有[128]下述几种。

（1）CEB-FIP Model Code 中采用的受拉钢化效应修正法，即先确定开裂前、开裂后及钢筋屈服时的三个基本刚度，然后结合构件的弯矩-曲率本构模型，分别计算三个时段的平均刚度。

（2）美国《钢筋混凝土房屋建筑规范》采用的有效惯性矩法，即规定在计算钢筋混凝土构件的挠度时，其截面有效刚度 I_{eff} 取开裂前与开裂后截面换算刚度的插值

$$I_{eff} = \left(\frac{M_{cr}}{M}\right)^3 I_{eq} + \left[1 - \left(\frac{M_{cr}}{M}\right)^3\right] I_{cr} \leqslant I_{eq} \tag{4.142}$$

式中：I_{cr} 为开裂后的截面换算刚度。

（3）依据我国《组合结构设计规范》[129]，通过刚度解析法来考虑受拉钢化效应的影响，即在刚度计算时设置一个裂缝间纵向受拉钢筋应变不均匀系数 ψ，从而得到受弯构件截面的平均刚度。

$$B_s = \frac{E_s A_s h_0^2}{1.15\psi + 0.2 + \dfrac{6\alpha_E \rho}{1+3.5\gamma_f}} \tag{4.143}$$

式中：B_s 为钢筋混凝土受弯构件和预应力混凝土受弯构件的短期刚度；h_0 为有效截面

高度；ψ 为裂缝间纵向受拉普通钢筋应变不均匀系数；α_E 为钢筋弹性模量与混凝土弹性模量的比值，即 E_s/E_c；ρ 为纵向受拉钢筋配筋率；γ_f 为受压翼缘截面面积与腹板有效截面面积的比值。

由于承受负弯矩的预应力钢-混凝土组合箱梁翼板与钢筋混凝土梁受拉区的工作状态类似，可直接引入混凝土翼板参与受拉工作程度系数 $m(0\leqslant m\leqslant1)$，且认为：在组合箱梁负弯矩区，当翼板未开裂时，混凝土完全参加受拉工作，$m=1$；随着荷载的增加，混凝土开裂程度加剧，翼板随荷载按线性退出工作；当达到弹性抗弯承载力时，混凝土完全退出工作，直至达到承载力极限状态，$m=0$。综上所述，m 可计算为

$$m = \begin{cases} 1 & M \leqslant M_{cr} \\ \dfrac{M_y - M}{M_y - M_{cr}} & M_{cr} < M < M_y \\ 0 & M_y < M < M_u \end{cases} \tag{4.144}$$

各加载状态下的组合箱梁截面抗弯刚度按换算截面法计算，为保持翼板形心位置不变，简化计算，假定混凝土翼板高度不变，按宽度方向逐渐退出工作。

考虑混凝土部分受拉工作的换算截面几何特征如图 4-56 所示。

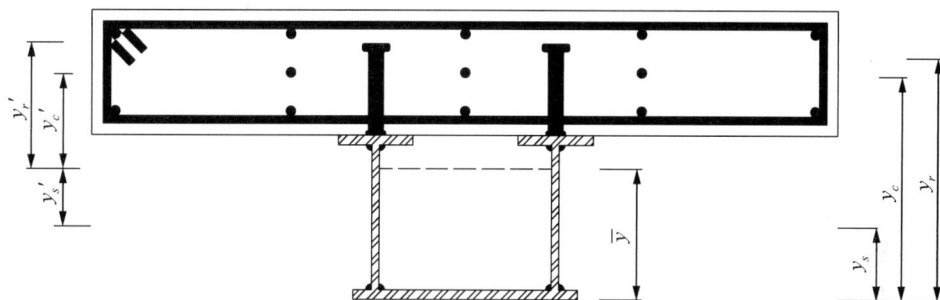

图 4-56　组合箱梁换算截面几何特征

组合箱梁换算截面的形心位置为

$$\bar{y} = \frac{A_s y_s + A_r y_r + m A_c y_c / \alpha_E}{A_s + A_r + m A_c / \alpha_E} \tag{4.145}$$

式中：A_r、A_s、A_c 分别为负弯矩区纵向钢筋截面面积、钢梁截面面积及混凝土翼板截面面积；y_s、y_r、y_c 分别为负弯矩区钢梁、预应力筋与混凝土翼板形心到钢梁底部的距离。

换算截面惯性矩按下式计算

$$I' = I_s + A_s y_s'^2 + A_r y_r'^2 + \frac{m}{\alpha_E}(I_c + A_c y_c'^2) \tag{4.146}$$

式中：I_s、I_c 分别为钢梁与混凝土翼板的截面惯性矩；y_s'、y_r'、y_c' 分别为钢梁、预应力筋与混凝土翼板形心到换算截面形心的距离。

负弯矩区组合箱梁截面抗弯刚度为

$$B_s = EI' \tag{4.147}$$

因此，对于负弯矩区组合箱梁截面抗弯刚度可按式（4.147）确定，负弯矩区截面刚度随加载变化过程如图 4-57 所示。

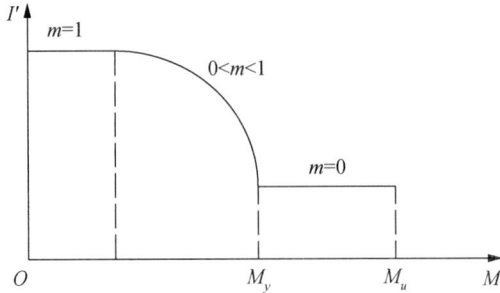

图 4-57　负弯矩区截面刚度随加载变化过程

2）弹性极限状态下组合箱梁挠度计算

根据预应力组合箱梁在受力全过程中的反应，其挠度增长可分为两个阶段考虑：第一阶段是预应力施加阶段，产生的反向挠度 δ_0；第二阶段是加载阶段，预应力组合箱梁在外荷载作用下产生的正向挠度 δ，预应力组合箱梁弹性抗弯承载状态时的挠度为 δ_y。在实际工程中，结构设计人员最关心的则是外荷载作用下产生的挠度，即上述第二阶段产生的挠度 δ，且一般最大挠度出现在跨中。下面主要对弹性极限状态时的跨中挠度 δ_y 进行分析。

设作用在预应力组合箱梁上的外荷载为 $M_外(x)$，外荷载作用下的预应力筋增量产生的弯矩为 $\Delta P_y e_m$。将 $\Delta P_y e_m$ 视为作用于组合箱梁的外力，则弹性极限状态下的挠度为

$$\delta_y = \delta_外 - \delta_{\Delta P} \tag{4.148}$$

式中：$\delta_外$ 为外荷载产生的跨中挠度；$\delta_{\Delta P}$ 为预应力筋增量产生的跨中挠度，与 $\delta_外$ 反向。

在跨中位置处作用单位荷载，产生的弯矩分布为 $\bar{M}(x)$，组合箱梁在集中荷载、两点对称加载及均布荷载作用下的弯矩为 $M_外(x)$，各弯矩示意图如图 4-58 所示。

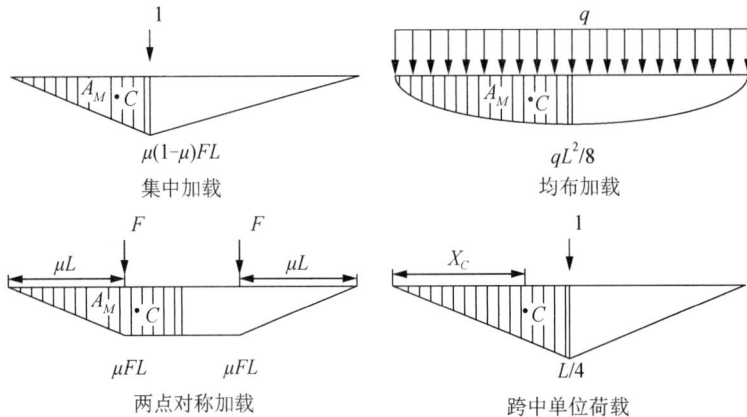

图 4-58　外荷载及单位荷载作用弯矩图

外荷载作用下组合箱梁产生的挠度为

$$\delta_{\text{外}} = \int_0^L \frac{M_{\text{外}}(x)\bar{M}(x)}{B_s}\mathrm{d}x = 2\int_0^{L/2}\frac{M_{\text{外}}(x)\dfrac{x}{2}}{B_s}\mathrm{d}x = \frac{1}{2B_s}A_M X_c \tag{4.149}$$

式中：A_M 为弯矩图面积；X_c 为半跨弯矩图形心到梁端距离。

预应力筋内力增量作用下产生的挠度为

$$\delta_{\Delta P} = \int_0^L \frac{\Delta P_y e_m' \bar{M}(x)}{B_s}\mathrm{d}x \tag{4.150}$$

式中：e_m' 为预应力筋到组合截面塑性中心轴的距离。

将式（4.149）、式（4.150）代入式（4.148）并分别与式（4.14）、式（4.27）联立，即可求得各种加载方式下的弹性极限挠度。

（1）集中加载。

$$\delta_y = \frac{\mu^2(1-\mu)FL^3}{6B_s} - \frac{k_2 e_m' L^2\left(f_y\dfrac{I'}{e_r'} - \sigma_{0r}\dfrac{I}{e_r}\right)}{8B_s(2\mu L - k_2 e_m')} \tag{4.151}$$

式中：F 可联立式（4.28）、式（4.155）求得。

（2）两点对称加载。

$$\delta_y = \frac{\mu(3-4\mu^2)FL^3}{24B_s} - \frac{k_2 e_m' L^2\left(f_y\dfrac{I'}{e_r'} - \sigma_{0r}\dfrac{I}{e_r}\right)}{8B_s(2\mu L - e_m')} \tag{4.152}$$

式中：I' 为换算截面惯性矩；F 可联立式（4.29）、式（4.155）求得；k_2 按式（4.20）取值。

（3）均布加载。

$$\delta_y = \frac{5qL^4}{384B_s} - \frac{k_2 e_m' L^2\left(f_y\dfrac{I'}{e_r'} - \sigma_{0r}\dfrac{I}{e_r}\right)}{2B_s(L - 4k_2 e_m')} \tag{4.153}$$

式中：q 可联立式（4.30）、式（4.155）求得。

3）弹性抗弯承载力计算

预应力简支组合箱梁的截面抗弯承载力由钢梁、预应力钢筋及钢筋混凝土翼板共同承担，当其中任意材料达到屈服，即可认为组合箱梁达到弹性抗弯承载力。对于承受正弯矩的组合箱梁，为使组合箱梁受力合理，通常是钢梁先受拉屈服，直至混凝土受压屈服，组合箱梁破坏；但对于承受负弯矩的组合箱梁，由于混凝土翼板在较低水平荷载下便开裂，钢筋承受的拉力较大，通常是纵向受拉钢筋先于钢梁屈服，即承受负弯矩的预应力简支组合箱梁达到弹性抗弯承载力的标志为受拉钢筋屈服。

根据纵向受拉钢筋的应力变化，可将预应力组合箱梁的受力过程分为如下两个阶段。

（1）第一阶段为预应力施加阶段，在预应力作用下，最外层受拉钢筋产生的初始压应力为 σ_{0r}（受压为正，受拉为负）。

$$\sigma_{0r} = \frac{P_0 e_m e_r}{I} + \frac{P_0}{A_0} \tag{4.154}$$

式中：e_r 为外层钢筋到换算截面形心的距离；I 为开裂前的换算截面惯性矩；A_0 为组合箱梁换算为钢梁的截面面积。

（2）第二阶段为使用荷载作用阶段，随着荷载的增加，钢筋应力逐渐达到屈服强度 f_y，此时预应力简支组合箱梁达到弹性抗弯承载力 M_y。由于第一阶段无外荷载作用，组合箱梁截面内力与预应力筋内力相互平衡，不产生界面弯矩；第二阶段时，截面内力弯矩与外荷载产生弯矩平衡，此阶段的弯矩内力增量即为 M_y，且可通过外层钢筋的应力增量及预应力内力增量求得

$$M_y = f_y \frac{I'}{e_r'} - \sigma_{0r} \frac{I}{e_r} + \Delta P_y e_m' \tag{4.155}$$

式中：e_r'、e_m' 分别为混凝土开裂后换算截面惯性矩时，最外层钢筋、预应力筋作用点到换算截面形心的距离。

2. 承载力极限状态下抗弯承载力计算

当组合箱梁达到抗弯承载力极限状态时，最大弯矩处的钢筋及钢梁大部分截面均已达到屈服，混凝土完全退出工作，承载力开始下降，但通常预应力筋并未达到屈服。因此，对于承受负弯矩作用的预应力简支组合箱梁，可采用类似于正弯矩简支组合箱梁的简化塑性理论分析方法。考虑到钢筋及部分钢梁的应力强化作用可以弥补因滑移引起的截面承载力降低，因此，采用简化塑性理论计算负弯矩简支组合箱梁极限抗弯承载力时，忽略滑移的影响。

为简化分析，引入如下假定：

（1）承载力极限状态时，组合箱梁截面应力呈矩形分布，混凝土完全退出工作。

（2）剪力连接件能够充分发挥其塑性变形能力，且不考虑其垂直掀起效应。

（3）忽略滑移效应的影响。

极限抗弯承载力计算分析图如图 4-59 所示。

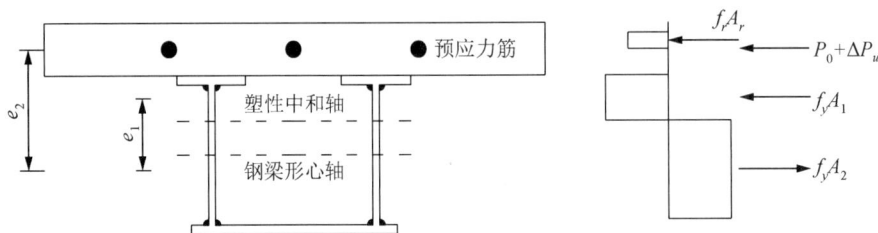

图 4-59　负弯矩预应力组合箱梁极限抗弯承载力计算模型

根据截面力的平衡，则有

$$f_y A_1 + f_r A_r + (P_0 + \Delta P_u) = f_y A_2 \tag{4.156}$$

式中：A_1、A_2 分别为承载力极限状态时钢梁受拉区和受压区面积。

根据截面弯矩平衡，得到极限抗弯承载力为

$$M_u = f_y A_1 e_1 + (P_0 + \Delta P_u) e_2 + f_r A_r e_3 \tag{4.157}$$

式中：e_1、e_2、e_3 分别为钢梁受拉区合力作用点、预应力筋及纵向受拉钢筋作用点到钢梁受压区合力作用点距离。

联立式（4.47）、式（4.157）即可求得负弯矩简支组合箱梁极限抗弯承载力。

4.4.4 理论计算与试验结果对比分析

分别按式（4.152）、式（4.155）、式（4.157）求得的负弯矩简支组合箱梁弹性极限挠度 δ_{yj}、弹性抗弯承载力 M_{yj} 及极限抗弯承载力 M_{uj} 与试验值进行比较，如表 4-15 所示。

表 4-15 抗弯承载力及挠度试验值与计算值的比较

编号	δ_{yj}/mm	δ_{yt}/mm	M_{yj}/(kN·m)	M_{yt}/(kN·m)	M_{uj}/(kN·m)	M_{ut}/(kN·m)	$\dfrac{\delta_{yj}}{\delta_{yt}}$	$\dfrac{M_{yj}}{M_{yt}}$	$\dfrac{M_{uj}}{M_{ut}}$
CB-29	14.82	20.73	90.91	97.31	140.25	170.00	0.71	0.93	0.82
PCB-30	17.53	15.75	155.32	135.00	219.33	248.75	1.11	1.15	0.88
PCB-31	17.51	17.66	155.05	134.30	218.04	216.25	0.99	1.15	1.01

注：下标 y、u 分别代表弹性极限状态和承载力极限状态；下标 j、t 分别代表计算值和试验值。

表 4-15 中预应力负弯矩组合箱梁的挠度及承载力均按完全剪力连接情况下的公式计算，PCB-31 的栓钉间距大于 PCB-30，可以看出，栓钉间距对组合箱梁弹性过程时的受力影响较小，但栓钉间距的增大会降低组合箱梁的极限抗弯承载力，实际推导的抗弯承载力是偏安全的，对于栓钉间距相对较大的 PCB-31，没有在承载力公式推导中得到体现，因此，PCB-31 的承载力计算值较 PCB-30 安全度更小。

4.4.5 连续预应力组合箱梁内力重分布

预应力钢-混凝土连续组合箱梁与简支梁相比，具有更大的刚度，且变形较小，承载力有较大的提高。但连续组合箱梁受荷时，中支座附近会承受不利的负弯矩，从而导致钢梁底部及部分受压钢腹板发生局部失稳，引起承载力的降低；此外，由于混凝土受拉，也会导致截面抗弯刚度迅速降低，使负弯矩区抗弯承载力进一步降低。但通常情况下，组合箱梁的失稳引起的刚度降低可以通过控制宽厚比等构造要求防止其发生，由于是超静定结构，随着荷载增加而逐渐发生刚度变化，连续组合箱梁会发生内力重分布，使连续组合箱梁的实际受力状况与按弹性理论分析得到的计算结果偏差较大[5]。因此，为得到预应力连续组合箱梁实际的抗弯承载力，为工程设计提供依据，内力重分布是重点研究和分析的因素。

1. 内力重分布原因

引起内力重分布的原因较多，从结构的受力特性分析，主要有两点，且均与连续组合箱梁为超静定结构的本质特性相关。

（1）受拉区混凝土的开裂、剪力连接件的失效及界面滑移等因素会引起截面刚度降低[130]。从超静定结构的内力求解过程可知，由于变形协调条件的使用，截面内力与截面刚度是息息相关的，且一般按刚度的相对大小进行分配，使中支座弯矩向跨中转移。因此，截面刚度的变化会直接引起连续组合箱梁的内力重分布。

（2）塑性铰的产生。随着荷载的增加，中支座截面的钢梁、钢筋会逐渐屈服或是中跨截面钢梁发生屈服、混凝土被压碎，当弯矩增大到其相应的塑性极限弯矩时，截面会形成塑性铰，此时，结构会减少多余约束，但并不会立即成为破坏结构，还能承受继续增加的荷载。当荷载继续增加时，已形成塑性铰的截面所承受的弯矩会保持不变，产生转动，没有形成塑性铰的截面所承受的弯矩会继续增加，直到结构形成几何可变机构，达到承载力极限状态。

综上所述，发生内力重分布的原因可以归结为一点，即刚度的变化引起整体结构的内力重分布。

由上面的分析可知，连续组合箱梁出现塑性铰的地方有主要是跨中截面及中支座截面处，对于两跨连续组合箱梁，根据截面自身转动能力的不同，其弯矩调幅可以分以下三种情况讨论[131]。

（1）当中支座截面的塑性转动能力小于理想设计情况下的弯矩调幅系数所需的转动能力时，则连续梁破坏于负弯矩区，且跨中截面的塑性铰也未形成，未达到极限抗弯承载力。

（2）当中支座截面的塑性转动能力刚好等于理想设计情况下的弯矩调幅系数所需的转动能力时，中支座截面与跨中截面同时形成塑性铰，连续组合箱梁退化为机动结构，达到极限抗弯承载力。

（3）当中支座截面的塑性转动能力大于理想设计情况下的弯矩调幅系数所需的转动能力时，塑性铰能够充分地转动，实现内力的重分布；随着荷载的增加，中支座处的弯矩保持不变，跨中弯矩持续增大，也逐渐形成塑性铰，达到极限抗弯承载力，此时，跨中截面为控制截面。

因此，理想情况下的内力重分布是在支座处首先出现塑性铰，这是塑性设计的基本原则。此时，连续梁的抗弯极限承载能力将由承载能力更强的跨中截面控制[132]。

2. 内力重分布影响因数

由于内力重分布程度与中支座截面的塑性转动能力直接相关，中支座充足的塑性转动能力是连续组合箱梁形成机构破坏并保证在形成机构之前不发生任何次生破坏发生的关键。可以说，影响负弯矩区塑性铰转动能力的因素即为影响内力重分布的影响因素，主要有如下几项。

（1）预应力度[133]为

$$D = \frac{M_0}{M_{sk}} \qquad (4.158)$$

式中：M_0 为消压弯矩，即在荷载作用下使连续组合箱梁控制截面受拉边缘应力为零时的弯矩；M_{sk} 为外荷载作用下控制截面短期效应下的弯矩。

（2）初始有效轴压比为

$$n = \frac{P_0}{A_s + A_r} \qquad (4.159)$$

式中：P_0 为有效预应力；A_s 为钢梁截面面积；A_r 为中支座有效翼缘宽度内的纵筋面积。

（3）负弯矩区力比 R、综合力比 R_p、部分预应力比 PPR 为[134]

$$R = \frac{A_r f_{ry}}{A_s f_{sy}} \qquad (4.160)$$

$$R_p = \frac{A_r f_{ry} + A_p f_{py}}{A_s f_{sy}} \qquad (4.161)$$

$$PPR = \frac{A_p f_{py}}{A_r f_{ry} + A_p f_{py}} \qquad (4.162)$$

式中：A_p 为预应力筋截面面积；f_{ry}、f_{py}、f_{sy} 分别为钢筋、预应力筋、钢梁的屈服强度。

配筋力比是影响中支座塑性铰塑性转动能力及弯矩重分布程度的一个主要参数，随着配筋力比的增加，受拉钢筋由先于钢梁受压翼缘屈服而过渡到迟于钢梁翼缘屈服，只有当受拉钢筋和钢梁受压翼缘都达到屈服后，才可以认为负弯矩塑性铰形成，在设计连续组合箱梁时应予以重视。

（4）支座塑性铰区的长度及预应力筋布置形式等因素。

3. 弯矩调幅法

连续组合箱梁结构设计中，一般以弹性理论分析为基础，通过弯矩调幅法来考虑塑性内力重分布，进而得到连续组合箱梁的极限抗弯承载力。所谓弯矩调幅法，即先按弹性理论求出连续组合箱梁的控制截面弯矩值，然后按考虑塑性内力重分布的一般原则对控制截面绝对值最大的弯矩进行调整，最后确定相应的支座剪力[106]。

由上可知，内力重分布的影响因素即为影响弯矩调幅的因素。通常，可用中支座的塑性极限转角表征其塑性转动能力[5]。

$$[\theta_u] = (\phi_u - \phi_y) l_p \qquad (4.163)$$

$$\phi_y = \frac{\varepsilon_y}{y_s} \qquad (4.164)$$

$$\phi_u = \frac{\varepsilon_u}{y_u} \qquad (4.165)$$

式中：$[\theta_u]$ 为中支座的塑性极限转角；$\phi_u - \phi_y$ 为中支座极限曲率与弹性曲率之差；l_p 为中支座塑性铰区的长度；ε_y、ε_u 分别为中支座钢梁底部的受压屈服应变与极限压应变；y_s、y_u 分别为钢梁底部到组合箱梁截面弹性中和轴与塑性中和轴的距离。

当求得塑性极限转角后，便可按照结构力学的办法求解出中支座由于转动所产生的弯矩 ΔM，于是便可求得极限弯矩调幅系数为

$$\beta = \frac{\Delta M}{M_e} \times 100\% \qquad (4.166)$$

式中：M_e 为按弹性理论计算的荷载产生的中支座弯矩值。

由上述分析可知，确定弯矩调幅系数的关键是求得极限转角，由式（4.163）～式（4.165）可知，钢梁的屈服应变基本为定值，极限转角主要由力比、钢梁的极限压应变及塑性铰区长度确定。进一步分析，力比 R 的大小又能影响钢筋及钢梁的屈服顺序、钢梁的极限压应变、塑性铰区的长度，因此，可将力比作为确定连续组合箱梁极限弯矩调幅系数的最主要因素[135,136]。当有足够的试验数据时，可以力比 R 为参量，对试验结

果进行回归分析，拟合出预应力连续组合箱梁极限弯矩调幅系数计算公式。

普通连续组合箱梁实测极限弯矩调幅系数计算公式为

$$\beta_t = \frac{M_e - M_u}{M_e} \tag{4.167}$$

式中：M_u 为实测极限弯矩值。

对于预应力连续组合箱梁，可将预应力视为作用于梁上的等效外荷载，则预应力连续组合箱梁实测极限弯矩调幅系数计算公式为

$$\beta_{pt} = \frac{(M_e + M_p) - M_u}{M_e} \tag{4.168}$$

式中：M_p 为张拉预应力产生的中支座次弯矩值。连续组合箱梁的预应力筋内力增量较小，从中可以看出，承载力极限状态时的预应力筋内力增量还不到有效预应力的 30%，弹性极限状态时的预应力筋内力增量则更小，因此，计算时一般不考虑预应力筋内力的增长。

根据式（4.167）和式（4.168）计算的连续组合箱梁中支座极限弯矩调幅系数值如表 4-16 所示。

表 4-16　连续组合箱梁中支座极限弯矩调幅系数试验值

编号	位置	M_e / (kN·m)	M_p / (kN·m)	M_u / (kN·m)	β /%
PCCB-32	跨中截面	281.28	−6.75	437.42	−57.9
	中支座截面	−337.44	26.94	−25.16	84.5
PCCB-33	跨中截面	281.57	−6.93	441.56	−59.3
	中支座截面	−337.79	27.63	−19.5	−86.0
CCB-34	跨中截面	257.84	—	352.58	−36.7
	中支座截面	−309.38	—	−119.85	61.26
PCCB-35	跨中截面	292.97	13.52	423.75	−40.03
	中支座截面	−316.41	27.03	−41.29	78.41
PCCB-36	跨中截面	292.97	13.80	477.51	−58.28
	中支座截面	−232.45	27.60	−46.28	68.22
PCCB-37	跨中截面	275.39	12.80	411.56	−44.80
	中支座截面	−246.09	25.60	−64.54	63.37
PCCB-38	跨中截面	269.53	13.41	392.56	−40.67
	中支座截面	−288.28	26.81	−69.11	66.73

从表 4-16 可以看出，本次试验得出的极限弯矩调幅系数均较大，且预应力连续组合箱梁的极限弯矩调幅系数大于普通连续梁。分析极限弯矩调幅系数偏大原因，主要是由于中支座钢梁截面过于单薄，不能充分发挥塑性铰的转动能力，使钢梁在组合截面充分发挥转动能力前便出现局部屈曲、失稳，无法继续承受荷载，进而中支座处承载力急剧下降，从而使实测的极限弯矩调幅系数过大，预应力连续组合箱梁正弯矩区的弯矩调幅系数在 40% 以上，负弯矩区在 60% 以上；剪力连接程度对内力重分布幅值影响不大；在弹塑性阶段，负弯矩区钢梁发生屈曲，使截面转动延性降低，从而使正弯矩区截面达不到全塑性内力，其极限弯矩小于按简化塑性理论计算的值。

4.4.6　小结

本章详细介绍了连续组合箱梁内力重分布的原因，主要是塑性铰的形成及混凝土开裂、连接件的失效等引起的非线性因素，其本质是截面抗弯刚度变化引起内力的再分配；其次，分析了影响连续组合箱梁内力重分布的因素，指出配筋力比是影响中支座塑性铰塑性转动能力及弯矩重分布程度的一个主要参数，在设计连续组合箱梁时应予以重视；最后，针对本次试验，给出了 3 根连续试验梁的极限弯矩调幅系数，并分析了其值偏大的原因。

（1）针对不同剪力连接程度的预应力组合箱梁静载试验，引进了预应力的影响，基于简化塑性理论，考虑了钢梁的强化效应，并提出了强化效应系数，推导了部分剪力连接组合箱梁极限抗弯承载力计算公式；对于普通钢-混凝土组合箱梁及预应力组合箱梁均可采用本书对欧洲规范的修正公式进行计算，式（4.132）和式（4.140）均具有较高的精度，满足工程要求。由于试验资料的限制，本节中强化效应系数的确定还有待进一步的研究。

（2）通过引入混凝土参与受拉工作的程度系数 m，可用换算截面法计算负弯矩组合箱梁的截面抗弯刚度，进而求出其弹性抗弯承载力；按照简化的塑性理论，认为钢筋、钢梁均达到屈服，推导了负弯矩预应力组合箱梁的极限抗弯承载力计算公式，其计算值与试验值吻合良好。

第5章 预应力组合箱梁受扭及弯剪扭复合性能研究

5.1 预应力组合箱梁复合弯扭性能试验研究

5.1.1 引言

复合弯扭受力是预应力钢箱高强混凝土组合梁复合受力的基本组合之一。国内外学者完成了一些普通钢-混凝土组合梁的弯扭试验。总结国内外文献可以看出，此类组合梁在弯矩存在时，相比于纯扭组合梁，极限扭矩能有较大程度的提高，表明复合弯扭受力不是简单的纯扭和纯弯性能的叠加[137]。预应力钢箱高强混凝土组合梁的理论不只是钢-普通混凝土组合梁理论的简单延续，还需要进行深入的试验研究和理论分析。

复合弯扭试验的重点就是研究在弯扭的复合作用下，预应力钢箱高强混凝土组合梁中弯矩和扭矩的相互影响，以及弯矩和扭矩极限承载力的变化。

5.1.2 试验方案

为了与预应力钢箱高强混凝土组合梁纯扭试验进行对比分析，纯弯和弯扭试验梁的截面尺寸和纯扭试验梁相同，具体情况如表5-1所示。

表5-1 试件截面参数及配筋一览表

| 试件编号 | 截面尺寸 | | 预应力筋 | 普通钢筋 | | 保护层/mm | 栓钉数/个 | 备注 |
	钢箱/（mm×mm）	混凝土板/（mm×mm）		纵筋	箍筋			
PCB-1	200×170	800×130	2ϕ^j 15.24	10ϕ10	ϕ8@160	20	56	箍筋间距增大
PCB-2	200×170	800×130	2ϕ^j 15.24	10ϕ10	ϕ8@120	20	56	基本
PCB-3	200×170	800×130	2ϕ^j 15.24	10ϕ10	ϕ8@120	20	56	预应力度增大
PCB-4	200×170	800×130	2ϕ^j 15.24	10ϕ10	ϕ8@120	20	56	基本
PCB-5	200×170	800×130	2ϕ^j 15.24	10ϕ10	ϕ8@120	20	56	基本
PCB-6	200×170	800×130	2ϕ^j 15.24	10ϕ10	ϕ8@120	20	56	基本
PCB-7	200×170	800×130	2ϕ^j 15.24	10ϕ10	ϕ8@120	20	56	基本
PCB-8	200×170	800×130	2ϕ^j 15.24	10ϕ10	ϕ8@120	20	56	基本
PCB-9	200×170	800×130	2ϕ^j 15.24	10ϕ10	ϕ8@120	20	56	基本

共设计了6根组合梁进行加载试验，各试验梁详细参数如表5-2所示。

表5-2 试验梁参数一览表

试件编号	预加力/kN	预拱度/mm	最大拉应变	箍筋配筋率	纵筋配筋率	配筋强度比	加载情况	扭弯比 $\dfrac{T/T_u}{M/M_u}$
PCB-4	215.1	1.07	62	0.68%	0.75%	1.22	纯弯	0

续表

试件编号	预加力/kN	预拱度/mm	最大拉应变	箍筋配筋率	纵筋配筋率	配筋强度比	加载情况	扭弯比 $\dfrac{T/T_u}{M/M_u}$
PCB-5	213.9	1.07	57	0.68%	0.75%	1.22	弯扭	1
PCB-6	219.9	0.99	69	0.68%	0.75%	1.22	弯扭	4.8
PCB-7	217.2	1.02	58	0.68%	0.75%	1.22	弯扭	3
PCB-8	211.6	0.99	56	0.68%	0.75%	1.22	弯扭	6.4
PCB-9	211.4	0.99	60	0.68%	0.75%	1.22	弯扭	0.5

试验加载装置[29]与前面组合梁纯扭试验装置基本相同。纯弯和复合弯扭试验加载装置如图 5-1 所示。

当进行纯弯试验时，在组合梁跨中布置两台 1000kN 千斤顶，在跨中形成 1m 的纯弯段；当进行弯扭试验时，在纯扭试验装置的跨中增加两台 1000kN 千斤顶，在跨中形成 1m 的弯扭段，作为试验区段。

（a）纯弯试验

（b）弯扭试验

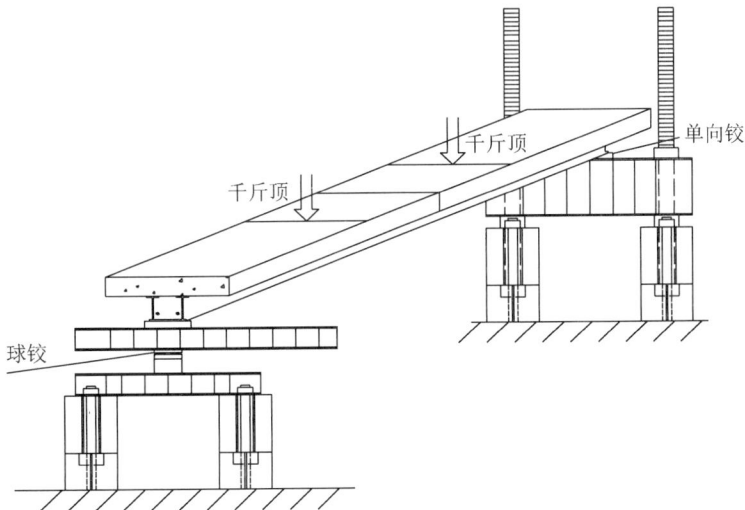

（c）纯弯试验

图 5-1　试验加载装置图

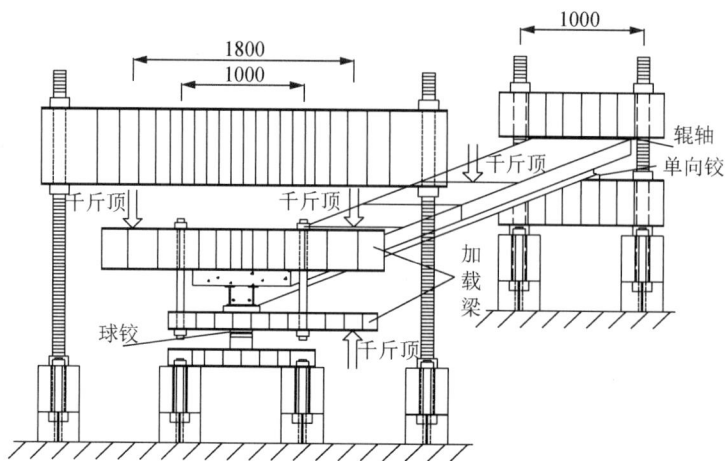

（d）弯扭试验

图 5-1　（续）

　　试验梁采用对称的同步分级加载方式。在试验的全过程中，对组合梁的加载稳定后采集数据。正式试验前对结构进行预加试验荷载[138]。

　　试验时取预应力钢箱高强混凝土组合梁跨中 1m 范围为测试段。主要量测内容包括以下各项。

　　1）纯弯试验

　　（1）钢箱组合梁挠度、支座位移。

　　（2）混凝土、钢梁、纵筋和箍筋的应变。

　　（3）裂缝出现和发展。

　　（4）钢绞线应力增量。

　　（5）钢梁与混凝土交界面的相对滑移。

　　2）弯扭试验

　　（1）混凝土翼缘板和钢梁的扭转角。

　　（2）混凝土、钢梁、纵筋和箍筋的应变。

　　（3）裂缝出现和发展。

　　（4）钢绞线内力增量。

　　（5）钢箱组合梁挠度、支座位移。

　　（6）钢梁与混凝土交界面的相对滑移。

　　混凝土和钢筋布置应变片方案和纯扭试验梁基本相同。钢箱梁的应变片布置如图 5-2 所示。

　　试验梁的跨中挠度和支座沉降采用位移计测定，每根试验梁共架设了 5 支位移计——两支座处各一支，在试验梁跨中一支，两加载点下各一支。试验梁的交界面滑移采用标距为 150mm 的导杆引伸仪测定，每根梁布置 4 支引伸仪——试验梁跨中一支，加载点一支，端部一支，支座附近处一支。位移计、导杆引伸仪、倾角仪及压力传感器布置如图 5-3 所示。

（a）钢箱腹板

（b）钢箱底板

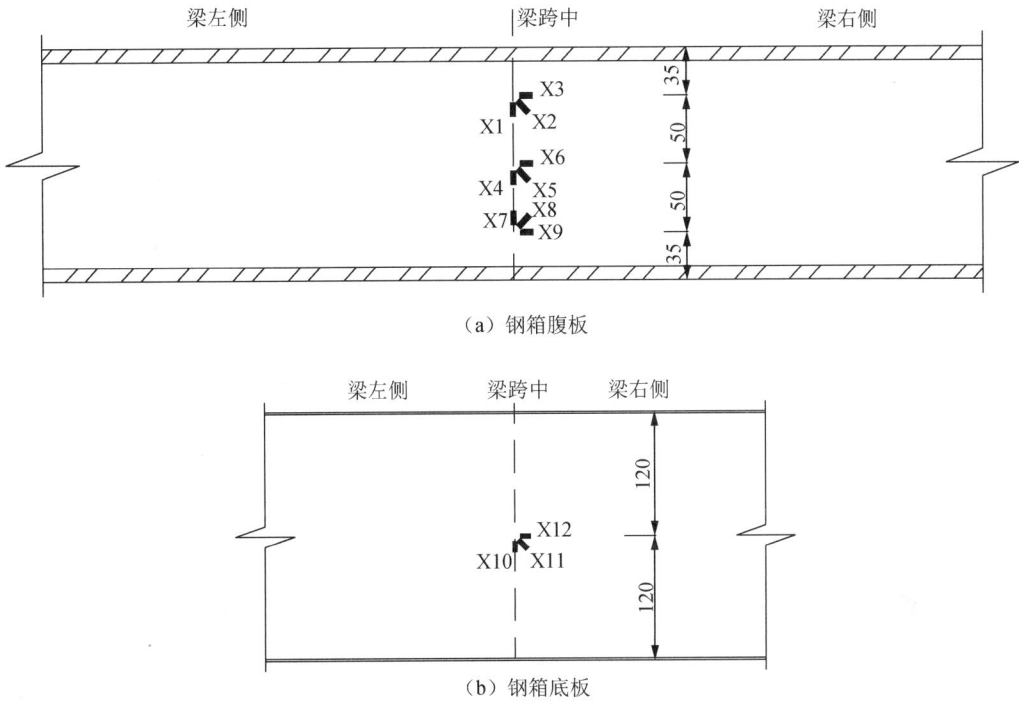

图 5-2　钢梁应变片布置图

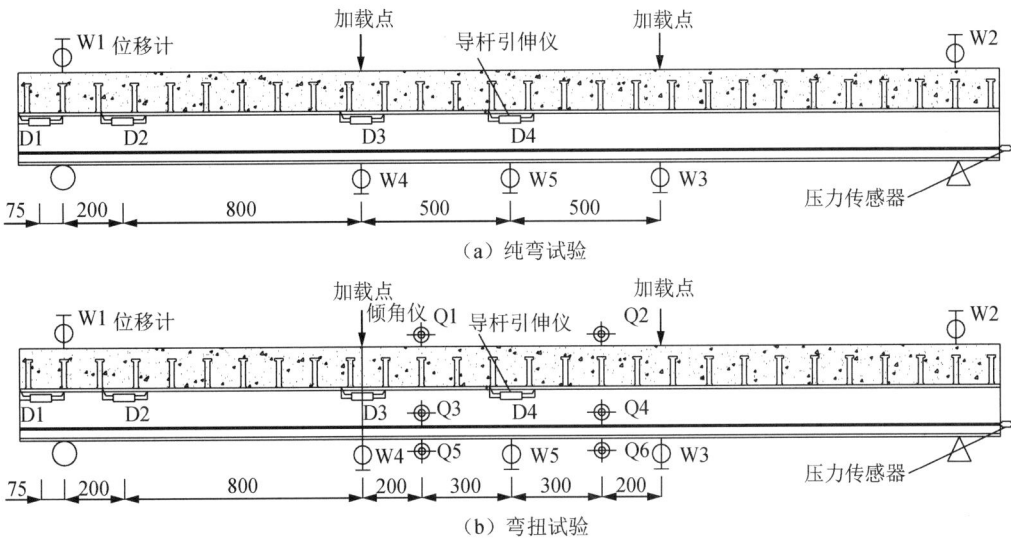

（a）纯弯试验

（b）弯扭试验

图 5-3　位移计、导杆引伸仪、倾角仪及压力传感器布置图

5.1.3　试验现象及结果分析

1. 试件设计主要试验结果

1）PCB-4 的试验加载过程

加载按$(T/T_u)/(M/M_u)$=0 进行。在试验梁跨中 1m 处布置两个千斤顶对称同步分级单

调加载。当加载至 159kN·m 时开始听见响声；加载至 260kN·m 时，在加载点截面处混凝土翼板下表面和侧面出现肉眼可见的裂缝；加载至 468kN·m 时，荷载值掉落到 458kN·m，调整后继续加载至 473.9kN·m 时，荷载又出现掉落，调整后继续加载，但是再也达不到 473.9kN·m，已经到极限破坏状态，此时组合梁跨中挠度急剧增加，最后卸载后试验梁有很大的残余挠度。

2）PCB-5 的试验加载过程

加载按 $(T/T_u)/(M/M_u)=1$ 进行。前期加载等级较大，中后期加载等级小。弯矩加载到 244kN·m（扭矩 40.9kN·m）时，在跨中加载点截面处混凝土翼板下表面和侧面出现多条弯型裂缝。弯矩加载到 330.9kN·m（扭矩 55kN·m）时，在扭转端剪跨段内出现了扭型裂缝。弯矩加载到 430.2kN·m（扭矩 71.5kN·m）时，达到弯型破坏。试验较为理想，实际加载扭弯比与计划加载扭弯比的比较如图 5-4 所示。

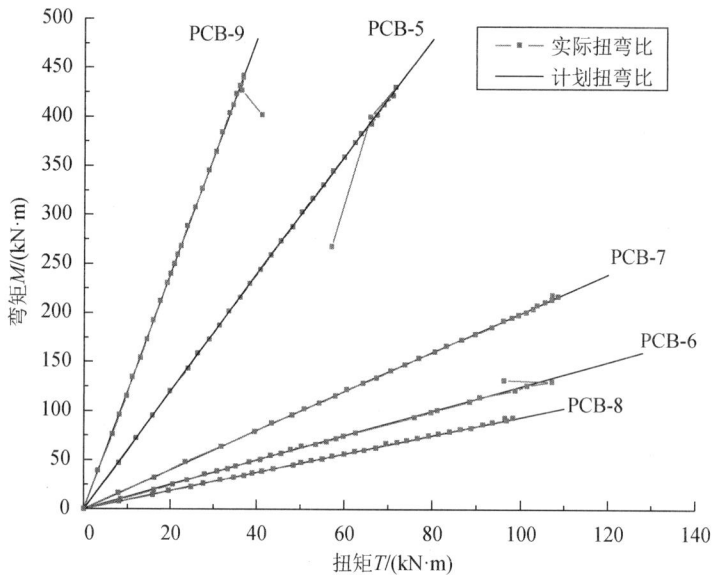

图 5-4　弯扭试验计划与实际加载扭弯比的比较图

3）PCB-6 的试验加载过程

加载按 $(T/T_u)/(M/M_u)=4.8$ 进行。前期加载等级较大，中后期加载等级小。扭矩加载到 30.9kN·m（弯矩 38.8kN·m）时，应变采集系统不平衡，重新调整平衡后继续加载。扭矩加载到 53.5kN·m（弯矩 66kN·m）时，首次出现扭型裂缝。扭矩加载到 107.2kN·m（弯矩 130kN·m）时，达到扭型破坏。实际加载扭弯比与计划加载扭弯比的比较如图 5-4 所示。

4）PCB-7 的试验加载过程

加载按 $(T/T_u)/(M/M_u)=3$ 进行。前期加载等级较大，中后期加载等级小。扭矩加载到 48.2kN·m（弯矩 95.8kN·m）时，首次出现扭型裂缝。扭矩加载到 108.5kN·m（弯矩 217.2kN·m）时，达到扭型破坏。试验较为理想，实际加载扭弯比与计划加载扭弯比的比较如图 5-4 所示。

5）PCB-8 的试验加载过程

加载按 $(T/T_u)/(M/M_u)=6.4$ 进行。前期加载等级较大，中后期加载等级小。扭矩加载到 48.5kN·m（弯矩 45.1kN·m）时，首次出现扭型裂缝。扭矩加载到 98.2kN·m（弯矩 93.5kN·m）时，达到扭型破坏。试验较为理想，实际加载扭弯比与计划加载扭弯比的比较如图 5-4 所示。

6）PCB-9 的试验加载过程

加载按 $(T/T_u)/(M/M_u)=0.5$ 进行。前期加载等级较大，中后期加载等级小。弯矩加载到 441.8kN·m（扭矩 36.7kN·m）时，达到弯型破坏。试验较为理想，实际加载扭弯比与计划加载扭弯比的比较如图 5-4 所示。

从图 5-4 中可以看出：整个试验过程中实际扭弯比和计划扭弯比保持得比较好，基本达到了试验要求。试验过程如图 5-5 所示。

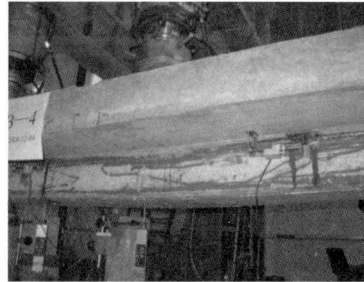

（a）纯弯试验　　　　　　　　　　（b）纯弯试验底面裂缝

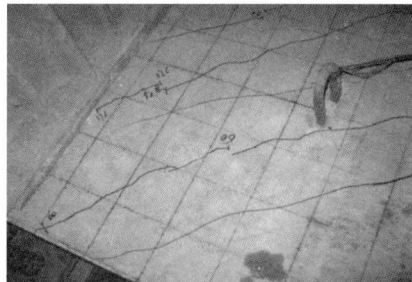

（c）弯扭试验　　　　　　　　　　（d）弯扭试验顶面裂缝

（e）弯扭试验跨中裂缝　　　　　　　（f）弯扭试验侧面裂缝

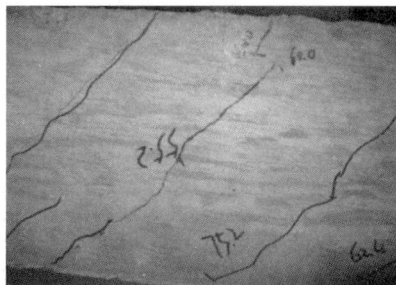

图 5-5　试验过程描述

纯弯及弯扭试验结果如表 5-3 所示。表中用 T_{cr}、M_{cr} 表示试验中第一次出现扭型裂缝或弯型裂缝时的扭矩和弯矩；T_y 表示箍筋受拉屈服时的扭矩；M_y 表示钢梁底板受拉屈服时的弯矩；T_u、M_u 为极限扭矩和极限弯矩；θ_{cr}、θ_y、θ_u 分别表示与开裂扭矩、屈服扭矩、极限扭矩相对应的扭率。δ_{cr}、δ_y、δ_u 分别表示与开裂弯矩、屈服弯矩、极限弯矩相对应的跨中挠度。

表 5-3　纯弯及弯扭试验结果一览表

试件	T_{cr} /(kN·m)	T_y /(kN·m)	T_u /(kN·m)	T_u/T_{cr}	T_u/T_y	θ_{cr} /[(°)/m]	θ_y /[(°)/m]	θ_u /[(°)/m]	θ_u/θ_{cr}	θ_u/θ_y
PCB-8	48.5	91.4	98.2	2.02	1.07	0.17	0.83	1.23	7.23	1.48
PCB-6	53.5	101.4	107.2	2	1.06	0.22	0.62	0.8	3.64	1.29
PCB-7	48.2	93.4	108.5	2.25	1.16	0.18	0.67	0.93	5.17	1.39
PCB-5	55.4	68.9	71.5	1.29	1.04	0.13	0.45	0.62	5.81	1.38
PCB-9	—	—	36.7	—	—	—	—	0.17	—	—
PCB-4	—	—	—	—	—	—	—	—	—	—

试件	M_{cr} /(kN·m)	M_y /(kN·m)	M_u /(kN·m)	M_u/M_{cr}	M_u/M_y	δ_{cr} /mm	δ_y /mm	δ_u /mm	δ_u/δ_{cr}	δ_u/δ_y
PCB-8	—	—	93.5	—	—	—	—	2.6	—	—
PCB-6	—	—	130	—	—	—	—	5.1	—	—
PCB-7	—	—	217.2	—	—	—	—	8.4	—	—
PCB-5	244	215.8	430.2	1.76	1.99	8.4	7.2	38.8	4.62	5.39
PCB-9	212	172.9	441.8	2.08	2.56	5.07	4.75	28.5	5	6
PCB-4	260	240	473.9	1.82	1.97	14.6	13.4	57.0	3.9	4.25

2. 试件破坏类型

1）纯弯试验

试验梁在加载的初始阶段，混凝土翼板和钢箱梁之间表现出良好的组合作用。当加载至 159kN·m 时开始听见清脆的响声，混凝土翼板和钢箱梁交界面的自然黏结发生破坏。加载至 260kN·m 时，在加载点截面处混凝土翼板下表面和侧面出现肉眼可见的裂缝；随着荷载的增加，试验梁内部时而有清脆的响声，混凝土翼板跨中底面和侧面有新裂缝出现。随着中和轴的上升原有裂缝宽度和向上延伸的高度不断加大。加载到 $0.59M_u$ 时，钢梁底板屈服。混凝土翼板和钢箱梁交界面出现明显的脱开，裂缝宽度越来越大。随着腹板的进一步屈服，跨中混凝土被压碎，组合梁达到承载力极限状态。卸载后有很大的残余挠度。

2）弯型破坏

扭弯比是影响预应力钢箱高强混凝土组合梁弯扭破坏形态的重要参数。当 $(T/T_u)/(M/M_u)<1$ 时，组合梁的受力以弯矩为主，主要表现为弯型破坏；$(T/T_u)/(M/M_u)=1$ 时，组合梁的受力仍以弯矩为主，主要表现为弯型破坏，但箍筋在扭矩作用下也能屈服，弯型和扭型破坏的分界如何确定，还有待于进一步研究；$(T/T_u)/(M/M_u)>1$ 时，扭矩起主导作用,组合梁一般表现为扭型破坏。显然,弯扭型破坏形态的界限与扭弯比、混凝土强度、高宽比、配筋形式、配筋量大小、纵筋与箍筋配筋强度比以及钢箱梁同混凝土翼板的抗扭刚度比等有关。

弯型破坏最终以混凝土翼板的受压破坏为标志。随着弯矩的增加,受压混凝土开始进入塑性,中和轴上升。由于中和轴高于组合梁交界面,混凝土翼板的中和轴以下的截面位于弯曲受拉区,在弯曲受拉正应力和扭转受拉主应力的复合作用下,弯扭段混凝土翼板两个侧面和底面出现与纵轴近似垂直的裂缝。随着荷载的增加,裂缝沿侧面向上逐渐延伸,并逐渐由垂直转向倾斜,成为"歪型裂缝";最后,混凝土翼板沿着其中最薄弱的裂缝迅速发展,致使混凝土翼板顶部的混凝土被压碎而破坏。破坏时,纵筋基本处于受压状态,箍筋基本不会屈服。

混凝土翼板上表面的受拉斜裂缝大部分分布在剪跨段内,斜裂缝与纵轴的夹角同扭弯比有很大关系,扭弯比越大,与纵轴所成角度越大。在弯扭段范围内的混凝土表面的斜裂缝很少。扭弯比很小的情况下,混凝土翼板上表面基本不会出现扭型裂缝。翼板下表面主要为扭矩和弯矩复合作用共同引起的裂缝,大部分集中分布在弯扭段范围内,近似垂直于梁纵轴。在剪跨段内的翼板底面裂缝数量很少,并随扭弯比的减小,上表面的斜拉裂缝的夹角逐渐减小,而下表面的斜拉裂缝的夹角变大;扭弯比越小,受压破坏越明显。说明上表面受弯曲压应力和扭转剪应力的作用,下表面受弯曲拉应力和扭转剪应力的复合作用。

3)扭型破坏

混凝土翼板底部的弯曲正应力比较小,主要是扭矩引起的剪应力作用。随着荷载的增长,由弯曲产生的弯曲压应力不足以约束混凝土翼板斜拉裂缝的开展而导致箍筋受拉屈服,此时箍筋对组合梁的弯扭强度起控制作用。破坏时,箍筋基本都屈服。扭弯比比较大时,纵筋处于受拉状态。破坏形态与纯扭试验梁相似。

弯矩和扭矩可分别在弯压区的纵筋中产生压应力和拉应力,而这两种应力又可以相互抵消[139],即弯曲压应力对弯压区纵筋具有卸荷作用。由此可见,当作用于构件的弯矩方向一定时,位于弯扭区的抗扭纵筋可予以减少。

混凝土翼板上表面的受拉斜裂缝分布在剪跨段和弯扭段内,斜裂缝与纵轴的夹角同扭弯比有很大关系,扭弯比越大,与纵轴所成角度越大。扭弯比越大,受扭破坏越明显。对于弯扭作用下的组合梁,混凝土翼板除承受扭矩引起的剪应力,还承受由弯矩引起的压应力,压应力的存在对延迟裂缝的出现有一定的作用。翼板下部的弯曲拉应力比较小,裂缝主要由扭矩产生的剪应力引起的斜拉应力控制。混凝土翼板的上下纵筋为对称布置,但翼板下部还受到钢梁的约束作用。

对于纯弯试验,从裂缝分布图上可以看出,裂缝多为横向开展,多分布在两个加载点之间的板底和侧面,裂缝间距 10~18cm。翼板顶面混凝土有压溃现象。

对于弯型破坏的组合梁,扭弯比比较小,在翼板底部和两侧首先出现与纵轴垂直的裂缝。随着扭矩增加,裂缝向内发展,并逐渐由垂直转向倾斜,成为歪型裂缝。PCB-5翼板顶面在扭转端出现斜向裂缝,跨中出现类似于劈裂的纵向的裂缝。PCB-9 翼板顶面没有出现斜向裂缝。

对于扭型破坏的组合梁，扭弯比越大，破坏时组合梁顶面斜裂缝开展越充分，数量越多。并且扭弯比越大，斜裂缝与梁纵轴的倾角越大。扭转端斜裂缝数量多于固定端。

弯扭试验裂缝如图 5-6 所示。

（a）弯扭试验弯型破坏裂缝实物图　　　　　　　（b）弯扭试验扭型破坏裂缝实物图

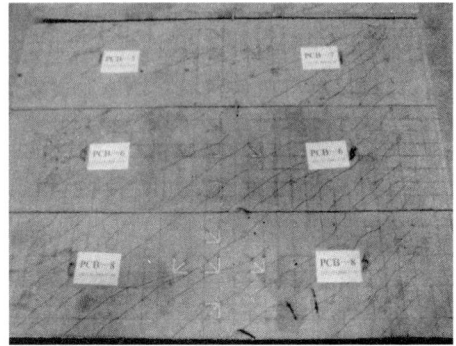

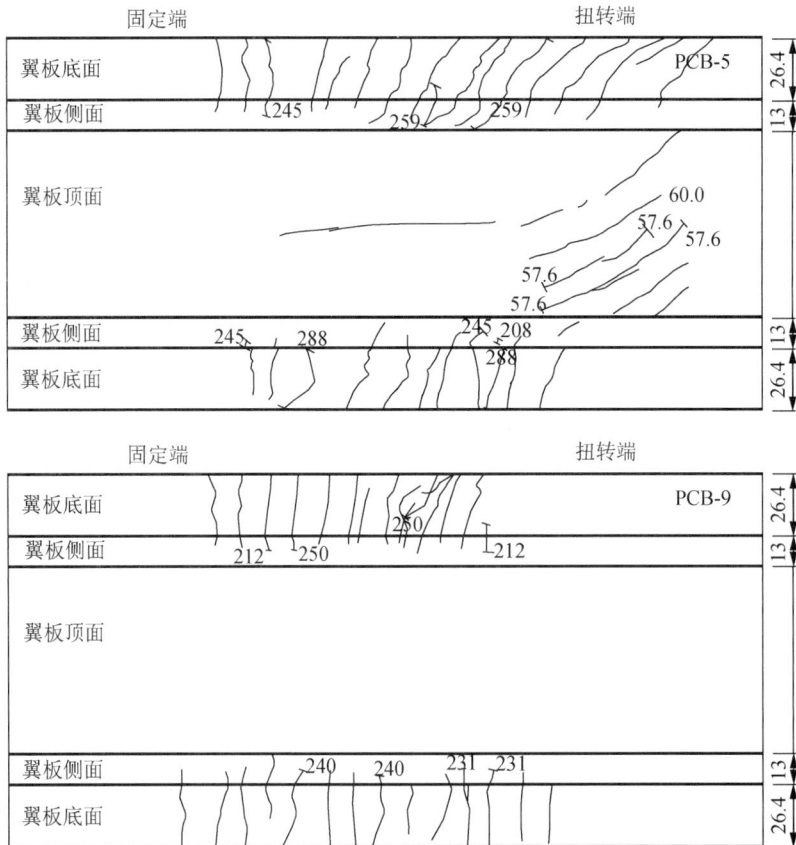

图 5-6　弯扭试验裂缝图

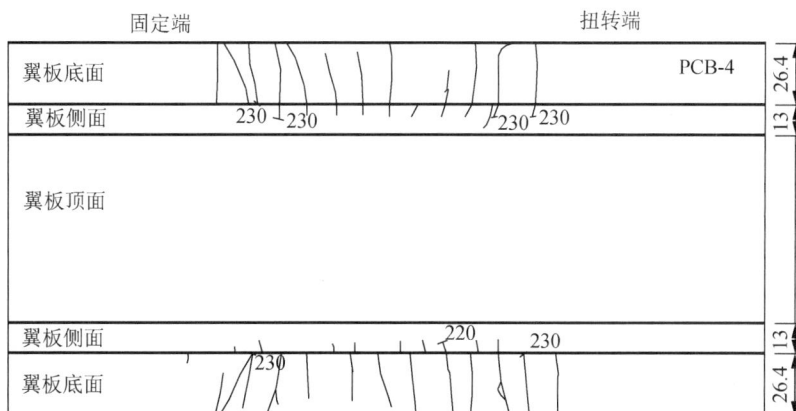

（c）弯扭试验弯型破坏裂缝图

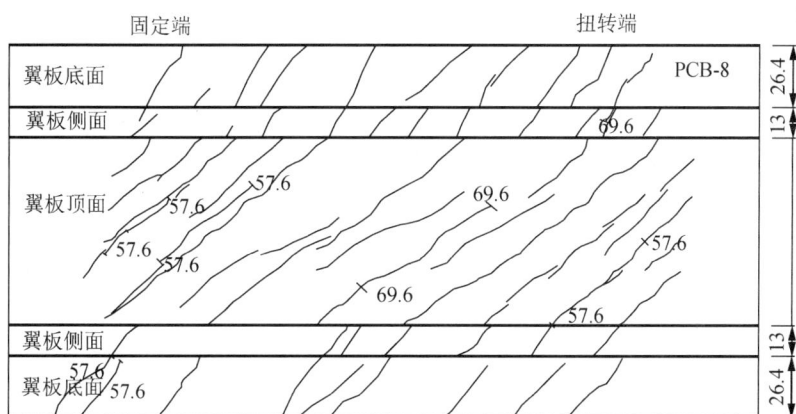

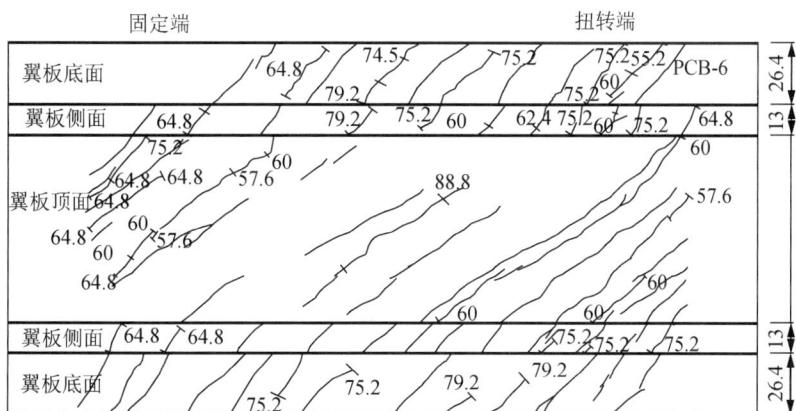

图 5-6　（续）

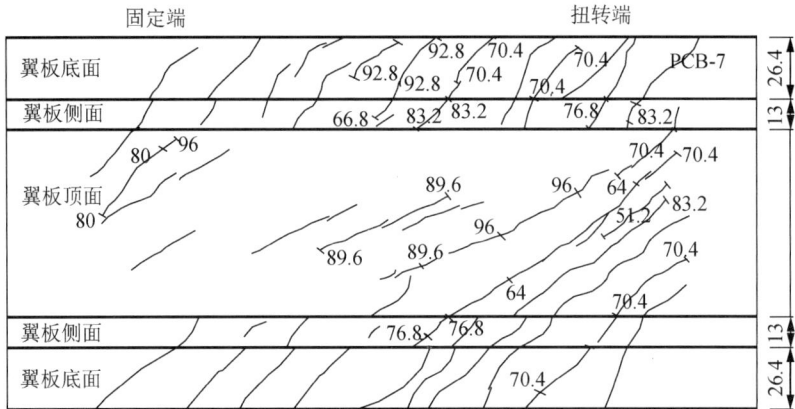

（d）弯扭试验扭型破坏裂缝展开图

图 5-6 （续）

3. 扭矩-扭转角特性

弯扭共同作用下，无论是弯型破坏还是扭型破坏，混凝土翼板的扭转角要略大于钢箱梁的扭转角，这主要与扭转端球铰转动受到的约束有关，如图 5-7 所示。

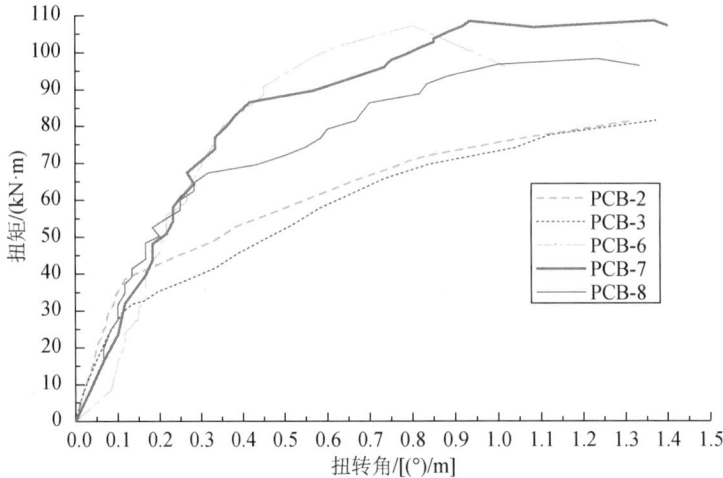

图 5-7 翼板扭矩-扭转角关系曲线

扭矩-扭转角关系曲线可分为三个阶段。第一阶段为弹性阶段，从刚开始加载直到 0.65T，基本表现为线弹性关系，组合梁的扭转变形很小。而且由于钢箱梁、预应力筋以及弯矩对混凝土翼板有一定的约束作用，使得混凝土翼板的抗扭能力有一定程度的提高。第二阶段为弹塑性阶段，随着扭矩的不断增加，扭矩-扭转角曲线表现为非线性增长，扭转刚度并未立即下降。因为裂缝刚开始出现在剪跨段内，对弯扭段影响并不大，当弯扭段也出现扭型裂缝时，扭转变形增长加快，箍筋开始屈服。第三阶段为破坏阶段，箍筋开始屈服后组合梁进入破坏阶段。随着荷载增加，扭转变形急剧增加直至破坏。从图 5-7 还可以看出，开裂前组合梁的抗扭刚度接近常量，开裂后抗扭刚度不断下降。通过对比不同组合梁的扭矩-扭转角曲线,发现预应力等级对组合梁的抗扭强度影响不明显;扭弯比对开裂前的扭转刚度几乎没影响,对开裂后的抗扭刚度有比较大的影响,扭弯比越小,抗扭刚度越大,说明在一定的弯矩作用下,组合梁的抗扭刚度将有不同程度的提高。

4. 弯矩-挠度特性

扭型破坏组合梁的跨中挠度还基本处于线性增长阶段,如图 5-8 所示。

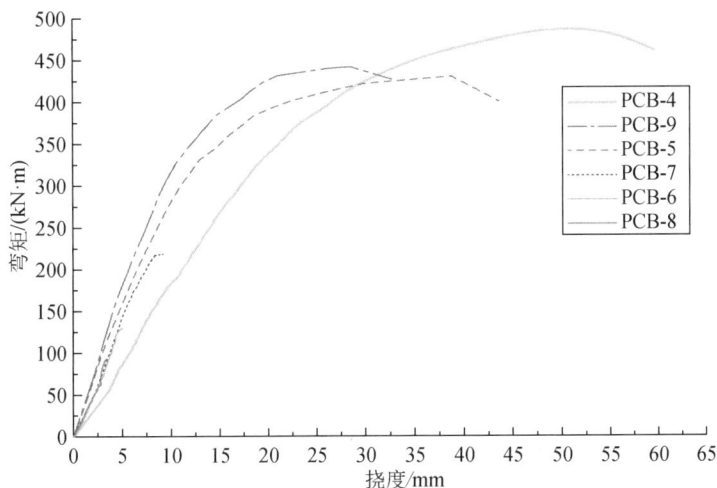

图 5-8　弯型破坏弯矩-跨中挠度关系曲线

第一阶段:弹性阶段。受拉区混凝土未开裂以前,弯矩-跨中挠度曲线接近直线。此阶段钢箱梁底板已经屈服,但由于预应力筋的存在提高了组合梁的弹性阶段。第二阶段:弹塑性阶段。组合梁下部产生受拉裂缝后,弯矩-跨中挠度曲线表现为非线性。但由于预应力筋的存在,截面刚度降低程度比较小。第三阶段:破坏阶段。钢梁底板和腹板相继屈服后,组合梁进入破坏阶段。组合梁抗弯刚度明显减小。组合梁抗弯破坏时,跨中挠度约为净跨的 1/105～1/53。δ_u / δ_y 的值介于 4～5 之间,表明组合梁梁具有良好的弯曲延性性能。纯弯试验组合梁的跨中挠度要大于弯型组合梁的跨中挠度。

随着扭弯比的减小,组合梁达到极限承载力时的跨中挠度明显增大,构件的延性增大。

对于弯型破坏,纯弯组合梁的弯曲延性比较大。同等弯矩情况下,弯型破坏的组合梁的跨中挠度要小于扭型破坏,说明组合梁的抗弯刚度随扭弯比的减小而增大。然而复合弯扭作用下组合梁的跨中挠度值要小于纯弯作用。本书作者认为这是由于挠度测点处受扭转变形的影响比较大,如何减小这种影响,需要求助于试验测试手段的进一步改进。

5. 扭矩-弯矩特性

图 5-9 为组合梁复合作用下弯矩-扭矩相关曲线。对于扭弯比大于 1 的组合梁,弯矩的存在能提高组合梁的极限扭矩。从现有试验数据来看,PCB-7 提高幅度最大,达28%。PCB-6 极限扭矩能提高 26%、PCB-8 极限扭矩能提高 16%。但扭弯比小于 1 时,组合梁的极限弯矩将有不同程度的降低,扭弯比越小,降低的幅度越小。提高组合梁极

限抗扭强度的最佳扭弯比介于 3～4.8，提高幅度达 26%～28%。

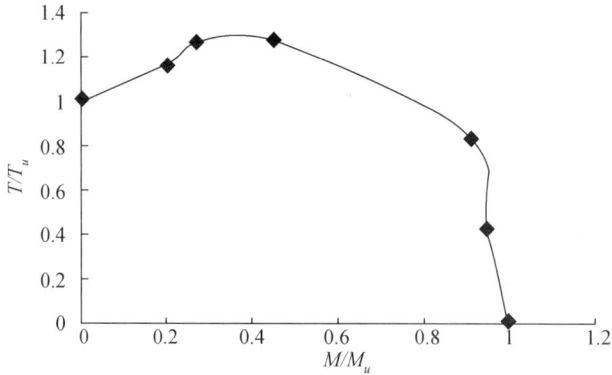

图 5-9　弯矩-扭矩相关曲线

在弯矩存在下，极限扭矩有所提高的原因：从组合梁的纯扭试验可以验证，组合梁的扭矩主要由混凝土翼板和钢梁组成的箱形截面来共同承担。扭型破坏主要表现为混凝土翼板斜拉裂缝过大而导致组合梁达到极限承载力。然而在弯矩作用下，组合梁的混凝土翼板主要位于受压区，由弯矩产生的弯曲压应力可以抵消部分由扭矩引起的斜拉应力，抑制斜裂缝的开展。混凝土翼板实际处于压扭状态。弯曲压力对极限抗扭强度有提高作用，即适当的弯矩可以提高组合梁极限抗扭强度。

5.1.4　应变分析

1. 截面高度应变分析

由图 5-10 可见，对于弯型破坏的组合梁，在钢梁屈服前，受弯应变基本上符合平截面假定，截面高度应变有较好的线性关系。纵筋受压应变作用，中和轴在交界面上面，接近于下部纵筋位置。预应力的存在扩大了组合梁的弹性范围。预应力能提高组合梁的抗弯刚度，提高开裂弯矩，抑制弯型裂缝的开展，改善正常使用阶段的性能。

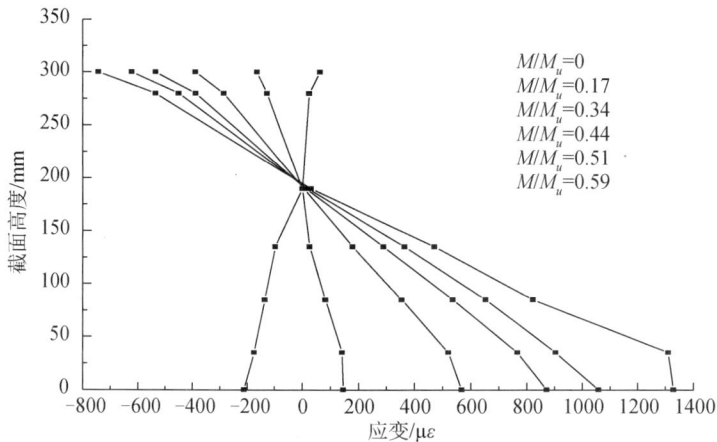

（a）试件PCB-4

图 5-10　截面高度-应变曲线

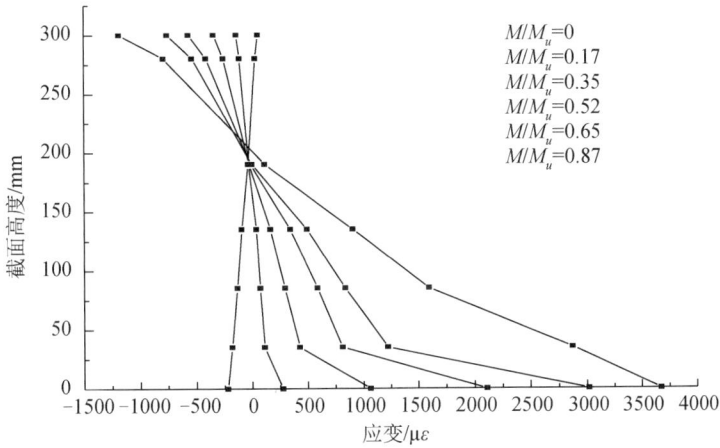

（b）试件PCB-9

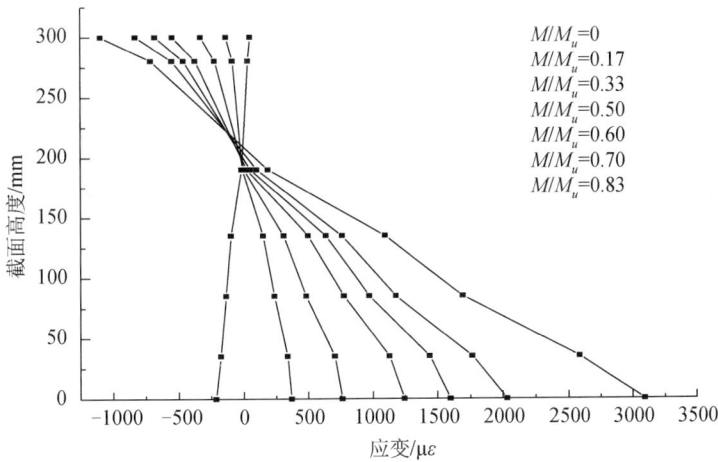

（c）试件PCB-5

图 5-10　（续）

钢梁进入屈服以后，截面应变增长变得不是很规则。钢梁屈服后还能承受较大荷载，表明结构延性好，预应力能够增加结构延性。

2. 混凝土翼板应变

1）主应变分析

从图 5-11 中可以看出，随着扭弯比的增加，翼板混凝土主应变与梁纵轴所成的角度逐渐加大。弯型破坏区段，增加效应明显。扭型破坏区段，增长比较平缓，扭弯比为 6.4 时就接近于纯扭试验的主应变角度。在复合弯扭作用下，混凝土翼板上表面实际处于压扭状态。弯曲压力对主应变角度的影响明显。

2）纵向应变分析

从图 5-12 中可以看出，即使是扭型破坏，整个试验过程中混凝土翼板上表面主压应变大于主拉应变，使得斜裂缝与纵轴的夹角同扭弯比有很大关系，扭弯比越大，与纵轴所成角度越大。因此在复合弯扭作用下，由弯矩产生的弯曲压应力可以抵消部分由扭矩引起的斜拉应力，延迟混凝土翼板上表面裂缝的出现和抑制裂缝的开展。混凝土翼板实际处于压扭状态。弯曲压力对开裂扭矩和极限扭矩有提高作用。

组合梁达到 $0.4T_u$ 以前，混凝土翼板截面剪应变分布相对比较均匀，同一截面的混凝土应变大致相等，截面长边的中点处的剪应变略大。这是因为板式构件的厚度较薄，弯扭时整个截面的剪应力分布相对均匀，临近开裂时的塑性重分布要充分于梁式构件，而且板式构件的宽厚比越大，剪应力塑性重分布程度越高。扭矩超过 $0.4T_u$ 后，混凝土应变分布很不均匀，相差较大，部分混凝土已进入塑性，而另一部分还比较小。但还是基本表现出中间大、周边剪应力小的特点，"两边小、中间大"的基本规律。试验后期，翼板截面弯扭相减面的剪应力要大于中间和弯扭相加面部分的剪应力，表明翼板弯扭相减面的混凝土塑性发展程度要高于其他部分。

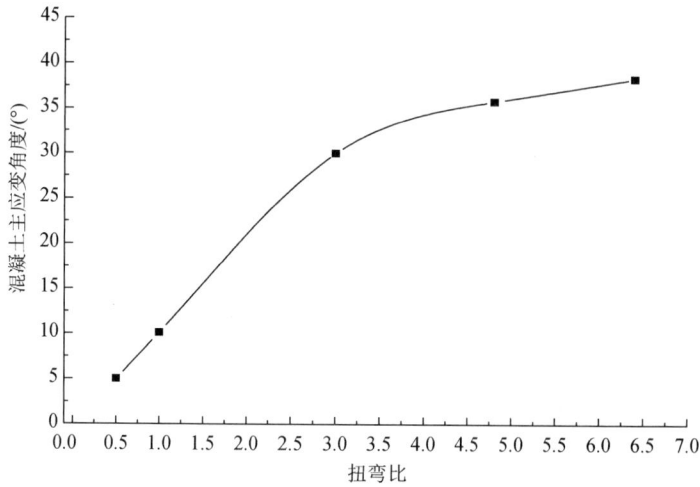

图 5-11　混凝土主应变角度与扭弯比关系

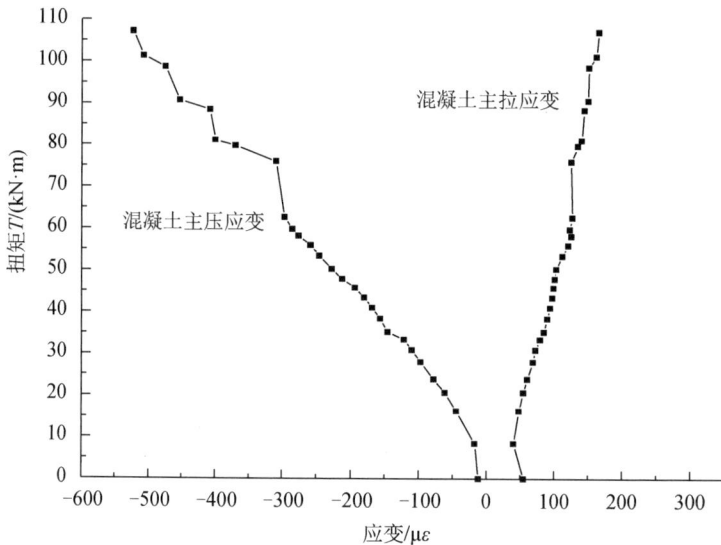

（a）PCB-6试件主拉应变

图 5-12　扭矩-混凝土应变关系图

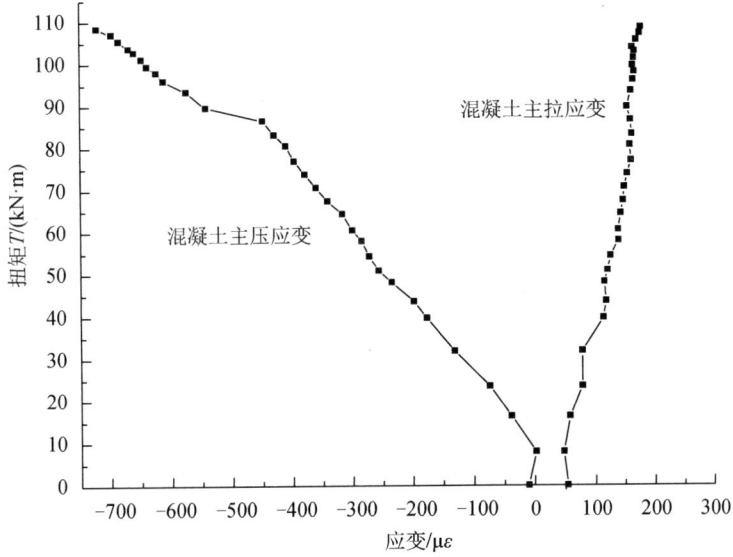

（b）PCB-7试件主拉应变

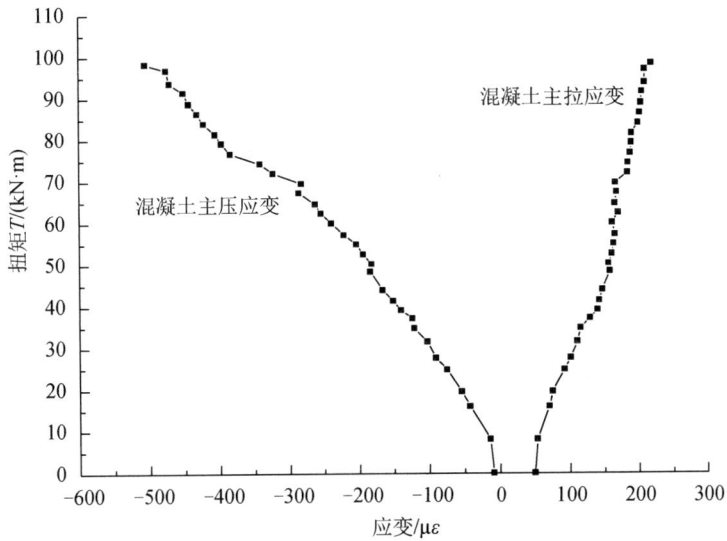

（c）PCB-8试件主拉应变

图 5-12　（续）

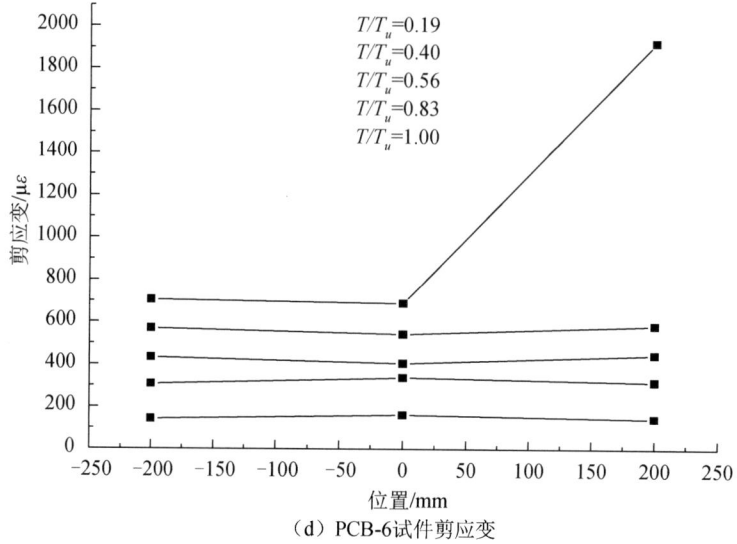

（d）PCB-6试件剪应变

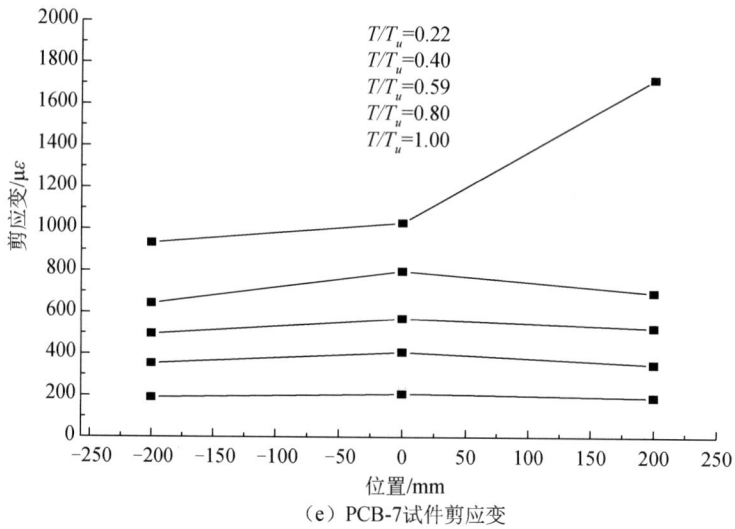

（e）PCB-7试件剪应变

图 5-12　（续）

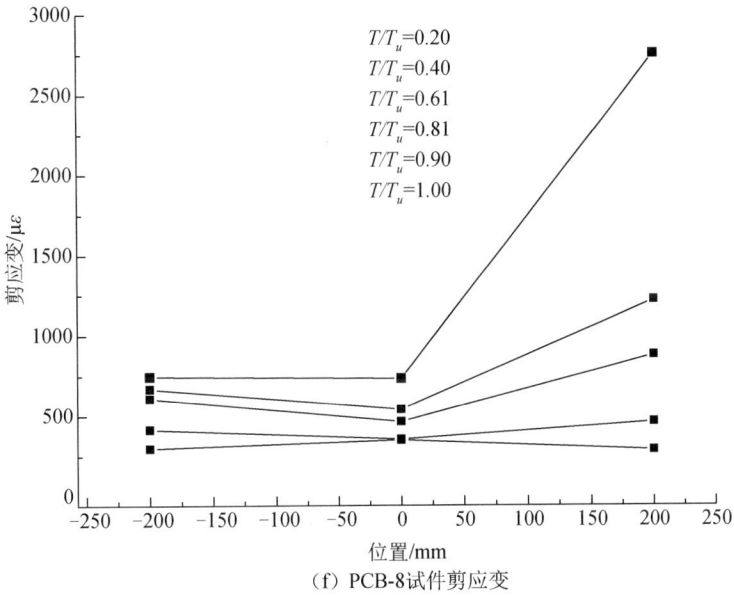

（f）PCB-8试件剪应变

图 5-12　（续）

3. 钢梁应变分析

从图 5-13 中可以看出，整个试验过程中钢梁主拉应变大于主压应变，扭弯比越小，主拉应变主导作用越大。在复合弯扭作用下，钢梁实际处于拉扭状态，破坏时钢梁主拉应变要大于纯扭组合梁的主拉应变。钢箱梁上剪应变沿截面高度基本上是上面小、下面大，主要是因为弯曲拉应力自上而下越来越大，导致拉扭复合作用下剪应变上面小、下面大的情况。腹板与钢梁底板结合处的剪应力情况复杂，剪应力偏大，主要因为结合部受焊缝的影响比较大。

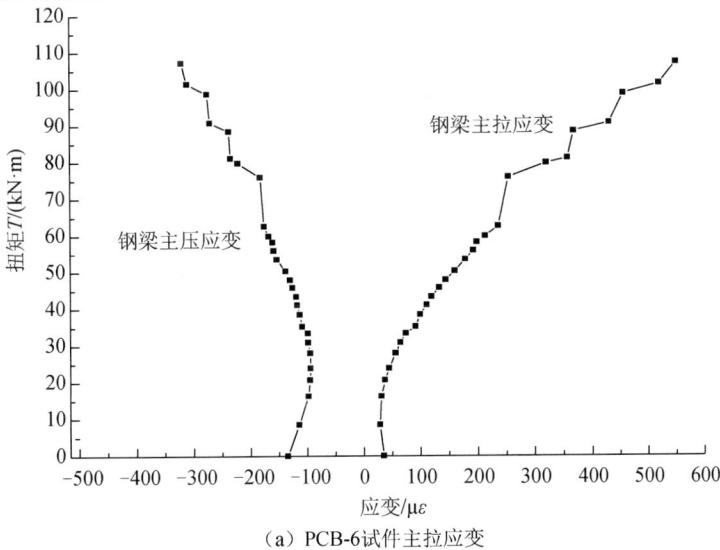

（a）PCB-6试件主拉应变

图 5-13　钢梁应变关系图

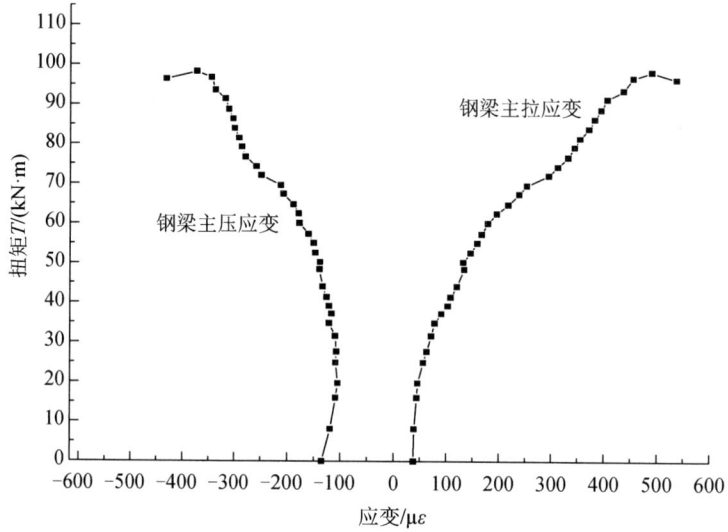

（b） PCB-8试件主拉应变

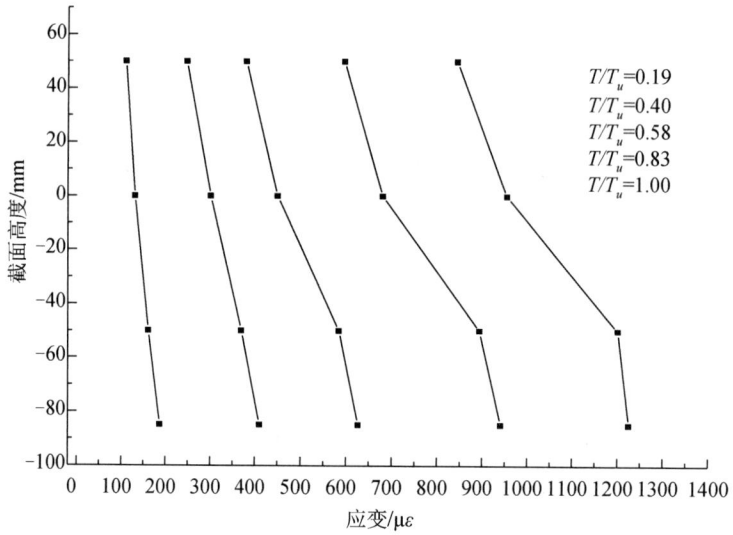

（c） PCB-6试件剪应变

图 5-13 （续）

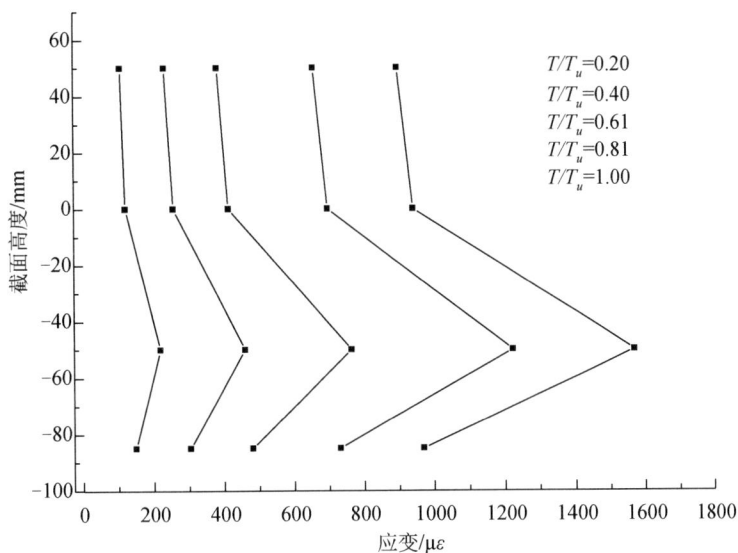

（d）PCB-8试件剪应变

图 5-13 （续）

4. 钢筋应变分析

从图 5-14 可知，$T<0.65T_u$ 时，箍筋应变比较小，大约在 $300\mu\varepsilon$ 以内。裂缝穿过箍筋时，应变值出现一个较大的突变，应变曲线出现一个比较明显的转折。$T>0.65T_u$ 以后箍筋的应变增长较快，直到箍筋屈服。屈服后钢筋在扭矩的作用下产生较大的流幅，一部分应变片由于箍筋流幅过大而导致拉坏。弯型破坏纵筋处于受压状态，最大压应变

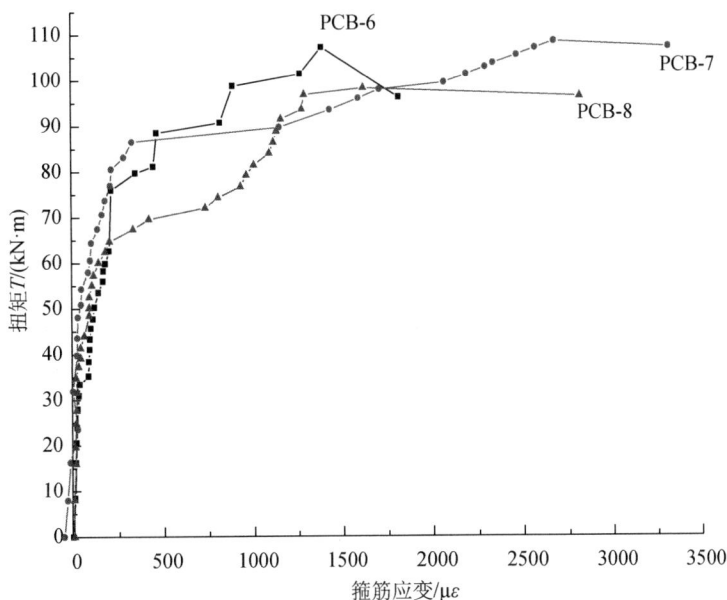

图 5-14　扭矩-钢筋应变图

要小于纯弯破坏时的最大压应变。扭型破坏时纵筋基本处于受拉状态，但还没有达到屈服状态。

5. 滑移特性分析

试验表明，即使对于完全剪力连接设计的组合梁，栓钉在传递钢梁和混凝土板的剪力过程中也会产生变形，交界面存在滑移；PCB-4 最大滑移量为 2.2mm，滑移量还是比较大的。

在荷载作用的初始阶段，栓钉和黏结力共同抵抗混凝土翼板和钢箱梁交界面上的剪力，当交界面上的剪应力达到极限黏结强度时，自然黏结发生破坏，交界面上的剪力由栓钉承担，在发生自然黏结破坏之前，栓钉所起到的抗剪作用较小。自然黏结破坏后，组合梁的交界面产生相对滑移，滑移是由连接件本身变形和其周围的混凝土的压缩变形所致，组合梁的滑移朝着梁端有增大的趋势。

本次试验梁的弯矩-滑移曲线如图 5-15 所示，基本上可分为三个阶段：

第一阶段，在加载初期，外荷载还不足以破坏混凝土板与钢梁的自然黏结力，滑移没有出现；而随着外荷载的不断增加，自然黏结被破坏，滑移开始出现。

第二阶段，混凝土对栓钉的包裹作用良好，此时栓钉的弯曲成为滑移的主要来源，这一阶段的滑移随着荷载的增大而增长比较平缓。

第三阶段，栓钉周围混凝土逐步压碎后，栓钉的弯曲和混凝土的破坏是滑移的主要来源，此时荷载增大得不多，滑移却有较大的发展，直至极限荷载。

由图 5-15 可以看出，从布置测点的滑移量可以看出，极限荷载状态下的最大滑移发生在靠近支座的梁端处，并且随着测点越靠近跨中截面，滑移量越来越小，跨中截面的滑移量最小。

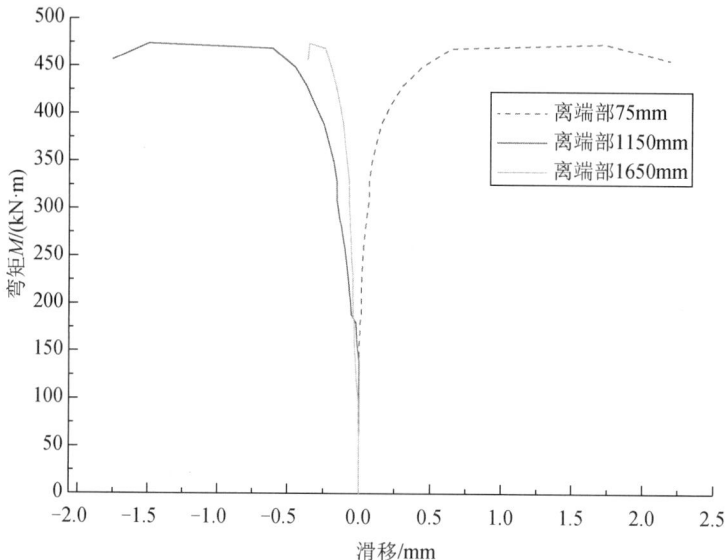

（a）滑移增长曲线

图 5-15　纯弯试验弯矩-滑移曲线

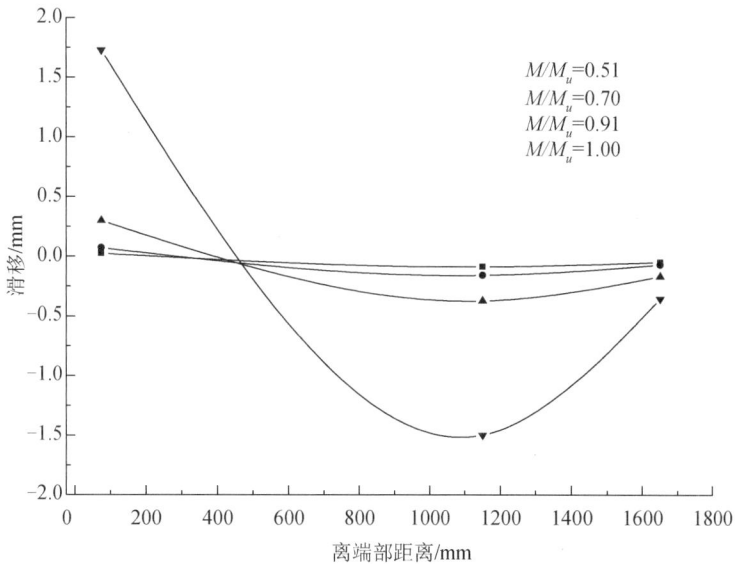

（b）滑移纵向分布曲线

图 5-15 （续）

对于复合弯扭作用下弯型破坏的组合梁，PCB-5 的最大滑移量为 2.7mm，要稍大于纯弯试验，说明连接件传递钢梁与混凝土板扭矩时还要抵抗钢梁和混凝土板的掀起作用，相当于栓钉承受轴向力作用。这样栓钉在复合弯扭受力作用下实际处于轴向拉力和剪力状态，降低了连接件的承载力。而本书连接件设计根据规范按受弯完全剪力连接设计，没有考虑扭矩带来的不利作用。这样实质上相当于部分剪力连接设计，极限荷载时组合梁交界面的滑移偏大。而规范没有考虑这种影响是不安全的。

6. 预应力筋内力增量

图 5-16 中可以看出，对于纯弯和弯型破坏的组合梁，随着弯矩的增加，预应力内力增量基本呈线性增长。随着翼板底面和侧面混凝土的开裂，侧面裂缝逐渐向上延伸，组合梁抗弯刚度越来越小，预应力筋内力增量增长得越来越快。对于扭型破坏的组合梁，预应力筋内力增量的增长变化趋势表现得不是很规则，本书作者认为主要是因为扭转变形的影响和预应力筋内力测量仪器有关（采用电阻应变式压力传感器）。试验过程中还发现，弯矩和扭转变形方向相反的一侧的预应力筋内力增量要略大于弯矩和扭转变形方向相同的一侧。实际上，预应力筋内力增量直接表现为组合梁跨中挠度的变化，间接地由弯矩控制。组合梁跨中挠度增长越快，抗弯刚度越小，预应力筋内力增量增长越快。

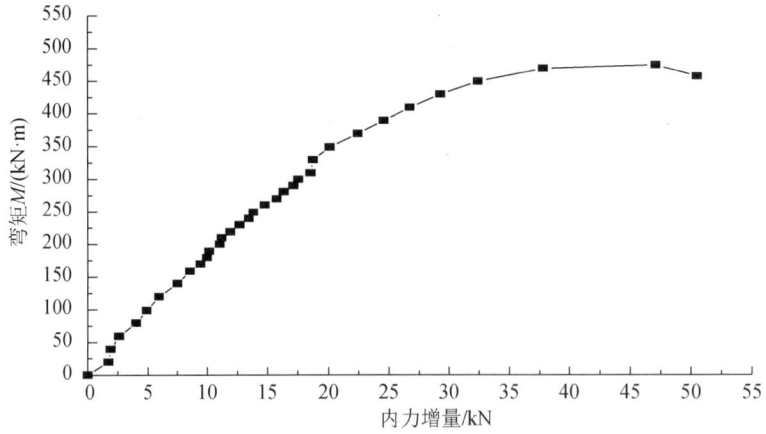

（a）试件PCB-4

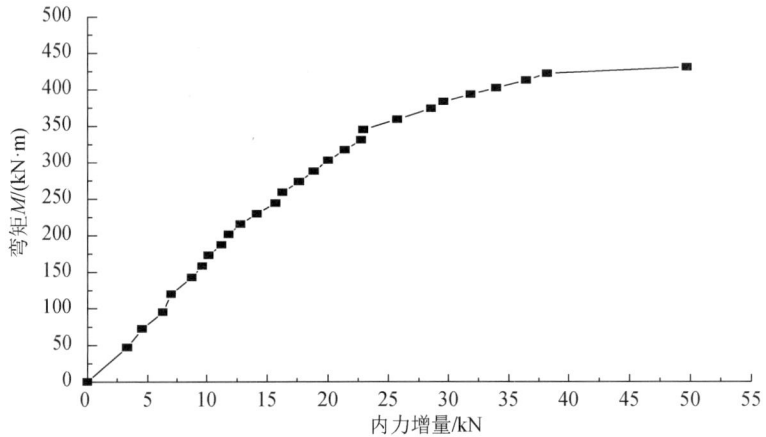

（b）试件PCB-5

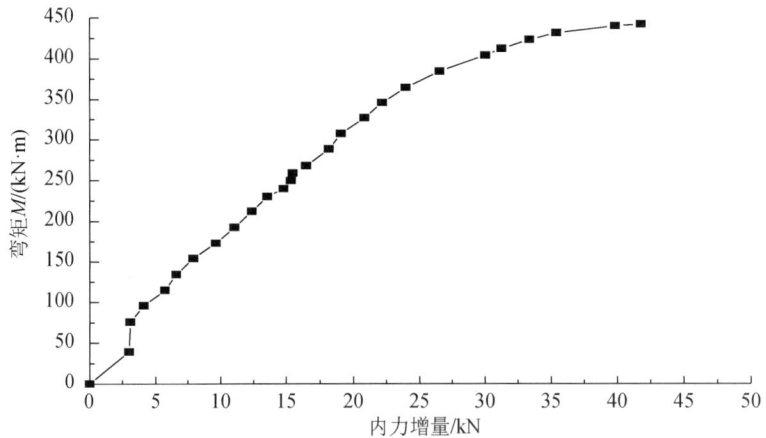

（c）试件PCB-9

图 5-16　预应力筋内力增量图

5.1.5　小结

（1）对于本书试验的组合梁，当 $(T/T_u)/(M/M_u)<1$ 时，组合梁的受力以弯矩为主，主要表现为弯型破坏；弯型破坏最终以混凝土翼板的受压破坏为标志。破坏时，纵筋基本处于受压状态，箍筋基本不会屈服。弯扭段混凝土翼板两个侧面出现与纵轴近似垂直的歪型裂缝。$(T/T_u)/(M/M_u)=1$ 时，组合梁的受力仍以弯矩为主，主要表现为弯型破坏，但箍筋在扭矩作用下也能屈服。$(T/T_u)/(M/M_u)>1$ 时，此时扭矩起主导作用，组合梁表现为扭型破坏。破坏时，箍筋基本都屈服，扭弯比比较大时，纵筋处于受拉状态。弯扭段内的斜裂缝与纵轴的夹角同扭弯比有很大关系，扭弯比越大，与纵轴所成角度越大。扭型破坏区段，增长比较平缓。显然，弯扭型破坏形态的界限与扭弯比、混凝土强度、高宽比、配筋形式、配筋量大小、纵筋与箍筋配筋强度比以及钢箱梁同混凝土翼板的抗扭刚度比等有关。弯型、扭型破坏的分界如何确定，还有待于进一步研究。

（2）扭弯比对混凝土翼板开裂前的扭转刚度几乎没影响，对开裂后的抗扭刚度有比较大的影响；扭弯比越小，抗扭刚度越大，说明在一定的弯矩作用下，组合梁的抗扭刚度将有不同程度的提高。

（3）对于弯型破坏，随着扭弯比的减小，组合梁达到极限承载力时的跨中挠度值明显增大，组合梁的弯曲延性增大。组合梁的抗弯刚度随扭弯比的减小而增大。

（4）当 $(T/T_u)/(M/M_u)>1$ 时，一定弯矩的存在能提高组合梁的极限扭矩，提高幅度最大能达 28%。提高组合梁极限扭矩的最佳扭弯比介于 3～4.8，提高幅度达 26%～28%。但是当 $(T/T_u)/(M/M_u)<1$ 时，组合梁的极限弯矩将有不同程度的降低，扭弯比越小，降低的幅度越小。

（5）预应力能提高组合梁的抗弯刚度，扩大弹性范围，提高开裂弯矩，抑制弯型裂缝的开展，提高结构弯曲延性。

（6）即使对于完全剪力连接设计的组合梁，栓钉在传递钢梁和混凝土板的剪力过程中也会产生变形，交界面存在滑移；对于复合弯扭作用下弯型破坏的组合梁，连接件实际处于轴向拉力和剪切状态，降低了连接件的承载力。而规范按受弯完全剪力连接设计，没有考虑扭矩带来的不利作用。

（7）对于纯弯和弯型破坏的组合梁，预应力筋内力增量随着扭弯比的减小而增加。弯矩和扭转变形方向相反的一侧的预应力筋内力增量要略大于弯矩和扭转变形方向相同的一侧。

5.2　预应力组合箱梁复合弯剪扭性能试验研究

5.2.1　引言

随着工程技术的不断发展，特别是近现代高强混凝土和预应力技术的广泛使用，通过将组合梁结构、预应力技术、高强混凝土三者结合起来得到预应力高强混凝土组合梁。

这种梁具有更高的经济价值，能够节省材料使用、降低梁截面高度，同时显著地提高结构的刚度、减小结构的变形、延长结构的使用寿命等。深圳市丽水大桥和广州中山北路高架桥等都采用了预应力高强混凝土组合梁结构。

在实际工程结构中，构件受力方式总是轴力、弯矩、剪力、扭矩共同复合作用的结果。由于存在偏心荷载引起的扭转应力，组合梁受到扭转荷载情况非常突出，特别是对于曲线桥梁和双线公路桥梁则扭转效应更加显著。然而目前对预应力组合箱梁的研究主要集中在抗弯性能及疲劳特性研究中，对组合梁纯扭、弯扭及弯剪扭复合作用方向的研究还很少。我国《钢结构设计标准》(GB 50017—2017)[71]与欧洲组合结构规范[79](EC.4)没有关于预应力组合梁的规定，日本组合结构规范中只给出了预应力组合简支梁塑性设计的若干规定。因此，开展对预应力组合箱梁的抗扭试验和理论研究，得出扭转过程相关特性，适应工程实践的发展，为未来工程做出指导依据，具有很强的现实意义。

弯剪扭试验研究的重点是弯剪扭复合受力状况下组合梁结构性能，以及弯矩和扭矩之间的相互影响。组合梁弯剪扭复合受力并不是弯矩、剪力、扭矩的简单叠加，而是三者相互影响、相互协调的一个复杂过程。

5.2.2　试验方案

结合工程需要，考虑工程实际，结合钢结构设计规范，本次试验为了与预应力组合箱梁纯扭试验进行对比分析，纯弯和弯剪扭试验截面尺寸与栓钉布置都与之前做纯扭试验的 PCB-50 梁一样。具体情况如表 5-4 所示。

表 5-4　试件截面参数及配筋一览表

试件编号	截面尺寸		预应力筋	普通钢筋		跨度/mm	栓钉数/个	备注
	钢箱/(mm×mm)	混凝土板/(mm×mm)		纵筋	箍筋			
PCB-50	200×260	800×130	2ϕ^j15.24	10ϕ10	ϕ8@120	3000	76	标准
PCB-51	200×260	800×130	2ϕ^j15.24	10ϕ10	ϕ8@120	3000	76	标准
PCB-52	200×260	800×130	2ϕ^j15.24	10ϕ10	ϕ8@120	3000	38	栓钉数减少
PCB-53	200×260	800×130	2ϕ^j15.24	10ϕ10	ϕ8@120	3000	62	栓钉数减少
PCB-54	200×260	800×130	2ϕ^j15.24	10ϕ10	ϕ8@120	3000	76	标准
PCB-55	200×260	800×130	2ϕ^j15.24	10ϕ10	ϕ8@120	3000	76	标准
PCB-56	200×260	800×130	2ϕ^j15.24	10ϕ10	ϕ8@120	3000	76	标准
PCB-57	200×260	800×130	2ϕ^j15.24	10ϕ10	ϕ8@120	3000	76	标准
PCB-58	200×260	800×130	2ϕ^j15.24	10ϕ10	ϕ8@120	3000	76	标准
PCB-59	200×260	800×130	2ϕ^j15.24	10ϕ10	ϕ8@120	3000	76	标准
PCB-60	200×260	800×130	2ϕ^j15.24	10ϕ10	ϕ8@120	3000	76	标准
PCB-61	200×260	800×130	2ϕ^j15.24	10ϕ10	ϕ8@120	3900	76	跨度增加

根据加载方式的不同本次弯剪扭试验共设计了 8 根组合箱梁进行加载试验，各试验梁详细参数如表 5-5 所示。

表 5-5　试验梁主要参数一览表

试件编号	预应力/kN	张拉最大拉应变	箍筋配筋率	纵筋配筋率	配筋强度比	加载情况	扭弯比 $\dfrac{T/T_u}{M/M_u}$
PCB-54	177.6	34	0.68%	0.75%	1.22	弯剪扭	2
PCB-55	169.2	40	0.68%	0.75%	1.22	弯剪	0
PCB-56	174.0	38	0.68%	0.75%	1.22	弯剪扭	5
PCB-57	189.6	36	0.68%	0.75%	1.22	弯剪扭	1
PCB-58	168.2	36	0.68%	0.75%	1.22	弯剪扭	0.5
PCB-59	188.4	31	0.68%	0.75%	1.22	弯剪扭	3.5
PCB-60	181.9	26	0.68%	0.75%	1.22	弯剪扭	6.5
PCB-61	208.0	40	0.68%	0.75%	1.22	弯剪扭	1

　　试验加载装置同前面组合梁纯扭试验装置基本相同。复合弯剪扭试验时，在一端施加力偶矩的同时，由一个液压千斤顶直接施加在试验梁跨中位置形成集中力作用，这样梁处于复合弯剪扭受力状态。通过计算机控制系统控制两个通道精确加载扭矩荷载和弯矩荷载，每个通道可以独立控制荷载加载值，形成不同的扭弯比值，从而得到理想的控制值。弯剪扭加载装置如图 5-17 所示。

　　弯剪试验时，在组合梁跨中直接加载一台 1000kN 千斤顶，使梁处于弯剪复合受力状态。试验加载设备采用高精度八通道液压伺服机，结合配套的伺服液压计算机控制系统，使用其中一个通道，使得千斤顶出力，通过压力传感器得到荷载值及控制荷载加载大小。

　　本试验采用组合箱梁跨中 2m 范围内为测试段，主要测量内容如下：

　　（1）通过设置在伺服仪千斤顶上的压力传感器得到加载的扭转荷载大小。

　　（2）在钢梁和混凝土两种材料上，沿梁长在跨中截面分别布置型号为 BF120-3AA和 BF120-80AA 的电阻应变片，每 3 个应变片组成一个 3 方向分别为 0°、45°、90°的应变花，同时沿梁翼板宽度方向布置 3 个应变花，以验证翼板剪滞效应。在纵筋和箍筋表面也预先布置型号为 BF120-3AA 的应变片。通过东华 DH3816 静态应变采集仪测量钢梁、混凝土应变以及钢筋应变。

（a）弯剪试验　　　　　　　　　　　　　　（b）弯扭试验

图 5-17　试验装置图

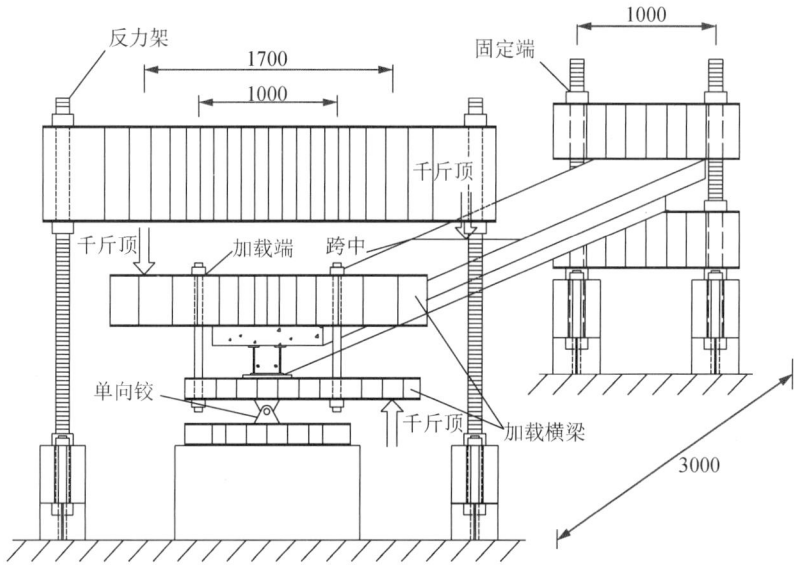

（c）弯剪扭试验

图 5-17 （续）

（3）在混凝土翼板及钢梁上布置 Anglestar 电子式角度测量仪（精度 0.01°），用于采集扭转过程中翼板及钢箱梁的扭转角。

（4）在每根预应力筋一端布置拉压力传感器，以得到预应力张拉值的大小以及加载过程中预应力变化。

（5）从跨中到端支座均匀布置 3 个导杆引伸仪，引伸仪的两个端头分别位于混凝土翼板和钢梁上，以测出钢梁与混凝土交界面的相对滑移。

（6）在跨中、支座位置布置电子位移计，测量加载过程中组合梁挠度。

（7）每根试件翼板表面均用乳胶漆刷白，并画上 10cm×10cm 的网格，用于描出混凝土翼板裂缝的位置及其发展走向。

试验梁应变片方案和纯扭试验梁相同。钢箱梁和混凝土翼板的应变片布置如图 5-18 所示。

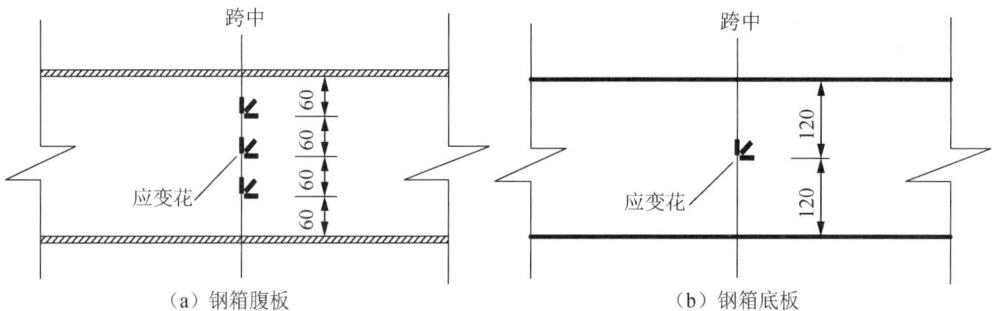

（a）钢箱腹板　　　　　　　　　　　　　（b）钢箱底板

图 5-18　钢箱梁和混凝土翼板的应变片布置图

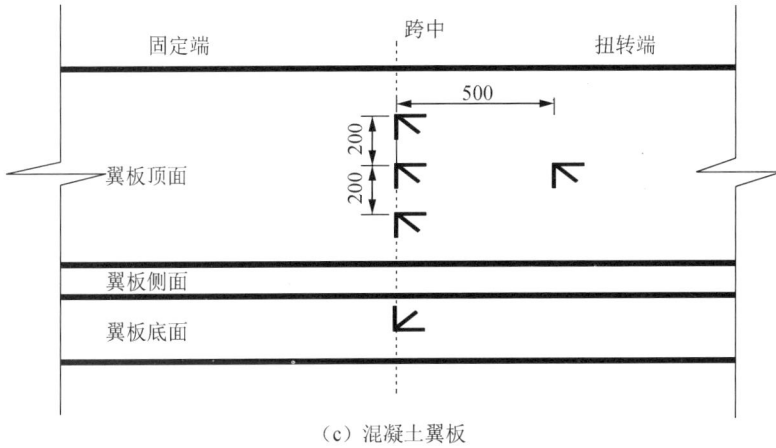

（c）混凝土翼板

图 5-18　（续）

试验梁的跨中和距跨中 500mm 处挠度采用电子位移计测定。从跨中到端支座均匀布置 3 个导杆引伸仪，间距分别为 500mm，引伸仪的两个端头分别位于混凝土翼板和钢梁上。在距离跨中为 1000mm 位置布置有 4 个倾角仪，其中两个布置在混凝土翼板上，另外两个布置在钢箱梁底板上。同时在两根预应力筋一侧安装有拉压力传感器，用于测定加载预应力的大小。试验梁位移计、倾角仪、导杆引伸仪以及拉压力传感器布置如图5-19 所示。

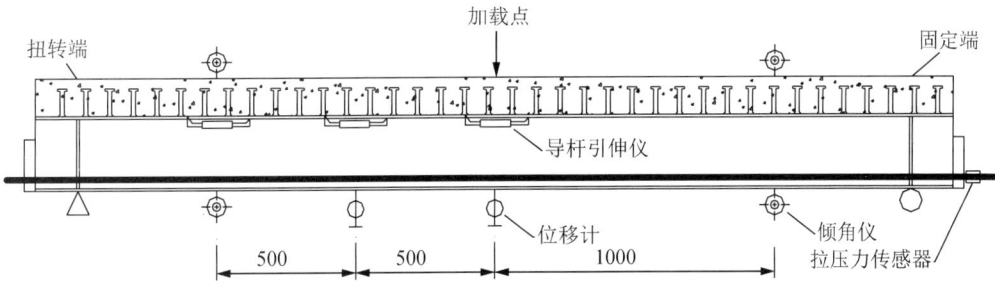

图 5-19　位移计、倾角仪、导杆引伸仪以及拉压力传感器布置图

5.2.3　试验描述及结果分析

1. 主要试验结果

每根组合梁施加扭转荷载前先进行预应力张拉，分三级加载，直到张拉千斤顶油泵压力表读数为 25MPa 停止张拉。每级张拉后采集预应力及组合梁应变值。张拉预应力后再施加扭矩。为避免测量中内力不稳定，每次先加载弯矩后加载扭矩以后静载 5min以后才开始采集数据，扭矩和弯矩从 0 加载直到试件开裂以至于破坏为止。具体加载情况如图 5-20 所示。

1）PCB-54 的试验加载过程

按照扭弯比 $(T/T_u)/(M/M_u)=2$ 进行逐步加载。在加载钢梁两端用 2 个千斤顶施加力矩作用，形成力偶矩。为避免千斤顶滑动脱落，用钢丝把上部分上千斤顶牢牢固定在反力架上。在跨中用 1 个千斤顶施加弯矩。当扭矩加载至 56.1kN·m（弯矩 186.1kN·m）时扭转段出现斜裂缝，并且随着荷载的不断增加，斜裂缝增多；端部有应力集中现象；当扭矩加载到 67kN·m（弯矩 216.5kN·m）时顶部扭转千斤顶脱落，重新固定以后开始加载；当扭矩加载到 98.8kN·m（弯矩 324.7kN·m）时，试验梁达到极限扭矩，破坏形态为扭型破坏。

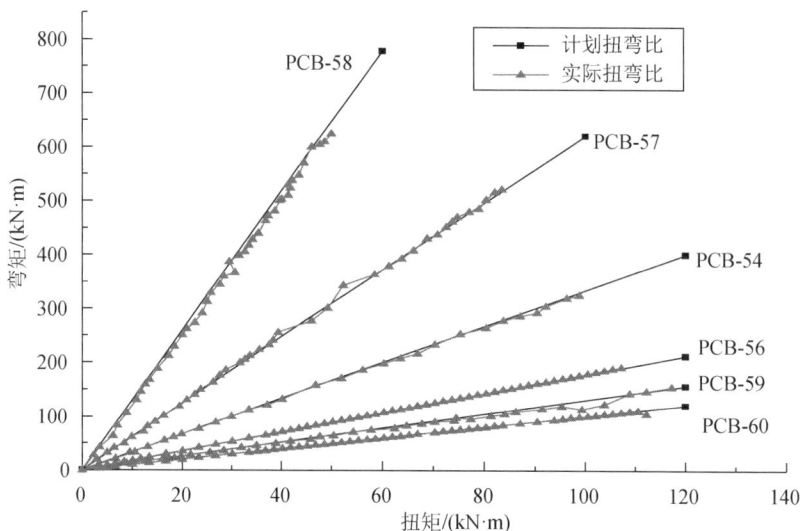

图 5-20　不同试件加载情况

2）PCB-55 的试验加载过程

按照扭弯比 $(T/T_u)/(M/M_u)=0$ 进行逐步加载。本次试验梁只是在跨中用 1 个千斤顶施加弯矩荷载的作用，并没有施加扭矩。分级逐步加载，当弯矩加载到 395.0kN·m 时，在翼板下方出现一条细微的横向裂缝，随着荷载逐渐增大，裂缝数量也逐渐增多。随着弯矩再不断增大，裂缝宽度也不断扩大，裂缝由翼板底部向翼板顶部扩展。在弯矩加载到 667.8kN·m 时，混凝土翼板破坏，有混凝土飞出，挠度急剧增加，显示弯矩也在减少；后面即使千斤顶再加载，弯矩也不能达到 667.8kN·m，即梁已经破坏，破坏弯矩为 667.8kN·m。

3）PCB-56 的试验加载过程

按照扭弯比 $(T/T_u)/(M/M_u)=5$ 进行逐步加载。当扭矩加载到 35.0kN·m（弯矩 45.8kN·m）时，翼板顶部加载端出现裂缝，为应力集中现象。当扭矩加载到 62.5kN·m（弯矩 77.2kN·m）时，翼板上出现扭转斜裂缝，开裂荷载为 62.5kN·m，且裂缝数量不断增多，随着荷载逐渐增大，裂缝宽度加大；当扭矩加载到 70.3kN·m 时顶部扭转千斤顶滑落；平衡后重新加载，直到扭矩为 117.2kN·m（弯矩 154.1kN·m）试件达到极限扭矩，极限扭矩为 117.2kN·m。

4）PCB-57 的试验加载过程

按照扭弯比 $(T/T_u)/(M/M_u)=1$ 进行逐步加载。当扭矩加载到 52.2kN·m（弯矩

342.6kN·m），在扭转端出现斜裂缝，开裂扭矩为 52.2kN·m。当弯矩加载到 470.0kN·m
（扭矩 74.7kN·m）时，翼板底部出现了细微的横向裂缝，开裂弯矩为 470.0kN·m。混
凝土翼板底部裂缝数量不断增多且向翼板上方扩展，随着荷载逐渐增大，裂缝宽度加大，
弯矩加载到 624.1kN·m 试验梁破坏，极限弯矩为 624.1kN·m。

5）PCB-58 的试验加载过程

按照扭弯比 $(T/T_u)/(M/M_u)=0.5$ 进行逐步加载。当弯矩加载到 417.3kN·m（扭
矩 33.5kN·m）时，翼板底部出现了细微的横向裂缝，开裂弯矩为 417.3kN·m。混凝
土翼板底部裂缝数量不断增多且向翼板上方扩展，随着荷载逐渐增大，裂缝宽度加大，
弯矩加载到 624.5kN·m（扭矩 49.9kN·m）试验梁破坏，极限弯矩为 624.5kN·m。

6）PCB-59 的试验加载过程

按照扭弯比 $(T/T_u)/(M/M_u)=3.5$ 进行逐步加载。当扭矩加载到 63.6N·m（弯矩
113.4kN·m）时，翼板上出现扭转斜裂缝，开裂荷载为 63.6kN·m，裂缝数量不断增多
且宽度增大，直到扭矩为 107.2kN·m（弯矩 190.8kN·m）试件达到极限扭矩，极限扭
矩为 107.2kN·m。

7）PCB-60 的试验加载过程

按照扭弯比 $(T/T_u)/(M/M_u)=6.5$ 进行逐步加载。当扭矩加载到 72.0kN·m（弯矩
71.9kN·m）时，翼板上出现扭转斜裂缝，开裂荷载为 72.0kN·m，且裂缝数量不断增
多，随着荷载逐渐增大，裂缝宽度加大，直到扭矩为 112.2kN·m（弯矩 104.3kN·m）
试件达到极限扭矩，极限扭矩为 112.2kN·m。

8）PCB-61 的试验加载过程

按照扭弯比 $(T/T_u)/(M/M_u)=1$ 进行逐步加载。当扭矩加载到 62.0kN·m（弯矩
308.9kN·m），在扭转端出现斜裂缝，开裂扭矩为 62.0kN·m。当弯矩加载到 342.1kN·m
（扭矩 68.7kN·m）时，翼板底部出现了细微的横向裂缝，开裂弯矩为 342.1kN·m。混
凝土翼板底部裂缝数量不断增多且向翼板上方扩展，随着荷载逐渐增大，裂缝宽度加大，
当扭矩加载到 83.7N·m 扭转角度增长迅速导致千斤顶滑落，后面再加载扭矩已经达不
到 83.7N·m。此时弯矩值为 409.2kN·m。

试验过程及翼板开裂情况如图 5-21 所示。

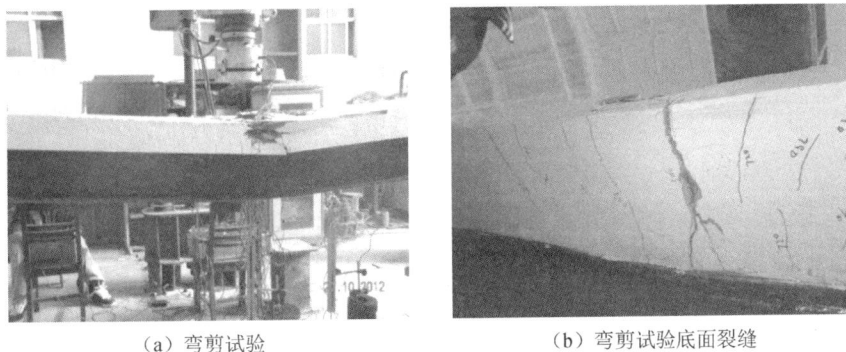

(a) 弯剪试验　　　　　　　　　　　　　(b) 弯剪试验底面裂缝

图 5-21 试验过程及翼板开裂

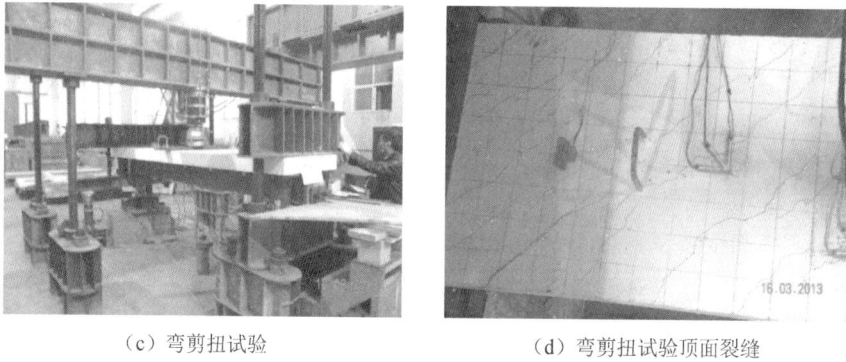

（c）弯剪扭试验　　　　　　　　　　（d）弯剪扭试验顶面裂缝

图 5-21 （续）

纯弯及弯扭试验结果如表 5-6 所示。表中用 T_{cr}、M_{cr} 表示试验中第一次出现扭型裂缝或弯型裂缝时的扭矩和弯矩；T_y 表示箍筋受拉屈服时的扭矩；M_y 表示钢梁底板受拉屈服时的弯矩；T_u、M_u 为极限扭矩和极限弯矩；θ_{cr}、θ_y、θ_u 分别表示与开裂扭矩、屈服扭矩、极限扭矩相对应的扭率。δ_{cr}、δ_y、δ_u 分别表示与开裂弯矩、屈服弯矩、极限弯矩相对应的跨中挠度。

表 5-6 弯剪扭试验结果一览表

试件	T_{cr} /(kN·m)	T_y /(kN·m)	T_u /(kN·m)	T_u/T_{cr}	T_u/T_y	θ_{cr} /[(°)/m]	θ_y /[(°)/m]	θ_u /[(°)/m]	θ_u/θ_{cr}	θ_u/θ_y
PCB-61	62.0	70.3	82.1	1.32	1.16	0.29	0.43	1.08	3.72	2.51
PCB-60	72.0	78.7	112.2	1.56	1.43	0.48	0.57	1.23	2.56	2.16
PCB-56	62.5	77.4	117.2	1.88	1.51	0.36	0.58	1.23	3.42	2.12
PCB-59	63.6	72.0	107.2	1.69	1.49	0.47	0.56	1.08	2.30	1.93
PCB-54	56.1	90.4	98.8	1.76	1.09	0.41	0.77	1.02	2.49	1.32
PCB-57	52.2	63.8	83.4	1.60	1.31	0.21	0.36	0.75	3.57	2.08
PCB-58	—	—	50.0					0.8	—	—
PCB-55	—	—							—	—

试件	M_{cr} /(kN·m)	M_y /(kN·m)	M_u /(kN·m)	M_u/M_{cr}	M_u/M_y	δ_{cr} /mm	δ_y /mm	δ_u /mm	δ_u/δ_{cr}	δ_u/δ_y
PCB-61	342.1	217.3	417.9	1.22	1.92	15.8	8.10	30.50	1.93	3.77
PCB-60	—	—	104.3					1.07		
PCB-56	—	—	154.1					1.93		
PCB-59	—	—	190.8					2.54		
PCB-54	—	—	324.7					7.40		
PCB-57	470	300.9	521.7	1.11	1.73	14.30	6.74	24.08	1.68	3.57
PCB-58	417.3	329.3	624.5	1.50	1.89	10.40	7.64	34.4	3.31	4.50
PCB-55	395.0	379.2	667.8	1.69	1.76	6.54	6.08	30.9	4.72	5.08

2. 破坏过程及类型

图 5-22 给出了试件 PCB55～PCB55 弯剪扭试验裂缝图。由图可知，裂缝破坏过程包括以下两种情况。

1）弯型破坏

当 $(T/T_u)/(M/M_u) \leqslant 1$ 时，组合梁的受力以弯矩为主，主要表现为弯型破坏；$(T/T_u)/(M/M_u) > 1$ 时，扭矩起主导作用，组合梁一般表现为扭型破坏。显然，弯扭型破坏形态的界限与扭弯比、混凝土强度、高宽比、配筋形式、配筋量大小、纵筋与箍筋配筋强度比以及钢箱梁同混凝土翼板的抗扭刚度比等有关。

扭弯比比较小 $[(T/T_u)/(M/M_u) = 0, 0.5, 1]$ 的情况下试验梁发生弯型破坏。弯型破坏最终以混凝土翼板的受压破坏为标志，同时下部纵筋全部屈服。随着弯矩的增加，受压混凝土开始进入塑性，中和轴上升。翼板底面开始出现受拉裂缝，并随着荷载的增加而逐渐增多，裂缝的长度、深度及宽度也不断向更深的层次发展。随着荷载的增加，钢筋与钢梁均逐步开始屈服，组合梁开始进入大变形阶段，跨中挠度快速增长，组合梁达到极限抗弯承载力，无法继续承载，受弯破坏。在弯曲受拉正应力和扭转受拉主应力的复合作用下，弯扭段混凝土翼板两个侧面和底面出现与纵轴近似垂直的裂缝。随着荷载的增加，裂缝沿侧面斜向上逐渐延伸，成为与垂直方向有一定角度的斜裂缝；最后，混凝土翼板沿着其中最薄弱的裂缝迅速发展，致使混凝土翼板顶部的混凝土被压碎而破坏。破坏时，箍筋基本不会屈服。

斜裂缝与纵轴的夹角同扭弯比有很大关系，扭弯比越小，与纵轴所成角度越小。扭弯比很小的情况下，混凝土翼板上表面基本不会出现扭型裂缝。翼板下表面主要为扭矩和弯矩复合作用共同引起的裂缝，大部分集中分布在弯扭段范围内，近似垂直于梁纵轴。在剪跨段内的翼板底面裂缝数量很少，并随扭弯比的减小，上表面的斜拉裂缝的夹角逐渐减小，而下表面的斜拉裂缝的夹角变大；扭弯比越小，受压破坏越明显。说明上表面受弯曲压应力和扭转剪应力的作用，下表面受弯曲拉应力和扭转剪应力的复合作用。

2）扭型破坏

扭弯比比较大 $[(T/T_u)/(M/M_u) = 2, 3.5, 5, 6.5]$ 的情况下试验梁会发生扭型破坏。随着扭矩和弯矩荷载的施加，特别是在扭矩的作用下，当达到开裂扭矩时，混凝土翼板表面出现微小的斜裂缝，随着荷载的逐渐增加，斜裂缝逐渐扩展延伸直至贯通，在翼板上形成螺旋形裂缝。混凝土翼板底部的弯曲正应力比较小，主要是扭矩引起的剪应力作用。随着荷载的增长，由弯曲产生的弯曲压应力不足以约束混凝土翼板斜拉裂缝的开展而导致箍筋受拉屈服，此时箍筋对组合梁的弯扭强度起控制作用。破坏时，箍筋基本都屈服。扭弯比比较大时，纵筋处于受拉状态。破坏形态与纯扭试验梁相似。

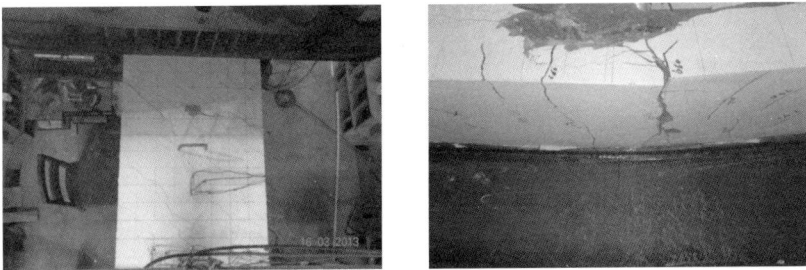

（a）弯扭试验弯型破坏裂缝实物图

图 5-22　弯扭试验裂缝图

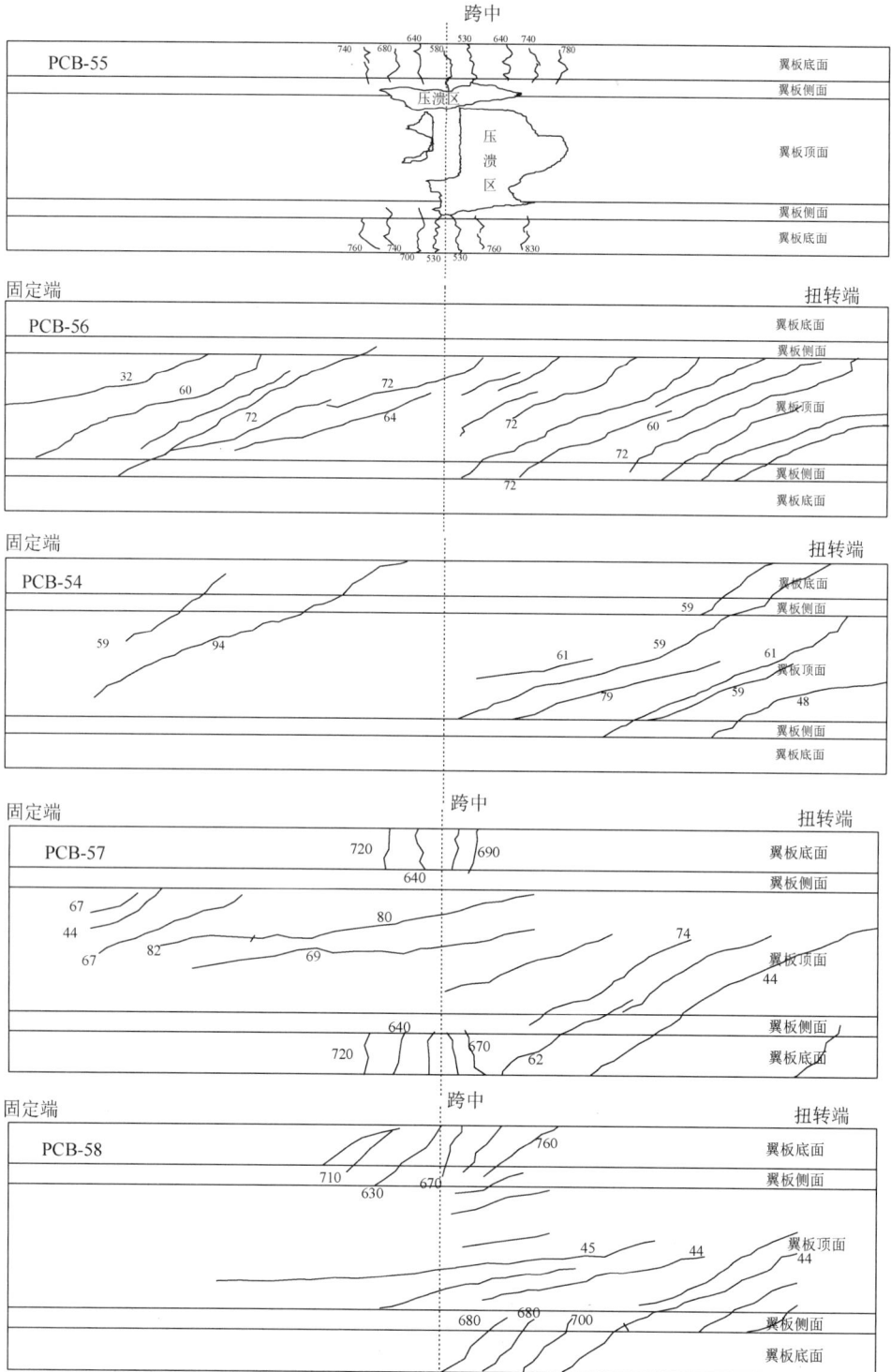

（b）弯剪扭试验破坏裂缝展开图

图 5-22 （续）

混凝土翼板上表面的受拉斜裂缝分布在跨中到扭转端这一段内，扭弯比越大，斜裂缝与纵轴的夹角越大，受扭越明显，斜裂缝也越多。对于弯扭作用下的组合梁，混凝土翼板除承受扭矩引起的剪应力，还承受由弯矩引起的压应力，压应力的存在对延迟裂缝的出现有一定的作用。翼板下部的弯曲拉应力比较小，裂缝主要由扭矩产生的剪应力引起的斜拉应力控制。混凝土翼板的上下纵筋为对称布置，但翼板下部还受到钢梁的约束作用。

对于弯型破坏的组合梁，扭弯比比较小，在翼板底部和两侧首先出现与纵轴垂直的裂缝。随着扭矩增加，裂缝向内发展，并逐渐由垂直转向倾斜。对于扭型破坏的组合梁，扭弯比越大，破坏时组合梁顶面斜裂缝开展越充分，数量越多；并且扭弯比越大，斜裂缝与梁纵轴的倾角越大。扭转端斜裂缝数量多于固定端。

3. 扭矩-转角关系

弯扭共同作用下，混凝土翼板和钢梁之扭转角大致相等，可以认为钢梁和混凝土协同扭转。在整个扭转过程中，混凝土翼板的扭转角要略大于钢梁的扭转角，这主要是与扭转中心位置有关，钢梁离扭转中心位置较近，而混凝土翼板则较远，使得钢梁的扭转角要略大于混凝土翼板。

试验梁扭转分为三个阶段。第一阶段为弹性阶段：裂缝出现前，预应力高强混凝土组合箱梁纯扭受力性能基本上符合线弹性关系，扭率随着扭矩的增大而线性增加。当扭矩稍大至接近开裂扭矩时，扭矩-扭转角曲线开始表现为非线性关系，表明混凝土开裂前部分混凝土已经开始进入塑性阶段。混凝土翼板和钢箱梁共同承担扭矩荷载，而且钢梁对混凝土翼板提供纵向的约束作用，抑制翼板裂缝的开展，使得混凝土翼板的抗扭能力有一定程度上的提高。第二阶段为弹塑性阶段：斜裂缝的不断开展，并逐渐加宽。裂缝出现后，组合梁扭矩-扭转角曲线不再保持线性关系，组合截面的抗扭刚度急剧降低，扭转角明显增大。第三阶段为破坏阶段，斜裂缝数量不再增加，而裂缝的宽度急剧加大。混凝土翼板表面的斜裂缝不稳定开展，形成不稳定的触须状裂缝。表面有混凝土隆起和脱落，钢筋逐渐全部进入塑性阶段。但钢梁仍处于弹性阶段，还可以再继续承受一定扭矩作用，不至于产生明显的下降段。但是整根梁混凝土已经破坏变形到不能使用的地步，因此此时可视为组合梁到达极限扭矩。在整个扭转过程中，混凝土翼板和钢梁协同扭转，扭转角大小大致相等，混凝土翼板和钢梁之间没有脱离。

从图 5-23 可以看出，在开裂前组合梁扭矩-扭转角曲线大致成直线型，表明梁刚度没有变化，在开裂后梁刚度不断降低，扭弯比越大的梁抗扭刚度降低越快。说明弯矩在一定程度上能够提高试验梁的抗扭强度。

4. 弯矩-挠度关系

跨中挠度的变化主要与组合梁弯矩有着密切关系，弯矩-挠度关系也分为三个阶段，如图 5-24 所示。在弹性阶段内，组合梁抗弯和抗扭刚度可以认为没有变化，弯矩-挠度关

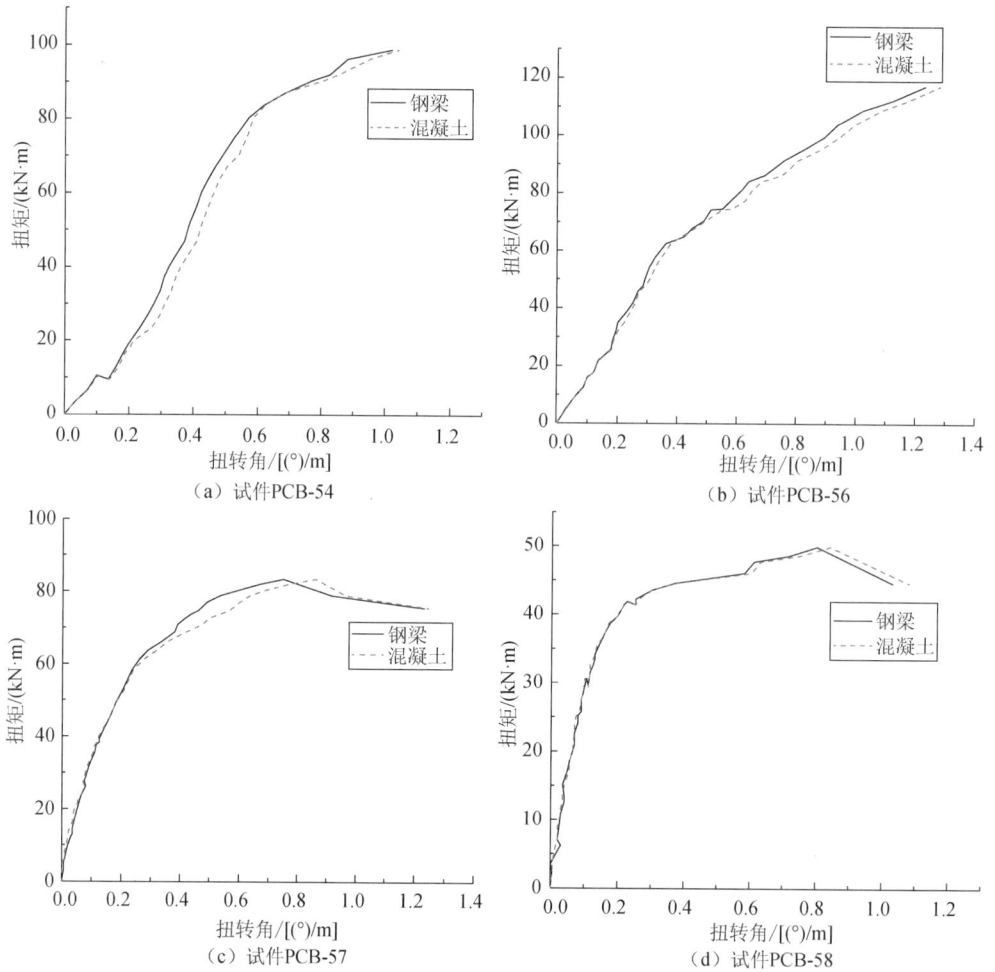

（a）试件PCB-54　　　　　　　　　　　　　　（b）试件PCB-56

（c）试件PCB-57　　　　　　　　　　　　　　（d）试件PCB-58

图 5-23　翼板扭矩-扭转角关系曲线

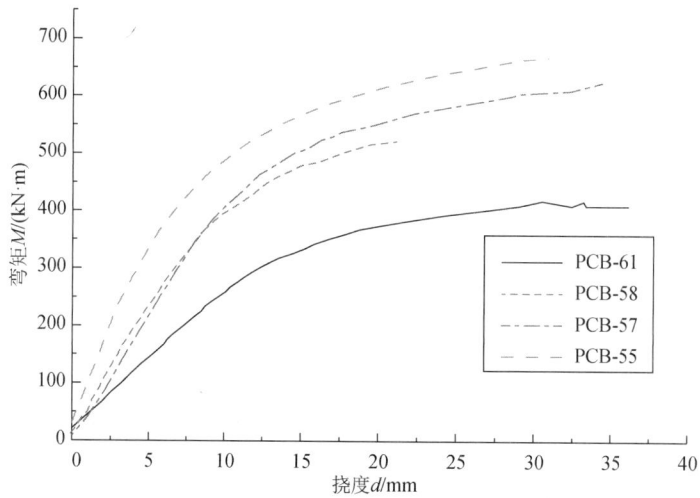

图 5-24　弯型破坏弯矩-挠度关系曲线

系几乎呈直线性关系。随着弯矩的不断增加，混凝土翼板底部出现横向裂缝，钢梁底板也开始屈服，梁抗弯刚度降低，弯矩-挠度不再呈线性关系，挠度增大速度加快，试验梁进入弹塑性阶段。荷载继续施加，钢梁底板和腹板相继屈服，混凝土翼板底板裂缝宽度不断增大，翼板侧边裂缝向上扩展，中性轴上升，试验梁抗弯刚度急剧下降，组合梁进入破坏阶段，到达破坏阶段以后即使荷载不再上升，挠度也在不断增大，跨中挠度约为净跨的 1.03%～1.67%，δ_u / δ_y 值都大于 4，表明梁弯曲延性较好。

扭弯比越大，在同一荷载下组合梁跨中挠度越大，梁的延性增强。

扭型破坏时组合梁的跨中挠度还基本处于线性增长阶段。说明组合梁还有一定的抗弯储备，即还具有一定的抗弯承载能力，能够承载更大的弯矩荷载。

5. 扭矩-弯矩关系

图 5-25 为组合梁复合弯剪扭下弯矩-扭矩相关曲线。在复合弯剪扭下当扭弯比大于 2 时，组合梁抗扭强度增加，这说明一定弯矩的存在能够提高组合梁的极限扭矩。同时当扭弯比为 5∶1（PCB-56）时极限扭矩提高幅度最高，提高幅度为 14%；而扭弯比大于或小于 5∶1 时极限扭矩都在降低，扭弯比越小，降低越小。说明组合梁在扭弯比 5∶1 左右时能够最大提高组合梁极限抗扭能力。而对于组合梁扭弯比小于 2∶1 时，梁主要破坏形式为弯型破坏，导致极限扭矩急剧降低，梁的极限扭矩也越小。

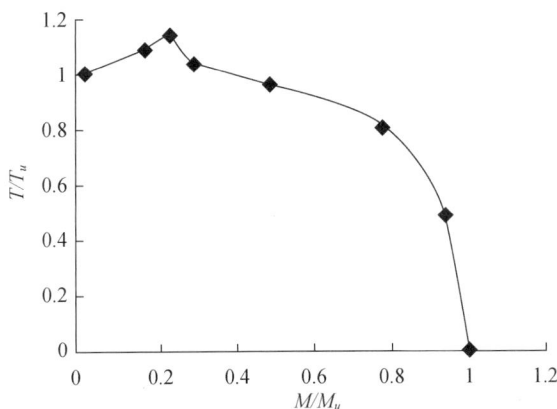

图 5-25　弯矩-扭矩相关曲线

钢-混凝土组合梁在弯剪扭复合作用下相关性能与普通钢筋混凝土构件有一定区别。在一定弯矩存在下，极限扭矩能有所提高。组合梁的扭矩主要由混凝土翼板和钢梁组成的箱形截面来共同承担，而扭转破坏主要以混凝土翼板破坏为标志，表现为混凝土翼板斜拉裂缝过大而导致组合梁达到极限承载力。然而在一定弯矩作用下，组合梁的混凝土翼板主要位于受压区，由弯矩产生的弯曲压应力可以抵消部分由扭矩引起的斜拉应力，从而抑制斜裂缝的开展。混凝土翼板实际处于压扭状态。弯曲压应力对极限抗扭强度有提高作用，即适当的弯矩可以提高组合梁极限抗扭强度。

5.2.4　应变特征分析

1. 截面高度-应变

图 5-26 为弯型破坏组合梁的截面高度-应变关系图，开始由于在钢梁上施加预应力形成的反拱效应，表现为混凝土翼板受拉钢梁受压。在钢梁屈服前，受弯应变基本上符合平截面假定，截面高度-应变有较好的线性关系，即在弹性阶段内组合梁计算可以使用平截面假定。中和轴在交界面上面，近于下部纵筋位置。预应力的存在扩大了组合梁的弹性范围。预应力能提高组合梁的抗弯刚度，提高开裂弯矩，抑制弯型裂缝的开展，改善正常使用阶段的性能。

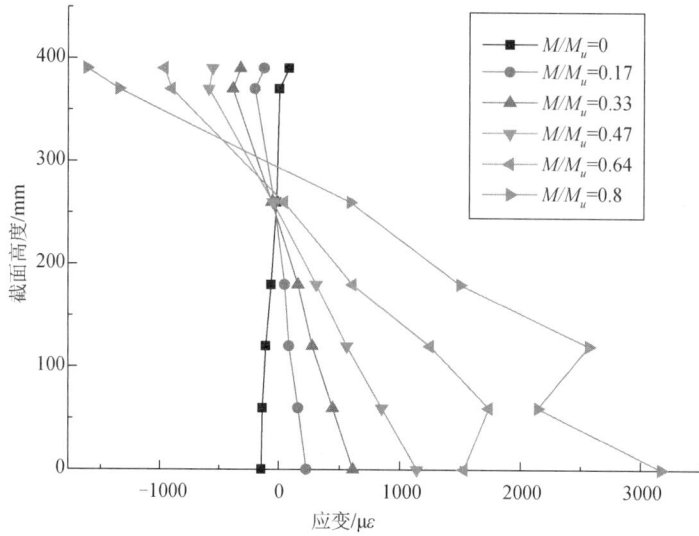

（a）试件 PCB-55

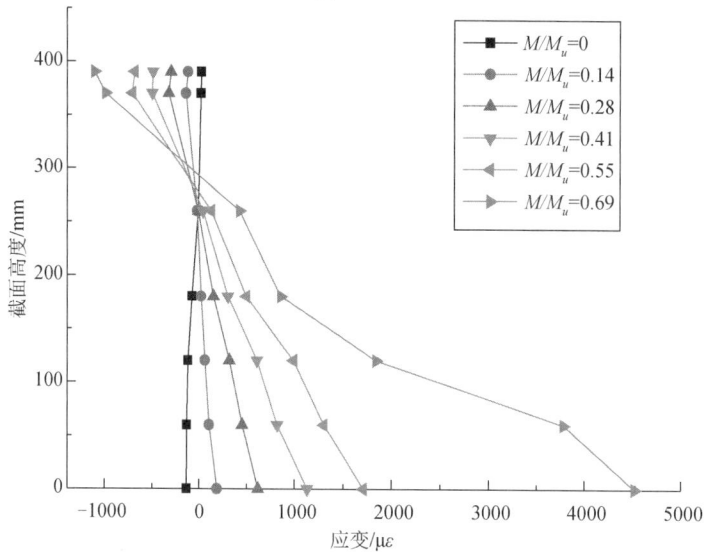

（b）试件 PCB-57

图 5-26　截面高度-应变关系

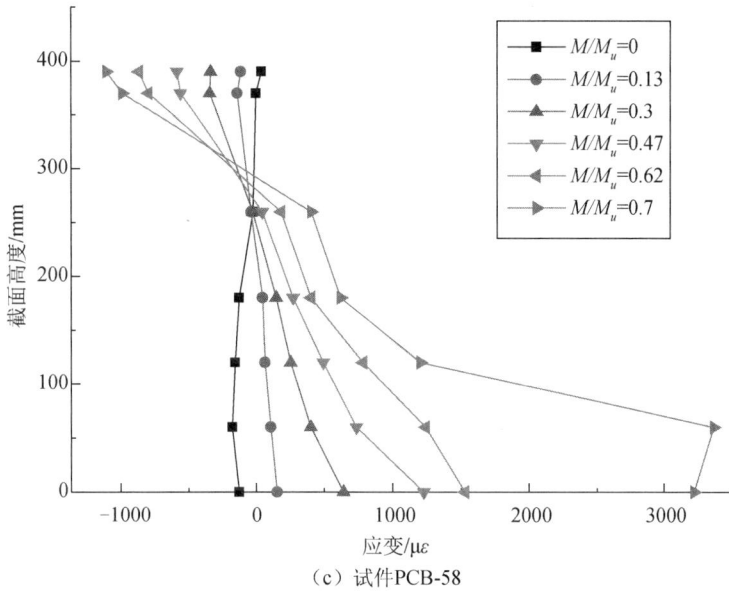

（c）试件PCB-58

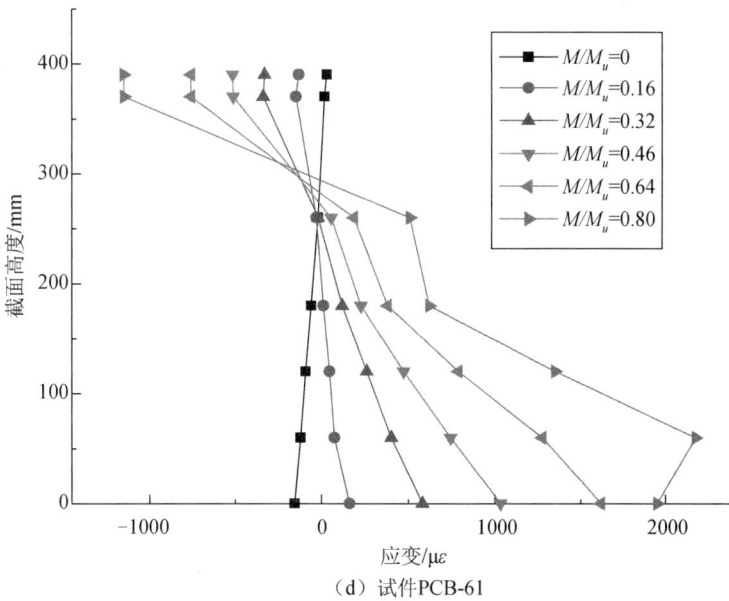

（d）试件PCB-61

图 5-26 （续）

组合梁进入屈服阶段以后，截面应变增长加大且不是很规律。钢梁底部应变量急剧增加，早早地进入了屈服强化阶段。钢梁屈服后还能承受较大荷载，表明钢结构延性好，预应力能够增加结构延性。

2. 混凝土翼板应变

从图 5-27 中可以看出，在开始加载前由于在钢梁上施加了预应力作用，使得组合梁出现了反拱效应，翼板混凝土顶部纵向受拉，当组合梁扭转荷载 $T<0.5T_u$ 之前，翼板

混凝土处于弹性阶段，混凝土主拉应变和主压应变都大致呈线性关系。进入弹塑性阶段以后，混凝土主拉应变和主压应变开始大幅增加，特别是当裂缝恰好穿过混凝土翼板应变片时，应变片被拉断，导致应变片读数急剧增加。由于试验梁是在弯剪扭复合加载下

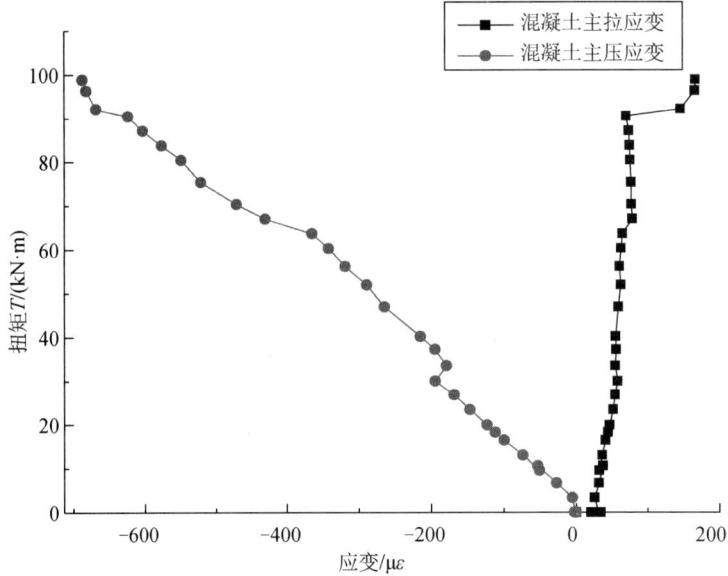
（a）试件PCB-54

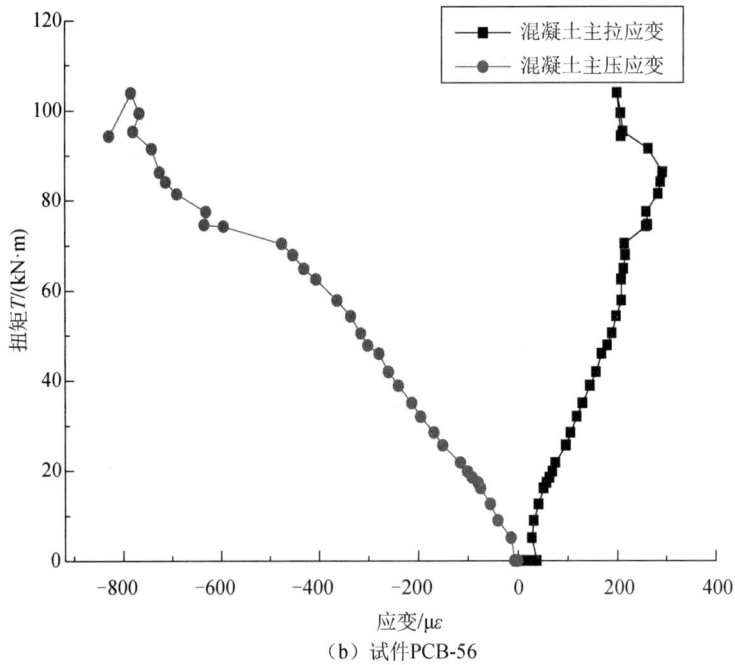
（b）试件PCB-56

图 5-27　扭矩-混凝土应变关系图

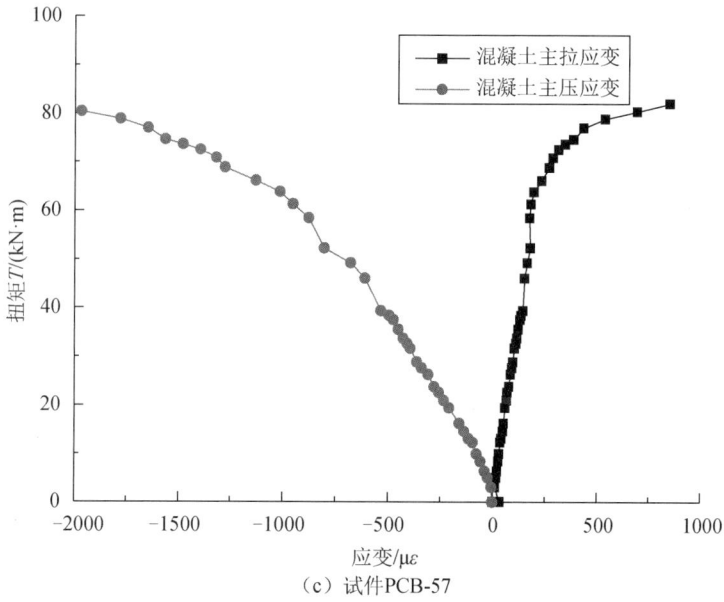

（c）试件 PCB-57

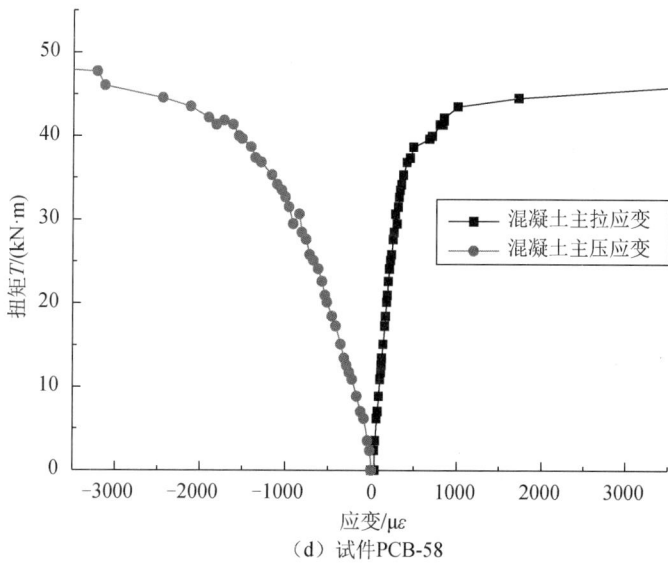

（d）试件 PCB-58

图 5-27　（续）

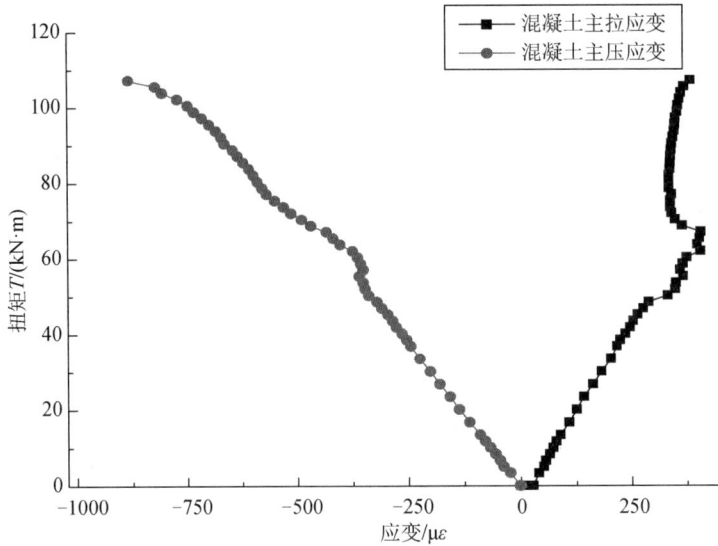

（e）试件PCB-59

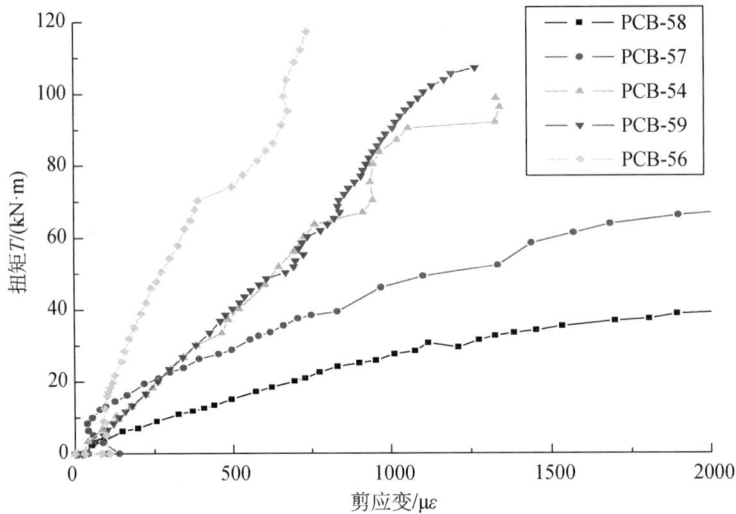

（f）试件对比分析图

图 5-27 （续）

　　进行的，在弯矩的作用下，混凝土在加载过程中主压应力总是大于主拉应力，并且随着荷载的增加主压应力增大明显，主拉应力和主压应力不对称发展。而且当扭弯比越小时，主压应力与主拉应力之间差值越大，混凝土翼板斜裂缝与纵轴的角度也越大。

　　混凝土翼板在弹性阶段内，翼板截面剪应变随着扭转荷载的增加大致呈线性增长。但是由于弯矩的存在导致剪应变角度有所不同，使得开裂后斜裂缝与纵轴角度在 45° 以下。扭弯比越大，剪应变增大越大，混凝土逐渐由弯型破坏过渡到扭型破坏。

3. 钢梁应变

从图 5-28 中可以看出，一开始由于施加预应力形成反拱效应，使得钢梁处于一定受压状态，主拉应变和主压应变都有一定增大，之后在整个试验过程中钢梁主拉应变大于主压应变，扭弯比越小，主拉应变主导作用越大。在弯剪扭复合作用下，由于弯矩的存在，中和轴大致在钢梁上方，使得钢梁在承受扭转作用下还受到弯矩作用下的拉应力作用，钢梁实际处于拉扭状态，在破坏时钢梁主拉应变要大于纯扭组合梁的主拉应变。

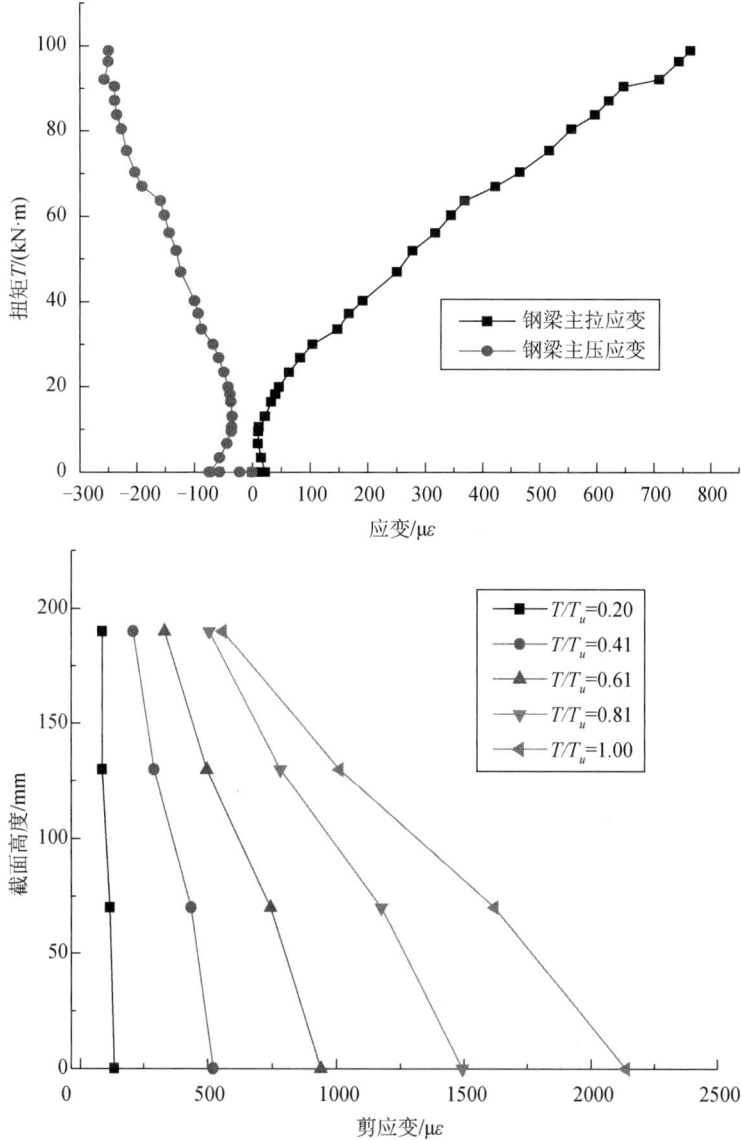

（a）试件PCB-54

图 5-28　钢梁应变关系图

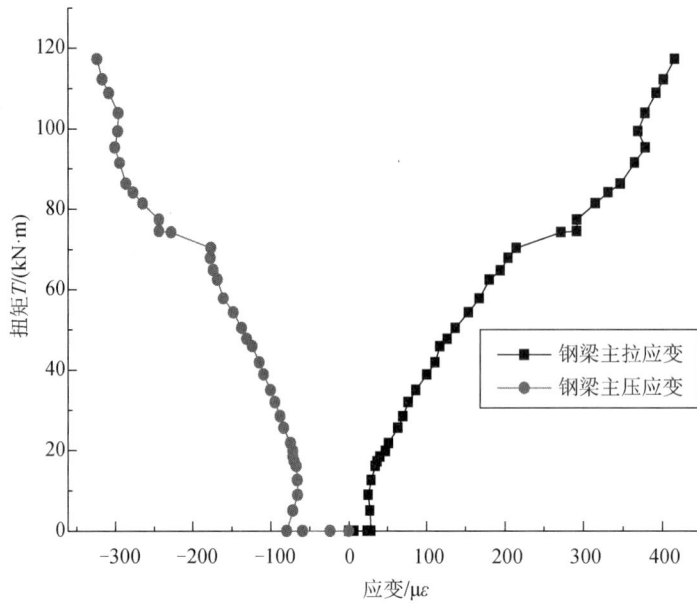

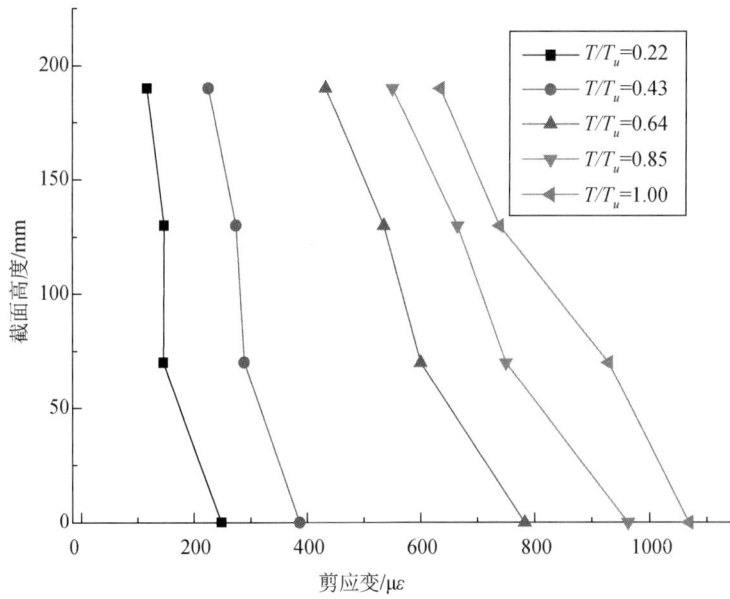

（b）试件PCB-56

图 5-28 （续）

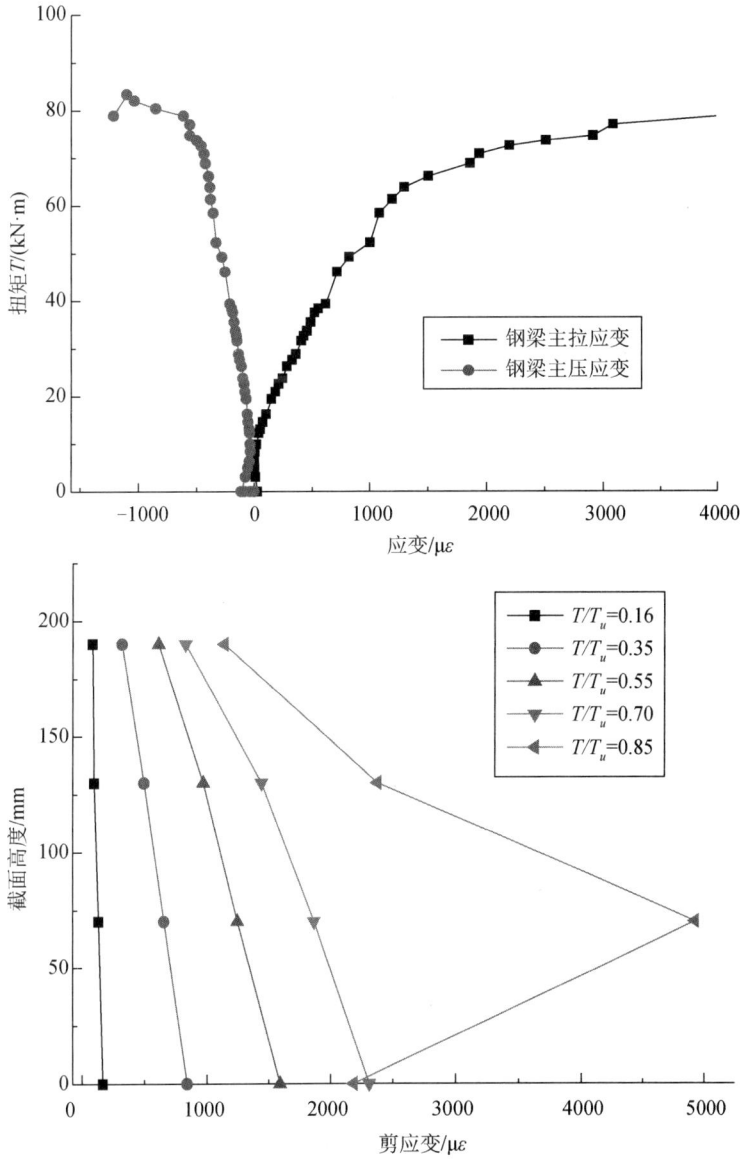

（c）试件PCB-57

图 5-28 （续）

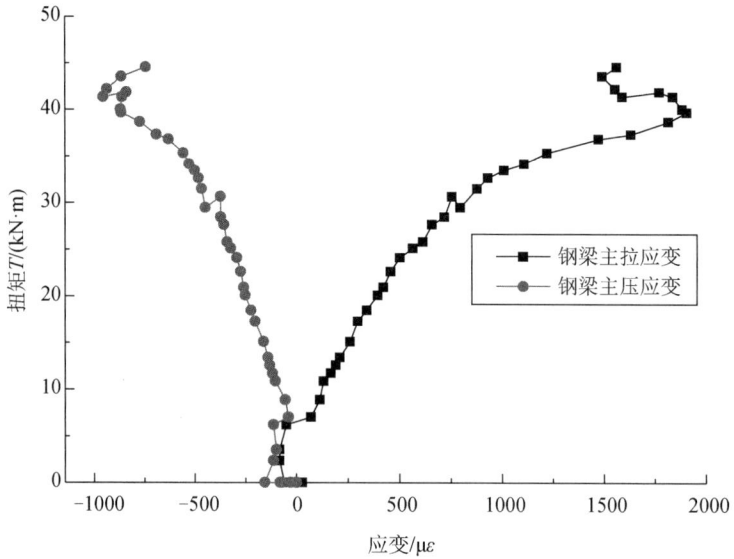

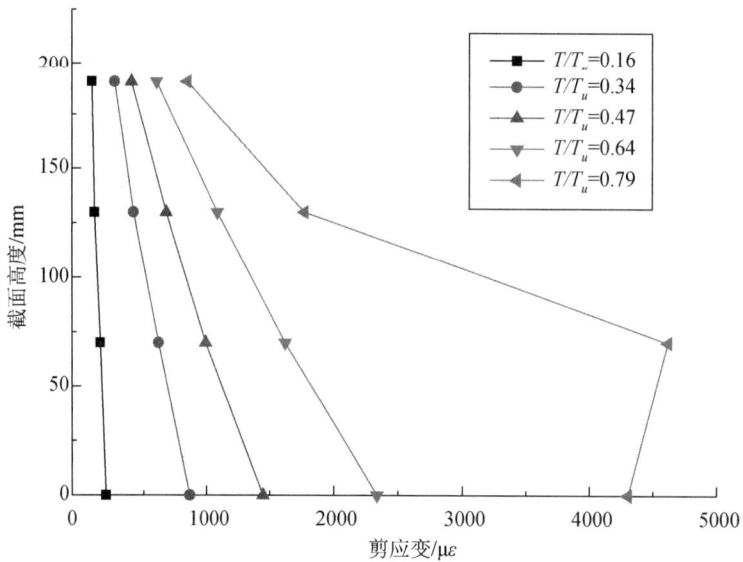

（d）试件PCB-58

图 5-28 （续）

　　钢箱梁上剪应变沿截面高度基本上是上面小、下面大，主要是因为在弯矩荷载存在下，钢梁受拉，且弯曲拉应力自上而下越来越大，导致拉扭复合作用下剪应变上面小、下面大。在小扭弯比（PCB-57、PCB-58）时加载后期剪应变出现大幅增加，这是由于弯矩增大，钢梁底部应变早早进入屈服强化阶段，应变片读数急剧增加，导致测量出来的剪应变出现大幅增长。而在大扭弯比（PCB-54、PCB-56）时却没有这种情况。

4. 钢筋应变

从图 5-29 可知，在弯型破坏中，纵筋在开始加载后随弯矩大致呈正比例关系上升，随着弯矩的不断加大，纵筋应变也随之增大。弯型破坏纵筋处于受压状态，最大压应变要小于纯弯破坏时的最大压应变。扭型破坏中，$T<0.7T_u$ 时，箍筋应变比较小，大约在 $250\mu\varepsilon$ 以内。裂缝穿过箍筋时，应变值出现一个较大的突变，应变曲线出现一个比较明显的转折。$T>0.7T_u$ 以后箍筋的应变增长较快，直到箍筋屈服。屈服后钢筋在扭矩的作用下产生较大的流幅，一部分应变片由于箍筋流幅过大而导致应变片拉坏。扭型破坏时纵筋基本处于受拉状态，但还没有达到屈服状态。

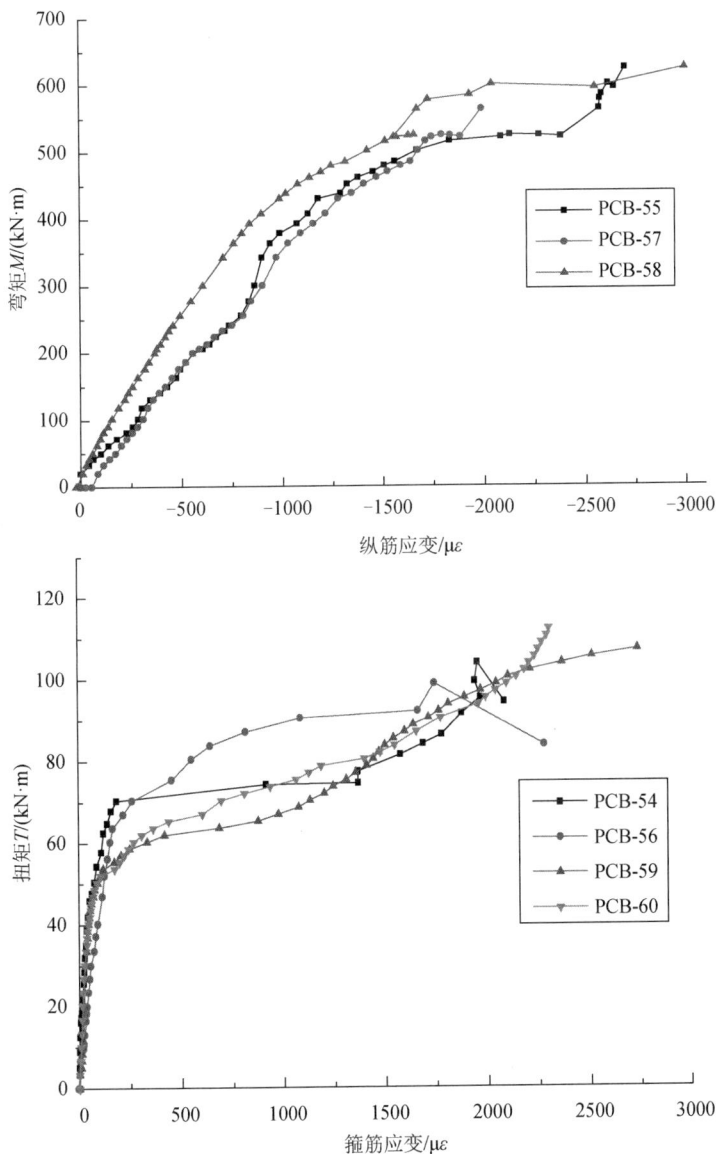

图 5-29　扭矩-钢筋应变图

5. 滑移特性

由图 5-30 知道，栓钉传递钢梁和混凝土翼板之间剪力，在通过钢结构设计规范设定的完全剪力连接下，混凝土翼板和钢梁之间还是有一定的滑移，栓钉产生变形。特别是当弯矩达到极限弯矩的 80%以上的时候滑移量急剧增大。PCB-55 最大滑移量为1.2mm。

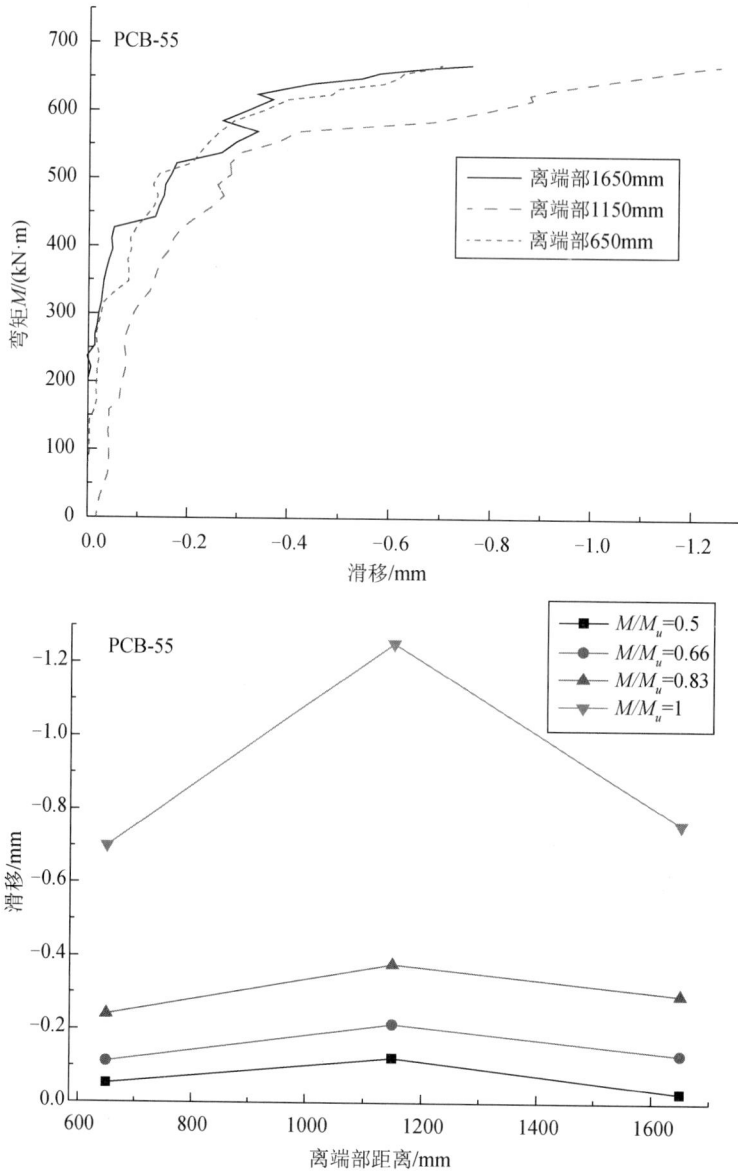

图 5-30　弯剪试验弯矩-滑移曲线

在荷载作用的初始阶段，外荷载不足以破坏混凝土和钢梁黏结力，栓钉和黏结力共同抵抗混凝土翼板和钢箱梁交界面上的剪力，当交界面上的剪应力达到极限黏结强度时，自然黏结发生破坏，交界面上的剪力由栓钉承担，在发生自然黏结破坏之前，栓钉所起到的抗剪作用较小。自然黏结破坏后，组合梁的交界面产生相对滑移，滑移是由连接件本身变形和其周围的混凝土的压缩变形所致，组合梁的滑移朝着梁端有增大的趋势。在荷载的后期阶段，栓钉周围混凝土压碎，栓钉弯曲导致滑移量加大，组合梁刚度降低、幅度增大直到极限荷载。

对于复合弯扭作用下弯型破坏的组合梁，PCB-58 的最大滑移量为 2.58mm，要大于 PCB-55 纯弯试验，说明连接件传递钢梁与混凝土板扭矩时还要抵抗钢梁和混凝土板的掀起作用以及钢梁对混凝土的扭转约束，相当于栓钉承受轴向力作用。在复合弯扭受力下受到剪力和轴力的复合作用，降低了连接件的承载力。而本书连接件设计根据规范按受弯完全剪力连接设计，没有考虑扭矩带来的不利作用。实质上相当于部分剪力连接设计，极限荷载时组合梁交界面的滑移偏大。规范没有考虑这种影响是不安全的。

6. 钢绞线内力增量

图 5-31 中可以看出，由于组合梁挠度的影响，对于纯弯和弯型破坏的组合梁，随着弯矩的增加，预应力筋内力增量基本呈线性增长。伴随着翼板底面和侧面混凝土的开裂，侧面裂缝逐渐向上延伸，组合梁抗弯刚度越来越小，挠度也越来越大，由于挠度的增大使得预应力筋内力增量增长得越来越快。实际上，预应力筋内力增量直接表现为组合梁跨中挠度的变化，间接地由弯矩控制。组合梁跨中挠度增长越快，抗弯刚度越小，预应力筋内力增量增长越快。

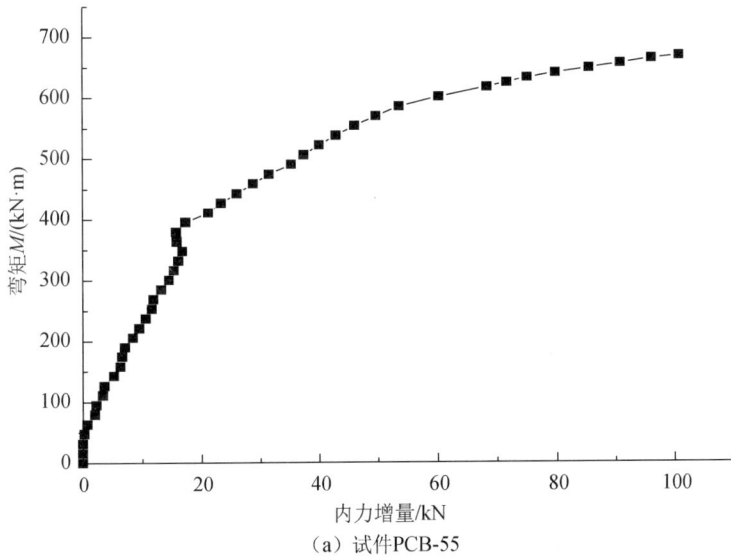

（a）试件PCB-55

图 5-31　预应力筋内力增量图

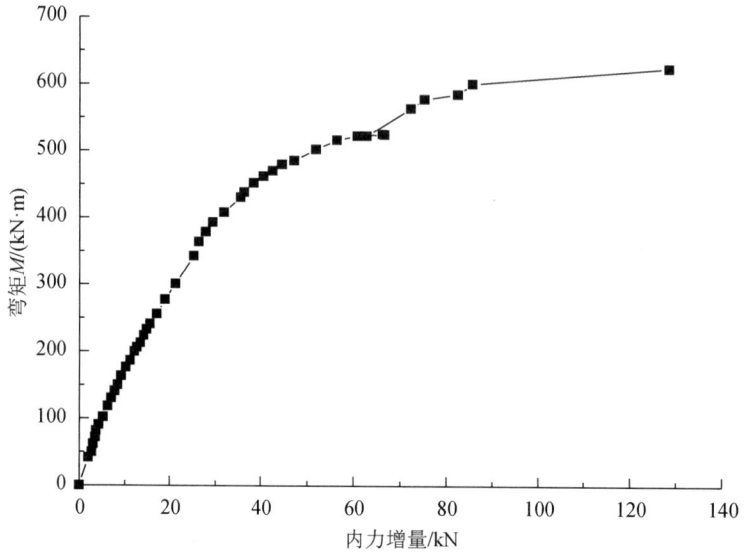

（b）试件PCB-57

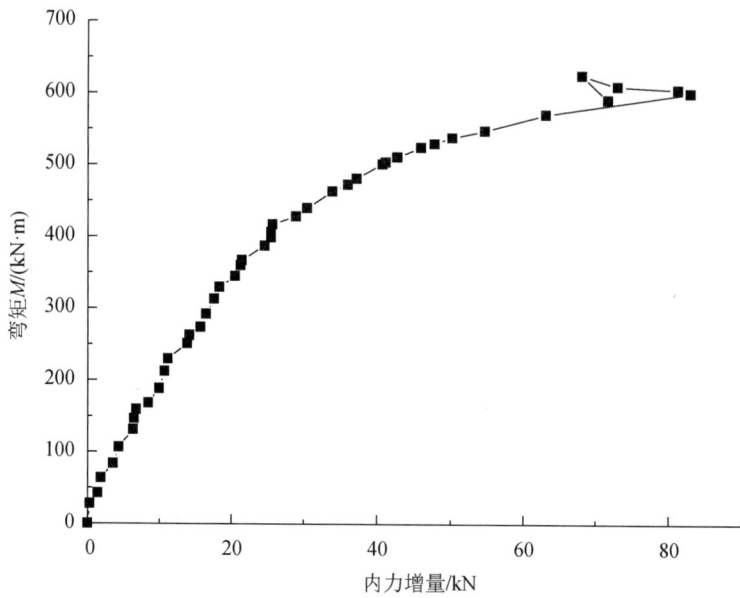

（c）试件PCB-58

图 5-31 （续）

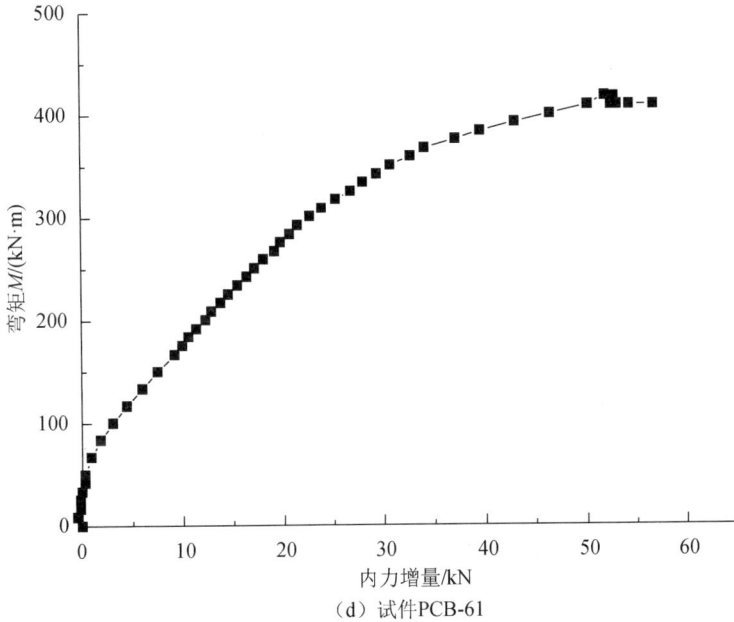

（d）试件 PCB-61

图 5-31　（续）

5.2.5　小结

（1）本次试验根据扭弯比的不同设计了 8 根预应力组合梁。得出了当扭弯比 $(T/T_u)/(M/M_u) \leqslant 1$ 时，组合梁主要受弯矩作用，主要表现为弯型破坏；弯型破坏最终以混凝土翼板的受压破坏为标志。破坏时，纵筋基本处于受压状态，箍筋基本不会屈服。在加载跨中部位混凝土翼板底部出现许多横向裂缝，且裂缝宽度不断增大，组合梁中和轴上移，混凝土顶部受压而导致破坏。当 $(T/T_u)/(M/M_u)>1$ 时，此时扭矩起主导作用，组合梁表现为扭型破坏。破坏时，箍筋基本都屈服，扭弯比比较大时，纵筋处于受拉状态。本次试验因扭转产生的斜裂缝与纵轴的角度都小于纯扭斜裂缝的角度，且扭弯比越小，与纵轴的角度越小。弯型、扭型破坏的分界如何确定，还有待于进一步研究。

（2）扭弯比能够提高组合梁一定的开裂扭矩和极限扭矩，扭弯比越大，组合梁开裂扭矩值越大。说明了弯矩能够抑制组合梁表面斜裂缝的出现。在一定弯矩扭弯比条件下，组合梁抗扭刚度将增大，极限扭矩值也有不同程度的提高。

（3）一定弯矩的存在能够提高组合梁的极限扭矩，当扭弯比 $(T/T_u)/(M/M_u)>2$ 时，组合梁极限扭矩将会提高，特别是扭弯比 $(T/T_u)/(M/M_u)=5$ 时，提高幅度为 14%。但是当 $(T/T_u)/(M/M_u)<2$ 时，组合梁极限弯矩将有不同程度的降低。扭弯比越小，极限扭矩也就越小。

（4）对于弯型破坏来说，在钢梁进入屈服以前组合梁截面基本上符合平截面假定，截面高度应变有很好的线性关系，进入屈服阶段以后，组合梁逐渐不再符合平截面假定，不能用平截面假定来计算梁在塑性阶段受力问题，且扭弯比越小则跨中挠度值明显增大，说明组合梁的弯曲延性增强。组合梁抗弯刚度随扭弯比减小而增大。

（5）预应力能提高组合梁的抗弯刚度，扩大弹性范围，提高开裂弯矩，抑制弯型裂缝的开展，提高结构弯曲延性。但同时因为反拱效应预应力能够降低组合梁的抗扭刚度，降低开裂扭矩，使梁不利于承受扭矩荷载。

（6）本次试验剪力连接件按照规范中抗弯剪力连接设计，栓钉为柔性连接，在传递钢梁和混凝土翼板之间的剪力时，混凝土与钢梁之间交界面将会有一定的滑移，特别是加载弯矩达到极限弯矩的80%以上的时候滑移更加明显。在复合弯扭加载中剪力连接件受到了轴向拉力和纵向剪切作用，降低了连接件承载能力。剪力连接件设计没有考虑扭矩带来的不利作用。

5.3　预应力组合箱梁受扭承载能力分析

5.3.1　纯扭荷载作用下预应力组合箱梁开裂扭矩

在纯扭荷载作用下，当混凝土翼板上产生的主拉应力对应的最大主拉应变达到翼板混凝土的极限拉应变时，组合箱梁翼板将开裂，组合梁到达开裂扭矩。对于预应力组合箱梁，在承受纯扭荷载时，混凝土翼板和钢梁上都产生了剪力流，此后，由于剪应力的不断增大，使得翼板混凝土主拉应力超过混凝土抗拉强度，在翼板表面形成许多与纵轴大约45°的斜裂缝，此时所施加的扭矩荷载即是开裂扭矩。由于钢箱梁的扭转变形性能要远远高于混凝土翼板，在混凝土翼板出现裂缝的时候，钢梁才出微小的形变，即达到开裂扭矩时，钢梁剪应变远远小于钢梁的屈服应变。

在达到开裂扭矩时，如图 5-32 所示，混凝土翼板形成一个箱型截面，钢箱梁和混凝土翼板的组合形成另一个等效箱型截面。两个截面分别形成各自的剪力流共同作用来抵抗扭矩作用。所以闭口截面组合箱梁的开裂扭矩为

$$T_{cr} = T_{cr,c} + T_{cr,s} \tag{5.1}$$

式中：$T_{cr,c}$ 为混凝土翼板所承担的扭矩；$T_{cr,s}$ 为等效箱型钢梁所承担的扭矩。

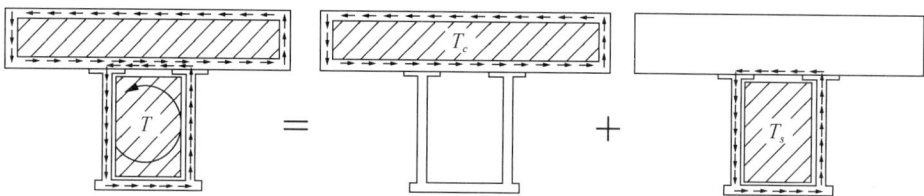

图 5-32　组合箱梁受扭承载力组成

福州大学洪敦枢[140]通过试验得知，对于配有纵筋和箍筋的混凝土构件，存在着一定的纵筋和箍筋可以提高混凝土构件的开裂扭矩，但是当纵筋和箍筋配筋率超过一个数值时（$\rho_v + \rho_s = 0.014$），开裂强度的提高作用不太明显。本书设计的组合梁翼板配筋率 $\rho_v + \rho_s = 0.0143 > 0.014$，同时在试验中测出开裂前钢筋的应力都很小，所以计算中不考虑配筋率对开裂扭矩的影响。

基本假定如下：①外扭矩的方向与梁的纵轴重合；②不考虑配筋对开裂扭矩的影响；

③施加预应力以后，组合梁满足平截面假定；④不考虑滑移效应对组合梁的影响；⑤在扭矩加载过程中，预应力大小没有变化；⑥本次扭转试验中预应力采取后张法多级加载方式进行加载，在钢梁部位纵向布置两根预应力筋，施加的预应力大小相等。在计算中采用预应力影响系数 γ 来考虑预应力对开裂扭矩的影响。

1. 预应力影响系数

如图 5-33 所示，为预应力组合箱梁开裂前混凝土上表面单元体受力情况。剪应力 τ 是由扭矩作用在单元体上产生，施加在钢梁上的预应力对混凝土翼板主要产生两个方面的作用，一个是由剪力连接件传递给翼板混凝土的轴压应力 σ_{p1}，另一个是由于预应力在纵轴上偏心作用形成的次弯矩对单元上表面产生的拉应力 σ_{p2}，使得翼板混凝土处于拉剪应力状态。

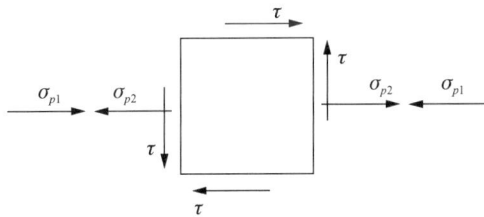

图 5-33　纯扭荷载下单元体受力图

由等效截面法[141]，轴压应力为

$$\sigma_{p1} = \frac{NE_c}{E_c A_c + E_s A_s} \tag{5.2}$$

式中：N 为施加的预应力值；E_c、E_s 分别为翼板混凝土、钢梁弹性模量；A_c、A_s 分别为翼板混凝土、钢梁截面积。

如图 5-34 所示，预应力施加于组合梁形心轴下部，即对组合梁自身会产生一定的纵向弯矩，形成反拱效应，因此在混凝土上表面产生了一定的拉应力 σ_{p2}。

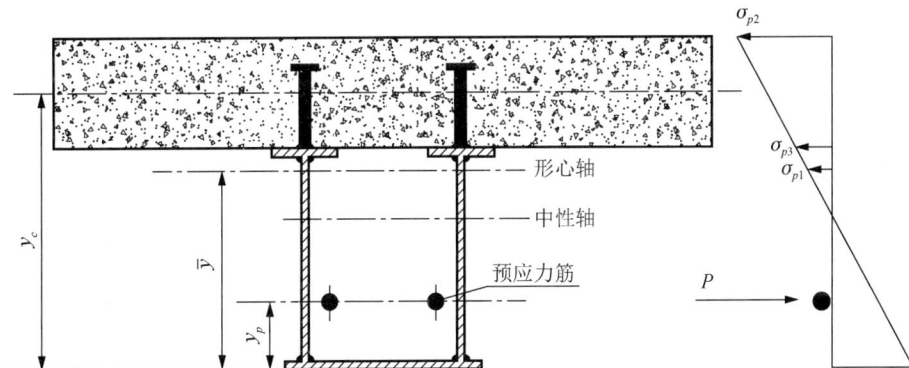

图 5-34　组合箱梁截面应力图

由换算截面法，将混凝土截面换算为等效的钢梁截面，得到形心轴到钢梁底板的距离为

$$\bar{y} = \frac{\sum A_{si} y_{si} + E_c A_c y_c / E_s}{\sum A_{si} + E_c A_c / E_s} \tag{5.3}$$

式中：$\bar{y}$、y_{si}、y_c 分别为形心轴、各个钢梁形心、混凝土翼板形心到钢梁底面的距离；A_{si}、A_c 分别为各个钢梁、混凝土翼板截面积。

预应力产生的等效弯矩为

$$M_p = N(\bar{y} - y_p) = \frac{N \sum A_{si}(y_{si} - y_p) + N E_c A_c (y_c - y_p) / E_s}{\sum A_{si} + E_c A_c / E_s} \tag{5.4}$$

在混凝土翼板上表面处产生的正应力为

$$\sigma_{p2} = \frac{M_p (h - \bar{y})}{I \alpha_E} = \frac{N E_c \left[\sum A_{si}(y_{si} - y_p) + N E_c A_c (y_c - y_p) / E_s \right](h - \bar{y})}{E_s I \left(\sum A_{si} + E_c A_c / E_s \right)} \tag{5.5}$$

式中：I 为混凝土换算成钢材后组合箱梁惯性矩；y_p 为截面上预应力筋到钢梁底面的距离；h 为组合箱梁的高度；α_E 为钢梁弹性模量与混凝土弹性模量的比值。

普通组合箱梁受自由扭转荷载时，混凝土翼板单元上只受到剪应力的作用，随着扭转荷载的不断增大，剪应力也相应地增大，由混凝土第一强度理论，混凝土翼板发生断裂时，第一主应力为

$$\sigma_1 = \tau = f_{tk} \tag{5.6}$$

式中：τ 为切应力；f_{tk} 为混凝土的极限抗拉标准值。

预应力组合箱梁受自由扭转荷载时，在混凝土翼板上表面主应力为

$$\begin{cases} \sigma_1 = \dfrac{\sigma_{p2} - \sigma_{p1}}{2} + \sqrt{\left(\dfrac{\sigma_{p2} - \sigma_{p1}}{2} \right)^2 + \tau^2} \\ \sigma_2 = \dfrac{\sigma_{p2} - \sigma_{p1}}{2} - \sqrt{\left(\dfrac{\sigma_{p2} - \sigma_{p1}}{2} \right)^2 + \tau^2} \end{cases} \tag{5.7}$$

式中：σ_{p2} 为混凝土翼板上表面产生的正应力；σ_{p1} 为混凝土翼板的轴压应力。

在此，引入一个预应力影响系数 γ，使得

$$\tau = \gamma f_{tk} \tag{5.8}$$

在单元上混凝土所受到的拉剪应力状态，可以等效转换成平面拉压状态。当一向受拉时，混凝土受拉方向的抗拉强度随着另一向压应力的增加而降低（降低非常明显）。第一强度理论已不再满足拉压受力状态，在此引入三种混凝土双轴荷载下的强度理论公式，来推导出相应的预应力影响系数 γ 值。

修正的 Mohr-Coulomb 准则[142]：Mohr-Coulomb 准则公式相对简单，能够用于单轴和双轴破坏理论，且用于设计时所得结构偏于安全，因而在岩土力学、混凝土结构力学中得到广泛的应用。该准则指出，在混凝土一向受拉、一向受压（$\sigma_1 > 0 > \sigma_2$）破坏时：

$$k\sigma_1 - \sigma_2 = f_{ck} \tag{5.9}$$

式中：$k = f_{ck} / f_{tk}$；f_{ck} 为混凝土轴心抗压强度。

联立式（5.7）和式（5.9）则可以得到混凝土剪应力为

$$\tau = \frac{1}{2}\sqrt{\left(\frac{2f_{ck}f_{tk}+\left(f_{tk}-f_{ck}\right)\left(\sigma_{p2}-\sigma_{p1}\right)}{f_{ck}+f_{tk}}\right)^2-\left(\sigma_{p2}-\sigma_{p1}\right)^2} \tag{5.10}$$

混凝土翼板上表面的预应力影响系数 γ_1 为

$$\gamma_1=\frac{\tau}{f_{tk}}=\frac{1}{2}\sqrt{\left(\frac{2f_{ck}+\left(1-f_{ck}/f_{tk}\right)\left(\sigma_{p2}-\sigma_{p1}\right)}{f_{ck}+f_{tk}}\right)^2-\left(\frac{\sigma_{p2}-\sigma_{p1}}{f_{tk}}\right)^2} \tag{5.11}$$

根据 Kufer 公式[142]，当一向受拉、一向受压时，可以取

$$\sigma_1=\left(1-0.8\frac{\sigma_2}{f_{ck}}\right)f_{tk} \tag{5.12}$$

联立式（5.7）、式（5.8）和式（5.12）可以得出混凝土翼板上表面预应力影响系数 γ_2 为

$$\gamma_2=\frac{\tau}{f_{tk}}=\sqrt{\left(\frac{f_{ck}-\left(0.4+0.5f_{ck}/f_{tk}\right)\left(\sigma_{p2}-\sigma_{p1}\right)}{2f_{ck}-1.6f_{tk}}\right)^2+\left(\frac{\sigma_{p2}-\sigma_{p1}}{2f_{tk}}\right)^2} \tag{5.13}$$

清华大学江见鲸等[142]经过比较研究发现，用 f_{tk} 和 f_{ck} 两个参数建立破坏准则，在平面问题中应用是方便而较准确的，建议公式为

$$a\frac{I_1}{f_{ck}}+b\frac{\sqrt{J_2}}{f_{ck}}-1=0 \tag{5.14}$$

式中：I_1 为应力张量第一不变量，$I_1=\sigma_1+\sigma_2$；J_2 为应力偏张量第二不变量，$J_2=\left(\sigma_1^2+\sigma_2^2-\sigma_1\sigma_2\right)/3$。

参数可选择如下：

$$\begin{cases}a=\dfrac{1}{2}\left(f_{ck}/f_{tk}-1\right)\\[2mm]b=\dfrac{\sqrt{3}}{2}\left(1+f_{ck}/f_{tk}\right)\end{cases}$$

联立式（5.7）和式（5.14）可得到相应的预应力影响系数为

$$\gamma_3=\frac{\tau}{f_{tk}}=\frac{1}{\sqrt{3}}\sqrt{\frac{f_{ck}}{f_{tk}}}\sqrt{1-\left(\frac{\dfrac{\sigma_{p2}-\sigma_{p1}}{f_{tk}}+\dfrac{f_{ck}/f_{tk}-1}{2}}{\dfrac{f_{ck}/f_{tk}+1}{2}}\right)^2} \tag{5.15}$$

2. 预应力组合箱梁开裂扭矩计算

混凝土既非弹性材料，也非理想的塑性材料，而是介于两者之间的弹塑性材料。如果按照完全弹性理论进行计算，开裂扭矩值明显偏低 30%～40%；而采用完全塑性理论进行计算时则高估了混凝土翼板的开裂扭矩。特别是对于高强混凝土来说，其性能更接近于弹性。

基于上述分析，组合箱梁进行开裂扭矩计算时，可采用完全塑性理论进行计算，即假定构件纯扭破坏时截面混凝土全部进入塑性状态。考虑实际混凝土不是理想的塑性材料，以及构件中存在着主压应力，故对材料强度进行折减。折减系数 α_1 一般取 0.7～0.8。

闭口截面预应力组合箱梁混凝土翼板的抗扭强度采用塑性材料的应力分布进行计算，普通钢筋混凝土的开裂扭矩为

$$T_{c,cr} = \alpha_1 \alpha_2 W_{tp} f_{tk} \tag{5.16}$$

式中：W_{tp} 为混凝土截面抗扭塑性抵抗矩，$W_{tp} = h_c^2 (3b_c - h_c)/6$；$\alpha_1$ 为降低系数，统一取 $\alpha_1 = 0.7$；α_2 为反映混凝土翼板短边之比 b_c/h_c 的影响，α_2 可计算为 $\alpha_2 = 0.95 + 0.057 b_c/h_c$。

考虑施加预应力的影响，混凝土翼板上表面处首先开裂，则预应力组合箱梁混凝土翼板的开裂扭矩为

$$T_{cr,c} = \gamma \alpha_1 \alpha_2 W_{tp} f_{tk} \tag{5.17}$$

钢箱梁在混凝土翼板进入开裂状态时还处于弹性阶段，钢箱梁所承担的相应扭矩可以采用闭口截面薄壁杆件的自由扭转公式进行计算。

剪力流强度：$q = \dfrac{T_s}{2h_s b_s}$。

式中：T_s 为钢箱梁的扭矩；h_s 为钢箱梁截面高度；b_s 为钢箱梁宽度。

混凝土翼板上部的剪应力：$\tau = \dfrac{T_s}{2\gamma h_s b_s h_c}$。

式中：h_c 为混凝土翼板高度。

混凝土翼板开裂时闭口截面钢箱梁所提供的相应扭矩为

$$T_{cr,s} = 2\gamma h_s b_s h_c f_{tk} \tag{5.18}$$

由式（5.1）、式（5.17）和式（5.18）可以得到预应力箱型组合箱梁开裂扭矩计算公式为

$$T_{cr} = T_{cr,c} + T_{cr,s} = \left(\alpha_1 \alpha_2 \gamma W_{tp} + 2\gamma h_s b_s h_c \right) f_{tk} \tag{5.19}$$

将式（5.19）得到的预应力箱型组合箱梁在纯扭作用下的开裂扭矩计算值与试验值对比如表 5-7 所示，试验值与实际值吻合结果良好。

表 5-7　预应力组合箱梁纯扭开裂扭矩计算　　　　　　　（单位：kN·m）

梁编号	试验值	计算值			计算值/试验值		
		Mohr-Coulomb 准则	Kufer 公式	Jiang 双参数公式	Mohr-Coulomb 准则	Kufer 公式	Jiang 双参数公式
PCB-50	48.4	47.5	51.3	54.8	0.98	1.06	1.13
PCB-51	54.2	49.3	53.4	56.9	0.91	0.99	1.05
PCB-52	48.1	49.0	5.31	56.6	1.02	1.10	1.18
PCB-53	53.6	49.1	53.2	56.6	0.92	0.99	1.06

由表 5-7 得知，Jiang 双参数准则计算的开裂扭矩值相对较大，而由 Mohr-Coulomb 准则计算得到的开裂扭矩值相对较小。这是由于 Mohr-Coulomb 准则在双轴荷载下偏于安全和保守，Jiang 双参数准则更能准确计算双轴破坏下的平面应力问题，而 PCB-52 可

能由于扭转端部应力集中、内部的微裂缝或局部缺陷导致开裂扭矩降低。这三种强度准则得出的计算值与试验值误差不超过 20%，满足精度要求。

5.3.2　纯扭荷载作用下预应力组合箱梁极限扭矩

1. 模型基本假定

（1）混凝土翼板和钢箱梁在扭转过程中变形协调一致，扭转角相同。

（2）忽略核心混凝土的抗扭作用。

（3）组合梁破坏时，钢筋均达到屈服应变，忽略其销栓作用。

（4）忽略混凝土翼板和钢箱梁之间的滑移及翘曲。

（5）忽略钢箱梁对翼板抗扭刚度的影响，即忽略钢箱梁对翼板的纵向约束。

2. 预应力组合箱梁极限扭矩计算

由于组合梁结构上部分为混凝土，下部分为 U 型钢梁，钢箱梁薄壁结构以及钢与混凝土的组合使得组合梁扭转分析非常复杂。当混凝土翼板长短边之比 $b_c/h_c > 6$ 时我们可以认为翼板是板式构件，其破坏机理基本属于变角桁架破坏模型[26]。变角桁架模型是把翼缘混凝土板等效为简化的壁厚为 t 的闭口箱型截面，使得截面可以采用薄壁结构的分析理论。在构件受扭后，沿等效后的箱梁壁产生不变的环向剪力流 q，构件破坏时可以将混凝土翼板比拟为一个空间桁架结构，纵筋比拟为桁架的弦杆，箍筋比拟为桁架的腹杆，斜裂缝之间的混凝土比拟为桁架的斜压腹杆，即由混凝土斜压腹杆、纵向钢筋和横向箍筋共同组合的空间桁架来承担构件的扭矩，利用空间桁架模型来计算钢筋混凝土翼板纯扭强度[143,144]，如图 5-35 所示。

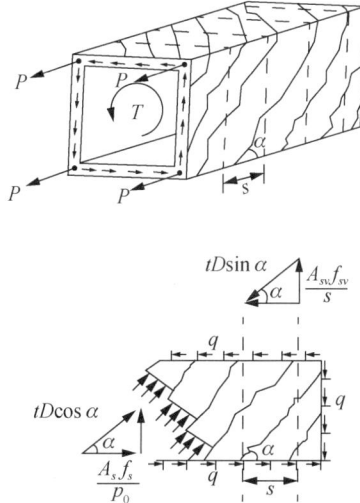

图 5-35　空间桁架薄壁模型受力简图

纯扭构件在开裂以后，扭矩将由与构件纵轴呈 α 角的混凝土斜压杆来承担。这些斜压应力的竖向分量提供了剪力流 q，用以抵抗扭矩[145,146]。为了简化计算，根据薄壁结构力学理论，剪力流可按照以下公式进行计算：

$$q = \frac{T_c}{2A'_{cor}} \tag{5.20}$$

式中：T_c 为混凝土翼板所受扭矩；A'_{cor} 为剪力流中心线所围翼板截面面积，$A'_{cor} = (b_c - t_e)(h_c - t_e)$，$h_c$ 为混凝土翼板宽度，t_e 为混凝土翼板等效壁厚。国内外的学者曾对等效壁厚 t_e 的取值进行过大量的研究，认为影响有效壁厚的主要因素是配筋率，当配筋率较高时，混凝土等效壁厚 t_e 也相应增大。建议板式构件的等效厚度 $t_e = h_c/3$[29]。

在预应力的作用下，由于后张法施加的预应力为偏心荷载，在组合梁上形成了次弯矩 M_p。次弯矩的存在使得混凝土翼板存在受拉的不利情况，上下部纵筋受拉，因此在推导公式时，需要考虑上下部钢筋受拉的影响。

翼板混凝土纵筋由于次弯矩形成的拉力为

$$P_{sti} = A_{sti}\sigma_{pi} = A_{sti}\frac{M_p}{I}y_i \tag{5.21}$$

式中：$M_p = N(\bar{y} - y_p)$；A_{sti} 为翼板混凝土纵筋截面面积；σ_{pi} 为翼板混凝土纵筋正应力；y_i 为纵筋到中性轴的距离；I 为组合箱梁截面抗弯惯性矩。

如图 5-35 所示，由力的平衡条件可知，假定在开裂后混凝土翼板裂缝处不存在拉应力，则斜压应力单位长度的纵向分量 $q\cot\alpha$ 引起的纵向拉应力由翼板纵筋来承担，斜压应力单位长度的横向分量 $q\tan\alpha$ 引起的横向压应力由箍筋来承担，即

$$A_{st}\sigma_{st} - \sum P_{sti} = qu'_{cor}\cot\alpha \tag{5.22}$$

$$A_{sv}\sigma_{sv} = qs\tan\alpha \tag{5.23}$$

式中：A_{st}、A_{sv} 为全部纵筋的截面面积、同一截面内箍筋各肢的全部截面面积；σ_{st}、σ_{sv} 为纵筋、箍筋的应力；$u'_{cor} = 2(b_c + h_c - 2t_e)$ 为剪力流中心线所包围的周长；s 为箍筋间距。

将式（5.20）～式（5.23）联立可得

$$T_c = 2A'_{cor}\sqrt{\frac{A_{sv}\sigma_{sv}}{s}}\sqrt{\frac{A_{st}\sigma_{st} - M_p\sum A_{sti}y_i/I}{u'_{cor}}} \tag{5.24}$$

式中：A'_{cor} 为剪力流中心线所围翼板截面面积。

通过试验可以知道，预应力组合梁受扭破坏类型往往表现为超筋破坏类型。在纵筋和箍筋达到屈服前就有可能由于裂缝间的混凝土被压碎而破坏，破坏具有脆性性质。到达极限扭矩时组合梁纵筋和箍筋都达到屈服状态，则可得

$$T_u = 2A'_{cor}\sqrt{\frac{A_{sv}f_{yv}}{s}}\sqrt{\frac{A_{st}f_{ys} - M_p\sum A_{sti}y_i/I}{u'_{cor}}} \tag{5.25}$$

式中：f_{yv} 为箍筋屈服强度；f_{ys} 为纵筋屈服强度。

当钢筋混凝土到达抗扭极限时，根据国内试验研究，由于有纵筋连接混凝土的关系，裂缝开展受到限制，混凝土骨料之间咬合力增大，并且由于斜裂缝并不是完全平滑的，混凝土还有一定的抗扭能力，混凝土主要是由于斜向受压面上压力的切向分量形成了抵抗扭矩[147]。参照《混凝土结构设计规范》[64]，在极限状态下混凝土承受的扭矩相当于

构件纯扭开裂的 35%。钢筋混凝土翼板的极限扭矩计算公式为

$$T_{u,c} = 0.35\alpha_1\alpha_2\gamma W_{tp}f_{tk} + 2A'_{cor}\sqrt{\frac{A_{sv}f_{yv}}{s}}\sqrt{\frac{A_{st}f_{ys} - N\left(\bar{y} - y_p\right)\sum A_{sti}y_i/I}{u'_{cor}}} \quad (5.26)$$

从试验过程中可以得出，当组合梁到达抗扭极限荷载时，钢梁上的最大拉应力还没有达到钢梁的屈服应力，应力-应变保持线性关系；且可以看到混凝土翼板和钢梁之间一直保持着同步扭转，它们之间没有发生脱离现象，即在加载直到破坏的过程中翼板和钢梁之间扭率相同（$\theta_s = \theta_c$）。考虑到翼板混凝土开裂对等效钢梁抗扭刚度的影响[92]，钢梁的抗扭贡献为

$$T_s = 0.6G_sJ_s\theta_s \quad (5.27)$$

在开裂直到极限状态翼板抗扭贡献为

$$T_c = K''_{t0}\theta_c \quad (5.28)$$

式中：G_s 为钢梁的剪切模量；$J_s = \Omega^2 / \oint \dfrac{\mathrm{d}s}{t}$ 为钢梁的抗扭惯性矩，Ω 为钢梁剪力流中心线所围面积的 2 倍，$\oint \dfrac{\mathrm{d}s}{t}$ 为沿剪力流钢梁长度与壁厚的比值；K''_{t0} 为开裂到极限状态翼板和钢梁之间的扭转刚度系数。

由于混凝土翼板属于板式构件（$b_c/h_c > 6$），根据 Hsu 的纯扭试验得出板式构件实测扭转刚度为计算值的 1.67～1.97 倍，所以在翼板抗扭刚度上增加了宽高比影响的提高系数 η，本书提高系数取 1.85。同时考虑预应力对纵筋的影响 $\rho_s = \left(A_{st} - \dfrac{N\left(y - y_p\right)\sum A_{sti}y_i}{f_{ys}I}\right) \Big/ A_{cor}$，由文献[26]得到混凝土翼板开裂后的抗扭刚度为

$$K''_{t0} = \frac{4\eta E_s b_{cor}^3 h_{cor}^3}{u_{cor}^2}\left(\frac{1}{\dfrac{1}{\rho_s} + \dfrac{1}{\rho_v} + \dfrac{12\lambda\alpha_E b_{cor}h_{cor}}{u_{cor}t_e}}\right) \quad (5.29)$$

式中：α_E 为钢与混凝土弹性模量之比，$\alpha_E = E_s/E_c$；η 为考虑板式构件宽高比影响的提高系数，$\eta = 1.85$；b_{cor}、h_{cor} 分别为钢筋混凝土翼板箍筋中心线的宽度和高度；u_{cor} 为翼板箍筋中心线所围长度，$u_{cor} = 2(b_{cor} + h_{cor})$；$\rho_s$、$\rho_v$ 分别为翼板纵筋、箍筋体积配筋率，$\rho_s = A_{st}/(b_ch_c)$，$\rho_v = A_{sv}u_{cor}/(b_ch_cs)$；$\lambda$ 为附加系数，考虑变角桁架理论模型中壁的厚度上混凝土应变不是常数，因此在右边分母第三项中引入附加系数，Chalioris[148]认为 λ 值取 1 较好。

因此预应力组合箱梁的极限扭矩计算公式为

$$T_u = 0.35\alpha_1\alpha_2\gamma f_{tk}W_{tp} + 2A'_{cor}\sqrt{\frac{A_{vt}f_{yv}}{s}}\sqrt{\frac{A_{st}f_{ys} - N\left(\bar{y} - y_p\right)\sum A_{sti}y_i/I}{u'_{cor}}} + 0.6G_sJ_s\frac{T_{u,c}}{K''_{t0}} \quad (5.30)$$

将式（5.30）得到的预应力组合箱梁在纯扭作用下的极限扭矩计算式与试验值对比，如表 5-8 所示。

表 5-8　预应力组合箱梁纯扭极限扭矩计算　　　（单位：kN·m）

梁编号	试验值	计算值			计算值/试验值		
		Mohr-Coulomb 准则	Kufer 公式	Jiang 双参数公式	Mohr-Coulomb 准则	Kufer 公式	Jiang 双参数公式
PCB-50	105.6	105.8	108.3	110.6	1.00	1.02	1.04
PCB-51	103.1	106.9	109.6	111.8	1.03	1.06	1.08
PCB-52	87.3	106.0	109.4	111.6	1.21	1.24	1.27
PCB-53	100.0	106.8	109.4	111.7	1.06	1.09	1.11

由表 5-8 可以得到，PCB-50、PCB-51、PCB-53 梁极限扭矩计算值与试验值吻合情况良好，只是 PCB-52 最大误差达到 27%，这是因为剪力连接程度降低导致了钢梁对翼板的约束减少，使得混凝土翼板抗扭刚度降低，而极限扭矩的计算过程没有考虑这种相互间的约束影响。

5.3.3　预应力组合箱梁抗扭承载力影响参数分析

对于普通钢筋混凝土结构而言，影响其抗扭承载力的主要因素有截面尺寸、材料特性和配筋率等。而对于预应力组合箱梁而言，由于其由混凝土翼板和钢箱梁两部分组成，再加上加载在钢梁上的预应力筋，影响预应力组合箱梁抗扭性能的主要因素有配筋率、钢梁刚度、预应力大小及布置情况、翼板混凝土截面尺寸及材料性质等。为了了解在纯扭加载下各个参数对组合箱梁开裂扭矩和极限扭矩的影响，有必要对各影响参数进行抗扭承载力敏感性分析。

1. 配筋率的影响

箍筋和纵筋配筋率是影响预应力组合梁抗扭极限承载能力的重要参数，在组合梁极限受扭过程中，翼板混凝土大部分退出工作，这时由箍筋和纵筋以及斜裂缝之间的混凝土组成空间桁架结构来承受极限扭矩，同时混凝土翼板在开裂到极限扭矩过程中，箍筋和纵筋配筋率能够增加翼板混凝土的刚度。因此有必要研究不同配筋率对预应力组合梁极限扭矩的影响。

利用空间桁架理论对预应力组合梁极限扭矩进行参数分析，以箍筋间距、箍筋直径和纵筋配筋率为变化参数。在计算时以 PCB-50 梁为基础，计算预应力组合梁纯扭作用下的极限扭矩值，得到预应力组合梁极限扭矩随箍筋配筋方式和纵筋配筋率变化，如表 5-9、图 5-36 及表 5-10、图 5-37 所示。

表 5-9　不同箍筋配置下的极限扭矩　　　（单位：kN·m）

箍筋间距/mm	$\phi 8$	$\phi 10$	$\phi 12$	$\phi 14$	$\phi 16$
80	107.0	113.7	123.2	134.2	146.1
120	105.8	107.4	112.8	120.3	128.9
160	108.0	105.7	108.2	113.2	119.7
200	111.6	106.1	106.3	109.4	114.2
240	116.0	107.5	105.7	107.2	110.7
280	120.8	109.6	106.0	106.1	108.4

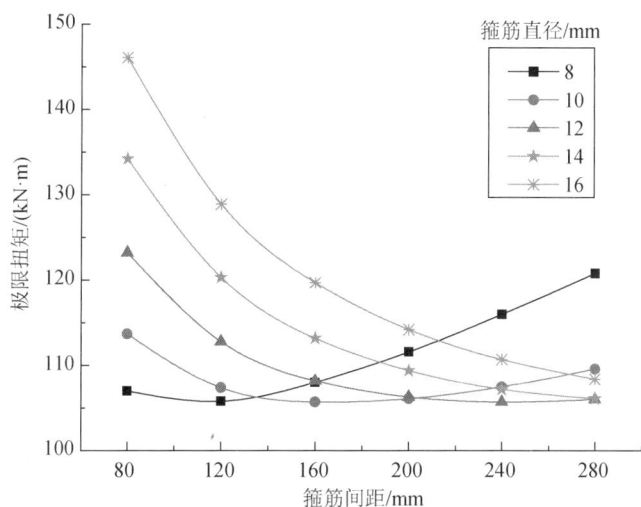

图 5-36　箍筋间距对极限扭矩的影响

表 5-10　不同纵筋配筋率下的极限扭矩　　　　（单位：kN·m）

配筋方式	$10\phi10$	$10\phi12$	$10\phi14$	$10\phi16$	$10\phi18$	$10\phi20$	$10\phi22$
配筋率	0.75%	1.06%	1.48%	1.93%	2.45%	3.02%	3.65%
极限扭矩/（kN·m）	105.8	107.4	111.8	117.7	124.6	132.1	140.1

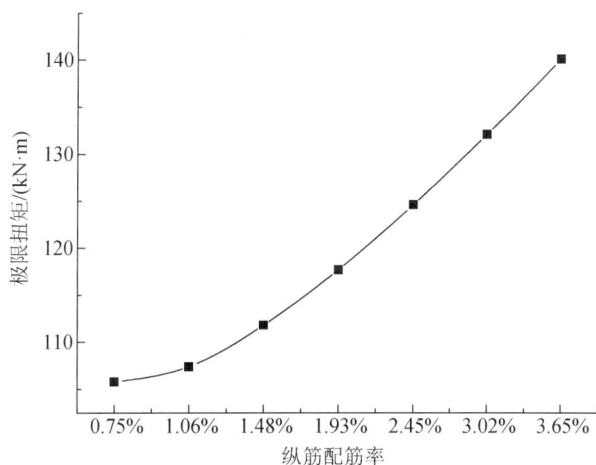

图 5-37　纵筋配筋率对极限扭矩的影响

　　从图 5-36 可以看出，在箍筋直径大于 10mm 时，组合梁极限扭矩随着箍筋间距的增大而减少，且呈非线性方式减少。这是由于增加了箍筋间距会使得空间桁架比拟为腹杆的横向钢筋数量减小，导致斜压应力横向分量受力降低，从而降低了组合梁混凝土翼板的极限扭矩，使得整个组合梁极限扭矩值降低。但是在直径为 8mm 时组合梁极限扭矩反而随着箍筋间距的增大而增加，这是由于当箍筋配筋率过小（ρ_{sv} < 0.68%）时会导致混凝土翼板刚度降低很快，组合梁扭转角增大很快使得钢箱梁承受的扭矩值增大，钢箱梁增加的扭矩值大于混凝土翼板降低的扭矩值，使得组合梁的极限扭矩值增加。如

图 5-37 所示，纵筋的配筋率也能明显提高组合梁的极限扭矩，纵筋配筋率越高，组合梁极限扭矩值越大，这也是因为在变角桁架中作为弦杆的纵筋数量的增加承担了更多斜压应力的纵向分量，增加了混凝土翼板的抗扭承载能力。

2. 钢梁腹板高度的影响

作为组合梁的重要组成部分，钢梁腹板尺寸通过扭转刚度大小对组合梁抗扭承载力有着较大的影响，以钢梁腹板的高度和厚度作为变化参数，分析钢梁尺寸对组合梁极限扭矩的影响，在计算时以 PCB-50 梁作为基础，相应的变化参数及承载能力如表 5-11 和图 5-38 所示。

表 5-11　不同钢梁腹板高度及厚度下的极限扭矩　　（单位：kN·m）

腹板厚度/mm	腹板高度/mm						
	150	175	200	225	250	275	300
8	70.2	76.7	83.2	89.7	96.3	102.9	109.4
10	77.2	85.1	93.0	101.0	109.1	117.1	125.2
12	83.0	92.2	101.4	110.1	120.2	130.0	139.2

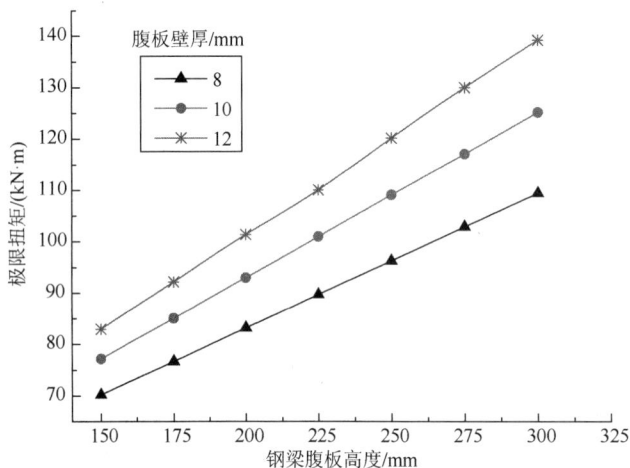

图 5-38　钢梁截面尺寸对极限扭矩的影响

从图 5-38 可以看出，组合梁极限扭矩随着钢梁腹板高度及厚度的增加而增加，且大致呈线性关系，这是由于钢梁高度和厚度的增加提高了钢箱梁的抗扭刚度，从而能够增加组合梁的极限扭矩值。

3. 翼板混凝土的影响

混凝土翼板作为组合梁的组成部分，对组合梁开裂扭矩和极限扭矩都有着重要的影响，本书利用完全塑性理论和变角桁架理论，采用 4 种强度等级的混凝土，对预应力组合梁扭转承载力进行参数分析，在计算时以 PCB-50 梁作为基础，相应的变化参数和计算值如表 5-12 和图 5-39 所示。

表 5-12　不同强度混凝土下的开裂扭矩和极限扭矩

混凝土标号	C30	C40	C50	C60
开裂扭矩/（kN·m）	32.2	40.5	46.5	53.3
极限扭矩/（kN·m）	96.9	101.9	105.5	109.6

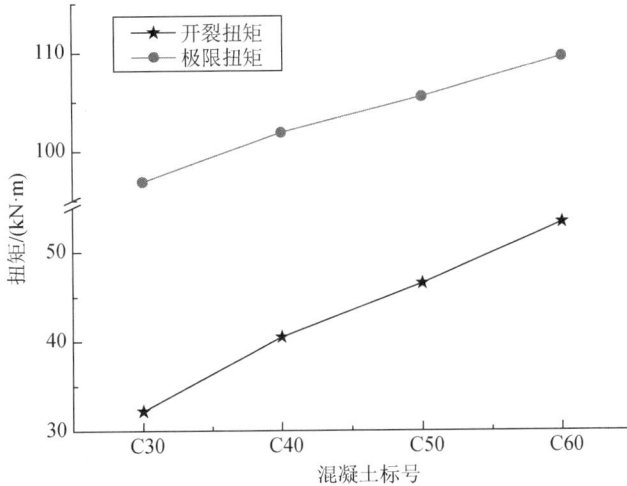

图 5-39　混凝土标号对扭转承载力的影响

如图 5-39 所示，翼板混凝土强度等级的提高能明显地提高预应力组合梁的开裂扭矩和极限扭矩，且组合梁开裂扭矩的增加幅度明显大于极限扭矩，这是因为组合梁开裂时翼板主要由混凝土来抵抗扭矩，而在极限状态是翼板主要由钢筋和混凝土共同抵抗扭矩。C60 高强混凝土的开裂扭矩比 C30 普通混凝土提高了约 66%，提高幅度非常明显，即使用高强混凝土对提高组合梁正常使用能力非常有必要。

4. 预应力的影响

预应力对组合梁的影响因素有：预应力筋布置形式和布置位置、初始预应力、预应力筋数量等，利用计算方法来分析初始预应力对预应力组合梁开裂扭矩和极限扭矩的影响。以 PCB-50 梁为基础，变化参数和计算结果如表 5-13 和图 5-40 所示。

从图 5-40 可以看出，施加在钢梁上预应力的存在能够减小预应力组合梁的开裂扭矩和极限扭矩，这是由于预应力的存在使得组合梁在纵向上形成拱效应，翼板混凝土和纵筋有一定的拉应力出现，降低了组合梁的开裂扭矩，也使得纵筋的等效截面积减少从而降低了组合梁的极限扭矩，初始预应力对组合梁开裂扭矩的影响程度要大于极限扭

表 5-13　不同初始预应力下的开裂扭矩和极限扭矩

初始预应力/kN	0	50	100	150	200	300	400
开裂扭矩/（kN·m）	60.0	54.8	52.6	50.2	47.6	42	35.4
极限扭矩/（kN·m）	111.5	110.2	108.9	107.5	105.9	102.6	98.5

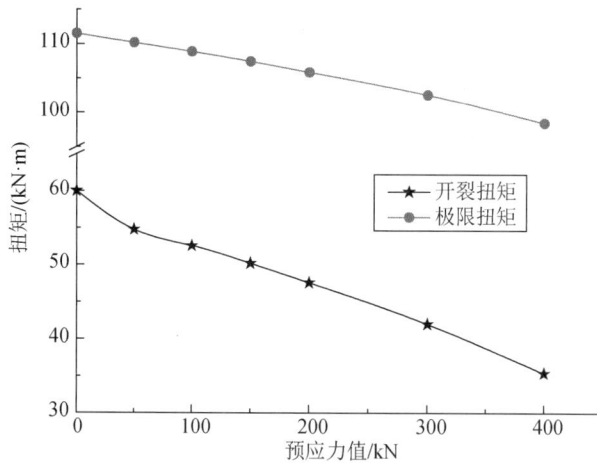

图 5-40　预应力对扭转承载力的影响

矩。相对于没有施加预应力的组合梁，施加预应力为 203.2kN（PCB-50）时开裂扭矩减少了约 21%，施加预应力为 400kN 时开裂扭矩减少了约 41%，降低的幅度非常明显。

5.3.4　小结

本节基于翼板混凝土表面单元体受力研究，在合理假设的基础之上，通过材料力学和混凝土力学，推导出了在三种混凝土强度理论公式下预应力组合梁的预应力影响系数，同时利用完全塑性理论得到了在扭转作用下组合梁的开裂扭矩。基于薄壁结构和变角空间桁架理论得到了预应力组合梁纯扭作用下的极限扭矩。计算结果与试验对比吻合良好。分析了配筋率、钢梁腹板高度、翼板混凝土强度、预应力对预应力组合梁开裂扭矩和极限扭矩的影响。指出了初始预应力值能够明显地降低组合梁的开裂扭矩，如 PCB-50 梁相对于没有施加预应力的组合梁降低幅度约为 21%。

5.4　预应力组合箱梁弯扭强度理论分析

5.4.1　引言

现行规范规定：矩形、T 形、I 形和箱形截面弯剪扭构件，其纵向钢筋截面面积应分别按受弯构件的正截面受弯承载力和剪扭构件的受扭承载力计算确定，并应配置在相应的位置；箍筋截面面积应分别按剪扭构件的受剪承载力和受扭承载力计算确定，并应配置在相应的位置。这说明，按我国现行规范，对弯扭构件设计，是采取用极限平衡理论对受弯构件的正截面受弯承载力和按桁架模型理论对纯扭构件的受扭承载力分别进行计算，然后将需要的钢筋简单叠加的办法，而没有考虑各种内力共同作用的影响，有可能降低结构安全度。这一方法虽然计算简便，但是在概念上显然不符合构件的实际工况。预应力能够提高截面抗扭强度，简单叠加可能造成箍筋浪费。由于弯矩和扭矩可分别在弯压区的纵筋中产生压应力和拉应力，而这两种应力可以互相抵消[139]。叠加方法忽略了这一事实。在低配筋情况下，轴力可以取代纵筋的作用，而当轴力较大时，轴力较纵筋更有利于构件抗扭强度的提高[149]。为了充分发挥材料的作用，提出弯扭区纵筋改进的计算方法和优化配筋是必要的。由此可知，当作用于组合梁的弯矩方向一定时，位于翼板弯压区的抗扭纵筋可以予以减少。钢筋混凝土结构抗扭专题组等[147]提出了钢筋混凝土构件和预应力混凝土构件弯扭强度相关方程。

对于扭型破坏，有

$$\left(\frac{T}{T_u}\right)^2 = 1 + \frac{1}{\gamma}\frac{M}{M_u} \tag{5.31}$$

对于弯型破坏，有

$$\left(\frac{T}{T_u}\right)^2 = \frac{1}{\gamma}\left(1 - \frac{M}{M_u}\right) \tag{5.32}$$

式中：T_u、M_u 为构件的纯扭极限强度和纯弯极限强度；γ 为纵筋配筋强度比。

对于预应力混凝土构件，Wafa 等[150]指出偏心距影响扭型破坏和弯型破坏相关曲线之间的过渡点。偏心距越大，过渡点对应的扭弯比越小。并指出偏心预应力构件比轴心预应力构件作为承受弯扭共同作用构件更经济。马云昌等[151]通过 5 根预应力 T 型截面构件在弯扭作用下的试验研究，探讨了扭弯比对构件的破坏特征、扭转刚度、弯曲刚度等的影响，并提出了弯扭相关曲线，指出可以采用四分之一圆相关曲线来表示。

在 20 世纪 70 年代初，印度几位学者曾做过少量的钢-混凝土组合梁的弯扭试验研究，但他们只对弯扭相关性能做了定性分析，并未提出相应的弯扭强度相关公式[152]。聂建国等研究了开口截面钢-混凝土组合梁弯扭相关性能，提出了弯扭相关曲线三段式相关方程，并给出了弯扭相关下限方程，具有较高的精度和安全度[153]。对影响弯扭相关曲线的参数进行了分析[154]，包括翼板混凝土强度、混凝土翼板尺寸和钢梁尺寸。同时也反映了一定弯矩的存在可以提高组合梁的极限抗扭承载力，扭矩的存在对极限抗弯承载力不利，并分析了相关机理。在钢筋混凝土变角软化桁架模型基础上，建立了适于分析钢-混凝土组合箱梁复合弯扭性能的三维桁架模型[155]。无论哪类组合梁，弯扭比都是影响组合梁弯扭破坏形态的重要因素。

因此，进行预应力钢箱高强混凝土组合梁弯扭相关性能研究，可以明确复合弯扭作用受力机理，对于判断复合弯扭作用下组合梁在极限状态时的破坏特征有着重要的意义，并且可以提高设计水准和结构可靠度。

5.4.2　预应力组合箱梁抗弯承载力计算

体外预应力组合箱梁同普通组合梁最大区别在于体外预应力的施加，受弯承载力的计算最大难点在于预应力效应的准确分析。预应力筋内力增加表现为力筋伸长，而力筋的变形是受制于结构变形的。理论上讲，凡是影响结构变形的因素都影响力筋的内力增量。从结构变形方面入手，有可能建立既符合结构受力机理又能够适应各种不同情形的体外预应力结构的计算方法，从根本上解决力筋内力变化的问题。杜进生等[156]提出了一种计算预应力筋内力增量的思路，建立了计算跨中挠度 δ 和预应力筋内力增量计算模型,如图 5-41 所示。设跨径为 L(对于直线型预应力筋,近似认为为两个锚具之间的距离)、预应力筋偏心距为 e 的体外预应力组合箱梁受弯构件,在荷载作用下发生变形,其跨中挠度为 δ。对图 5-41 所示结构而言,预应力筋的伸长量应为线段 $CD+EF$,且有 $CD=EF$。此处 $\angle CAD > \angle BAG$,近似取两者相等。

$$\theta = \tan\theta = \frac{2\delta}{L} \tag{5.33}$$

$$CD = \theta e = \frac{2\delta e}{L} \tag{5.34}$$

预应力筋内力增量为

$$N = 2A_p E_{sp} \frac{4\delta e}{L^2} \tag{5.35}$$

式中:A_p 为预应力筋总截面面积;E_{sp} 为预应力筋弹性模量。

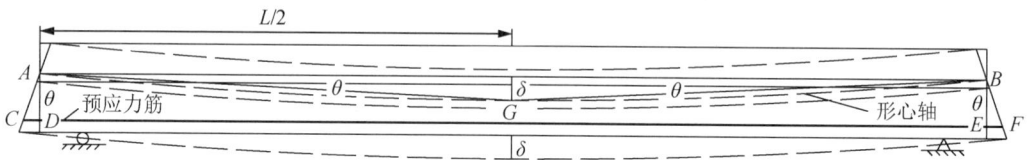

图 5-41   预应力筋内力增量计算简图

从理论上讲在组合梁达到极限状态时,钢梁与混凝土交界面上的滑移会降低极限抗弯承载力,但是考虑到钢梁底部翼缘和腹板部分钢材的强化效应可以抵消这种效应的影响。因此在极限抗弯承载力计算过程中可以不再考虑滑移造成的影响[157]。另外,钢梁和混凝土翼板受弯时曲率保持一致。从纯弯试验数据和形心位置可知,下部纵筋受的拉力很小,可以忽略不计。达到受弯极限时钢梁整个横截面都能屈服。

在计算得到预应力的极限应力以后,可以按照截面的内力平衡和弯矩平衡分析求得极限受弯承载力。基本计算模型如图 5-42 所示。

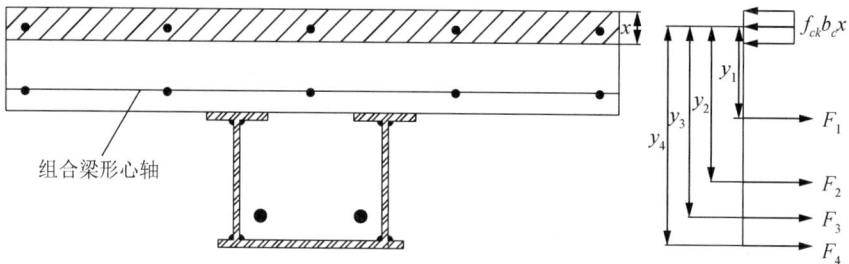

图 5-42   预应力组合箱梁受弯简化计算模型图

根据力的平衡条件有

$$f_{ys}A_s + f_{ck}b_c x = (f_{pe} + \Delta f_{pe})A_p + A_1 f_{y1} + A_2 f_{y2} + A_3 f_{y3} \tag{5.36}$$

式中:f_{ys} 为纵筋屈服强度;A_s 为纵筋截面总面积;f_{pe} 为预应力筋的有效预加应力;Δf_{pe} 为预应力筋应力增量;A_p 为预应力筋总截面面积;A_1、A_2、A_3 分别为钢梁托板、腹板和底板截面面积；f_{y1}、f_{y2}、f_{y3} 分别为钢梁托板、腹板和底板屈服强度。

可得混凝土翼板受压区高度 x 为

$$x = \frac{(f_{pe} + \Delta f_{pe})A_p + A_1 f_{y1} + A_2 f_{y2} + A_3 f_{y3} - A_s f_{ys}}{f_{ck} b_c} \tag{5.37}$$

根据力矩平衡条件，可以得到截面抗弯极限承载力为

$$M_u = y_1 A_1 f_{y1} + y_2 A_2 f_{y2} + y_3 (f_{pe} + \Delta f_{pe})A_p + y_4 A_4 f_{y4} \tag{5.38}$$

式中：y_1、y_2、y_3、y_4 分别为受拉区托板、腹板、预应力筋和底板截面形心到混凝土翼板受压区截面形心的距离。

按照上述公式，可计算截面极限受弯承载力。表 5-14 列出了计算结果与试验结果的比较。

表 5-14　预应力组合箱梁受弯承载能力计算结果与试验结果比较

试验梁号	钢筋截面面积 /mm²	有效预加力 /kN	内力增量 /kN	计算结果 /(kN·m)	试验结果 /(kN·m)	计算结果 / 试验结果
PCB-4	139×2	215.1	92.5	460.6	473.9	0.97

5.4.3　预应力组合箱梁弯扭相关性分析

1. 弯扭作用机理

目前国内外还没有报道过预应力箱形组合梁弯扭试验研究。预应力组合箱梁在复合弯扭作用下的极限强度分析是一个带裂缝工作的空间受力问题，理论推导存在很大的困难。弯扭共同作用下的构件破坏形态与扭弯比、混凝土强度、高宽比、配筋形式、配筋量大小、纵筋与箍筋配筋强度比以及钢箱梁同混凝土翼板的抗扭刚度比（剪力连接程度）等有关。

预应力组合箱梁弯扭构件存在以扭为主和以弯为主两种不同的荷载作用情况。试验表明：这两种不同情况下的混凝土翼板弯压区的受力机理不同。在以扭为主的情况下，翼板弯压区的混凝土开裂；而在以弯为主的情况下，翼板弯压区的混凝土不开裂。弯扭构件的破坏类型，一直是国内外学者探讨的问题。这类构件破坏可分为三类，即扭型破坏、弯型破坏和扭弯型破坏。对于弯型和扭型破坏已经有比较一致的认识，分歧主要在于由扭型到弯型的过渡，即扭弯型破坏。

弯扭共同作用下的混凝土翼板实际上可视为偏心压扭构件。对于配筋强度比相同的偏压扭构件，当偏心距相对较小时，抗扭强度随轴压比的增加而增加，大致呈线性关系。当相对偏心距较大且轴压比也增大时，其抗扭强度随着轴压比的增加明显下降[158]。在弯矩作用下，箱形组合梁的混凝土翼板基本上位于受压区。施加扭矩后，首先要抵消压力，因此随扭弯比的增大，预应力组合箱梁极限扭矩得到提高。但是当扭弯比减小到一定程度时，预应力组合箱梁的破坏形态逐渐由扭型破坏过渡到弯型破坏，由弯矩产生的压应力对混凝土翼板抗扭的有利作用降低。

另外，预应力组合箱梁纯扭构件翼板的主压力倾角在受荷载过程中变化不大，而弯扭构件的倾角随扭弯比的增大而增大。

2. 弯扭相关性分析

胡少伟等[89]建议箱形截面钢-混凝土组合梁的弯扭相关曲线采用三段式相关方程。而本书预应力组合箱梁弯扭作用下的相关方程可继续参照式（3.1）和式（3.2）给出，把预应力组合箱梁有关试验结果代入，便可以求得各自的 γ 值。

对于扭型破坏，当 $M<0.4M_u$ 时，

$$\frac{M}{M_u}=0.5\left(\frac{T}{T_u}\right)^2-0.5 \tag{5.39}$$

对于弯型破坏，当 $0.4M_u<M<M_u$ 时，

$$\frac{M}{M_u}=1-0.34\left(\frac{T}{T_u}\right)^2 \tag{5.40}$$

从试验结果[159]可知：对于钢筋混凝土构件和预应力混凝土构件，对称配筋弯扭构件相关曲线基本上服从四分之一圆规律。非对称配筋则服从双抛物线规律，双抛物线尖端突起程度与纵筋配筋强度比有关，纵筋强度比越小突起程度越高。对于本书的预应力组合箱梁可认为弯曲受压区纵筋和弯曲受拉区的等效纵筋（预应力钢梁）为非对称配筋，则弯扭相关曲线服从双抛物线规律，设抛物线方程为 $\frac{M}{M_u}=a\left(\frac{T}{T_u}\right)+b\frac{T}{T_u}+c$，将作者试验结果按扭型破坏和弯型破坏代入，再用 MATLAB 求解超定方程组，得到预应力组合箱梁相关方程如下。

对于扭型破坏，当 $M<0.4M_u$ 时，

$$\frac{M}{M_u}=0.4677\left(\frac{T}{T_u}\right)^2-0.4565 \tag{5.41}$$

对于弯型破坏，当 $0.4M_u<M<M_u$ 时，

$$\frac{M}{M_u}=-0.5542\left(\frac{T}{T_u}\right)^2+0.31\frac{T}{T_u}-0.9802 \tag{5.42}$$

按照上述公式得到的不同的弯扭相关曲线如图 5-43 所示，相关曲线由两段式表示。两条抛物线的交点为两种破坏模式的过渡点，也是弯矩提高极限扭矩的最佳扭弯比点。当 $M/M_u=0.4$ 时，预应力组合箱梁极限扭矩能够提高 34%。

预应力组合箱梁在扭弯比比较大的区段（AB 段）按扭型破坏，AB 段弯矩的存在提高了组合梁的极限抗扭承载能力。这在机理上可以解释如下：对于承受纯扭作用的预应力组合箱梁，扭矩主要由混凝土翼板和钢梁组成的箱形截面来共同承担。纵筋不论在截面的上部还是在下部都是处于受拉状态。预应力组合箱梁达到极限抗扭承载力主要是由翼板内纵筋和箍筋的屈服引起的混凝土翼板斜拉裂缝过大而导致的。弯矩的作用使翼板纵筋拉应力减小，弯矩越大，对翼板纵筋抵消得越多，抗扭能力提高得也就越多[160]。另外，福州大学[140]曾经对相同截面尺寸、相同的配筋率和相同的及不同的混凝土强度

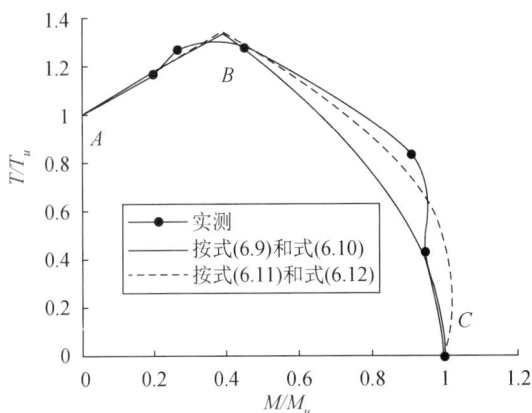

图 5-43　不同相关方程得到的弯扭相关曲线

等级的有筋及无筋的空心、实心的混凝土构件进行试验，对比试验结果说明，混凝土截面在受扭过程中始终起着抗扭作用，并且抗扭能力与混凝土强度等级成正比。空心梁的开裂扭矩和极限扭矩比实心梁都要低，这说明核心混凝土部分是起了抗扭作用的，而空间桁架模型是不考虑核心混凝土抗扭作用的。在弯矩作用下，组合梁的混凝土翼板主要位于受压区，混凝土翼板实际处于压扭状态。由弯矩产生的弯曲压应力可以抵消部分由扭矩引起的斜拉应力，抑制斜裂缝的开展。

达到 B 点开始由弯型破坏起控制作用，承载力主要由翼板混凝土弯曲抗压强度控制，破坏时翼板顶面混凝土有不同程度的压溃。在离 B 点不远的一段区域内，由于弯矩还不算很大，组合梁承担的扭矩仍然大于纯扭时的抵抗扭矩。扭弯比比较小的 BC 段，扭矩的存在降低了预应力组合箱梁极限抗弯承载力。这在机理上可以解释如下：预应力组合箱梁极限抗弯承载力主要由翼板混凝土弯曲抗压强度控制。在扭矩和弯矩的共同作用下，混凝土实际处于压扭状态。根据材料力学理论可知，主压应力由于扭剪应力的存在而提高（相对于纯弯状态）。再由混凝土二维应力状态强度理论可知，拉应力的存在将会降低混凝土弯曲抗压强度，即混凝土的软化。

5.4.4　小结

本书建立了考虑预应力筋内力增量的受弯承载力计算公式，计算结果与试验结果吻合较好；对预应力组合箱梁在弯扭作用下的破坏类型进行了划分：大扭弯比作用下的扭型破坏和小扭弯比作用下的弯型破坏；给出了预应力组合箱梁弯扭作用下的相关公式，并与试验弯扭相关曲线进行了对比，吻合较好；分析了大扭弯比下弯矩提高预应力组合箱梁极限抗扭承载力及弯型破坏模式下扭矩降低极限抗弯承载力的机理。

5.5　预应力组合梁在弯剪扭复合作用下的相关性研究

构件在复合受力状态下总是受到压、弯、剪、扭四种主要荷载的作用，因此构件的弯、剪、扭相关性对于构件的设计非常重要。因为在复合受力状态下构件的承载力与单一受力状态相比有所降低[161]，所以有必要对组合梁在弯矩、剪力、扭矩共同作用下，推导这些作用之间的关系。目前，对钢筋混凝土构件的弯剪扭相关性已经做了一些工作，在钢筋混凝土构件的理论基础上，以薄壁杆件的基本理论为基础，采用理想化的假定，同时在推导过程中进行假定简化。得到预应力组合梁在弯、剪、扭复合作用下的相关性方程，有利于组合梁设计时考虑复杂受力时的相互影响。

5.5.1　弯剪扭作用下预应力组合梁开裂扭矩

本次弯剪扭加载的预应力组合梁的截面尺寸和材料都和纯扭加载相同，为了在弹性阶段受弯作用下翼板混凝土不产生拉应力，使组合梁中性轴位于钢梁截面内。通过中性轴计算公式 $\bar{y} = \sum (E_i A_i y_i) / \sum (E_i A_i)$，确定中性轴位于钢梁截面内部，翼板混凝土受压。

基本假设：

（1）当翼板混凝土开裂时，钢梁和钢筋还处于弹性阶段，不考虑钢筋影响。

（2）交界面没有发生滑移。

（3）在弯剪扭作用下，组合梁还满足平截面假定。

（4）预应力组合梁截面扭率沿纵向为常数。

（5）弯矩的大小对扭转变形没有影响，同样扭矩的大小对挠度的变化没有影响，在弹性阶段内，弯扭各自的受力变形是相互独立的。

（6）认为剪力由钢梁腹板承担。

在进行大扭弯比的预应力组合梁弯剪扭加载试验表面，以上基本假定都能够成立，按组合梁受弯弹性理论[67]，混凝土表面单元体受力情况如图 5-44 所示。

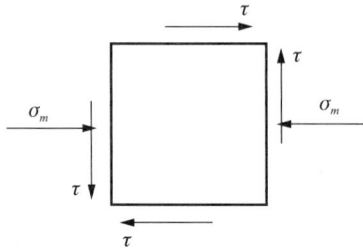

图 5-44　复合弯扭下单元体受力图

从图 5-44 可知，根据材料力学理论，平面单位上所受的主应力为

$$\begin{cases} \sigma_1 = \dfrac{\sigma_m}{2} + \sqrt{\left(\dfrac{\sigma_m}{2}\right)^2 + \tau^2} \\ \sigma_2 = \dfrac{\sigma_m}{2} - \sqrt{\left(\dfrac{\sigma_m}{2}\right)^2 + \tau^2} \end{cases} \qquad (5.43)$$

式中：σ_m 为弯矩作用下翼板混凝土正应力；τ 为扭矩作用下翼板混凝土剪应力。

翼板混凝土单元实际处于压剪双轴应力状态，采用修正的 Mohr-Coulomb 准则，当一向受拉一向受压时（$\sigma_1 > 0 > \sigma_2$）：

$$\frac{\sigma_1}{f_{tk}} - \frac{\sigma_2}{f_{ck}} = 1 \tag{5.44}$$

因为认为剪力由钢梁腹板承担，所以计算中忽略剪力对开裂扭矩的影响。

下面推导弯矩对组合梁开裂扭矩的影响，引入弯矩影响系数 k。其中

$$k = \frac{T_{crm}}{T_{cr}} = \frac{\tau_m}{\tau_0} \tag{5.45}$$

式中：T_{crm}、T_{cr} 分别为弯剪扭作用和纯扭作用下的开裂扭矩；τ_m、τ_0 分别为弯剪扭作用和纯扭作用下混凝土开裂时截面最大剪应力。

当混凝土开裂时，将式（5.44）代入式（5.45），整理得弯剪扭作用下截面最大剪应力为

$$\tau_m^2 = \left(\frac{f_{tk}f_{ck} + (f_{tk} - f_{ck})\sigma_m/2}{f_{ck} + f_{tk}}\right)^2 - \left(\frac{\sigma_m}{2}\right)^2 \tag{5.46}$$

在纯剪受力状态下 $\sigma_1 = -\sigma_2$，代入式（5.44），得

$$\sigma_1 = \frac{f_{tk}f_{ck}}{f_{tk} + f_{ck}} \tag{5.47}$$

因此纯扭作用下的截面最大剪应力为

$$\tau_0^2 = \sigma_1^2 = \left(\frac{f_{tk}f_{ck}}{f_{tk} + f_{ck}}\right)^2 \tag{5.48}$$

将式（5.46）除以式（5.47）并开根号，得到弯矩影响系数为

$$k = \frac{\tau_m}{\tau_0} = \sqrt{\left(\frac{f_{tk}f_{ck} + (f_{tk} - f_{ck})\sigma_m/2}{f_{ck}f_{tk}}\right)^2 - \left(\frac{\sigma_m(f_{tk} + f_{ck})}{2f_{ck}f_{tk}}\right)^2} \tag{5.49}$$

由换算截面法得到翼板混凝土弯曲正应力公式为

$$\sigma_m = \frac{M}{I\alpha_E}(\bar{y} - h) \tag{5.50}$$

式中：M 为组合梁施加弯矩；I 为混凝土等效为钢材后组合梁截面惯性矩；α_E 为钢梁与混凝土弹性模型比值；$\bar{y}$ 为组合梁中性轴到钢梁地面距离。

通过引入预应力影响系数得到预应力组合梁在纯扭作用下的开裂扭矩，而在预应力影响系数的基础上引入弯矩影响系数即可得到在弯剪扭作用下预应力组合梁开裂扭矩。由式（5.19），预应力组合梁纯扭下开裂扭矩为

$$T_{cr} = T_{cr,c} + T_{cr,s} = (\alpha_1\alpha_2\gamma W_{tp} + 2\gamma h_s b_s h_c)f_{tk} \tag{5.51}$$

则在弯剪扭作用下预应力组合梁的开裂扭矩计算公式为

$$T_{crm} = kT_{cr} = \gamma k(\alpha_1\alpha_2 W_{tp} + 2h_s b_s h_c)f_{tk} \tag{5.52}$$

将扭弯比大于 1 的预应力组合梁代入公式中可得复合弯扭作用下预应力组合箱梁的开裂扭矩。从表 5-15 中可以看出，当扭弯比小于 3.5 时，由于组合梁不能满足平截面假定的影响导致计算值偏大。而在扭弯比大于 3.5 的情况下计算值与试验值吻合情况良好，

说明此公式在大扭弯比的情况下是满足精度要求的，扭弯比越大，精度越高。

表 5-15　预应力组合梁弯扭作用下开裂扭矩计算

梁编号	扭弯比	试验值	计算值	计算值/试验值
PCB-54	2	70.3	89.1	1.26
PCB-59	3.5	63.6	66.4	1.15
PCB-56	5	62.5	73.0	1.06
PCB-60	6.5	60.3	62.8	1.04

5.5.2　弯剪扭作用下预应力组合梁极限扭矩

1. 混凝土翼板弯矩和轴力

在弯剪扭作用下预应力组合梁的混凝土翼板实际处于压弯剪扭复合受力状态，从弯性试验数值分析的结果可知，即使混凝土本构关系为非线性，当 $M<0.6M_u$ 时，组合梁的弯矩-曲率关系仍表现出线弹性的特点，因此，对于 $M<0.6M_u$ 的情况，可以近似按弹性来分析。下面对组合梁复合弯扭作用下弯矩对混凝土翼板作用机理进行分析。

1）基本假定

（1）不考虑钢梁和混凝土间相对滑移。

（2）混凝土、钢材的本构关系均为线弹性，不考虑混凝土受拉作用。

（3）组合梁截面应变沿钢梁和翼板高度呈线性分布，符合平截面假定，如图 5-45 所示。

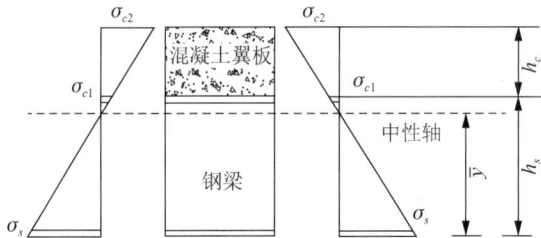

图 5-45　组合梁截面应变分布

2）计算原理

我们可得到弹性阶段组合梁截面的中和轴高度 $\overline{y}$，由胡克定律进一步求出截面各个部分正应力分布，最后通过应力积分得到翼板自身承受的自身弯矩 M_c 和轴力 M_c 为

$$M_c = \int_{-\frac{1}{2}h_c}^{\frac{1}{2}h_c} \sigma_c y \mathrm{d}A = \frac{b_c h_c^3}{12 I \alpha_E} M \tag{5.53}$$

$$N_c = \int_{A_c} \sigma_c \mathrm{d}A = \frac{h_c b_c (2h_c + h_s - 2\overline{y})}{2I\alpha_E} M \tag{5.54}$$

2. 空间桁架计算理论模型

自 1929 年 Rausch 提出的空间桁架模型后，空间桁架模型理论不断得到发展，在钢

筋混凝土极限受扭情况下得到了广泛的应用。1972 年这一理论由 Luchinger、Thurlimann 和 Elfgren 推广应用于弯剪扭构件的承载能力计算中，1979 年又由 Teutsch 进一步推广应用于计算矩形截面弯剪扭构件的承载力及变形。天津大学康谷贻等[27]根据变角空间桁架理论推导了弯剪扭构件的极限承载力计算公式。

钢筋混凝土弯剪扭构件在临近破坏时，由于裂缝的充分发展，其工作性能可用变角空间桁架模型来描述。此时实心截面可视作等效箱型截面，箱型截面的侧壁混凝土受压，形成斜压力场，斜压力场的垂直分量与扭矩和剪力作用产生的剪力流相平衡，由箍筋作为受拉腹杆，其水平分量使纵筋受拉。因此，纵筋除承受弯矩产生的轴向力外，还承受斜压力的水平分力。

模型假定：

（1）混凝土翼板和钢箱梁在扭转过程中变形协调一致，扭转角相同。

（2）忽略核心混凝土的受扭作用和钢筋销栓作用。

（3）忽略混凝土的抗拉强度。

（4）忽略混凝土翼板和钢箱梁之间的滑移及翘曲。

（5）忽略钢箱梁对翼板抗扭刚度的影响，即忽略钢箱梁对翼板的纵向约束。

文献[28]表明:弯剪扭作用下箱型截面各侧壁的厚度和斜压应力的倾角并不相同，取扭矩和剪力产生的剪力流同方向的前部侧壁厚为 t_1，反方向的后部侧壁厚为 t_2，弯曲底部侧壁厚为 t_3，顶部侧壁厚为 t_4，相应的斜压应力倾角为 α_1、α_2、α_3、α_4，斜压力为 D_1、D_2、D_3、D_4。

设由扭矩 T 产生的剪力流 q_t 沿箱型截面均匀分布，则有

$$q_t = q_{1t} = q_{2t} = q_{3t} = q_{4t} = \frac{T}{2b'_{cor}h'_{cor}} \tag{5.55}$$

设由剪力 V 产生的剪力流只在侧壁中发生，且为均匀分布，则有

$$q_v = \frac{V}{2h'_{cor}} \tag{5.56}$$

式中：b'_{cor}、h'_{cor} 分别为剪力流路线的长边和短边尺寸。

从而有

$$q_1 = q_{1t} + q_v = \frac{T}{2b'_{cor}h'_{cor}} + \frac{V}{2h'_{cor}} \tag{5.57}$$

$$q_2 = q_4 = q_t = \frac{T}{2b_{cor}h_{cor}} \tag{5.58}$$

$$q_3 = q_{3t} - q_v = \frac{T}{2b'_{cor}h'_{cor}} - \frac{V}{2h'_{cor}} \tag{5.59}$$

式中：q_i（$i=1, 2, 3, 4$）为作用在侧壁的剪力流；α_i 为斜压应力的倾角；由静力平衡条件可以得到箍筋轴拉力 F_i 和斜压力 D_i（$i=1, 3$）的计算公式：

$$\frac{F_i}{s} = \frac{D_i \sin \alpha_i}{h'_{cor}\mathrm{ctg}\,\alpha_i} \tag{5.60}$$

$$D_i \sin \alpha_i = q_i h'_{cor} \tag{5.61}$$

$$D_i \cos \alpha_i = \frac{q_i^2 h'_{cor} s}{F_i} \qquad (5.62)$$

同理可得 F_i 和 D_i (i=2, 4)的计算公式：

$$\frac{F_i}{s} = \frac{D_i \sin \alpha_i}{b'_{cor} \mathrm{ctg} \alpha_i} \qquad (5.63)$$

$$D_i \cos \alpha_i = \frac{q_i^2 b'_{cor} s}{F_i} \qquad (5.64)$$

在弯剪扭作用下，当钢筋配置适当时，构件可能在顶部侧壁、后部侧壁（扭矩和剪力产生的剪力流反向）及底部侧壁内发生受压塑性铰线的三种空间截面的破坏形态（简称破坏形态一、二、三）。在破坏时，非受压塑性铰线的三个侧壁内的纵筋和箍筋应力均可达到屈服强度，受压塑性铰线的侧壁内的纵筋和箍筋应力一般未达到屈服强度。在大扭弯比作用下组合梁发生扭型破坏，顶部的弯曲受压钢筋起强度控制作用，构件破坏时，受压塑性铰线位于翼板底部，即扭型破坏属于第三种破坏形式。

3. 极限扭矩计算

根据受力平衡条件，忽略翼板底部纵筋内力的影响，对底部剪力流作用线计算弯矩，得

$$M_c = -\left(h'_0 - a_2\right) \sum_{i=1}^{5} z_i + D_1 \cos \alpha_1 \frac{h'_{cor}}{2} + D_3 \cos \alpha_3 \frac{h'_{cor}}{2} + D_4 \cos \alpha_4 h'_{cor} \qquad (5.65)$$

式中：z_i 为各个纵筋截面受力值；h'_0 为顶部侧壁内纵筋中心至截面底部的距离；a_2 为底部侧壁剪力流中心线至截面底部的距离。

将式（5.62）和式（5.64）代入上式，得

$$\frac{\left(h'_0 - a_2\right) \sum\limits_{i=1}^{5} z_i}{h'_{cor}} = -\frac{M}{h'_{cor}} + \frac{q_1^2 h'_{cor} s}{2F_1} + \frac{q_3^2 h'_{cor} s}{2F_3} + \frac{q_4^2 b'_{cor} s}{F_4} \qquad (5.66)$$

在预应力组合梁中把翼板轴压力 N_c 比作虚拟纵筋的截面面积 N_c / f_{ys}，在预应力作用下使得上排钢筋受拉，则在破坏时组合梁顶部侧壁所有纵筋屈服力为

$$z' = \sum_{i=1}^{5} z_i = \frac{1}{2}\left(f_{ys} A_{st} + \frac{N A_{st} \left(\bar{y} - y_p\right)\left(h'_0 - \bar{y}\right)}{I} + N_c \right) \qquad (5.67)$$

在破坏时构件前、后及顶部三个侧壁箍筋屈服力为

$$F = F_1 = F_3 = F_4 = f_{yv} A_{sv} \qquad (5.68)$$

式中：f_{ys}、f_{yv} 为纵筋、箍筋屈服应力值；A_{st}、A_{sv} 为全部纵筋、单支箍筋面积。

将式（5.57）～式（5.59）代入式（5.66），可得

$$\frac{h'_0 - a_2}{h'_{cor}} = -\frac{M_c}{z' h'_{cor}} + \left(\frac{T_c}{2 A'_{cor}}\right)^2 \frac{u'_{cor} s}{2z' F} + \left(\frac{V_c}{2 h'_{cor}}\right)^2 \frac{h'_{cor} s}{z' F} \qquad (5.69)$$

组合梁的竖向剪力可以认为由钢梁腹板承担，即忽略翼板混凝土抗剪作用。

$$V = V_s = h_w t_w f_p \tag{5.70}$$

式中：h_w 为腹板高度；t_w 为腹板厚度；f_p 为腹板所受剪应力值，由应变花测量得出。

将式（5.69）做变换后可得

$$T_c = 2 A'_{cor} \sqrt{\dfrac{2 f_{yv} A_{sv} \left[M_c + z' \left(h'_0 - a_2 \right) \right]}{u'_{cor} h'_{cor} s}} \tag{5.71}$$

式中：A'_{cor} 为翼板剪力流所围面积，$A'_{cor} = b'_{cor} h'_{cor}$；$u'_{cor}$ 为翼板剪力流路线长度，$u'_{cor} = 2 \left(b'_{cor} + h'_{cor} \right)$。

根据国内试验研究，当钢筋混凝土到达抗扭极限时，由于有纵筋连接混凝土的关系，裂缝开展受到限制，混凝土骨料之间咬合力增大，并且由于斜裂缝并不是完全平滑的，混凝土还有一定的抗扭能力，混凝土主要是由于斜向受压面上压力的切向分量形成了抵抗扭矩[147]。参照《混凝土结构设计规范》，在极限状态下混凝土承受的扭矩相当于构件纯扭开裂的 35%。钢筋混凝土翼板的极限扭矩计算公式为

$$T_{um,c} = 0.35 \alpha_1 \alpha_2 \gamma W_{tp} f_{tk} + 2 A'_{cor} \sqrt{\dfrac{2 f_{yv} A_{sv} \left[M_c + z' \left(h'_0 - a_2 \right) \right]}{u'_{cor} h'_{cor} s}} \tag{5.72}$$

在弯剪扭加载中翼板和钢梁之间扭率相同（$\theta_s = \theta_c$），考虑到翼板混凝土开裂对等效钢梁抗扭刚度的影响，钢梁的抗扭贡献为

$$T_{um,s} = 0.6 \dfrac{T_{um,c}}{K'''_{t0}} G_s J_s \tag{5.73}$$

式中：$G_s J_s$ 为钢梁的抗扭刚度；K'''_{t0} 为弯剪扭作用下混凝土翼板的抗扭刚度，其中考虑了预应力和翼板混凝土轴力对纵筋配筋率的影响：

$$\rho_s = \left(A_{st} - \dfrac{N \left(y - y_p \right) \sum A_{sti} y_i}{I f_{ys}} + \dfrac{N_c}{f_{ys}} \right) \Big/ A_{cor} \tag{5.74}$$

因此预应力组合梁的极限扭矩计算公式为

$$T_{um} = T_{um,c} + T_{um,s} = T_{um,c} \left(1 + 0.6 \dfrac{G_s J_s}{K'''_{t0}} \right) \tag{5.75}$$

将式（5.75）得到的预应力箱型组合梁在纯扭作用下的极限扭矩计算式与试验值对比。试验值与实际值吻合结果良好，表明在大扭弯比下一定的弯矩能够增加组合梁的极限抗扭强度。

4. 预应力组合梁在小扭弯比的作用下理论分析

预应力钢-混凝土组合梁在小扭弯比复合作用下，混凝土表现为弯型破坏，在顶板上无法形成桁架模型，已经不能够满足空间桁架模型理论，受力非常复杂，至今还没有较为合理的计算模型来计算极限弯剪扭承载力。

综上分析，为了便于设计，可以偏于安全地用直线方程来近似描述 M-T 的关系。

$$\dfrac{T}{T_u} + 4 \sqrt{1 - 0.75 r} \dfrac{M}{M_u} = 4 \sqrt{1 - 0.75 r} \qquad \left(M - Ne > 0.6 M_u \right) \tag{5.76}$$

5.5.3 组合梁弯剪扭相关性分析

在大扭弯比条件下，箱形组合梁在弯剪扭复合作用下的破坏形态与钢筋混凝土构件的第三种破坏形态（简称状态 III）相类似，破坏一般表现为混凝土翼板钢筋的屈服，在下部侧壁内发生受压塑性绞线；在小扭弯比条件下与钢筋混凝土第一种破坏形态（简称状态 I）相类似，在上部侧壁内发生受压塑性绞线；在弯剪扭复合作用下，箱形组合梁的弯剪扭相关曲线方程如下。

扭型破坏（状态 III）：

$$\left(\frac{T}{T_u}\right)^2 + \left(\frac{V}{V_u}\right)^2 + \frac{M}{M_u}\left(-\frac{1}{r}\right) = 1 \tag{5.77}$$

弯型破坏（状态 I）：

$$\left(\frac{T}{T_u}\right)^2 r + \left(\frac{V}{V_u}\right)^2 r + \frac{M}{M_u} = 1 \tag{5.78}$$

式中：T_u 为组合梁在纯扭作用下的极限扭矩；V_u 为组合梁在纯扭作用下的极限剪力；M_u 为组合梁在纯扭作用下的极限弯矩。

把预应力箱形组合梁的弯剪扭试验的结果代入式（5.77）和式（5.78），得 r 值。

扭型破坏：

$$\left(\frac{T}{T_u}\right)^2 + \left(\frac{V}{V_u}\right)^2 - 1.24\frac{M}{M_u} = 1 \tag{5.79}$$

弯型破坏：

$$0.48\left(\frac{T}{T_u}\right)^2 + 0.48\left(\frac{V}{V_u}\right)^2 + \frac{M}{M_u} = 1 \tag{5.80}$$

组合梁在一定的弯矩存在下，混凝土翼板处于受压区，由弯矩产生的弯曲正应力能够抵消一部分扭矩产生的扭转斜拉应力，从而抑制裂缝的开展，使得组合梁极限扭矩有所提高，即适当的弯矩能够提高组合梁的极限扭矩。也可以将组合梁视为一个非对称预应力混凝土构件，将钢梁假定为构件内的纵筋，则翼板钢筋混凝土可认为是非对称布筋形式，弯扭相关曲线服从双抛物线规则[159]，则方程为

$$\frac{M}{M_u} = a\left(\frac{T}{T_u}\right)^2 + b\left(\frac{V}{V_u}\right)^2 + c\left(\frac{V}{V_u}\right) + d\frac{T}{T_u} + f \tag{5.81}$$

因为在本次试验中竖向剪力远远小于组合梁的极限竖向抗剪承载力，为了简化方程，可以假定 $b = c = 0$。在将试验结果代入式（5.81）中，得到组合梁复合弯扭作用下的相关性方程如下。

对于扭型破坏，当 $M < 0.24M_u$ 时：

$$\frac{M}{M_u} = -1.6873\left(\frac{T}{T_u}\right)^2 + 5.2926\frac{T}{T_u} - 3.6053 \tag{5.82}$$

对于弯型破坏，当 $0.24M_u < M < M_u$ 时：

$$\frac{M}{M_u} = -0.9365\left(\frac{T}{T_u}\right)^2 + 0.4105\frac{T}{T_u} + 0.9928 \tag{5.83}$$

5.5.4 小结

本节利用空间桁架计算理论相关模型，对预应力钢-混凝土组合梁在弯剪扭作用下的极限承载力进行了理论研究，推导了预应力组合梁在大扭弯比下预应力钢箱组合梁开裂扭矩和极限扭矩计算公式；同时根据文献得出小扭弯比计算公式。将现场试验所得数据代入公式，与实际相关曲线进行对比，并且分析了弯矩能够增加组合梁极限扭矩这一组合梁独特性质的机理。

5.6 预应力组合箱梁弯扭性能非线性分析

5.6.1 引言

在实际工程中，预应力组合梁受纯扭的情况很少，绝大多数都是属于复合弯扭受力状态[162~164]。本书通过上述试验研究和理论分析，对预应力组合梁受扭性能有了一定的了解，同时推导了纯扭和复合弯扭作用下的开裂扭矩和极限扭矩，上述方法可为设计计算提供理论依据，但这仅仅是预应力组合梁整个弯扭过程中的两个状态，并没有对整个弯扭加载过程有具体的了解，也没有得到相关的内力和变形情况。由于所用材料的非线性和结构变形的非线性原因，难以对组合梁受力状况进行定量的分析。因此，有必要对预应力组合梁复合弯扭作用下进行非线性全过程分析。本节在组合梁开裂前采用完全塑性理论，开裂后采用变角软化桁架模型理论的方法进行弯扭性能非线性全过程分析。

5.6.2 基本假设

预应力组合梁结构受力较为复杂，为了简化分析过程，在利用完全塑性理论和变角软化桁架理论时，做了如下假定：

（1）在整个弯扭受力过程中，组合梁都满足平截面假定，梁截面沿纵向应变线性分布，试验中大扭弯比下是满足条件的。

（2）混凝土翼板和钢箱梁在扭转过程中变形协调一致，扭转角相同。

（3）开裂后，忽略核心混凝土的抗扭作用。

（4）忽略混凝土翼板和钢箱梁之间的滑移及翘曲。

（5）钢筋只承受轴向力，忽略其销栓作用。

（6）所有变形都为小变形，忽略二次受力的影响。

（7）忽略钢箱梁对混凝土翼板抗扭刚度的影响，即忽略钢箱梁对翼板的纵向约束。

5.6.3 材料本构关系

1. 混凝土的应力-应变关系

因为在计算过程中本书将翼板混凝土受力分为单轴受力和考虑混凝土软化影响受力的合力状态，所以混凝土材料采用两种受压和一种受拉应力-应变关系。

混凝土单轴受拉应力-应变方程采用 Belarbi-Hsu 公式[165]，有

$$\sigma_c = \begin{cases} E_c \varepsilon_c & 0 < \varepsilon_c \leqslant \varepsilon_{tk} \\ f_{tk} \varepsilon_{tk} / \varepsilon_c & \varepsilon_c > \varepsilon_{tk} \end{cases} \tag{5.84}$$

式中：E_c 为混凝土抗拉弹性模量；f_{tk} 为混凝土轴心抗拉强度。

混凝土单轴受压应力-应变方程采用 Hognestad 公式[166]，有

$$\sigma_c = \begin{cases} -f_{ck}[2(\varepsilon_c / \varepsilon_{ck}) - (\varepsilon_c / \varepsilon_{ck})^2] & \varepsilon_{ck} \leqslant \varepsilon_c < 0 \\ -f_{ck}\left[1 - \left(\dfrac{\varepsilon_c - \varepsilon_{ck}}{\varepsilon_{ck}}\right)^2\right] & \varepsilon_c < \varepsilon_{ck} \end{cases} \tag{5.85}$$

式中：f_{ck} 为混凝土轴心抗压强度；$\varepsilon_{ck} = -0.002$ 为混凝土峰值压应变。

考虑受压软化效应的高强混凝土，修正系数采用 M. P. Collins 的应力-应变公式[87]：

$$\sigma_c = \begin{cases} f_{ck}\left[1.115\dfrac{\varepsilon_c}{\varepsilon_{ck}} + 0.26\left(\dfrac{\varepsilon_c}{\varepsilon_{ck}}\right)^2 - \lambda 0.375\left(\dfrac{\varepsilon_c}{\varepsilon_{ck}}\right)^3\right] & \varepsilon_c \leqslant \varepsilon_{ck} / \lambda \\ \dfrac{f_{ck}}{\lambda}0.498^{\lambda\frac{\varepsilon_c}{\varepsilon_{ck}} - 1} & \varepsilon_c > \varepsilon_{ck} / \lambda \end{cases} \tag{5.86}$$

修正系数 λ 反映混凝土的软化作用，根据钢筋混凝土薄板受剪作用[29]结果得到

$$\lambda = \sqrt{\frac{\varepsilon_{ys} + \varepsilon_{yv} + 2\varepsilon_{ck}}{\varepsilon_{ck}} - 0.3} \tag{5.87}$$

式中：ε_{ys}、ε_{yv} 分别表示纵筋应变、箍筋应变。

2. 钢材的应力-应变关系

钢箱梁和钢筋的本构关系采用两折线弹塑性模型[167~169]，当钢材应变值到达屈服应变时，弹塑性阶段的弹性模量 $E_s' = 0.01E_s$，有

$$\sigma_s = \begin{cases} E_s \varepsilon_s & \varepsilon_s \leqslant \varepsilon_y \\ f_y + 0.01E_s(\varepsilon_s - \varepsilon_y) & \varepsilon_s < \varepsilon_y < \varepsilon_u \end{cases} \tag{5.88}$$

式中：$\varepsilon_u = \dfrac{f_u - f_y}{0.01E_s} + \dfrac{f_y}{E_s}$。钢材应力-应变关系如图 5-46 所示。

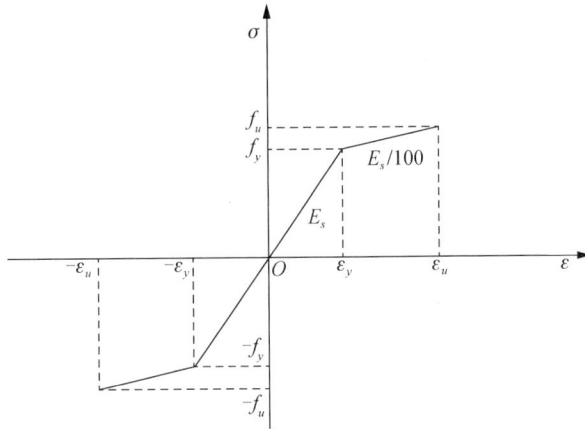

图 5-46　钢材应力-应变关系曲线

3. 预应力筋的应力-应变关系

根据文献[70]，预应力筋应力-应变关系为

$$\begin{cases} \sigma_p = E_p \varepsilon_p & 0 \leqslant \sigma_p \leqslant \sigma_{pe} \\ \varepsilon_p = \dfrac{\sigma_p}{E_p} + 0.002\left(\dfrac{\sigma_p}{f_{py}}\right)^{13.5} & \sigma_p > \sigma_{pe} \end{cases} \tag{5.89}$$

我国规范取比例极限 $\sigma_{pe} = 0.75 f_{pu}$，屈服强度 $f_{py} = 0.85 f_{pu}$。

预应力筋应力-应变关系如图 5-47 所示。

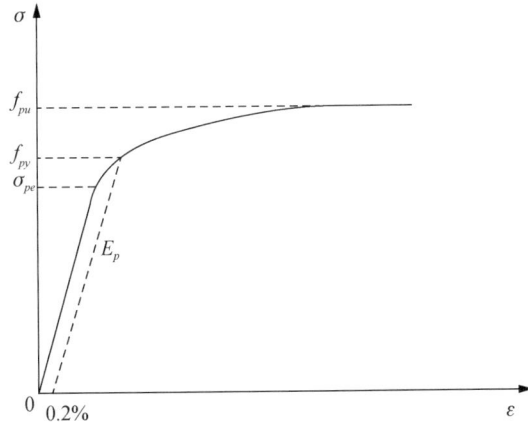

图 5-47　预应力筋应力-应变关系曲线

5.6.4　全过程的理论分析

1. 组合梁荷载

在预应力组合梁弯扭加载中会出现预应力筋内力增量，这是因为在施加弯矩过程中出现了一定挠度，而预应力筋内力增量与组合梁挠度有着紧密关系，所以必须考虑预应

力增量的影响。通过文献，考虑本书预应力筋为直线型无转向块布置，再根据预应力筋本构关系得

$$\Delta N = 2A_p f\left(\frac{\Delta l}{L}\right) \tag{5.90}$$

$$\Delta l = 4e\delta / L \tag{5.91}$$

组合梁跨中挠度为

$$\delta = \frac{ML^2}{12EI} \tag{5.92}$$

则得到弯曲后预应力为

$$N_p = N + \Delta N \tag{5.93}$$

式中：A_p 为预应力筋截面积；e 为预应力偏心距；EI 为组合梁刚度。

因为预应力偏心的影响使其在组合梁上形成了次弯矩 M_p，组合梁本身受到跨中集中荷载形成的弯矩作用 M，且 M_p 与 M 方向相反，即

$$M_1 = M - M_p \tag{5.94}$$

此外，组合梁还受到扭转荷载的影响，在本次试验中，扭转设备固定端和加载端与组合梁接触位置都放置钢辊轴，减小对组合梁的纵向约束，可以假定组合梁在纵向是自由伸缩的，扭矩在截面上没有产生正应力，即整个组合梁属于自由扭转。

弯剪扭试验中，主要改变的参数是扭弯比，即

$$\beta = \frac{T / T_u}{M / M_u} \tag{5.95}$$

2. 计算模型

在复合弯扭作用下，预应力组合梁受到了预应力、扭矩、弯矩的复合作用，通过将预应力等效成为轴力和次弯矩的合力，组合梁实际处于压、弯、扭复合受力，翼板混凝土上单元体均处于三维应力状态。然而组合梁属于自由扭转，纵向上的内力都是由预应力筋和弯矩产生，且在纵向上满足平截面假定，所以在截面上满足纵向受力平衡。

由试验可以知道，在大扭弯比条件下，当组合梁达到极限扭矩时，钢梁变形很小，还处于弹性阶段，组合梁的扭转破坏主要是以翼板混凝土钢筋达到屈服为破坏标志。钢梁和翼板协同扭转，因此可以用薄壁杆件弹性阶段自由扭转计算公式计算钢梁抗扭贡献。

$$T_s = G_s I_s \theta \tag{5.96}$$

混凝土翼板和钢梁各自形成的剪力流来共同抵抗扭矩，则有

$$T = T_c + T_s \tag{5.97}$$

在裂缝出现以前组合梁处于弹性阶段，开裂前的计算关系由弹性力学推导，考虑初始预应力及弯矩荷载，$\tau = \gamma k \sigma_1$，有

$$T_c = \tau \alpha_c b_c h_c^2 \tag{5.98}$$

扭率为

$$\theta' = \frac{\tau\alpha_c}{\beta_c K_1 G_c h_c} \tag{5.99}$$

钢梁与翼板剪力流连续，其承担的扭矩荷载为

$$T_s = 2\tau h_s b_s h_c \tag{5.100}$$

式中：α_c、β_c 按照截面尺寸 h_c/b_c 查询 St. Venant 系数获得；K_1 为纯扭刚度修正系数[28]，
有 $K_1 = \begin{cases} 1 & \tau < 0.85 f_{tk} \\ 0.65 & 0.85 f_{tk} < \tau < f_{tk} \end{cases}$

由胡克定律

$$\varepsilon'_{cs} = \frac{\tau}{2G_c} \tag{5.101}$$

当翼板混凝土出现裂缝后，由变角桁架理论模型建立复合弯扭加载下的主应力图如图 5-48 所示，其平衡方程和变形协调方程如下。

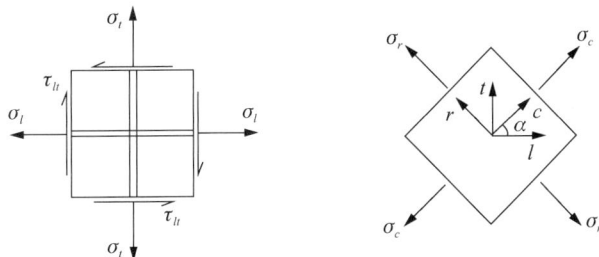

图 5-48　混凝土单元受复合弯扭加载下的主应力图

3. 平衡方程

首先不考虑梁纵向上预应力、弯矩引起的正应力以及纵筋的影响。在组合梁翼板跨中位置 4 个壁上分别隔离出剪力流区中的一个单元，如图 5-49 所示，其受力状态近似于平面应力状态，在通过变角桁架模型理论得到的等效箱型截面上可以得到三个平衡方程：

$$\sigma_{li} = \sigma_{ci}\cos^2\alpha_i + \sigma_{ri}\sin^2\alpha_i \tag{5.102}$$

$$\sigma_{ti} = \sigma_{ci}\sin^2\alpha_i + \sigma_{ri}\cos^2\alpha_i + \rho_t f_t \tag{5.103}$$

$$\tau_{lti} = (\sigma_{ri} - \sigma_{ci})\cos\alpha_i\sin\alpha_i \tag{5.104}$$

式中：σ_l、σ_t、τ_{lt} 分别表示钢筋混凝土单元的纵向、横向和切向应力分量，其中 $\sigma_t = 0$；σ_c、σ_r 分别为混凝土单元的主压应力和主拉应力；α 为斜裂缝角度；ρ_t、f_t 分别为箍筋在空间桁架的配筋率和应力，$\rho_t = A_{sv}/st_e$，t_e 为翼板等效后的有效壁厚。$i = 1, 2, 3, 4$ 分别表示翼板等效后的箱型截面从顶部开始顺时针依次定义的 4 个壁。

同理，考虑梁纵向上预应力、弯矩以及纵筋的影响，得到在组合梁跨中截面的平衡方程：

$$\int_{A_c}\sigma_c \mathrm{d}A_c + \int_{A_s}\sigma_s \mathrm{d}A_s + \sum_{i=1}^{10}\sigma_{sti}\mathrm{d}A_{sti} + \sum_{i=1}^{4}\sigma_{li}t_{ei}b_i - N_c = 0 \tag{5.105}$$

$$\int_{A_c} \sigma_c y_c \mathrm{d}A_c + \int_{A_s} \sigma_s y_s \mathrm{d}A_s + \sum_{i=1}^{10} \sigma_{sti} y_{sti} \mathrm{d}A_{sti} + \sum_{i=1}^{4} \sigma_{li} t_{ei} b_i y_{ti} - M_c = 0 \qquad （5.106）$$

$$\varepsilon_{li} = -\phi y_{ti} \qquad （5.107）$$

式中：σ_c、σ_{sti}、σ_s 分别为混凝土、纵向钢筋和钢梁跨中截面的应力；y_c、y_{sti}、y_s、y_{ti} 分别为混凝土、钢筋、钢梁、各壁剪力流中心线与中性轴的距离；b_i 为各壁剪力流长度；ϕ 为组合梁曲率。

另外，由于翼板混凝土等效箱型截面上剪力流相等，则

$$q = \tau_{lti} t_e \qquad （5.108）$$

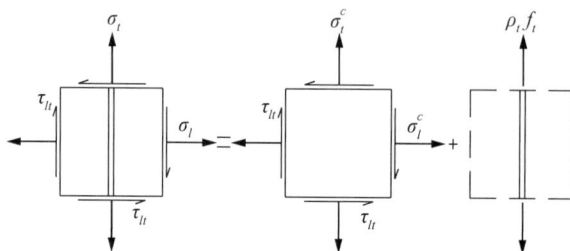

图 5-49　钢筋混凝土单元受力叠加图

4. 变形协调方程

在 4 个薄壁上隔离出来的钢筋混凝土单元应满足 Mohr 应变圆，由变角桁架模型则可得 3 个变形协调方程：

$$\varepsilon_{li} = \varepsilon_{ci} \cos^2 \alpha_i + \varepsilon_{ri} \sin^2 \alpha_i \qquad （5.109）$$

$$\varepsilon_{ti} = \varepsilon_{ci} \cos^2 \alpha_i + \varepsilon_{ri} \sin^2 \alpha_i \qquad （5.110）$$

$$\gamma_{lti} = 2(\varepsilon_{ri} - \varepsilon_{ci}) \cos \alpha_i \sin \alpha_i \qquad （5.111）$$

式中：ε_l、ε_t、γ_{lt}、ε_c、ε_r 分别为钢筋混凝土单元的纵向应变、横向应变、剪应变、主压应变、主拉应变。ε_l 应满足式（5.107）。

假定组合梁的有效受压区外壳相当于抗扭的管壁，根据 Bredt 扭转协调方程

$$\sum_{i=1}^{4} b_i \gamma_{lt} = 2\theta' b_1 b_2 \qquad （5.112）$$

扭矩会引起斜压杆发生变形，再加上弯矩引起的截面弯曲，使得

$$\psi_i = \phi_i \cos^2 \alpha_i + \theta' \sin 2\alpha_i \qquad （5.113）$$

式中：ψ_i 为斜压杆弯曲曲率；θ 为组合梁扭转角；ϕ_i 为各壁截面曲率，有 $\phi_1 = -\phi_3 = \phi$，$\phi_2 = \phi_4 = 0$。

假定混凝土弯曲斜压杆呈线性分布，则由几何关系得

$$\varepsilon_{csi} = -\psi_i t_{ei} \qquad （5.114）$$

式中：ε_{cs} 为混凝土斜压杆表面压应变。

对于剪力流中心线的位置，由于组合梁翼板属于板式构件，核心混凝土受到的钢筋约束要远大于梁式构件，如图 5-50 所示。因此箱梁壁内的剪力流中心线会靠近翼板表面，通过比较，本书取偏移系数 $m=0.6$。则有

$$\varepsilon_{ci} = m\varepsilon_{csi} \qquad (5.115)$$

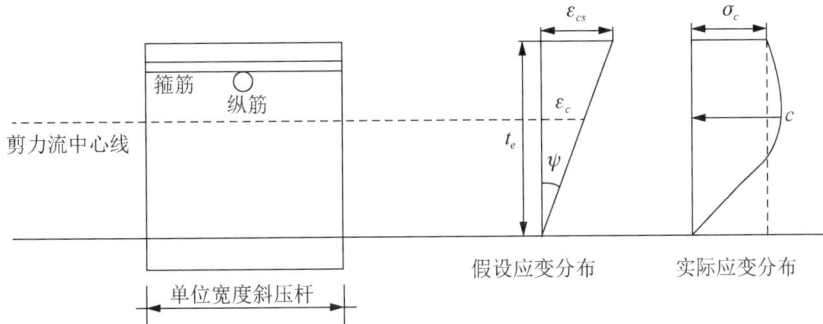

图 5-50　混凝土斜压杆弯曲应变图

5.6.5　计算步骤及结果

根据以上理论分析，联立材料本构关系、受力平衡方程、几何变形协调条件，可以解出在给出一定扭弯比条件下预应力组合梁各个阶段的受力特征。

1. 开裂前阶段

在开裂前以翼板混凝土最大主拉应变 ε_{cs}' 为控制变量，由混凝土 Belarbi-Hsu 公式（5.84），可得在开裂时 ε_{cs}' =0.0003。具体计算步骤：

（1）主拉应变 $\varepsilon_{cs}'^{\,j+1} = \varepsilon_{cs}'^{\,j} + \Delta\varepsilon_{cs}'$ ，$\Delta\varepsilon_{cs}'$ 为每次迭代过程增量，初次取值时 $\varepsilon_{cs}' = 0$ 。

（2）由式（5.97）～式（5.101）分别求出扭矩 T 和扭率 θ_{cr}' ，当达到峰值主拉应变时，所得的 T 和 θ' 即为开裂扭矩 T_{cr} 和扭率 θ_{cr}' 。

2. 开裂后阶段

（1）设定初始混凝土斜向压应变 ε_{cs} ，输入假定的 t_e、ϕ、α 。

（2）由式（5.107），求得混凝土纵向应变 ε_l 。

（3）分别由式（5.115）、式（5.109）～式（5.111），得出 ε_c、ε_r、ε_t 和 γ_{lt} 。

（4）考虑受压软化效应的高强混凝土 M. P. Collins 应力-应变关系，由式（5.86）和式（5.84）得到混凝土平均斜压应力 σ_c 和平均斜拉应力 σ_r 。

（5）由式（5.102）～式（5.104）、式（5.112），分别求得 σ_l、σ_t、τ_{lt}、θ' 。

（6）由式（5.114）计算 ψ 。

（7）将所得数据代入式（5.105）、式（5.106）和式（5.113），看是否满足，若不能够满足，则重新假定 t_e、ϕ、α 并重复步骤（1）～（6），直到满足所有公式为止。

（8）由式（5.108）计算翼板剪力流 q 。

（9）计算 T_c、T_s 和 T 。

（10）给混凝土斜向压应变 ε_{cs} 增加一个增量 $\Delta\varepsilon_{cs}$ ，重复计算以上步骤，则可以得到若干参数，根据这些参数可以画出相关关系曲线图。

弯扭全过程计算流程图如图 5-51 所示。

输入原始数据

$\varepsilon'_{cs}=0$

$\varepsilon'_{cs}\leqslant0.0003$ 否

是

计算T_c、T_s、T、θ

$\varepsilon'_{cs}=\varepsilon'_{cs}+\Delta\varepsilon'_{cs}$

求得开裂扭矩和扭率

给定ε_{cs}，假设t_e、ϕ、α

计算ε_l——式(5.107)

计算ε_c、ε_r、ε_t、γ_{lt}——式(5.115)、式(5.109)~式(5.111)

计算σ_c——式(5.86)、式(5.84)

计算σ_l、σ_t、τ_{lt}、θ'——式(5.102)~式(5.104)、式(5.112)

计算ψ——式(5.114)

否 式(5.105)、式(5.106)、式(5.113)成立

是

计算T_c、T_s和T

$\varepsilon_{cs}^{j+1}=\varepsilon_{cs}^{j}+0.000\,05$

否 $\varepsilon_{cs}\geqslant0.003$

是

程序结束

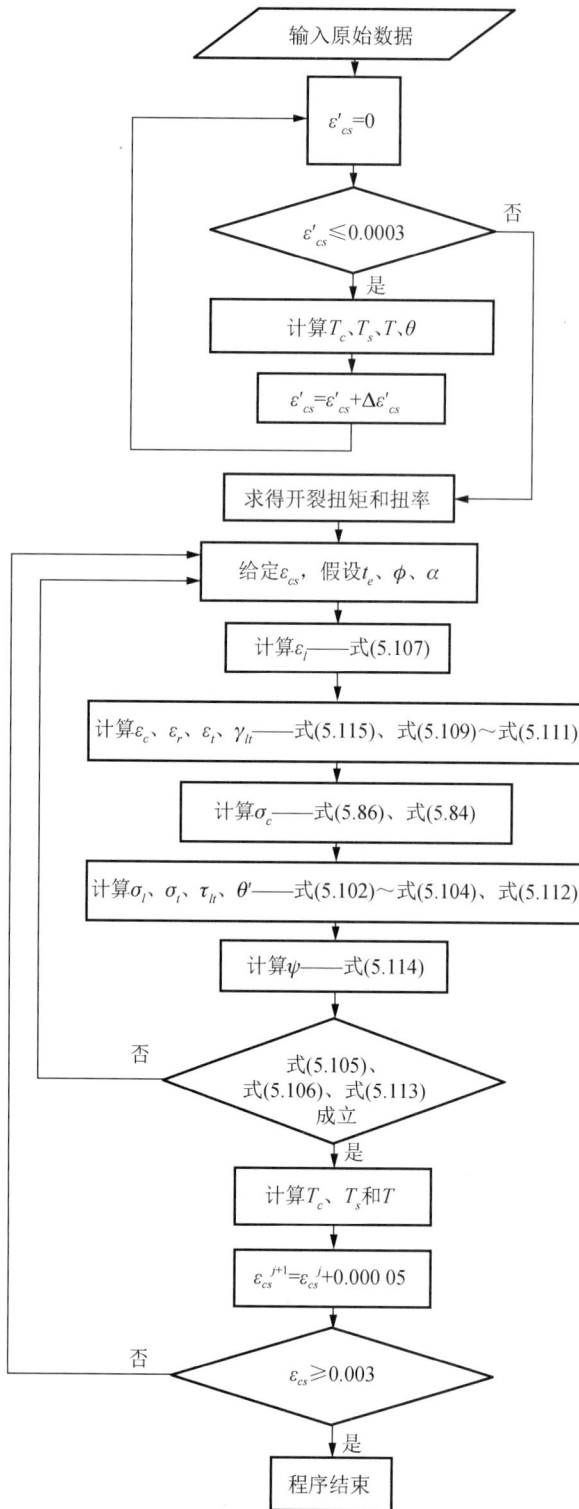

图 5-51　弯扭全过程计算流程

　　由于计算模型根据平截面假定和不考虑滑移效应，故针对大扭弯比情况，按上述流程对 PCB-56 进行计算，其计算结果与试验结果对比如图 5-52 所示。在弹性阶段，组合梁计算值与试验值对比良好，当进入塑性阶段以后，作为钢箱梁闭合剪力流路径一部分的翼板混凝土发生开裂，使得钢箱梁整体刚度降低，由于在计算中没有考虑剪力作用和钢箱梁刚度折减，使得计算值偏大，随着荷载的增加，计算值与实测值的偏差也不断增大，当达到极限扭矩时，误差为 22%。

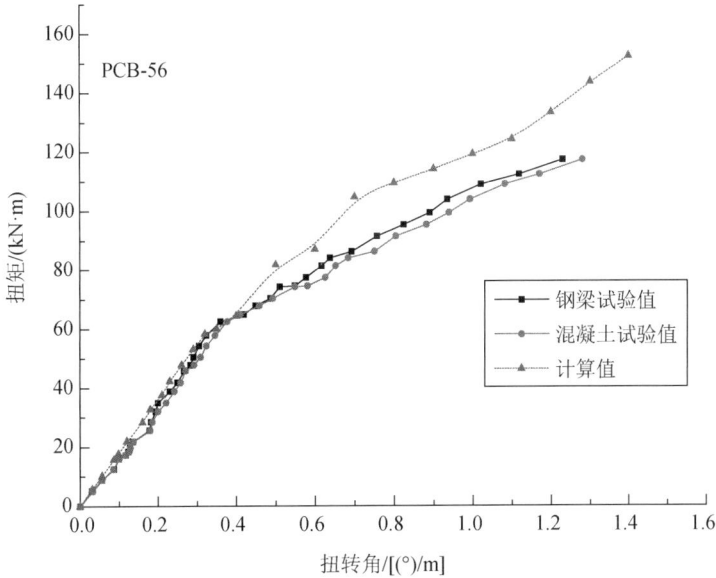

图 5-52　计算扭矩-扭转角曲线与试验曲线对比

5.6.6　小结

　　本节基于薄壁结构的弹性扭转理论和变角软化桁架模型理论，在合理假设的基础上，通过材料本构关系，受力平衡方程以及变形协调条件，推导出复合弯扭加载全过程非线性分析方程，画出了全过程计算流程图。利用简化算法，通过迭代处理，得出各个阶段预应力组合梁受力变形特征。将计算结果与现场试验所得数据进行对比分析，吻合良好，表明全过程分析计算结果能够反映组合梁的受力特点。

第6章　预应力双箱组合梁结构受力性能试验与剪滞效应研究

6.1　双箱组合梁结构弯曲试验研究

6.1.1　引言

双箱钢-混凝土组合梁是由焊接而成的薄壁双箱钢梁和高强混凝土翼板组成整体而共同工作的一种结构。这种组合梁结构具有自重轻、承载力高、刚度大、稳定性好等优点，以及降低梁的高度以减小结构几何尺寸、减少施工量等工艺特点，在工程上具有良好的应用前景。基于目前国内外对钢-混凝土组合梁结构弯曲性能的研究，大多是以"I"型钢截面组合梁、"T"型钢截面组合梁、单箱型钢截面组合梁研究为主，因此有必要对由双箱型截面钢梁、宽翼缘的混凝土翼板组合而成的组合梁结构进行试验研究。

对于简支的宽翼缘双箱组合梁结构，根据其内力作用类型可分为普通组合梁和预应力组合梁两种类型。按照荷载施加方式，又可分为单点加载、对称加载和均布加载三种类型；由于受到试验条件的限制，本试验主要考虑跨中单点加载和对称加载两种外荷载作用方式。

6.1.2　试验目的和研究内容

为了研究普通简支宽翼缘双箱钢-混凝土组合梁结构弯曲性能及剪滞效应影响，试验共设计了4根宽翼缘双箱组合梁试件。在这4根宽翼缘双箱组合梁中，所有试件长度均为4.8m，试件横截面形状和尺寸保持一致，即采用双箱钢梁与较大宽度的混凝土翼板组合而成，不同点在于加载方式、剪力连接程度不同。

根据试验所探测到的试验数据，结合广义坐标法，在假定纵向位移沿板宽度方向呈近似抛物线分布的基础上，运用最小势能原理对其进行理论分析和公式推导，提出了考虑剪滞效应后的应力、应变计算公式，以及挠度计算公式。着重研究其考虑剪滞效应后的应变、应力及挠度参数变化特征对结构造成的影响，为多箱型组合梁的设计提供理论依据。

试验的主要研究内容包括以下几个方面。

（1）混凝土翼板裂缝观察。混凝土翼板作为很好的受压构件，在进行本次试验时，会伴随有混凝土受拉裂破坏，故需要对混凝土翼板裂缝的出现、裂缝的发展，以及裂缝特征进行观察和记录。

（2）应变特征。宽翼缘双箱组合梁试件应变分布特征主要包括：①沿着板宽度方向的应变特征，主要是指混凝土翼板上表面应变分布和钢梁底板下表面应变分布；②沿着组合梁高度方向的应变分布。

（3）挠度特征。为了探究不同荷载作用下的挠度变化，以及挠度沿着组合梁纵向分布情况，沿着组合梁纵向方向布置位移计，以测试其挠度随荷载变化特征、纵向挠度分布特征。

（4）交界面相对滑移特征。根据试验研究需要，组合梁试件的剪力连接程度均有所差异，从完全剪力连接到部分剪力连接都有涉及，故交界面相对滑移影响显著。对于相对滑移的探测是试验研究的重要内容。

（5）端部移动特征。在进行试验加载的过程中，受到试验条件的影响，在梁试件的两个端部会伴随有水平移动，故在端部布置位移计用以检测其随荷载变化情况。

6.1.3　试验准备

1. 模型梁设计

参照《钢结构设计标准》（GB 50017—2017）[71]和《混凝土结构设计规范》（GB 50010—2010）（2015 年版）[64]的有关规定，钢-混凝土组合梁设计应遵循以下几个原则。

（1）配筋构造要求。宽翼缘混凝土翼板内纵筋和箍筋需满足构造要求。翼板内钢筋的作用主要是为了限制混凝土开裂后裂缝的发展，使其强度不会显著下降，以免影响整个结构的受力作用。为了便于试验研究，组合梁构件的塑性中和轴尽可能设置在混凝土翼板内，有利于减小承载力对钢筋的过重影响。

（2）跨高比要求。双箱钢-混凝土组合梁试件的跨高比应尽可能与实际结构吻合，试验试件模拟实际结构的跨度宜在 20～50m，对于简支组合梁，其标准断面跨高比一般为 10～20。考虑到实验室场地及设备仪器等因素，试验试件采用的跨度为 4.80m，净跨为 4.50m，试件高度为 0.32m，跨高比为 14.06。

（3）剪力连接程度要求。试验中所用剪力连接件采用帽形圆柱头栓钉，根据《电弧螺柱焊用圆柱头焊钉》（GB/T 10433—2002）[80]的相关规定，首先计算出单排单个栓钉的抗剪承载能力，然后按照完全剪力连接程度确定需要的栓钉个数。确定完全剪力连接栓钉个数之后，以此作为基数，分别设置不同部分剪力连接栓钉个数，最后确定出试件模型。

（4）翼板宽度要求。本书重点研究的内容就是考虑剪滞效应后结构的受力性能特性。由于混凝土翼板中存在着剪力滞后现象，导致纵向应力沿翼板宽度方向分布不均，使混凝土翼板边缘处应力、应变小于板轴线上的应力、应变。试验试件选取翼板宽度为 1.00m。

（5）局部稳定要求。由于试验中采用的是厚度较薄的钢板制作加工焊接而成的双箱钢梁，需满足局部稳定性要求。对于预应力简支组合梁，钢梁承受预应力筋施加的压应力，因此钢梁端部需要增加较厚的钢板来避免造成破坏。其次，在两端支座处，需要设计加劲肋以防止组合梁在受力过程中发生局部屈曲变形。

根据上述设计原则，试验设计了 4 根普通简支双箱模型梁，编号分别为：CB-62、CB-63、CB-64、CB-71。模型梁长 4.8m，混凝土翼板为 1000mm×150mm，试件钢梁为焊接双箱开口型截面，基本设计参数如表 6-1 所示。

表 6-1 双箱钢-混凝土组合梁试件设计参数

试件编号	总长/mm	净跨/mm	翼板/(mm×mm)	纵筋	箍筋	栓钉			加载方式
						间距	单排个数	连接程度	
CB-62	4800	4500	1000×150	$10\phi10$	$\phi8@200$	167	28	1.0	跨中加载
CB-63	4800	4500	1000×150	$10\phi10$	$\phi8@200$	167	28	1.0	对称加载
CB-64	4800	4500	1000×150	$10\phi10$	$\phi8@200$	214	22	0.8	对称加载
CB-71	4800	4500	1000×150	$10\phi10$	$\phi8@200$	346	14	0.5	跨中加载

用于制作开口截面双箱钢梁的钢板皆采用 10mm 厚度的 Q235-B 板材，通过电弧焊焊接而成，混凝土翼板采用高强混凝土，标号 C60，翼板内纵筋采用热轧光圆钢筋，分为上、下层均匀布置，各 5 根，箍筋采用热轧圆盘条，布置形式为四肢箍筋 $\phi8@200$。剪力连接件采用标号为 ML15 的帽形圆柱形栓钉，高压电弧焊焊接于钢梁上。具体模型梁截面构造详图如图 6-1 所示，宽翼缘双箱组合梁试件构造如图 6-2 所示。

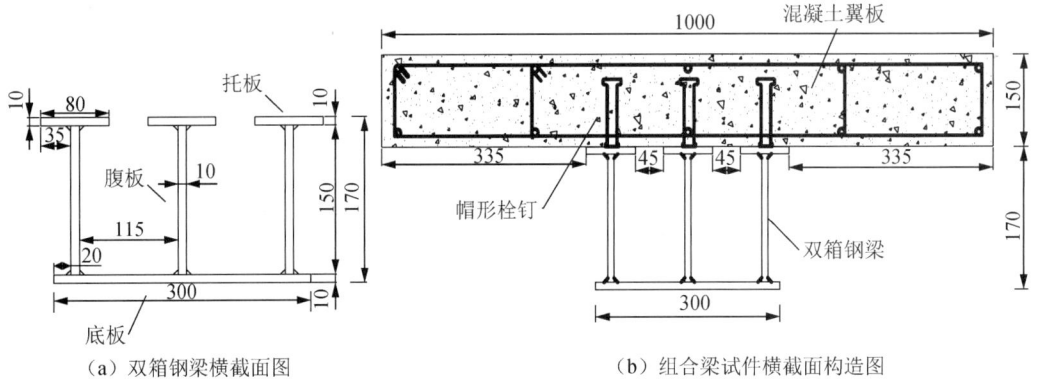

（a）双箱钢梁横截面图　　　　　　　　（b）组合梁试件横截面构造图

图 6-1 模型梁截面构造详图（单位：mm）

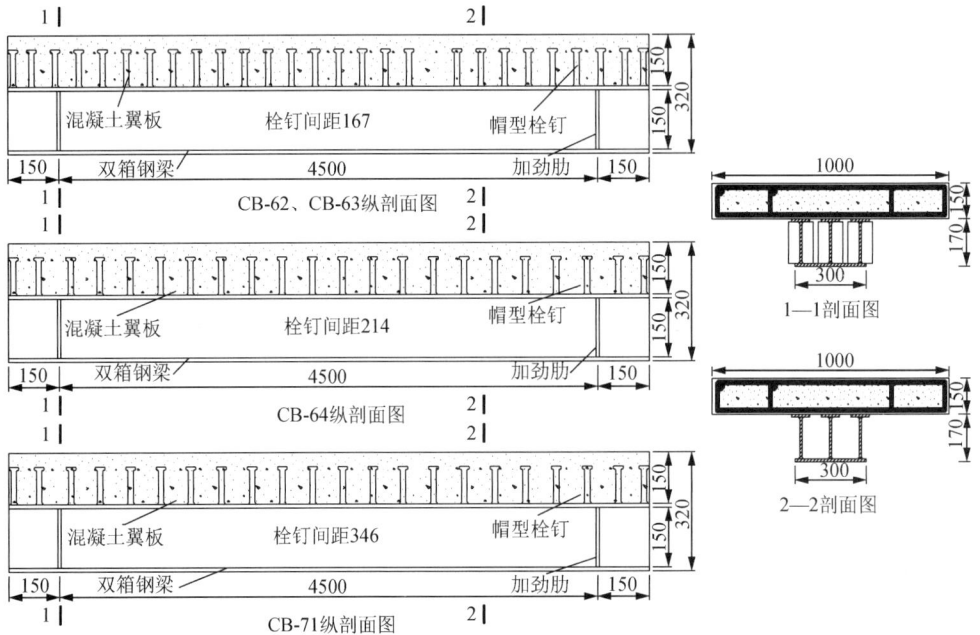

图 6-2 模型梁构造详图（单位：mm）

2. 试件制作

试验中所用到的双箱钢梁由南京光亚钢结构有限公司全权负责加工制作。所用到的钢材采用马鞍山钢铁股份有限公司生产的 Q235-B 碳素结构钢钢板材,焊接工艺采用手工电弧焊,焊脚尺寸为 6mm,沿梁长焊接,制作过程如图 6-3 所示。剪力连接件采用帽型圆柱头焊钉,规格 ML15,栓钉焊接委托宜兴市振家焊接陶瓷厂在南京水科院材料结构所结构实验室进行焊接完成,焊接技术采用高压电弧焊焊接,栓钉焊接过程如图 6-4 所示。

| （a）钢板的切割 | （b）未成型钢梁 |

图 6-3　钢梁制作加工

| （a）焊接定点 | （b）栓钉焊接 |

图 6-4　帽型圆柱头栓钉焊接过程

试件模具采用木质木板和木质方木,材料购买于南京龙盘里凤凰城装饰城,模具的加工制作于水科院材结所结构实验室完成。模具的加工过程包括木板尺寸计算、木板的切割、木板的拼装、木板的钉接等过程,如图 6-5 所示。

| （a）木板的拼接 | （b）模具的成型 |

图 6-5　模具的制作加工

3. 试件成型与养护

根据设计要求,混凝土材料采用南京建工集团有限公司混凝土分公司预制的 C60 商品混凝土,该混凝土由 52.5 的硅酸盐水泥、天然砂、31.5m 连续粒级颗粒级配的石子、外加剂 1JM-8、外加剂 2 粉煤灰、高炉矿渣水拌制而成,配合比如表 6-2 所示。

表 6-2　混凝土配合比参考表

混凝土强度等级	材料用量							备注
	项目	水	胶凝材料			砂	石子	外加剂	
	品种	饮用水	硅酸盐水泥	粉煤灰 II	高炉矿渣 S95 级	天然砂 2.5	31.5mm 连续粒级颗粒	JM-8	
C60	配合比	0.29	0.78	0.109	0.109	1.1	1.97	0.018	该配合比为厂家提供

钢筋绑扎、模具清理、混凝土浇筑成型,以及养护都在南京水科院材结所结构实验室完成。在浇筑试件的过程中,同时浇筑了 9 组 150mm×150mm×150mm 的立方体试件,与组合梁试件在相同条件下进行养护,用以测量混凝土立方体抗压强度值,如图 6-6 所示。

（a）成型后的构造钢筋　　　　　　　　　　（b）混凝土浇筑

图 6-6　组合梁试件的浇筑成型

6.1.4　试验测试内容与测点布置

1. 试验测试内容

对于普通简支宽翼缘双箱组合梁的静力加载,重点测量的内容包括:纵向钢筋应变,跨中截面和加载点截面等特征位置处的混凝土应变,双箱钢梁侧腹板、底板应变,混凝土翼板与钢梁交界面的相对滑移,支座截面的纵向相对移动,组合梁试件沿纵向分布挠度。需要观察的内容包括:各级荷载作用下混凝土裂缝出现及裂缝发展情况,记录混凝土翼板开裂荷载、双箱钢梁屈服荷载及组合梁极限荷载。

具体测试内容如下所述。

（1）应变的测量。组合梁试件应变测量内容包括混凝土翼板内钢筋的荷载-应变测试,混凝土翼板顶面、侧面、底面的荷载-应变测试,钢梁外腹板、底板的荷载-应变测试,用于探测剪滞效应。

（2）相对滑移的测量。由于组合梁试件为钢材材料和混凝土材料两种不同的材料组合而成，它们之间的相对滑移测试是一项重要的内容。又由于加载具有对称性，选取一半进行试验研究。分别在+0.0mm、+562.5mm、+1125.0mm、+1686.5mm、+2250.0mm各截面特征位置处布置导杆引伸仪，以测试不同荷载下的相对滑移量。

（3）纵向分布挠度的测量。分别在+0.0mm、+1500.00mm、+3000.00mm 特征位置处钢梁底面布置位移计，以测量不同荷载下其挠度变化情况。

（4）梁端部移动测量。在支座特征位置处布置千分表用以测试在不同荷载下支座处梁体的移动。

（5）弹性承载能力、极限承载能力测试。

（6）试件性态观察。观察组合梁在加载过程中结构性能的变化情况，如混凝土开裂形态、裂缝开展过程、钢梁屈曲状态的发展变化过程。

2. 测点布置

（1）钢筋应变测点布置。钢筋应变片预先埋植在混凝土翼板内，与试件共同浇筑一体。由于加载具有对称性，结构也具有对称性，只在纵向钢筋跨中截面位置布置纵向应变片。由于纵向钢筋分为上下两层，每层有 5 根，选择半对称结构内 3 根纵向钢筋于上下层分别布置 3 片 BF120－03AA 电阻应变片，分为两层（上层编号为 Z1、Z2、Z3；下层编号为 Z4、Z5、Z6），如图 6-7 所示。

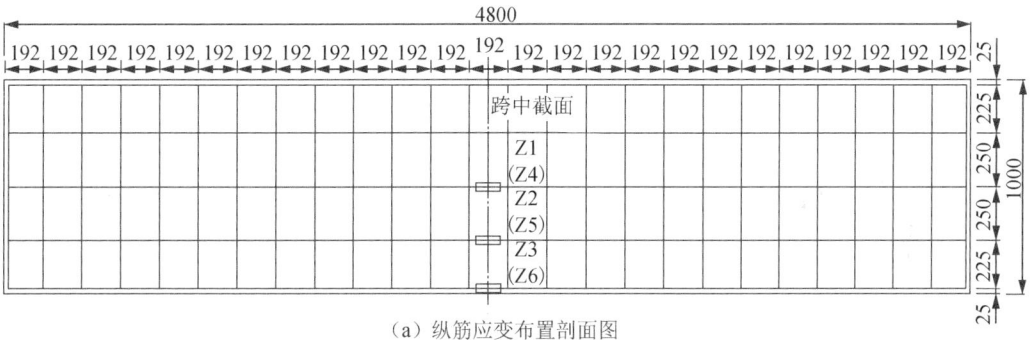

（a）纵筋应变布置剖面图

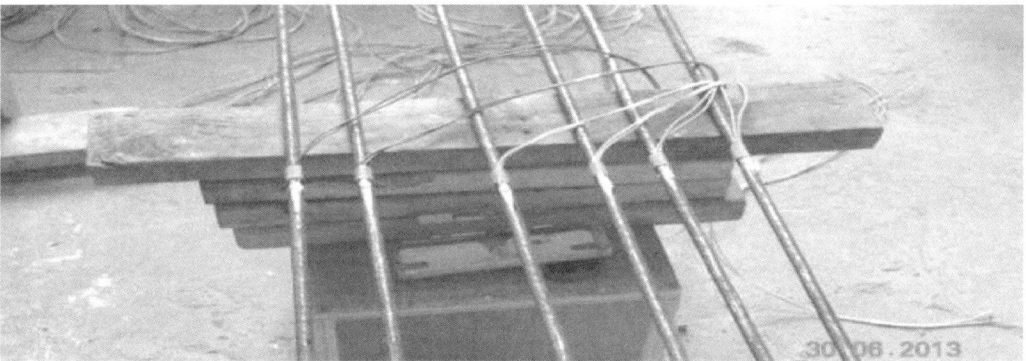

（b）纵筋应变布置实物图

图 6-7　钢筋应变测点布置

分别对集中加载和对称加载两种模式下的试件进行测点布置，如图 6-8 和图 6-9 所示。

（2）混凝土应变测点布置。为了量测混凝土翼板的剪滞效应，每隔 10cm 布置一片
电阻应变片，共布置 6 片，用于测量纵向变形（编号为 C11～C16）。混凝土上的电阻应
变片型号采用 BF120–80AA。由于受到不同加载方式的影响，试件 CB–62 和试件
CB–71 为跨中加载方式（图 6-8），故距离跨中截面 10cm 截面混凝土顶板处布置电阻
应变片，而试件 CB–63、CB–64 为对称加载方式（图 6-9）。除了在混凝土翼板顶面布
置有电阻应变片外，在翼板侧面和底面分别布置有电阻应变片（侧面编号为 C21～C23；
底面编号 C31），如图 6-8（a）所示。

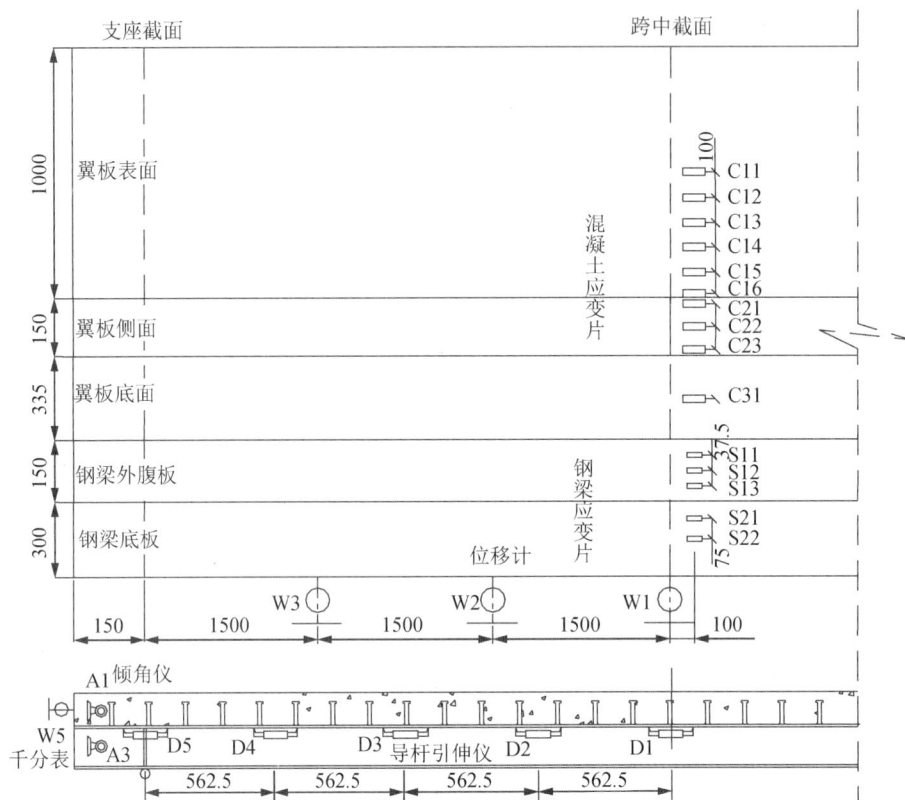

（a）测点布置平面图

（b）测点布置实物图

图 6-8　试件 CB-62、CB-71 测点布置图

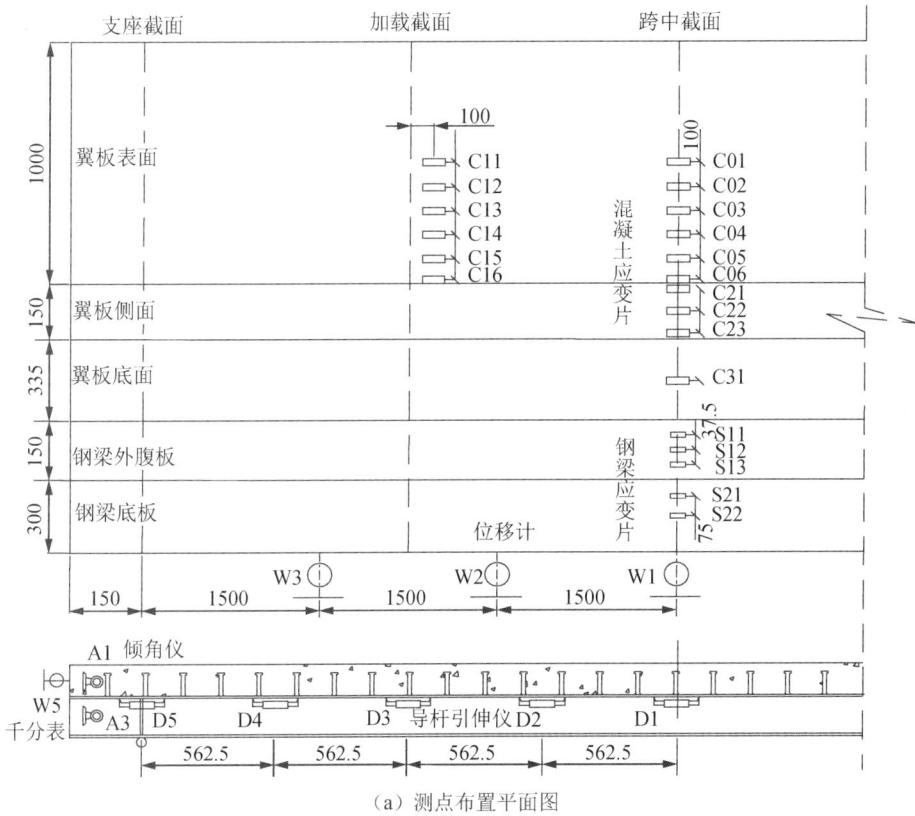

（a）测点布置平面图

（b）测点布置实物图

图 6-9　试件 CB-63、CB-64 测点布置图

（3）双箱钢梁应变测点布置。双箱钢梁上的电阻应变片集中布置于跨中截面处。由于钢梁托板相对于腹板和底板较小，故不考虑，仅在钢梁外腹板、钢梁底板布置 BF120-10AA 的电阻应变片，钢梁腹板每隔 50mm 布置一片电阻应变片，共布置 3 片（编号为 S11~S13）；钢梁底板布置 2 片电阻应变片（编号为 S21~S22），具体如图 6-8（a）所示。

（4）交界面导杆引伸仪布置。为了测量混凝土翼板和双箱钢梁在加载过程中的相对滑移变化情况，故在半跨范围内顺着跨中截面向支座截面方向每隔 562.5mm 布置一个导杆引伸仪，用于测量相对滑移变化（编号为 D1～D5），如图 6-8 所示。

（5）位移计布置。分别在组合梁跨中截面钢梁底部中间、距离跨中截面 750mm、距离跨中截面 1500mm 布置位移计，用以测量加载过程中组合梁的挠度变化情况（编号为 W1～W3），如图 6-8 所示。

（6）千分表布置。千分表分别布置于组合梁两端的支座截面位置处，分别测量组合梁试件在加载过程中的支座滑移情况（编号为 W4～W5）。

所有采集数据均采用 DH-3816 静态应变采集系统进行采集和记录。

6.1.5 试验加载方案

对于 3 根普通简支组合梁试件的加载，在南京水科院材料结构试验大厅进行。静力加载试验前将试验梁桁架吊至试验装置上，并按照测点位置布置好电阻应变片、导杆引伸仪、位移计、千分表等仪器，进而连接到数据采集仪器（DH3816 静态测试系统）上，当准备工作完工后，开始进行试验。试验加载设备采用八通道液压伺服机，结合配套的伺服液压计算机控制系统。对于试件 CB-62、CB-71，直接通过通道 3 连接 1000kN 的千斤顶进行跨中加载，如图 6-10 所示；而对于试件 CB-63、CB-64，则通过分油器使两个 1000kN 的千斤顶出力相等，实现对称同步加载，如图 6-11 所示。在进行加载试验的过程中，通过计算机控制系统加以控制，初始加载频率控制在 1 次/5min，加载荷载 10～20kN，随着荷载值的变大，混凝土翼缘板下表面开裂出现，此时减小加载频率，控制在 1 次/3min，加载荷载 5～10kN，跟随记录试验过程中的现象。

应变数据和挠度数据的采集采用江苏华东测试技术有限公司开发的 DH-3816 静态测试仪及测试系统进行，而荷载数据的采集则用伺服液压计算机控制系统进行读数并记录。

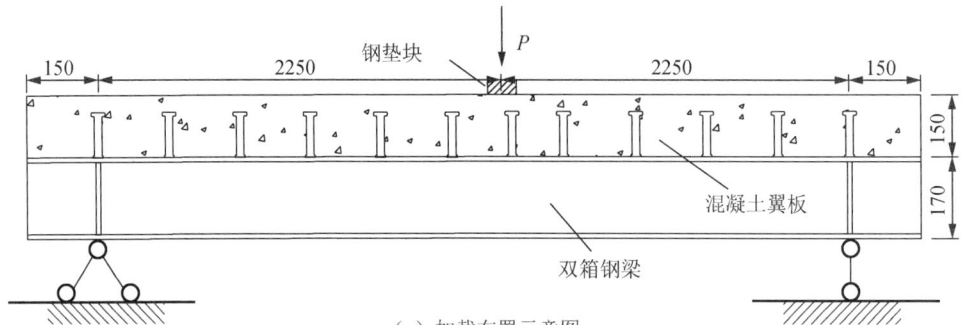

（a）加载布置示意图

图 6-10 跨中加载装置

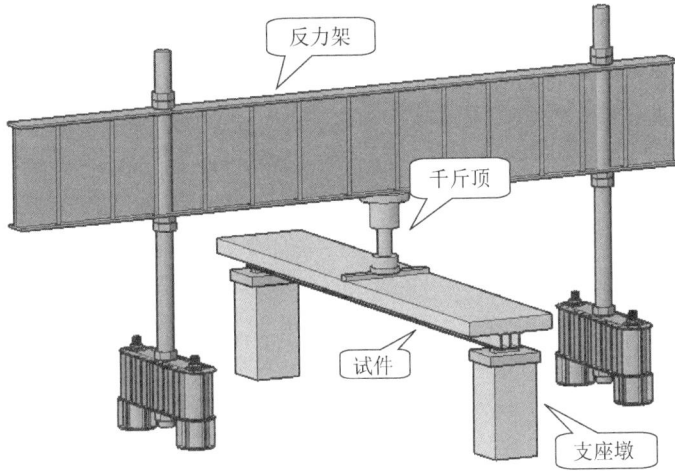

（b）加载立体布置图

图 6-10　（续）

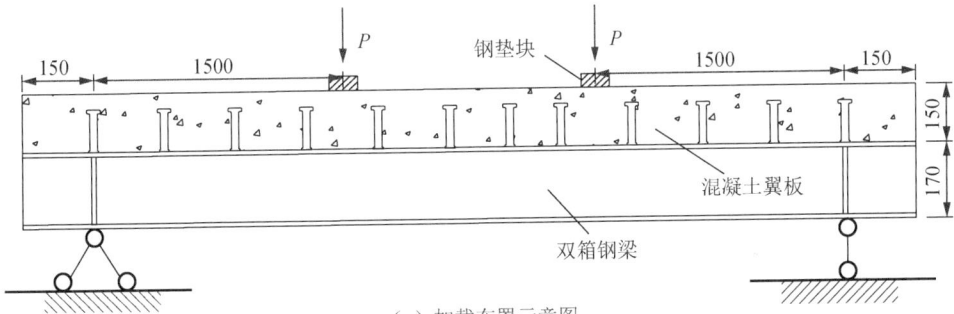

（a）加载布置示意图

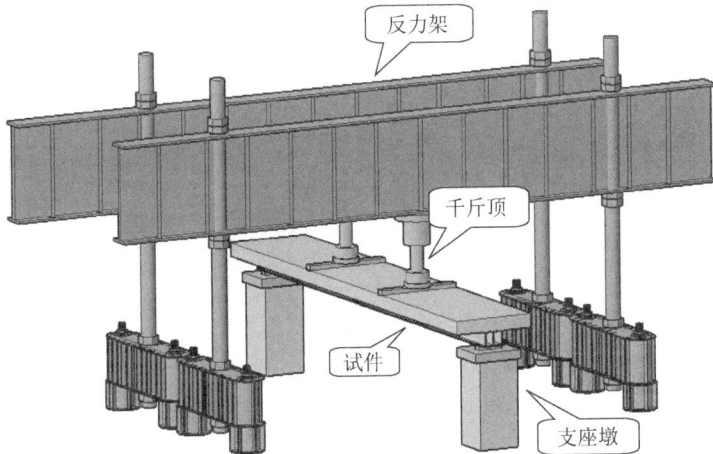

（b）加载立体布置图

图 6-11　对称加载装置

6.1.6　试验现象及特征荷载

1. 试验现象

试验中，记录了各级荷载下混凝土翼板裂缝开展情况，各测试试件裂缝开展如图6-12所示，图中数值代表裂缝开展时对应的跨中荷载（单位：kN）。从图中可以看出，组合梁裂缝主要集中在加载点附近，裂缝开始出现在翼板底面，由翼板底面逐渐向侧面、顶面发展，当达到极限荷载时，表层混凝土被破坏。对于完全建立连接的试件CB-62，为跨中加载，当荷载达到164.09kN时，裂缝开始出现，随着荷载继续增加至454.08kN时，钢梁屈服，裂缝数量增多，结构进入大变形阶段，跨中混凝土翼板顶面出现压溃区。而对于试件CB-63和CB-64，为两点加载，剪力连接程度分别为1.0和0.8，其开裂荷载分别为189.61kN、179.08kN。当荷载达到386.65kN时，由于偏载影响，CB-63左支座出现压溃区；而对于CB-64，荷载达到305.49kN时，混凝土翼板顶面未出现压溃区。

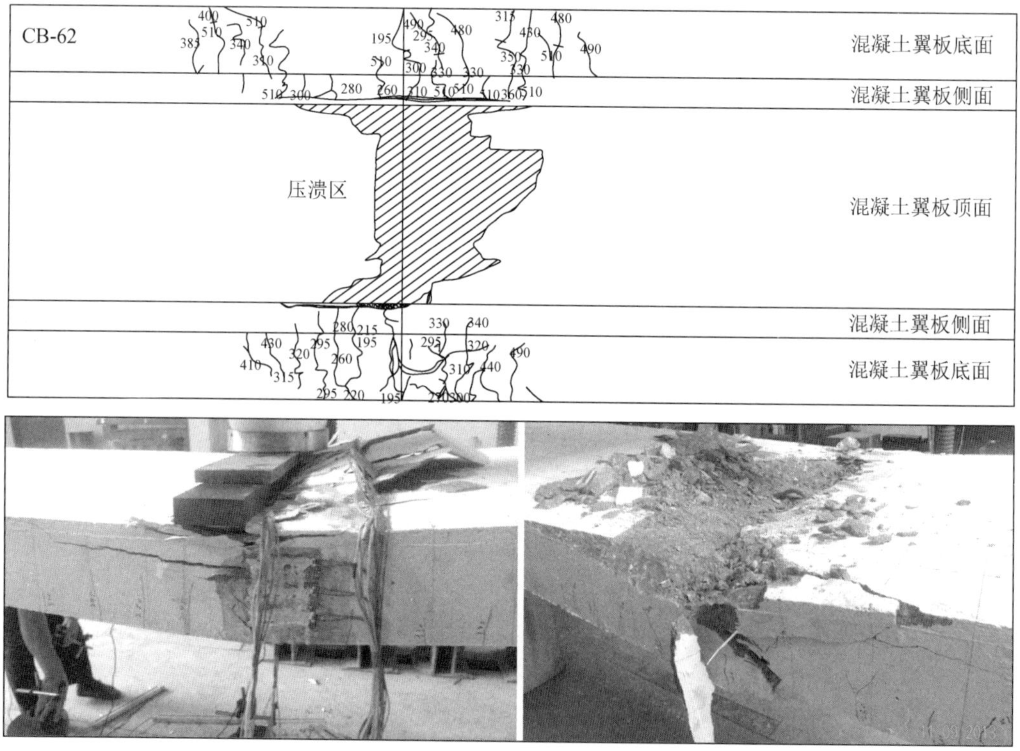

（a）CB-62裂缝分布图

图6-12　普通简支组合梁裂缝展开图（单位：kN）

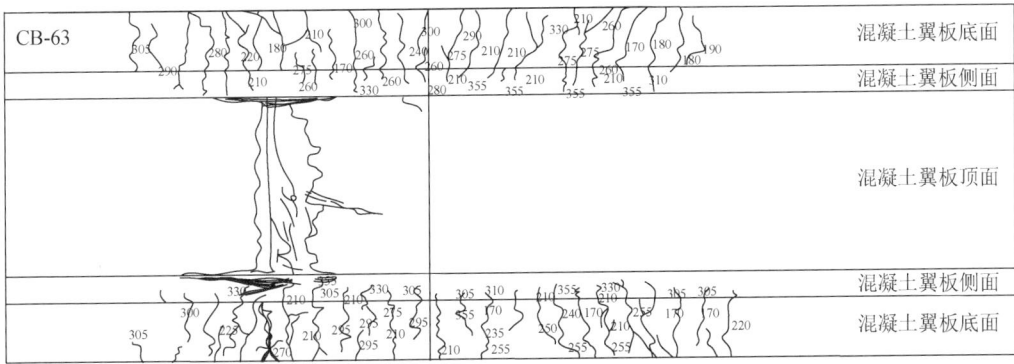

（b）CB-63裂缝分布图

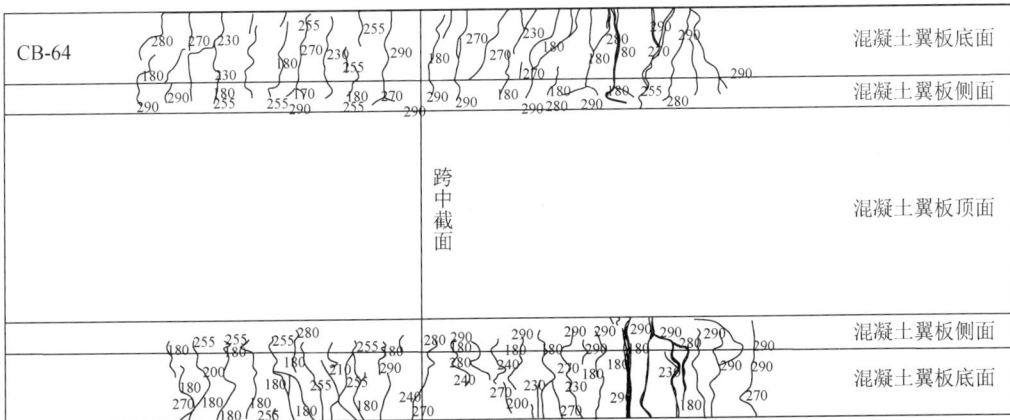

（c）CB-64裂缝分布图

图 6-12 （续）

（d）CB-71裂缝分布图

图 6-12 （续）

2. 特征荷载

普通简支双箱钢-混凝土组合梁试验主要结果如表 6-3 所示。

表 6-3 普通简支双箱钢-混凝土组合梁主要试验结果

试件编号	M_{cr} /（kN·m）	δ_{cr} /mm	M_y /（kN·m）	δ_y /mm	M_u /（kN·m）	δ_u /mm	$\dfrac{M_u}{M_y}$	$\dfrac{\delta_u}{\delta_y}$
CB-62	184.60	8.96	306.05	16.82	510.84	53.12	1.67	3.16
CB-63	284.42	16.18	355.53	22.00	581.48	94.36	1.64	4.29
CB-64	286.62	14.54	363.43	22.42	458.23	42.16	1.26	1.88
CB-71	189.61	6.90	331.82	16.56	496.73	69.54	1.50	4.20

注：M_{cr}、δ_{cr} 分别表示组合梁混凝土翼板开裂时跨中弯矩、跨中挠度；M_y、δ_y 分别表示钢梁底部屈服时跨中弯矩、跨中挠度；M_u、δ_u 分别表示承载能力极限状态时跨中弯矩、跨中挠度。

从表 6-3 中可以得到如下结论：通过对普通简支组合梁 CB-62、CB-63、CB-64、CB-71比较分析知，对称加载较跨中加载而言，其开裂弯矩、屈服弯矩有明显提升，表明该种加载方式扩大了组合梁的弹性范围，提高了组合梁的承载能力。比较 CB-63（1.0）和 CB-64（0.8）可知，对于相同的加载方式，部分剪力连接组合梁的跨中开裂弯矩、跨中屈服弯矩分别为 286.62kN·m、363.43 kN·m，完全剪力连接时的组合梁的跨中开裂弯矩、跨中屈服弯矩分别为 284.42 kN·m、355.53 kN·m，二者基本一样；然而，跨中极限弯矩分别为 458.23 kN·m、581.48 kN·m，表明完全剪力连接时组合梁极限承载力更高。

6.1.7 试验结果分析

1. 荷载-挠度特征

普通简支宽翼缘双箱钢-混凝土组合梁弯矩-挠度曲线如图 6-13 所示。

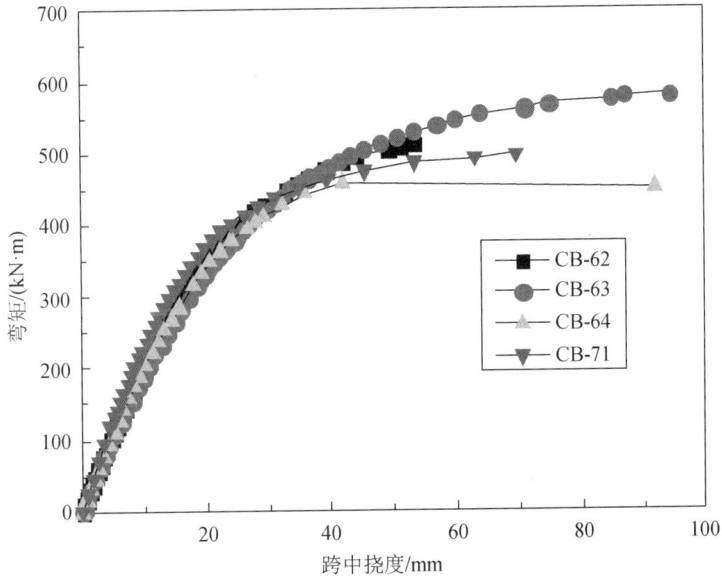

（a）弯矩-挠度关系曲线

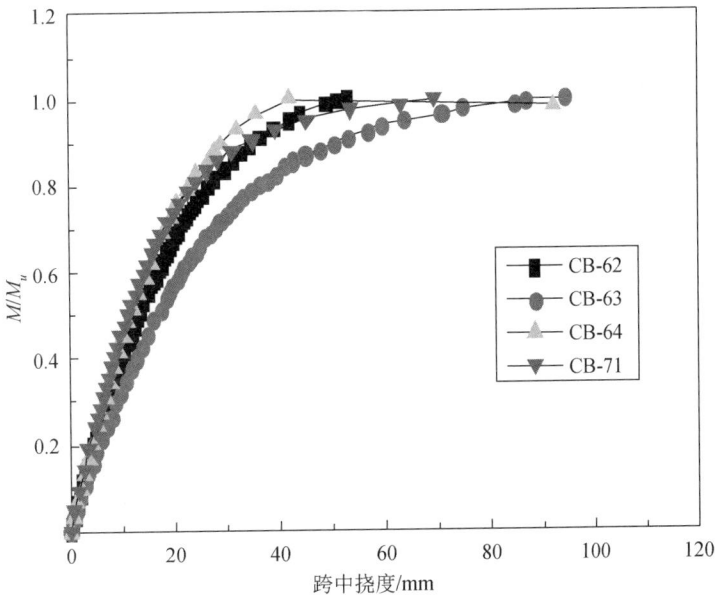

（b）M/M_u-挠度曲线

图 6-13 普通宽翼缘双箱钢-混凝土组合梁弯矩-挠度曲线

通过对图 6-13 分析可知，无论是完全剪力连接，还是部分剪力连接的组合梁试件，其荷载-挠度趋向特征分为三个阶段：第一阶段，从加载到 $0.55M_u$，此阶段内抗弯刚度基本不变，保持为线性增长；从 $0.55M_u$ 到钢梁底板达到屈服状态，为第二阶段，此时抗弯刚度逐渐减小，挠度速率不断增大，荷载-挠度关系由线性逐渐向非线性转化；当荷载接近 $1.0M_u$，此时混凝土翼板内的钢筋达到屈服，混凝土翼板被压碎，刚度快速减小，跨中挠度迅速增加，组合梁试件已经不能继续承载，试件破坏。

普通简支宽翼缘双箱组合梁在不同荷载下挠度沿梁纵向分布如图 6-14 所示。

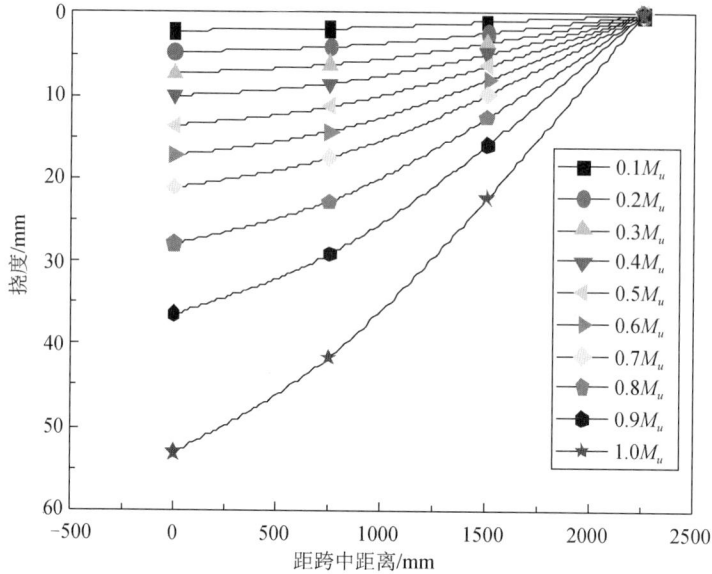

（a）CB-62挠度纵向分布

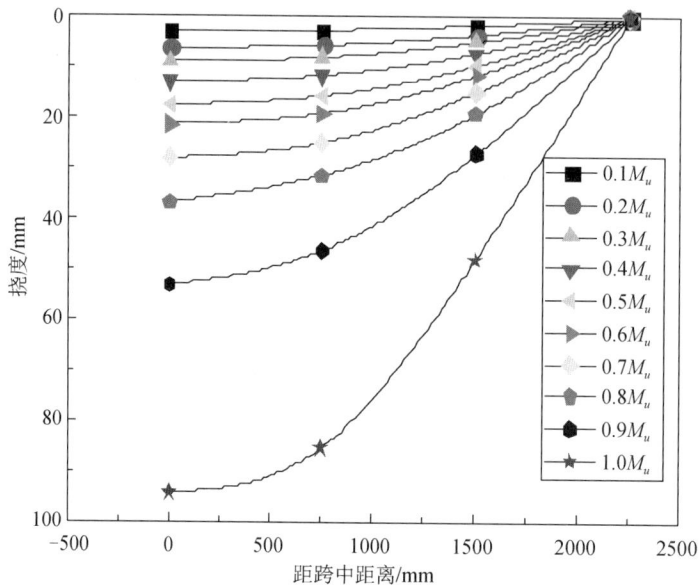

（b）CB-63挠度纵向分布

图 6-14 普通简支宽翼缘双箱组合梁挠度纵向分布曲线

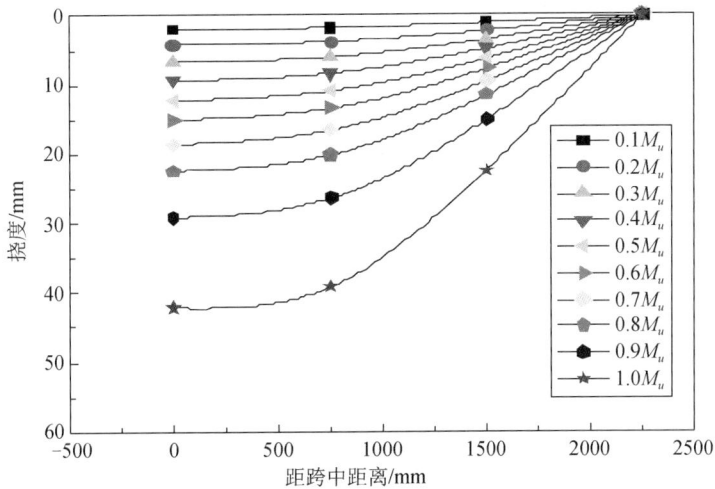

（c）CB-64挠度纵向分布

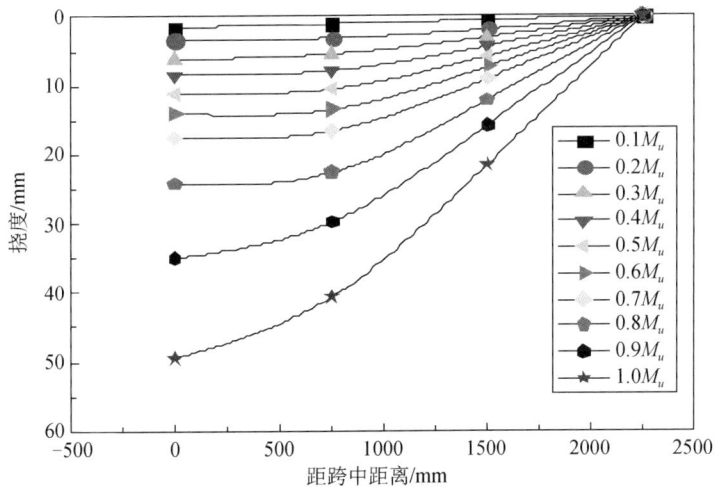

（d）CB-71挠度纵向分布

图 6-14 （续）

从图 6-14（a）和（d）可知，试件 CB-62 和 CB-71 挠度分布规律基本一致，极限荷载时跨中挠度值均在 50mm 附近，表明挠度分布受剪力连接程度影响较小。比较分析图 6-14（a）和（b）可知，对于试件 CB-63，由于存在偏载的影响，当钢梁屈服时，挠度迅速增加，跨中挠度达到 94.36mm，说明加载方式对挠度影响显著。而试件 CB-64 跨中挠度最大仅达到 42.16mm，分析其原因，可能是由于试件破坏不完全导致，如图 6-14（c）所示。

2. 应变特征

1）双箱组合梁截面应变分布

对于宽翼缘的双箱组合梁结构，其钢、混凝土材料性质的不同、剪力连接件自身的变形，以及混凝土翼板开裂等因素，导致钢梁与混凝土翼板之间出现滑移，对组合梁结构性能产生影响。因此，可以通过对组合截面应变分布情况来加以分析组合梁的受弯工作性能。承受正弯矩作用时，普通简支宽翼缘双箱钢-混凝土组合梁跨中截面应变沿高度方向分布如图 6-15 所示。

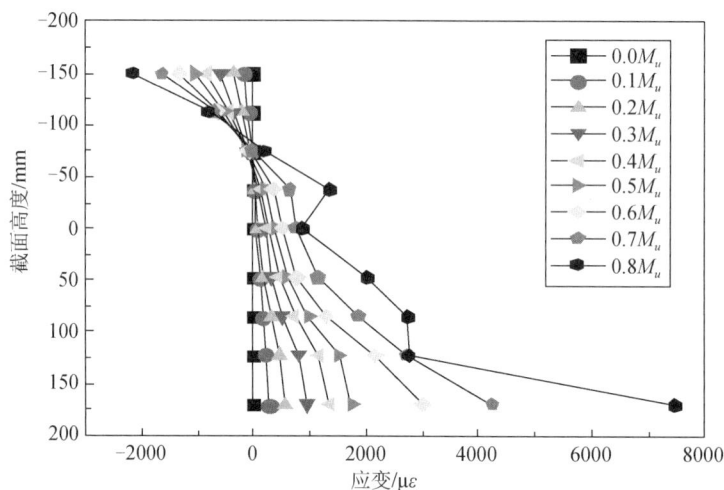

（a）CB-62截面应变

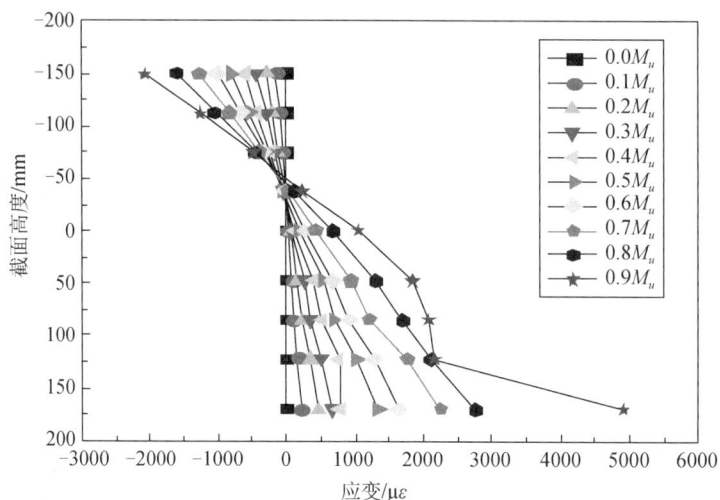

（b）CB-63截面应变

图 6-15　普通简支宽翼缘双箱钢-混凝土组合梁截面应变分布图

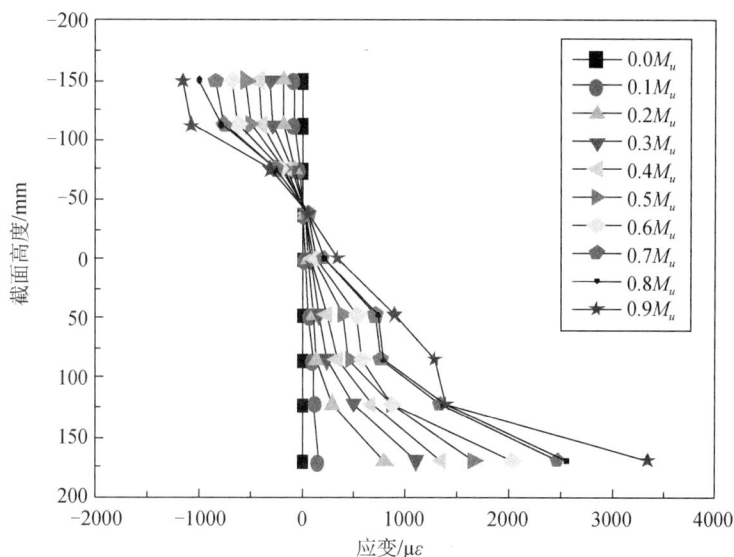

（c）CB-64截面应变

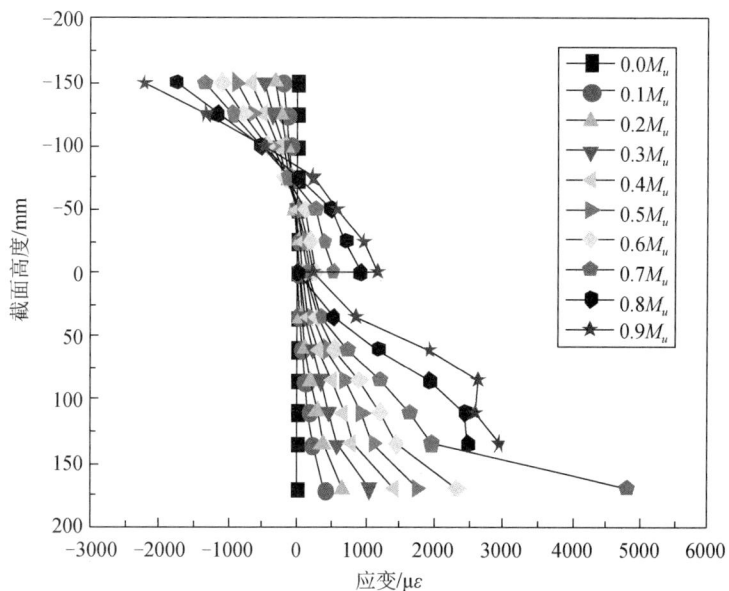

（d）CB-71截面应变

图 6-15　（续）

　　从图 6-15 可以看出，在试验加载初期阶段，整个截面的应变沿着梁体高度方向近似呈线性分布，即满足平截面假定。随着荷载的继续增加，翼板混凝土材料逐渐进入非线性阶段，随后翼板底部出现裂缝，钢梁也逐渐屈服，截面应变分布已不满足平截面假定。对于剪力连接程度为 1.0 和 0.8 的 CB-62、CB-63、CB-64，通过数据分析，基本观察不到滑移的存在；而对于剪力连接程度为 0.5 的 CB-71，其交界面滑移应变差很大。

2）混凝土翼板应变分布

图 6-16 给出了无预应力作用和预应力作用下试验梁从加载到试件破坏时，不同弯矩作用时混凝土翼板顶面跨中截面处纵向应变沿翼板宽度方向的分布，横轴表示距组合梁纵向对称中心的距离（mm），纵轴表示纵向应变值（με）。

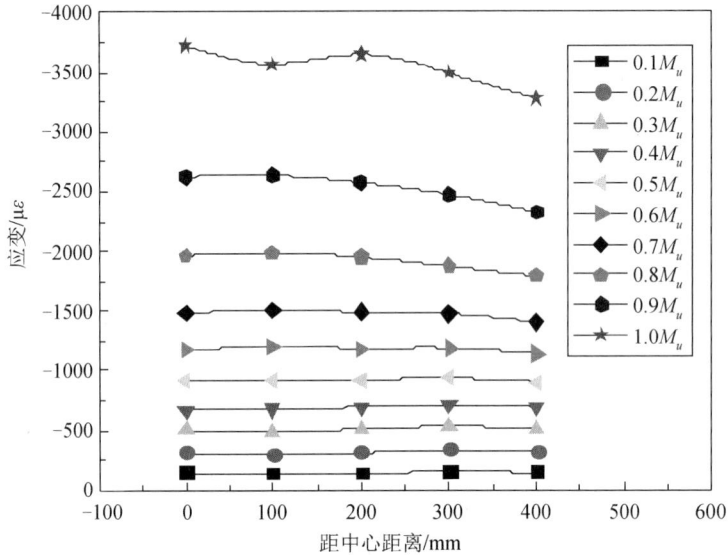

（a）CB-62混凝土翼板表面应变

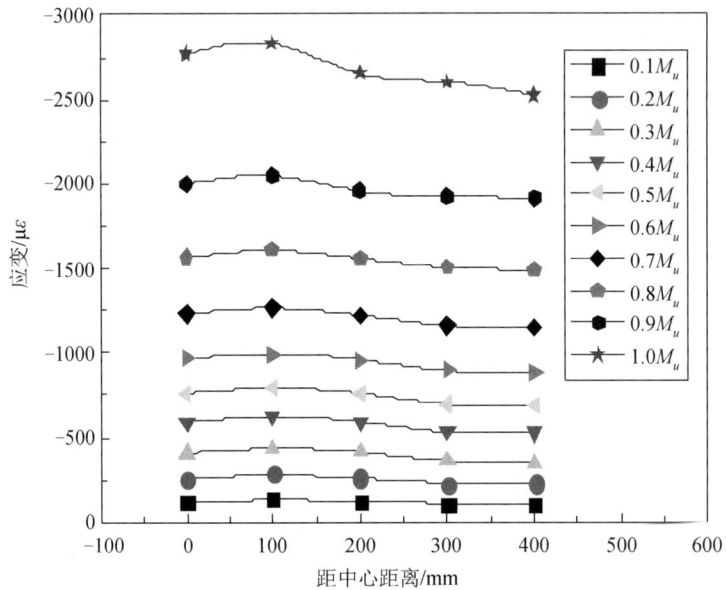

（b）CB-63混凝土翼板表面应变

图 6-16　普通双箱组合梁混凝土翼板表面应变分布图

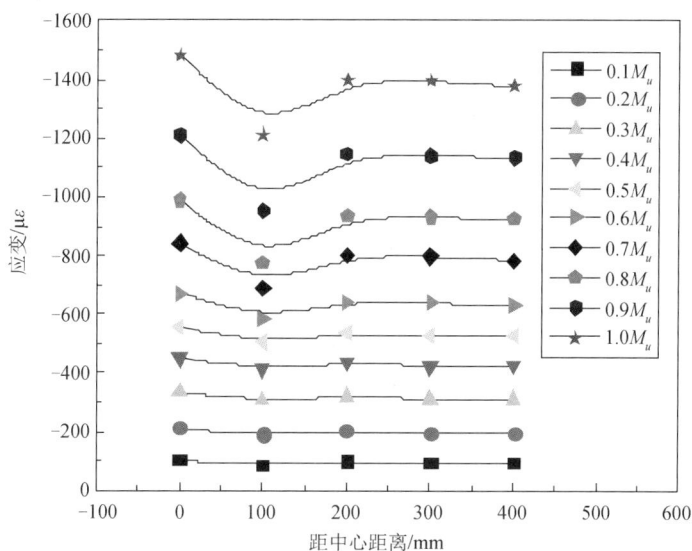

（c）CB-64混凝土翼板表面应变

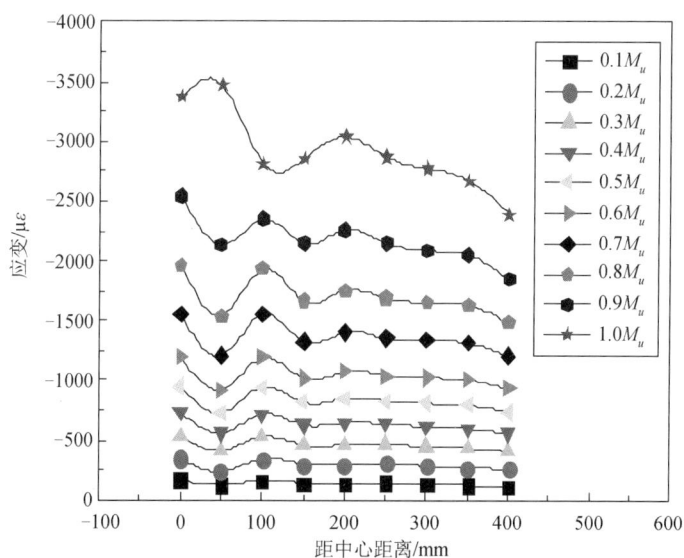

（d）CB-71混凝土翼板表面应变

图 6-16 （续）

从图 6-16 可以看出，混凝土翼板内钢筋布置、栓钉间距对混凝土纵向压应变沿翼板宽度方向的分布没有影响。在试验加载初期，混凝土纵向应变沿横向分布比较均匀，越靠近板边缘，其应变有减小的趋势，但这种现象不很明显。当荷载逐渐增大，混凝土纵向应变沿板横向分布不均匀程度更加明显，板中心与板边缘应变差值逐渐增大，随着荷载的继续增大，这种不均匀现象更加显著。由此推断，由于混凝土翼板宽度导致的剪滞效应对这种类型的钢-混凝土组合梁结构影响显著。因此，为后面的宽翼缘双箱组合梁结构剪滞效应分析与计算提供了保障。

选取宽翼缘双箱组合梁试件混凝土翼板顶面跨中截面距中心距离 0 处作为特征应变，用以观察混凝土压应变随荷载增长曲线关系，如图 6-17 所示。

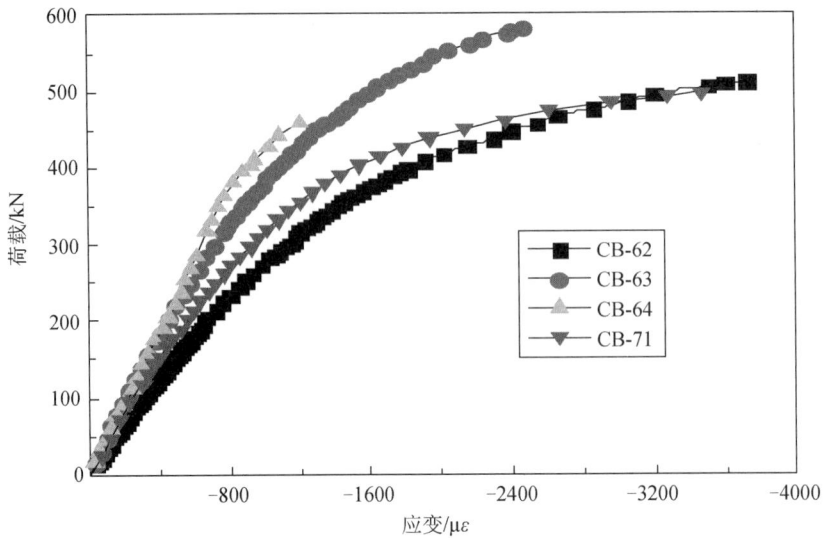

图 6-17　普通双箱组合梁混凝土翼板压应变增长曲线

从图 6-17 可以看出，跨中加载时混凝土压应变随荷载的增长较快，且极限应变值较大，试件破坏时，最大压应变值达到 3723με。其应变增长可分为 3 个阶段加以讨论。在加载的初始阶段，压应变随荷载保持很好的线性关系，随着荷载值的增加，逐渐向弹塑性区段发展，其极限压应变能够达到 3000με 以上，证明了混凝土受压性能的稳定性，进一步为后面混凝土翼板剪滞效应分析提供了试验依据。

3）双箱钢梁应变分布

双箱组合梁结构中双箱钢梁底板跨中截面不同测点处纵向应变随荷载变化情况如图 6-18 所示。

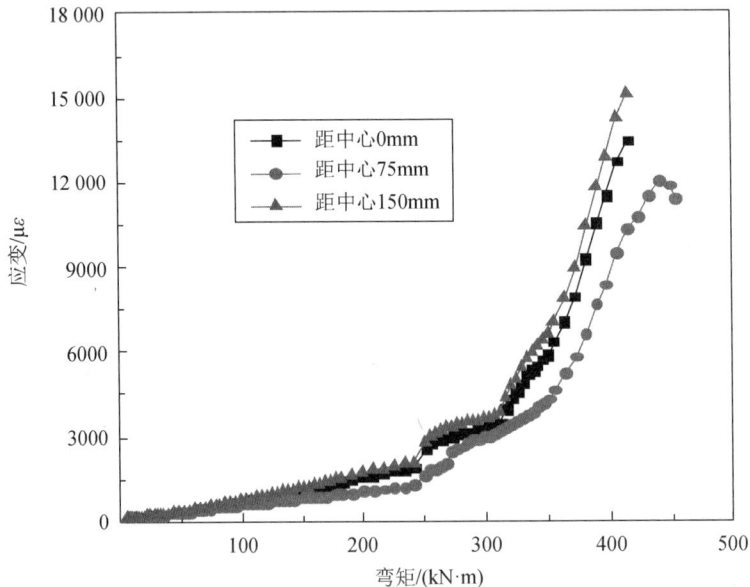

（a）CB-62 钢梁底板应变

图 6-18　普通双箱组合梁钢梁底板应变增长曲线

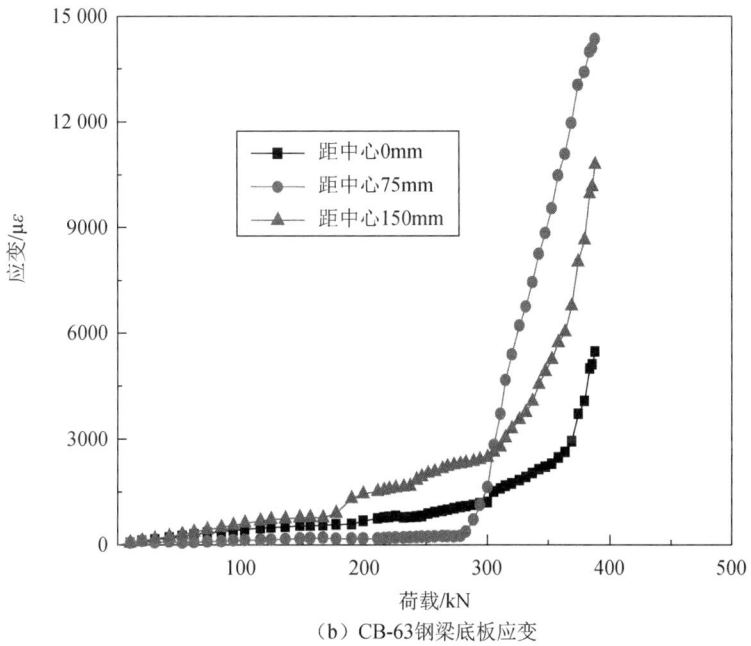

（b）CB-63钢梁底板应变

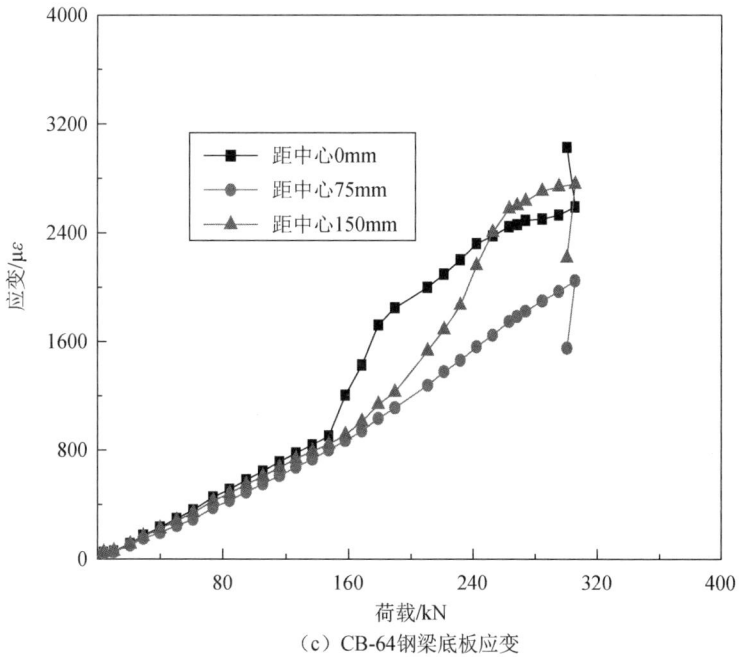

（c）CB-64钢梁底板应变

图 6-18 （续）

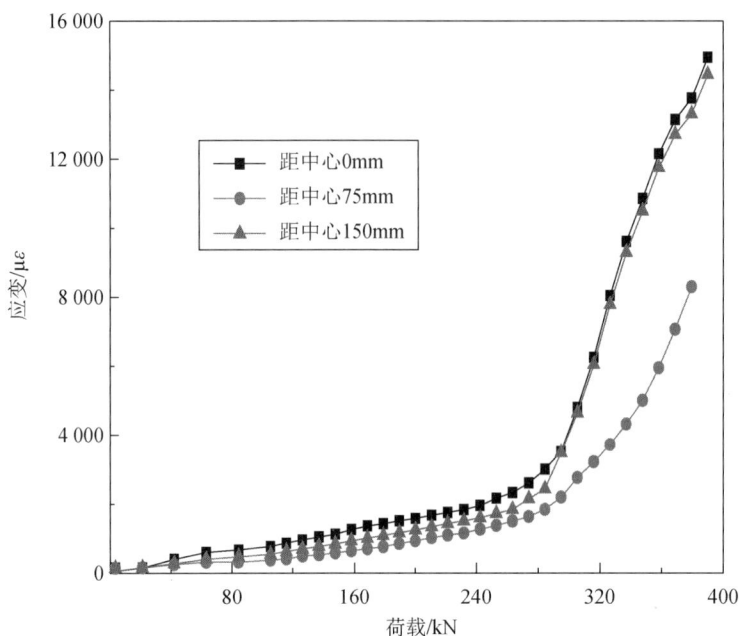

（d）CB-71钢梁底板应变

图 6-18 （续）

从图 6-18 可以看出，对于不施加预应力的普通组合梁试件，通过对双箱钢梁底板跨中截面处应变的测试发现，纵向应变沿板宽度方向分布并非一样，而是存在一定的差异，表现为靠近腹板区域应变较大、中间小的特征，即发生了"剪滞效应"。通过对应变随荷载增长曲线关系分析，其变化过程可以分为两个阶段。在试验初始阶段，应变增长保持良好的线性关系；伴随着混凝土翼板的开裂，钢梁屈服，在第二阶段，应变急剧增长，直到试件破坏。如图 6-18（c）所示，由于受到试验条件的影响，在加载试件 CB-64 时，未完全破坏，导致试验数据不全。

双箱钢梁外腹板跨中截面不同测点处纵向应变随荷载变化情况如图 6-19 所示。

分析图 6-19，通过图 6-19（a）和（d）可以看出，CB-62 相比 CB-71，钢梁的屈服程度更大，由于纵向剪力的传递主要通过栓钉来实现，栓钉的数量决定了剪力传递的程度，在试验中，试件 CB-62 中栓钉数量更多，钢梁的性能得到了更好的发挥，提高了抗弯承载力。比较图 6-19（b）和（c）可知，由于是对称加载，受到偏载的影响，钢梁屈服程度不完全，图中没有屈服后的大变形段。

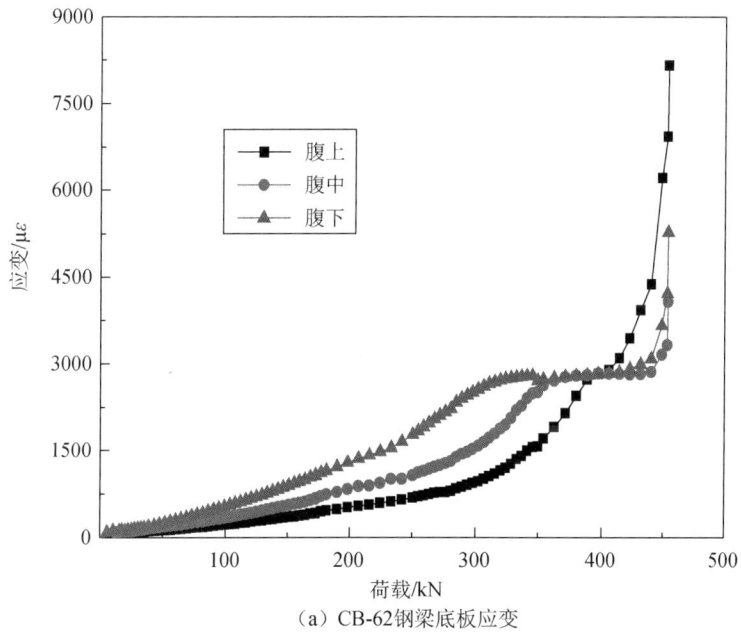

（a）CB-62钢梁底板应变

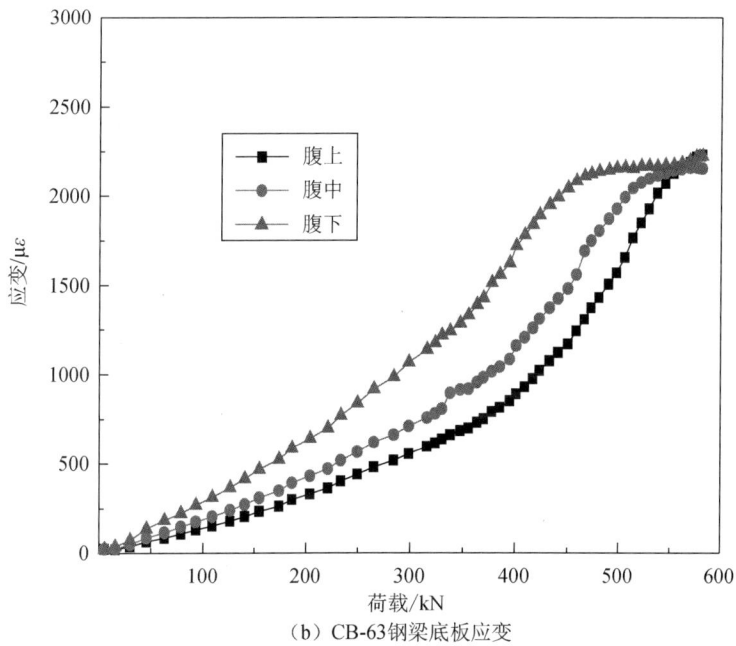

（b）CB-63钢梁底板应变

图 6-19　普通双箱组合梁钢梁腹板应变增长曲线

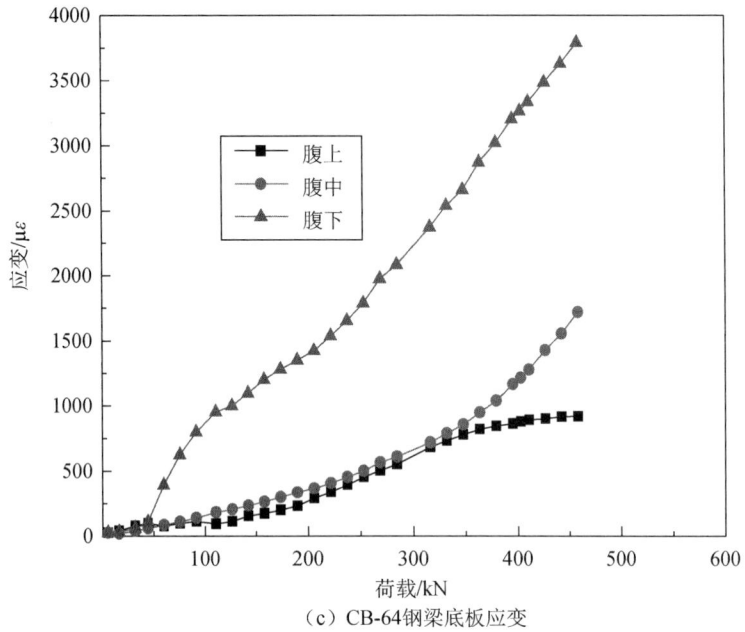

（c）CB-64钢梁底板应变

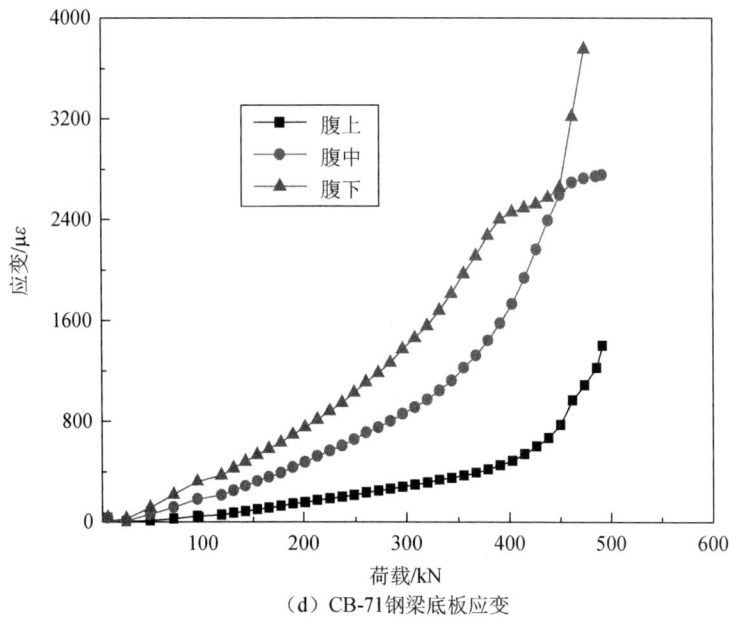

（d）CB-71钢梁底板应变

图 6-19 （续）

4）钢筋应变分布

试验过程中钢筋的应变变化情况如图 6-20 所示，应变值取至跨中截面布置的纵向钢筋应变。

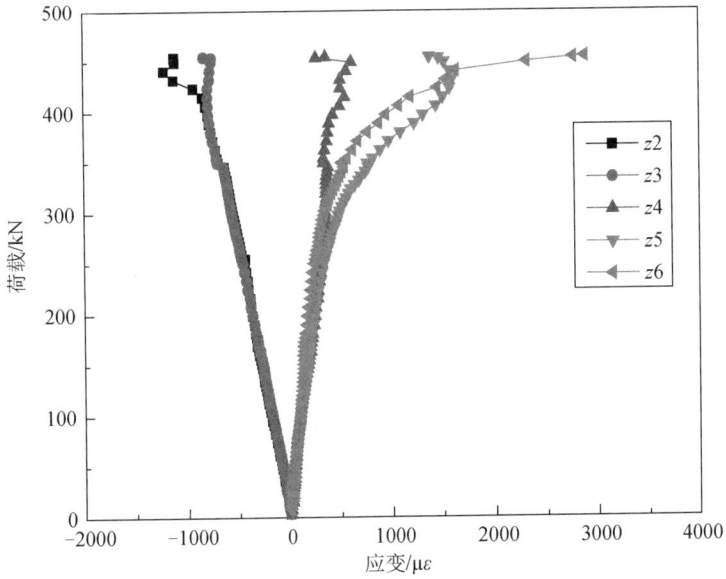

（a）CB-62混凝土翼板钢筋应变

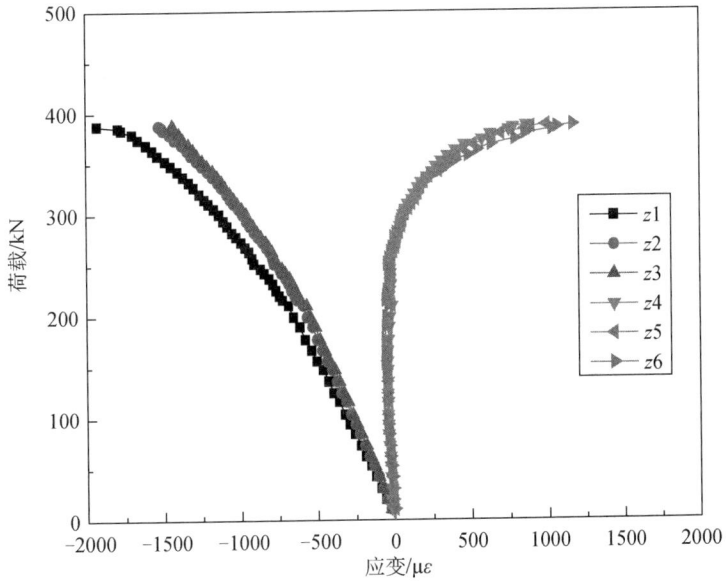

（b）CB-63混凝土翼板钢筋应变

图 6-20　双箱组合梁混凝土翼板钢筋应变分布图

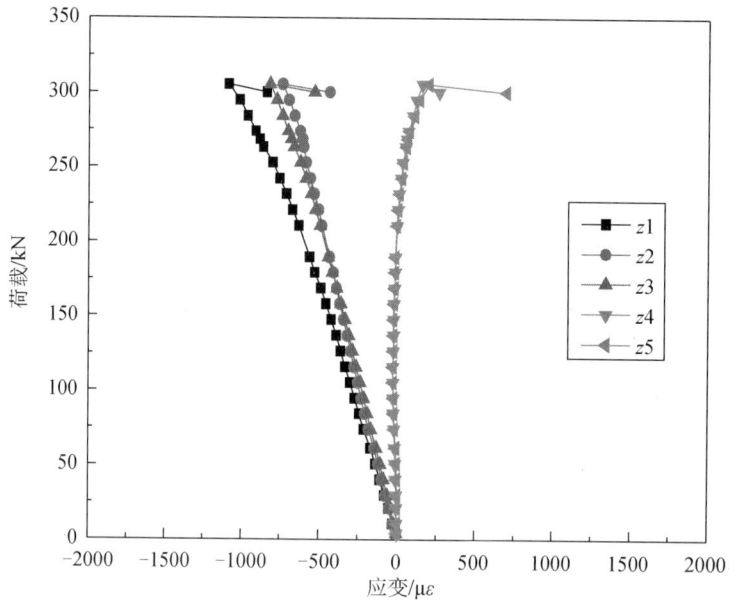

（c）CB-64混凝土翼板钢筋应变

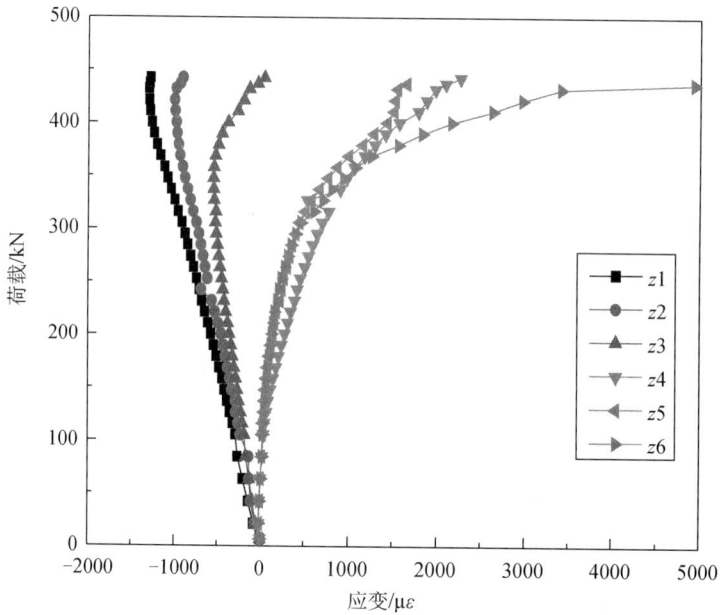

（d）CB-71混凝土翼板钢筋应变

图 6-20 （续）

　　从图 6-20 可以看出，钢筋纵向应变变化规律基本保持一致。在试验初始阶段，应变随荷载呈线性关系，到加载后期，混凝土翼板开裂，裂缝发展并延伸，导致中性轴位置向混凝土翼板顶部移动，上层钢筋应变承受的压力逐渐减小，而下层钢筋应变增长得更快。在钢筋的整个受力过程中，下层钢筋达到屈服，而上层钢筋并未达到屈服。因此，在后面的计算中，仅作为构造要求来考虑。

3. 交界面滑移特征

　　宽翼缘双箱组合梁的双箱钢梁与混凝土翼板交界面通过剪力连接件帽型栓钉组合而成，在外荷载作用下，由于栓钉的变形会导致相对滑移，从而使组合梁的刚度降低，进而影响其承载能力。图 6-21 给出了不同位置处相对滑移随荷载的变化关系。图 6-22 为双箱组合梁交界面相对滑移沿梁纵向的分布情况。

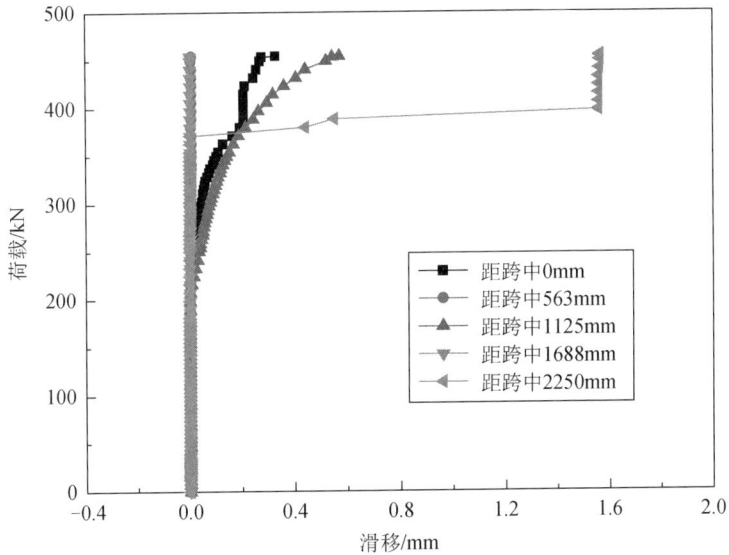

（a）CB-62交界面荷载–滑移增长曲线

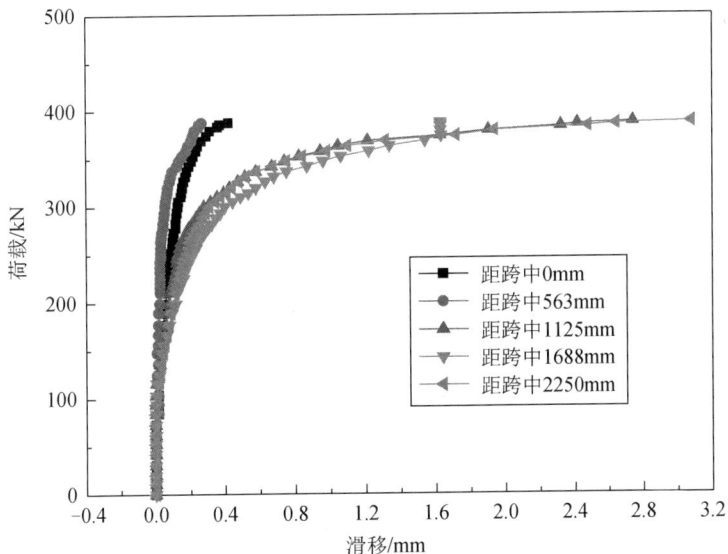

（b）CB-63交界面荷载–滑移增长曲线

图 6-21　双箱组合梁滑移增长曲线图

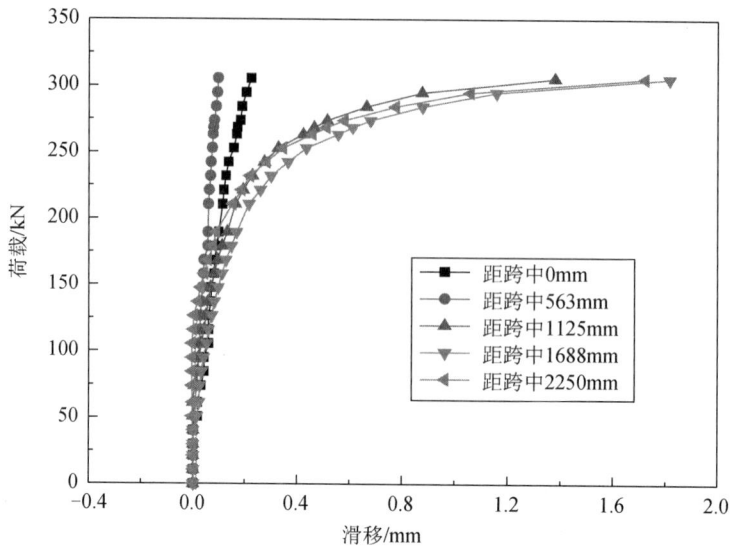

（c）CB-64交界面荷载-滑移增长曲线

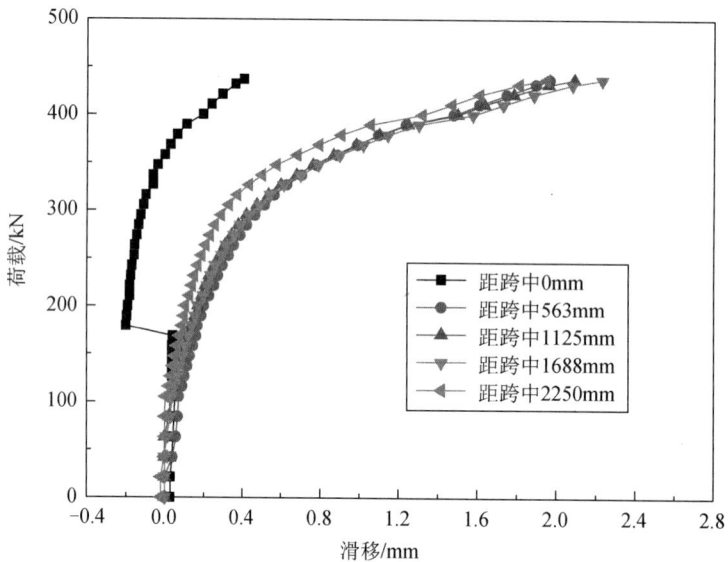

（d）CB-71交界面荷载-滑移增长曲线

图 6-21 （续）

　　由图 6-21 可以看出，其荷载-相对滑移曲线关系都可分为三个阶段来加以分析：在第一阶段，由于钢梁与混凝土翼板的黏结完好，交界面未出现有滑移；当加载到第二阶段，剪力连接件周围的部分混凝土遭到破坏，不足以抵抗交界面的剪力，滑移开始出现，这一阶段，滑移的增长较缓慢；到了第三阶段，栓钉周围的混凝土出现大面积的破坏，以及栓钉自身的变形，此时，滑移的增长迅速增加。

由图 6-22 可知，普通简支双箱组合梁的滑移最大达到 3mm。通过纵向相对滑移分析可知，跨中的滑移基本为零，随着距跨中截面的距离增大，滑移不断增大，最大滑移出现在距离跨中截面 1688mm 处，由于受到支座的限制，到支座截面滑移又减小了。

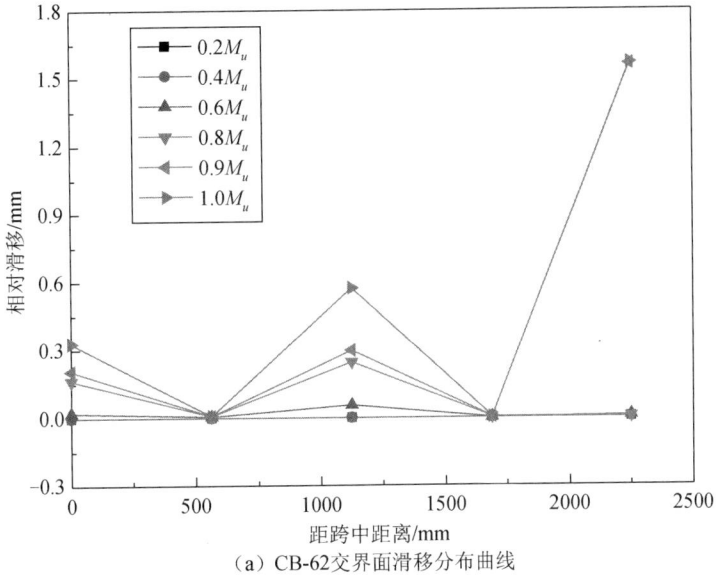
（a）CB-62交界面滑移分布曲线

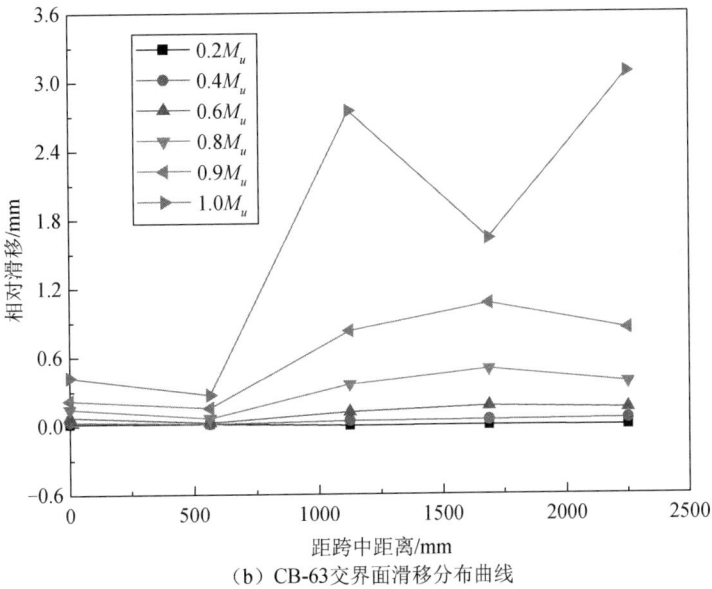
（b）CB-63交界面滑移分布曲线

图 6-22　双箱组合梁滑移分布图

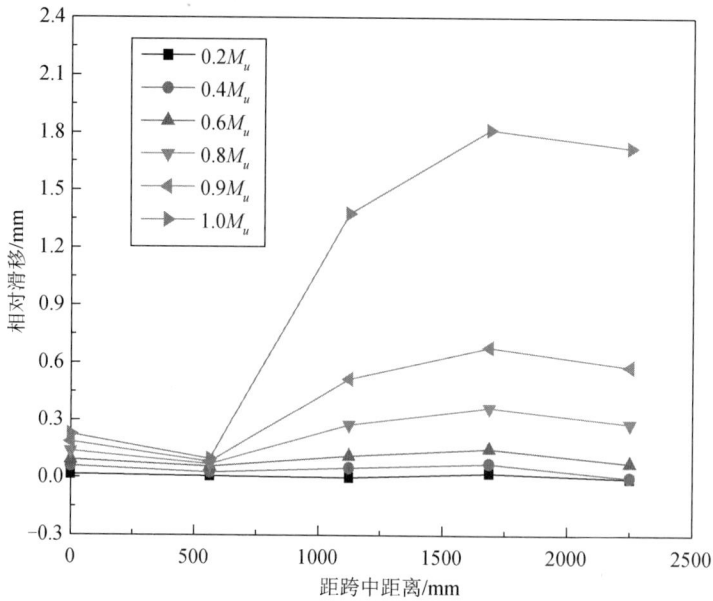

（c）CB-64交界面滑移分布曲线

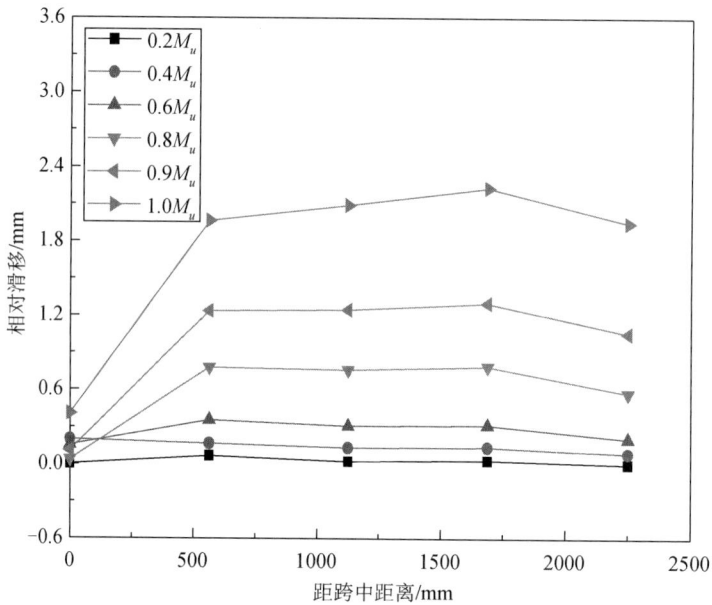

（d）CB-71交界面滑移分布曲线

图 6-22 （续）

4. 端部水平移动特征

宽翼缘双箱组合梁端部纵向水平移动随荷载增长关系曲线如图 6-23 所示。

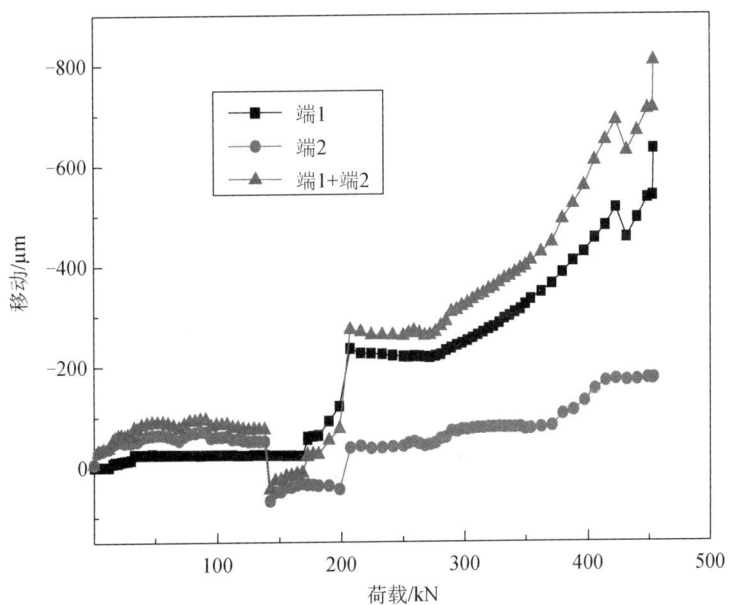

（a）CB-62端部移动增长曲线

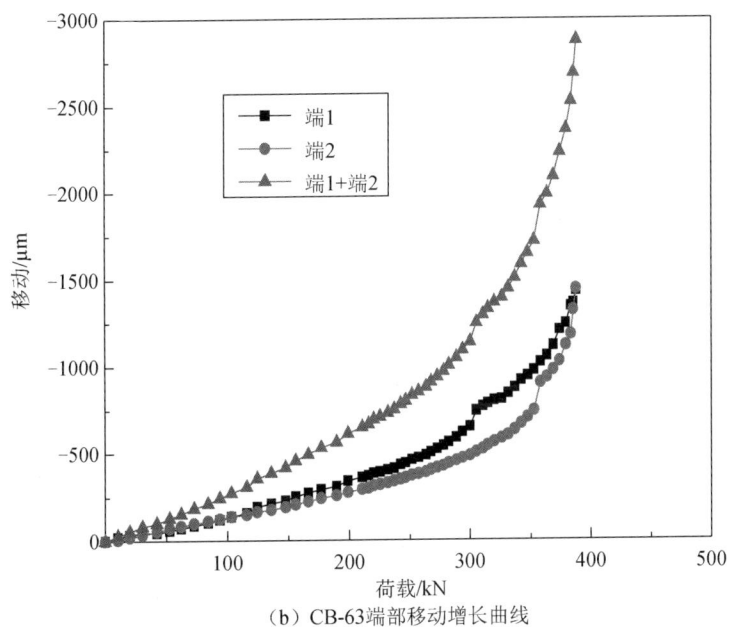

（b）CB-63端部移动增长曲线

图 6-23　宽翼缘双箱组合梁端部纵向水平移动增长曲线关系

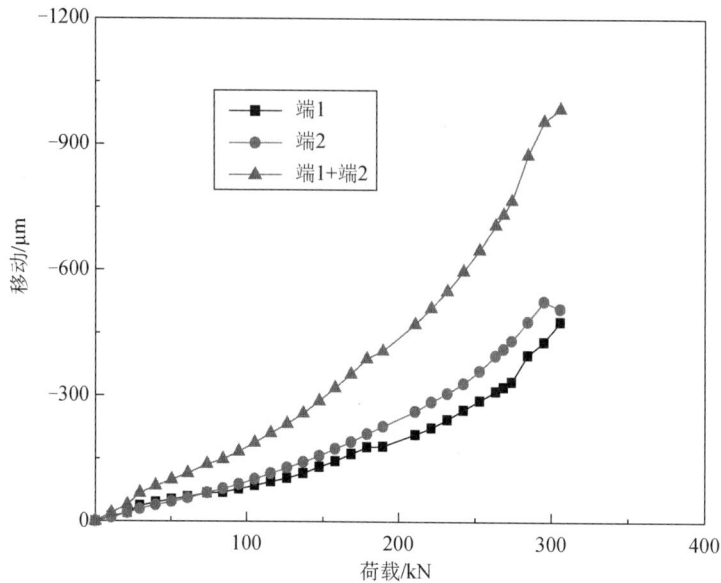

（c）CB-64端部移动增长曲线

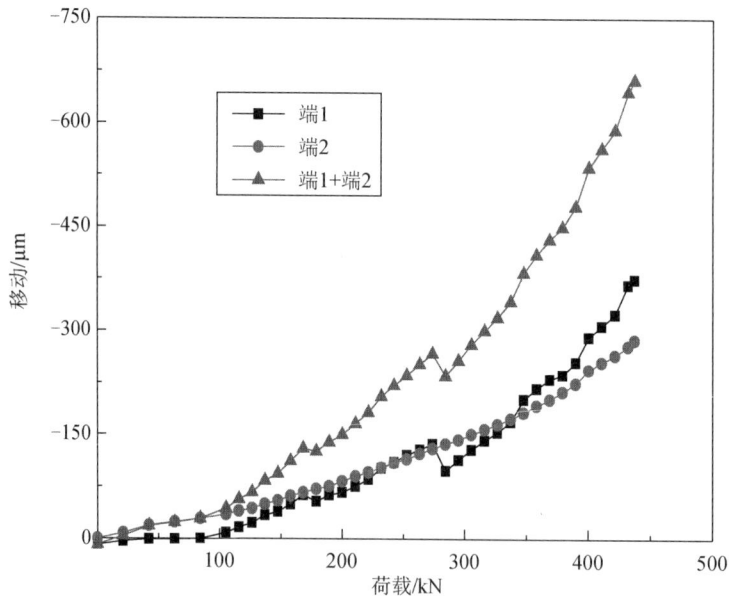

（d）CB-71端部移动增长曲线

图 6-23 （续）

从图 6-23 可以看出，对于普通简支宽翼缘组合梁试件，在试验进行的过程中，除试件 CB-63 端部纵向水平移动最大达 2875μm 外，其余组合梁试件端部纵向水平移动最大值均在 1000μm 以内。表明试验设计的加载模式满足本次试验要求，进一步为后面"剪滞效应"分析时不考虑支座移动的假定奠定了基础和提供了保障。

6.1.8　小结

通过对 4 根普通简支宽翼缘双箱钢-混凝土组合梁的试验研究与分析,得到如下结论。

(1)通过对混凝土翼板裂缝的出现、发展、延伸观察发现,不论是跨中单点加载,还是对称加载,主要裂缝均以不同形式出现在加载点附近。

(2)对加载试验试件进行全过程观察,简支宽翼缘双箱组合梁破坏特征表现为:翼板混凝土压碎,钢梁基本达到屈服,结构发生大变形,导致结构最终破坏。

(3)在进行弯曲性能试验过程中,荷载-挠度关系曲线分为三个阶段:第一阶段,为线性阶段,此阶段内抗弯刚度基本不变;到了第二阶段,钢梁底板开始屈服,此时抗弯刚度逐渐减小,挠度变化速率增大,荷载-挠度关系由线性逐渐向非线性转化;第三阶段,翼板内钢筋屈服,翼板被压碎,跨中挠度迅速增加,试件破坏。

(4)通过测试,宽翼缘双箱组合梁试件具有较高的承载能力和较好的延性,承载能力提升系数在 1.26~1.67,挠度延性系数在 1.88~2.29。

(5)在试验开始初期,钢梁、混凝土应变差很小,截面满足平截面假定,随着荷载的增加,混凝土翼板的开裂,钢梁的屈服,交界面应变差变大,已经不满足平截面假定。

(6)通过对混凝土翼板、双箱钢梁底板应变测试和分析表明,不论是完全剪力连接还是部分剪力连接的宽翼缘组合梁试件,都存在"剪滞效应"现象,即纵向应变沿板宽度方向分布不均,存在着某种分布规律。

(7)模型梁试件在承受弯矩时,即使是完全剪力连接,也存在着滑移,会导致组合梁刚度降低,影响其承载能力。

(8)通过测试梁体端部纵向水平移动量,得出其移动量均很小,可以忽略不计。

6.2　预应力双箱组合梁结构弯曲试验研究

6.2.1　引言

预应力钢-混凝土组合梁根据预应力筋布置位置,分为混凝土翼板内布筋和钢梁内布筋,按照布筋形式又分为直线型布筋和折线型布筋,直线型布筋又分有转向块和无转向块两种形式。本次试验采用的是钢梁内按照直线型布筋,为了试验研究需要,试验中分别进行了有转向块和无转向块设置。按照施加预应力先后,又分为两种情况,即先张法和后张法。先张法是在浇筑试件之前就施加预应力,而后张法则是在浇筑试件成型之后达到养护龄期再施加预应力,试验中采用后者,即在进行静载试验时施加预应力。

钢-混凝土组合梁按照剪力连接程度,分为完全剪力连接和部分剪力连接两种类型,为了探讨不同剪力连接程度,以及不同预应力作用方式下钢-混凝土组合梁弯曲性能的影响,无转向块预应力、有转向块预应力简支宽翼缘双箱钢-混凝土组合梁模型被设计和研究。

6.2.2　试验目的和研究内容

本章主要介绍了 8 根正弯矩作用下的预应力宽翼缘双箱钢-混凝土组合梁的抗弯性能试验。所有试件横截面保持一致，长度均为 4.8m。整体型式为：采用 10mm 钢板焊接而成的双箱钢梁与较大宽度现浇混凝土翼板组合而成。在 8 根模型梁中，2 根为无转向块预应力简支组合梁受弯曲试验，采用跨中加载方式进行；6 根为有转向块预应力简支组合梁受弯曲试验，采用跨中加载方式。为了研究需要，本次试验主要探讨了预应力筋布置形式、初始预应力大小，以及预应力增量对宽翼缘双箱钢-混凝土组合梁弯曲性能特性的影响，测试内容主要包括混凝土翼板的开裂及其裂缝发展、延伸过程、挠度随荷载变化影响特征、截面高度方向应变、混凝土翼板纵向应变沿横向分布、双箱钢梁纵向应变沿横向分布受剪滞效应影响特征、组合梁交界面滑移分布特征、预应力增量特征，以及组合梁弹性承载力和极限承载力等。着重研究考虑初始预应力、预应力增量、剪滞效应等参量对宽翼缘双箱组合梁应变、应力及挠度的影响关系，为多箱型组合梁的设计提供理论依据。

6.2.3　试验准备

1. 试验现象

钢梁采用 Q235-B 碳素结构钢，通过焊接组合而成为双箱型钢梁结构。根据《钢结构设计标准》（GB 50017—2017）[71]的相关规定，所用钢材料的强度满足如下要求：弹性模量 $E_s = 206\text{GPa}$，屈服强度标准值 $f_y = 300\text{MPa}$，极限抗拉强度 $f_u = 445\text{MPa}$，钢板之间的拼接采用 6mm 电弧角焊技术焊接。

混凝土翼板采用高强混凝土，翼板内纵筋采用热轧光圆钢筋，分为上、下层均匀布置，各 5 根，箍筋采用热轧圆盘条。剪力连接件采用标号为 ML15 的帽形圆柱形栓钉，尺寸规格为 $\phi16$，采用高压电弧焊焊接。预应力筋采用由 7 根直径为 5～6mm 的高强度钢丝捻制成的 $\phi^j15.24$ 钢绞线，抗拉强度值为 1860MPa。

预应力宽翼缘双箱组合梁试件设计参数如表 6-4 所示，试件构造如图 6-24 所示。

表 6-4　预应力宽翼缘双箱组合梁试件设计参数

试件编号	总长/mm	净跨/mm	翼板/(mm×mm)	纵筋	箍筋	栓钉			预应力筋	加载方式
						间距	单排个数	连接程度		
PCB-65	4800	4500	1000×130	10ϕ10	ϕ8@200	167	28	1.0	2ϕ^j15.24	跨中加载
PCB-66	4800	4500	1000×130	10ϕ10	ϕ8@200	214	22	0.8	2ϕ^j15.24	跨中加载
PCB-67	4800	4500	1000×130	10ϕ10	ϕ8@200	167	28	1.0	2ϕ^j15.24	跨中加载
PCB-68	4800	4500	1000×130	10ϕ10	ϕ8@200	214	22	0.8	2ϕ^j15.24	跨中加载
PCB-69	4800	4500	1000×130	10ϕ10	ϕ8@200	281	17	0.6	2ϕ^j15.24	跨中加载
PCB-70	4800	4500	1000×130	10ϕ10	ϕ8@200	281	17	0.6	2ϕ^j15.24	跨中加载
PCB-72	4800	4500	1000×130	10ϕ10	ϕ8@200	346	14	0.5	2ϕ^j15.24	跨中加载
PCB-73	4800	4500	1000×130	10ϕ10	ϕ8@200	450	11	0.4	2ϕ^j15.24	跨中加载

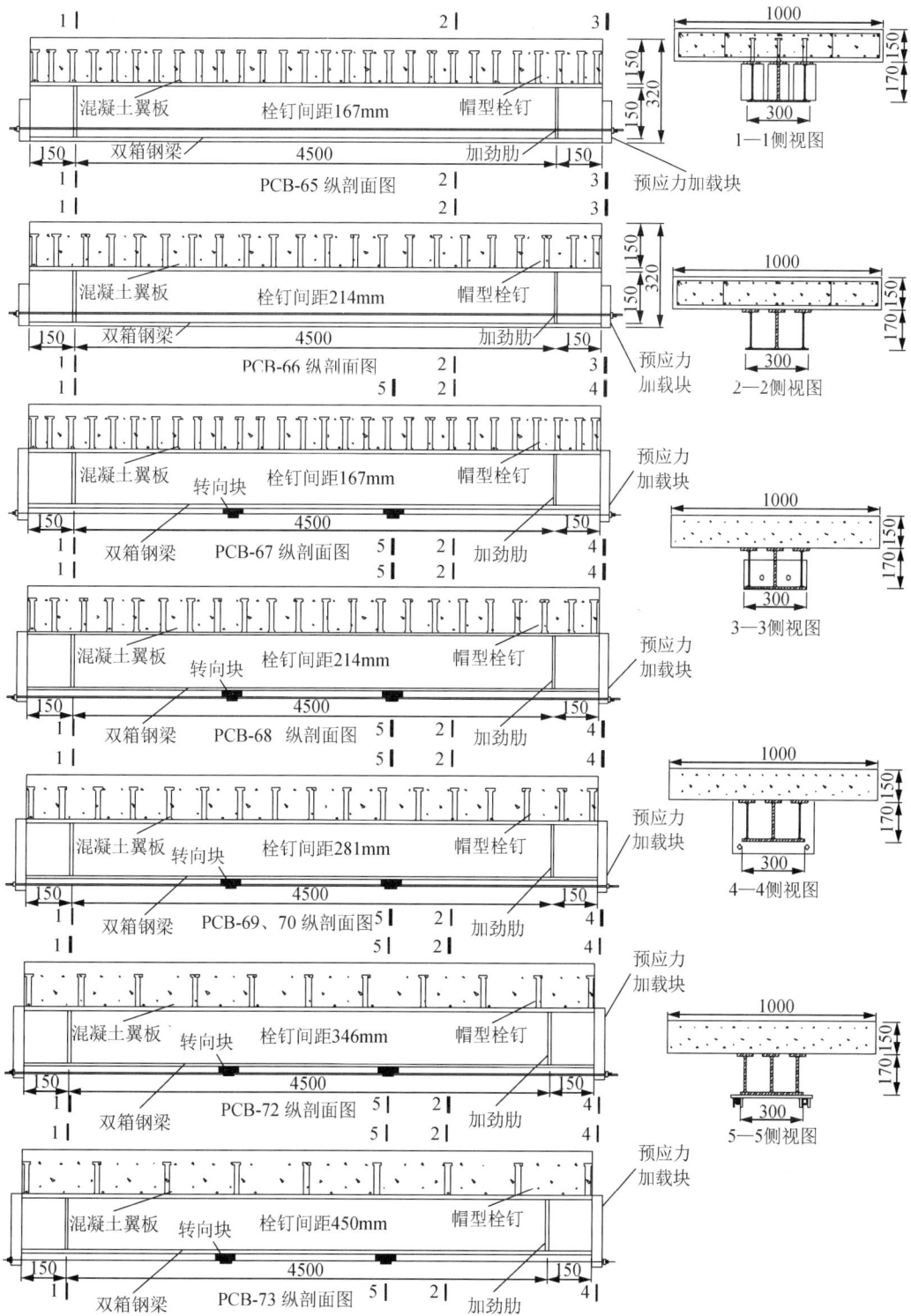

图 6-24　模型梁试件构造详图（单位：mm）

2. 试件制作及材料特性

预应力宽翼缘双箱组合梁试件的制作过程如图 6-3～图 6-6 所示,根据厂家提供的材料材性参数及试验现场所测数据,各材料的材性参数如表 6-5 和表 6-6 所示。

由于试验条件限制,关于钢绞线的材料性能参数取至规范强度设计值 f_{ptk}=1860MPa,弹性模量 E_p=201GPa。

表 6-5 钢材力学性能参数

名称	类型	钢材材料	密度 /（kg/m³）	弹性模量 /GPa	剪切模量 /GPa	屈服应变 /$\mu\varepsilon$	屈服强度 /MPa	极限强度 /MPa
钢梁	腹板	Q235-B	7850	206	82.4	1456	300	445
	托板和底板					1165	240	400
钢筋	纵筋	Q235				1214	250	385
	箍筋					1190	245	380

表 6-6 混凝土力学性能参数

名称	强度	泊松比	抗压弹性模量/MPa	剪切模量/MPa	立方体抗压强度/MPa	轴心抗拉强度/MPa
混凝土	C60	0.2	38.25	16.86	68.22	2.62
			36.28	12.58	66.33	2.68
			38.16	13.76	65.96	2.62
		均值	36.56	14.4	66.17	2.64

6.2.4 试验测试内容与测点布置

1. 试验测试内容

对于预应力简支组合梁的静力加载,主要测量内容包括:纵向钢筋应变,跨中截面特征位置处的混凝土应变,双箱钢梁侧腹板、中腹板、底板应变,混凝土翼板与钢梁交界面的相对滑移,支座截面的纵向相对移动,组合梁试件沿纵向分布挠度、预应力筋内力增量。需要观察的内容包括各级荷载作用下混凝土裂缝出现及裂缝发展情况,记录混凝土翼板开裂荷载、双箱钢梁屈服荷载及组合梁极限荷载。

2. 测点布置

（1）钢筋应变测点布置。预应力组合梁试件钢筋构造与普通简支组合梁一样,故测点布置也一样,如图 6-7 所示。

（2）混凝土应变测点布置。结合之前普通简支组合梁试验经验,为了能够更好地测试混凝土翼板的剪滞效应特征,对之前的电阻应变片测点布置进行改进,现每隔 5cm 布置一片,在翼板顶板半宽度内共布置 10 片（编号为 C10～C19）,在翼板侧面共布置 5 片（编号为 C21～C25）,在翼板底面布置 3 片（编号为 C31～C33）,电阻应变片规格仍然采用 BF120-80AA。应变片布置截面仍距离跨中截面（加载截面）10cm,如图 6-25 所示。

（3）双箱钢梁应变测点布置。为了便于研究,钢梁上的电阻应变片布置截面与混凝土翼板布置位置一样,在钢梁外腹板、中腹板,以及钢梁底板布置 BF120-10AA 的电阻应变片，钢梁外腹板每隔 5cm 布置一片，共布置 5 片（编号为 S21～S25），钢梁中腹板共布置 3 片（编号为 S11～S13），底板布置 3 片（编号为 S31～S33），如图 6-25 所示。

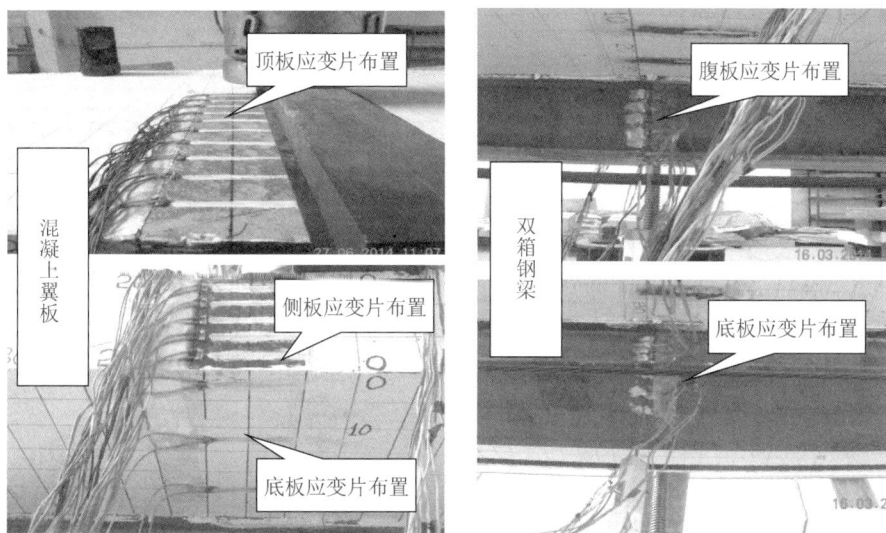

图 6-25　应变测点布置

（4）交界面导杆引伸仪布置。导杆引伸仪的布置形式与普通组合梁试验布置一样，每隔 562.5mm 布置一个，共在半跨内布置 5 个导杆引伸仪（编号为 D1～D5）。

（5）位移计布置。位移计共布置 3 个，分别位于组合梁跨中截面处、距跨中截面 750mm 处、距跨中截面 1500mm 处，以便观测组合梁挠度情况（编号为 W1～W3）。

（6）端部压力传感器的布置。根据试验要求，预应力筋在加载过程中会产生预应力增量，增量的测试是一项重要研究内容。本次试验选择压力传感器来测试钢绞线的内力增量，分别在端部并排安装两个压力传感器，并用锚具锚固，如图 6-26 所示。

图 6-26　压力传感器的布置

数据的收集均采用 DH-3816 静态应变采集箱及系统软件进行采集。电阻应变片、导杆引伸仪、位移计、千分表、传感器的布置如图 6-27 和图 6-28 所示。

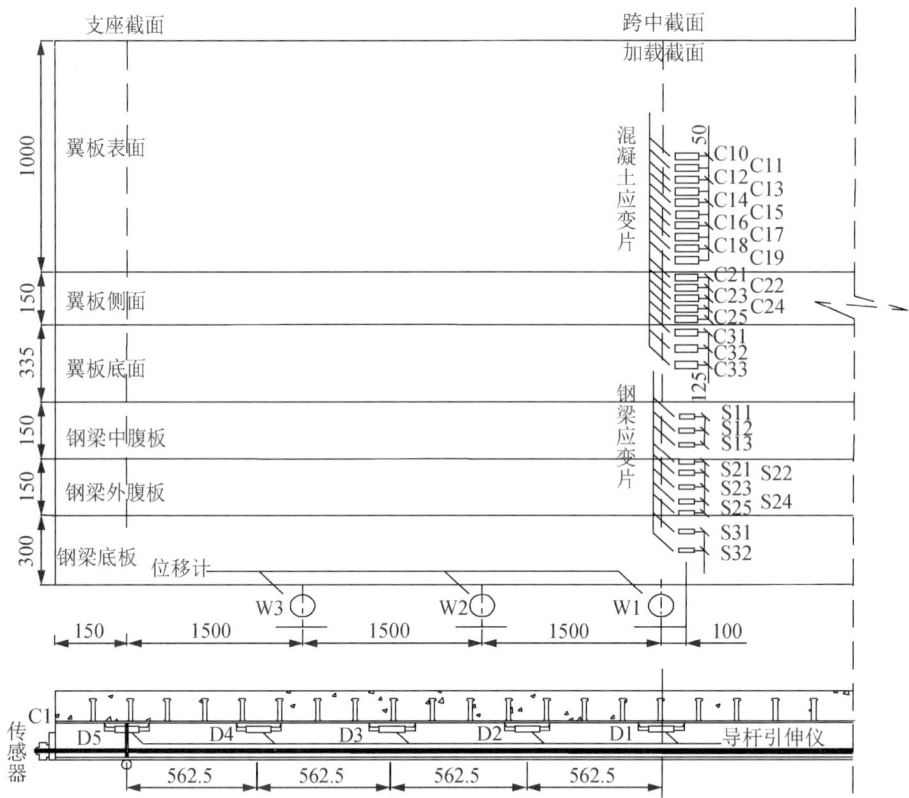

（a）测点布置示意图

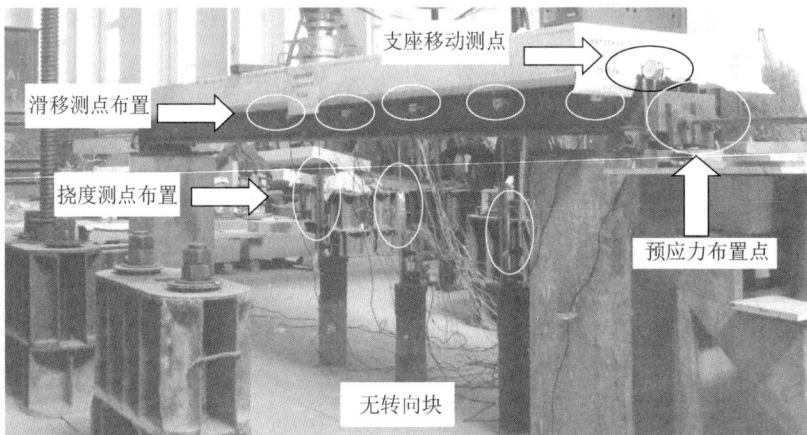

（b）测点布置实物图

图 6-27　试件 PCB-65 和 PCB-66 测点布置图

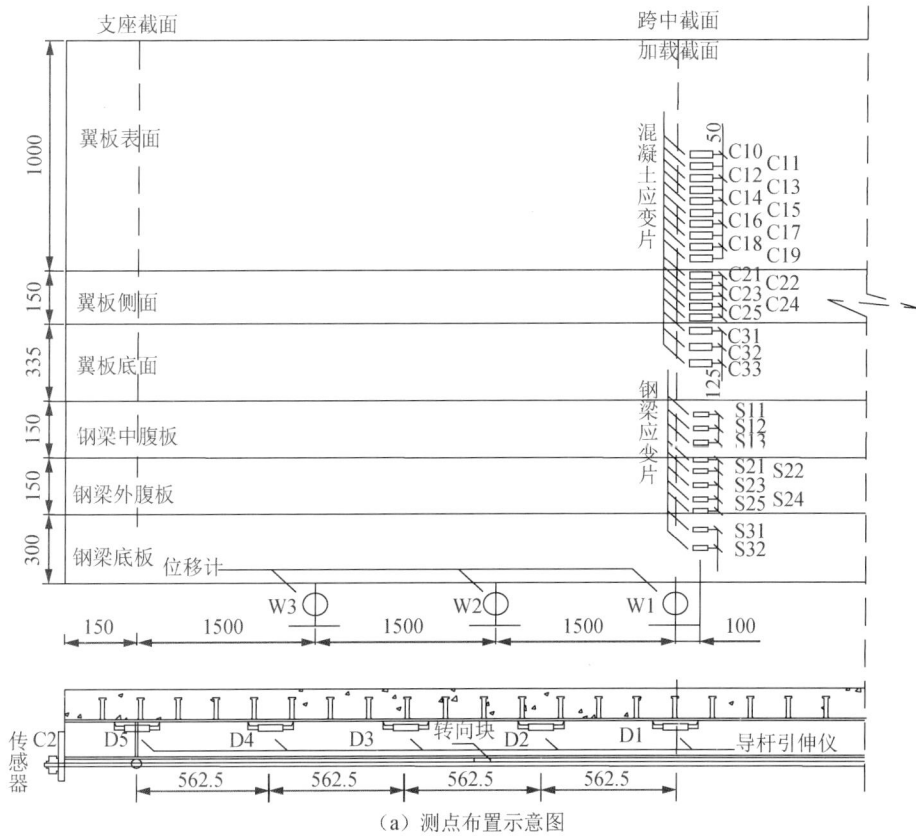

（a）测点布置示意图

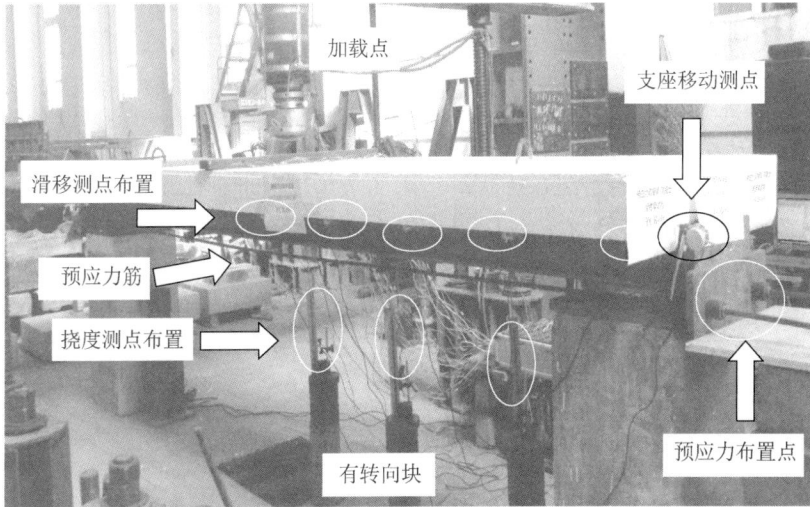

（b）测点布置实物图

图 6-28　试件 PCB-67～PCB-73 测点布置图

6.2.5　试验加载过程

对于涉及预应力的 8 根组合梁试件（PCB-65～PCB-73），其加载试验仍然在南京水科院材料结构试验大厅进行。由于涉及静力加载前预应力的施加，试验加载过程与普通简支组合梁略有所不同。试验加载前，用穿心式千斤顶分 3 级张拉 1860MPa 级预应力钢绞线，预应力张拉方案如表 6-7 所示，并通过压力传感器来接收钢绞线传递的张拉力。当预应力施加完毕之后，开始静力加载试验，其过程与普通简支组合梁一样。试验装置如图 6-29 所示，预应力张拉装置如图 6-30 所示。

表 6-7　预应力张拉方案　　　　　　　　　　（单位：MPa）

试件编号	无转向块			有转向块				
	PCB-65	PCB-66	PCB-67	PCB-68	PCB-69	PCB-70	PCB-72	PCB-73
预应力方案　第一级	10	10	5	10	10	10	10	10
第二级	20	20	10	20	20	20	20	20
第三级	30	30	—	—	—	25	—	—

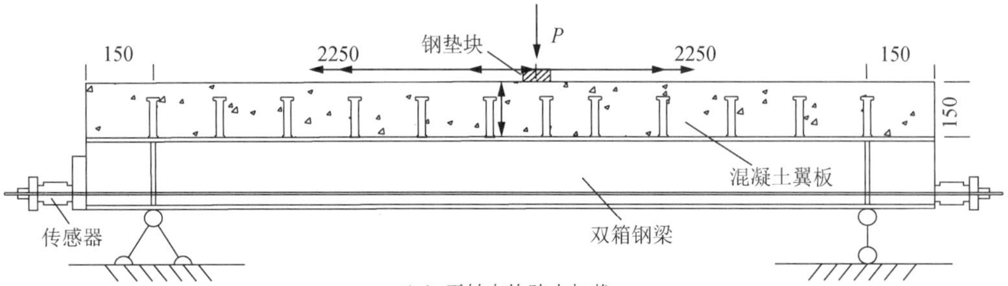

（a）无转向块跨中加载

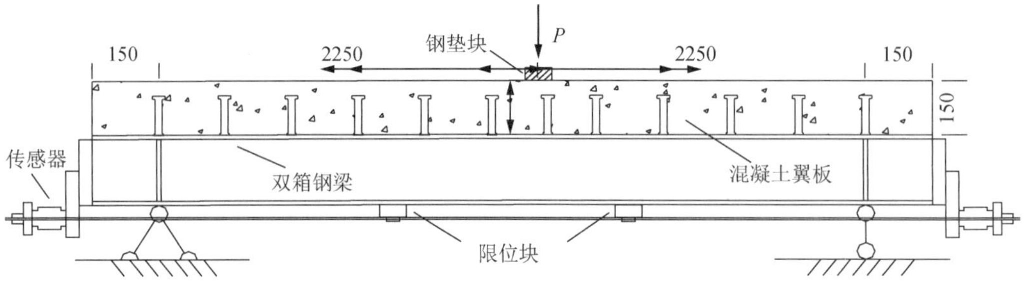

（b）有转向块跨中加载

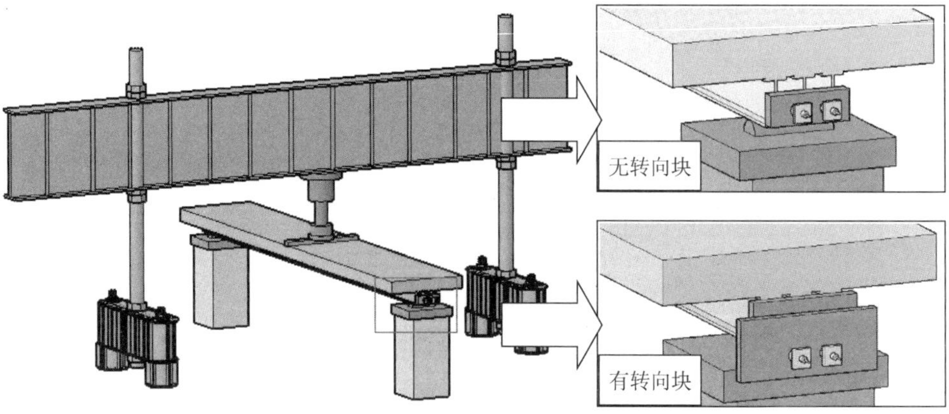

（c）跨中加载立体装置

图 6-29　跨中加载装置

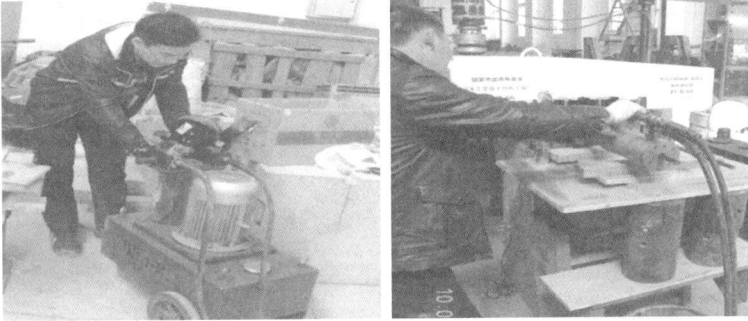

图 6-30　预应力张拉设施

6.2.6　试验现象及特征荷载

1.　无转向块预应力双箱组合梁

无转向块预应力简支组合梁试验中，混凝土翼板裂缝发展过程如图 6-31 和图 6-32 所示。

从图 6-31 可以看出，当荷载达到 316.02kN 时，翼板底面开始出现裂缝，随着荷载的增加，裂缝数量增多；荷载增加至 589.91kN 时，试件破坏，混凝土翼板顶面出现压溃区，破坏时组合梁实物图如图 6-31（d）所示。对于图 6-32 中的试件，开裂荷载为 273.88kN，裂缝扩展及延伸如图 6-32（b）、（c）所示；当荷载达到 553.04kN 时，翼板顶面出现压溃区，如图 6-32（d）所示。

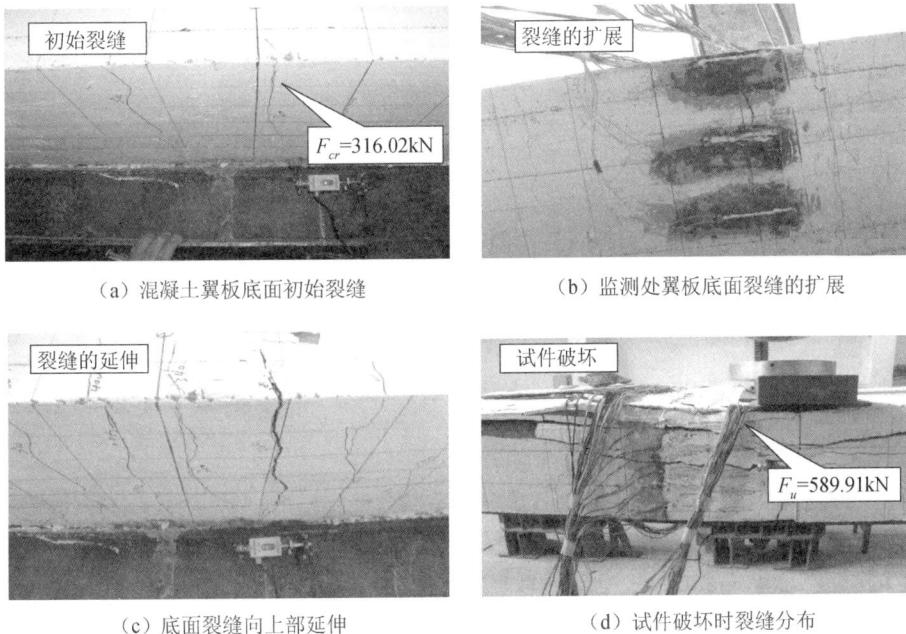

（a）混凝土翼板底面初始裂缝

（b）监测处翼板底面裂缝的扩展

（c）底面裂缝向上部延伸

（d）试件破坏时裂缝分布

图 6-31　PCB-65 加载点附近裂缝发展分布图

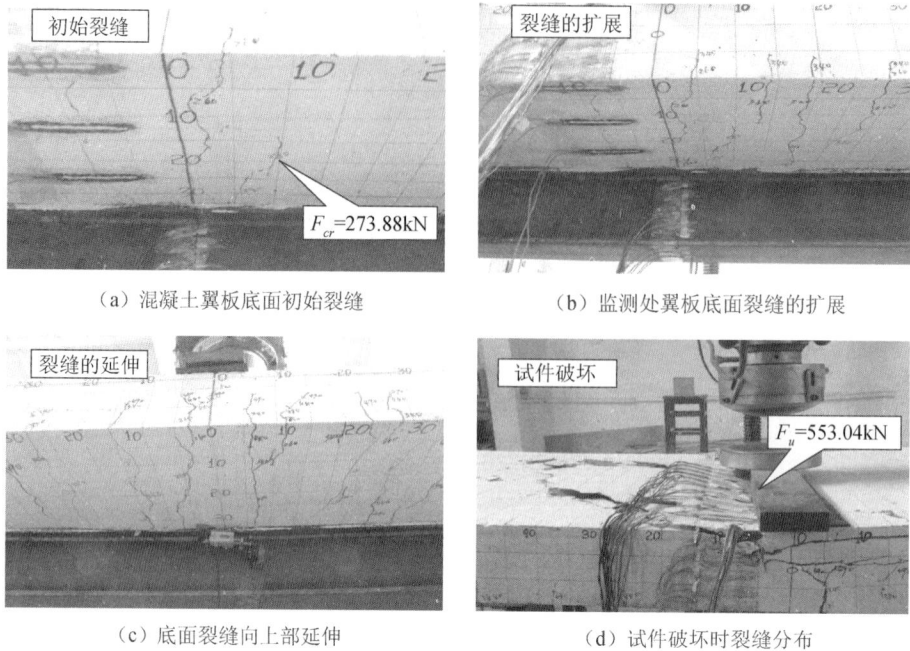

（a）混凝土翼板底面初始裂缝　　　　　　　（b）监测处翼板底面裂缝的扩展

（c）底面裂缝向上部延伸　　　　　　　　（d）试件破坏时裂缝分布

图 6-32　PCB-66 加载点附近裂缝发展分布图

2. 有转向块预应力简支组合梁

不同剪力连接条件下有转向块预应力简支组合梁试验中，混凝土翼板裂缝发展分布如图 6-33～图 6-37 所示。其开裂均出现在混凝土翼板底面，开裂荷载分别为 271.25kN、

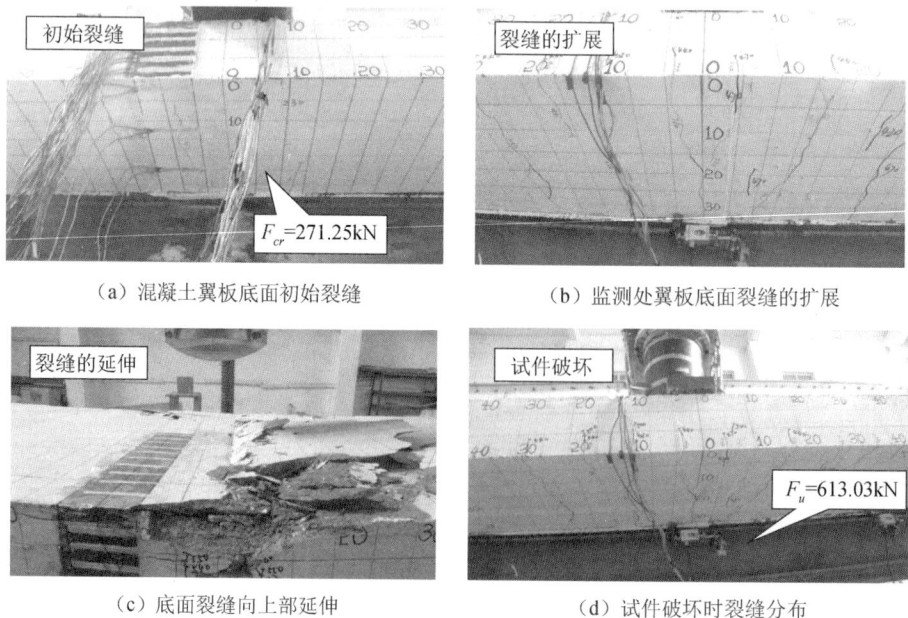

（a）混凝土翼板底面初始裂缝　　　　　　　（b）监测处翼板底面裂缝的扩展

（c）底面裂缝向上部延伸　　　　　　　　（d）试件破坏时裂缝分布

图 6-33　PCB-67 加载点附近裂缝发展分布图

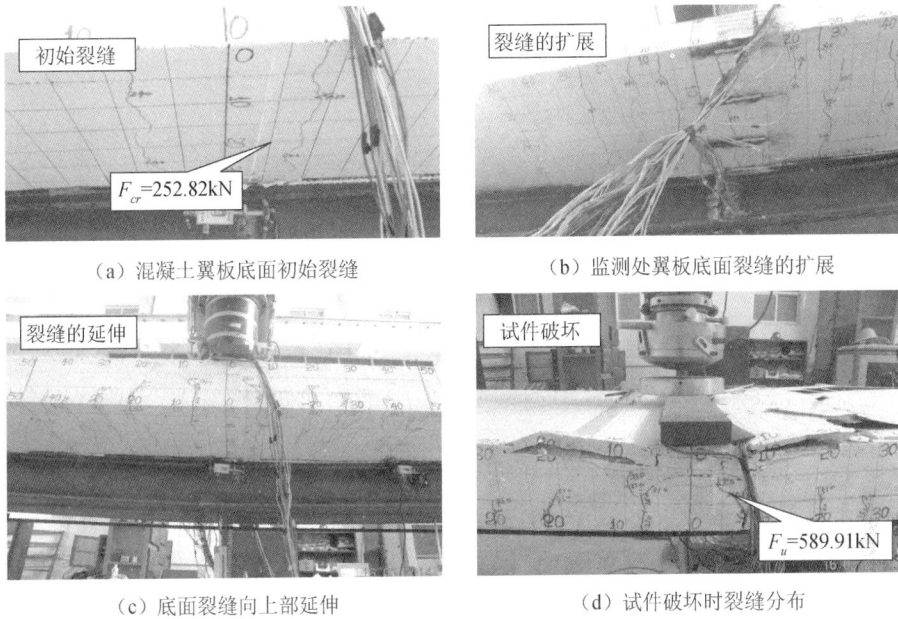

（a）混凝土翼板底面初始裂缝

（b）监测处翼板底面裂缝的扩展

（c）底面裂缝向上部延伸

（d）试件破坏时裂缝分布

图 6-34　PCB-68 加载点附近裂缝发展分布图

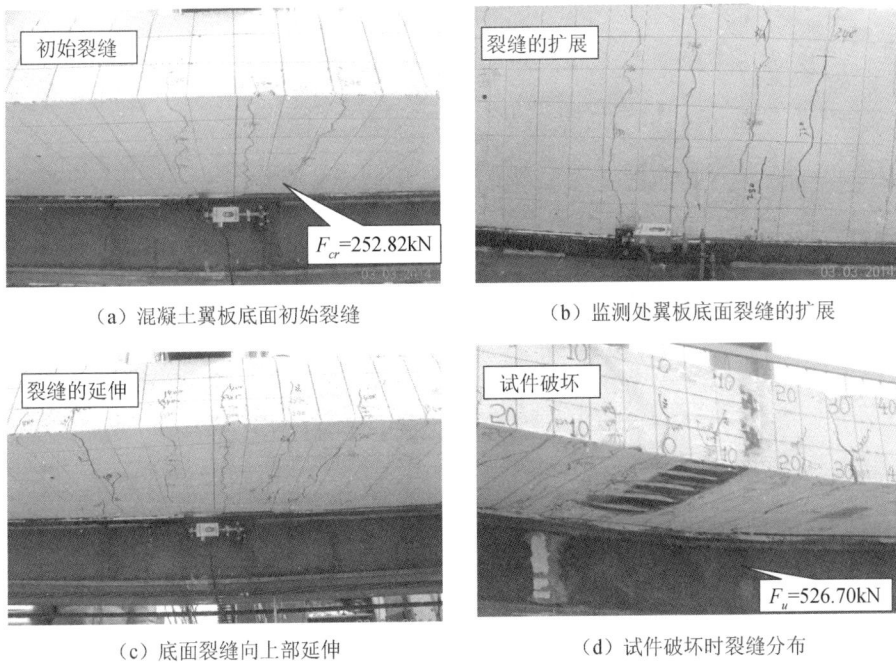

（a）混凝土翼板底面初始裂缝

（b）监测处翼板底面裂缝的扩展

（c）底面裂缝向上部延伸

（d）试件破坏时裂缝分布

图 6-35　PCB-69 加载点附近裂缝发展分布图

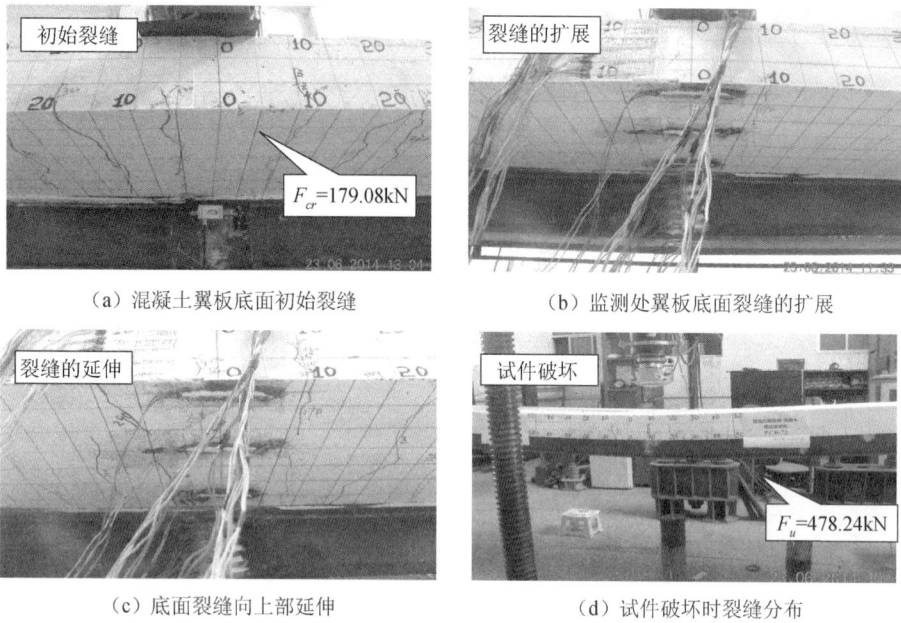
（a）混凝土翼板底面初始裂缝

（b）监测处翼板底面裂缝的扩展

（c）底面裂缝向上部延伸

（d）试件破坏时裂缝分布

图 6-36　PCB-72 加载点附近裂缝发展分布图

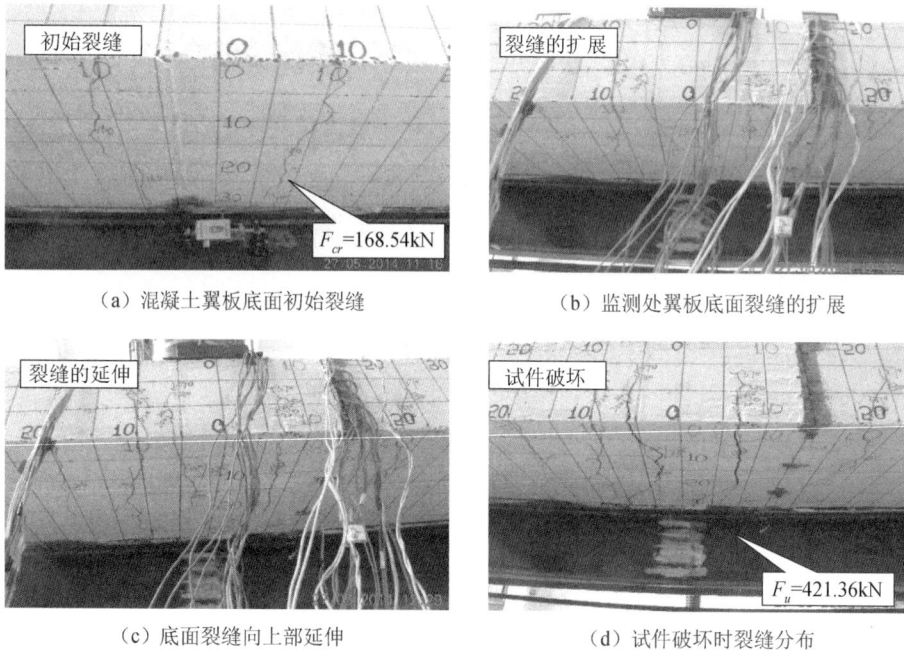
（a）混凝土翼板底面初始裂缝

（b）监测处翼板底面裂缝的扩展

（c）底面裂缝向上部延伸

（d）试件破坏时裂缝分布

图 6-37　PCB-73 加载点附近裂缝发展分布图

252.82kN、252.82kN、179.08kN、168.54kN。随着荷载的继续增加，裂缝不断扩展并向上部延伸，伴随着钢梁的屈服，试件被破坏。从图 6-33、图 6-34 可以看出，试件 PCB-67、PCB-68 加载点附近混凝土翼板顶面出现压溃区。从图 6-35～图 6-37 知，试件 PCB-69、PCB-72、PCB-73 没有出现压溃区，但加载点附近翼板底面出现多条大裂缝。

3. 特征荷载

预应力宽翼缘双箱钢-混凝土组合梁试验主要结果如表 6-8 所示。

表 6-8　预应力宽翼缘双箱钢-混凝土组合梁主要试验结果

试件编号	M_{cr} / (kN·m)	δ_{cr} /mm	M_y / (kN·m)	δ_y /mm	M_u / (kN·m)	δ_u /mm	M_u/M_y	δ_u/δ_y
PCB-65	355.52	13.30	426.63	16.62	651.79	51.24	1.53	2.91
PCB-66	308.12	10.78	379.22	14.54	616.24	54.92	1.63	3.78
PCB-67	305.16	10.58	463.84	19.52	689.65	51.22	1.49	2.62
PCB-68	284.42	10.36	402.93	16.46	592.54	66.84	1.47	3.89
PCB-69	284.42	9.30	366.37	13.38	663.64	61.18	1.81	4.57
PCB-70	260.72	8.64	331.82	12.40	532.16	48.61	1.60	3.92
PCB-72	201.46	6.48	343.67	14.31	538.02	74.64	1.57	5.22
PCB-73	189.61	6.78	331.82	15.70	474.03	83.74	1.43	5.33

注：M_{cr}、δ_{cr} 分别表示组合梁混凝土翼板开裂时跨中弯矩、跨中挠度；M_y、δ_y 分别表示钢梁底部屈服时跨中弯矩、跨中挠度；M_u、δ_u 分别表示承载能力极限状态时跨中弯矩、跨中挠度和。

从表 6-8 中可以得到如下结论：

（1）通过对无转向块预应力加载时试件 PCB-65、PCB-66 分析可知，其跨中开裂弯矩有大幅度提升，提升系数达到 1.92，极限承载能力也有所提高，但提高不明显。

（2）将试件 PCB-67（1.0）、PCB-68（0.8）、PCB-69（0.6）、PCB-72（0.5）、PCB-73（0.4）进行对比分析，如图 6-38 所示。

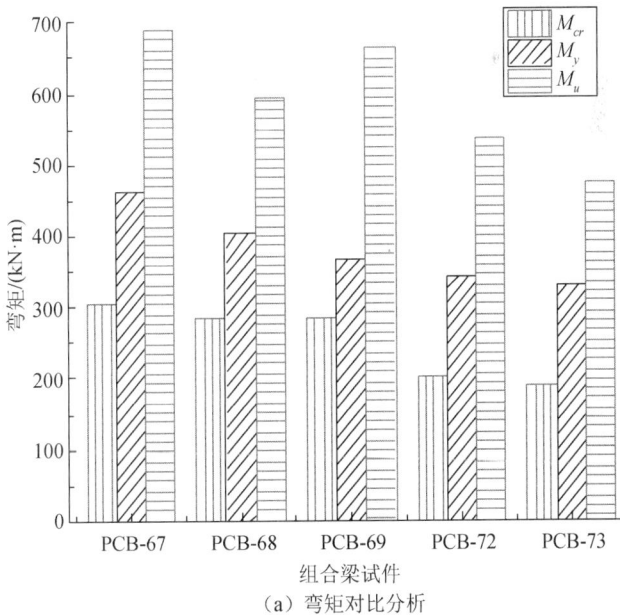

（a）弯矩对比分析

图 6-38　不同剪力连接预应力组合梁特征荷载对比分析

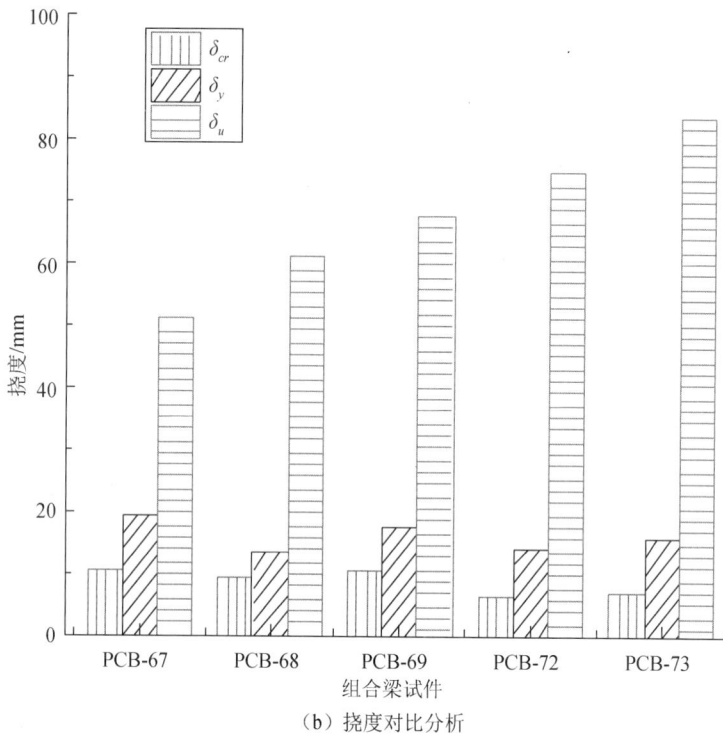

（b）挠度对比分析

图 6-38 （续）

从图 6-38（a）分析知，随着剪力连接程度的减小，跨中开裂弯矩、跨中屈服弯矩、及跨中极限承载能力整体呈现减小趋势。而对于剪力连接程度为 0.6 的试件 PCB-69，M_u/M_y 达到 1.81，δ_u/δ_y 达到 4.57，较其他剪力连接程度的组合梁反而增大，表明 0.6 的剪力连接程度的宽翼缘双箱组合梁的线弹性范围不仅扩大了，而且其承载能力也有大幅度提高。从图 6-38（b）可知，混凝土翼板开裂，以及钢梁底板屈服时组合梁跨中挠度变化并不大，不同连接程度下的组合梁挠度基本保持一致，而极限承载能力状态时跨中挠度却随着剪力连接程度的减小而增加，幅值变化很大，幅值提升系数从 2.62～5.33 不等。表明剪力连接程度越小，组合梁的延性越好。

6.2.7　试验结果分析

1. 弯矩-挠度特征

不同剪力连接程度条件下，简支宽翼缘双箱钢-混凝土组合梁弯矩-挠度关系曲线如图 6-39 所示。

从图 6-39（a）中可以看出，对于保持跨中集中荷载加载方式一样的情况下，不同剪力连接程度的组合梁结构，不论是在弹性阶段，还是在弹塑性阶段，以及钢梁进入的强化阶段，其抗弯刚度、极限承载能力均有较大差异。通过比较剪力连接程度都为 1.0 的普通简支组合梁 CB-62 和试件 PCB-67 发现，预应力的作用能大幅度增强组合梁抗弯刚度，提升极限承载能力。将加载方式一样、初始预应力一样，而剪力连接程度不一样的试件 PCB-67、PCB-68、PCB-69、PCB-72 和 PCB-73 进行比较分析表明，完全剪力连接时的组合梁试件表现出很好的抗弯刚度性能，其弹性承载能力、极限承载能力和挠度均能够达到更高的水平。然而，随着剪力连接程度的减小，其极限承载能力却呈现下降趋势。

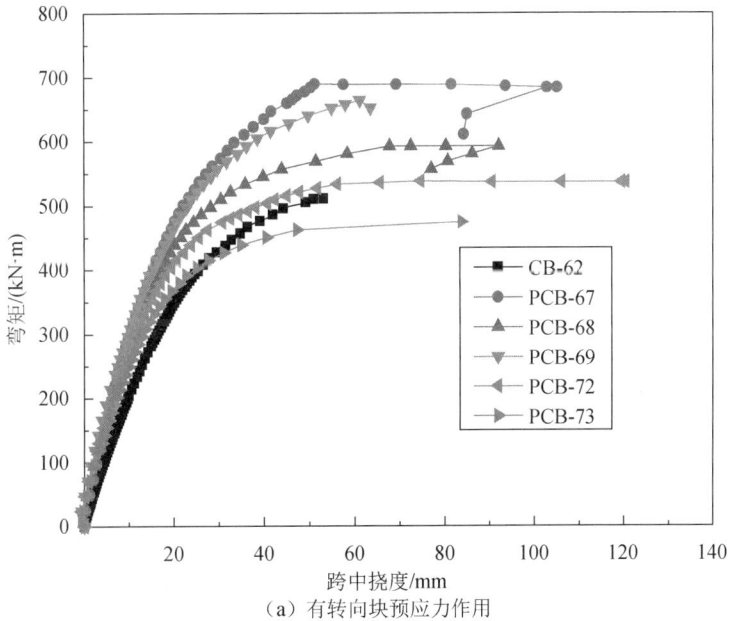

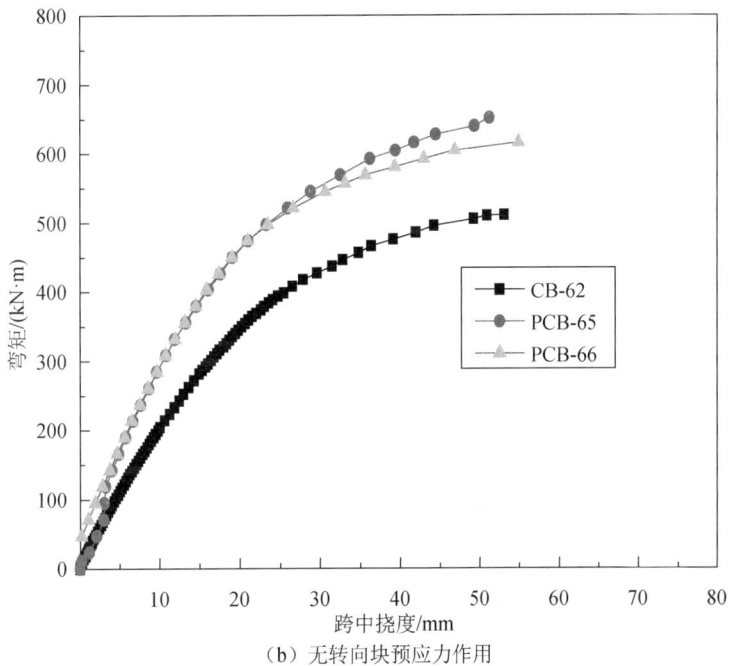

图 6-39　双箱组合梁弯矩-挠度曲线图（不同剪力连接程度）

　　比较图6-39（b）中的无转向块预应力组合梁 PCB-65（1.0）、PCB-66（0.8）和普通简支组合梁 CB-62（1.0）发现，施加预应力能明显提高组合梁的抗弯刚度及极限承载能力；然而，改变加载方式及剪力连接程度对组合梁结构的刚度并没有起到贡献。

　　2. 应变特征

　　1）双箱组合梁截面应变分布

　　对于宽翼缘的双箱组合梁结构，其钢、混凝土材料性质的不同、剪力连接件自身的变形，以及混凝土翼板开裂等因素，导致钢梁与混凝土翼板之间出现滑移，对组合梁结构性能产生影响。因此，可以通过对组合梁截面应变分布情况来加以分析组合梁的受弯工作性能。承受正弯矩作用时，预应力作用下的双箱钢-混凝土组合梁跨中截面应变沿高度方向的分布分别如图6-40所示。

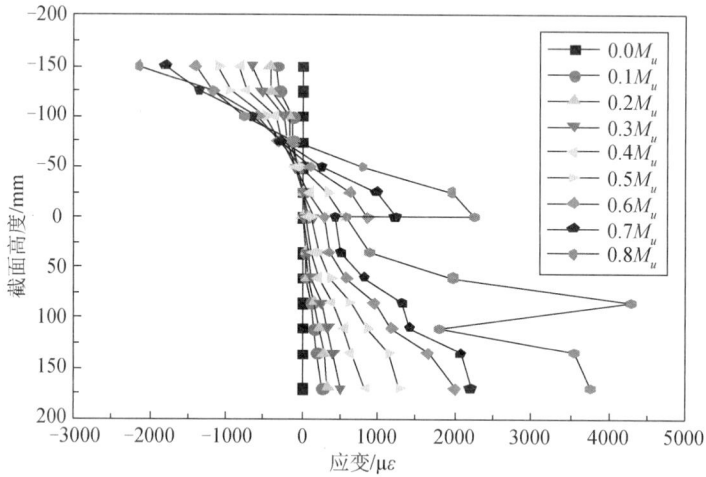

（a）PCB-65截面应变

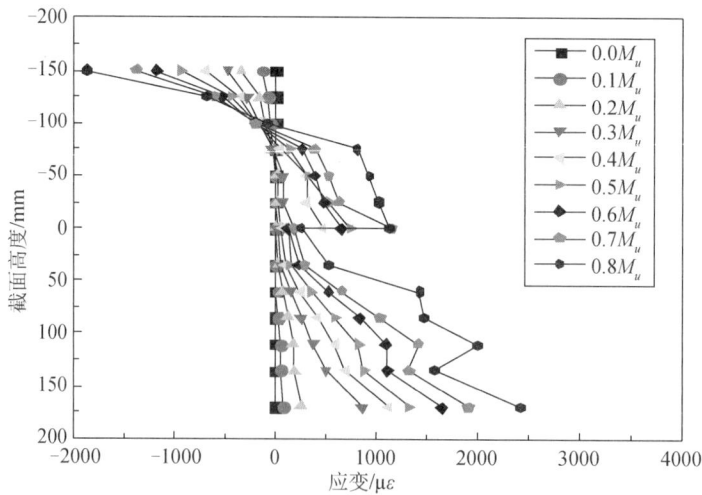

（b）PCB-66截面应变

图 6-40　预应力双箱组合梁截面应变分布图

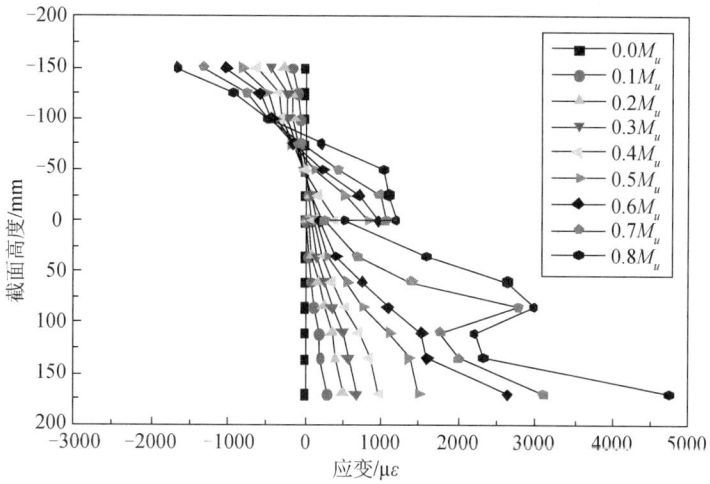

（c）PCB-67截面应变

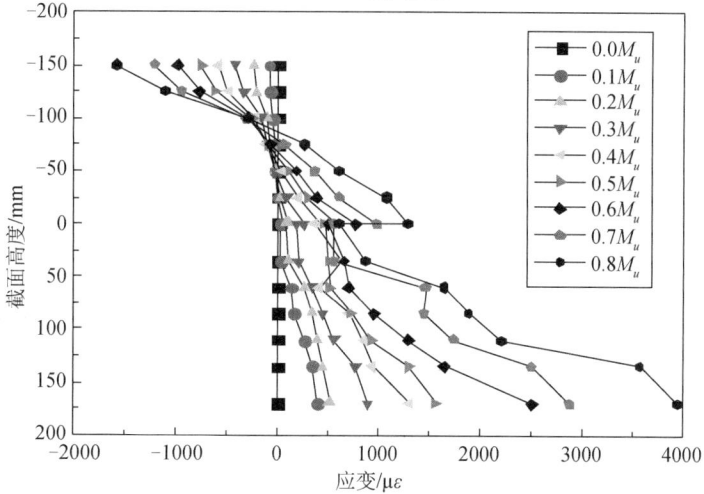

（d）PCB-68截面应变

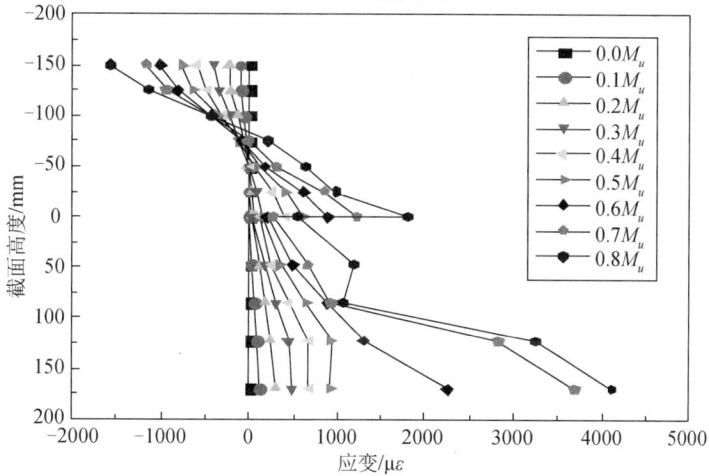

（e）PCB-69截面应变

图 6-40 （续）

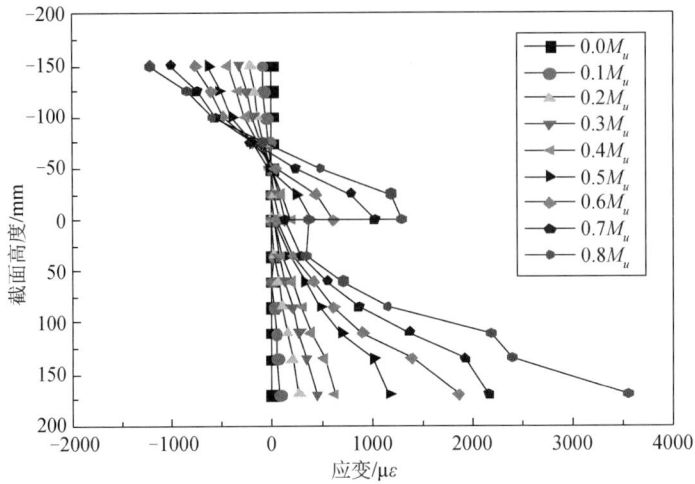

（f）PCB-70截面应变

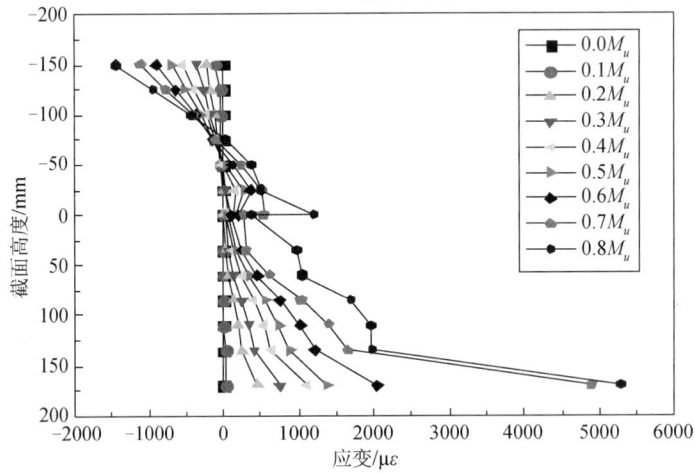

（g）PCB-72截面应变

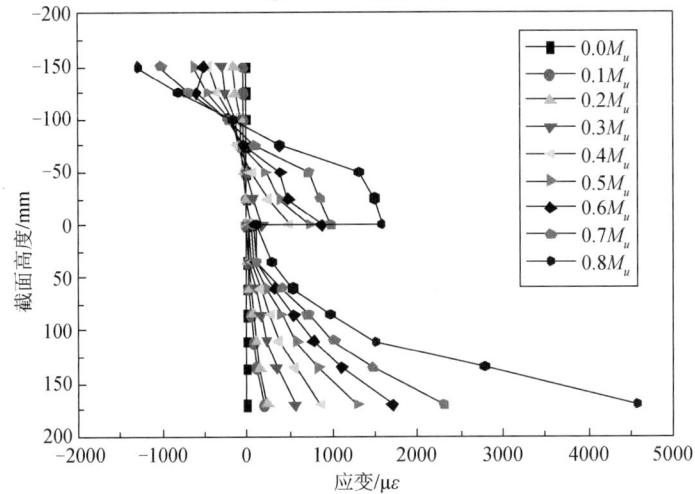

（h）PCB-73截面应变

图 6-40 （续）

从图 6-40 可以看出，在初始预应力及预应力增量作用下，截面应变分布规律与普通简支组合梁十分相似，即加载初期满足线性分布，伴随着混凝土翼板的开裂，钢梁的屈服，逐渐进入非线性分布阶段，到试验加载后期，不均匀程度越来越大。而对于不同剪力连接程度的组合梁试件，其交界面滑移影响表现得不同，随着剪力连接程度的减小，其交界面相对滑移逐渐增大。

2）混凝土翼板应变分布

图 6-41 给出了无转向块预应力作用和有转向块预应力作用下试验梁从加载到试件破坏时，不同弯矩作用时混凝土翼板顶面跨中截面处纵向应变沿翼板宽度方向的分布。

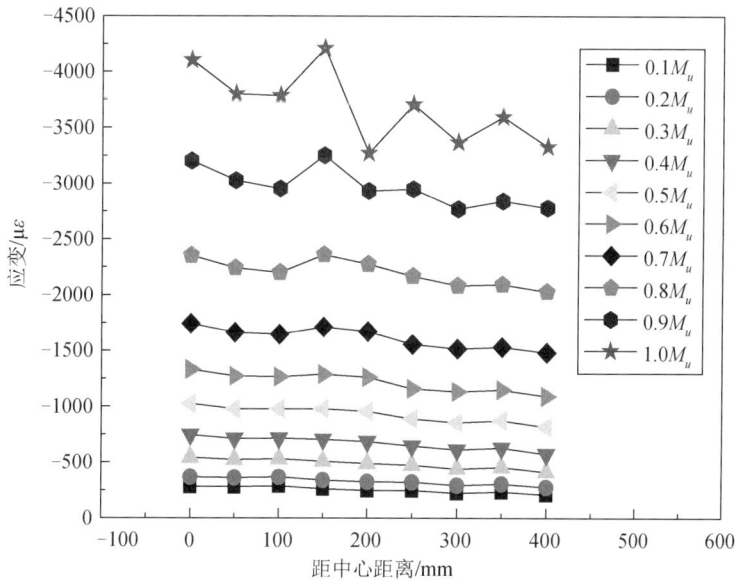
（a）PCB-65混凝土翼板表面应变

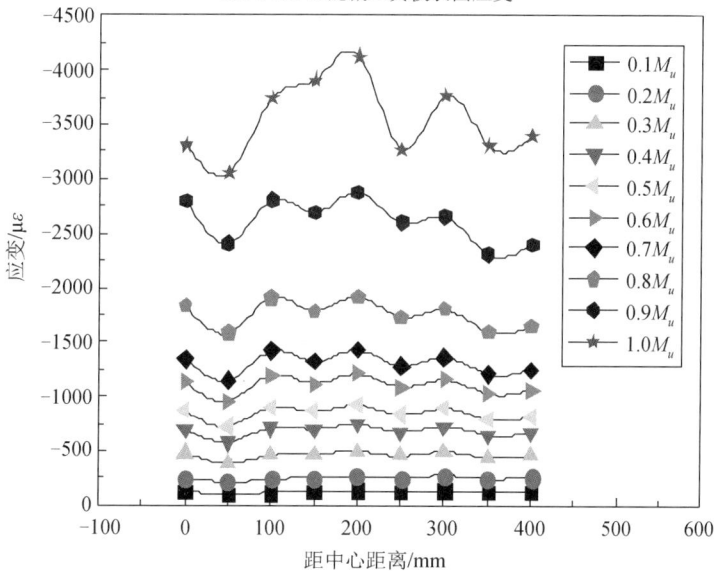
（b）PCB-66混凝土翼板表面应变

图 6-41　预应力双箱组合梁混凝土翼板表面应变分布图

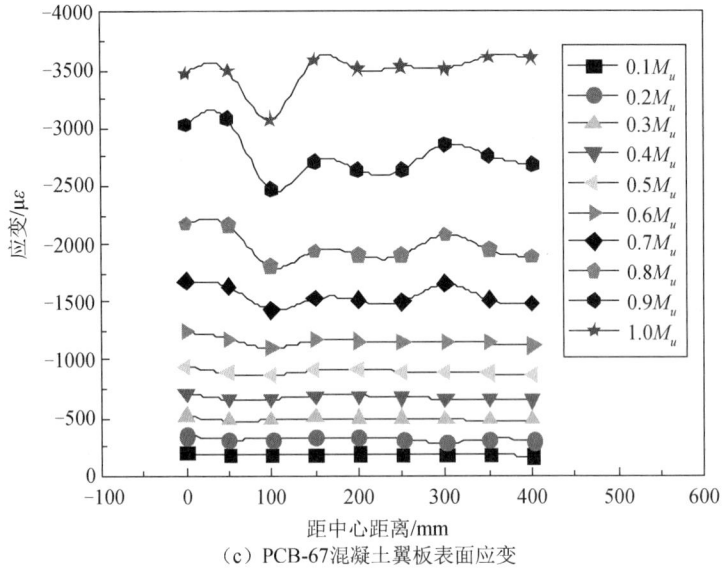

（c）PCB-67混凝土翼板表面应变

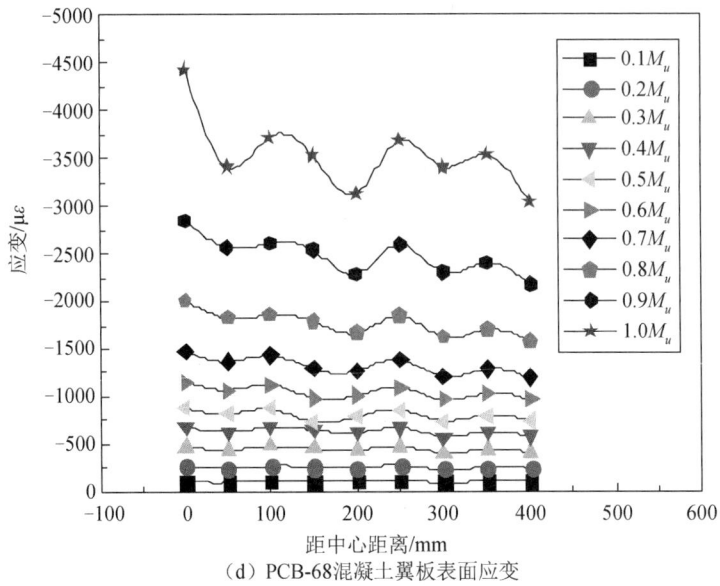

（d）PCB-68混凝土翼板表面应变

图 6-41 （续）

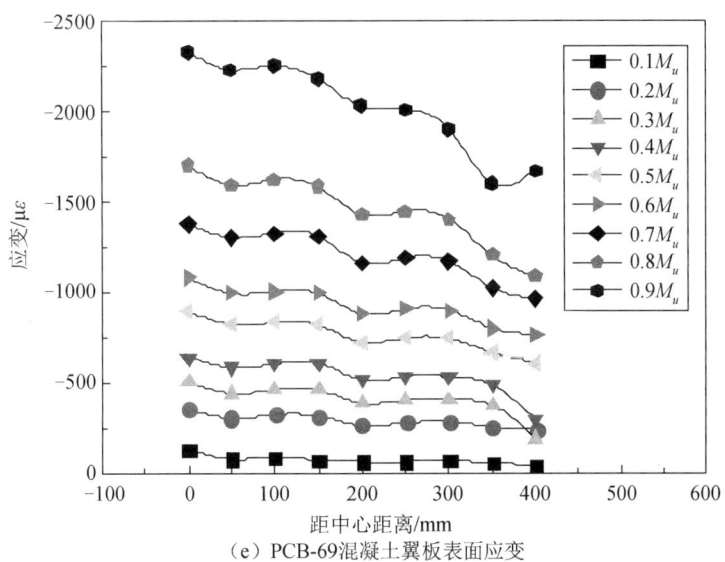

（e）PCB-69混凝土翼板表面应变

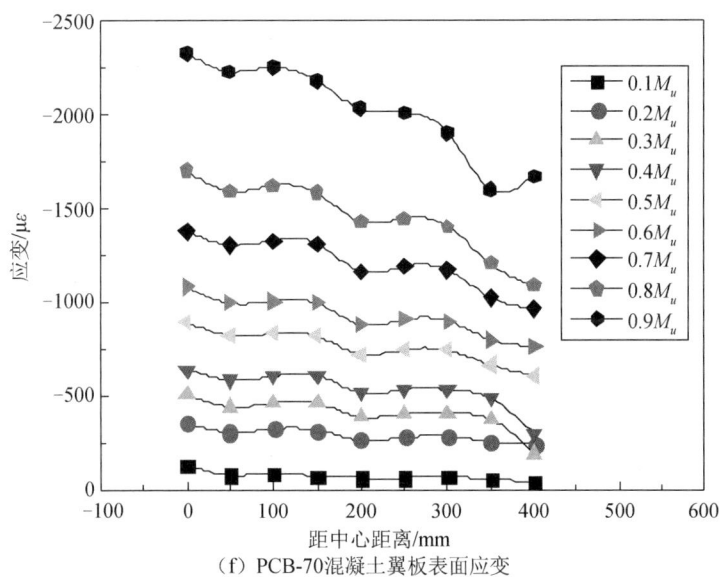

（f）PCB-70混凝土翼板表面应变

图 6-41　（续）

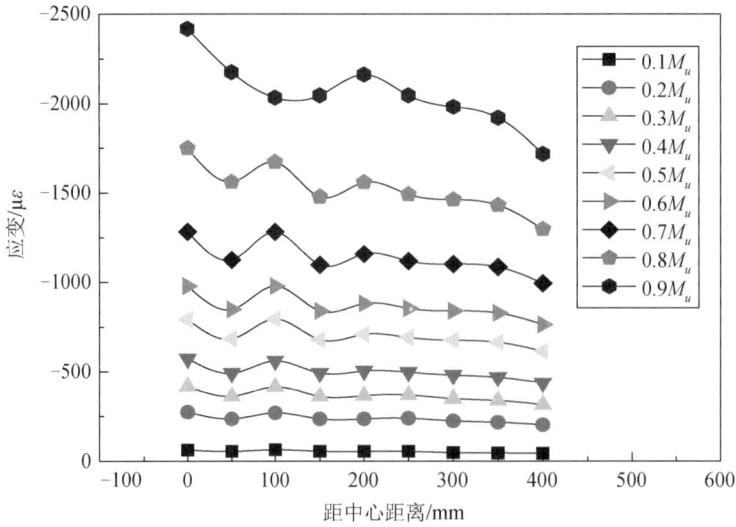

（g）PCB-72混凝土翼板表面应变

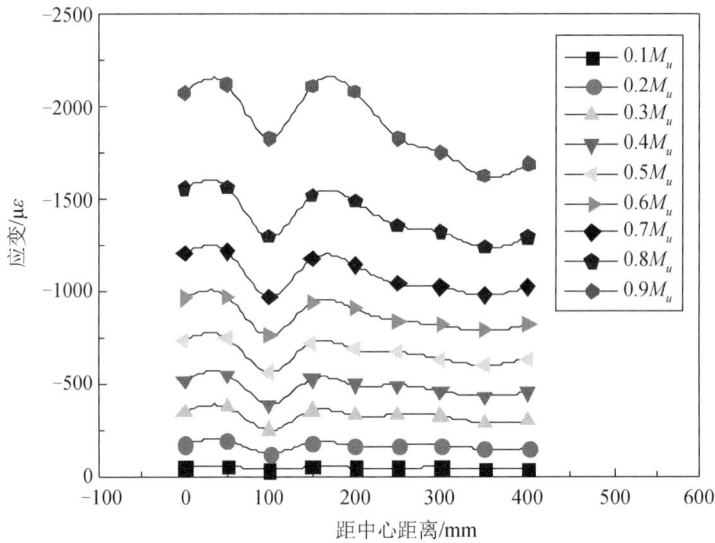

（h）PCB-73混凝土翼板表面应变

图 6-41 （续）

从图 6-41 可以看出，混凝土翼板内钢筋布置、栓钉间距、初始预应力，以及预应力增量作用与否，对混凝土纵向压应变沿翼板宽度方向的分布没有影响，在试验加载初期，混凝土纵向应变沿横向分布比较均匀，越靠近板边缘，其应变越有减小的趋势，但这种现象不是很明显。当荷载逐渐增大，混凝土纵向应变沿板横向分布不均匀程度更加明显，板中心与板边缘应变差值逐渐增大，随着荷载的继续增大，这种不均匀现象更加显著。由此推断，由于混凝土翼板宽度导致的剪滞效应对这种类型的钢-混凝土组合梁结构影响显著。因此，为后面的宽翼缘双箱组合梁结构剪滞效应分析与计算提供了保障。

选取宽翼缘双箱组合梁试件混凝土翼板顶面跨中截面距中心距离 0 处作为特征应变，用以观察混凝土压应变随弯矩增长曲线关系，如图 6-42 所示。

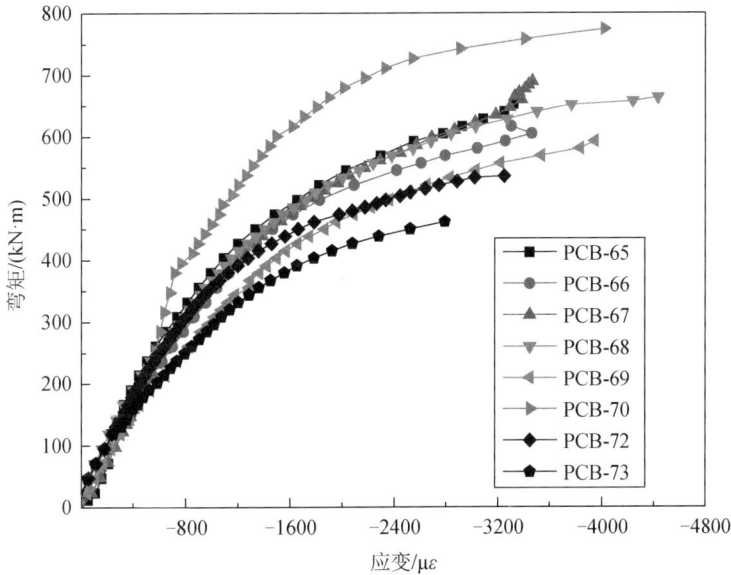

图 6-42　双箱组合梁试件混凝土翼板压应变增长曲线

从图 6-42 中可以看出，栓钉间距越大、剪力连接程度越小的组合梁，其混凝土压应变随弯矩的增长越快，而极限应变值呈相反的趋势，反而越小。其应变增长可分为 3 个阶段加以讨论。在加载的初始阶段，压应变随弯矩保持很好的线性关系，随着弯矩值的增加，逐渐向弹塑性区段发展，其极限压应变能够达到 3000 以上，证明了混凝土受压性能的稳定性，进一步为后面混凝土翼板剪滞效应分析提供了试验依据。

3）钢梁应变分布

双箱钢梁底板跨中截面不同测点处纵向应变随弯矩变化情况如图 6-43 所示。

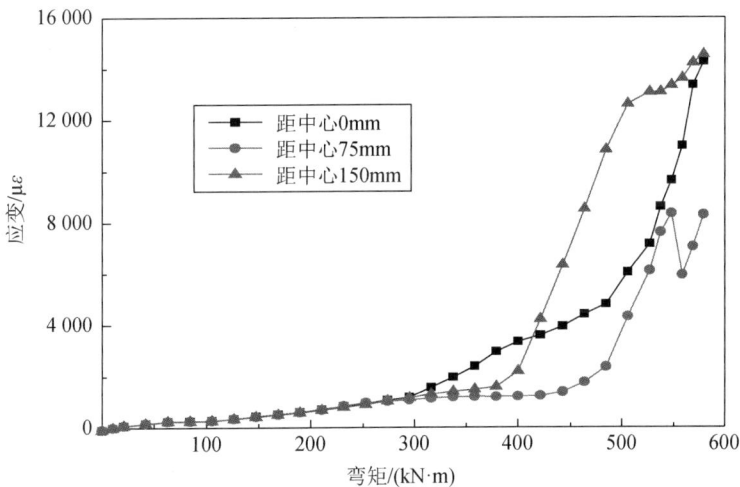

（a）PCB-65钢梁底板应变

图 6-43　预应力双箱组合梁钢梁底板应变增长曲线

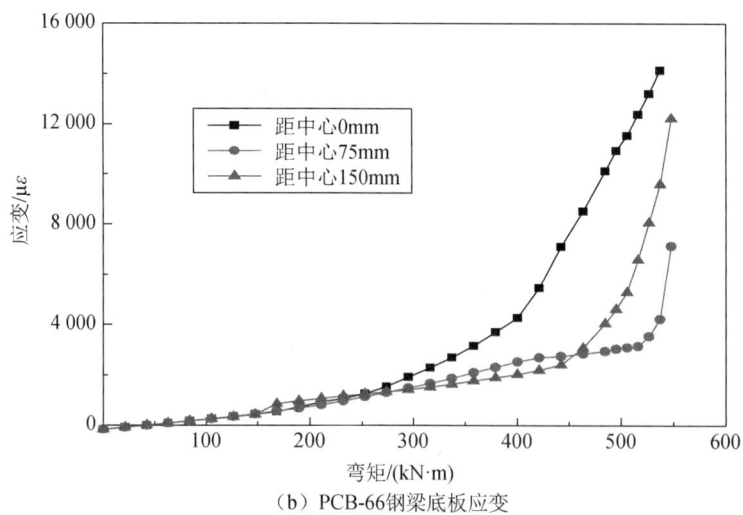

（b）PCB-66钢梁底板应变

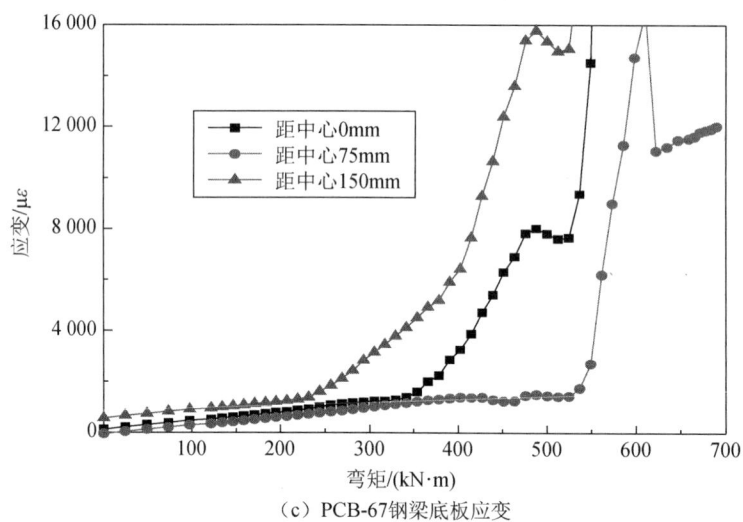

（c）PCB-67钢梁底板应变

图 6-43 （续）

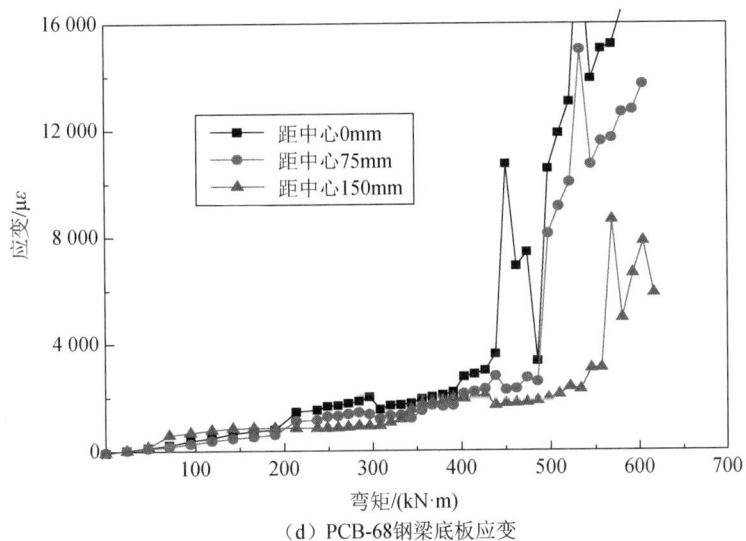

（d）PCB-68钢梁底板应变

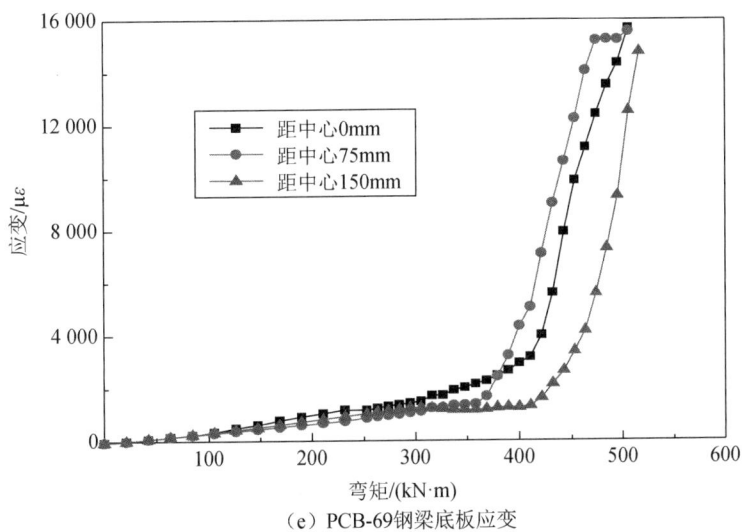

（e）PCB-69钢梁底板应变

图 6-43　（续）

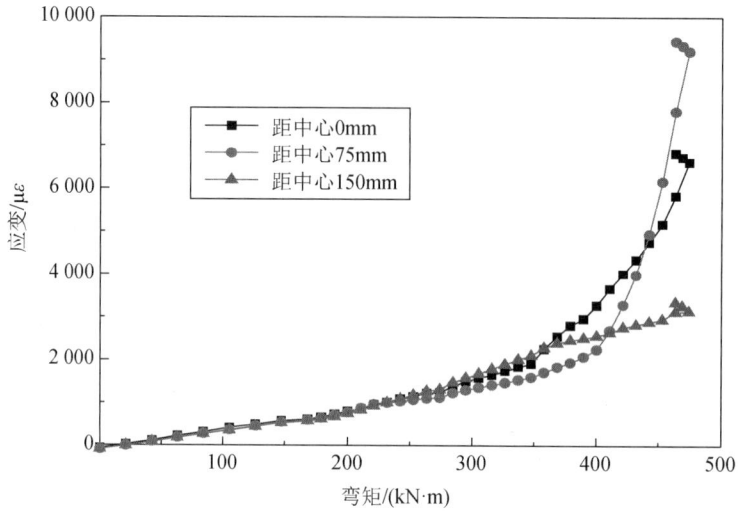

（f）PCB-70钢梁底板应变

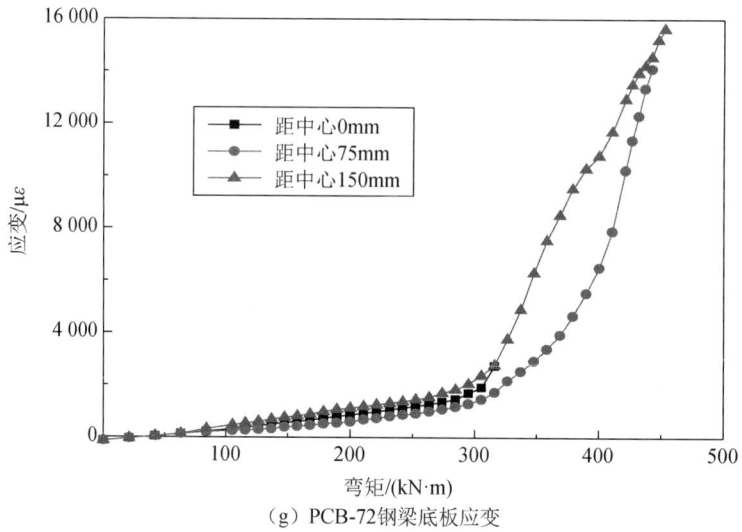

（g）PCB-72钢梁底板应变

图 6-43 （续）

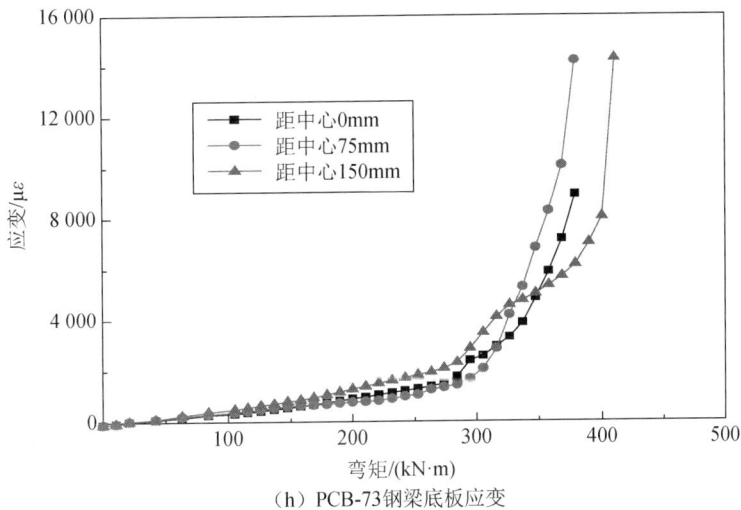

（h）PCB-73钢梁底板应变

图 6-43 （续）

从图 6-43 可以看出，施加预应力之后，其承载能力有大幅度提高，双箱钢梁应变变化规律与普通组合梁基本保持一致。也分为两个阶段，即线性阶段和急剧增长阶段，在第一阶段，应变增长非常稳定，但是到了第二阶段，应变随弯矩变化波动较大，出现紊乱现象。同样，也出现了比较显著的剪滞效应现象。

双箱钢梁外腹板跨中截面不同测点处纵向应变情况如图 6-44 所示。

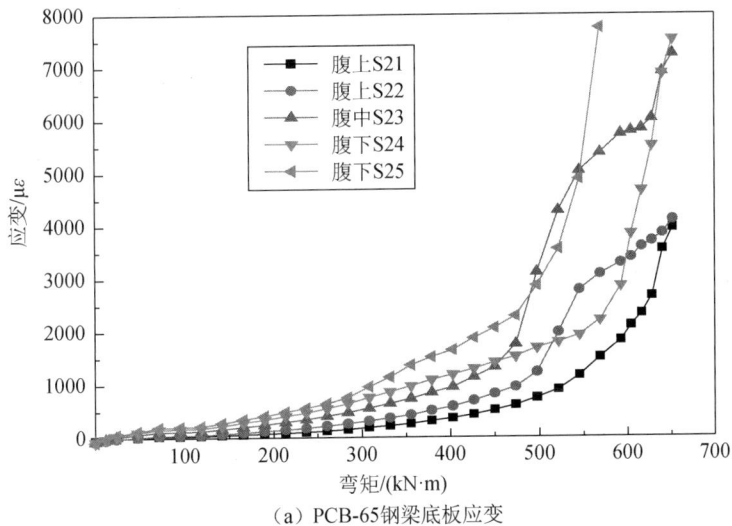

（a）PCB-65钢梁底板应变

图 6-44　预应力双箱组合梁钢梁外腹板应变增长曲线

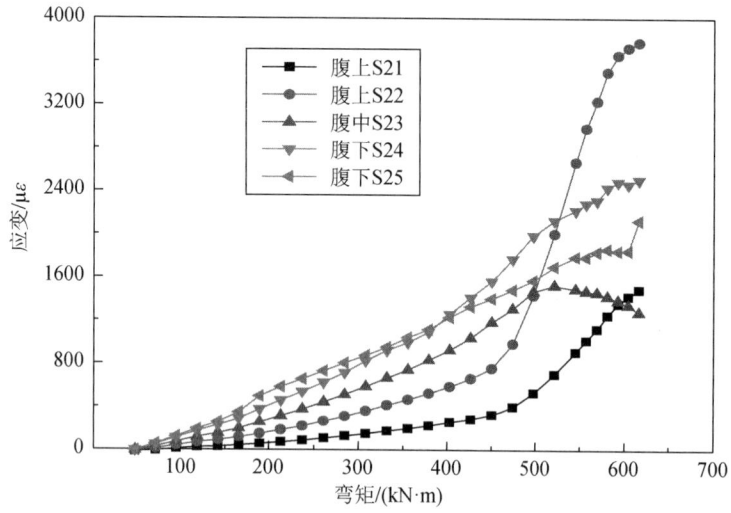

（b）PCB-66钢梁底板应变

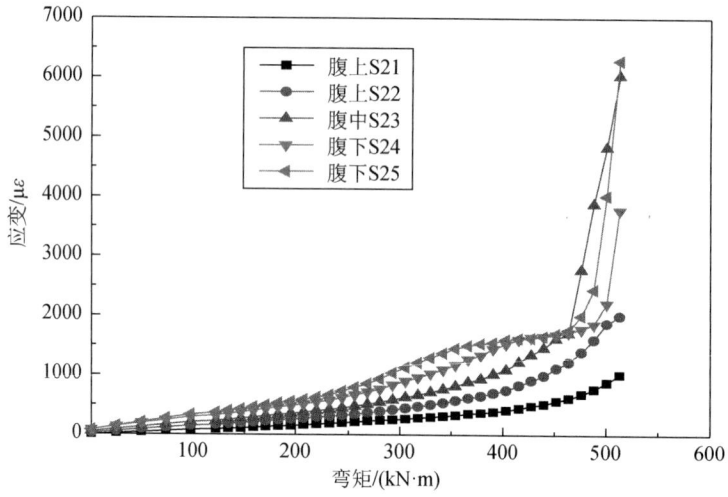

（c）PCB-67钢梁底板应变

图 6-44 （续）

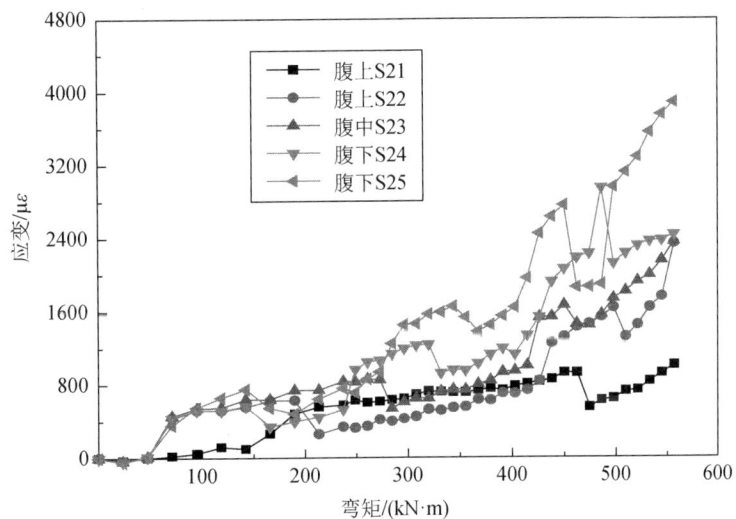

（d）PCB-68钢梁底板应变

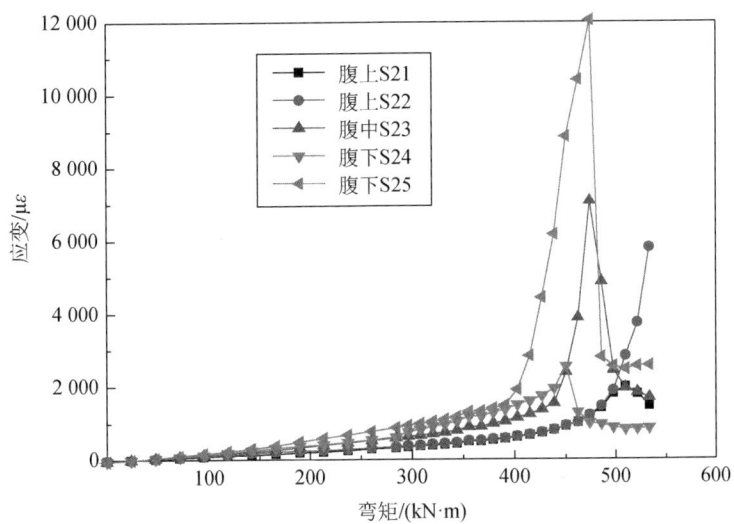

（e）PCB-69钢梁底板应变

图 6-44 （续）

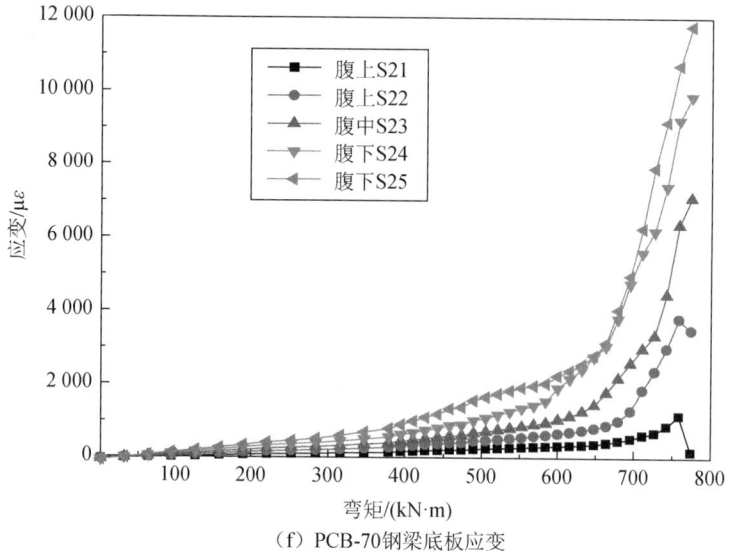

（f）PCB-70钢梁底板应变

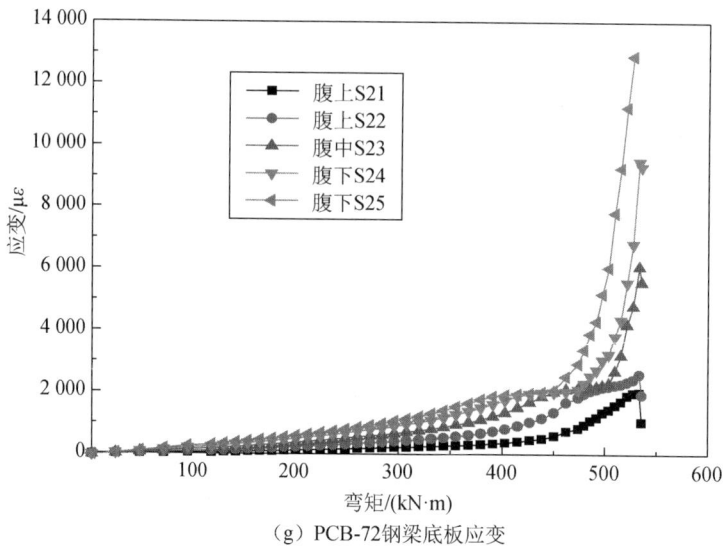

（g）PCB-72钢梁底板应变

图 6-44　（续）

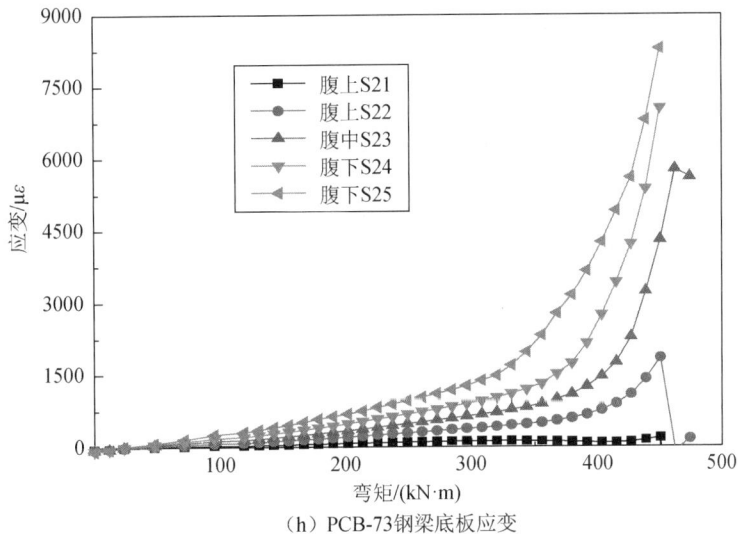

（h）PCB-73钢梁底板应变

图 6-44 （续）

从图 6-44 可知，不论是无转向块预应力施加方式，还是有转向块预应力施加方式的双箱组合梁，也不论是完全剪力连接，还是部分剪力连接的双箱组合梁，其外腹板应变增长过程可分为三个阶段：在第一阶段，保持为线性阶段，伴随着混凝土翼板的开裂，逐渐过渡到弹塑性阶段；随着荷载的继续增加，混凝土翼板裂缝扩展，钢梁逐渐屈服，应变增长速率变快，试件出现大变形。

将不同试件钢梁底板跨中截面处应变增长曲线进行对比分析如图 6-45 所示。

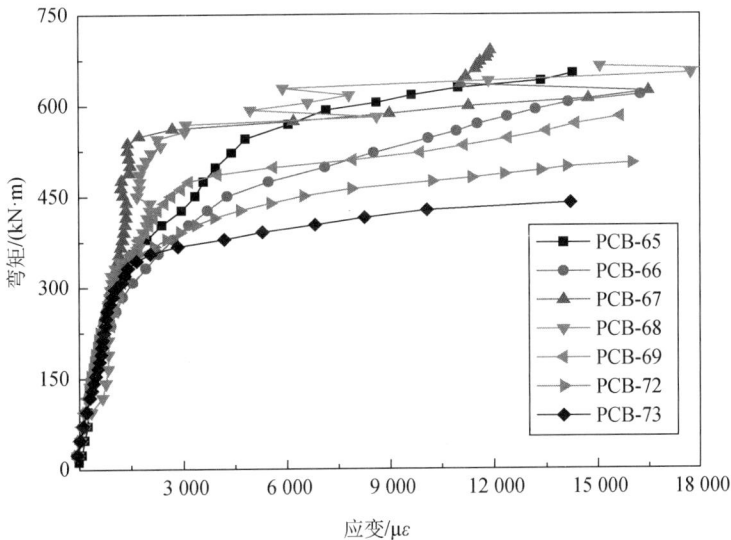

图 6-45　预应力组合梁钢梁应变增长曲线

从图 6-45 可知，预应力加载方式的不同对组合梁承载能力及钢梁屈服贡献几乎没有影响，而剪力连接程度对组合梁试件的承载能力和应变范围影响显著。通过比较分析可知，随着剪力连接程度的减小，其承载能力逐渐降低，极限拉应变也逐渐减小。

4）钢筋应变分布

试验过程中钢筋的应变变化情况如图 6-46 所示，应变值取至跨中截面布置的纵向钢筋应变。

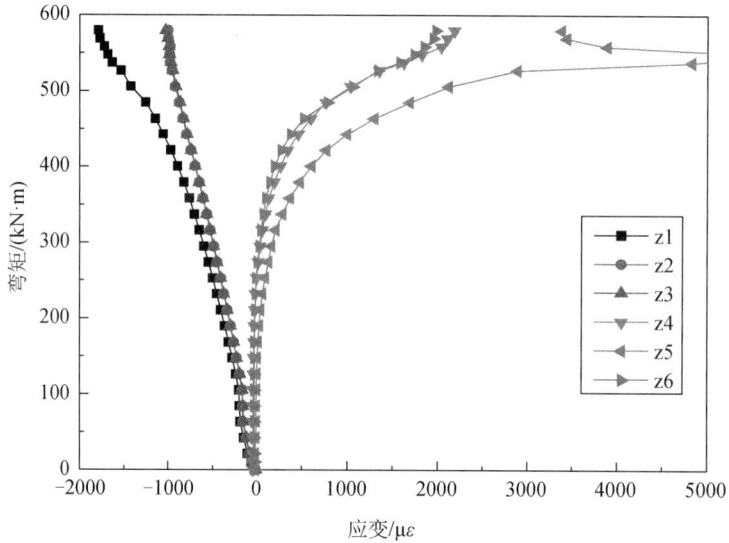

（a）PCB-66混凝土翼板钢筋应变

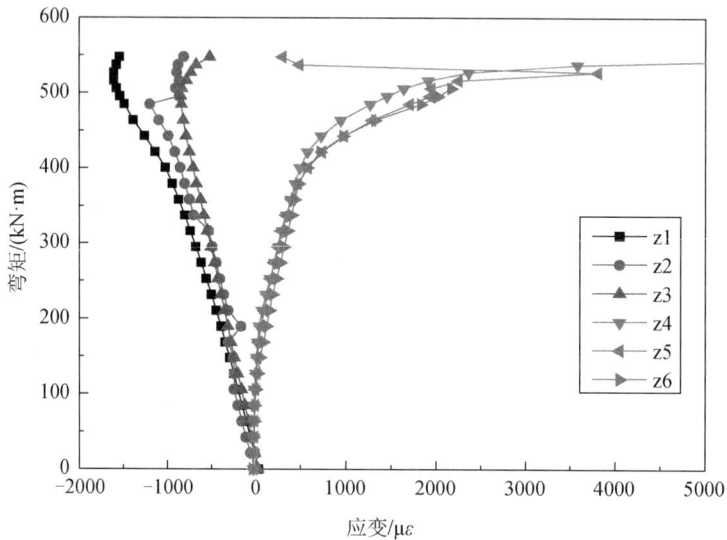

（b）PCB-67混凝土翼板钢筋应变

图 6-46　预应力合梁混凝土翼板钢筋应变分布图

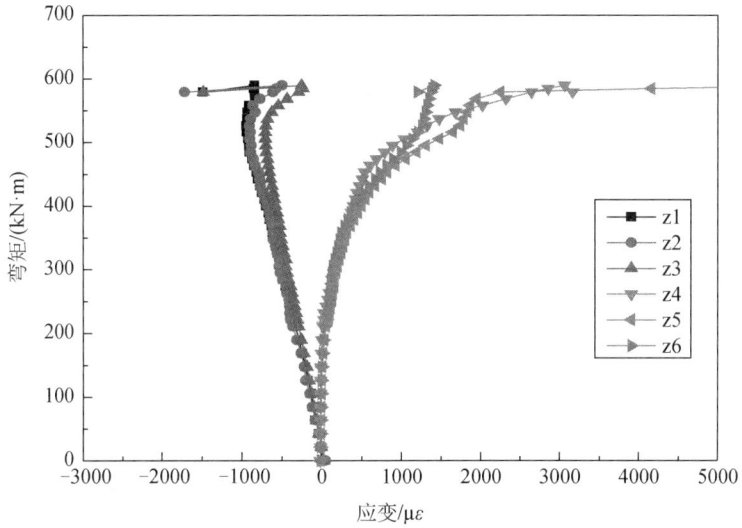

（c）PCB-68混凝土翼板钢筋应变

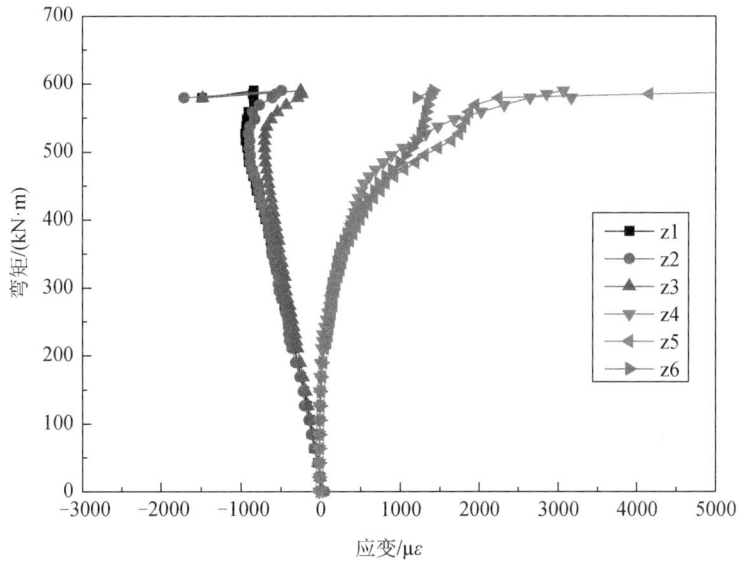

（d）PCB-69混凝土翼板钢筋应变

图 6-46　（续）

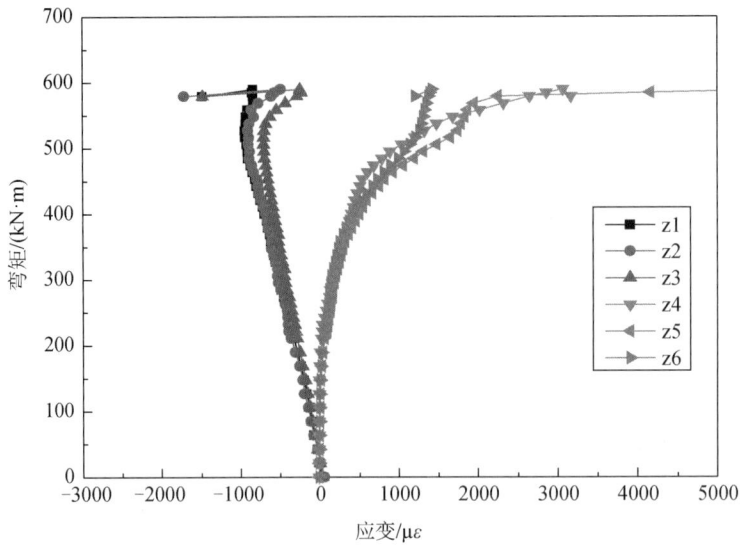

（e）PCB-72混凝土翼板钢筋应变

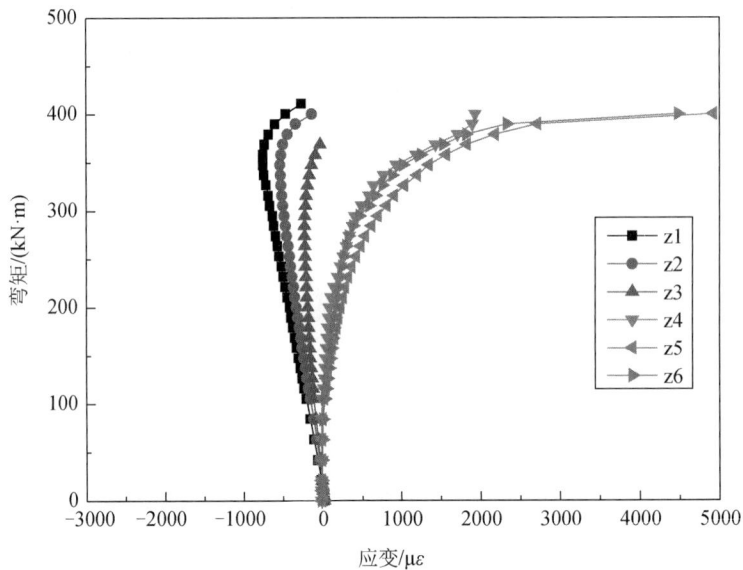

（f）PCB-73混凝土翼板钢筋应变

图 6-46 （续）

　　从图 6-46 看出，钢筋纵向应变变化规律基本保持一致。在试验初始阶段，应变随弯矩呈线性关系；到加载后期，混凝土翼板开裂，裂缝发展并延伸，导致中性轴位置向混凝土翼板顶部移动，上层钢筋承受的压力逐渐减小，而下层钢筋应变增长得更快。在钢筋的整个受力过程中，下层钢筋达到屈服，而上层钢筋并未达到屈服。因此，在后面的计算中，仅作为构造要求来考虑。

　　3. 预应力筋内力增量

　　各组合梁试件初始预应力及预应力筋内力增量特征参数见表 6-9。

表 6-9　初始预应力及预应力筋内力增量特征参数　　　（单位：kN）

试件编号	P_0	ΔP_{cr}	ΔP_y	ΔP_u	P_u	P_u/P_0
PCB-65	306.80	34.21	46.55	126.48	434.28	1.42
PCB-66	379.51	36.89	49.54	116.43	495.94	1.31
PCB-67	361.88	29.45	39.27	111.21	473.09	1.31
PCB-68	166.38	30.37	55.28	178.25	344.63	2.07
PCB-69	166.60	38.96	62.89	186.53	353.13	2.12
PCB-70	218.59	28.23	43.41	193.28	411.87	1.88
PCB-72	229.33	24.69	50.16	170.43	399.76	1.74
PCB-73	225.50	24.39	51.38	155.71	381.21	1.69

注：P_0 和 P_u 分别表示初始预应力和极限预应力；ΔP_{cr}、ΔP_y、ΔP_u 分别表示翼板开裂、钢梁底板屈服，以及极限承载能力时对应的预应力增量。

组合梁在初始预应力作用下，当受到外部弯矩作用时，由于梁体自身的变形，会使预应力筋也产生变形，从而出现预应力增量，进一步提高梁的承载能力。对于直线型无转向块布筋形式的预应力组合梁，预应力增量通常能够达到初始预应力的40%左右，而直线型有转向块布筋形式的预应力组合梁的预应力增量能够达到初始预应力的 110%左右。因此，有必要对预应力筋在外荷载作用下的内力增量与荷载关系及内力增量与结构变形进行观测。直线型无转向块预应力组合梁的预应力筋内力增量-荷载曲线关系、预应力筋内力增量-挠度曲线关系如图 6-47（a）和（b）所示，直线型有转向块部分剪力连接的预应力组合梁预应力筋内力增量-荷载曲线关系、预应力筋内力增量-挠度曲线关系如图 6-47（c）和（d）所示。

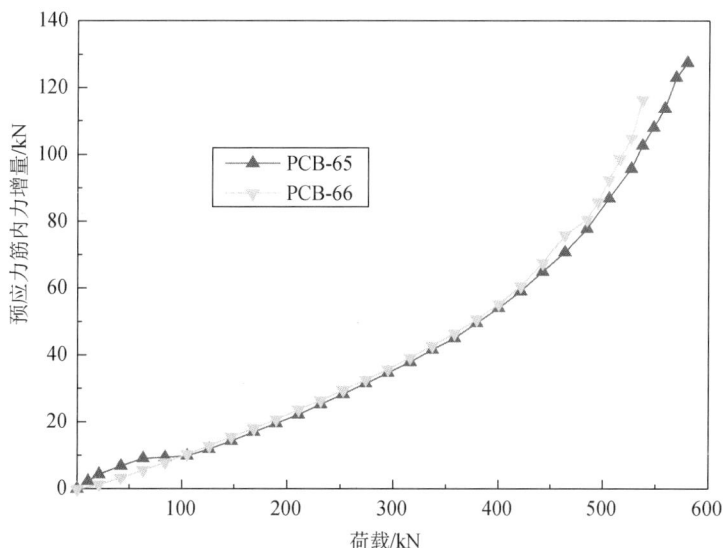

（a）预应力筋内力增量-荷载关系曲线

图 6-47　预应力筋内力增量分布图

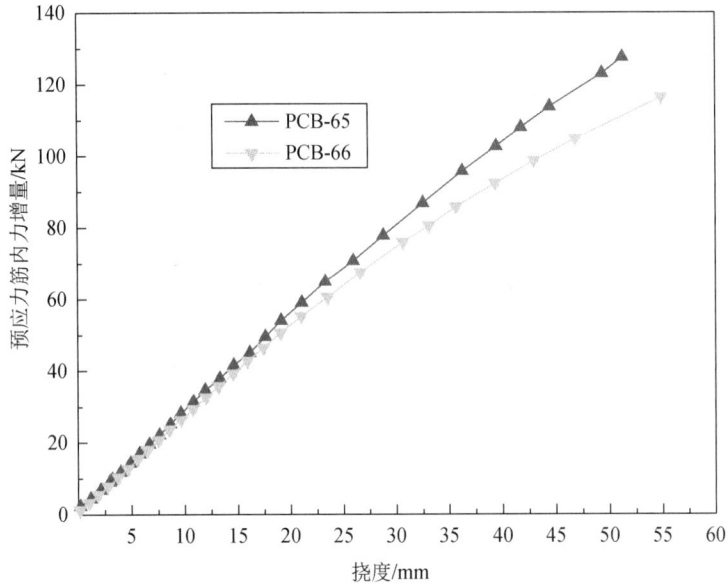

（b）预应力筋内力增量-挠度关系曲线

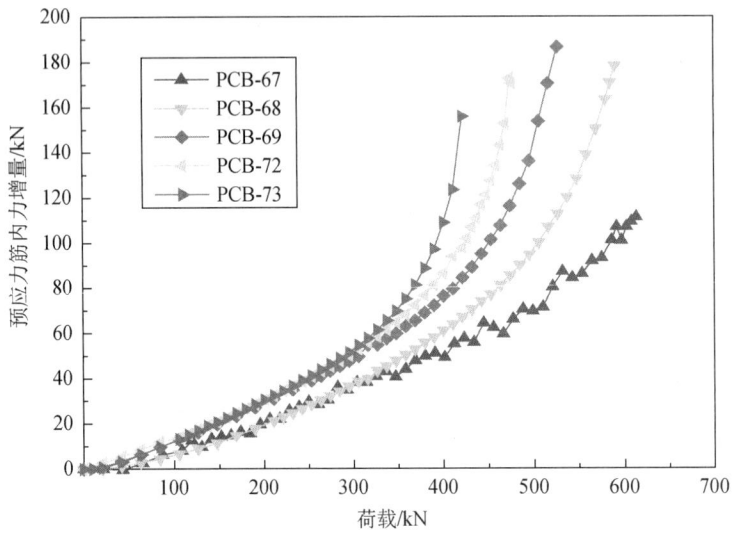

（c）预应力筋内力增量-荷载关系曲线

图 6-47 （续）

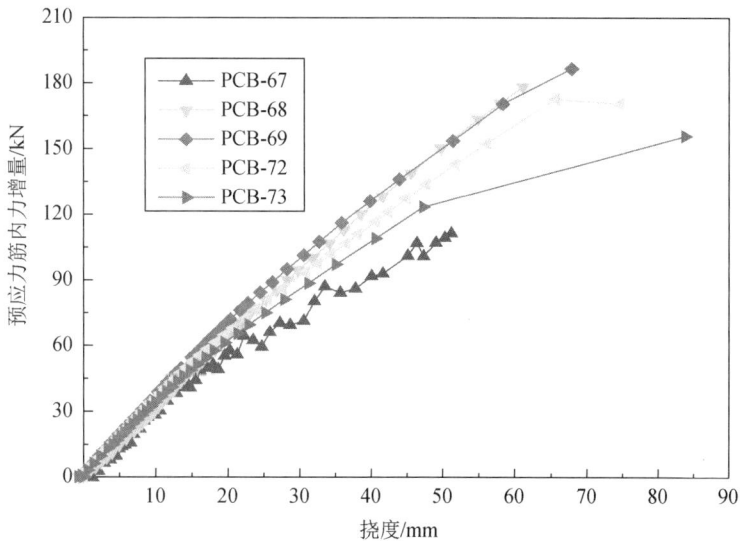

（d）预应力筋内力增量-挠度关系曲线

图 6-47　（续）

从图 6-47 可以看出，预应力筋内力增量-荷载曲线呈近似抛物线关系，而预应力筋内力增量-挠度曲线保持线性关系。在试验加载初期，预应力筋内力增量与荷载保持很好的线性关系，当钢梁底板屈服时，预应力筋内力增长变快。随着混凝土翼板裂缝的延伸贯穿，预应力筋内力随荷载急剧变化，直到试件破坏。说明预应力筋内力变化受混凝土翼板影响显著。通过分析预应力筋内力增量与挠度关系可知，在加载的自始至终，均保持很好的线性关系，但预应力筋内力增量变大。

4. 相对滑移

在外荷载作用下，由于栓钉的变形会导致相对滑移，从而使组合梁的刚度降低，进而影响其承载能力。图 6-48 给出了不同位置处相对滑移随荷载的变化关系，图 6-49 为双箱组合梁交界面相对滑移沿梁纵向的分布情况。

由图 6-48 可以看出，不论是普通简支组合梁还是预应力简支组合梁，其荷载-相对滑移曲线关系都可分为三个阶段来加以分析：在第一阶段，由于钢梁与混凝土翼板的黏结完好，交界面未出现有滑移；当加载到第二阶段，剪力连接件周围的部分混凝土遭到破坏，不足以抵抗交界面的剪力，滑移开始出现，这一阶段，滑移的增长较缓慢；到了第三阶段，栓钉周围的混凝土出现大面积的破坏，加上栓钉自身的变形，滑移的增长迅速增加。

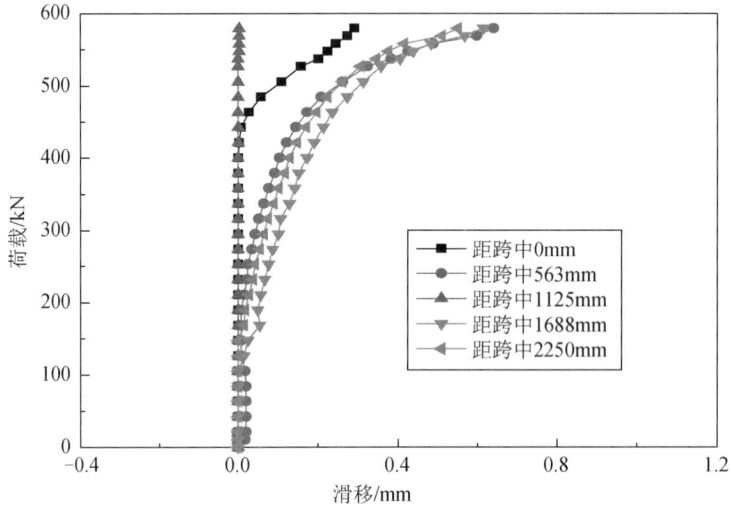

（a）PCB-65交界面荷载-滑移增长曲线

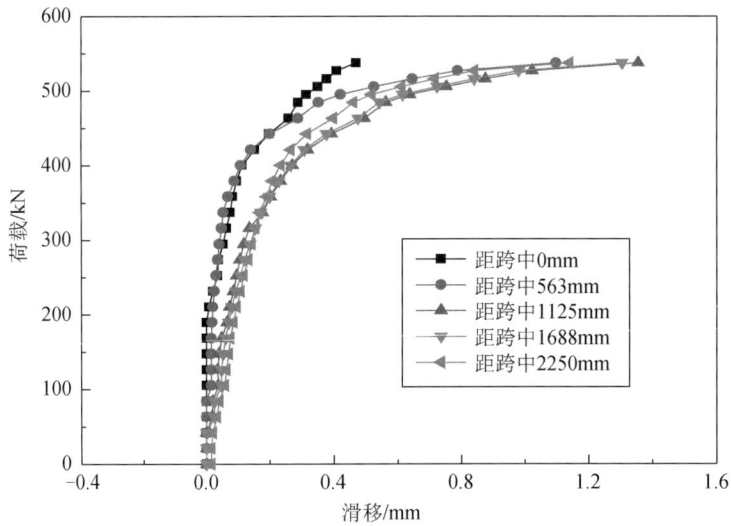

（b）PCB-66交界面荷载-滑移增长曲线

图 6-48　预应力双箱组合梁滑移分布

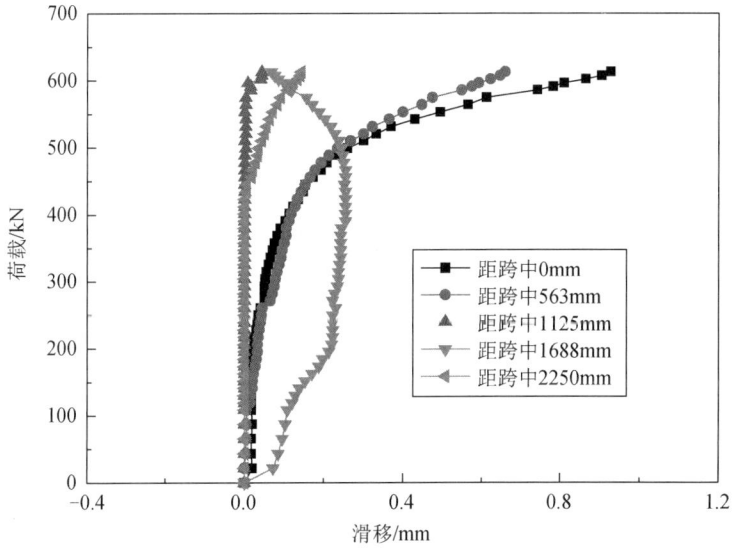

（c）PCB-67交界面荷载-滑移增长曲线

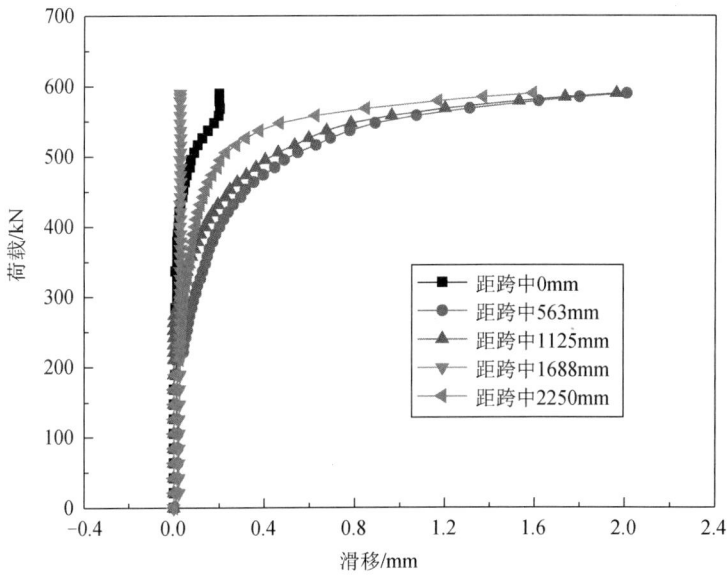

（d）PCB-68交界面荷载-滑移增长曲线

图 6-48　（续）

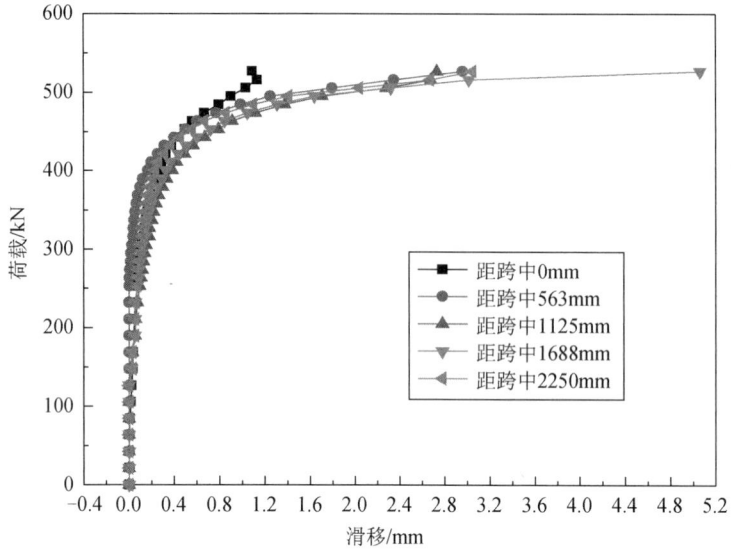

（e）PCB-69交界面荷载-滑移增长曲线

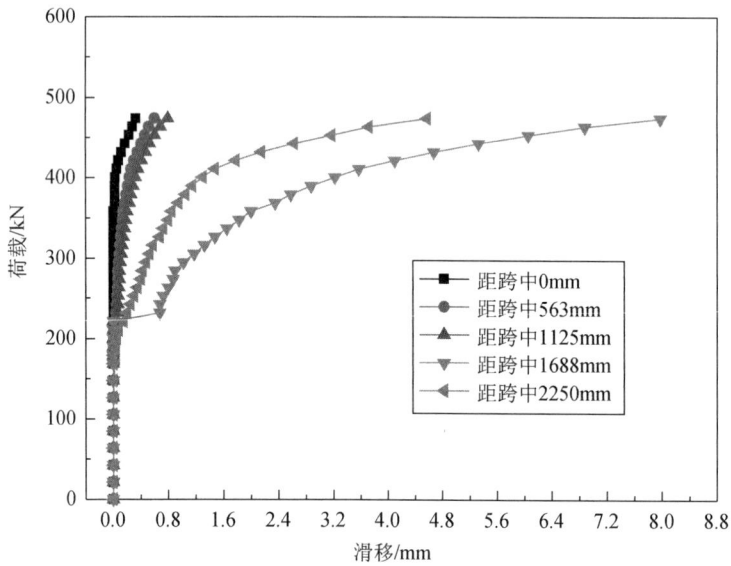

（f）PCB-70交界面荷载-滑移增长曲线

图 6-48 （续）

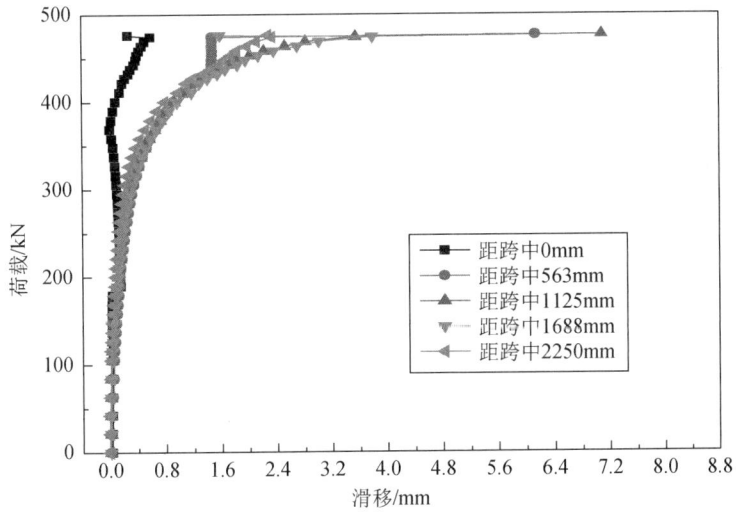

（g）PCB-72交界面荷载-滑移增长曲线

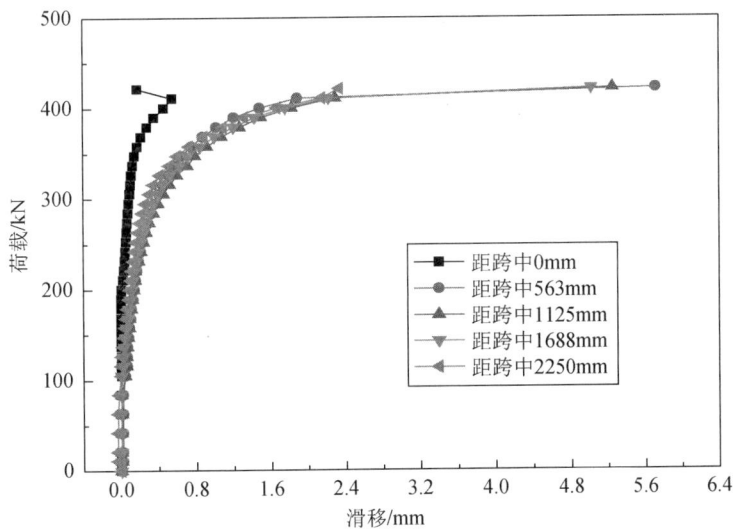

（h）PCB-73交界面荷载-滑移增长曲线

图 6-48　（续）

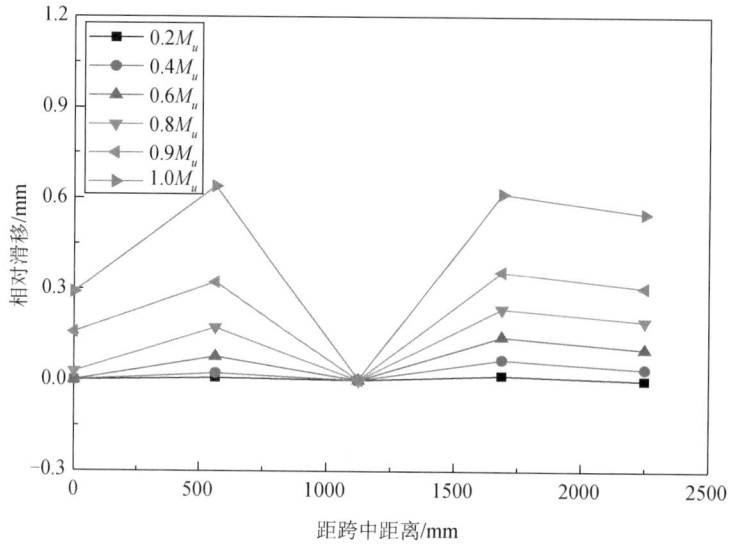

（a）PCB-65交界面滑移分布曲线

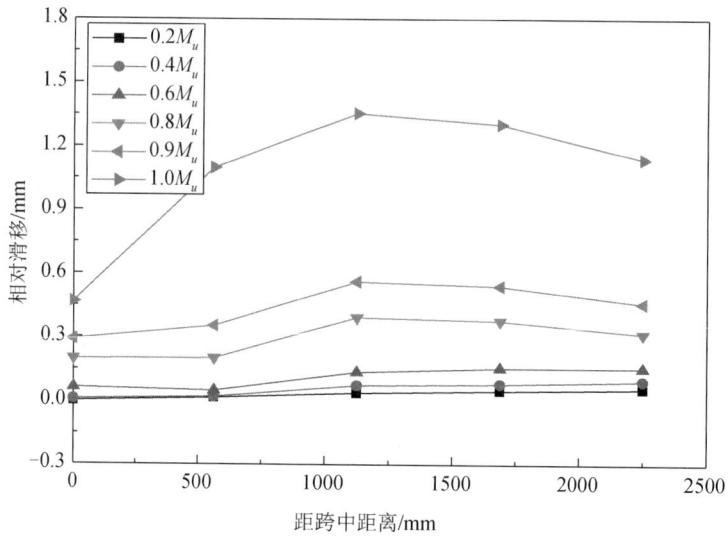

（b）PCB-66交界面滑移分布曲线

图 6-49　预应力双箱组合梁交界面滑移分布图

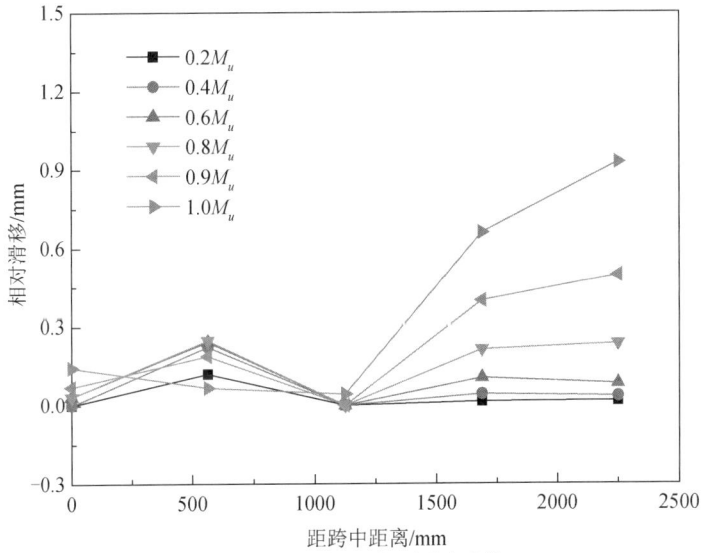

（c）PCB-67交界面滑移分布曲线

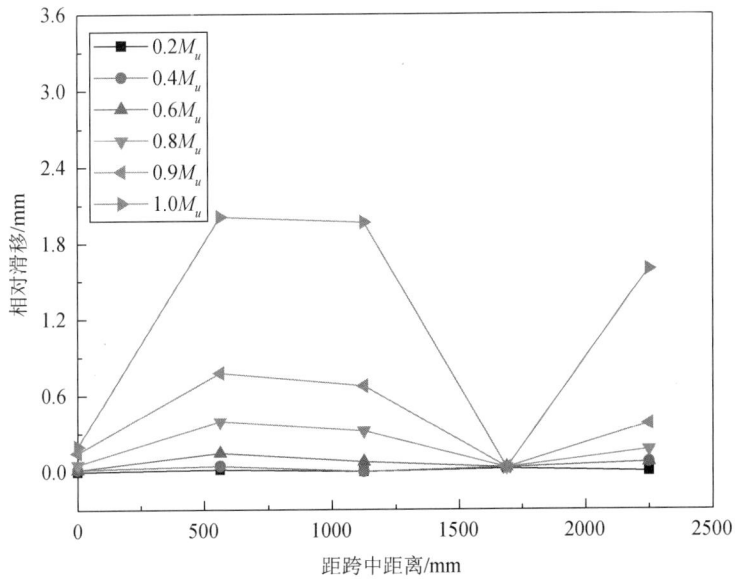

（d）PCB-68交界面滑移分布曲线

图 6-49　（续）

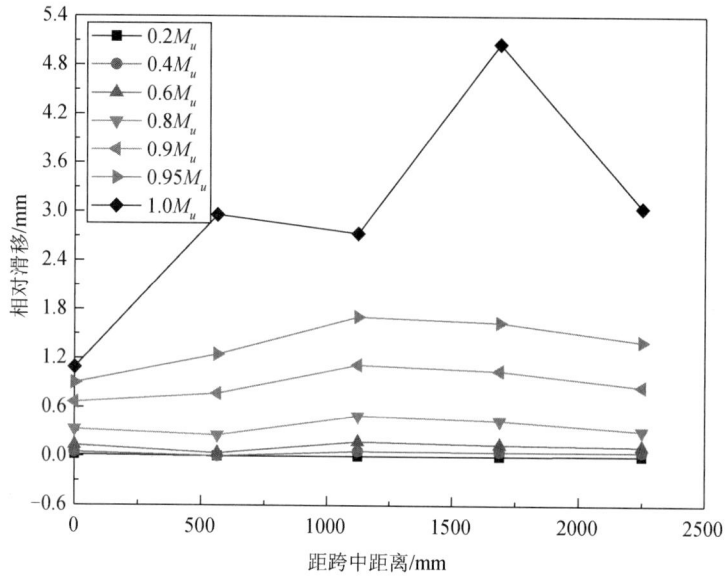

（e）PCB-69交界面滑移分布曲线

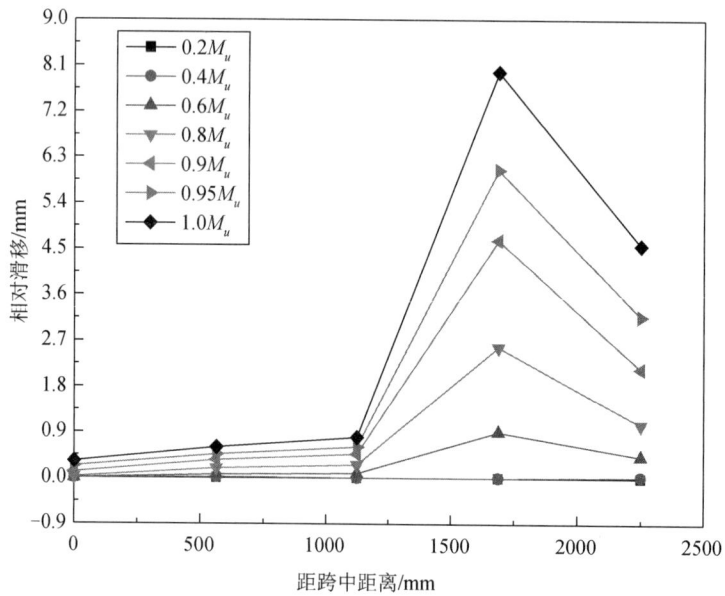

（f）PCB-70交界面滑移分布曲线

图 6-49 （续）

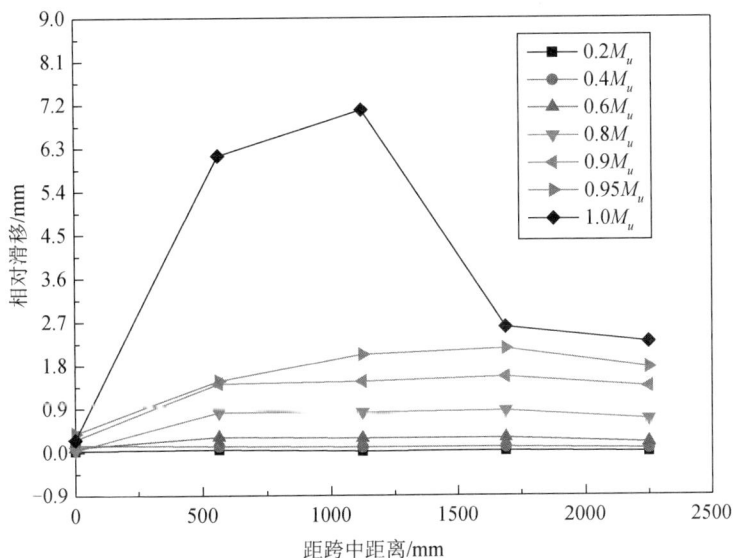

（g）PCB-72交界面滑移分布曲线

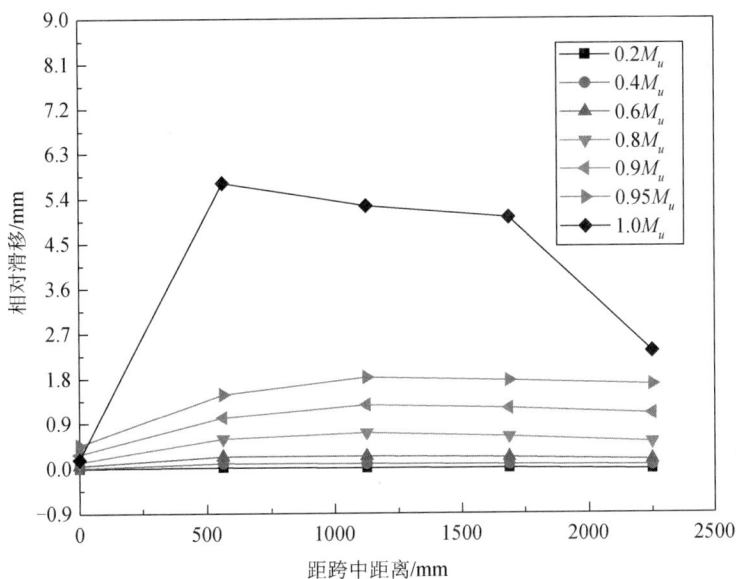

（h）PCB-73交界面滑移分布曲线

图 6-49　（续）

　　由图 6-49 可知，施加预应力后的简支组合梁，其交界面相对滑移量普遍大于无预应力作用的简支组合梁，其相对滑移量最大达到 8.5mm，而普通简支组合梁的滑移量最大仅达到 3mm，说明预应力作用于钢梁上会导致界面滑移的增加。通过纵向相对滑移量分析可知，跨中的滑移量基本为零，随着距跨中截面的距离增大，滑移量不断增大，最大滑移出现在距离跨中截面 1688mm 处，由于受到支座的限制，到支座截面滑移又减小了。通过对转向块预应力作用的组合梁试件 PCB-67、PCB-68、PCB-69、PCB-72、PCB-73 分析可知，随着栓钉间距的增大，剪力连接程度的减小，其相对滑移量也有所增大，表明剪力连接程度对相对滑移的影响显著。

6.2.8　小结

通过对 8 根预应力宽翼缘双箱钢-混凝土组合梁进行试验研究，得到如下结论。

（1）对于不同剪力连接程度的预应力双箱组合梁，随着剪力连接程度的减小，跨中开裂弯矩、跨中屈服弯矩，以及跨中极限承载能力整体呈现减小趋势，而该类型组合梁的延性却更好。

（2）通过对荷载-挠度特征曲线分析表明，剪力连接程度越小，其组合梁极限承载能力越低。而剪力连接程度接近 0.6 的模型梁的极限承载能力能够达到剪力连接程度为 1.0 同样的效果，该项试验研究为工程实践上优化工程经济、精简施工、减少成本投入方面提供了基础。

（3）通过对组合截面应变分析可知，对于不同剪力连接程度的组合梁试件，其截面应变在一定荷载范围内混凝土翼板与钢梁之间的应变差很小，基本满足平截面假定，为后面"剪滞效应"分析验证提供了基础。

（4）通过试验数据监测分析表明，对于受预应力作用的组合梁结构，不论是无转向块预应力组合梁，还是有转向块组合梁，混凝土翼板和双箱钢梁仍然存在纵向应变分布不均现象，即发生了"剪滞效应"。

（5）借助预应力张拉技术对普通简支双箱组合梁进行加固，并产生预应力增量作用，可以大幅提高该类型组合梁的刚度和承载能力。

（6）试验研究表明，在荷载作用的过程中，对于直线型无转向块布筋形式的预应力双箱组合梁，预应力筋内力增量通常能够达到初始预应力的 42%，而直线型有转向块布筋形式的预应力组合梁的预应力增量能够达到初始预应力的 112%。

（7）预应力作用、剪力连接程度对双箱组合梁交界面滑移影响显著。通过试验分析表明，预应力作用于钢梁上会促进混凝土翼板与双箱钢梁之间的界面滑移；随着栓钉间距的增大，其滑移量也逐渐增加。

（8）预应力的施加，能够显著提高双箱组合梁的开裂荷载，增大弹性工作区段，对提高极限承载能力具有明显的作用。

6.3　双箱组合梁结构剪力滞计算

6.3.1　引言

基于初等梁理论中的平截面假定，钢-混凝土组合箱梁中混凝土翼板、钢梁的腹板在外荷载作用下，沿梁宽度方向的正应力是呈均匀分布状态的。但是，随着翼板宽度的增加，由于剪切变形沿宽度方向会呈现不均匀分布，将会导致梁弯曲时弯曲正应力也沿梁宽度方向呈现曲线分布。这种由于剪切变形的影响而导致的沿梁宽度方向弯曲正应力呈近似抛物线分布，称之为"剪滞效应"。准确分析求解宽翼缘双箱组合梁中的剪滞效应是一个十分值得关注的问题。

为了能够精确地衡量"剪滞效应"对双箱钢-混凝土组合梁影响的程度，引入了剪力滞系数 λ，作为剪滞效应影响系数。

$$\lambda = \frac{\sigma_{SL}}{\sigma_{EL}} \tag{6.1}$$

式中：σ_{SL} 表示考虑剪滞效应后所求得的正应力；σ_{EL} 表示由初等梁理论计算所得的正应力。

归纳国内外专家学者的研究成果，分析剪滞效应的方法大体有如下几种。

（1）比拟杆法。将处于受弯状态的箱型梁比拟成只受剪力的板与只受轴力的杆件，通过理想化加劲杆内力的分析来完成由于翼板产生的剪力滞的分析[170]。

（2）调谐函数法。取腹板与翼板作为隔离体，腹板由初等梁理论分析，翼板由平面应力分析，然后根据变形协调条件，建立方程组，求得相关解[171,172]。

（3）正交异性板法。假定腹板面积平均分摊到各翼板上，把腹板结构比拟成正交异性板，利用弹性薄板理论，求得剪力滞[34]。

（4）折板理论法。以弯曲理论和平面应力理论为基础，把箱型梁离散为若干板，根据各板结合处的约束条件建立方程组，运用矩阵进行求解[173]。

（5）能量变分法。基于最小势能原理，运用广义位移法建立以位移函数为未知数的微分方程组，从而获得相关闭和解[174]。

本章运用能量变分法来分析求解宽翼缘双箱钢-混凝土组合梁的剪滞效应问题。在假定钢梁底板和对应混凝土翼板的纵向变形沿板宽度方向呈 2 次抛物线分布，混凝土翼板边缘处纵向变形沿板宽呈 3 次抛物线分布的基础上，运用最小势能原理，分别对考虑剪滞效应的普通简支宽翼缘双箱组合梁、体外预应力简支宽翼缘双箱组合梁剪力滞后效应进行推导分析，推导了宽翼缘双箱钢-混凝土组合梁在两端简支的约束条件和考虑剪滞效应的控制微分方程，求解出考虑剪滞效应的纵向位移函数表达式，以及竖向挠度表达式。并按试验算例，将计算结果和试验所测数据进行比较分析，验证了公式的适用性和正确性。

6.3.2　能量变分法求解双箱组合梁剪力滞

1. 建立条件

对于薄壁双箱钢梁和混凝土翼板两种结构组成的宽翼缘双箱钢-混凝土组合梁结构，为了便于研究，在分析的过程中，由于托板对整个受弯过程的组合梁贡献较小，忽略托板的影响，简化模型如图 6-50 所示。组合梁净跨为 L_0，混凝土翼板宽度为 B_c，厚度为 H_c，钢梁宽度为 B_s，高度为 H_s，E_c、E_s、G_c、G_s、A_c、A_s、I_c、I_s 分别表示两种材料的弹性模量、剪切模量、横截面面积、抗弯惯性矩。以组合梁横截面型心为坐标原点建立坐标系，水平坐标用 x 表示，竖向坐标用 y 表示，并以向下为正，z 轴表示纵轴向坐标。

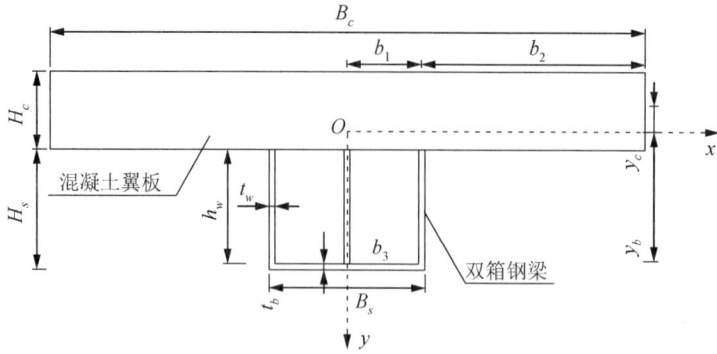

图 6-50　双箱组合梁简化模型

在分析宽翼缘双箱钢-混凝土组合梁考虑剪滞效应后的组合梁变形特征时，用到了如下基本假定[175,176]：

（1）双箱钢梁与混凝土翼板为完全剪力连接，不考虑栓钉附近混凝土的横向剥落及相对滑移的影响。

（2）不考虑混凝土翼板内钢筋的影响。

（3）两种材料满足线弹性假定。

（4）在受力变形过程中，假定混凝土翼板与钢梁的挠屈位移相等。

根据以上假定，结合双箱钢-混凝土组合梁简化模型特点，引入符拉索夫提出的广义坐标法理论，在考虑剪滞效应后双箱组合梁受力变形特点的前提下，将组合梁结构的翘曲变形分解为竖向挠度 $w(z)$ 和纵向翘曲位移 $u(x,y,z)$ 来加以分析。根据结构中心对称受力变形的特点，取一半结构进行研究分析。

根据双箱钢-混凝土组合梁的变形特点，由剪滞效应引起的混凝土翼板纵向翘曲位移沿横向分段考虑。当 $0 \leq x \leq b_1$ 时，混凝土翼板纵向翘曲位移假定为 2 次抛物线分布；当 $b_1 < x \leq b_2$ 时，假定为 3 次抛物线分布，钢梁底板的纵向翘曲位移也假定为二次抛物线分布；而钢梁腹板仍然按照初等弯曲梁理论进行分析。由于钢梁托板较薄且宽度相对很小，分析时可不考虑托板的影响。纵向翘曲位移模式如图 6-51 所示。

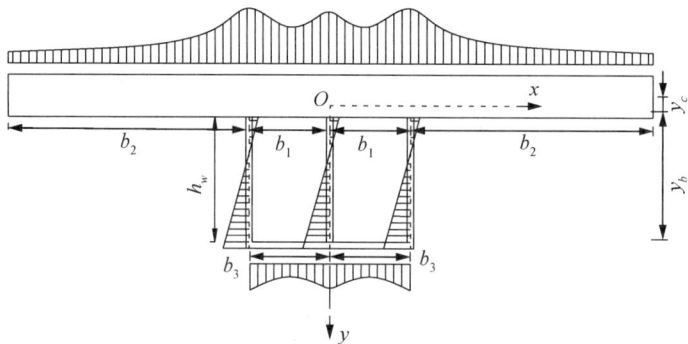

图 6-51　纵向翘曲位移模式

混凝土翼板、钢梁底板的纵向翘曲位移函数和钢梁腹板的纵向位移函数分别表示为

$$u_c(x,z) = \begin{cases} -y_c\left\{w'_c(z) + \left[1 - \dfrac{4(x-0.5b_1)^2}{b_1^2}\right]u_c(z)\right\} & 0 \leqslant x \leqslant b_1 \\[4mm] -y_c\left\{w'_c(z) + \left[1 - \dfrac{(0.5B_c - x)^3}{b_2^3}\right]u_c(z)\right\} & b_1 \leqslant x \leqslant \dfrac{B_c}{2} \end{cases} \quad (6.2)$$

$$u_{sb}(x,z) = y_b\left\{w'_{sb}(z) + \left[1 - \frac{4(x-0.5b_3)^2}{b_3^2}\right]u_{sb}(z)\right\} \quad (0 \leqslant x \leqslant b_3) \quad (6.3)$$

$$u_{sw}(z) = y_w w'_{sw}(z) \quad (6.4)$$

式中：$u_c(x,z)$、$u_{sb}(x,z)$、$u_{sw}(z)$ 分别为混凝土翼板、钢梁底板和腹板纵向位移函数；y_c、y_b 分别为混凝土翼板型心和钢梁底板型心到组合梁换算截面型心的距离；$w'_c(z)$、$w'_{sb}(z)$、$w'_{sw}(z)$ 分别为混凝土翼板、钢梁底板和腹板的初等梁理论结果；$u_c(z)$、$u_{sb}(z)$ 分别为混凝土翼板、钢梁对初等梁理论的修正项；b_3 为钢梁底板半宽度。

2. 控制微分方程的建立

1）混凝土翼板的应变能 U_c

$$U_c = \frac{1}{2}\int_{v_c}(E_c\varepsilon_c^2 + G_c\gamma_c^2)\mathrm{d}V_c = \frac{1}{2}\int_{v_c}\left[E_c\left(\frac{\partial u_c}{\partial z}\right)^2 + G_c\left(\frac{\partial u_c}{\partial x}\right)^2\right]\mathrm{d}V_c \quad (6.5)$$

将式（6.2）中的 $u_c(x,z)$ 分别对 z 和 x 求偏导得

$$\begin{cases} \dfrac{\partial u_{c1}(x,z)}{\partial z} = -y_c\left\{w''_{c1}(z) + \left[1 - \dfrac{4(x-0.5b_1)^2}{b_1^2}\right]u'_c(z)\right\} \\[4mm] \dfrac{\partial u_{c1}(x,z)}{\partial x} = \dfrac{8y_c(x-0.5b_1)}{b_1^2}u_c(z) \end{cases} \quad 0 \leqslant x \leqslant b_1 \quad (6.6)$$

$$\begin{cases} \dfrac{\partial u_{c2}(x,z)}{\partial z} = -y_c\left\{w''_{c2}(z) + \left[1 - \dfrac{(0.5B_c - x)^3}{b_2^3}\right]u'_c(z)\right\} \\[4mm] \dfrac{\partial u_{c2}(x,z)}{\partial x} = \left[\dfrac{3y_c(0.5B_c - x)^2}{b_2^3}\right]u_c(z) \end{cases} \quad b_1 \leqslant x \leqslant \dfrac{B_c}{2} \quad (6.7)$$

式中：w_{c1} 为初等梁理论所得的混凝土翼板 $-b_1 \leqslant x \leqslant b_1$ 部分的竖向挠度；u_c 为初等梁理论所得的混凝土翼板纵向位移函数。

将式（6.6）代入式（6.5）得

$$U_{c1} = \frac{1}{2}J_{c1}\int_0^{L_0}\left(E_c\left\{[w''_{c1}(z)]^2 + \frac{4}{3}w''_{c1}(z)u'_c(z) + \frac{8}{15}[u'_c(z)]^2\right\} + \frac{16G_c}{3b_1^2}[u_c(z)]^2\right)\mathrm{d}z \quad 0 \leqslant x \leqslant b_1$$

$$(6.8)$$

式中：J_{c1} 为混凝土翼板 $0 \leqslant x \leqslant b_1$ 部分对换算截面型心的惯性矩；G_c 为混凝土翼板的剪切刚度。

将式（6.7）代入式（6.5）得

$$U_{c2} = \frac{1}{2} J_{c2} \int_0^{L_0} \left(E_c \left\{ \left[w_{c2}''(z) \right]^2 + \frac{3}{2} w_{c2}''(z) u_c'(z) + \frac{9}{14} \left[u_c'(z) \right]^2 \right\} + \frac{9 G_c}{5 b_2^2} \left[u_c(z) \right]^2 \right) \mathrm{d}z \quad b_1 \leqslant x \leqslant \frac{B_c}{2}$$

$$(6.9)$$

式中：J_{c2} 为混凝土翼板 $b_1 \leqslant x \leqslant 0.5 B_c$ 部分对换算截面型心的惯性矩。

根据对称性，由叠加原理得混凝土翼板的总应变能为

$$U_c = 2(U_{c1} + U_{c2})$$

$$= J_{c1} \int_0^{L_0} \left(E_c \left\{ \left[w_{c1}''(z) \right]^2 + \frac{4}{3} w_{c1}''(z) u_c'(z) + \frac{8}{15} \left[u_c'(z) \right]^2 \right\} + \frac{16 G_c}{3 b_1^2} \left[u_c(z) \right]^2 \right) \mathrm{d}z$$

$$+ J_{c2} \int_0^{L_0} \left(E_c \left\{ \left[w_{c2}''(z) \right]^2 + \frac{3}{2} w_{c2}''(z) u_c'(z) + \frac{9}{14} \left[u_c'(z) \right]^2 \right\} + \frac{9 G_c}{5 b_2^2} \left[u_c(z) \right]^2 \right) \mathrm{d}z \quad (6.10)$$

2）双箱钢梁的应变能 U_s

钢梁底板的应变能为

$$U_{sb} = \frac{1}{2} \int_{V_{sb}} (E_s \varepsilon_{sb}^2 + G_s \gamma_{sb}^2) \mathrm{d}V_{sb} = \frac{1}{2} \int_{v_{sb}} \left[E_s \left(\frac{\partial u_{sb}}{\partial z} \right)^2 + G_s \left(\frac{\partial u_{sb}}{\partial x} \right)^2 \right] \mathrm{d}V_{sb} \quad (6.11)$$

式中：ε_{sb} 为钢梁底板的正应变；γ_{sb} 为钢梁底板的剪应变；V_{sb} 为钢梁底板体积。

同混凝土翼板一样，将式（6.3）中的 $u_{sb}(x,z)$ 分别对 z 和 x 求偏导得

$$\begin{cases} \dfrac{\partial u_{sb}(x,z)}{\partial z} = y_b \left\{ w_{sb}''(z) + \left[1 - \dfrac{4(x - 0.5 b_3)^2}{b_3^2} \right] u_{sb}'(z) \right\} \\[4mm] \dfrac{\partial u_{sb}(x,z)}{\partial x} = -\dfrac{8 y_b (x - 0.5 b_3)}{b_3^2} u_{sb}(z) \end{cases} \quad 0 \leqslant x \leqslant b_3 \quad (6.12)$$

式中：y_b 为钢梁底板形心到组合梁截面中和轴的距离。

将式（6.12）代入到式（6.11）可得

$$U_{sb} = \frac{1}{2} J_{sb} \int_0^{L_0} \left(E_s \left\{ \left[w_{sb}''(z) \right]^2 + \frac{4}{3} w_{sb}''(z) u_{sb}'(z) + \frac{8}{15} \left[u_{sb}'(z) \right]^2 \right\} + \frac{16 G_s}{3 b_3^2} \left[u_{sb}(z) \right]^2 \right) \mathrm{d}z \quad 0 \leqslant x \leqslant b_3$$

$$(6.13)$$

式中：J_{sb} 为钢梁底板对换算截面型心的惯性矩。

按照初等梁理论，则钢梁腹板的应变能为

$$U_{sw} = \frac{1}{2} \int_{v_{sw}} E_s \varepsilon_{sw}^2 \mathrm{d}V_{sw} = \frac{1}{2} J_{sw} E_s \int_0^{L_0} \left[w_{sw}''(z) \right]^2 \mathrm{d}z \quad (6.14)$$

式中：J_{sw} 为钢梁腹板对换算截面型心的惯性矩。

由叠加原理得双箱钢梁的总应变能为

$$U_s = 2 U_{sb} + 3 U_{sw}$$

$$= J_{sb} \int_0^{L_0} \left(E_s \left\{ \left[w_{sb}''(z) \right]^2 + \frac{4}{3} w_{sb}''(z) u_{sb}'(z) + \frac{8}{15} \left[u_{sb}'(z) \right]^2 \right\} + \frac{16 G_s}{3 b_3^2} \left[u_{sb}(z) \right]^2 \right) \mathrm{d}z$$

$$+ \frac{3}{2} J_{sw} E_s \int_0^{L_0} \left[w_{sw}''(z) \right]^2 \mathrm{d}z \quad (6.15)$$

3）外力势能 U_p

$$U_p = \int_0^{L_0} [M(z)w''(z) - Q(z)w'(z)]\mathrm{d}z \qquad (6.16)$$

式中：$M(z)$、$Q(z)$ 分别为外荷载作用下 z 处的弯矩和剪力。

双箱组合梁的总势能表达式为

$$U = U_c + U_s + U_p \qquad (6.17)$$

混凝土翼板和双箱钢梁具有相同的竖向挠度，则有

$$w_{c1}(z) = w_{c2}(z) = w_{sb}(z) = w_{sw}(z) = w(z) \qquad (6.18)$$

将式（6.18）代入式（6.17），并对 $w''(z)$ 进行变分处理，有

$$\delta U\Big|_{w'(z)} - k_0 \int_0^{L_0} w''(z)\delta[w''(z)]\mathrm{d}z + \frac{4}{3}[k_1 u_c'(z) + k_2 u_s'(z)]\int_0^{L_0} \delta[w''(z)]\mathrm{d}z + \int_0^{L_0} M(z)\delta[w''(z)]\mathrm{d}z$$

$$= \int_0^{L_0} \left[k_0 w''(z) + \frac{4}{3}k_1 u_c'(z) + \frac{4}{3}k_2 u_s'(z) + M(z) \right]\delta[w''(z)]\mathrm{d}z \qquad (6.19)$$

式中：$k_0 = 2[(J_{c1} + J_{c2})E_c + (J_{sb} + 1.5J_{sw})E_s]$；$k_1 = J_{c1}E_c + \dfrac{9}{8}J_{c2}E_c$；$k_2 = J_{sb}E_s$。

对式（6.19）进行化简可得

$$\delta U\Big|_{w'(z)} = \int_0^{L_0} \left[k_0 w''(z) + \frac{4}{3}k_1 u_c'(z) + \frac{4}{3}k_2 u_s'(z) + M(z) \right]\delta[w''(z)]\mathrm{d}z$$

$$= \int_0^{L_0} \left[w''(z) + \frac{4}{3}\alpha_1 u_c'(z) + \frac{4}{3}\alpha_2 u_s'(z) + \frac{M(z)}{k_0} \right]\delta[w''(z)]\mathrm{d}z \qquad (6.20)$$

式中：$\alpha_1 = \dfrac{k_1}{k_0}$；$\alpha_2 = \dfrac{k_2}{k_0}$。

令其一阶变分等于零，可得

$$w''(z) + \frac{4}{3}\alpha_1 u_c'(z) + \frac{4}{3}\alpha_2 u_s'(z) + \frac{M(z)}{k_0} = 0 \qquad (6.21)$$

将式（6.17）对 $u_c(z)$ 进行变分处理，有

$$\delta U\Big|_{u_c(z)} = -k_3 \int_0^{L_0} u_c''(z)\delta[u_c(z)]\mathrm{d}z - k_4 \int_0^{L_0} w'''(z)\delta[u_c(z)]\mathrm{d}z + k_5 \int_0^{L_0} u_c(z)\delta[u_c(z)]\mathrm{d}z$$

$$+ k_3 u_c'(z)\delta u_c(z)\Big|_0^{L_0} + k_4 w''(z)\delta u_c(z)\Big|_0^{L_0}$$

$$= \int_0^{L_0} \left[-u_c''(z) - \frac{35}{2}\beta_1 w'''(z) + 14\beta_2 u_c(z) \right]\delta[u_c(z)]\mathrm{d}z + \left[u_c'(z) + \frac{35}{2}\beta_1 w''(z) \right]\delta[u_c(z)]\Big|_0^{L_0}$$

$$(6.22)$$

式中：$k_3 = 2E_c\left(\dfrac{8}{15}J_{c1} + \dfrac{9}{14}J_{c2} \right)$；$k_4 = \left(\dfrac{4}{3}J_{c1} + \dfrac{3}{2}J_{c2} \right)E_c$；$k_5 = 2\left(\dfrac{16}{3b_1^2}J_{c1} + \dfrac{9}{5b_2^2}J_{c2} \right)G_c$；

$\beta_1 = \dfrac{8J_{c1} + 9J_{c2}}{112J_{c1} + 135J_{c2}}$；$\beta_2 = \dfrac{80b_2^2 J_{c1} + 27b_1^2 J_{c2}}{112J_{c1} + 135J_{c2}}\dfrac{G_c}{E_c}$。

令式（6.22）一阶变分等于零，可得

$$\begin{cases} -u_c''(z) - \dfrac{35}{2}\beta_1 w'''(z) + 14\beta_2 u_c(z) = 0 \\[3mm] u_c'(z) + \dfrac{35}{2}\beta_1 w''(z)\delta\big[u_c(z)\big]\Big|_0^{L_0} = 0 \end{cases} \tag{6.23}$$

将式（6.17）对 $u_s(z)$ 进行变分处理，有

$$\begin{aligned} \delta U\big|_{u_s(z)} &= -k_6\int_0^{L_0} u_s''(z)\delta\big[u_s(z)\big]\mathrm{d}z - k_7\int_0^{L_0} w'''(z)\delta\big[u_s(z)\big]\mathrm{d}z + k_8\int_0^{L_0} u_s(z)\delta\big[u_s(z)\big]\mathrm{d}z \\ &\quad + k_6 u_s'(z)\delta\big[u_s(z)\big]\Big|_0^{L_0} + k_7 w''(z)\delta\big[u_s(z)\big]\Big|_0^{L_0} \\ &= \int_0^{L_0}\big[-k_6 u_s''(z) - k_7 w'''(z) + k_8 u_s(z)\big]\delta\big[u_s(z)\big]\mathrm{d}z + \big[k_6 u_s'(z) + k_7 w''(z)\big]\delta\big[u_s(z)\big]\Big|_0^{L_0} \end{aligned} \tag{6.24}$$

式中：$k_6 = \dfrac{16}{15}J_{sb}E_s$；$k_7 = \dfrac{4}{3}J_{sb}E_s$；$k_8 = \dfrac{32J_{sb}G_s}{3b_3^2}$。

令式（6.24）一阶变分等于零，并化简可得到

$$\begin{cases} -u_s''(z) - \dfrac{5}{4}w'''(z) + \dfrac{10G_s}{b_3^2 E_s}u_s(z) = 0 \\[3mm] u_s'(z) + \dfrac{5}{4}w''(z)\delta\big[u_s(z)\big]\Big|_0^{L_0} = 0 \end{cases} \tag{6.25}$$

综合式（6.21）、式（6.23）和式（6.25），可得双箱组合梁结构考虑剪滞效应的微分方程组，即

$$\begin{cases} w''(z) + \dfrac{4}{3}\alpha_1 u_c'(z) + \dfrac{4}{3}\alpha_2 u_s'(z) + \dfrac{M(z)}{k_0} = 0 \\[3mm] -u_c''(z) - \dfrac{35}{2}\beta_1 w'''(z) + 14\beta_2 u_c(z) = 0 \\[3mm] -u_s''(z) - \dfrac{5}{4}w'''(z) + \dfrac{10G_s}{b_3^2 E_s}u_s(z) = 0 \end{cases} \tag{6.26}$$

其相应的边界条件为

$$\begin{cases} u_c'(z) + \dfrac{35}{2}\beta_1 w''(z)\delta\big[u_c(z)\big]\Big|_0^{L_0} = 0 \\[3mm] u_s'(z) + \dfrac{5}{4}w''(z)\delta\big[u_s(z)\big]\Big|_0^{L_0} = 0 \end{cases} \tag{6.27}$$

3. 微分方程组的解析解

对式（6.26）中的第一式求导得

$$w'''(z) = -\dfrac{4}{3}\alpha_1 u_c''(z) - \dfrac{4}{3}\alpha_2 u_s''(z) + \dfrac{Q(z)}{k_0} \tag{6.28}$$

将式（6.28）代入到式（6.26）中的后两项并化简可得关于 $u_c(z)$ 和 $u_s(z)$ 的方程组：

$$\begin{cases} \left(\dfrac{70}{3}\alpha_1\beta_1 - 1\right)u_c''(z) + \dfrac{70}{3}\alpha_2\beta_1 u_s''(z) + 14\beta_2 u_c(z) = \dfrac{35\beta_1}{2k_0}Q(z) \\[3mm] \left(\dfrac{5}{3}\alpha_2 - 1\right)u_s''(z) + \dfrac{5}{3}\alpha_1 u_c''(z) + \dfrac{10G_s}{b_3^2 E_s}u_s(z) = \dfrac{5}{4k_0}Q(z) \end{cases} \tag{6.29}$$

为了便于求解，将式（6.29）简化为

$$\begin{cases} \alpha_{11}u''_c(z) + \alpha_{12}u''_s(z) + b_{11}u_c(z) + b_{12}u_s(z) = d_1Q(z) \\ \alpha_{22}u''_s(z) + \alpha_{21}u''_c(z) + b_{21}u_c(z) + b_{22}u_s(z) = d_2Q(z) \end{cases} \tag{6.30}$$

式中：$a_{11} = \dfrac{70}{3}\alpha_1\beta_1 - 1$；$a_{12} = \dfrac{70}{3}\alpha_2\beta_1$；$a_{21} = \dfrac{5}{3}\alpha_1$；$a_{22} = \dfrac{5}{3}\alpha_2 - 1$；$b_{11} = 14\beta_2$；$b_{12} = 0$；

$b_{21} = 0$；$b_{22} = \dfrac{10G_s}{b_3^2E_s}$；$d_1 = \dfrac{35\beta_1}{2k_0}$；$d_2 = \dfrac{5}{4k_0}$。

将式（6.30）进一步简化为

$$AU'' + BU = D \tag{6.31}$$

式中：$A = \begin{bmatrix} a_{11} & a_{12} \\ a_{21} & a_{22} \end{bmatrix}$；$B = \begin{bmatrix} b_{11} & b_{12} \\ b_{21} & b_{22} \end{bmatrix}$；$U = \begin{bmatrix} u_c \\ u_s \end{bmatrix}$；$U'' = \begin{bmatrix} u''_c \\ u''_s \end{bmatrix}$；$D = \begin{bmatrix} d_1Q(z) \\ d_2Q(z) \end{bmatrix}$。

式（6.31）整理后有

$$\begin{bmatrix} u''_c \\ u''_s \end{bmatrix} + A^{-1}B\begin{bmatrix} u_c \\ u_s \end{bmatrix} = A^{-1}\begin{bmatrix} d_1Q(z) \\ d_2Q(z) \end{bmatrix} \tag{6.32}$$

式中：$A^{-1} = \begin{bmatrix} \dfrac{a_{22}}{-a_{12}a_{21} + a_{11}a_{22}} & \dfrac{a_{12}}{a_{12}a_{21} - a_{11}a_{22}} \\ \dfrac{a_{21}}{a_{12}a_{21} - a_{11}a_{22}} & \dfrac{a_{11}}{-a_{12}a_{21} + a_{11}a_{22}} \end{bmatrix}$；$A^{-1}B = \begin{bmatrix} \dfrac{a_{22}b_{11}}{a_{11}a_{22} - a_{12}a_{21}} & \dfrac{-a_{12}b_{22}}{a_{11}a_{22} - a_{12}a_{21}} \\ \dfrac{a_{21}b_{11}}{a_{12}a_{21} - a_{11}a_{22}} & \dfrac{-a_{11}b_{22}}{a_{12}a_{21} - a_{11}a_{22}} \end{bmatrix}$。

采用降阶法先计算式（6.32）中齐次方程组的通解，为了便于计算，作变换 $u_1 = u_c$，$u_2 = u_s$，$u_3 = u'_1$，$u_4 = u'_2$，则有

$$\begin{bmatrix} u'_1 \\ u'_2 \\ u'_3 \\ u'_4 \end{bmatrix} = \begin{bmatrix} 0 & 0 & 1 & 0 \\ 0 & 0 & 0 & 1 \\ \dfrac{a_{22}b_{11}}{a_{11}a_{22} - a_{12}a_{21}} & \dfrac{-a_{12}b_{22}}{a_{11}a_{22} - a_{12}a_{21}} & 0 & 0 \\ \dfrac{a_{21}b_{11}}{a_{12}a_{21} - a_{11}a_{22}} & \dfrac{-a_{11}b_{22}}{a_{12}a_{21} - a_{11}a_{22}} & 0 & 0 \end{bmatrix}\begin{bmatrix} u_1 \\ u_2 \\ u_3 \\ u_4 \end{bmatrix} \tag{6.33}$$

则对应矩阵的特征方程为

$$\lambda^4 + \left(\dfrac{a_{11}b_{22} + a_{22}b_{11}}{a_{11}a_{22} - a_{12}a_{21}}\right)\lambda^2 + \dfrac{1}{a_{11}a_{22} - a_{12}a_{21}} = 0 \tag{6.34}$$

由方程的求根公式，得式（6.34）中特征方程的四个特征根分别为

$$\begin{cases} \lambda_1 = \sqrt{\dfrac{a_{11} + a_{22} - \sqrt{a_{11}^{\ 2} + 4a_{12}a_{21} - 2a_{11}a_{22} + a_{22}^{\ 2}}}{2a_{12}a_{21} - 2a_{11}a_{22}}} \\[4mm] \lambda_2 = -\sqrt{\dfrac{a_{11} + a_{22} - \sqrt{a_{11}^{\ 2} + 4a_{12}a_{21} - 2a_{11}a_{22} + a_{22}^{\ 2}}}{2a_{12}a_{21} - 2a_{11}a_{22}}} \\[4mm] \lambda_3 = \sqrt{\dfrac{a_{11} + a_{22} + \sqrt{a_{11}^{\ 2} + 4a_{12}a_{21} - 2a_{11}a_{22} + a_{22}^{\ 2}}}{2a_{12}a_{21} - 2a_{11}a_{22}}} \\[4mm] \lambda_4 = -\sqrt{\dfrac{a_{11} + a_{22} + \sqrt{a_{11}^{\ 2} + 4a_{12}a_{21} - 2a_{11}a_{22} + a_{22}^{\ 2}}}{2a_{12}a_{21} - 2a_{11}a_{22}}} \end{cases} \tag{6.35}$$

各个特征根对应的特征向量为

$$\boldsymbol{\eta}_i = \begin{bmatrix} \eta_{1i} & \eta_{2i} & n_{3i} & \eta_{4i} \end{bmatrix}^{\mathrm{T}} \qquad i = 1, 2, 3, 4 \tag{6.36}$$

则式（6.33）的通解为

$$\begin{bmatrix} u_1 \\ u_2 \\ u_3 \\ u_4 \end{bmatrix} = c_1 \begin{bmatrix} \eta_{11} \\ \eta_{21} \\ \eta_{31} \\ \eta_{41} \end{bmatrix} \mathrm{e}^{\lambda_1 z} + c_2 \begin{bmatrix} \eta_{12} \\ \eta_{22} \\ \eta_{32} \\ \eta_{42} \end{bmatrix} \mathrm{e}^{\lambda_2 z} + c_3 \begin{bmatrix} \eta_{13} \\ \eta_{23} \\ \eta_{33} \\ \eta_{43} \end{bmatrix} \mathrm{e}^{\lambda_3 z} + c_4 \begin{bmatrix} \eta_{14} \\ \eta_{24} \\ \eta_{34} \\ \eta_{44} \end{bmatrix} \mathrm{e}^{\lambda_4 z} \tag{6.37}$$

由此可得混凝土翼板和双箱钢梁的纵向位移表达式为

$$\begin{bmatrix} u_c(z) \\ u_s(z) \end{bmatrix} = \begin{bmatrix} u_1 \\ u_2 \end{bmatrix} = \begin{bmatrix} c_1 \eta_{11} \mathrm{e}^{\lambda_1 z} + c_2 \eta_{12} \mathrm{e}^{-\lambda_1 z} + c_3 \eta_{13} \mathrm{e}^{\lambda_3 z} + c_4 \eta_{14} \mathrm{e}^{-\lambda_3 z} + u_c^* \\ c_1 \eta_{21} \mathrm{e}^{\lambda_1 z} + c_2 \eta_{22} \mathrm{e}^{-\lambda_1 z} + c_3 \eta_{23} \mathrm{e}^{\lambda_3 z} + c_4 \eta_{24} \mathrm{e}^{-\lambda_3 z} + u_s^* \end{bmatrix} \tag{6.38}$$

进一步简化可得

$$\begin{bmatrix} u_c(z) \\ u_s(z) \end{bmatrix} = \begin{bmatrix} D_{11} \sinh(\lambda_1 z) + D_{12} \cosh(\lambda_1 z) + D_{13} \sinh(\lambda_3 z) + D_{14} \cosh(\lambda_3 z) + u_c^* \\ D_{21} \sinh(\lambda_1 z) + D_{22} \cosh(\lambda_1 z) + D_{23} \sinh(\lambda_3 z) + D_{24} \cosh(\lambda_3 z) + u_s^* \end{bmatrix} \tag{6.39}$$

式中：$D_{11} = c_1 \eta_{11} + c_2 \eta_{12}$；$D_{12} = c_1 \eta_{11} - c_2 \eta_{12}$；$D_{13} = c_3 \eta_{13} + c_4 \eta_{14}$；$D_{14} = c_3 \eta_{13} - c_4 \eta_{14}$；$D_{21} = c_1 \eta_{21} + c_2 \eta_{22}$；$D_{22} = c_1 \eta_{21} - c_2 \eta_{22}$；$D_{23} = c_3 \eta_{23} + c_4 \eta_{24}$；$D_{24} = c_3 \eta_{23} - c_4 \eta_{24}$。

将式（6.39）求一阶导数有

$$\begin{bmatrix} u_c'(z) \\ u_s'(z) \end{bmatrix} = \begin{bmatrix} \lambda_1[D_{11} \cosh(\lambda_1 z) + D_{12} \sinh(\lambda_1 z)] + \lambda_3[D_{13} \cosh(\lambda_3 z) + D_{14} \sinh(\lambda_3 z)] \\ \lambda_1[D_{21} \cosh(\lambda_1 z) + D_{22} \sinh(\lambda_1 z)] + \lambda_3[D_{23} \cosh(\lambda_3 z) + D_{24} \sinh(\lambda_3 z)] \end{bmatrix} \tag{6.40}$$

将式（6.40）代入到式（6.26）中的第一项有

$$w''(z) = -\left\{ \frac{M(z)}{k_0} + \frac{4}{3}[\mu_1 \cosh(\lambda_1 z) + \mu_2 \sinh(\lambda_1 z) + \mu_3 \cosh(\lambda_3 z) + \mu_4 \sinh(\lambda_3 z)] \right\} \tag{6.41}$$

式中：$\mu_1 = \lambda_1(\alpha_1 D_{11} + \alpha_2 D_{21})$；$\mu_2 = \lambda_1(\alpha_1 D_{12} + \alpha_2 D_{22})$；$\mu_3 = \lambda_3(\alpha_1 D_{13} + \alpha_2 D_{23})$；$\mu_4 = \lambda_3(\alpha_1 D_{14} + \alpha_2 D_{24})$。

对式（6.41）积分两次得竖向挠度表达式为

$$\begin{aligned} w(z) = -\Bigg\{ &\iint \frac{M(z)}{k_0} \mathrm{d}z + \frac{4}{3\lambda_1^2}[\mu_1 \cosh(\lambda_1 z) + \mu_2 \sinh(\lambda_1 z)] \\ &+ \frac{4}{3\lambda_3^2}[\mu_3 \cosh(\lambda_3 z) + \mu_4 \sinh(\lambda_3 z)] + e_1 z + e_2 \Bigg\} \end{aligned} \tag{6.42}$$

综上可得混凝土翼板和双箱钢梁的纵向位移函数，及双箱组合梁竖向挠度表达式简化为

$$\begin{bmatrix} w(z) \\ u_c(z) \\ u_s(z) \end{bmatrix} = \begin{bmatrix} -\Bigg\{ \iint \dfrac{M(z)}{k_0} \mathrm{d}z + \dfrac{4}{3\lambda_1^2}[\mu_1 \cosh(\lambda_1 z) + \mu_2 \sinh(\lambda_1 z)] \\ \qquad + \dfrac{4}{3\lambda_3^2}[\mu_3 \cosh(\lambda_3 z) + \mu_4 \sinh(\lambda_3 z)] + C_1 z + C_2 \Bigg\} \\ A_1 \sinh(\lambda_1 z) + A_2 \cosh(\lambda_1 z) + A_3 \sinh(\lambda_3 z) + A_4 \cosh(\lambda_3 z) + u_c^* \\ \psi_1[A_1 \sinh(\lambda_1 z) + A_2 \cosh(\lambda_1 z)] + \psi_2[A_3 \sinh(\lambda_3 z) + A_4 \cosh(\lambda_3 z)] + \psi_1 u_c^* \end{bmatrix} \tag{6.43}$$

式中：u_c^* 为混凝土翼板的纵向位移初值。

将式（6.43）代入到式（6.30）化简并令 $z=0$，有

$$\begin{bmatrix} a_{12}\lambda_1^2 A_2 & a_{12}\lambda_3^2 A_4 \\ (a_{22}\lambda_1^2+b_{22})A_2 & (a_{22}\lambda_3^2+b_{22})A_4 \end{bmatrix}\begin{bmatrix} \psi_1 \\ \psi_2 \end{bmatrix} + \begin{bmatrix} (a_{11}\lambda_1^2+b_{11})A_2+(a_{11}\lambda_3^2+b_{11})A_4 \\ a_{21}\lambda_1^2 A_2 + a_{21}\lambda_3^2 A_4 \end{bmatrix} = \begin{bmatrix} b_{11}u_c^* \\ 0 \end{bmatrix}$$

(6.44)

式中：ψ_1、ψ_2 满足式（6.44）中的关系。

6.3.3　普通简支双箱组合梁剪力滞分析

1. 任意单点加载剪力滞计算

以支座截面处组合梁截面型心为原点，向下为 y 轴正向，沿着梁纵向为 z 轴建立直角坐标系，如图 6-52 所示。

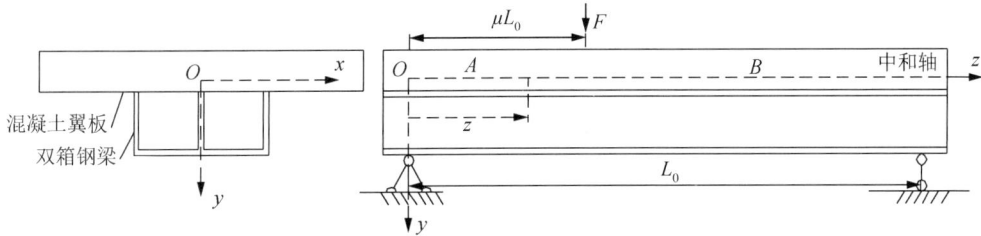

图 6-52　单点加载简支双箱组合梁示意图

组合梁在外荷载作用下，任意截面剪力和弯矩可表示为

$$Q(z)=\begin{cases} (1-\mu)F & 0\leqslant z\leqslant \mu L_0 \\ -\mu F & \mu L_0\leqslant z\leqslant L_0 \end{cases}$$

(6.45)

$$M(z)=\begin{cases} (1-\mu)Fz & 0\leqslant z\leqslant \mu L_0 \\ \mu F(L_0-z) & \mu L_0\leqslant z\leqslant L_0 \end{cases}$$

(6.46)

式中：L_0 为梁的净跨；μL_0 为加载点到端支座的距离。

将式（6.45）代入到式（6.43）后两项可得

$$\begin{cases} u_{c_{(A)}}(z)=A_1\sinh(\lambda_1 z)+A_2\cosh(\lambda_1 z)+A_3\sinh(\lambda_3 z)+A_4\cosh(\lambda_3 z)+\dfrac{d_1}{b_{11}}(1-\mu)F & 0\leqslant z\leqslant \mu L_0 \\ u_{c_{(B)}}(z)=A_5\sinh(\lambda_1 z)+A_6\cosh(\lambda_1 z)+A_7\sinh(\lambda_3 z)+A_8\cosh(\lambda_3 z)-\dfrac{d_1}{b_{11}}\mu F & \mu L_0\leqslant z\leqslant L_0 \end{cases}$$

(6.47)

$$\begin{cases} u_{s_{(A)}}(z)=\psi_1[A_1\sinh(\lambda_1 z)+A_2\cosh(\lambda_1 z)]+\psi_2[A_3\sinh(\lambda_3 z)+A_4\cosh(\lambda_3 z)]+\psi_1\dfrac{d_1}{b_{11}}(1-\mu)F & 0\leqslant z\leqslant \mu L_0 \\ u_{s_{(B)}}(z)=\psi_1[A_5\sinh(\lambda_1 z)+A_6\cosh(\lambda_1 z)]+\psi_2[A_7\sinh(\lambda_3 z)+A_8\cosh(\lambda_3 z)]-\psi_1\dfrac{d_1}{b_{11}}\mu F & \mu L_0\leqslant z\leqslant L_0 \end{cases}$$

(6.48)

其变分点的连续条件和边界条件分别为

$$\begin{cases} u_{c_{(A)}}(\mu L_0) = u_{c_{(B)}}(\mu L_0) \\ u'_{c_{(A)}}(\mu L_0) = u'_{c_{(B)}}(\mu L_0) \\ u_{s_{(A)}}(\mu L_0) = u_{s_{(B)}}(\mu L_0) \\ u'_{s_{(A)}}(\mu L_0) = u'_{s_{(B)}}(\mu L_0) \end{cases} \tag{6.49}$$

$$\begin{cases} u'_{c_{(A)}}(0) = u'_{c_{(B)}}(L_0) = 0 \\ u'_{s_{(A)}}(0) = u'_{s_{(B)}}(L_0) = 0 \end{cases} \tag{6.50}$$

式（6.47）、式（6.48）代入到式（6.49）、式（6.50）可解得系数为

$$\begin{cases} A_1 = A_3 = A_4 = A_7 = A_8 = 0 \\ A_2 = \dfrac{d_1 \operatorname{csch}(\lambda_1 L_0)\sinh[\lambda_1(\mu-1)L_0]F}{b_{11}} \\ A_5 = -\dfrac{d_1 \sinh(\lambda_1\mu L_0)F}{b_{11}} \\ A_6 = \dfrac{d_1 \coth(\lambda_1 L_0)\sinh(\lambda_1\mu L_0)F}{b_{11}} \end{cases} \tag{6.51}$$

故简支双箱组合梁承受任意单点集中荷载时，有

$$\begin{cases} u_{c_{(A)}}(z) = \dfrac{d_1 F}{b_{11}}\left\{\operatorname{csch}(\lambda_1 L_0)\sinh\left[\lambda_1(\mu-1)L_0\right]\cosh(\lambda_1 z) + (1-\mu)\right\} & 0 \leqslant z \leqslant \mu L_0 \\ u_{c_{(B)}}(z) = \dfrac{d_1 F}{b_{11}}[-\sinh(\lambda_1\mu L_0)\sinh(\lambda_1 z) + \coth(\lambda_1 L_0)\sinh(\lambda_1\mu L_0)\cosh(\lambda_1 z) - \mu] & \mu L_0 \leqslant z \leqslant L_0 \end{cases} \tag{6.52}$$

$$\begin{cases} u_{s_{(A)}}(z) = \dfrac{\psi_1 d_1 F}{b_{11}}\left\{\operatorname{csch}(\lambda_1 L_0)\sinh\left[\lambda_1(\mu-1)L_0\right]\cosh(\lambda_1 z) + 1-\mu\right\} & 0 \leqslant z \leqslant \mu L_0 \\ u_{s_{(B)}}(z) = \dfrac{\psi_1 d_1 F}{b_{11}}[-\sinh(\lambda_1\mu L_0)\sinh(\lambda_1 z) + \coth(\lambda_1 L_0)\sinh(\lambda_1\mu L_0)\cosh(\lambda_1 z) - \mu] & \mu L_0 \leqslant z \leqslant L_0 \end{cases} \tag{6.53}$$

将式（6.52）代回到式（6.6）和式（6.7），由此可得混凝土翼板的应变函数表达式。

（1）当 $0 \leqslant z \leqslant \mu L_0$ 时，有

$$\varepsilon_c(x,y,z) = \begin{cases} y_c\left\{\dfrac{(1-\mu)Fz}{k_0} - \left[1 - \dfrac{4(x-0.5b_1)^2}{b_1^2} - \dfrac{4}{3}(\alpha_1 + \alpha_2\psi_1)\right]F\theta_1\sinh(\lambda_1 z)\right\} & 0 \leqslant x \leqslant b_1 \\ y_c\left\{\dfrac{(1-\mu)Fz}{k_0} - \left[1 - \dfrac{(0.5B_c-x)^3}{b_2^3} - \dfrac{4}{3}(\alpha_1 + \alpha_2\psi_1)\right]F\theta_1\sinh(\lambda_1 z)\right\} & b_1 \leqslant x \leqslant 0.5B_c \end{cases} \tag{6.54}$$

式中：$\theta_1 = \dfrac{d_1\psi_1\lambda_1}{b_{11}}\operatorname{csch}(\lambda_1 L_0)\sinh[\lambda(\mu-1)L_0]$。

（2）当 $\mu L_0 \leqslant z \leqslant L_0$ 时，有

$$\varepsilon_c(x,y,z) = \begin{cases} y_c\left\{\dfrac{\mu F(L_0-z)}{k_0} - \left[1 - \dfrac{4(x-0.5b_1)^2}{b_1^2} - \dfrac{4}{3}(\alpha_1+\alpha_2\psi_1)\right]F[\theta_2\sinh(\lambda_1 z) - \theta_3\cosh(\lambda_1 z)]\right\} \\ \hfill 0 \leqslant x \leqslant b_1 \\ y_c\left\{\dfrac{\mu F(L_0-z)}{k_0} - \left[1 - \dfrac{(0.5B_c-x)^3}{b_2^3} - \dfrac{4}{3}(\alpha_1+\alpha_2\psi_1)\right]F[\theta_2\sinh(\lambda_1 z) - \theta_3\cosh(\lambda_1 z)]\right\} \\ \hfill b_1 \leqslant x \leqslant 0.5B_c \end{cases}$$

（6.55）

式中：$\theta_2 = \dfrac{d_1\psi_1\lambda_1}{b_{11}}\coth(\lambda_1 L_0)\sinh(\lambda_1\mu L_0)$；$\theta_3 = \dfrac{d_1\psi_1\lambda_1}{b_{11}}\sinh(\lambda_1\mu L_0)$。

将式（6.53）代回到式（6.12），可得双箱钢梁底板的应变函数表达式。

$$\varepsilon_{sb}(x,y,z) = \begin{cases} y_b\left\{\dfrac{(1-\mu)Fz}{k_0} - \left[1 - \dfrac{4(x-0.5b_3)^2}{b_3^2} - \dfrac{4}{3}(\alpha_1+\alpha_2\psi_1)\right]\theta_1\psi_1 F\,\mathrm{sh}(\lambda_1 z)\right\} \\ \hfill 0 \leqslant z \leqslant \mu L_0 \\ y_b\left\{\dfrac{\mu F(L_0-z)}{k_0} - \left[1 - \dfrac{4(x-0.5b_3)^2}{b_3^2} - \dfrac{4}{3}\left(\dfrac{\alpha_1}{\psi_1}+\alpha_2\right)\right]\psi_1 F[\theta_2\,\mathrm{sh}(\lambda_1 z) - \theta_3\,\mathrm{ch}(\lambda_1 z)]\right\} \\ \hfill \mu L_0 \leqslant z \leqslant L_0 \end{cases}$$

（6.56）

式中：$\theta_1 = \dfrac{d_1\lambda_1}{b_{11}}\mathrm{csch}(\lambda_1 L_0)\sinh[\lambda_1(\mu-1)L_0]$；$\theta_2 = \dfrac{d_1\lambda_1}{b_{11}}\coth(\lambda_1 L_0)\sinh(\lambda_1\mu L_0)$；

$\theta_3 = \dfrac{d_1\lambda_1}{b_{11}}\sinh(\lambda_1\mu L_0)$。

同理可得考虑剪滞效应后钢梁腹板的应变函数表达式。

$$\varepsilon_{sw}(x,y,z) = \begin{cases} y_w\left[\dfrac{(1-\mu)Fz}{k_0} + \dfrac{4}{3}(\alpha_1+\alpha_2\psi_1)\theta_1 F\sinh(\lambda_1 z)\right] & 0 \leqslant z \leqslant \mu L_0 \\ y_w\left\{\dfrac{\mu F(L_0-z)}{k_0} + \dfrac{4}{3}(\alpha_1+\alpha_2\psi_1)F[\theta_2\sinh(\lambda_1 z) - \theta_3\cosh(\lambda_1 z)]\right\} & \mu L_0 \leqslant z \leqslant L_0 \end{cases}$$

（6.57）

2. 跨中单点加载剪力滞计算

当集中力作用于梁跨中位置时，此时有 $\mu=0.5$。根据梁受力和约束的对称性，又为了与试验进行对比分析，取一半梁体进行研究，即 $0 \leqslant z \leqslant 0.5L_0$。

1）考虑剪力滞的双箱组合梁挠度

进一步求双箱组合梁的挠度，将式（6.52）和式（6.53）求导代入式（6.26）第一项可得

$$w''(z) = -\left[\dfrac{Fz}{2k_0} + \dfrac{4}{3}(\alpha_1+\alpha_2\psi_1)\theta_1 F\sinh(\lambda_1 z)\right]$$

（6.58）

二次积分可得

$$w(z) = -\left[\frac{F}{12k_0}z^3 + \frac{4}{3\lambda_1^2}(\alpha_1 + \alpha_2\psi_1)\theta_1 F \sinh(\lambda_1 z) + C_1 z + C_2 \right] \quad （6.59）$$

由边界条件：

$$\begin{cases} w(z)\big|_{z=0} = 0 \\ w'(z)\big|_{z=0.5L_0} = 0 \end{cases} \quad （6.60）$$

将式（6.59）代入式（6.60）可求得

$$w(z) = \frac{F}{k_0}\left\{ \frac{L_0^2}{16}z - \frac{1}{12}z^3 + k_0 n\left[z - \frac{\sinh(\lambda_1 z)}{\lambda_1 \cosh(0.5\lambda_1 L_0)} \right] \right\} \qquad 0 \leqslant z \leqslant 0.5L_0 \quad （6.61）$$

式中：$n = \dfrac{4\theta_1}{3\lambda_1}(\alpha_1 + \alpha_2\psi_1)\cosh(0.5\lambda_1 L_0)$；$\theta_1 = \dfrac{d_1\lambda_1}{b_{11}}\operatorname{csch}(\lambda_1 L_0)\sinh(-0.5\lambda_1 L_0)$。

2）考虑剪力滞的双箱组合梁应变

混凝土翼板应变表达式为

$$\varepsilon_c(x,y,z) = \begin{cases} y_c\left\{ \dfrac{Fz}{2k_0} - F\theta_1\psi_1\left[1 - \dfrac{4(x-0.5b_1)^2}{b_1^2} - m \right]\sinh(\lambda_1 z) \right\} & 0 \leqslant x \leqslant b_1 \\[3mm] y_c\left\{ \dfrac{Fz}{2k_0} - F\theta_1\psi_1\left[1 - \dfrac{(0.5B_c - x)^3}{b_2^3} - m \right]\sinh(\lambda_1 z) \right\} & b_1 \leqslant x \leqslant 0.5B_c \end{cases} \quad （6.62）$$

式中：$\theta_1 = \dfrac{d_1\lambda_1}{b_{11}}\operatorname{csch}(\lambda_1 L_0)\sinh(-0.5\lambda_1 L_0)$；$m = \dfrac{4}{3}(\alpha_1 + \alpha_2\psi_1)$。

钢梁腹板应变表达式为

$$\varepsilon_{sw}(x,y,z) = y_w\left[\frac{Fz}{2k_0} + m\theta_1\psi_1 F \sinh(\lambda_1 z) \right] \quad （6.63）$$

钢梁底板应变表达式为

$$\varepsilon_{sb}(x,y,z) = y_b\left\{ \frac{Fz}{2k_0} - \theta_1\psi_1 F\left[1 - \frac{4(x-0.5b_3)^2}{b_3^2} - m \right]\sinh(\lambda_1 z) \right\} \qquad 0 \leqslant x \leqslant b_3 \quad （6.64）$$

3）剪力滞后系数

由式（6.1）可得混凝土翼板剪力滞影响系数为

$$\lambda_c = \frac{\sigma_{c(SL)}}{\sigma_{c(EL)}} = \frac{\varepsilon_{c(SL)}}{\varepsilon_{c(EL)}} \quad （6.65）$$

式中：$\sigma_{c(SL)}$ 为考虑剪滞效应影响的混凝土翼板应力；$\sigma_{c(EL)}$ 为不考虑剪滞效应影响的混凝土翼板应力；$\varepsilon_{c(SL)}$ 为考虑剪滞效应影响的混凝土翼板应变；$\varepsilon_{c(EL)}$ 为不考虑剪滞效应影响的混凝土翼板应变。

当 $0 \leqslant x \leqslant b_1$ 时，混凝土翼板剪力滞系数可表示为

$$\lambda_{c1} = \frac{y_c \left\{ \dfrac{Fz}{2k_0} - F\theta_1\psi_1 \left[1 - \dfrac{4(x-0.5b_1)^2}{b_1^2} - m \right] \sinh(\lambda_1 z) \right\}}{y_c \dfrac{Fz}{2k_0}}$$

$$= 1 - \frac{2k_1\theta_1\psi_1}{z} \left[1 - \frac{4(x-0.5b_1)^2}{b_1^2} - m \right] \sinh(\lambda_1 z) \qquad (6.66)$$

当 $b_1 \leqslant x \leqslant 0.5B_c$ 时，混凝土翼板剪力滞系数又可表示为

$$\lambda_{c2} = \frac{y_c \left\{ \dfrac{Fz}{2k_0} - F\theta_1\psi_1 \left[1 - \dfrac{(0.5B_c-x)^3}{b_2^3} - m \right] \sinh(\lambda_1 z) \right\}}{y_c \dfrac{Fz}{2k_0}}$$

$$= 1 - \frac{2k_0\theta_1\psi_1}{z} \left[1 - \frac{(0.5B_c-x)^3}{b_2^3} - m \right] \sinh(\lambda_1 z) \qquad (6.67)$$

则混凝土翼板不同截面、截面不同位置处剪力滞系数可表示为

$$\lambda_c = \begin{cases} 1 - \dfrac{2k_0\theta_1\psi_1}{z} \left[1 - \dfrac{4(x-0.5b_1)^2}{b_1^2} - m \right] \sinh(\lambda_1 z) & 0 \leqslant x \leqslant b_1 \\[4mm] 1 - \dfrac{2k_0\theta_1\psi_1}{z} \left[1 - \dfrac{(0.5B_c-x)^3}{b_2^3} - m \right] \sinh(\lambda_1 z) & b_1 \leqslant x \leqslant 0.5B_c \end{cases} \qquad (6.68)$$

由式（6.1）可得钢梁底板剪力滞影响系数为

$$\lambda_s = \frac{\sigma_{s(SL)}}{\sigma_{s(EL)}} = \frac{\varepsilon_{s(SL)}}{\varepsilon_{s(EL)}} \qquad (6.69)$$

则钢梁底板不同截面、截面不同位置处剪力滞系数为

$$\lambda_{sb} = \frac{y_b \left\{ \dfrac{Fz}{2k_0} - \theta_1\psi_1 F \left[1 - \dfrac{4(x-0.5b_3)^2}{b_3^2} - m \right] \sinh(\lambda_1 z) \right\}}{y_b \dfrac{Fz}{2k_0}}$$

$$= 1 - \frac{2k_0\theta_1\psi_1}{z} \left[1 - \frac{4(x-0.5b_3)^2}{b_3^2} - m \right] \sinh(\lambda_1 z) \qquad (6.70)$$

3. 两点对称加载剪力滞计算

在任意两点对称加载条件下，沿着梁纵向为 z 轴建立直角坐标系，竖向为 y 轴方向，分析模型如图 6-53 所示。

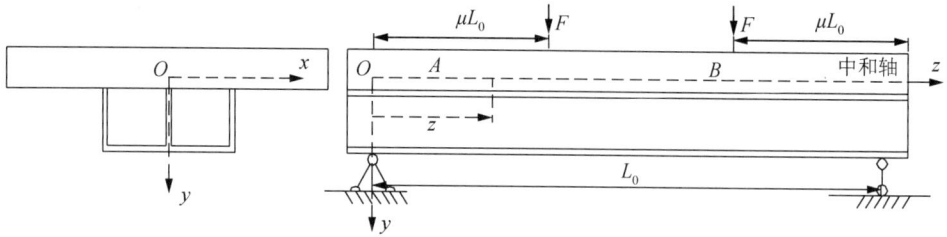

图 6-53 两点加载简支双箱组合梁示意图

外荷载作用下，任意截面剪力和弯矩可表示为

$$Q(z) = \begin{cases} F & 0 \leqslant z \leqslant \mu L_0 \\ 0 & \mu L_0 \leqslant z \leqslant (1-\mu)L_0 \\ -F & (1-\mu)L_0 \leqslant z \leqslant L_0 \end{cases} \quad (6.71)$$

$$M(z) = \begin{cases} Fz & 0 \leqslant z \leqslant \mu L_0 \\ F\mu L_0 & \mu L_0 \leqslant z \leqslant (1-\mu)L_0 \\ F(L_0 - z) & (1-\mu)L_0 \leqslant z \leqslant L_0 \end{cases} \quad (6.72)$$

将式（6.71）和式（6.72）代入到式（6.43）后两项可得

$$u_c(z) = \begin{cases} A_1\text{sh}(\lambda_1 z) + A_2\text{ch}(\lambda_1 z) + A_3\text{sh}(\lambda_2 z) + A_4\text{ch}(\lambda_2 z) + \dfrac{d_1}{b_{11}}F & 0 \leqslant z \leqslant \mu L_0 \\ A_5\text{sh}(\lambda_1 z) + A_6\text{ch}(\lambda_1 z) + A_7\text{sh}(\lambda_2 z) + A_8\text{ch}(\lambda_2 z) & \mu L_0 \leqslant z \leqslant (1-\mu)L_0 \\ A_9\text{sh}(\lambda_1 z) + A_{10}\text{ch}(\lambda_1 z) + A_{11}\text{sh}(\lambda_2 z) + A_{12}\text{ch}(\lambda_2 z) - \dfrac{d_1}{b_{11}}F & (1-\mu)L_0 \leqslant z \leqslant L_0 \end{cases}$$

$$(6.73)$$

$$u_s(z) = \begin{cases} \psi_1[A_1\text{sh}(\lambda_1 z) + A_2\text{ch}(\lambda_1 z)] + \psi_1[A_3\text{sh}(\lambda_2 z) + A_4\text{ch}(\lambda_2 z)] + \psi_1\dfrac{d_1}{b_{11}}F & 0 \leqslant z \leqslant \mu L_0 \\ \psi_1[A_5\text{sh}(\lambda_1 z) + A_6\text{ch}(\lambda_1 z)] + \psi_2[A_7\text{sh}(\lambda_2 z) + A_8\text{ch}(\lambda_2 z)] & \mu L_0 \leqslant z \leqslant (1-\mu)L_0 \\ \psi_1[A_9\text{sh}(\lambda_1 z) + A_{10}\text{ch}(\lambda_1 z)] + \psi_2[A_{11}\text{sh}(\lambda_2 z) + A_{12}\text{ch}(\lambda_1 z)] - \psi_1\dfrac{d_1}{b_{11}}F & (1-\mu)L_0 \leqslant z \leqslant L_0 \end{cases}$$

$$(6.74)$$

变分点的连续和边界条件分别为

$$\begin{cases} u_{c_{(A)}}(\mu L_0) = u_{c_{(B)}}(\mu L_0), & u_{c_{(B)}}\left[(1-\mu)L_0\right] = u_{c_{(C)}}\left[(1-\mu)L_0\right] \\ u'_{c_{(A)}}(\mu L_0) = u'_{c_{(B)}}(\mu L_0), & u'_{c_{(B)}}\left[(1-\mu)L_0\right] = u'_{c_{(C)}}\left[(1-\mu)L_0\right] \\ u_{s_{(A)}}(\mu L_0) = u_{s_{(B)}}(\mu L_0), & u_{s_{(B)}}\left[(1-\mu)L_0\right] = u_{s_{(C)}}\left[(1-\mu)L_0\right] \\ u'_{s_{(A)}}(\mu L_0) = u'_{s_{(B)}}(\mu L_0), & u'_{s_{(B)}}\left[(1-\mu)L_0\right] = u'_{s_{(C)}}\left[(1-\mu)L_0\right] \end{cases} \quad (6.75)$$

$$\begin{cases} u'_{c_{(A)}}(0) = 0, & u'_{c_{(C)}}(L_0) = 0 \\ u'_{s_{(A)}}(0) = 0, & u'_{s_{(C)}}(L_0) = 0 \end{cases} \tag{6.76}$$

式（6.73）、式（6.74）代入到式（6.75）可得

$$u_c(z) = \begin{cases} \phi F[1 + (\pi_0 - \pi_1 - \pi_2)\mathrm{ch}(\lambda_1 z)] & 0 \leqslant z \leqslant \mu L_0 \\ \phi F[-\eta_1 \mathrm{sh}(\lambda_1 z) + (\pi_0 - \pi_1)\mathrm{ch}(\lambda_1 z)] & \mu L_0 \leqslant z \leqslant (1-\mu)L_0 \\ \phi F[-1 + (\eta_0 + \eta_1)\mathrm{sh}(\lambda_1 z) + \pi_0 \mathrm{ch}(\lambda_1 z)] & (1-\mu)L_0 \leqslant z \leqslant L_0 \end{cases} \tag{6.77}$$

$$u_s(z) = \begin{cases} \psi_1 \phi F[1 + (\pi_0 - \pi_1 - \pi_2)\mathrm{ch}(\lambda_1 z)] & 0 \leqslant z \leqslant \mu L_0 \\ \psi_1 \phi F[-\eta_1 \mathrm{sh}(\lambda_1 z) + (\pi_0 - \pi_1)\mathrm{ch}(\lambda_1 z)] & \mu L_0 \leqslant z \leqslant (1-\mu)L_0 \\ \psi_1 \phi F[-1 + (\eta_0 + \eta_1)\mathrm{sh}(\lambda_1 z) + \pi_0 \mathrm{ch}(\lambda_1 z)] & (1-\mu)L_0 \leqslant z \leqslant L_0 \end{cases} \tag{6.78}$$

式中：$\phi = 1.25\beta_1 k_0^{-1}\beta_2^{-1}$；$\pi_0 = \mathrm{cth}(L_0)\{\mathrm{sh}[\lambda_1(1-u)L_0] + \mathrm{sh}(\lambda_1 u L_0)\}$；$\pi_1 = \mathrm{ch}[\lambda_1(1-u)L_0]$；$\pi_2 = \mathrm{ch}(\lambda_1 u L_0)$；$\eta_0 = \mathrm{sh}[\lambda_1(1-u)L_0]$；$\eta_1 = \mathrm{sh}(\lambda_1 u L_0)$。

进一步可求得混凝土翼板的应变函数表达式。

（1）当 $0 \leqslant z \leqslant \mu L_0$ 时，有

$$\varepsilon_c = \begin{cases} y_c \left\{ \dfrac{Fz}{k_0} - \phi\lambda_1 F\left[1 - \dfrac{4(x-0.5b_1)^2}{b_1^2} - \dfrac{4\tau}{3}\right](\pi_0 - \pi_1 - \pi_2)\mathrm{sh}(\lambda_1 z) \right\} & 0 \leqslant x \leqslant b_1 \\[4mm] y_c \left\{ \dfrac{Fz}{k_0} - \phi\lambda_1 F\left[1 - \dfrac{(0.5B_c - x)^3}{b_2^3} - \dfrac{4\tau}{3}\right](\pi_0 - \pi_1 - \pi_2)\mathrm{sh}(\lambda_1 z) \right\} & b_1 \leqslant x \leqslant \dfrac{B_c}{2} \end{cases} \tag{6.79}$$

（2）当 $\mu L_0 \leqslant z \leqslant (1-\mu)L_0$ 时，有

$$\varepsilon_c = \begin{cases} y_c \left\{ \dfrac{Fz}{k_0} - \phi\lambda_1 F\left[1 - \dfrac{4(x-0.5b_1)^2}{b_1^2} - \dfrac{4\tau}{3}\right][(\pi_0 - \pi_1)\mathrm{sh}(\lambda_1 z) - \eta_1 \mathrm{ch}(\lambda_1 z)] \right\} & 0 \leqslant x \leqslant b_1 \\[4mm] y_c \left\{ \dfrac{Fz}{k_0} - \phi\lambda_1 F\left[1 - \dfrac{(0.5B_c - x)^3}{b_2^3} - \dfrac{4\tau}{3}\right][(\pi_0 - \pi_1)\mathrm{sh}(\lambda_1 z) - \eta_1 \mathrm{ch}(\lambda_1 z)] \right\} & b_1 \leqslant x \leqslant \dfrac{B_c}{2} \end{cases} \tag{6.80}$$

（3）当 $(1-\mu)L_0 \leqslant z \leqslant L_0$ 时，有

$$\varepsilon_c = \begin{cases} y_c \left\{ \dfrac{Fz}{k_0} - \phi\lambda_1 F\left[1 - \dfrac{4(x-0.5b_1)^2}{b_1^2} - \dfrac{4\tau}{3}\right][\pi_0 \mathrm{sh}(\lambda_1 z) + (\eta_0 + \eta_1)\mathrm{ch}(\lambda_1 z)] \right\} & 0 \leqslant x \leqslant b_1 \\[4mm] y_c \left\{ \dfrac{Fz}{k_0} - \phi\lambda_1 F\left[1 - \dfrac{(0.5B_c - x)^3}{b_2^3} - \dfrac{4\tau}{3}\right][\pi_0 \mathrm{sh}(\lambda_1 z) + (\eta_0 + \eta_1)\mathrm{ch}(\lambda_1 z)] \right\} & b_1 \leqslant x \leqslant \dfrac{B_c}{2} \end{cases} \tag{6.81}$$

双箱钢梁底板的应变函数表达式为

$$\varepsilon_{sb}=\begin{cases} y_b\left\{\dfrac{Fz}{k_0}-\lambda_1\phi\psi_1 F\left[1-\dfrac{4(x-0.5b_1)^2}{b_1^2}-\dfrac{4\tau}{3}\right](\pi_0-\pi_1-\pi_2)\mathrm{sh}(\lambda_1 z)\right\} \\ \qquad\qquad\qquad\qquad\qquad\qquad\qquad\qquad 0\leqslant z\leqslant\mu L_0 \\ y_b\left\{\dfrac{\mu L_0 F}{k_0}-\lambda_1\phi\psi_1 F\left[1-\dfrac{4(x-0.5b_1)^2}{b_1^2}-\dfrac{4\tau}{3}\right][(\pi_0-\pi_1)\mathrm{sh}(\lambda_1 z)-\eta_1\mathrm{ch}(\lambda_1 z)]\right\} \\ \qquad\qquad\qquad\qquad\qquad\qquad\qquad\qquad \mu L_0\leqslant z\leqslant(1-\mu)L_0 \\ y_b\left\{\dfrac{Fz}{k_0}-\lambda_1\phi\psi_1 F\left[1-\dfrac{4(x-0.5b_1)^2}{b_1^2}-\dfrac{4\tau}{3}\right][\pi_0\mathrm{sh}(\lambda_1 z)+(\eta_0+\eta_1)\mathrm{ch}(\lambda_1 z)]\right\} \\ \qquad\qquad\qquad\qquad\qquad\qquad\qquad\qquad (1-\mu)L_0\leqslant z\leqslant L_0 \end{cases}$$

$$（6.82）$$

双箱钢梁腹板的应变函数表达式为

$$\varepsilon_{sw}=\begin{cases} y_w\left[\dfrac{Fz}{k_0}-\dfrac{4\tau\phi\lambda_1 F}{3}(\pi_0-\pi_1-\pi_2)\mathrm{sh}(\lambda_1 z)\right] & 0\leqslant z\leqslant\mu L_0 \\ y_w\left\{\dfrac{\mu L_0 F}{k_0}-\dfrac{4\tau\phi\lambda_1 F}{3}[(\pi_0-\pi_1)\mathrm{sh}(\lambda_1 z)-\eta_1\mathrm{ch}(\lambda_1 z)]\right\} & \mu L_0\leqslant z\leqslant(1-\mu)L_0 \\ y_w\left\{\dfrac{F(L_0-z)}{k_0}-\dfrac{4\tau\phi\lambda_1 F}{3}[\pi_0\mathrm{sh}(\lambda_1 z)+(\eta_0+\eta_1)\mathrm{ch}(\lambda_1 z)]\right\} & (1-\mu)L_0\leqslant z\leqslant L_0 \end{cases}$$

$$（6.83）$$

进一步求得双箱组合梁的挠度表达式为

$$w(z)=\begin{cases} -\dfrac{F}{k_0}\left[\dfrac{z^3}{6}+\dfrac{4\tau\phi k_0}{3\lambda_1}(\pi_0-\pi_1-\pi_2)\mathrm{sh}(\lambda_1 z)+C_1 z+C_2\right] \\ \qquad\qquad\qquad\qquad\qquad\qquad\qquad\qquad 0\leqslant z\leqslant\mu L_0 \\ -\dfrac{F}{k_0}\left\{\dfrac{\mu L_0 z^2}{2}+\dfrac{4\tau\phi k_0}{3\lambda_1}[(\pi_0-\pi_1)\mathrm{sh}(\lambda_1 z)-\eta_1\mathrm{ch}(\lambda_1 z)]+C_3 z+C_4\right\} \\ \qquad\qquad\qquad\qquad\qquad\qquad\qquad\qquad \mu L_0\leqslant z\leqslant(1-\mu)L_0 \\ -\dfrac{F}{k_0}\left\{-\dfrac{z^3}{6}+\dfrac{L_0 z^2}{2}+\dfrac{4\tau\phi k_0}{3\lambda_1}[\pi_0\mathrm{sh}(\lambda_1 z)+(\eta_0+\eta_1)\mathrm{ch}(\lambda_1 z)]+C_5 z+C_6\right\} \\ \qquad\qquad\qquad\qquad\qquad\qquad\qquad\qquad (1-\mu)L_0\leqslant z\leqslant L_0 \end{cases}$$

$$（6.84）$$

式（6.84）中系数表达式为

$$\begin{cases} C_1 = \dfrac{(1-\mu)(\kappa_4+\kappa_5)+\kappa}{\mu^* L_0} - \dfrac{4(1-\mu)\kappa_4 + 2\kappa_5 + (1-\mu)L_0}{2\mu^*} - \dfrac{(5-6\mu+3\mu^2-2\mu^3)L_0^2}{6\mu^*} \\[3mm] C_2 = 0 \\[3mm] C_3 = \dfrac{(1-\mu)\kappa_5+\kappa}{\mu^* L_0} + \dfrac{2(\mu\kappa_4-\kappa_5)+(1-\mu-\mu^2+\mu^3)L_0}{2\mu^*} - \dfrac{(5-6\mu-3\mu^2+\mu^3)L_0^2}{6\mu^*} \\[3mm] C_4 = -\kappa_2 + \mu\kappa_4 L_0 + \dfrac{\mu^3 L_0^3}{6} \\[3mm] C_5 = \dfrac{\kappa}{\mu^* L_0} + \dfrac{[\mu\kappa_4+(1-\mu)\kappa_5]L_0}{\mu^*} + \dfrac{(1+3\mu-3\mu^2+2\mu^3)L_0^2}{6\mu^*} \\[3mm] C_6 = \dfrac{\kappa_2+\kappa_3}{\mu^* L_0} - \dfrac{[3\mu\kappa_4+(1-\mu)(1+3\kappa)]L_0}{3\mu^*} + \dfrac{(3-5\mu+3\mu^2-2\mu^3)L_0^2}{6\mu^*} \end{cases} \tag{6.85}$$

式中：$\mu^* = (1-\mu)/L_0 + (\mu-2)$；$\kappa_1 = \dfrac{4\tau\phi k_0}{3\lambda_1}[\pi_0\mathrm{sh}(\lambda_1 L_0) + (\eta_0+\eta_1)\mathrm{ch}(\lambda_1 L_0)]$；$\kappa = \kappa_1 - \kappa_2 - \kappa_3$；

$\kappa_2 = \dfrac{4\tau\phi k_0}{3\lambda_1}[\pi_2\mathrm{sh}(\lambda_1\mu L_0) - \eta_1\mathrm{ch}(\lambda_1\mu L_0)]$；$\kappa_3 = \dfrac{4\tau\phi k_0}{3\lambda_1}\{\pi_1\mathrm{sh}[\lambda_1(1-\mu)L_0] + (\eta_0+2\eta_1)\mathrm{ch}[\lambda_1(1-\mu)L_0]\}$；

$\kappa_4 = \dfrac{4\tau\phi k_0}{3}[-\eta_1\mathrm{sh}(\lambda_1\mu L_0) + \pi_2\mathrm{ch}(\lambda_1\mu L_0)]$；$\kappa_5 = \dfrac{4\tau\phi k_0}{3}\{(\eta_0+2\eta_1)\mathrm{sh}[\lambda_1(1-\mu)L_0] + \pi_1\mathrm{ch}[\lambda_1(1-\mu)L_0]\}$。

6.3.4　预应力双箱组合梁剪滞效应分析

基于能量守恒原理，推导出弹性状态时三种不同加载方式下预应力双箱组合梁内力增量表达式，来研究体外预应力，及预应力增量作用下预应力双箱组合梁结构剪滞效应。

根据该类型双箱组合梁结构的受力特点，在进行剪力滞理论推导过程中增加如下基本假定[177~181]。

（1）在外荷载作用过程中，预应力筋始终保持为弹性体。

（2）忽略预应力筋与转向块之间的摩擦损失，并且预应力筋内力处处相等。

（3）预应力筋与组合梁的变形基本一致，忽略"二次效应"的影响。

（4）梁体以受弯为主，忽略剪切变形的影响。

1. 任意单点加载剪力滞计算

在任意单点加载条件下，以支座截面处组合梁截面型心为原点，沿着梁纵向为 z 轴建立直角坐标系，计算模型如图 6-54 所示。

组合梁在外荷载及预应力作用下，任意截面剪力和弯矩可表示为

$$Q(z) = \begin{cases} (1-\mu)F & 0 \leqslant z \leqslant \mu L_0 \\ -\mu F & \mu L_0 \leqslant z \leqslant L_0 \end{cases} \tag{6.86}$$

$$M(z) = \begin{cases} (1-\mu)Fz - (P_0+\Delta P)e_p & 0 \leqslant z \leqslant \mu L_0 \\ \mu F(L_0-z) - (P_0+\Delta P)e_p & \mu L_0 \leqslant z \leqslant L_0 \end{cases} \tag{6.87}$$

式中：L_0 为梁的净跨；μL_0 为加载点到端支座的距离；P_0 为初始有效预应力；ΔP 为预应力增量；e_p 为预应力筋截面中心到组合梁截面中和轴的距离。

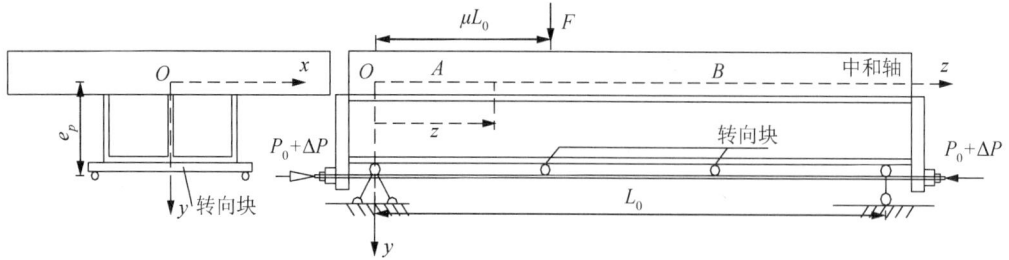

图 6-54　有转向块单点加载简支双箱组合梁示意图

根据能量守恒原理，外力所做的功等于结构的变形势能，即有基本方程：

$$W_{外} = U_{弯曲变形} + U_{压缩变形} + U_{预应力筋应变} \tag{6.88}$$

解得预应力筋内力增量 ΔP 为

$$\Delta P = \frac{1}{2}[\rho_2 F - 2P_0 + (4P_0^2 + \rho_2^2 F^2)^{0.5}] \tag{6.89}$$

式中：$\rho_1 = \dfrac{I_0}{A_0} + \dfrac{E_0 I_0}{E_p A_p}$；$\rho_2 = \dfrac{\mu - \mu^2}{2(e_p^2 + \rho_1)} e_p L_0$。其中，$A_0$ 为组合梁换算截面面积，$E_0 I_0$ 为组合梁换算抗弯刚度，E_p、A_p 分别为预应力筋弹性模量和有效截面面积。

式（6.89）代入式（6.87）得

$$M(z) = \begin{cases} (1-\mu)Fz - \dfrac{1}{2}[\rho_2 F + (4P_0^2 + \rho_2^2 F^2)^{0.5}]e_p & 0 \leqslant z \leqslant \mu L_0 \\ \mu F(L_0 - z) - \dfrac{1}{2}[\rho_2 F + (4P_0^2 + \rho_2^2 F^2)^{0.5}]e_p & \mu L_0 \leqslant z \leqslant L_0 \end{cases} \tag{6.90}$$

依据普通简支双箱组合梁剪力滞后效应推导理论，得混凝土翼板应变函数表达式为

（1）当 $0 \leqslant z \leqslant \mu L_0$ 时，有

$$\varepsilon_c(x,y,z) = \begin{cases} y_c\left\{\dfrac{(1-\mu)Fz - 0.5[\rho_2 F + (4P_0^2 + \rho_2^2 F^2)^{0.5}]e_p}{k_0} - \left[1 - \dfrac{4(x-0.5b_1)^2}{b_1^2} - \dfrac{4}{3}(\alpha_1 + \alpha_2\psi_1)\right]F\theta_1\sinh(\lambda_1 z)\right\} \\ \hfill 0 \leqslant x \leqslant b_1 \\ y_c\left\{\dfrac{(1-\mu)Fz - 0.5[\rho_2 F + (4P_0^2 + \rho_2^2 F^2)^{0.5}]e_p}{k_0} - \left[1 - \dfrac{(0.5B_c - x)^3}{b_2^3} - \dfrac{4}{3}(\alpha_1 + \alpha_2\psi_1)\right]F\theta_1\sinh(\lambda_1 z)\right\} \\ \hfill b_1 \leqslant x \leqslant 0.5B_c \end{cases}$$

$$\tag{6.91}$$

式中：$\alpha_1 = \dfrac{k_1}{k_0}$；$\alpha_2 = \dfrac{k_2}{k_0}$；$\theta_1 = \dfrac{d_1\lambda_1}{b_{11}}\operatorname{csch}(\lambda_1 L_0)\sinh[\lambda_1(\mu-1)L_0]$；$\psi_1$ 满足式（6.44），λ_1 为特征方程（6.34）的根。

（2）当 $\mu L_0 \leqslant z \leqslant L_0$ 时，即

$$\varepsilon_c(x,y,z) = \begin{cases} y_c \left\{ \dfrac{\mu F(L_0-z)-0.5[\rho_2 F+(4P_0^2+\rho_2^2 F^2)^{0.5}]e_p}{k_0} \right. \\ \qquad \left. -\left[1-\dfrac{4(x-0.5b_1)^2}{b_1^2}-\dfrac{4}{3}(\alpha_1+\alpha_2\psi_1)\right]F[\theta_2\sinh(\lambda_1 z)-\theta_3\cosh(\lambda_1 z)] \right\} \\ \qquad\qquad\qquad\qquad\qquad\qquad\qquad\qquad\qquad 0 \leqslant x \leqslant b_1 \\ y_c \left\{ \dfrac{\mu F(L_0-z)-0.5[\rho_2 F+(4P_0^2+\rho_2^2 F^2)^{0.5}]e_p}{k_0} \right. \\ \qquad \left. -\left[1-\dfrac{(0.5B_c-x)^3}{b_2^3}-\dfrac{4}{3}(\alpha_1+\alpha_2\psi_1)\right]F[\theta_2\sinh(\lambda_1 z)-\theta_3\cosh(\lambda_1 z)] \right\} \\ \qquad\qquad\qquad\qquad\qquad\qquad\qquad\qquad\qquad b_1 \leqslant x \leqslant 0.5B_c \end{cases} \quad (6.92)$$

同理可得双箱钢梁底板的应变函数表达式为

$$\varepsilon_{sb}(x,y,z) = \begin{cases} y_b \left\{ \dfrac{(1-\mu)Fz-0.5[\rho_2 F+(4P_0^2+\rho_2^2 F^2)^{0.5}]e_p}{k_0} \right. \\ \qquad \left. -\left[1-\dfrac{4(x-0.5b_3)^2}{b_3^2}-\dfrac{4}{3}(\alpha_1+\alpha_2\psi_1)\right]\theta_1\psi_1 F\sinh(\lambda_1 z) \right\} \\ \qquad\qquad\qquad\qquad\qquad\qquad\qquad\qquad\qquad 0 \leqslant z \leqslant \mu L_0 \\ y_b \left\{ \dfrac{\mu F(L_0-z)-0.5[\rho_2 F+(4P_0^2+\rho_2^2 F^2)^{0.5}]e_p}{k_0} \right. \\ \qquad \left. -\left[1-\dfrac{4(x-0.5b_3)^2}{b_3^2}-\dfrac{4}{3}\left(\dfrac{\alpha_1}{\psi_1}+\alpha_2\right)\right]\psi_1 F[\theta_2\sinh(\lambda_1 z)-\theta_3\cosh(\lambda_1 z)] \right\} \\ \qquad\qquad\qquad\qquad\qquad\qquad\qquad\qquad\qquad \mu L_0 \leqslant z \leqslant L_0 \end{cases} \quad (6.93)$$

考虑剪滞效应后钢梁腹板的应变函数表达式为

$$\varepsilon_{sw}(x,y,z) = \begin{cases} y_w \left\{ \dfrac{(1-\mu)Fz-0.5[\rho_2 F+(4P_0^2+\rho_2^2 F^2)^{0.5}]e_p}{k_0}+\dfrac{4}{3}(\alpha_1+\alpha_2\psi_1)\theta_1 F\sinh(\lambda_1 z) \right\} \\ \qquad\qquad\qquad\qquad\qquad\qquad\qquad\qquad\qquad 0 \leqslant z \leqslant \mu L_0 \\ y_w \left\{ \dfrac{\mu F(L_0-z)-0.5[\rho_2 F+(4P_0^2+\rho_2^2 F^2)^{0.5}]e_p}{k_0}+\dfrac{4}{3}(\alpha_1+\alpha_2\psi_1)F[\theta_2\sinh(\lambda_1 z)-\theta_3\cosh(\lambda_1 z)] \right\} \\ \qquad\qquad\qquad\qquad\qquad\qquad\qquad\qquad\qquad \mu L_0 \leqslant z \leqslant L_0 \end{cases}$$

$$(6.94)$$

2. 跨中单点加载剪力滞计算

考虑体外预应力及附加预应力增量的情况下，当集中力作用于梁跨中位置时，根据梁受力和约束的对称性，取一半梁体进行研究，即 $0 \leqslant z \leqslant 0.5L_0$，根据上述理论可得到

考虑剪力滞及预应力增量情况下双箱组合梁挠度、混凝土翼板应变、钢梁底板应变、钢梁腹板应变表达式。

1）双箱组合梁挠度

根据前面的理论可得关于挠度的二阶关系表达式为

$$w''(z) = -\left[\frac{Fz - [\rho_2 F + (4P_0^2 + \rho_2^2 F^2)^{0.5}]e_p}{2k_0} + \frac{4}{3}(\alpha_1 + \alpha_2\psi_1)\theta_1 F \sinh(\lambda_1 z) \right] \quad (6.95)$$

式中：$\rho_1 = \frac{I_0}{A_0} + \frac{E_0 I_0}{E_p A_p}$；$\rho_2 = \frac{e_p L_0}{8(e_p^2 + \rho_1)}$；$P_0$ 为初始有效预应力；k_0 为组合梁换算截面刚度；e_p 为预应力筋截面中心到组合梁截面中和轴的距离。

对式（6.95）积分二次可得

$$w(z) = -\left\{ \frac{F}{12k_0}z^3 - \frac{[\rho_2 F + (4P_0^2 + \rho_2^2 F^2)^{0.5}]e_p}{4k_0}z^2 + \frac{4}{3\lambda_1^2}(\alpha_1 + \alpha_2\psi_1)\theta_1 F \sinh(\lambda_1 z) + C_1 z + C_2 \right\}$$

$$(6.96)$$

由边界条件：

$$\begin{cases} w(z)\big|_{z=0} = 0 \\ w'(z)\big|_{z=0.5L_0} = 0 \end{cases} \quad (6.97)$$

可得双箱组合梁挠度表达式为

$$w(z) = \frac{F}{k_0}\left\{ -\frac{z^3}{12} + \frac{L_0^2}{16}z + \frac{\left\{\rho_2 + \left[4(P_0/F)^2 + \rho_2^2\right]^{0.5}\right\}e_p}{4}(z^2 - L_0 z) + k_0 n\left[z - \frac{\sinh(\lambda_1 z)}{\lambda_1 \cosh(0.5\lambda_1 L_0)} \right] \right\}$$

$$(6.98)$$

式中：$n = \frac{4\theta_1}{3\lambda_1}(\alpha_1 + \alpha_2\psi_1)\cosh(0.5\lambda_1 L_0)$；$\theta_1 = \frac{d_1 \lambda_1}{b_{11}}\operatorname{csch}(\lambda_1 L_0)\sinh(-0.5\lambda_1 L_0)$。

2）双箱组合梁应变

混凝土翼板应变表达式为

$$\varepsilon_c = \begin{cases} y_c\left\{ \dfrac{Fz - [\rho_2 F + (4P_0^2 + \rho_2^2 F^2)^{0.5}]e_p}{2k_0} - \left[1 - \dfrac{4(x - 0.5b_1)^2}{b_1^2} - m\right]\theta_1 F \sinh(\lambda_1 z) \right\} \\ \qquad\qquad\qquad\qquad\qquad\qquad\qquad\qquad\qquad\qquad\qquad 0 \leqslant x \leqslant b_1 \\ y_c\left\{ \dfrac{Fz - [\rho_2 F + (4P_0^2 + \rho_2^2 F^2)^{0.5}]e_p}{2k_0} - \left[1 - \dfrac{(0.5B_c - x)^3}{b_2^3} - m\right]\theta_1 F \sinh(\lambda_1 z) \right\} \\ \qquad\qquad\qquad\qquad\qquad\qquad\qquad\qquad\qquad\qquad\qquad b_1 \leqslant x \leqslant 0.5B_c \end{cases}$$

$$(6.99)$$

式中：$m = \dfrac{4}{3}(\alpha_1 + \alpha_2\psi_1)$。

钢梁腹板应变表达式为

$$\varepsilon_{sw} = y_w \left\{ \frac{Fz - [\rho_2 F + (4P_0^2 + \rho_2^2 F^2)^{0.5}]e_p}{2k_0} + m\theta_1 F \sinh(\lambda_1 z) \right\} \quad (6.100)$$

钢梁底板应变表达式为

$$\varepsilon_{sb} = y_b \left\{ \frac{Fz - [\rho_2 F + (4P_0^2 + \rho_2^2 F^2)^{0.5}]e_p}{2k_0} - \left[1 - \frac{4(x - 0.5b_3)^2}{b_3^2} - m \right] \theta_1 \psi_1 F \sinh(\lambda_1 z) \right\}$$

$$0 \leqslant x \leqslant b_3 \quad (6.101)$$

3. 两点对称加载剪力滞计算

在任意两点对称加载条件下，仍以支座截面处组合梁截面型心为原点，沿着梁纵向为 z 轴建立直角坐标系，竖向为 y 轴方向，计算模型如图 6-55 所示。

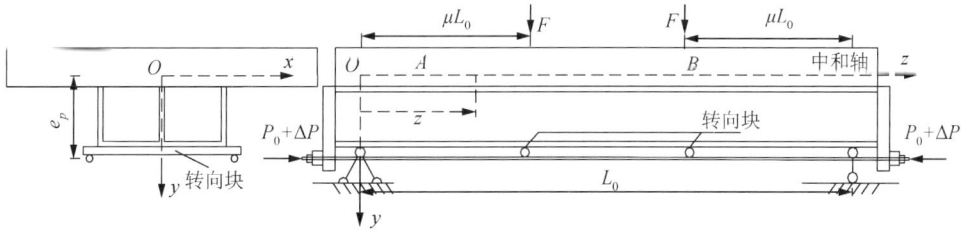

图 6-55　有转向块两点对称加载简支双箱组合梁示意图

在外荷载及预应力作用下，任意截面剪力和弯矩表达式可表示为

$$Q(z) = \begin{cases} F & 0 \leqslant z \leqslant \mu L_0 \\ 0 & \mu L_0 \leqslant z \leqslant (1-\mu)L_0 \\ -F & (1-\mu)L_0 \leqslant z \leqslant L_0 \end{cases} \quad (6.102)$$

$$M(z) = \begin{cases} Fz - (P_0 + \Delta P)e_p & 0 \leqslant z \leqslant \mu L_0 \\ F\mu L_0 - (P_0 + \Delta P)e_p & \mu L_0 \leqslant z \leqslant (1-\mu)L_0 \\ F(L_0 - z) - (P_0 + \Delta P)e_p & (1-\mu)L_0 \leqslant z \leqslant L_0 \end{cases} \quad (6.103)$$

式中：L_0 为梁的净跨；P_0 为初始有效预应力；ΔP 为预应力增量；e_p 为预应力筋截面中心到组合梁截面中和轴的距离。

根据能量守恒原理，外力所做的功等于结构的变形势能，解得预应力筋内力增量 ΔP 为

$$\Delta P = \frac{1}{2}[\rho_2 F - 2P_0 + (4P_0^2 + \rho_2^2 F^2)^{0.5}] \quad (6.104)$$

式中：$\rho_1 = \dfrac{I_0}{A_0} + \dfrac{E_0 I_0}{E_p A_p}$；$\rho_2 = \dfrac{\mu - \mu^2}{e_p^2 + \rho_1} e_p L_0$。

将式（6.104）代入式（6.103）得

$$M(z) = \begin{cases} F\left(z - \dfrac{\rho_2 e_p}{2}\right) - \dfrac{e_p}{2}(4P_0^2 + \rho_2^2 F^2)^{0.5} & 0 \leqslant z \leqslant \mu L_0 \\[2mm] F\left(\mu L_0 - \dfrac{\rho_2 e_p}{2}\right) - \dfrac{e_p}{2}(4P_0^2 + \rho_2^2 F^2)^{0.5} & \mu L_0 \leqslant z \leqslant (1-\mu)L_0 \\[2mm] F\left[(L_0 - z) - \dfrac{\rho_2 e_p}{2}\right] - \dfrac{e_p}{2}(4P_0^2 + \rho_2^2 F^2)^{0.5} & (1-\mu)L_0 \leqslant z \leqslant L_0 \end{cases} \quad (6.105)$$

将式（6.105）代入式（6.6）和式（6.7）得预应增量力作用下混凝土翼板应变函数

表达式为

（1）当 $0 \leqslant z \leqslant \mu L_0$ 时，有

$$\varepsilon_c = \begin{cases} y_c \left\{ \dfrac{F(z - 0.5\rho_2 e_p) - 0.5(4P_0^2 + \rho_2^2 F^2)^{0.5} e_p}{k_0} - \left[1 - \dfrac{4(x - 0.5b_1)^2}{b_1^2} - \tau_0 \right] F\tau_1 \sinh(\lambda_1 z) \right\} \\ \hfill 0 \leqslant x \leqslant b_1 \\[2mm] y_c \left\{ \dfrac{F(z - 0.5\rho_2 e_p) - 0.5(4P_0^2 + \rho_2^2 F^2)^{0.5} e_p}{k_0} - \left[1 - \dfrac{(0.5B_c - x)^3}{b_2^3} - \tau_0 \right] F\tau_1 \sinh(\lambda_1 z) \right\} \\ \hfill b_1 \leqslant x \leqslant 0.5B_c \end{cases}$$

$$(6.106)$$

式中：$\phi = 1.25\beta_1 k_0^{-1} \beta_2^{-1}$；$\pi_0 = \mathrm{cth}(L_0)\{\mathrm{sh}[\lambda_1(1 - u)L_0] + \mathrm{sh}(\lambda_1 uL_0)\}$；$\pi_1 = \mathrm{ch}[\lambda_1(1 - u)L_0]$；$\pi_2 = \mathrm{ch}(\lambda_1 uL_0)$；$\tau_0 = \dfrac{4}{3}(\alpha_1 + \alpha_2\psi_1)$；$\tau_1 = \phi\lambda_1(\pi_0 - \pi_1 - \pi_2)$。

（2）当 $\mu L_0 \leqslant z \leqslant (1 - \mu)L_0$ 时，有

$$\varepsilon_c = \begin{cases} y_c \left\{ \dfrac{F(\mu L_0 - 0.5\rho_2 e_p) - 0.5(4P_0^2 + \rho_2^2 F^2)^{0.5} e_p}{k_0} - \left[1 - \dfrac{4(x - 0.5b_1)^2}{b_1^2} - \tau_0 \right] \phi\lambda_1 F[(\pi_0 - \pi_1)\mathrm{sh}(\lambda_1 z) - \eta_1\mathrm{ch}(\lambda_1 z)] \right\} \\ \hfill 0 \leqslant x \leqslant b_1 \\[2mm] y_c \left\{ \dfrac{F(\mu L_0 - 0.5\rho_2 e_p) - 0.5(4P_0^2 + \rho_2^2 F^2)^{0.5} e_p}{k_0} - \left[1 - \dfrac{(0.5B_c - x)^3}{b_2^3} - \tau_0 \right] \phi\lambda_1 F[(\pi_0 - \pi_1)\mathrm{sh}(\lambda_1 z) - \eta_1\mathrm{ch}(\lambda_1 z)] \right\} \\ \hfill b_1 \leqslant x \leqslant 0.5B_c \end{cases}$$

$$(6.107)$$

式中：$\eta_1 = \mathrm{sh}(\lambda_1 uL_0)$。

（3）当 $(1 - \mu)L_0 \leqslant z \leqslant L_0$ 时，有

$$\varepsilon_c = \begin{cases} y_c \left\{ \dfrac{F[(L_0 - z) - 0.5\rho_2 e_p] - 0.5(4P_0^2 + \rho_2^2 F^2)^{0.5} e_p}{k_0} - \left[1 - \dfrac{4(x - 0.5b_1)^2}{b_1^2} - \tau_0 \right] \phi\lambda_1 F[\pi_0\mathrm{sh}(\lambda_1 z) + (\eta_0 + \eta_1)\mathrm{ch}(\lambda_1 z)] \right\} \\ \hfill 0 \leqslant x \leqslant b_1 \\[2mm] y_c \left\{ \dfrac{F[(L_0 - z) - 0.5\rho_2 e_p] - 0.5(4P_0^2 + \rho_2^2 F^2)^{0.5} e_p}{k_0} - \left[1 - \dfrac{(0.5B_c - x)^3}{b_2^3} - \tau_0 \right] \phi\lambda_1 F[\pi_0\mathrm{sh}(\lambda_1 z) + (\eta_0 + \eta_1)\mathrm{ch}(\lambda_1 z)] \right\} \\ \hfill b_1 \leqslant x \leqslant 0.5B_c \end{cases}$$

$$(6.108)$$

式中：$\eta_0 = \mathrm{sh}[\lambda_1(1 - u)L_0]$；$\eta_1 = \mathrm{sh}(\lambda_1 uL_0)$。

同理可得双箱钢梁底板的应变函数表达式为

$$\varepsilon_{sb} = \begin{cases} y_b \left\{ \dfrac{F(z - 0.5\rho_2 e_p) - 0.5(4P_0^2 + \rho_2^2 F^2)^{0.5} e_p}{k_0} - \left[1 - \dfrac{4(x - 0.5b_1)^2}{b_1^2} - \tau_0 \right] \tau_1\psi_1 F\mathrm{sh}(\lambda_1 z) \right\} \\ \hfill 0 \leqslant z \leqslant \mu L_0 \\[2mm] y_b \left\{ \dfrac{F(\mu L_0 - 0.5\rho_2 e_p) - 0.5(4P_0^2 + \rho_2^2 F^2)^{0.5} e_p}{k_0} - \left[1 - \dfrac{4(x - 0.5b_1)^2}{b_1^2} - \tau_0 \right] \lambda_1\phi\psi_1 F[(\pi_0 - \pi_1)\mathrm{sh}(\lambda_1 z) - \eta_1\mathrm{ch}(\lambda_1 z)] \right\} \\ \hfill \mu L_0 \leqslant z \leqslant (1 - \mu)L_0 \\[2mm] y_b \left\{ \dfrac{F[(L_0 - z) - 0.5\rho_2 e_p] - 0.5(4P_0^2 + \rho_2^2 F^2)^{0.5} e_p}{k_0} - \left[1 - \dfrac{4(x - 0.5b_1)^2}{b_1^2} - \tau_0 \right] \lambda_1\phi\psi_1 F[\pi_0\mathrm{sh}(\lambda_1 z) + (\eta_0 + \eta_1)\mathrm{ch}(\lambda_1 z)] \right\} \\ \hfill (1 - \mu)L_0 \leqslant z \leqslant L_0 \end{cases}$$

$$(6.109)$$

考虑剪滞效应后钢梁腹板的应变函数表达式为

$$\varepsilon_{sw} = \begin{cases} y_w\left[\dfrac{F(z-0.5\rho_2 e_p)-0.5(4P_0^2+\rho_2^2F^2)^{0.5}e_p}{k_0}+\tau_0\tau_1\psi_1 F\mathrm{sh}(\lambda_1 z)\right] \\ \qquad\qquad\qquad\qquad\qquad\qquad\qquad\qquad\qquad\qquad 0\leqslant z\leqslant \mu L_0 \\[2mm] y_w\left[\dfrac{F(\mu L_0-0.5\rho_2 e_p)-0.5(4P_0^2+\rho_2^2F^2)^{0.5}e_p}{k_0}+\tau_0\lambda_1\phi\psi_1 F[(\pi_0-\pi_1)\mathrm{sh}(\lambda_1 z)-\eta_1\mathrm{ch}(\lambda_1 z)]\right] \\ \qquad\qquad\qquad\qquad\qquad\qquad\qquad\qquad\qquad \mu L_0\leqslant z\leqslant (1-\mu)L_0 \\[2mm] y_w\left[\dfrac{F[(L_0-z)-0.5\rho_2 e_p]-0.5(4P_0^2+\rho_2^2F^2)^{0.5}e_p}{k_0}+\tau_0\lambda_1\phi\psi_1 F[\pi_0\mathrm{sh}(\lambda_1 z)+(\eta_0+\eta_1)\mathrm{ch}(\lambda_1 z)]\right] \\ \qquad\qquad\qquad\qquad\qquad\qquad\qquad\qquad\qquad (1-\mu)L_0\leqslant z\leqslant L_0 \end{cases}$$

$$(6.110)$$

6.3.5　简支模型梁算例分析

以试件 CB-62 为例，该试件为完全剪力连接，不考虑混凝土翼板与钢梁之间滑移的影响。根据试验要求，混凝土强度等级为 C60，钢材强度等级为 Q235-B，计算所用到的材料参数可根据《钢结构设计规范》和《混凝土设计规范》来确定，计算需要的几何参数取至试验试件几何尺寸，如表 6-10 所示。

表 6-10　模型梁计算参数

计算参数	符号	取值	计算参数	符号	取值
混凝土弹性模量	E_c	36.56GPa	顶面翼板半宽	b_1	130mm
钢梁弹性模量	E_s	206GPa	悬臂翼板半宽	b_2	370mm
混凝土剪切模量	G_c	14.4GPa	钢梁半宽	b_3	130mm
钢梁剪切模量	G_s	82.4GPa	中性轴距离	y_0^*	1.1974×10^2mm
模型梁净跨	L_0	4500mm	翼板截面面积	A_c^*	1.5000×10^5 mm^2
混凝土翼板宽度	B_c	1000mm	钢梁截面面积	A_s^*	6.4000×10^3 mm^2
混凝土翼板厚度	H_c	150mm	顶面翼板惯性矩	J_{c1}^*	6.5595×10^7 mm^4
钢梁腹板高度	h_w	150mm	悬臂翼板惯性矩	J_{c2}^*	2.1516×10^8 mm^4
钢梁腹板厚度	t_w	10mm	钢梁腹板惯性矩	J_{sw}^*	2.6130×10^6 mm^4
钢梁底板宽度	B_b	260mm	钢梁底板惯性矩	J_{sb}^*	2.2865×10^7 mm^4
钢梁底板厚度	t_b	10mm	—		—

1. 线弹性分析计算

1）双箱组合梁挠度特征分析

代入已知参数按式（6.61）求得线弹性范围内考虑剪滞效应后组合梁挠度 δ_{ds}，并与初等梁计算值 δ_{de}、试验值 δ_{dt} 进行比较分析。

将初等梁理论推导值与考虑剪滞效应后计算值进行比值处理，如表 6-11 所示。

表 6-11　考虑剪滞效应计算挠度与初等梁理论挠度分析一览表

跨中外弯矩/（kN·m）		计算方法	纵向 z 坐标/mm		
			750	1500	2250
$0.2M_{cr}$	36.92	δ_{de}	0.9159	1.6204	1.9022
		δ_{ds}	0.9218	1.6319	1.9170
		δ_{ds}/δ_{de}	1.007	1.007	1.008
$0.4M_{cr}$	73.84	δ_{de}	1.8417	3.2407	3.8043
		δ_{ds}	1.8437	3.2639	3.8339
		δ_{ds}/δ_{de}	1.007	1.007	1.008
$0.6M_{cr}$	110.76	δ_{de}	2.7476	4.8611	5.7065
		δ_{ds}	2.7655	4.8958	5.7509
		δ_{ds}/δ_{de}	1.007	1.007	1.008
$0.8M_{cr}$	146.68	δ_{de}	3.6634	6.4815	6.6087
		δ_{ds}	3.6874	6.5278	6.6678
		δ_{ds}/δ_{de}	1.007	1.007	1.008
$1.0M_{cr}$	184.60	δ_{de}	4.6630	8.2500	9.6847
		δ_{ds}	4.6935	8.3089	9.7600
		δ_{ds}/δ_{de}	1.007	1.007	1.008

图 6-56 为在不同工况（$0.2M_{cr}$、$0.4M_{cr}$、$0.6M_{cr}$、$0.8M_{cr}$、$1.0M_{cr}$）下，试验测得数据与考虑剪力滞挠度计算值对比曲线。图 6-56 中，横坐标表示组合梁距支座截面 z(mm) 坐标值，分别取点 z=750mm、z=1500mm、z=2250mm 进行研究，纵坐标表示竖向挠度 δ(mm)，M_{cr}（184.601kN·m）表示混凝土翼板下表面开裂时的弯矩值。关于挠度的相对误差分析如图 6-57 所示。

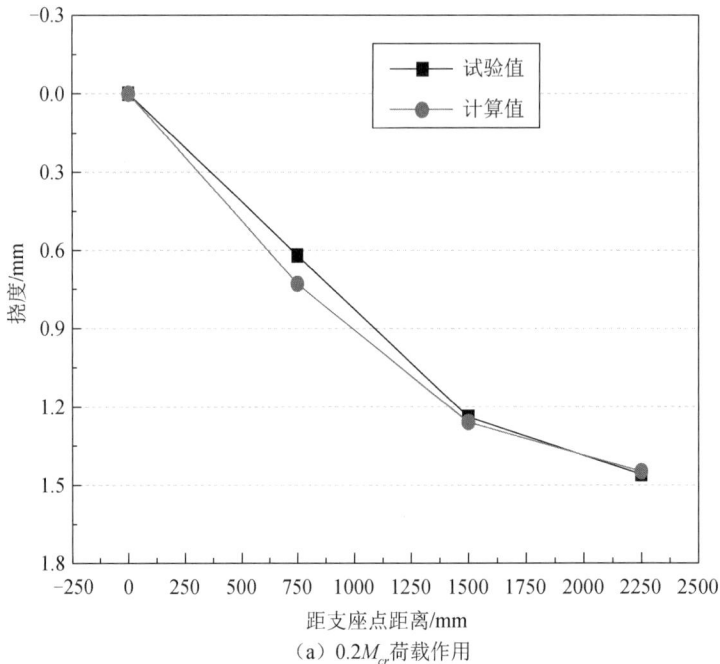

（a）$0.2M_{cr}$荷载作用

图 6-56　不同荷载工况下挠度对比分析

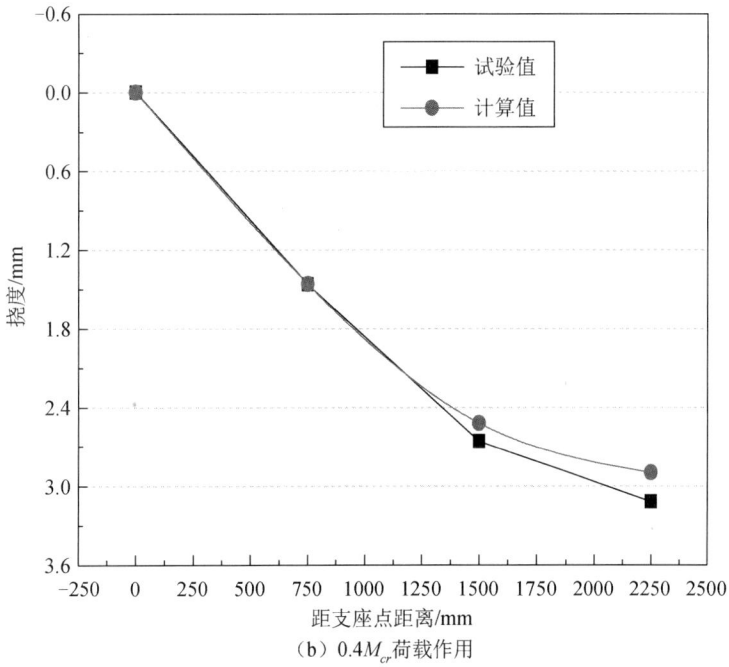

（b）0.4M_{cr}荷载作用

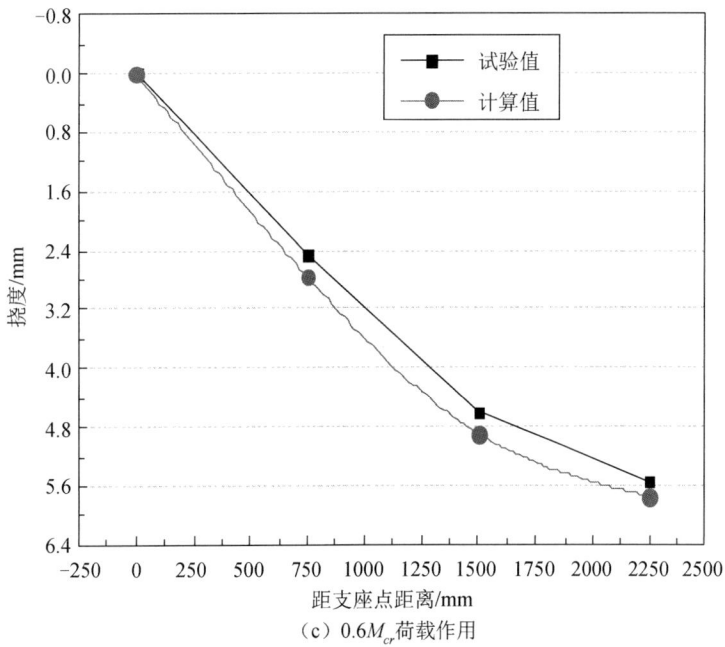

（c）0.6M_{cr}荷载作用

图 6-56　（续）

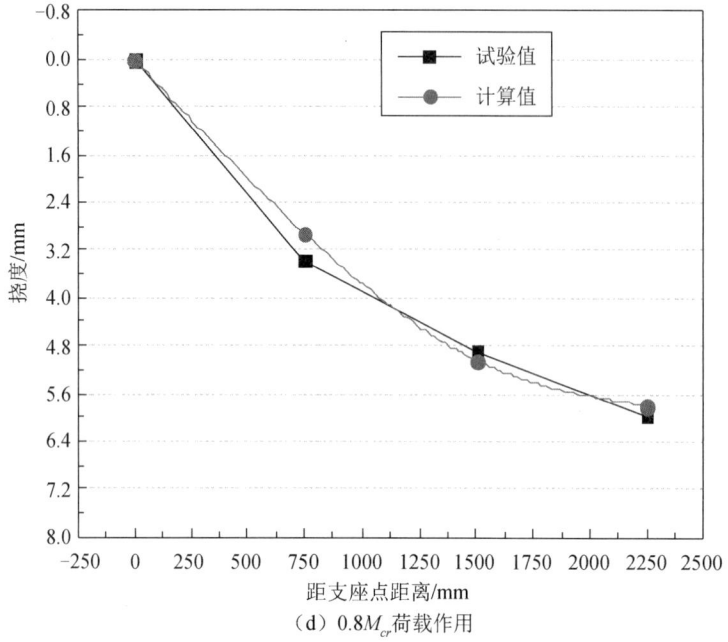

（d）0.8M_{cr}荷载作用

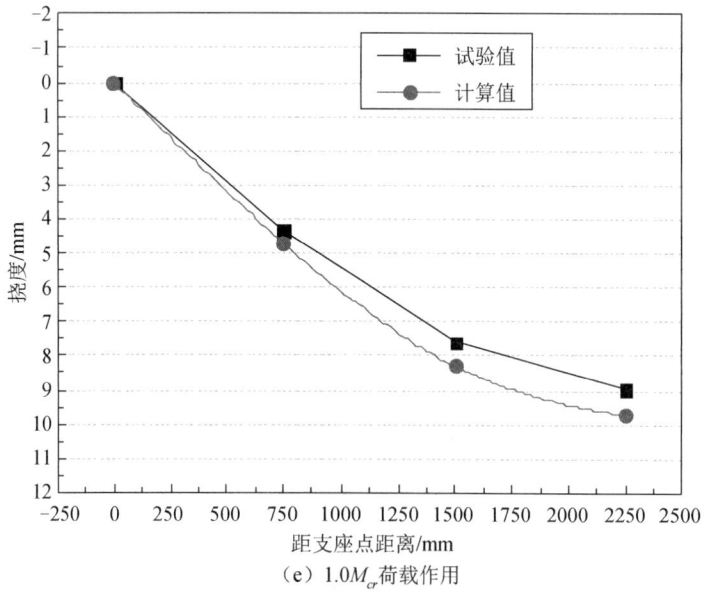

（e）1.0M_{cr}荷载作用

图 6-56 （续）

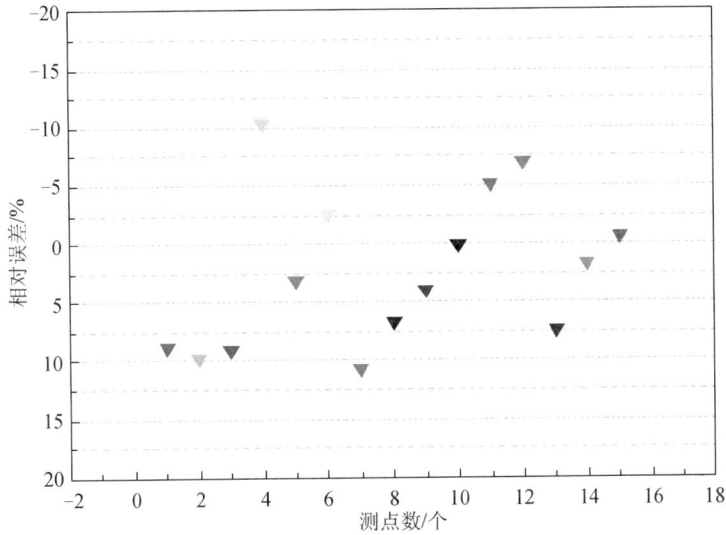

图 6-57　挠度误差分析

由表 6-11 分析可得，考虑剪力滞的组合梁结构挠度有所提高，提高系数最高达到 1.008。由图 6-56 和图 6-57 分析表明，理论推导计算值与试验实测结果比值在 10.4724% 范围内，其原因主要表现在：①加载初期，结构内部还未稳固，导致实测挠度偏小；②由于栓钉的缘故，受到内力重分布影响，挠度偏小。

2）跨中截面处混凝土顶板应变特征分析

混凝土翼板上表面跨中截面处应变随荷载分布如图 6-58 所示。图中横坐标表示组合梁沿板宽度方向 x（mm）坐标值，分别取点 $x=0$mm、$x=100$mm、$x=200$mm、$x=300$mm、$x=400$mm、$x=500$mm 进行探讨，纵坐标表示纵向应变值（$\mu\varepsilon$）。

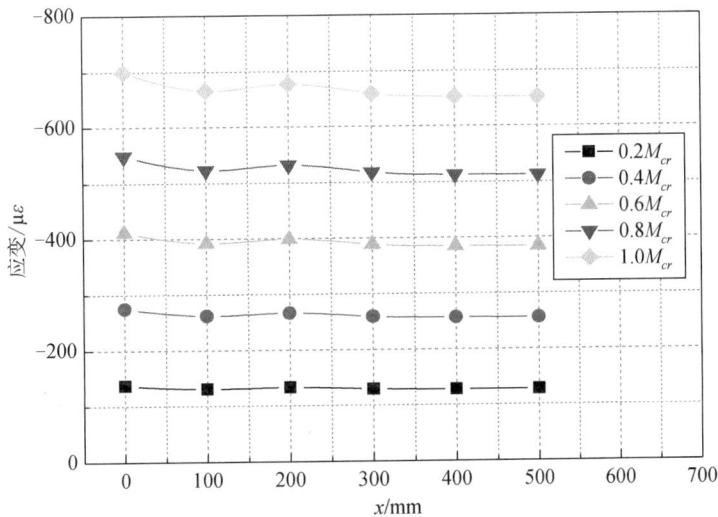

（a）考虑剪滞效应计算值

图 6-58　混凝土翼板表面应变分布

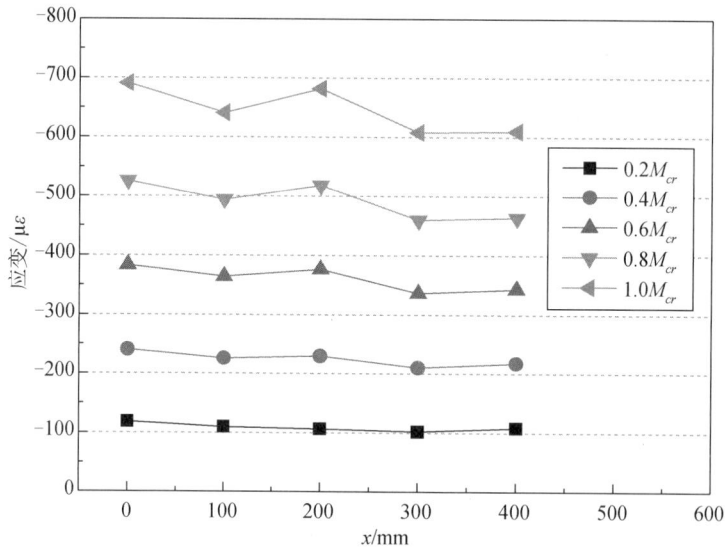

（b）试验测试值

图 6-58 （续）

将考虑剪滞效应后推导计算值与试验值进行比较分析如表 6-12 所示，误差分析如图 6-59 所示。

表 6-12　混凝土翼板考虑剪滞效应计算应变与试验测试应变比较分析一览表

跨中外弯矩/（kN·m）		计算方法	板宽度方向 x 坐标/mm					
			0	100	200	300	400	500
$0.2M_{cr}$	36.92	ε_{ct}	−136.243	−130.734	−132.962	−129.523	−128.256	−128.075
		ε_{cs}	−128	−126	−129	−122	−118	—
		$\varepsilon_{cs}/\varepsilon_{ct}$	0.933	0.964	0.971	0.942	0.921	—
$0.4M_{cr}$	73.84	ε_{ct}	−274.487	−261.467	−265.925	−259.047	−256.513	−256.151
		ε_{cs}	−249	−239	−245	−240	−237	—
		$\varepsilon_{cs}/\varepsilon_{ct}$	0.907	0.914	0.921	0.926	0.924	—
$0.6M_{cr}$	110.76	ε_{ct}	−411.73	−392.201	−398.887	−388.57	−384.769	−384.226
		ε_{cs}	−383	−364	−376	−356	−353	—
		$\varepsilon_{cs}/\varepsilon_{ct}$	0.931	0.928	0.942	0.916	0.917	—
$0.8M_{cr}$	146.68	ε_{ct}	−548.974	−522.934	−531.849	−518.094	−513.026	−512.302
		ε_{cs}	−526	−494	−518	−468	−464	—
		$\varepsilon_{cs}/\varepsilon_{ct}$	0.958	0.945	0.974	0.903	0.904	—
$1.0M_{cr}$	184.6	ε_{ct}	−698.763	−665.619	−676.966	−659.457	−653.006	−652.085
		ε_{cs}	−691	−641	−682	−608	−610	—
		$\varepsilon_{cs}/\varepsilon_{ct}$	0.989	0.963	1.007	0.922	0.934	—

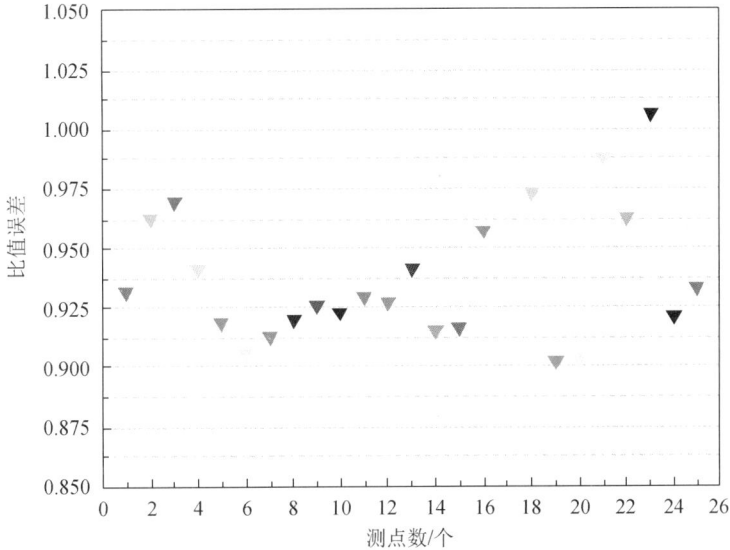

图 6-59　混凝土翼板应变误差分析

通过表 6-12 和图 6-59 对比分析可知，考虑剪滞效应理论推导应变规律与试验所测混凝土翼板上表面应变沿板宽度方向分布规律基本一致，其比值误差在 0.9033～1.0074，均值误差为 0.9382，吻合良好，进一步验证了混凝土翼板纵向翘曲位移模式假定的正确性。

3）跨中截面处钢梁底板应变特征分析

钢梁底板跨中截面处不同测点应变随荷载分布如图 6-60 所示。图中横坐标表示钢梁沿板宽度方向 x（mm）测点坐标值，分别选取点 $x=0.0$mm、$x=62.5$mm、$x=125.5$mm 研究，纵坐标表示纵向应变值（$\mu\varepsilon$）。

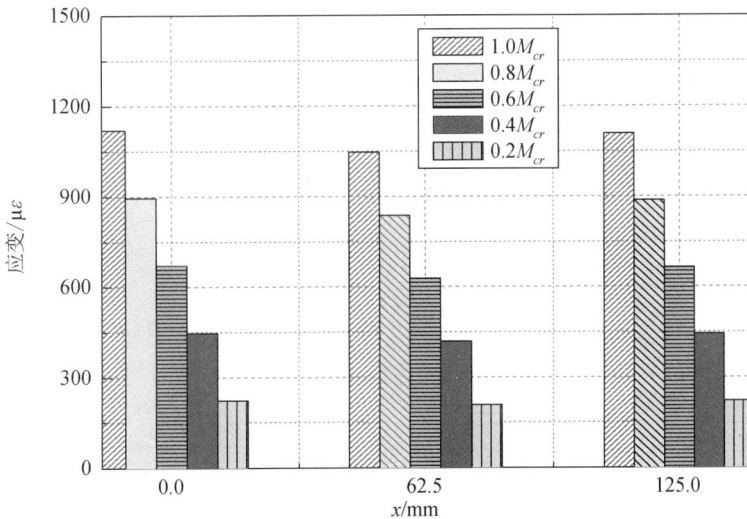

（a）考虑剪滞效应计算值

图 6-60　钢梁底板跨中截面处应变分布

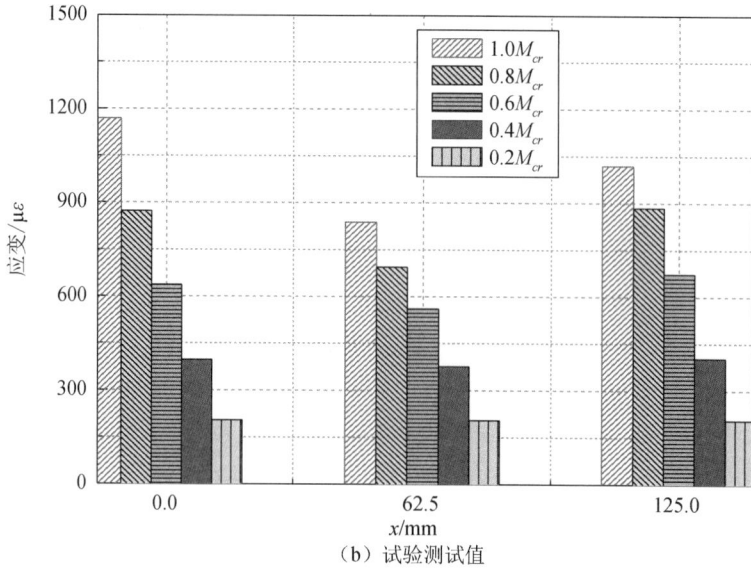

（b）试验测试值

图 6-60 （续）

　　将考虑剪滞效应后钢梁底板纵向应变推导计算值与试验值进行比较分析，如表 6-13 所示，误差分析如图 6-61 所示。

表 6-13　钢梁底板考虑剪滞效应计算应变与试验测试应变比较分析一览表

跨中外弯矩/（kN·m）		计算方法	板宽度方向 x 坐标/mm		
			0	62.5	125
$0.2M_{cr}$	36.92	ε_{st}	223.803	209.206	221.291
		ε_{ss}	205	204	206
		$\varepsilon_{ss}/\varepsilon_{st}$	1.092	1.026	1.076
$0.4M_{cr}$	73.84	ε_{st}	446.606	418.413	443.182
		ε_{ss}	497	376	403
		$\varepsilon_{ss}/\varepsilon_{st}$	1.127	1.113	1.1
$0.6M_{cr}$	110.76	ε_{st}	671.408	626.619	664.774
		ε_{ss}	637	561	673
		$\varepsilon_{ss}/\varepsilon_{st}$	1.054	1.119	0.988
$0.8M_{cr}$	146.68	ε_{st}	895.211	836.826	886.365
		ε_{ss}	872	794	885
		$\varepsilon_{ss}/\varepsilon_{st}$	1.027	1.206	1.002
$1.0M_{cr}$	184.6	ε_{st}	1119.013	1046.032	1106.956
		ε_{ss}	1169	938	1020
		$\varepsilon_{ss}/\varepsilon_{st}$	0.957	1.248	1.086

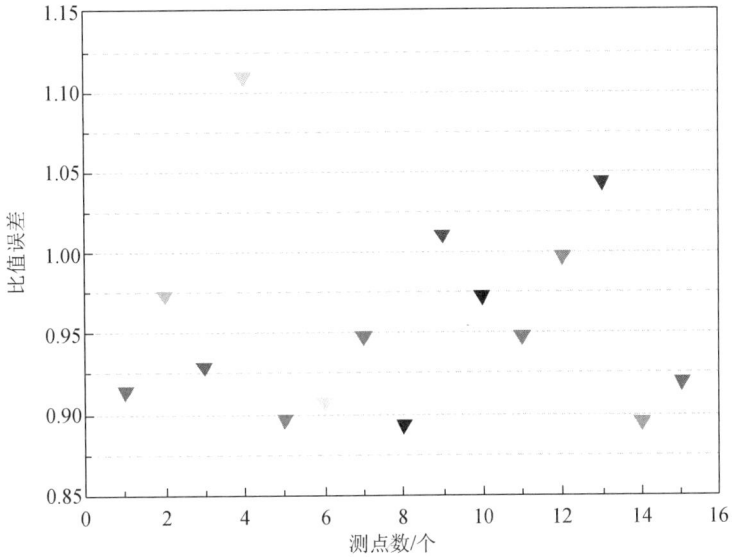

图 6-61　钢梁底板应变误差分析

由表 6-13 和图 6-61 对比分析表明，相对误差在 0.8939～1.1104，且分布规律基本保持一致，吻合度较高。

4）跨中截面处组合梁截面应变特征分析

双箱钢-混凝土组合梁跨中截面处截面高度方向应变随荷载分布如图 6-62 所示。图中横坐标表示纵向应变值（με），以受拉为正，受压为负。纵坐标表示组合梁截面高度 H（mm），以换算截面中和轴处为坐标原点，向下为 y 轴正向。由图 6-62（a）可知，在线弹性范围内，考虑剪滞效应后截面应变计算满足平截面假定。由图 6-62（b）可知，在试验测试过程中，随着外荷载的增加，混凝土翼板进入弹塑性阶段，伴随着栓钉的滑移，截面应变分布变得较紊乱，已不满足平截面假定。

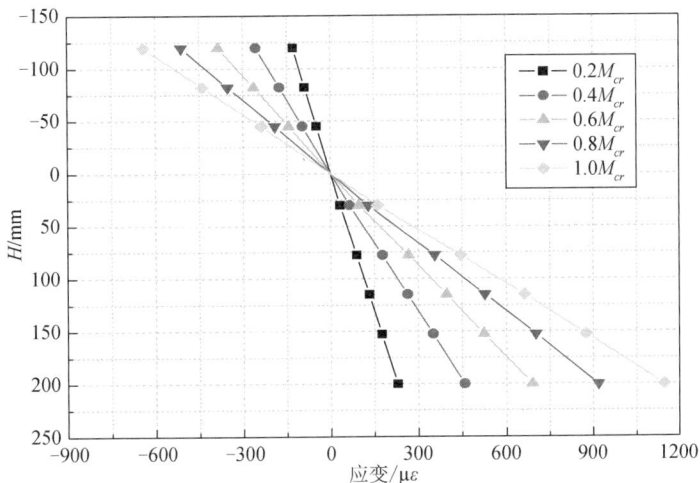

（a）考虑剪滞效应计算值

图 6-62　组合梁跨中截面处截面高度-应变分布

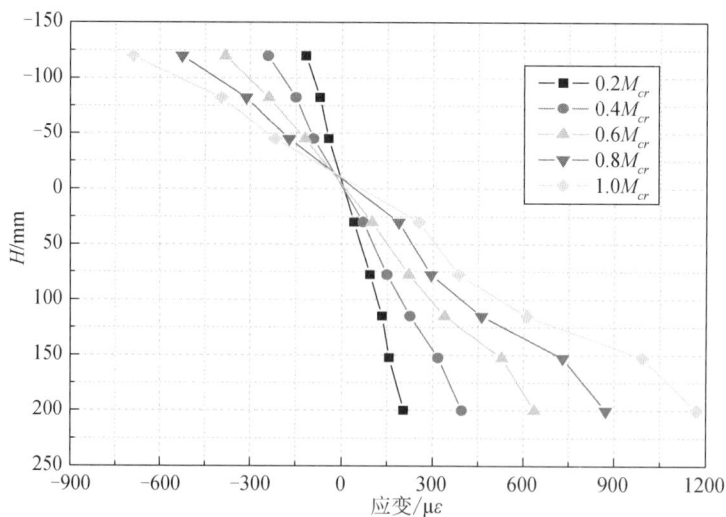

（b）试验测试值

图 6-62 （续）

组合梁截面高度-应变比较分析如表 6-14 所示。

表 6-14　组合梁截面高度考虑剪滞效应应变与试验测试应变比较一览表

计算方法	截面高度方向 y 坐标/mm							
	−119.74	−82.24	−44.74	30.26	76.76	115.26	152.76	200.26
ε_{js}	−128.075	−86.965	−46.855	32.367	89.127	132.109	175.09	229.534
ε_{jt}	−118	−82	−43	36	94	133	157	214
$\varepsilon_{js}/\varepsilon_{jt}$	1.0854	1.0727	1.1129	0.8991	0.9482	0.9933	1.1152	1.0726
ε_{js}	−256.151	−175.93	−95.709	64.733	178.254	264.217	350.18	459.067
ε_{jt}	−240	−160	−93	71	159	245	318	427
$\varepsilon_{js}/\varepsilon_{jt}$	1.0673	1.0996	1.0291	0.9117	1.1211	1.0784	1.1012	1.0751
ε_{js}	−384.2266	−263.8955	−143.5633	96.0999	266.38	396.3266	525.2711	688.6011
ε_{jt}	−383	−237	−129	100	240	359	528	637
$\varepsilon_{js}/\varepsilon_{jt}$	1.0032	1.1135	1.1129	0.9710	1.1141	1.1040	0.9948	1.0810
ε_{js}	−512.302	−351.86	−191.418	129.4666	356.507	528.434	700.361	918.135
ε_{jt}	−526	−313	−172	127	324	482	730	872
$\varepsilon_{js}/\varepsilon_{jt}$	0.9740	1.1242	1.1129	1.0194	1.1003	1.0963	0.9594	1.0529
ε_{js}	−640.377	−439.825	−239.272	161.832	445.634	660.543	875.451	1146.6689
ε_{jt}	−691	−396	−218	174	395	612	973	1169
$\varepsilon_{js}/\varepsilon_{jt}$	0.9267	1.1107	1.0976	0.9301	1.1282	1.0793	0.8997	0.9818

通过表 6-14 和图 6-63 分析可知，不同荷载作用下理论推导应变与试验实测应变分布规律较一致，除个别差值较大外，吻合度较高，误差范围在 0.8991～1.1282。分析其原因，主要有：①翼板混凝土进入弹塑性阶段造成应变波动；②应变采集箱在采集过程中数据发生跳动；③加载速率偶然变大导致应变变化加大。

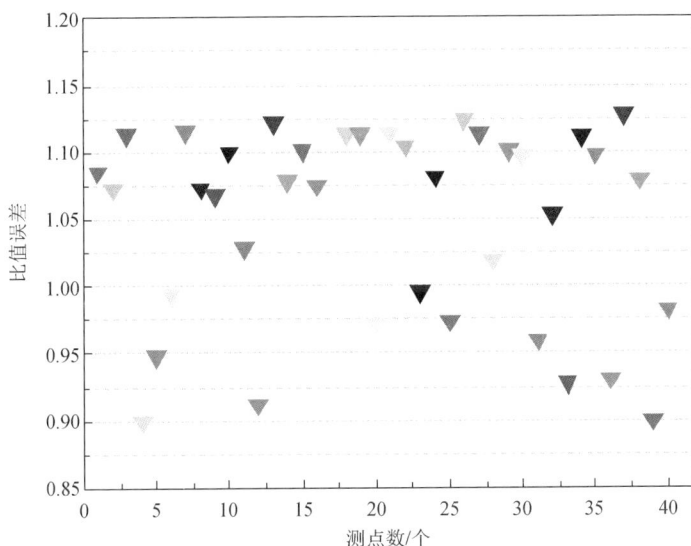

图 6-63　组合梁截面应变误差分析

2. 非线性分析计算

根据钢-混凝土组合梁结构受力特性易知，在外荷载作用下，当混凝土翼板裂缝出现并扩展，混凝土材料已不满足基本力学性能。然而，此时的钢梁仍处于线弹性阶段，其力学参数仍满足。随着外荷载的进一步增大，钢梁材料也进入弹塑性阶段。因此，双箱组合梁结构非线性分析显得尤为重要。

3. 分析模型的建立

1）混凝土材料本构关系

混凝土应力-应变曲线关系采用 Sargin 改进的 Saenz 公式[107]：

$$\sigma_c = k_3 f_c \frac{A\left(\dfrac{\varepsilon}{\varepsilon_0}\right) + (D-1)\left(\dfrac{\varepsilon}{\varepsilon_0}\right)^2}{1 + (A-2)\left(\dfrac{\varepsilon}{\varepsilon_0}\right) + D\left(\dfrac{\varepsilon}{\varepsilon_0}\right)^2} \tag{6.111}$$

式中：$k_3 = 1$；$f_c = 45\text{MPa}$；$A = \dfrac{E_0}{E_s} = 1.41$；$D = 0.8$；$\varepsilon_0 = 0.002$。

根据式（6.111）可得混凝土本构应力-应变关系和弹模-应力关系如图 6-64 所示。

根据图 6-64（b）中混凝土材料弹模-应力关系，分为弹性阶段、弹塑性阶段和下降段进行拟合，可得混凝土弹模-应力函数表达式为

$$E_c = \begin{cases} 33.34 & 0 \leqslant \sigma \leqslant 32.57 \\ -0.1003\sigma^2 + 7.241\sigma - 99.053 & 32.57 \leqslant \sigma \leqslant 45.00 \\ 0.114\sigma^2 - 8.234\sigma + 15.999 & 45.00 \leqslant \sigma \leqslant 37.30 \end{cases} \tag{6.112}$$

式中：E_c 的单位为 GPa；σ 的单位为 MPa。

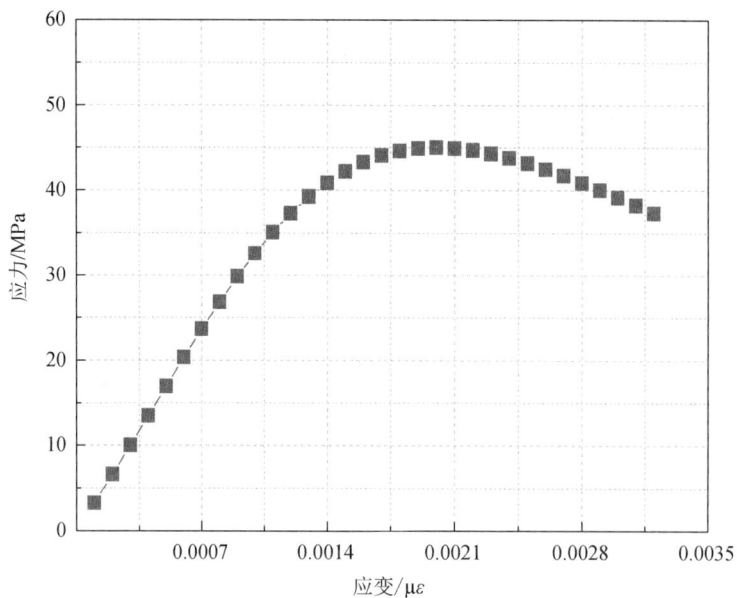

（a）应力-应变曲线

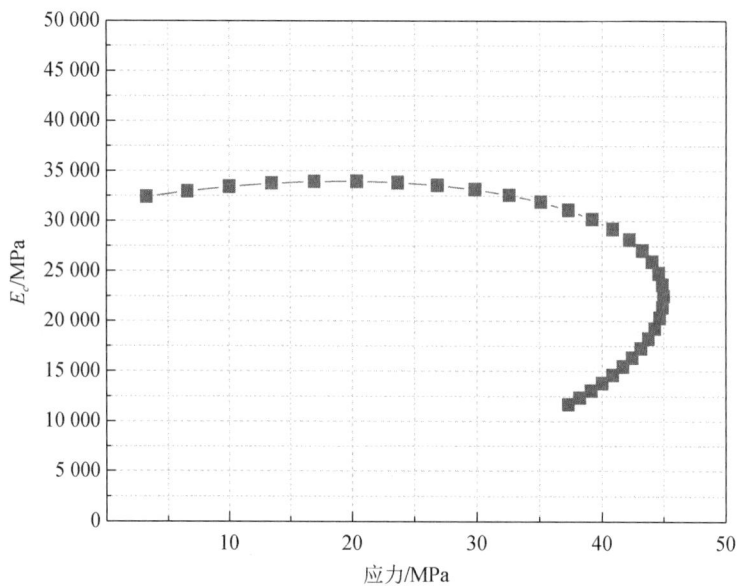

（b）弹模-应力曲线

图 6-64　混凝土本构关系

2）钢梁材料本构关系

钢梁的本构关系采用双线性随动强化模型，依照试验参数，所得应力-应变曲线如图 6-65 所示。

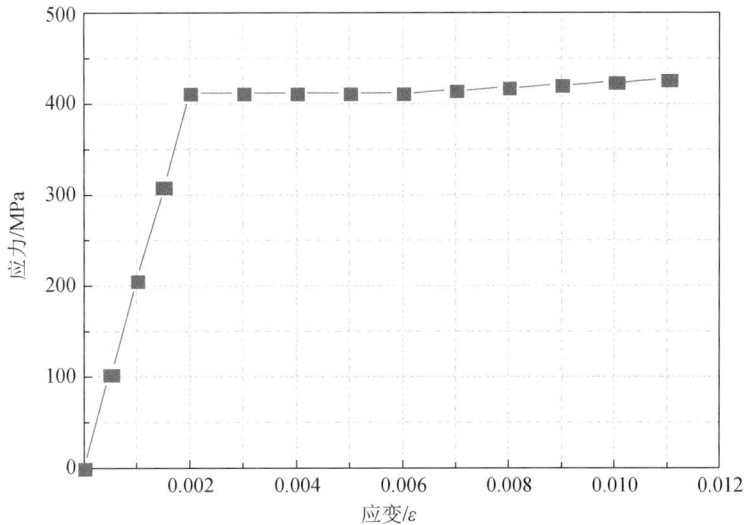

图 6-65 钢梁本构关系

根据图 6-65 可得钢梁弹模与应力函数表达式为

$$E_s = \begin{cases} 206 & 0 \leqslant \sigma \leqslant 412\text{MPa} \\ 2.06 & 412\text{MPa} \leqslant \sigma \end{cases} \qquad (6.113)$$

式中： E_s 的单位为 GPa。

3）组合梁中性轴移轴公式

根据组合梁试验混凝土翼板侧面跨中截面处电阻应变片监测数据分析表明，在加载的过程中，伴随着混凝土翼板底面的开裂，钢梁逐渐屈服，组合梁中心轴逐渐向混凝土翼板表面移动，根据监测数据分析可得中性轴-荷载关系，如图 6-66 所示。

根据图 6-66 拟合可得中性轴移动公式为

$$y_0 = \begin{cases} 119.74 & 0 \leqslant F \leqslant 198.64 \\ 10^{-5}F^3 - 0.01F^2 + 2.605F - 90.25 & 198.64 \leqslant F \leqslant 323.86 \\ 5.96 \times 10^{-4}F^2 - 0.643F + 220.7 & 323.86 \leqslant F \leqslant 453.41 \end{cases} \qquad (6.114)$$

式中： F 的单位为 kN； y_0 的单位为 mm。

4. 模型梁非线性分析计算

1）双箱组合梁挠度特征非线性分析

将式（6.112）～式（6.114）所得参数代入式（6.61）求得考虑材料非线性、剪滞效应后组合梁挠度 δ'_{ds} ，并与初等梁计算值 δ'_{de} 、试验值 δ'_{dt} 进行比较分析，分别求得在弯矩 $0.41M_u$ 、 $0.52M_u$ 、 $0.63M_u$ 、 $0.74M_u$ 、 $0.85M_u$ 下的挠度，其中， M_u 表示组合梁极限承载能力弯矩值，其值为 510.84kN・m。

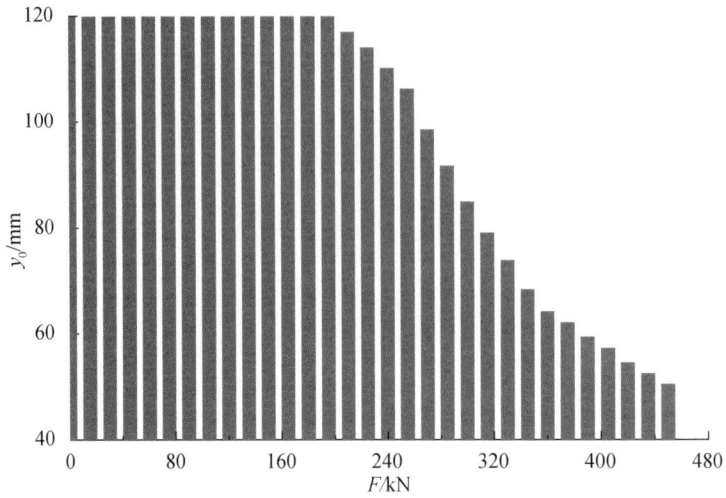

图 6-66　中性轴移动-荷载关系

不同荷载工况下挠度曲线关系如图 6-67 所示，横坐标表示组合梁纵向 z 坐标值，为了与试验形成对比，分别取点 z=750mm、z=1500mm、z=2250mm 进行研究，纵坐标表示不同测点的竖向挠度值 δ。将考虑剪滞效应后计算值与试验值做比值处理并进行误差分析，如图 6-68 所示。不考虑剪滞效应与考虑剪滞效应后推导计算值所得结果如表 6-15 所示。

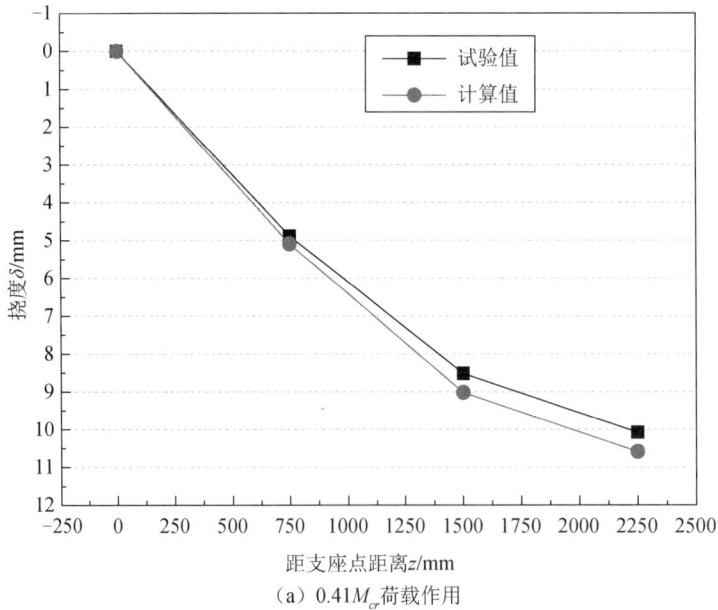

（a）$0.41M_{cr}$荷载作用

图 6-67　不同荷载工况下挠度对比分析

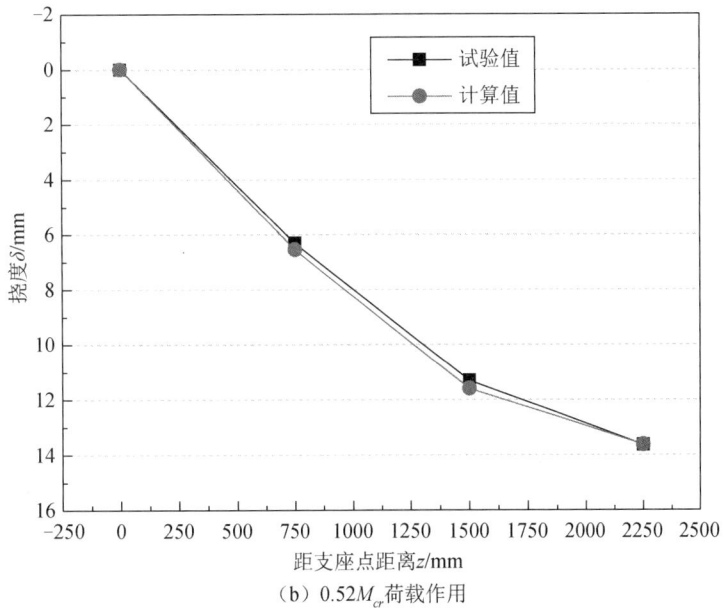

（b）$0.52M_{cr}$荷载作用

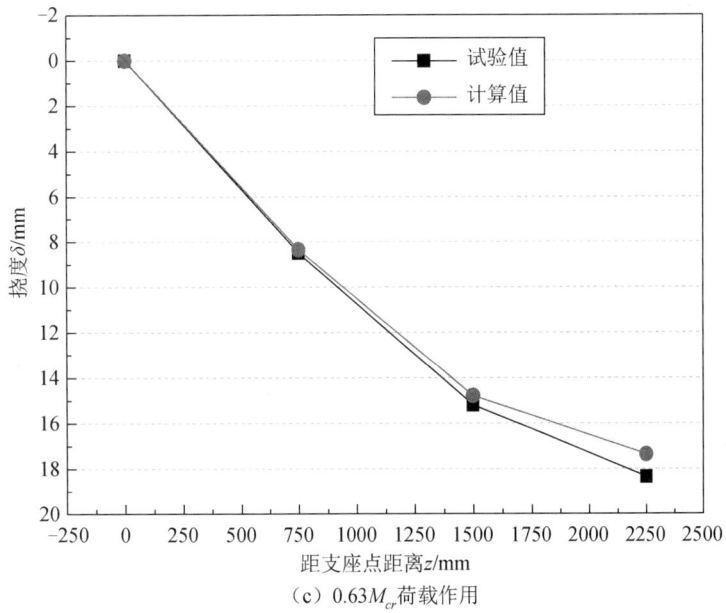

（c）$0.63M_{cr}$荷载作用

图 6-67　（续）

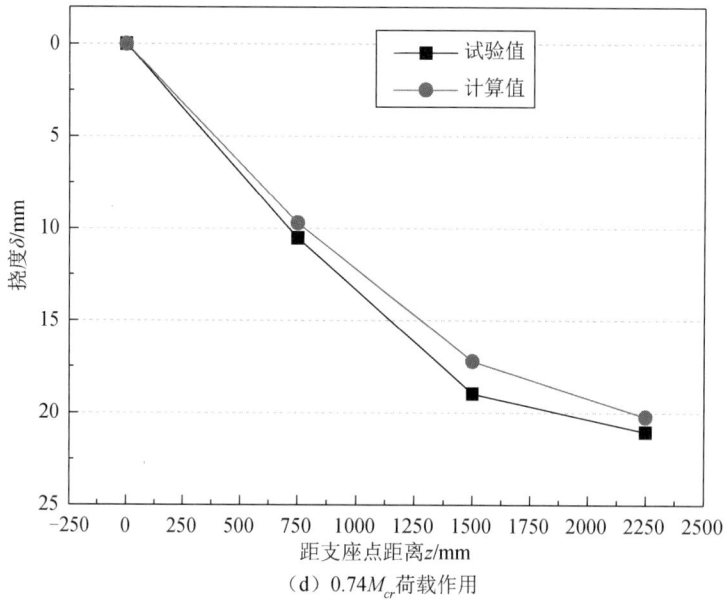

（d）0.74M_{cr}荷载作用

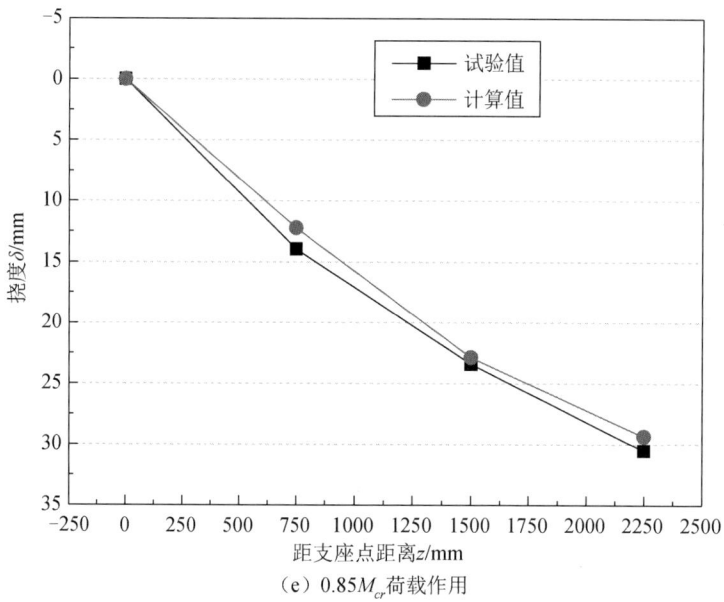

（e）0.85M_{cr}荷载作用

图 6-67 （续）

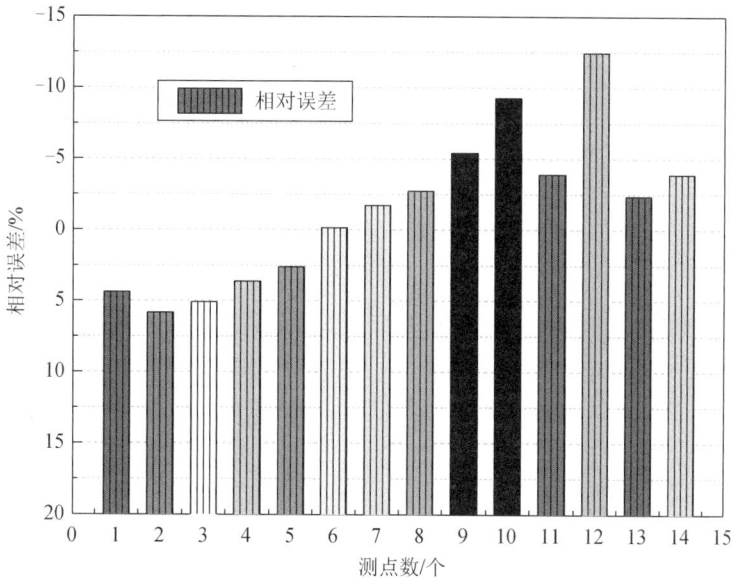

图 6-68　挠度误差分析

表 6-15　考虑剪滞效应计算挠度与初等梁理论挠度分析一览表

跨中外弯矩/（kN·m）		计算方法	纵向 z 坐标/mm		
			750	1500	2250
0.41M_u	204.03	δ'_{de}	5.0613	8.9545	10.5118
		δ'_{ds}	5.0943	9.0185	10.5936
		$\delta'_{ds}/\delta'_{de}$	1.0065	1.0071	1.0078
0.52M_u	262.32	δ'_{de}	6.5074	11.5131	13.5154
		δ'_{ds}	6.5500	11.5954	13.6205
		$\delta'_{ds}/\delta'_{de}$	1.0065	1.0071	1.0078
0.63M_u	325.48	δ'_{de}	8.3006	14.6857	16.2397
		δ'_{ds}	8.3534	14.7877	16.3701
		$\delta'_{ds}/\delta'_{de}$	1.0064	1.0069	1.0076
0.74M_u	378.92	δ'_{de}	9.6634	16.0968	20.0701
		δ'_{ds}	9.7248	16.2156	20.2219
		$\delta'_{ds}/\delta'_{de}$	1.0064	1.0069	1.0076
0.85M_u	436.21	δ'_{de}	11.1501	19.7270	23.1578
		δ'_{ds}	11.2210	19.8641	23.3330
		$\delta'_{ds}/\delta'_{de}$	1.0064	1.0069	1.0076

对图 6-67 和图 6-68 进行分析，当组合梁结构中混凝土材料和钢材材料进入材料非线性后，考虑剪滞效应的挠度计算值与试验所测结果比较分析可知，其相对误差在 −12.457%～5.851% 范围内，呈现出弯矩值越大误差增大的趋势。当弯矩达到 0.85M_u 时，其误差达到 12.46% 左右，分析原因，主要表现在：①混凝土翼板出现受拉破坏，结构刚度急剧减小，导致试验所测挠度增加；②钢梁进入屈服阶段，延性增加，同样使

挠度变大。对表 6-15 分析表明,当组合梁结构中混凝土材料和钢材材料进入材料非线性后,考虑剪滞效应所得组合梁挠度相比初等梁计算值有所增加,增加幅度在 1.0064～1.0078。

2)跨中截面处混凝土顶板应变特征非线性分析

将式(6.112)～式(6.114)所得参数代入式(6.62)求得考虑材料非线性、剪滞效应后组合梁混凝土翼板上表面跨中截面处应变 ε'_{cs},并与试验值 ε'_{ct} 进行比较,得到在弯矩 $0.14M_u$、$0.55M_u$、$0.70M_u$、$0.85M_u$ 下混凝土翼板上表面跨中截面处应变随荷载沿板宽度方向分布情况,如图 6-69 和表 6-16 所示。误差分析如图 6-70 所示。

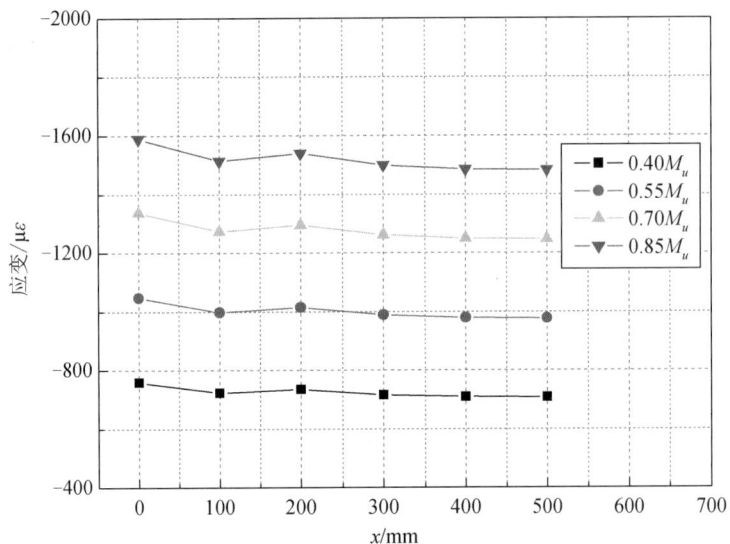

(a)考虑剪滞效应计算值

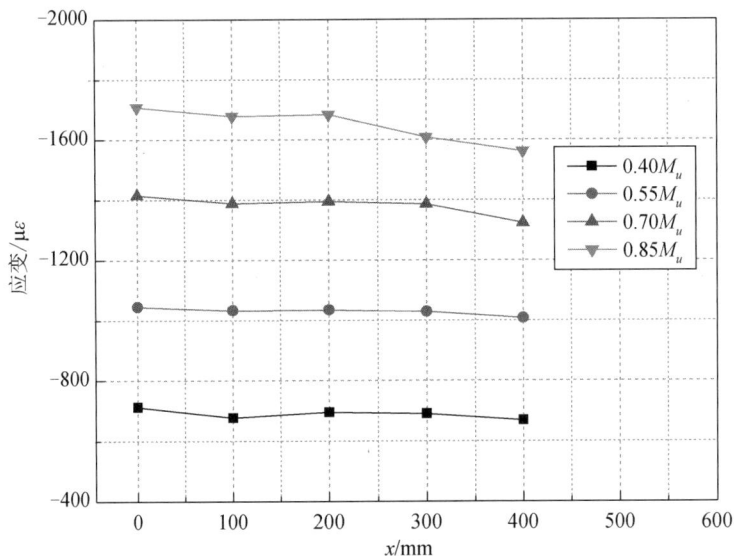

(b)试验测试值

图 6-69　混凝土翼板表面应变分布

表 6-16　混凝土翼板考虑剪滞效应计算应变与试验测试应变比较分析一览表

跨中外弯矩/（kN·m）		计算方法	板宽度方向 x 坐标/mm					
			0	100	200	300	400	500
$0.41M_u$	204.03	ε'_{ct}	−712	−677	−695	−689	−668	—
		ε'_{cs}	−758.451	−722.476	−734.792	−715.788	−708.786	−706.786
		$\varepsilon'_{cs}/\varepsilon'_{ct}$	1.065	1.067	1.057	1.039	1.061	
$0.55M_u$	281.76	ε'_{ct}	−1045	−1033	−1035	−1028	−1007	—
		ε'_{cs}	−1046.385	−996.705	−1014.713	−988.468	−978.799	−976.418
		$\varepsilon'_{cs}/\varepsilon'_{ct}$	1.002	0.966	0.980	0.962	0.972	
$0.70M_u$	359.48	ε'_{ct}	−1415	−1388	−1394	−1385	−1323	—
		ε'_{cs}	−1336.318	−1272.934	−1294.634	−1261.149	−1248.814	−1246.051
		$\varepsilon'_{cs}/\varepsilon'_{ct}$	0.944	0.917	0.929	0.911	0.944	
$0.85M_u$	436.21	ε'_{ct}	−1708	−1678	−1684	−1608	−1561	—
		ε'_{cs}	−1589.136	−1513.759	−1539.565	−1499.746	−1485.076	−1482.979
		$\varepsilon'_{cs}/\varepsilon'_{ct}$	0.930	0.902	0.914	0.933	0.951	—

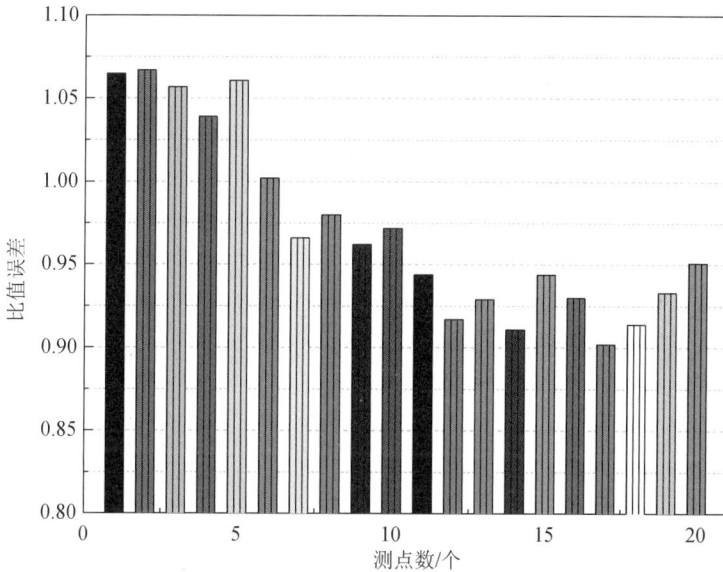

图 6-70　混凝土翼板表面应变误差分析

　　分析表明，考虑材料非线性、剪滞效应后混凝土翼板顶面应变分布规律与试验所得应变分布规律仍保持一致，其误差在 0.902～1.067，随着荷载的增加，理论推导计算值逐渐小于试验所测数据。在加载后期，即 $M>0.85M_u$ 时，组合梁试件发生了大变形，应变分布出现紊乱，故没有进行对比分析。

　　3）跨中截面处钢梁底板应变特征非线性分析

　　将式（6.112）～式（6.114）所得参数代入式（6.64），可得到考虑材料非线性、剪滞效应后钢梁底板下表面跨中截面处应变 ε'_{ss}，与试验所测数据 ε'_{st} 进行对比分析，如表 6-17 所示，误差分析如图 6-71 所示。

表 6-17　钢梁底板考虑剪滞效应计算应变与试验测试应变比较分析一览表

跨中外弯矩/(kN·m)		计算方法	板宽度方向 x 坐标/mm		
			0	62.5	125
0.41M_u	204.03	ε'_{st}	1341	1168	1276
		ε'_{ss}	1236.806	1156.142	1224.584
		$\varepsilon'_{ss}/\varepsilon'_{st}$	0.922	0.989	0.959
0.55M_u	281.76	ε'_{st}	1975	1810	1906
		ε'_{ss}	1755.764	1644.371	1738.887
		$\varepsilon'_{ss}/\varepsilon'_{st}$	0.889	0.908	0.912
0.70M_u	359.48	ε'_{st}	2692	2398	2630
		ε'_{ss}	2432.861	2290.739	2411.328
		$\varepsilon'_{ss}/\varepsilon'_{st}$	0.904	0.955	0.917
0.85M_u	436.21	ε'_{st}	3688	3466	3675
		ε'_{ss}	3416.114	3198.491	3383.988
		$\varepsilon'_{ss}/\varepsilon'_{st}$	0.904	0.923	0.921

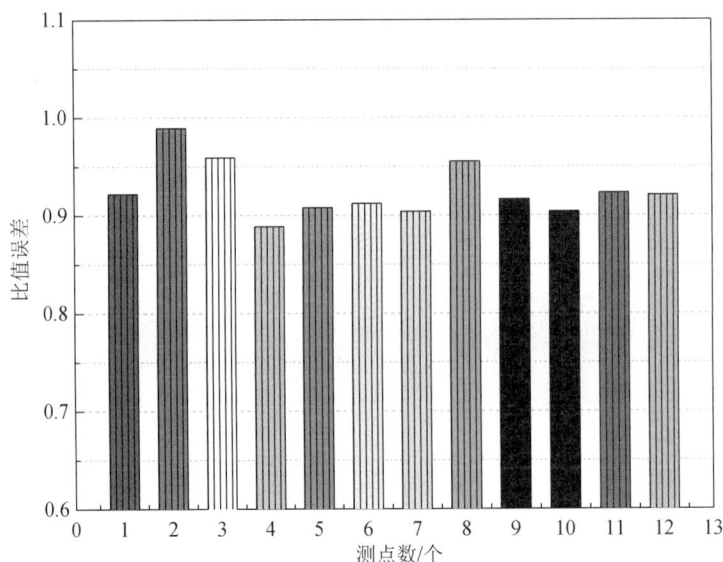

图 6-71　钢梁底板应变误差分析

通过表 6-17 和表 6-15 对比分析表明，考虑材料非线性、剪滞效应后应变推导值与试验所测结果误差在 0.904～0.989，分布规律保持一致，吻合度较高，进一步验证了双箱钢梁底板假定位移模式的正确性。

6.3.6　预应力简支模型梁算例分析

以试件 PCB-67 为例，该试件剪力连接程度为 1.0，不考虑混凝土翼板与钢梁之间滑移的影响。根据试验要求，混凝土强度等级为 C60，钢材强度等级为 Q235-B，计算所用到的材料参数根据《钢结构设计规范》和《混凝土设计规范》来确定，$E_c=37.56\text{GPa}$，$E_s=206\text{GPa}$，$E_p=201\text{GPa}$，$G_c=14.4\text{GPa}$，$G_s=82.4\text{GPa}$。计算需要的几何参数取至试验试件几何尺寸，$b_1=0.13$m，$b_2=0.37$m，$b_3=0.13$m，$H_c=0.15$m，$B_c=1.0$m，$t_b=0.01$m，$t_w=0.01$m，$h_w=0.15$m，$D_p=15.2$mm。在体外预应力作用下，对处于弹性工作状态下的组合梁进行剪滞效应相关特征分析。

1）体外预应力作用下双箱组合梁挠度特征分析

将模型梁 PCB-67 相关几何参数和材料参数代入式（6.98），得到在不同外荷载作用下考虑剪滞效应的预应力钢–混凝土组合梁纵向挠度分布特性关系曲线，考虑剪滞效应计算挠度与初等梁理论挠度对比分析如表 6-18 所示。

表 6-18　考虑剪滞效应计算挠度与初等梁理论挠度分析一览表

跨中外弯矩/（kN·m）		计算方法	距支座点距离 z/mm		
			750	1500	2250
$0.2M_{cr}$	54.25	δ_{de}	0.6823	1.2981	1.5659
		δ_{ds}	0.6834	1.2997	1.5805
		δ_{ds}/δ_{de}	1.0016	1.0012	1.0093
$0.4M_{cr}$	108.50	δ_{de}	1.8975	3.4489	4.0912
		δ_{ds}	1.8978	3.4520	4.1202
		δ_{ds}/δ_{de}	1.0002	1.0008	1.0071
$0.6M_{cr}$	162.75	δ_{de}	3.1126	5.5996	6.6163
		δ_{ds}	3.1131	5.6043	6.6599
		δ_{ds}/δ_{de}	1.0002	1.0008	1.0066
$0.8M_{cr}$	216.01	δ_{de}	4.3278	6.7503	9.1414
		δ_{ds}	4.3284	6.7566	9.1996
		δ_{ds}/δ_{de}	1.0001	1.0008	1.0064
$1.0M_{cr}$	271.25	δ_{de}	5.5429	9.9010	11.6665
		δ_{ds}	5.5437	9.9089	11.7392
		δ_{ds}/δ_{de}	1.0001	1.0008	1.0062

不同荷载工况下考虑剪滞效应计算挠度与试验值对比分析如图 6-72 所示。

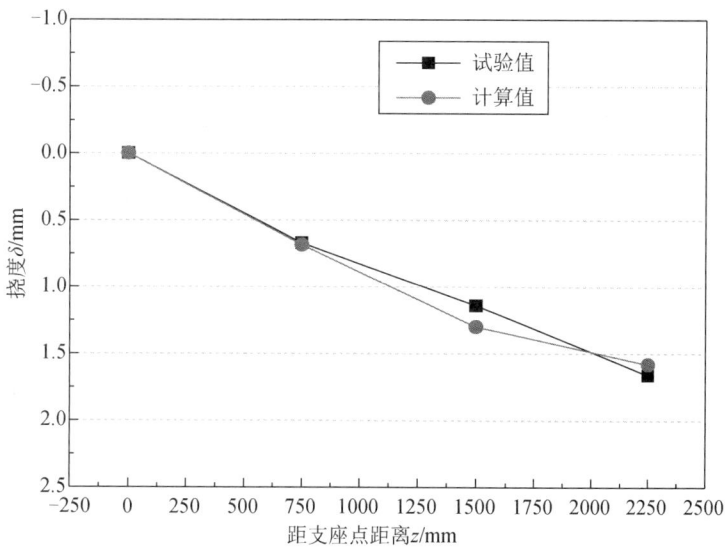

（a）$0.2M_{cr}$ 荷载作用

图 6-72　不同荷载工况挠度对比分析

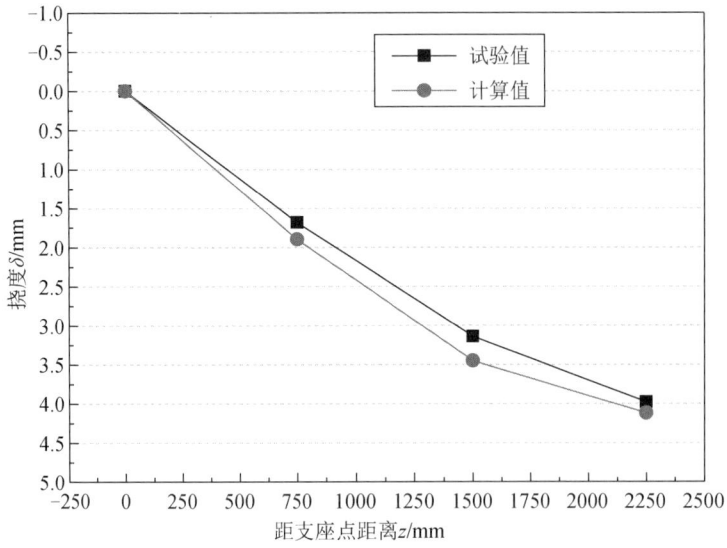

（b）0.4M_{cr}荷载作用

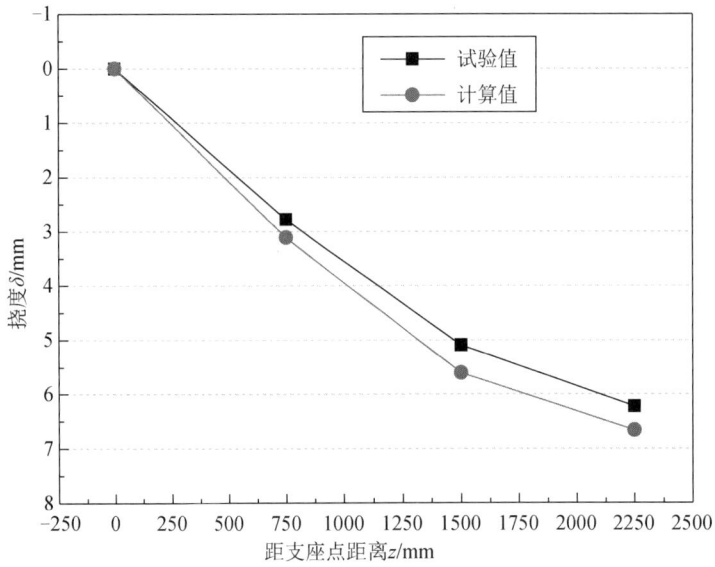

（c）0.6M_{cr}荷载作用

图 6-72 （续）

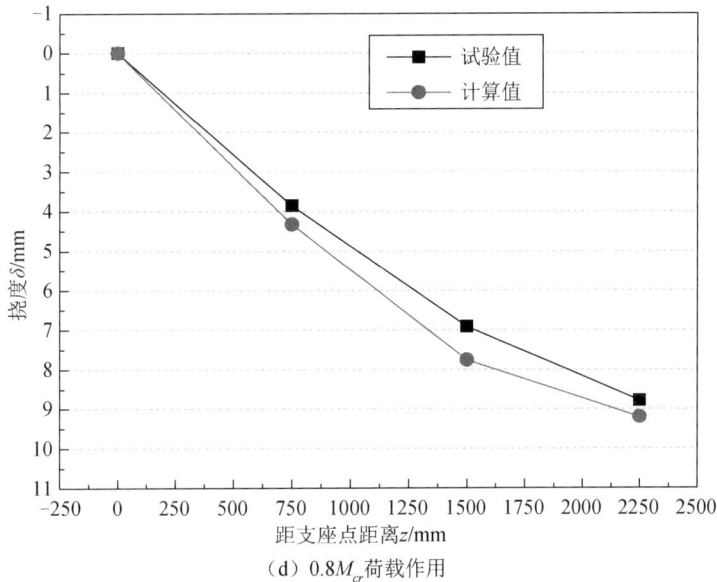

（d）0.8M_{cr}荷载作用

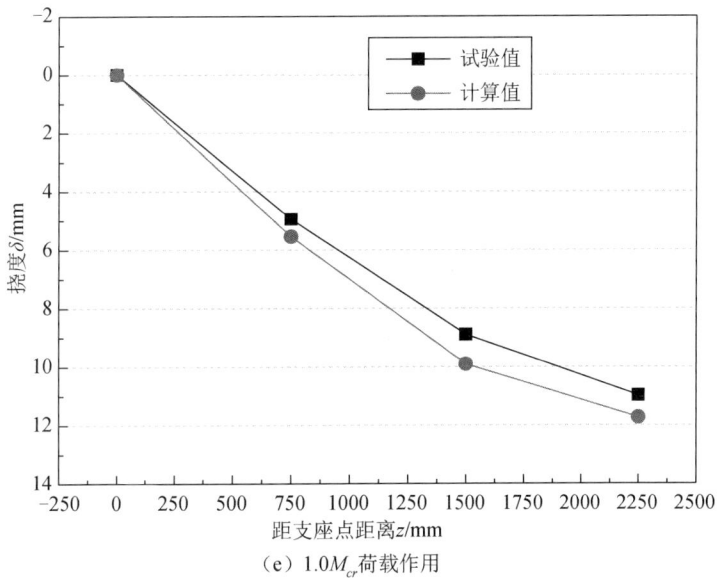

（e）1.0M_{cr}荷载作用

图 6-72　（续）

　　如表 6-18 所示，将考虑剪滞效应后的挠度计算值与不考虑剪滞效应的初等梁理论推导值进行对比分析，表明在体外预应力作用下，双箱组合梁受到初始预应力及预应力增量的作用，在忽略"二次效应"的影响下，考虑剪滞效应的挠度相比初等梁理论计算挠度有所增加，其增量在 1.0001～1.0093 幅度范围。进一步表明，剪滞效应对该种类型组合梁的挠度影响较小。通过对图 6-72 不同荷载工况挠度对比分析表明，考虑剪滞效应挠度计算值与试验研究所得挠度比值为 0.9521～1.1658，理论计算值大于试验测试值，分析其原因，主要表现在：①由于初始预应力作用，使组合梁出现反拱效应导致试验所测挠度减小；②在加载过程中，组合梁内部出现内力重分布，伴随着剪力连接件——栓钉发生变形，使钢梁与混凝土翼板出现局部相对滑移，导致结构挠度减小。

2）体外预应力作用下跨中截面处混凝土顶板应变特征分析

在体外预应力及跨中外荷载作用下，根据式（6.99）得到不同荷载作用时混凝土翼板上表面跨中截面处应变随荷载分布曲线如图 6-73 所示。

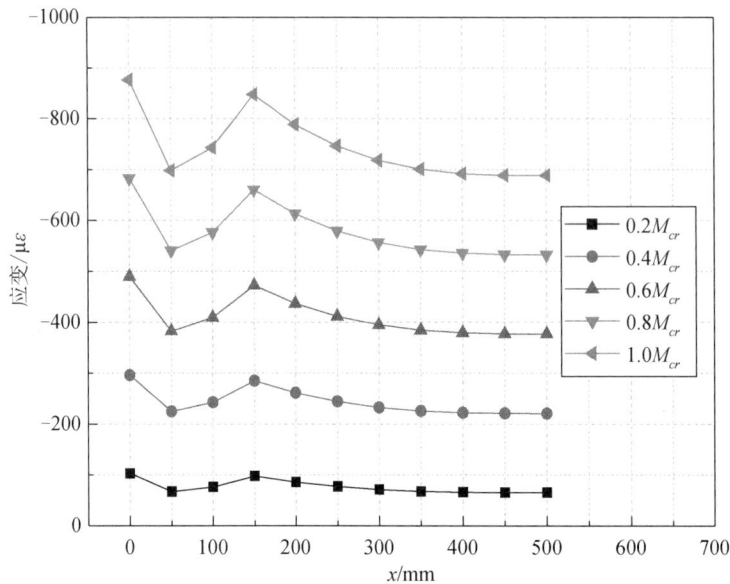

（a）考虑剪滞效应计算值

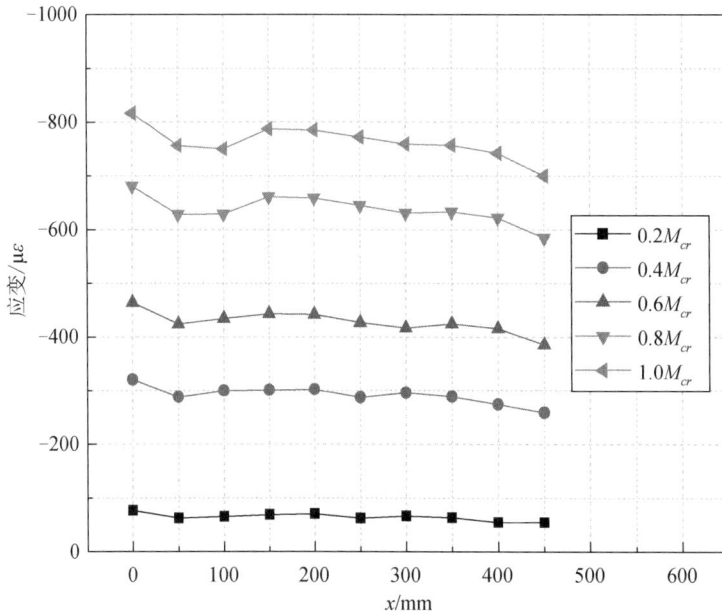

（b）试验测试值

图 6-73 混凝土翼板表面应变分布

　　由图 6-73 可知，由本节推导出的考虑剪滞效应后的混凝土翼板应变沿板宽度方向分布规律与试验研究所得分布规律基本保持一致，即纵向应变分布分别满足二次抛物线分布和三次抛物线分布，进一步验证了假定的混凝土纵向翘曲位移模式用于分析该类双箱型钢-混凝土组合梁关于应变沿板宽度方向分布规律研究的正确性。

　　混凝土翼板考虑剪滞效应计算应变与试验测试应变比较分析见表 6-19。相对误差分析如图 6-74 所示，横坐标代表测点个数（n），竖坐标表示比值误差（RE）。

表 6-19　混凝土翼板考虑剪滞效应计算应变与试验测试应变比较分析一览表

跨中外弯矩 /(kN·m)	计算方法	板宽度方向 x 坐标/mm										
		0	50	100	150	200	250	300	350	400	450	500
0.2M_{cr}　54.25	ε_{ct}	-102.706	-66.119	-76.016	-96.934	-85.153	-76.712	-71.054	-66.622	-65.859	-65.210	-65.117
	ε_{cs}	-77	-63	-66	-73	-71	-63	-67	-64	-55	-55	—
	$\varepsilon_{cs}/\varepsilon_{ct}$	1.334	1.065	1.152	1.405	1.199	1.218	1.061	1.057	1.197	1.186	—
0.4M_{cr}　108.50	ε_{ct}	-296.165	-224.991	-242.785	-284.621	-261.060	-244.178	-232.861	-225.997	-222.472	-221.173	-220.988
	ε_{cs}	-321	-288	-300	-301	-302	-287	-296	-289	-274	-259	—
	$\varepsilon_{cs}/\varepsilon_{ct}$	0.923	0.781	0.809	0.946	0.864	0.851	0.787	0.782	0.812	0.854	—
0.6M_{cr}　162.75	ε_{ct}	-489.621	-382.861	-409.550	-472.305	-436.963	-411.640	-394.664	-384.368	-379.081	-376.133	-376.854
	ε_{cs}	-464	-424	-434	-443	-442	-427	-417	-425	-416	-386	—
	$\varepsilon_{cs}/\varepsilon_{ct}$	1.055	0.903	0.944	1.066	0.989	0.964	0.946	0.904	0.911	0.977	—
0.8M_{cr}　216.01	ε_{ct}	-683.072	-540.725	-576.311	-659.985	-612.862	-579.098	-556.464	-542.736	-535.686	-533.088	-532.717
	ε_{cs}	-681	-628	-629	-661	-659	-645	-631	-633	-622	-585	—
	$\varepsilon_{cs}/\varepsilon_{ct}$	1.003	0.861	0.916	0.998	0.930	0.989	0.882	0.857	0.861	0.911	—
1.0M_{cr}　271.25	ε_{ct}	-876.521	-698.586	-743.069	-846.661	-788.758	-746.552	-718.260	-701.099	-692.287	-689.041	-688.577
	ε_{cs}	-817	-756	-750	-787	-785	-772	-759	-757	-742	-700	—
	$\varepsilon_{cs}/\varepsilon_{ct}$	1.073	0.924	0.991	1.077	1.005	0.967	0.946	0.926	0.933	0.984	—

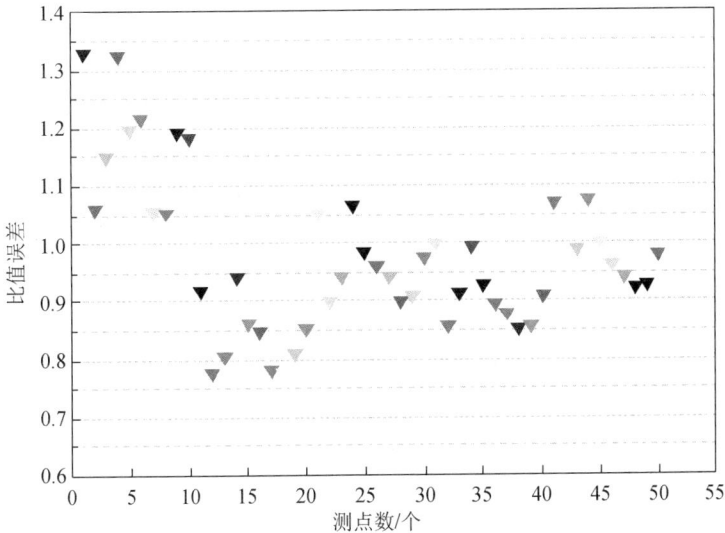

图 6-74　混凝土翼板顶面应变相对误差分析

通过表 6-19 和图 6-74 分析可知，其比值误差主要集中在 0.8093～1.0729 范围，吻合良好。在加载初期，组合梁试件受到初始预应力的影响，应变偏小于理论推导值。

3）体外预应力作用下跨中截面处钢梁底板应变特征分析

由式（6.101）求得考虑剪滞效应、预应力作用下钢梁底板跨中截面处不同测点应变，分布如图 6-75 所示。误差比较分析如表 6-20 所示。

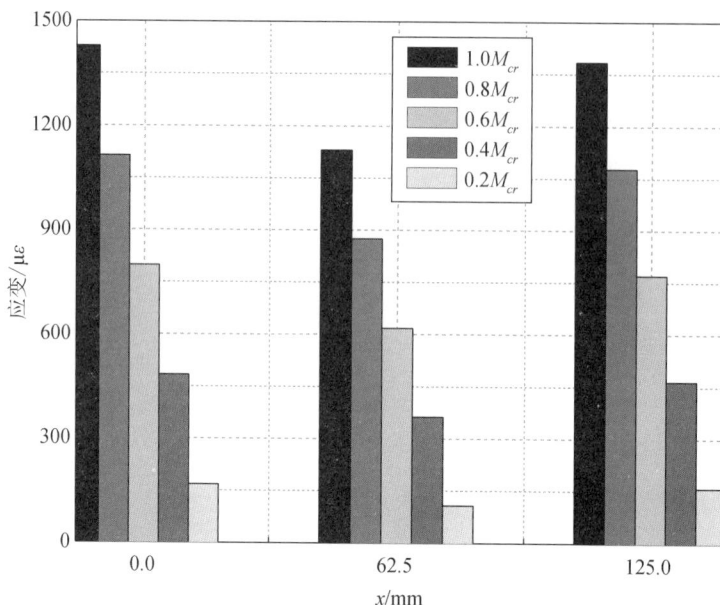

（a）考虑剪滞效应计算值

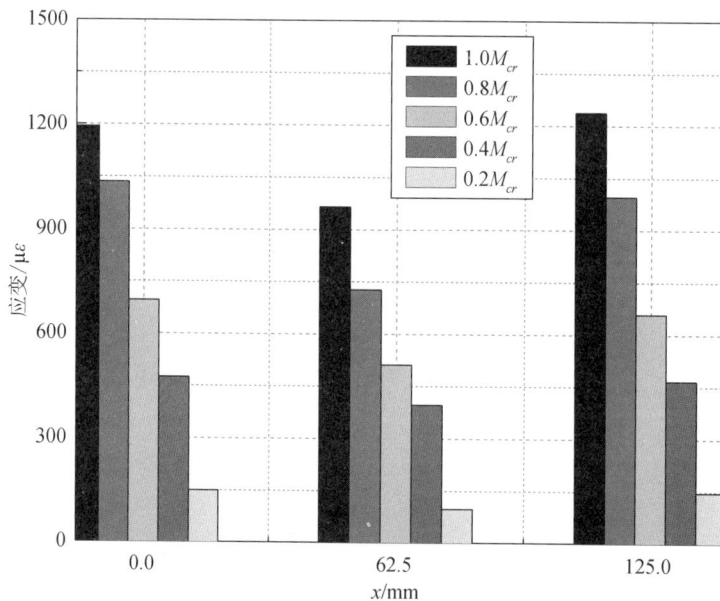

（b）试验测试值

图 6-75　钢梁底板应变分布

表 6-20　钢梁底板考虑剪滞效应计算应变与试验测试应变比较分析一览表

跨中外弯矩/（kN·m）		计算方法	板宽度方向 x 坐标/mm		
			0.0	62.5	125.0
0.2M_{cr}	54.25	ε_{st}	150	98	147
		ε_{ss}	166.483	106.637	158.415
		$\varepsilon_{ss}/\varepsilon_{st}$	1.117	1.098	1.078
0.4M_{cr}	108.50	ε_{st}	475	396	466
		ε_{ss}	482.956	363.266	464.821
		$\varepsilon_{ss}/\varepsilon_{st}$	1.017	0.917	0.997
0.6M_{cr}	162.75	ε_{st}	695	512	659
		ε_{ss}	798.424	618.889	771.222
		$\varepsilon_{ss}/\varepsilon_{st}$	1.149	1.209	1.170
0.8M_{cr}	216.01	ε_{st}	1035	726	996
		ε_{ss}	1113.886	874.505	1076.616
		$\varepsilon_{ss}/\varepsilon_{st}$	1.076	1.205	1.082
1.0M_{cr}	271.25	ε_{st}	1193	965	1237
		ε_{ss}	1429.342	1130.116	1384.005
		$\varepsilon_{ss}/\varepsilon_{st}$	1.198	1.171	1.119

　　由图 6-75 知，由本节推导出的考虑剪滞效应后的钢梁底板应变沿板宽度方向分布规律与试验探究分布规律保持一致，即纵向应变分布呈现二次抛物线分布规律。通过表 6-20 分析可知，其比值误差为 0.917～1.209。

　　4）体外预应力作用下跨中截面处组合梁截面应变特征分析

　　预应力作用下双箱钢-混凝土组合梁跨中截面处截面高度方向应变随荷载分布如图 6-76 所示。图中横坐标表示纵向应变（με），以受拉为正。纵坐标表示组合梁截面高度 H（mm），以换算截面中和轴处为坐标原点，向下为 y 轴正向。对比分析如表 6-21 和图 6-77 所示。

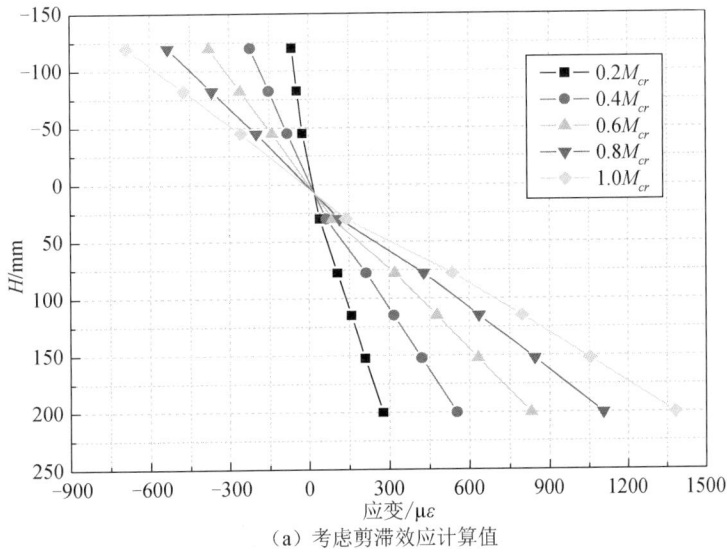

（a）考虑剪滞效应计算值

图 6-76　组合梁截面高度-应变分布

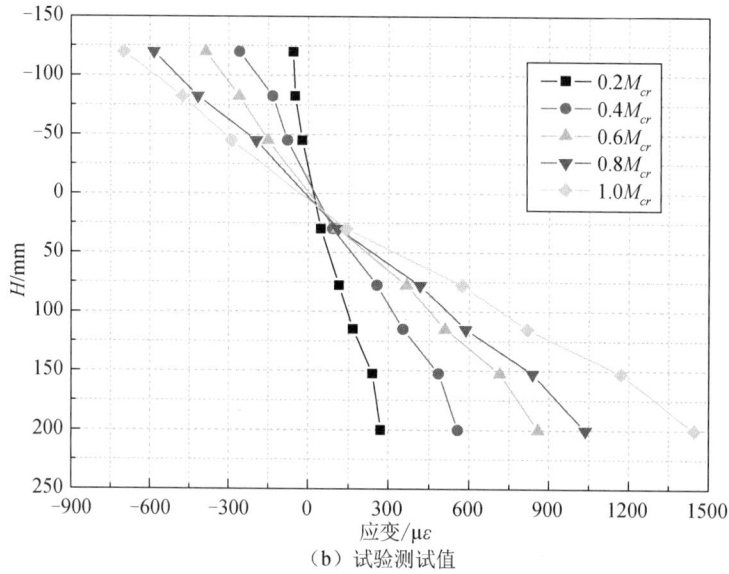

（b）试验测试值

图 6-76　（续）

表 6-21　组合梁截面高度考虑剪滞效应计算应变与试验测试应变比较一览表

跨中外弯矩 / (kN·m)		计算方法	截面高度方向 y 坐标/mm							
			−119.74	−82.24	−44.74	30.26	76.76	115.26	152.76	200.26
$0.2M_{cr}$	54.25	ε_{jt}	−55	−48	−21	47	114	167	240	271
		ε_{js}	−65.117	−44.724	−24.331	41.513	106.356	159.129	210.901	276.479
		$\varepsilon_{js}/\varepsilon_{jt}$	1.184	0.932	1.159	0.883	0.942	0.953	0.879	1.020
$0.4M_{cr}$	108.50	ε_{jt}	−259	−132	−76	91	257	354	486	558
		ε_{js}	−220.988	−151.779	−82.571	66.071	214.712	318.257	421.802	552.958
		$\varepsilon_{js}/\varepsilon_{jt}$	0.853	1.150	1.086	0.726	0.835	0.899	0.868	0.991
$0.6M_{cr}$	162.75	ε_{jt}	−386	−260	−151	108	367	510	714	859
		ε_{js}	−376.854	−258.832	−140.809	90.630	322.068	476.386	632.704	829.440
		$\varepsilon_{js}/\varepsilon_{jt}$	0.976	0.996	0.933	0.839	0.878	0.936	0.886	0.966
$0.8M_{cr}$	216.01	ε_{jt}	−585	−416	−196	110	416	587	838	1037
		ε_{js}	−532.717	−365.882	−199.046	115.189	429.423	636.514	843.605	1105.919
		$\varepsilon_{js}/\varepsilon_{jt}$	0.911	0.880	1.016	1.047	1.032	1.084	1.007	1.066
$1.0M_{cr}$	271.25	ε_{jt}	−700	−476	−289	142	573	818	1171	1446
		ε_{js}	−688.577	−472.929	−256.282	139.749	536.779	795.643	1054.506	1382.399
		$\varepsilon_{js}/\varepsilon_{jt}$	0.984	0.994	0.890	0.984	0.937	0.973	0.901	0.956

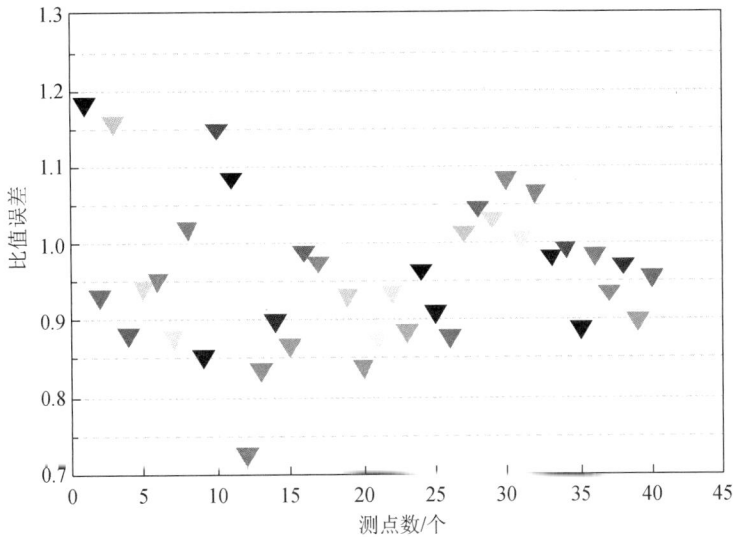

图 6-77　钢梁底板应变相对误差分析

通过对比分析表明，考虑剪滞效应后组合梁截面应变沿高度方向推导值与试验所测结果比值误差在 0.726～1.184，稍微偏大，其原因表现在：伴随着外荷载的增大，组合梁结构内部出现内力重分布，导致结构纵向变形沿高度方向出现紊乱。

6.3.7　普通与预应力模型梁对比分析

由于模型梁试件 CB-62 和试件 PCB-67 的几何参数、材料参数、力学参数和加载方式完全一样，在线弹性范围内，将模型梁试件 CB-62 和试件 PCB-67 进行对比分析，选取各自开裂弯矩（M_{cr}）为特征荷载，进行特征参数对比分析。

1）双箱组合梁挠度特征对比分析

以模型梁试件开裂弯矩（M_{cr}）为特征荷载，得到普通简支双箱组合梁与预应力简支双箱组合梁试验及理论推导主要结果，如图 6-78 和表 6-22 所示。

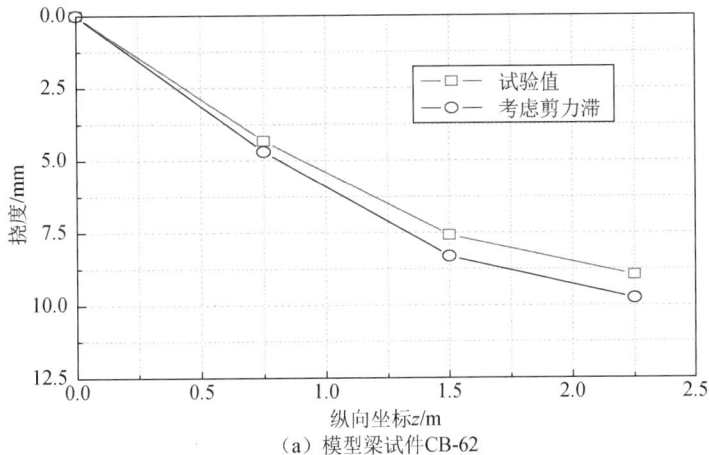

（a）模型梁试件CB-62

图 6-78　普通与预应力组合梁挠度对比图

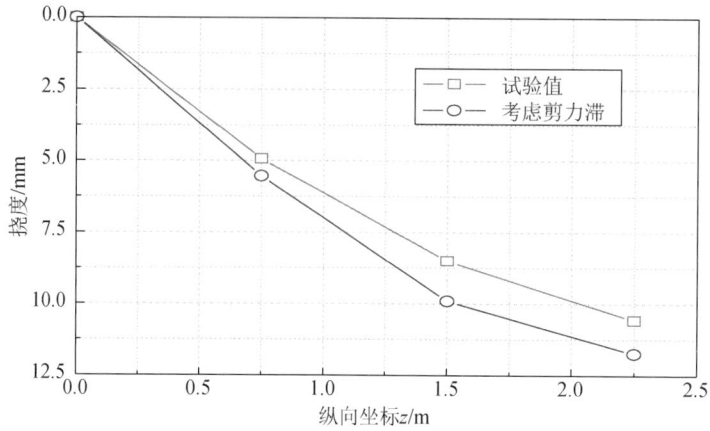

（b）模型梁试件PCB-67

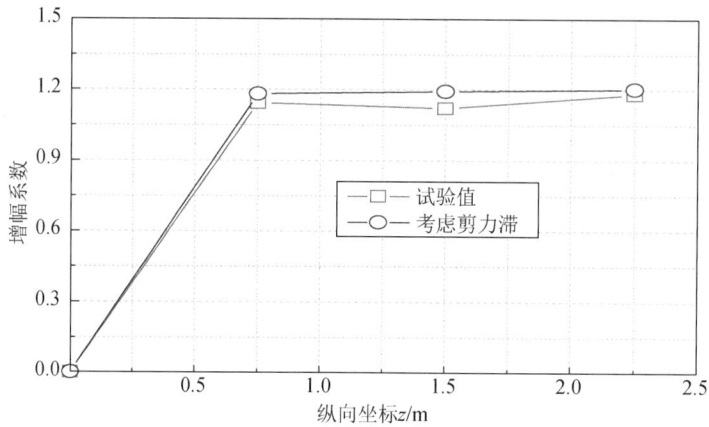

（c）增幅系数对比图

图 6-78 （续）

表 6-22 挠度对比分析

模型梁编号	研究方法	距支座截面距离 z/m		
		0.75	1.50	2.25
CB-62	试验值 δ_{tc}	4.32	6.58	8.96
	初等梁理论 δ_{ec}	4.6630	8.2500	9.6847
	考虑剪滞效应 δ_{sc}	4.6935	8.3089	9.7600
PCB-67	试验值 δ_{tp}	4.94	8.50	10.58
	初等梁理论 δ_{ep}	5.5429	9.9010	11.6665
	考虑剪滞效应 δ_{sp}	5.5437	9.9089	11.7392
增幅系数	δ_{tp}/δ_{tc}	1.1435	1.1214	1.1808
	δ_{ep}/δ_{ec}	1.1887	1.2001	1.2046
	δ_{sp}/δ_{sc}	1.1811	1.1926	1.2028

对图 6-78（a）和（b）分析表明，考虑剪滞效应后双箱组合梁挠度计算值大于试验测试值，由支座截面向跨中截面挠度呈现增加趋势。

通过对图 6-78（c）和表 6-22 中模型梁试件 CB-62 和 PCB-67 在开裂弯矩时的挠度分析表明，初始预应力及预应力增量会导致挠度有所增加，不同测点处挠度增幅不一，试验测得挠度最大增幅系数达到 1.1435，考虑剪滞效应挠度最大增幅系数达到 1.2028。

2）混凝土翼板顶面应变特征对比分析

在特征荷载作用时，普通组合梁与预应力组合梁混凝土翼板顶板应变分布如图 6-79 所示，主要特征值如表 6-23 所示。

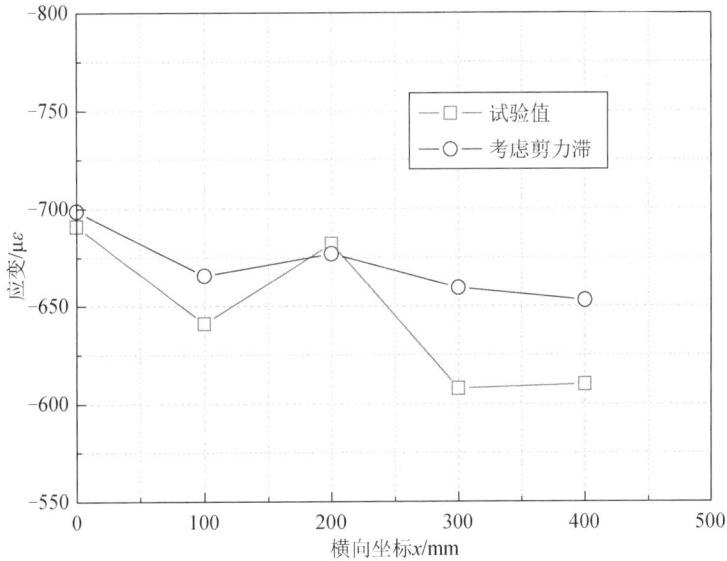

（a）模型梁试件CB-62

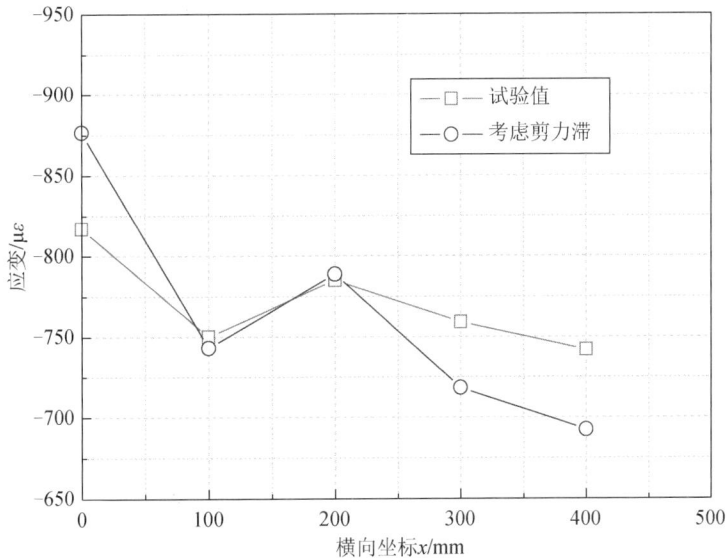

（b）模型梁试件PCB-67

图 6-79　普通与预应力组合梁混凝土翼板顶板应变对比图

表6-23　混凝土顶板应变对比分析

模型梁编号	研究方法	距中心距离 x/mm				
		0	100	200	300	400
CB-62	试验值 ε_{ctc}	−691	−641	−682	−608	−610
	考虑剪滞效应 ε_{csc}	−698.763	−665.619	−676.966	−659.457	−653.006
PCB-67	试验值 ε_{ctp}	−817	−750	−785	−759	−742
	考虑剪滞效应 ε_{csp}	−876.521	−743.069	−788.758	−718.260	−692.287
增幅	$\varepsilon_{ctp}/\varepsilon_{ctc}$	1.182	1.170	1.151	1.248	1.216
系数	$\varepsilon_{csp}/\varepsilon_{csc}$	1.254	1.116	1.165	1.089	1.060

　　由图6-79（a）和（b）和表6-23分析可知，预应力增量作用对混凝土翼板顶面纵向应变沿横向分布影响显著，试验研究与理论推导应变最大增幅系数分别达到1.248和1.254。

　　3）钢梁底板应变特征对比分析

　　在特征荷载作用时，普通组合梁与预应力组合梁钢梁底板应变主要特征如图6-80和表6-24所示。

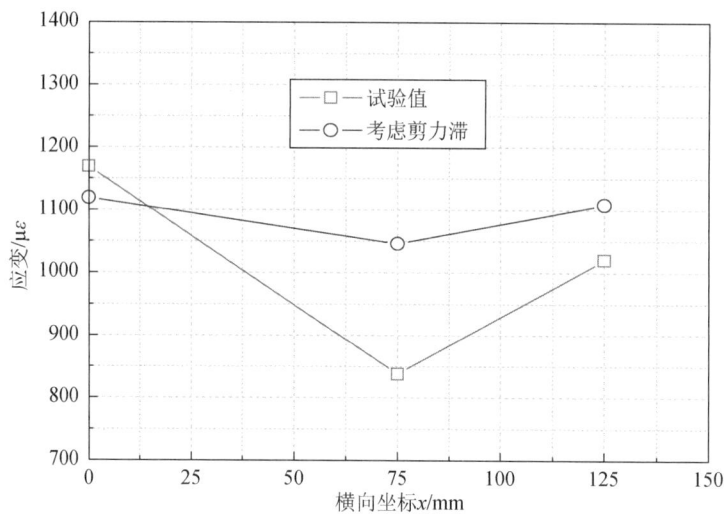

（a）模型梁试件PCB-62

图6-80　普通与预应力组合梁钢梁底板应变对比图

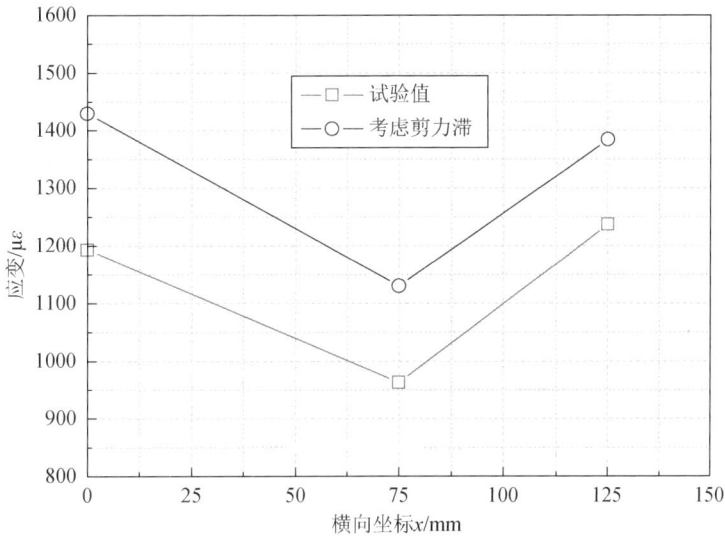

（b）模型梁试件PCB-67

图 6-80　（续）

表 6-24　钢梁底板应变对比分析

模型梁编号	研究方法	距中心距离 x/mm		
		0	75	125
CB-62	试验值 ε_{jtc}	1169	838	1020
	考虑剪滞效应 ε_{jsc}	1119.0138	1046.0321	1106.9560
PCB-67	试验值 ε_{jtp}	1193	963	1237
	考虑剪滞效应 ε_{jsp}	1429.3419	1130.1161	1384.0046
增幅 系数	$\varepsilon_{jtp}/\varepsilon_{jtc}$	1.0205	1.1492	1.2127
	$\varepsilon_{jsp}/\varepsilon_{jsc}$	1.2773	1.0804	1.2492

　　由图 6-80 和表 6-24 可知，在开裂弯矩作用时，由于预应力增量作用导致钢梁底板纵向应变较普通组合梁有所增加，试验研究与理论推导应变最大增幅系数分别达到1.2127 和 1.2773。

　　4）截面应变特征对比分析

　　表 6-25 显示了在开裂弯矩时模型梁试件 CB-62 和 PCB-67 截面应变沿高度方向分布情况，普通与预应力组合梁截面应变增幅系数对比图如图 6-81 所示。

表 6-25　截面应变对比分析

模型梁编号	研究方法	竖向坐标 y/mm							
		−119.74	−82.24	−44.74	30.26	76.76	115.26	152.76	200.26
CB-62	试验值 ε_{ctc}	−691	−396	−218	254	385	612	993	1169
	考虑剪滞效应 ε_{csc}	−640.377	−439.825	−239.272	161.832	445.634	660.543	875.451	1146.668
PCB-67	试验值 ε_{ctp}	−700	−476	−289	142	573	818	1171	1446
	考虑剪滞效应 ε_{csp}	−688.577	−472.929	−256.282	139.749	536.779	795.643	1054.506	1382.399
增幅系数	$\varepsilon_{ctp}/\varepsilon_{ctc}$	1.013	1.202	1.326	0.559	1.488	1.337	1.179	1.237
	$\varepsilon_{csp}/\varepsilon_{csc}$	1.075	1.075	1.075	0.864	1.205	1.205	1.205	1.205

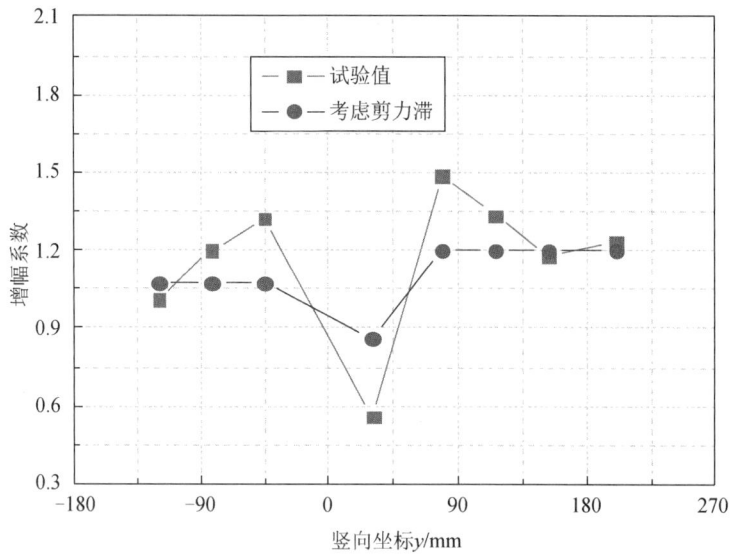

图 6-81　普通与预应力组合梁截面应变增幅系数对比图

　　由表 6-25 可知，在开裂弯矩作用时，由于预应力增量作用会导致截面纵向应变较普通组合梁有所增加，增幅系数各不相同，考虑剪滞效应的增幅系数普遍小于试验所测结果的增幅系数。

　　由图 6-81 分析表明，跨中截面不同高度处剪力滞对应变影响不一，在混凝土翼板受压区和钢梁受拉区，越靠近中和轴界面，试验值越呈增大趋势，而计算值保持不变。然而，在混凝土翼板和钢梁交界面，剪力滞出现突变，其原因主要表现在：①伴随着外荷载接近开裂弯矩，界面滑移导致应变出现突变；②部分栓钉附近混凝土剥落，导致应变分布出现紊乱。

6.3.8　小结

　　通过对宽翼缘双箱钢-混凝土组合梁结构进行剪滞效应分析，得到如下结论。

　　（1）根据宽翼缘双箱组合梁的结构特点和受力变形特点，找到了纵向翘曲位移模式，即由剪滞效应引起的混凝土翼板纵向翘曲位移沿板横向分别符合二次抛物线和三次抛物线分布特征，由剪滞效应引起的钢梁底板纵向翘曲位移沿板横向符合二次抛物线分布特征。

　　（2）基于最小势能原理和变分法，忽略混凝土翼板和钢梁之间的滑移影响，推导出了双箱组合梁结构考虑剪滞效应后的控制微分方程组，并求得在外荷载作用下考虑剪滞效应后的挠度及应变通解表达式。

　　（3）对于普通简支形式的组合梁，由通解表达式求得在单点集中荷载、两点对称加载作用下的挠度、应变解析解表达式；而对于预应力简支形式的组合梁，又根据能量守恒定律，得到预应力增量表达式，代入通解表达式求得在单点集中荷载、两点对称加载作用下的挠度、应变解析解表达式。

（4）结合本次试验研究，代入相关参数求得在跨中单点集中荷载作用下考虑剪滞效应后组合梁的挠度、应变解析解表达式，并与试验研究进行了对比分析。

（5）通过试验研究发现，由本节推导出的考虑剪滞效应后的纵向应变沿板宽度方向分布规律与试验研究所得分布规律保持一致，进一步验证了假定的纵向翘曲位移模式用于分析该类型钢-混凝土组合梁结构关于应变沿板宽度方向分布规律研究的正确性。

（6）通过对普通简支组合梁线弹性及非线性剪滞效应分析表明，剪滞效应对挠度影响较小，而对纵向应变影响显著。理论推导计算值与试验研究探测结果误差保持在 15% 以内。

（7）对处于线弹性阶段的预应力简支组合梁剪滞效应研究表明，挠度及应变受初始预应力及预应力增量影响显著，在预应力作用下，宽翼缘双箱组合梁剪滞效应现象更加明显。

（8）通过对处于开裂弯矩时的普通组合梁和预应力组合梁对比分析表明，预应力作用会导致结构承载能力加强，从而导致挠度及应变增加，最大增幅系数达到 1.2773。

6.4　双箱组合梁结构剪力滞影响参数分析

6.4.1　引言

箱型梁结构中，不论是钢箱梁结构，还是混凝土箱梁结构，由于其具有良好的受力性能，并且能与板式结构拼装的施工特点而被广泛应用于交通、桥梁等工程中。随着我国建筑事业的飞速发展，组合梁结构以其优良的力学性能、优越的工艺性能和良好的综合效益，已经成为结构工程领域近年来发展很快的一个方向。大量工程实践表明，对于箱型截面的组合梁结构，尤其是具有悬臂翼板混凝土的组合箱梁结构，由于其特殊的截面组合形式，其翼板和底板在管理运行的过程中易发生翘曲变形而破坏，经过调查研究，其发生了"剪滞效应"现象。

本节在 6.3 节对宽翼缘双箱组合梁结构剪力滞计算的基础上，为了弄清楚材料强度、截面尺寸、腹板形式、荷载作用位置，以及预应力作用等因素对剪力滞的影响程度，以模型梁为研究对象，对完全剪力连接的该类型双箱组合梁结构进行剪滞效应影响参数分析[182]。

取如图 6-82 所示的宽翼缘双箱简支组合梁，净跨 $l_0 = 4.5\mathrm{m}$，混凝土顶翼板宽 0.13m，悬臂翼板宽 0.37m，厚 0.15m，双箱钢梁底板宽 0.26m，高 0.17m，腹板厚 0.1m，计算时不考虑自重。

利用 6.3 节由最小势能原理推导出的剪力滞系数 λ_c 和 λ_{sb} 分别对宽翼缘双箱组合梁结构的混凝土翼板和钢梁底板进行参数分析。参量参数根据《钢结构设计标准》[71]和《混凝土结构设计规范》[64]来确定，双箱组合梁的几何参数和力学参数均以试验模型梁为依据。

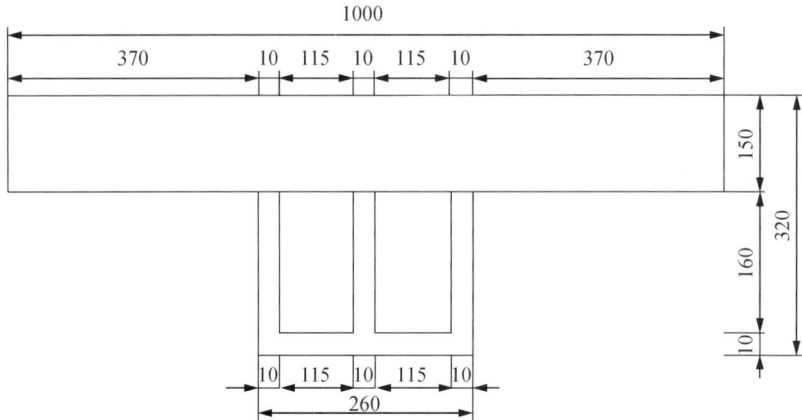

图 6-82　宽翼缘双箱简支组合梁横截面构造

6.4.2　混凝土强度对剪力滞的影响

利用 6.3 节推导的式（6.68）和式（6.70）计算不同混凝土强度（C20-C80）下的剪力滞系数，在组合梁线弹性承载能力范围内，分别对其进行横向剪力滞和纵向剪力滞影响参数分析。

由于结构和荷载完全对称，故选取跨中截面（z=2.25m）为典型截面对横向剪力滞进行分析，选取中轴线界面（x=0）对纵向剪力滞进行讨论。集中荷载作用下不同混凝土强度时剪力滞系数变化如图 6-83 和图 6-84 所示。

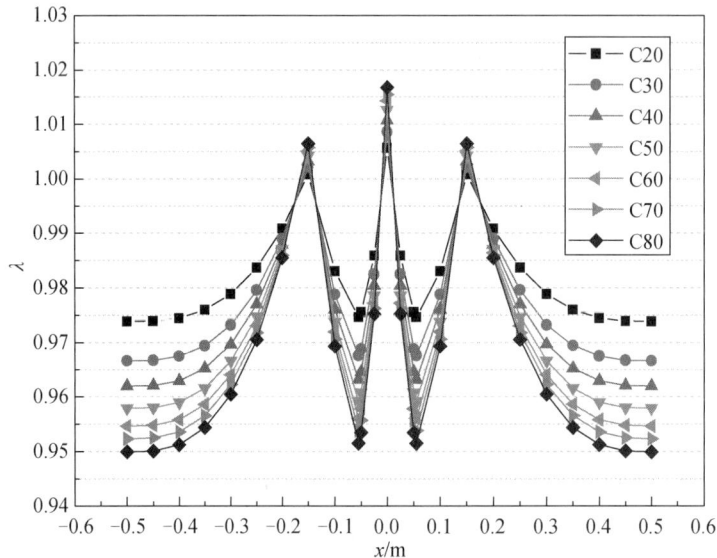

图 6-83　不同混凝土材料顶板横向剪力滞

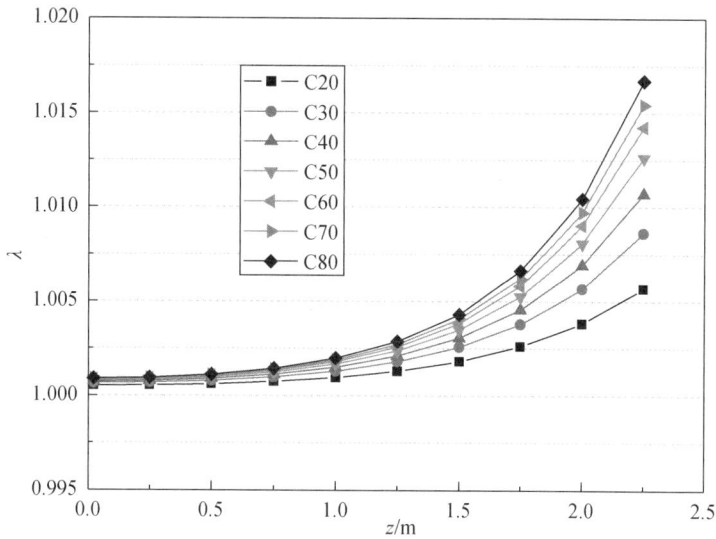

图 6-84　中轴线纵向剪力滞

通过图 6-83 可以看出，当钢梁为同一种材料时，混凝土强度对组合梁截面剪力滞的影响不同，伴随着混凝土强度的提高，钢梁底板和悬臂翼板部分剪力滞系数呈现减小趋势，相比腹板部分，减小趋势更加显著。C20 强度混凝土的双箱组合梁翼板边缘部分剪力滞系数为 0.985，而 C20 强度的组合梁剪力滞系数减小到 0.95。由图 6-84 可知，在跨中集中荷载作用下，纵向剪力滞系数由支座到跨中呈现先不变后增长的现象，在集中荷载作用点处，剪力滞出现峰值。随着混凝土强度的增加，跨中附近剪力滞呈现增加趋势，C20 混凝土强度组合梁和 C80 混凝土强度组合梁最大剪力滞系数分别是 1.005 68 和 1.016 69。

6.4.3　钢梁材料对剪力滞的影响

同计算混凝土强度对剪力滞影响一样，计算铸铁（ZT）、铸钢（ZG）、碳钢（TG）、合金钢（HJG）等不同钢材的剪力滞系数，在组合梁线弹性承载能力范围内，分别对其进行横向剪力滞和纵向剪力滞影响参数分析。集中荷载作用下不同材料钢梁的剪力滞系数变化如图 6-85 和图 6-86 所示。

通过图 6-85 知，当混凝土为同一种材料时，伴随着钢梁材料强度的提高，剪力滞系数呈减小趋势。从图 6-85 还可以看出，由铸钢、碳钢、合金钢三种材料制作成的组合梁结构，其剪力滞几乎保持一致，边缘截面剪力滞系数在 0.936～0.951 范围内；而由铸铁制作而成的组合梁结构，剪力滞呈现明显的减小趋势，边缘截面剪力滞系数减小到 0.909。由图 6-86 中看出，在跨中集中荷载作用下，纵向剪力滞系数由支座截面到跨中截面同样呈现出先不变后增长的趋势，在集中荷载作用点附近，剪力滞系数出现峰值。钢材强度的降低会明显使得荷载作用点附近的剪力滞系数增加，而对远离荷载作用点位置的剪力滞影响很小。随着钢材强度的增加，跨中附近剪力滞呈现减小趋势，合金钢（HJG）组合梁和铸铁（ZT）组合梁最大剪力滞系数分别是 1.016 13 和 1.046 25。

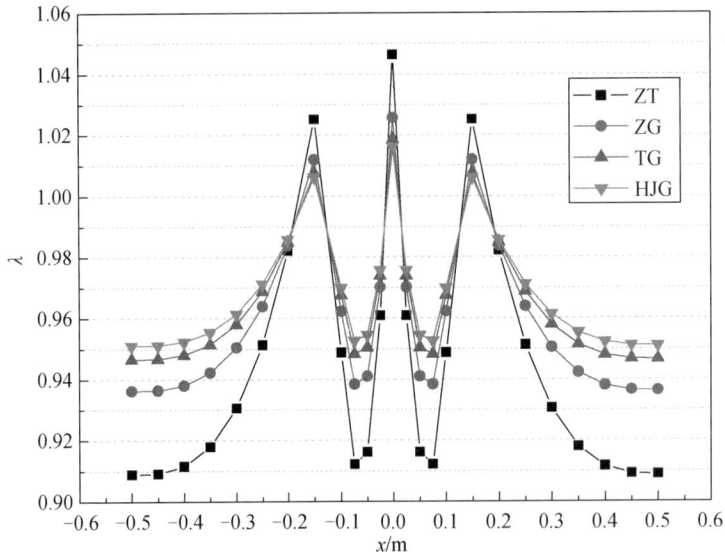

图 6-85　不同钢材料顶板横向剪力滞

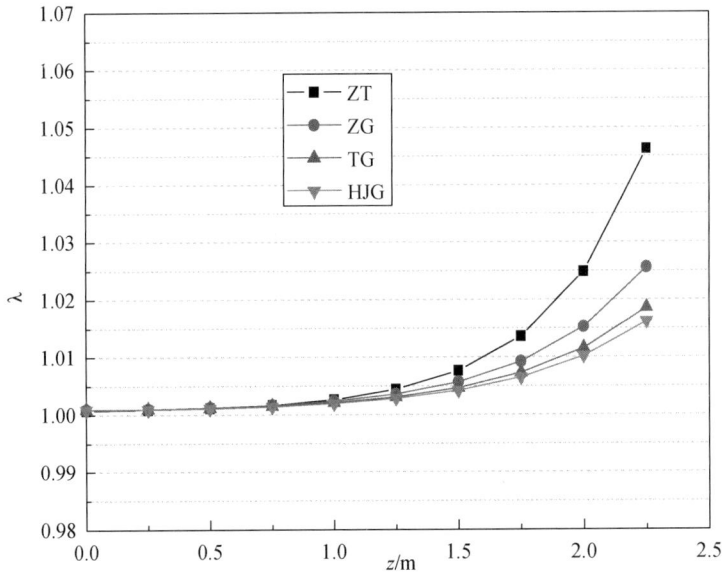

图 6-86　中轴线纵向剪力滞

6.4.4　截面尺寸对剪力滞的影响

为了研究截面尺寸对宽翼缘双箱组合梁剪力滞的影响，从翼宽比和宽跨比两种情况对其进行剪力滞分析。

1. 翼宽比

定义翼宽比为 b_f/b_3（b_3 表示相邻腹板之间的距离，b_f 表示悬臂翼板长度），悬臂翼板长度分别取 $3b_3$、$2b_3$ 和 b_3，不同悬臂翼板长度构造如图 6-87 所示。

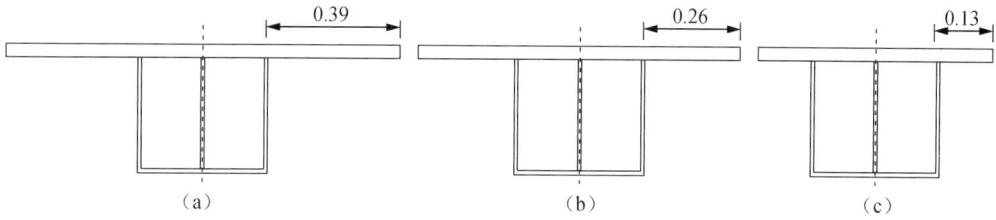

图 6-87 三种不同悬臂翼缘板长度构造（单位：m）

在组合梁线弹性承载能力范围内，通过不同翼宽比来分别对双箱组合梁进行横向剪力滞和纵向剪力滞影响参数分析，如图 6-88 和图 6-89 所示。

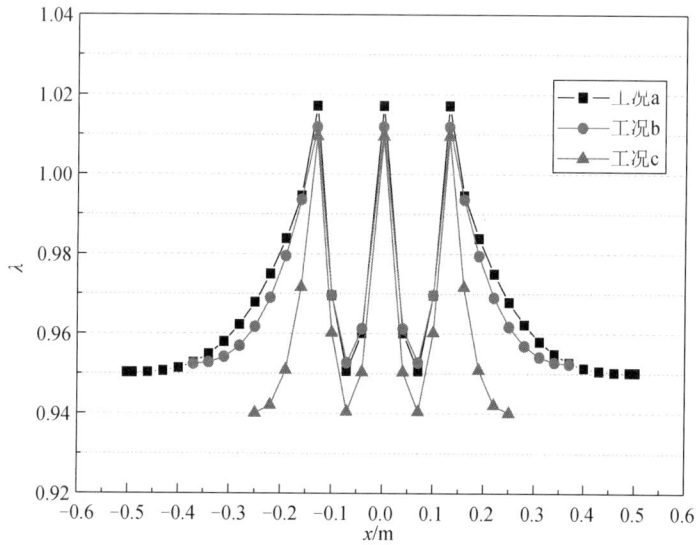

图 6-88 不同翼宽比顶板横向剪力滞

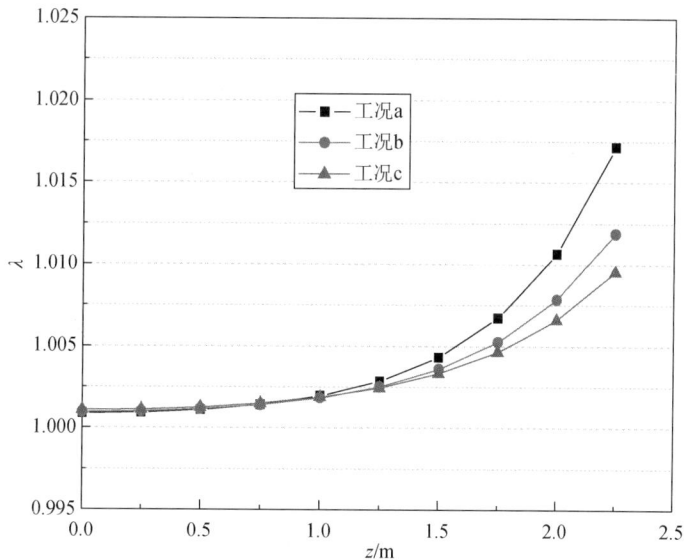

图 6-89 中轴线纵向剪力滞

从图6-88可以看出,剪力滞系数随翼宽比的增加而增加,当悬臂翼缘板长度由0.13m增至 0.39m 时,跨中截面悬臂翼板边缘剪力滞系数增加了 0.01,增幅较小。从图 6-89 可看出,翼宽比的增加对加载点附近纵向剪力滞影响显著,而对远离加载点的纵向剪力滞影响很小,几乎不受影响。在加载点附近,悬臂翼板宽度为 0.39m 的纵向剪力滞系数达到 1.017 14。

2. 宽跨比

宽跨比定义为$r_{kk} = b_3 / l_0$（b_3 同上，l_0 表示计算跨径），保持箱型梁宽度不变,改变简支梁之间的净跨度,净跨分别取为 13.0m、6.5m、4.33m、3.25m。

改变宽跨比,对双箱组合梁进行横向剪力滞和宽跨比影响分析,如图 6-90 和图 6-91所示。

由图 6-90 可以看出,宽跨比对宽翼缘双箱组合梁剪力滞影响十分显著,随着跨度的增加,剪力滞系数呈增加趋势,并逐渐趋向于 1.000。然而,随着净跨度的增加,截面各点处剪力滞趋于稳定,当净跨度达到 6.5m 时,剪力滞现象消失。从图 6-91 知,剪力滞随着宽跨比的增加而减小,宽跨比对同一截面不同位置处的剪力滞影响不同,对悬臂翼板边缘的影响大于对中轴线位置的影响。

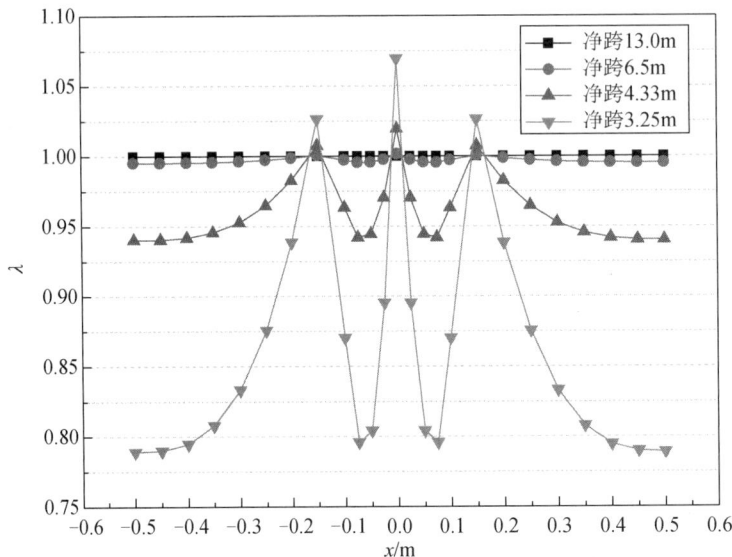

图 6-90　不同宽跨比顶板横向剪力滞

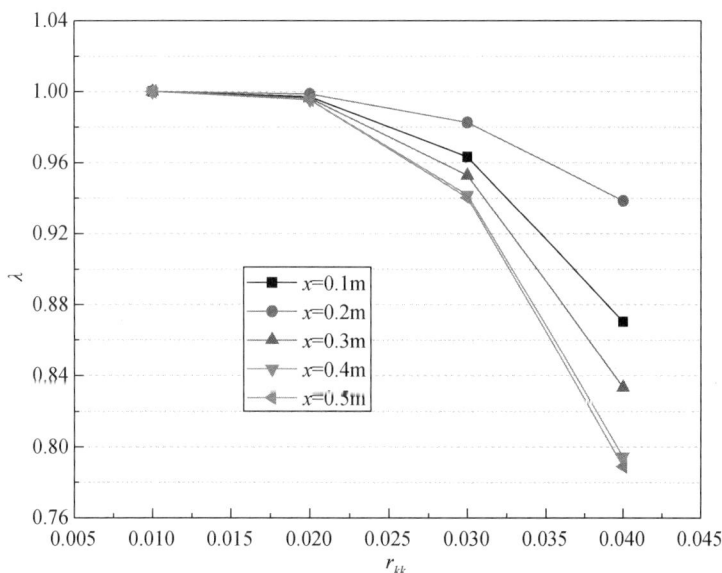

图 6-91　宽跨比对剪力滞影响

3. 宽厚比

宽厚比定义为 $r_{kh} = b_3 / h_c$（b_3 同上，h_c 表示混凝土翼板厚度），保持箱型梁宽度不变，改变混凝土翼板厚度，厚度分别取为 200mm、180mm、160mm、140mm、120mm、100mm，不同翼板厚度如图 6-92 所示。改变宽厚比，对双箱组合梁进行横向剪力滞和纵向剪力滞影响参数分析，如图 6-93 和图 6-94 所示。

由图 6-93 知，宽厚比对横向剪力滞影响较小。随着宽厚比的增加，剪力滞系数逐渐减小，混凝土翼板厚度从 200mm 减小到 100mm，剪力滞系数减小了 1.45%，总体影响很小。由图 6-94 知，伴随着宽厚比的增加，纵向剪力滞系数逐渐增大，最大增大量达到 11.61%，因此，宽厚比对纵向剪力滞影响较大。

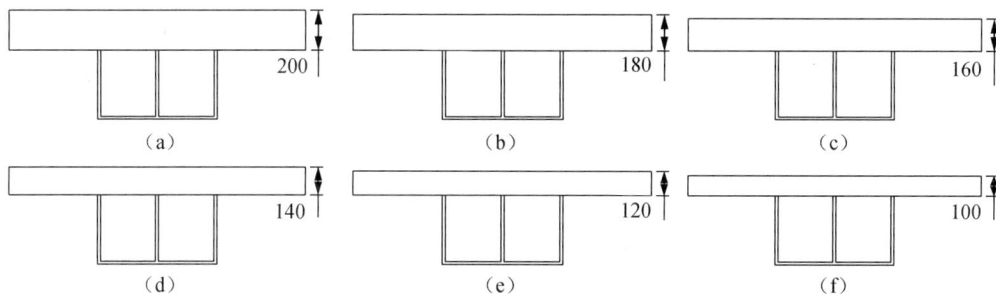

图 6-92　六种不同翼板厚度构造

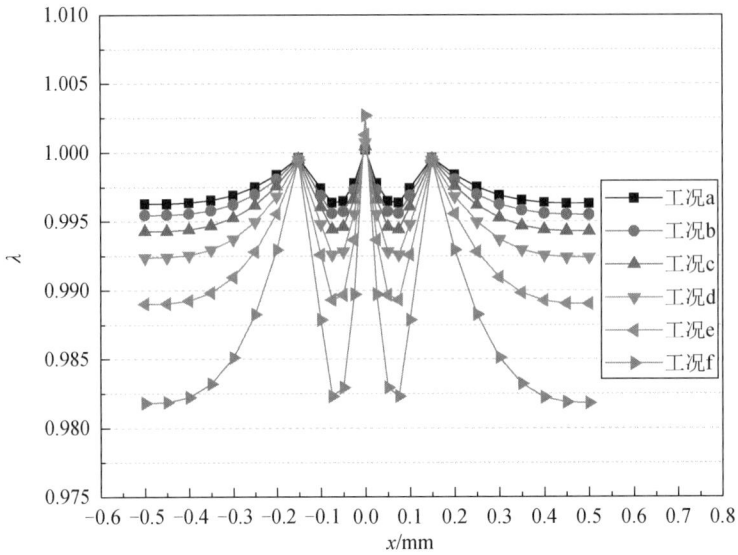

图 6-93　不同宽厚比顶板横向剪力滞

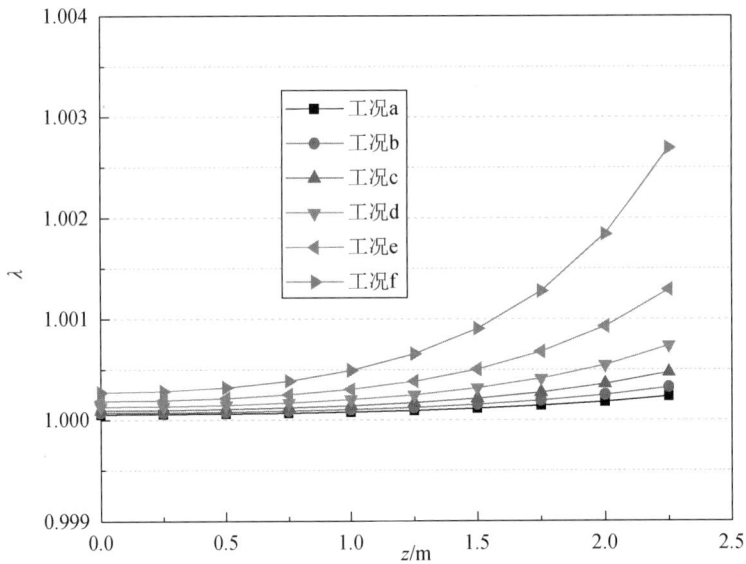

图 6-94　中轴线纵向剪力滞

6.4.5　腹板斜度对剪力滞的影响

为了研究钢梁腹板斜度对宽翼缘组合梁剪滞效应的影响，取三种不同腹板斜度对其进行探讨。如图 6-95 所示，保持钢梁底板宽度不变，改变与之对应的混凝土翼板顶板，分别取为 0.13m、0.18m、0.23m。

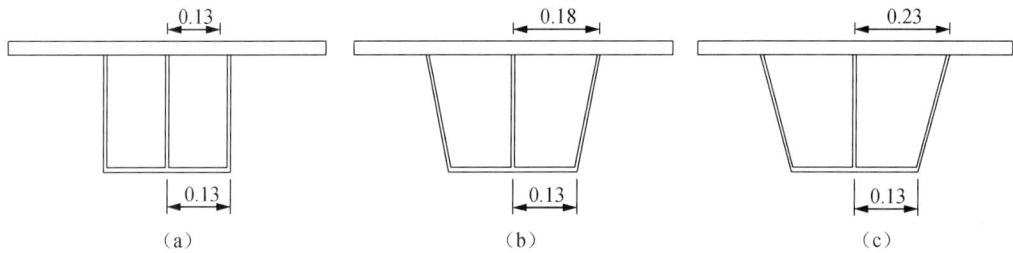

图 6-95　三种不同腹板斜度（单位：m）

图 6-96 和图 6-97 分别给出了不同腹板斜度时双箱组合梁顶板跨中截面横向剪力滞和中轴线纵向剪力滞分布情况。

从图 6-96 可以看出，当钢梁底板宽度保持不变而混凝土翼板顶板宽度由 0.13m 增加至 0.23m 时，剪力滞系数最大变化为 0.007，表明剪力滞系数在不同混凝土翼板宽度上差别不大。进一步表明，腹板斜度变化对双箱组合梁截面剪力滞系数影响不大，故可以用矩形截面代替梯形截面进行剪力滞分析。从图 6-97 看出，腹板斜度变化对纵向剪力滞影响很小。

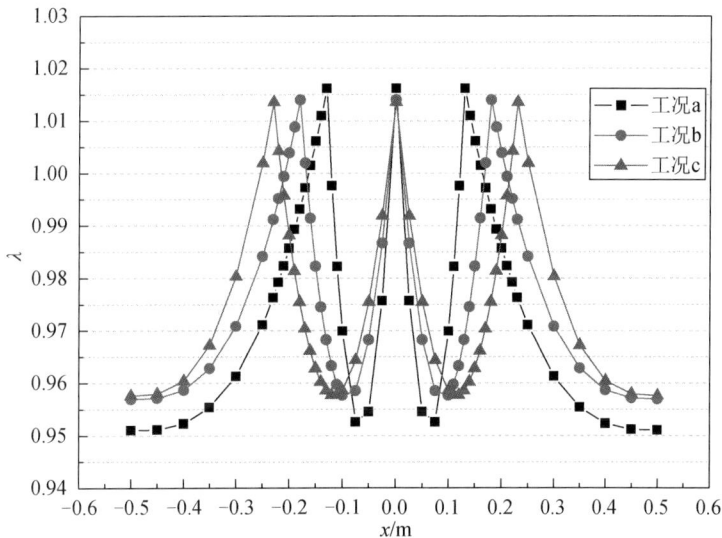

图 6-96　不同腹板斜度顶板横向剪力滞

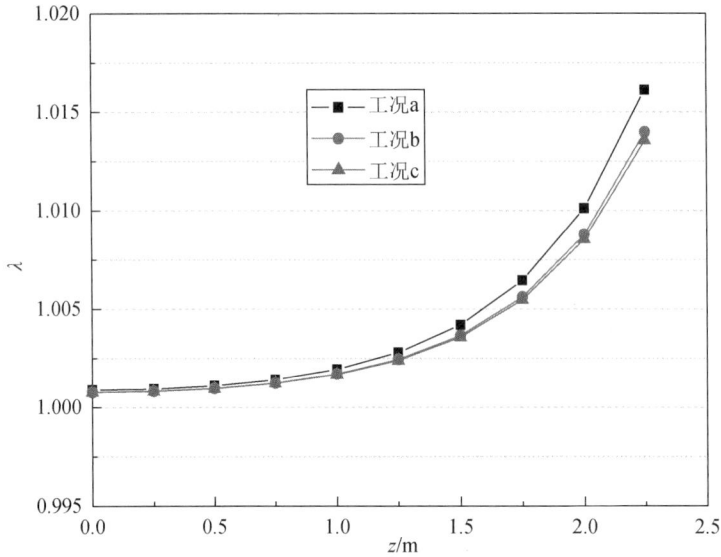

图 6-97　中轴线纵向剪力滞

6.4.6　荷载作用位置对剪力滞的影响

当集中荷载非作用于跨中截面时，该静力体系出现非对称荷载作用。为了研究其对宽翼缘双箱组合梁结构剪滞效应的影响，改变荷载作用位置参数 μ 的取值来对荷载作用位置处进行剪力滞分析。选取 5 种荷载作用位置来探讨，其参数 μ 分别取值为 $\frac{1}{2}$、$\frac{1}{2.5}$、$\frac{1}{3.3}$、$\frac{1}{5}$、$\frac{1}{10}$，荷载布置如图 6-98 所示。

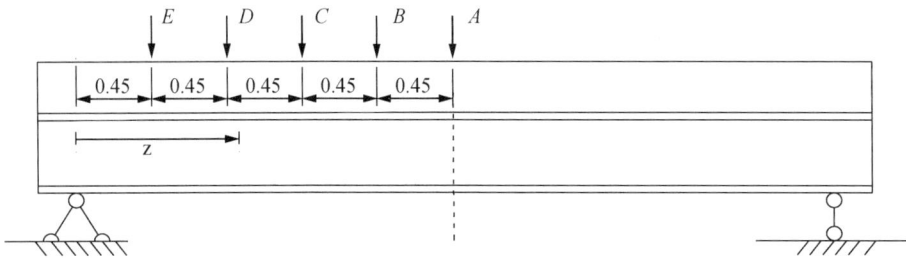

图 6-98　荷载作用位置布置图（单位：m）

荷载作用位置截面剪力滞分布如图 6-99 和图 6-100 所示。

通过图 6-99 可以看出，随着荷载位置的改变，剪力滞变化较大。当荷载作用位置从跨中截面逐渐向支座截面移动时，剪力滞也随之逐渐增加，并趋向于 1，剪力滞现象消失。荷载作用于跨中截面时剪力滞最小，达到 0.951。从图 6-100 看出，不同荷载位置对同一截面不同位置处的剪力滞影响不同，翼板边缘处影响较大。

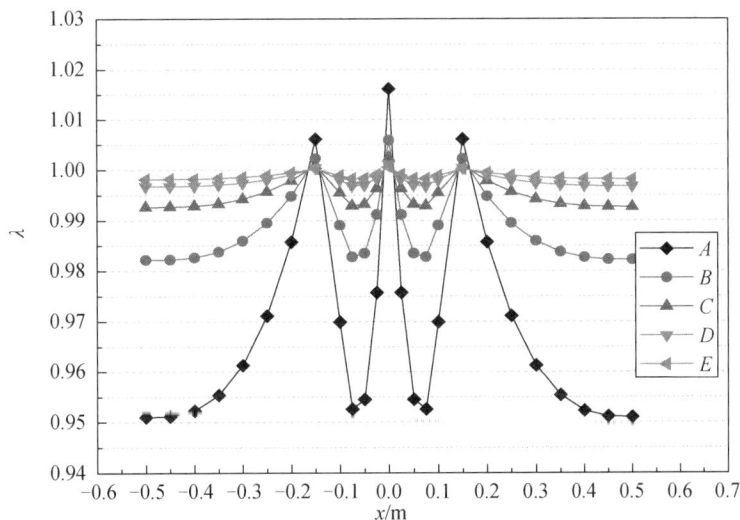

图 6-99　荷载作用位置横向剪力滞

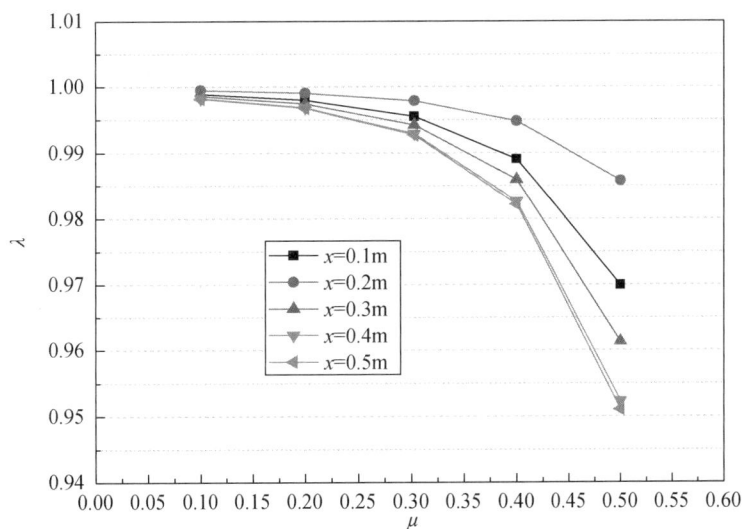

图 6-100　荷载作用位置对剪力滞影响

6.4.7　预应力对剪力滞的影响

　　由于在分析预应力对宽翼缘双箱组合梁剪力滞影响时，涉及初始预应力作用时初始预应力大小，以及在外荷载作用下产生的预应力增量，初始预应力大小和预应力增量均未知，以模型梁试件 PCB－67 为例，来进行预应力对剪力滞的影响分析。根据试验探测数据，初始预应力 $P_0 = 361.88 \text{kN}$，外荷载 M 分别取值 108.50kN·m、162.75kN·m、216.01kN·m、271.25kN·m。不同外荷载作用，不同预应力增量下剪力滞分布如图 6-101 和图 6-102 所示。

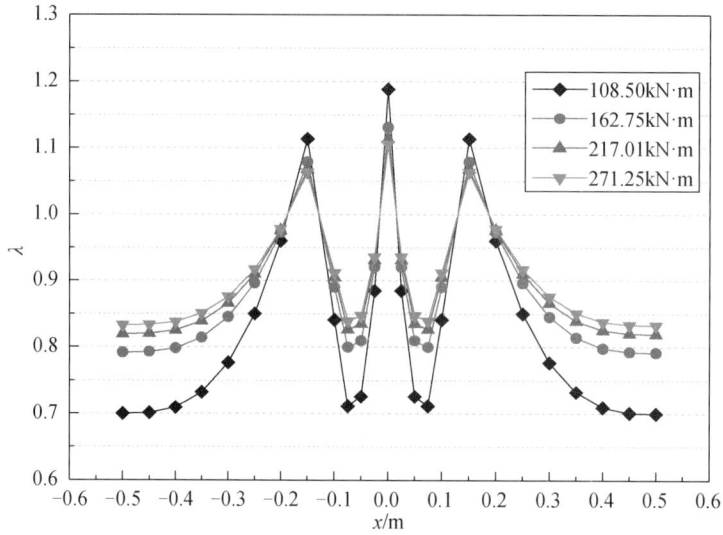

图 6-101　跨中截面横向剪力滞

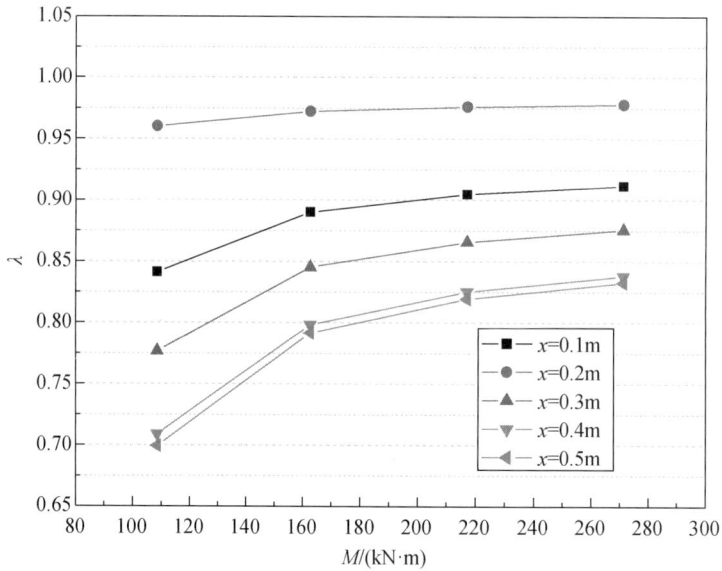

图 6-102　预应力弯矩对剪力滞影响

从图 6-101 看出，预应力的施加及预应力增量的增大加大了截面的剪滞效应，对悬臂翼板的影响要普遍大于对箱梁及顶板的影响。通过图 6-102 可知，随着外荷载的加大，剪力滞系数呈现增长趋势，在同一荷载作用下，截面不同位置处剪力滞不同，翼板边缘剪力滞小于箱梁及顶板的剪力滞。

6.4.8　小结

本节以双箱简支组合梁为研究对象，结合钢-混凝土双箱组合梁结构构造和截面形式，详细分析了宽翼缘双箱组合梁的材料强度、翼宽比、宽跨比、腹板斜度等因素对剪力滞的影响，得到了关于该类型宽翼缘双箱组合梁剪力滞分布的一般规律，总结如下：

（1）在截面尺寸受限制时，保持钢梁强度不变，提高组合梁混凝土翼板混凝土强度会导致剪力滞系数减小，最大减小量 2.39%，其影响并不显著。

（2）当截面尺寸固定时，保持翼板混凝土强度不变，选择优质钢材，增加钢梁强度，会使剪力滞系数增加，最大增加量 4.22%，影响较显著。

（3）通过改变悬臂翼板长度，增加双箱组合梁翼宽比，对其进行剪力滞分析表明，翼宽比的增加会导致剪力滞增加，最大增加量 2.78%，影响较小。

（4）改变宽跨比，保持简支梁宽度不变，通过适当增加简支梁净跨度，对剪力滞影响较大。并且随着跨度的增大，宽跨比的减小，当宽跨比≤0.02 时，剪力滞现象消失。

（5）宽厚比对横向剪力滞影响较小，随着宽厚比的增加，剪力滞系数减小了 1.45%，总体影响很小；而对纵向剪力滞影响较大，随着宽厚比的增加，纵向剪力滞系数逐渐增大，最大增大量达到 11.61%。

（6）保持钢梁底板宽度不变，通过改变钢梁腹板斜度对剪力滞影响的研究表明，腹板斜度的改变对剪力滞系数影响很小，其变化范围在 0.66% 以内。

（7）通过改变荷载作用位置，对荷载作用点处组合梁截面的研究表明，作用点从支座截面向跨中截面移动时，剪力滞系数逐渐减小，最大减小量 4.72%，影响较大。

（8）通过施加预应力作用，对悬臂翼板的影响要普遍大于对箱梁及顶板的影响，随着外荷载的加大，剪力滞系数呈现增长趋势，在同一荷载作用下，截面不同位置处剪力滞不同，翼板边缘剪力滞小于箱梁及顶板的剪力滞。

参 考 文 献

[1] HOEHNE K J, DE B H. Properties of thick plates in thickness direction and its importance for welded steel structures[J]. Stahlbau, 1976, 86(3):73-82.

[2] KIPPING M, RANIERI R, DANKERS J. The emergence of new competitor nations in the european steel industry: Italy and the Netherlands[J]. Business history, 2001, 43(1):69-96.

[3] JOHNSON R P. Composite structure of steel and concrete, vol. 1: beams, columns, frames and application in building[M]. 2nd ed. Oxford: Blackwell Scientific, 1994.

[4] 聂建国, 刘明, 叶列平. 钢-混凝土组合结构[M]. 北京: 中国建筑工业出版社, 2011.

[5] 聂建国. 钢-混凝土组合梁结构——试验、理论与应用[M]. 北京: 科学出版社, 2005.

[6] 中华人民共和国冶金工业部. 钢结构设计规范: GBJ 17—88[S]. 北京: 中国计划出版社, 1988.

[7] 中华人民共和国建设部. 高层民用建筑钢结构技术规程: JGJ 99—98[S]. 北京: 中国建筑工业出版社, 1998.

[8] 能源华北电力设计院. 火力发电厂主厂房钢-混凝土组合结构设计暂行规定: DLFJ 99—91[S]. 北京, 1992.

[9] 竺存宏, 李广远. 预弯复合梁的设计与施工[M]. 北京: 人民交通出版社, 1993.

[10] 孙宝俊, 周国华. 体外预应力技术及应用综述[J]. 东南大学学报, 2001, 31(1):109-113.

[11] 宗周红. 预应力钢-混凝土组合梁静动载试验研究[D]. 成都: 西南交通大学, 1997.

[12] 聂建国, 周天然, 秦凯, 等. 预应力钢-混凝土组合梁抗弯承载能力研究[J]. 工业建筑, 2003, 33(12):1-5.

[13] 舒赣平, 吕志涛. 预应力组合梁的分析与设计计算[J]. 工业建筑, 1996, 26(5):21-26.

[14] 陆赐麟, 尹思明, 刘锡良. 现代预应力钢结构[M]. 北京: 人民交通出版社, 2003.

[15] 舒赣平, 吕志涛. 预应力钢结构与组合结构的应用和发展[J]. 工业建筑, 1997, 27(7):2-4.

[16] 宗周红, 郑则群, 房贞政, 等. 体外预应力钢-混凝土组合连续梁试验研究[J]. 中国公路学报, 2002, 15(1):44-49.

[17] 聂建国, 高璀旭, 周天然. 预应力钢-混凝土组合梁承载力计算方法[J]. 建筑结构, 2002, 32(10):56-59.

[18] 胡少伟, 陈亮. 复合弯扭作用下预应力钢箱高强混凝土组合梁受力性能试验研究[J]. 建筑结构学报, 2010(S1):379-384.

[19] 聂建国, 沈聚敏, 余志武. 考虑滑移效应的钢-混凝土组合梁变形计算的折减刚度法[J]. 土木工程学报, 1995, 28(6):11-17.

[20] 聂建国, 王挺, 樊健生. 钢-压型钢板混凝土组合梁计算的修正折减刚度法[J]. 土木工程学报, 2002, 35(4):1-5.

[21] 聂建国, 秦凯, 周天然. 预应力钢-混凝土组合梁的刚度[J]. 工业建筑, 2003, 33(12):6-8.

[22] 聂建国, 温凌燕, 刘东林. 预应力钢-混凝土简支组合梁变形计算的刚度增强法[J]. 工业建筑, 2003, 33(12):9-11.

[23] 聂建国, 王洪全, 谭英, 等. 钢-高强混凝土组合梁的试验研究[J]. 建筑结构学报, 2004, 25(1):58-62.

[24] 刘殿忠. 钢-轻骨料混凝土组合梁计算方法与试验研究[D]. 长春: 吉林大学, 2008.

[25] 付果. 考虑界面滑移及掀起影响的钢-混凝土组合梁试验与理论研究[D]. 西安: 西安建筑科技大学, 2008.

[26] 胡少伟, 聂建国, 熊辉. 钢-混凝土组合梁的受扭试验与分析[J]. 建筑结构学报, 2011, 32(10):153-158.

[27] 康谷贻, 王世琴. 弯剪扭共同作用下钢筋混凝土构件的强度[J]. 天津大学学报, 1986 (1):15-27.

[28] 殷之霖, 张誉, 王振东. 抗扭[M]. 北京: 中国铁道出版社, 1990.

[29] 胡少伟. 组合梁抗扭分析与设计[M]. 北京: 人民交通出版社, 2005.

[30] 陈亮. 预应力组合梁受扭与复合弯扭性能试验研究[D]. 南京: 南京水利科学研究院, 2009.

[31] ASEKOLA A D. The dependence of shear-lag on partial interaction in composite beams[J]. International journal of solids and structures, 1974, 4(10):389-400.

[32] 岳爱臣. 对组合梁的剪应力分析[J]. 包头钢铁学院学报, 1993 (1):22-24.

[33] 杨允表, 黄剑源. 钢筋混凝土箱梁开裂后剪力滞效应的研究[J]. 宁波大学学报(理工版), 1993 (2):73-80.

[34] ROBERTO L A., GANGA-RAO H V S. Warping solution for shear lag in thin-walled orthotropic composite beams[J]. Journal of engineering mechanics, 1996, 122(5):449-457.

[35] 程海根, 强士中. 钢-混凝土组合简支箱梁剪力滞效应分析[J]. 西南交通大学学报, 2002 (4):362-366.

[36] GUO J, SUN B N. Analysis of shear lag effect of steel-concrete composite box tower in cable-stayed bridge[J]. Journal of Harbin Institute of Technology, 2003, 35(1):269-271.

[37] 程海根, 强士中. 钢砼组合箱梁考虑滑移时剪力滞效应分析[J]. 中国铁道科学, 2003 (6):50-53.

[38] 李平. 钢-混凝土组合箱梁剪刀滞效应的试验研究[D]. 苏州: 苏州科技学院, 2009.

[39] 李运生, 张彦玲, 樊健生. 考虑混凝土开裂影响的钢-混凝土连续组合梁剪力滞效应研究[J]. 建筑结构学报, 2010 (S1):396-403.

[40] 周勇超, 李常乐, 孙铁军, 等. 钢-混凝土组合梁界面滑移与剪力滞耦合效应分析[J]. 建筑科学与工程学报, 2013 (2):118-124.

[41] 胡少伟, 喻江, 谢建锋. 宽翼缘组合梁结构剪滞效应计算分析与试验研究[J]. 应用数学和力学, 2014, 35(4):432-443.

[42] 胡少伟, 喻江, 张文敬. 集中荷载作用下宽翼缘双箱组合梁剪滞效应分析[J]. 工程力学, 2015, 32(5):120-130.

[43] 胡少伟, 喻江, 谢建锋, 等. 预应力组合梁结构试验研究与剪滞效应分析[J]. 重庆交通大学学报, 2015, 34(4):8-15.

[44] 胡少伟, 喻江. 钢-混凝土组合梁结构试验研究与有限元分析[J]. 人民长江, 2015, 46(8):50-55.

[45] 胡少伟, 喻江, 赵克宇. 双箱钢-混凝土组合梁受力机理分析与试验研究[J]. 水利水电技术, 2016, 47(4):108-114.

[46] HU S W, YU J, HUANG Y Q, et al. Theoretical and experimental investigations on shear lag effect of double-box composite beam with wide flange under symmetrical loading[J]. Journal of mechanics, 2015, 31(6):653-663.

[47] 刘宝东, 任红伟, 李鹏飞. 考虑波纹钢腹板箱梁特点的挠度分析[J]. 中国铁道科学, 2011, 32(3):21-25.

[48] 刘玉擎, 薛东焱, 邢昕. 组合结构桥梁的最新研究[C]//中国公路学会桥梁和结构工程分会. 2009 年全国桥梁学术会议论文集. 北京: 人民交通出版社, 2009.

[49] 邓文中, 代彤. 重庆石板坡长江大桥复线桥总体设计[J]. 桥梁建设, 2006(6):28-32.

[50] 贺君, 刘玉擎, 陈艾荣, 等. 折腹式组合梁桥考虑剪切变形的挠度计算[J]. 同济大学学报(自然科学版), 2009 (4):440-444.

[51] 黄融. 跨海大桥设计与施工: 东海大桥[M]. 北京: 人民交通出版社, 2009.

[52] 刘小玲, 徐德新. 钢-混凝土组合结构在某水库工作桥加固工程中的应用[J]. 建筑技术开发, 2007, 34(3):14-16.

[53] 杨国安. 钢与混凝土组合梁在里畈水库坝顶公路桥上应用[J]. 浙江水利科技, 1997(1):21-24.

[54] 罗小勇, 庄金祥, 周大东. 预应力钢桁-混凝土预制面板组合梁桥在三峡工程中的应用[J]. 水力发电学报, 2005, 24(3):110-114.

[55] 季荣, 朱强. 型钢混凝土组合梁在澹台湖枢纽工程中的应用[J]. 江西水利科技, 2009, 35(2):96-98.

[56] 胡少伟, 胡汉林. 预应力钢-混凝土组合箱梁抗弯试验研究[J]. 建筑结构, 2013, 43 (6):58-63.

[57] 胡少伟, 叶祥飞. 预应力钢-混凝土连续组合梁抗弯性能试验[J]. 水利水电科技进展, 2014, 34(1):37-42.

[58] 王景全. 组合梁桥及体外预应力组合梁桥基本性能研究[D]. 南京: 东南大学, 2005.

[59] 熊学玉. 体外预应力结构设计[M]. 北京: 中国建筑工业出版社, 2005.

[60] 方志, 汪剑. 预应力混凝土箱梁桥竖向预应力损失的实测与分析[J]. 土木工程学报, 2006, 39(5):78-84.

[61] 汪剑. 大跨预应力混凝土箱梁桥非荷载效应及预应力损失研究[D]. 长沙: 湖南大学, 2006.

[62] SAADATMANESH H, ALBRECHT P, AYYUB B M, et al. Analytical study of prestressed composite beams[J]. Journal of structural engineering, 1989, 115(9): 2364-2381.

[63] 中华人民共和国交通运输部. 公路钢筋混凝土及预应力混凝土桥涵设计规范: JTG 3362—2018[S]. 北京:人民交通出版社, 2018.

[64] 中华人民共和国住房和城乡建设部.混凝土结构设计规范: GB 50010—2010(2015 年版)[S]. 北京: 中国建筑工业出版社, 2015.

[65] 徐芝伦. 弹性力学[M]. 4 版. 北京: 高等教育出版社, 2006.

[66] 范钦珊. 材料力学[M]. 北京: 高等教育出版社, 2000.

[67] 胡汉林. 预应力组合箱梁结构抗弯性能试验研究与理论分析[D]. 南京: 南京水利科学研究院, 2010.

[68] 刘鸿文. 材料力学[M]. 北京: 高等教育出版社, 2011.

[69] 龙驭球, 包世华. 结构力学教程[M]. 北京: 高等教育出版社, 2000.

[70] 过镇海, 时旭东. 钢筋混凝土原理和分析[M]. 北京: 清华大学出版社, 2004.

[71] 中华人民共和国住房和城乡建设部, 中华人民共和国国家质量监督检验检疫总局. 钢结构设计标准: GB 50017—2017[S]. 北京: 中国建筑工业出版社, 2018.

[72] 童根树, 夏骏. 考虑滑移影响的钢-混凝土组合梁的刚度[J]. 建筑钢结构进展, 2008, 10(6):4-11.

[73] OLLGAARD J G, SLUTTER R G, FISHER J D. Shear strength of stud connectors in lightweight and normal-weight concrete[J]. Engineering journal of American Institute of Steel Construction, 1971, 8(2):55-64.

[74] WANG Y C. Deflection of steel-concrete composite beams with partial shear interaction[J]. Journal of structural engineering, 1998, 124(10):1159-1165.

[75] 胡夏闽. 欧洲规范 4 钢-混凝土组合梁设计方法(6)——剪力连接件[J]. 工业建筑, 1996, 26(2):50-55.

[76]　ZHANG F B, LIU W Q, WANG L, et al. Flexural behavior of hybrid composite beams with a bamboo layer and lattice ribs[J]. Journal of reinforced plastics and composites, 2015, 34(7): 521-533.

[77]　白永生. 钢与混凝土组合梁设计方法研究[D]. 南京: 东南大学, 2003.

[78]　聂建国, 谭英, 王洪全. 钢-高强混凝土组合梁栓钉剪力连接件的设计计算[J]. 清华大学学报(自然科学版), 1999, 39(12):94-97.

[79]　European committee for standardization Eurocode 4: Design of composite steel and concrete structures, part 1.1: general rules and rules for buildings: BS EN 1994-1-1[S]. Brussels, Belgium, 1994.

[80]　中华人民共和国国家质量监督检验检疫总局. 电弧螺柱焊用圆柱头焊钉: GB/T 10433—2002[S]. 北京: 中国标准出版社, 2003.

[81]　聂建国, 温凌燕, 刘冬林. 预应力钢-混凝土组合梁变形计算的刚度增强法[J]. 工业建筑, 2003, 33(12):9-11.

[82]　CHEN S, GU P. Load carrying capacity of composite beams prestressed with external tendons under positive moment[J]. Journal of constructional steel research, 2005, 61(4): 515-530.

[83]　王丽荣. 无粘结预应力混凝土简支梁的极限强度分析及试验研究[D]. 哈尔滨: 哈尔滨工业大学, 2006.

[84]　王连广. 钢与混凝土组合结构理论与计算[M]. 北京: 科学出版社, 2005.

[85]　刘文会. 预应力钢-混凝土组合梁桥结构行为研究[D]. 长春: 吉林大学, 2005.

[86]　王宗林. 体外预应力混凝土桥梁极限状态分析[D]. 哈尔滨: 哈尔滨工业大学, 2001.

[87]　李惠. 高强混凝土及其组合结构[M]. 北京: 科学出版社, 2004.

[88]　柳红霞. 共轭梁法在梁变形计算中的运用[J]. 长沙大学学报, 2002, 16(2):63-66.

[89]　胡少伟, 聂建国. 箱形钢-混凝土组合梁的复合受扭试验研究[J]. 建筑结构, 2006, 36(8):54-59.

[90]　胡少伟, 聂建国. 复合受扭钢-混凝土组合梁连接件的设计方法[J]. 土木工程学报, 2004, 37(10):30-34.

[91]　胡少伟, 陈亮. 复合弯扭作用下预应力钢箱高强混凝土组合梁受力性能试验研究[J]. 建筑结构学报, 2010, 31(S1):379-384.

[92]　陈亮. 预应力组合箱梁受扭与复合弯扭性能试验研究[D]. 南京: 南京水利科学研究院, 2009.

[93]　胡汉林. 预应力组合梁结构抗弯性能试验研究与理论分析[D]. 南京: 南京水利科学研究院, 2010.

[94]　WU H, HUANG B S, SHU X. Characterizing fatigue behavior of asphalt mixtures utilizing loaded wheel testers [J]. Journal of materials in civil engineering, 2014, 26(1): 152-159.

[95]　REGAN R S. An analytical study of the behavior of prestressed composite beams[D]. Houston, Tex: Rice University, 1966.

[96]　KLAIBER F W. Strengthening of existing single span steel beam and concrete deck bridges[D]. Ames: Iowa State University, 1983.

[97]　SAADATMANESH H, ALBRECHT P, AYYUB B M. Static strength of prestressed composite steel girders[R]. Civil Engineering Report, University of Maryland, 1986.

[98]　MIYAMOTO A, TEI K, NAKAMURA H. Behavior of prestressed beam strengthened with external tendons[J]. Journal of structure engineering, 2000, 126(9):1033-1044.

[99]　段建中, 陈萍艳. 预应力组合连续梁的变形计算[J]. 合肥工业大学学报(自然科学版), 2000, 23(6):362-365.

[100]　刘航, 李晨光, 聂建国. 体外预应力钢与混凝土组合梁试验研究[J]. 建筑技术开发, 2002, 29(11):1-2.

[101]　刘钊, 贺志启, 王景全. 基于能量法的体外预应力梁力筋应力增量的研究[J]. 东南大学学报(自然科学版), 2008, 38(1):140-144.

[102]　汪冬生, 吴铁君. ANSYS 中的钢筋混凝土单元[J]. 武汉理工大学学报(交通科学与工程版), 2004(4):526-529.

[103]　张耀庭, 邱继生. ANSYS 在预应力钢筋混凝土结构非线性分析中的应用[J]. 华中科技大学学报(城市科学版), 2003 (4):20-23.

[104]　王国强. 实用工程数值模拟技术及其在 ANSYS 上的实践[M]. 西安: 西北工业大学出版社, 2000.

[105]　江见鲸, 等. 混凝土结构有限元分析[M]. 北京: 清华大学出版社, 2005.

[106]　陆新征, 江见鲸. 预应力钢-混凝土组合双向楼板的非线性有限元分析[J]. 东南大学学报, 2002, 32(5):706-709.

[107]　江见鲸. 钢筋混凝土结构非线性有限元分析[M]. 西安: 陕西科学技术出版社, 1994.

[108]　ROBERTS-WOLLMANN C L,ARRELLAGA J A, BREEN J E, et al.. Field measurements of prestress losses in external tendons[J]. Structural journal, 1996, 93(5):595-601.

[109]　SAADATMANESH H, ALBRECHT P, AYYUB B M. Analytical study of prestressed composite beams[J]. Journal of structural engineering, 1989, 115(9):2109-2121.

[110]　王彤, 王宗林, 等. 体外预应力结构中收缩徐变产生的预应力损失的计算分析[J]. 东北公路, 2001, 24(1):53-54.

[111] 孔保林. 体外预应力加固体系的预应力损失估算[J]. 河北建筑科技学院学报, 2002, 19(3):27-29.

[112] 陈永春, 马国强. 考虑混凝土收缩徐变和钢筋应力松弛相互影响的预应力损失的计算[J]. 建筑结构学报, 1981 (6):31-36.

[113] 周燕勤. 预应力损失的计算及试验研究[D]. 南京: 东南大学, 1995.

[114] 河海大学. 水工钢筋混凝土结构学[M]. 北京: 中国水利水电出版社, 2006.

[115] 贾远林, 陈世鸣. 预应力组合箱梁负弯矩作用下梁端转动能力研究[J]. 河北工程大学学报(自然科学版), 2009, 26(1):14-20.

[116] 朱聘儒. 钢-砼连续组合箱梁塑性铰特性及内力重分布研究[J]. 建筑结构学报, 1990, 11(6):26-37.

[117] 王友志, 薛云冱, 张启海, 等. 预应力混凝土结构[M]. 北京: 中国水利水电出版社, 1999.

[118] 余志武, 周凌宇, 罗小勇. 钢-部分预应力混凝土连续组合箱梁内力重分布研究[J]. 建筑结构学报, 2002, 23(6):64-69.

[119] 聂建国, 陶慕轩. 预应力钢-混凝土连续组合箱梁的承载力分析[J]. 土木工程学报, 2009, 42(4):38-46.

[120] 回国臣, 吴献. 连续组合箱梁的弯矩调幅系数与内力重分布[J]. 有色矿冶, 2001, 17(5):41-43.

[121] 胡少伟, 陈永平, 聂建国. 组合箱梁的抗扭刚度分析[J]. 钢结构, 2007, 22(11):17-20.

[122] 聂建国, 温凌燕. 体外预应力加固钢-混凝土连续组合箱梁的承载力分析[J]. 工程力学, 2006, 23(1):81-86.

[123] 黄侨, 郑峥, 李光俊. 预弯组合箱梁非线性全过程分析方法[J]. 中国公路学报, 2006, 19(4):88-93.

[124] PATRICK M, BRIDGE R Q. Partial shear connection design of composite slabs[J]. Engineering Structures, 1994, 16(5):348-362.

[125] RUSSELL Q. The integration of partial Shear connection into composite steel-concrete design procedures[D]. Sydney: University of Western Sydney, 2002.

[126] 聂建国, 崔玉萍, 石中柱, 等. 部分剪力连接钢-混凝土组合箱梁受弯极限承载力的计算[J]. 工程力学, 2000, 17(3):37-42.

[127] 李天. 简支钢混凝土组合箱梁在短期静载作用下的实验研究和性能分析[D]. 郑州: 郑州工学院, 1984.

[128] 张彦玲. 钢-混凝土组合梁负弯矩区受力性能即开裂控制的试验及理论研究[D]. 北京: 北京交通大学, 2009.

[129] 中华人民共和国住房和城乡建设部. 组合结构设计规范: JGJ 138—2016[S]. 北京: 中国建筑工业出版社, 2016.

[130] 康习军, 余志武, 等. 钢-混凝土组合箱梁负弯矩裂缝非线性有限元模拟分析[J]. 长沙铁道学院学报, 2003, 21(1):28-33.

[131] 贾远林, 陈世鸣. 钢-混凝土连续组合箱梁强度极限状态调幅系数[J]. 钢结构, 2006, 21(4):31-34.

[132] 孙晗. 连续组合箱梁内力重分布及负弯矩调幅研究[J]. 江苏建筑, 2011, 139(1):45-47.

[133] 吕志涛, 孟少平.现代预应力设计[M]. 北京: 中国建筑工业出版社, 1998.

[134] 余志武, 周凌宇, 罗小勇. 钢-部分预应力混凝土连续组合梁内力重分布研究[J]. 建筑结构学报, 2002, 23(6):64-69.

[135] 朱聘儒, 高向东, 吴振生. 钢-砼连续组合梁塑性铰特性及内力重分布研究[J]. 建筑结构学报, 1990, 11(6):24-28.

[136] 樊建生, 聂建国, 叶清华, 等. 钢-压型钢板混凝土连续组合梁调幅系数的试验研究[J]. 建筑结构学报, 2001, 22(2):57-60.

[137] SINGH R K, MALLICK S. Experiments on steel-concrete beams subjected to torsion combined flexure and torsion[J]. The Indian concrete journal, 1977, 51(6):24-30.

[138] 马永欣, 郑山锁. 结构试验[M]. 北京: 科学出版社, 2001.

[139] 程远兵, 康谷贻. 钢筋混凝土弯扭构件出裂后工作性能的全过程分析[J]. 天津大学学报, 1988 (4):35-45.

[140] 洪敦枢. 在纯扭作用下矩形截面钢筋混凝土构件的试验研究[J]. 福州大学学报, 1981 (2):1-28.

[141] 李秀莲. 等效截面法求解异质双材料组合梁[J]. 青海大学学报, 2008, 26(6):93-96.

[142] 江见鲸, 冯乃谦. 混凝土力学[M]. 北京: 中国铁道出版社, 1991.

[143] 陈学文, 刘胜文. 混凝土梁在纯扭作用下软化桁架模型分析[J]. 四川建筑, 2006, 26(5):83-85.

[144] 邱继生, 姚谦峰, 郅彬. 预应力钢纤维混凝土梁纯扭作用下极限扭矩计算方法[J]. 西安科技大学学报, 2010, 30(1):72-76.

[145] 徐艳秋, 许克宾. 钢筋混凝土构件纯扭极限强度计算[J]. 北方交通大学学报, 1991(1):1-8.

[146] 孙宇怀, 徐艳秋, 裴蕾. 预应力混凝土构件纯扭强度计算方法[J]. 吉林建筑工程学院学报, 2008, 25(2):49-51.

[147] 钢筋混凝土抗扭专题组. 箍筋混凝土纯扭构件抗扭强度的试验研究和计算方法[J]. 建筑结构学报, 1987, 8(4):1-11.

[148] CHALIORIS C E. Experimental study of the torsion of reinforced concrete members[J]. Structural engineering and mechanics, 2006, 23(6): 713-737.

[149] 丁金城, 康谷贻, 王士琴. 轴力作用下钢筋混凝土构件扭转性能全过程分析[J]. 建筑结构学报, 1987, 8(1):1-11.

[150] WAFA F F, HASNAR A, AKBTARUZZAMAN A A. Prestressed concrete beam with opening under torsion and bending[J]. Journal of structural engineering, 1989, 115(11): 2727-2739.

[151] 马云昌, 孙洁. 预应力 T 型截面构件在弯扭组合作用下的试验研究[J]. 合肥工业大学学报, 1991, 14(3) 56-60.

[152] RAY M B, MALLICK S K. Interaction of flexure and torsion in steel-concrete composite beams[J]. The Indian concrete journal, 1980, 54(3):80-83.

[153] 聂建国, 朱红超, 等. 开口截面钢-混凝土组合梁受扭的试验分析[J]. 建筑结构学报, 2002, 23(2):48-54.

[154] 聂建国, 熊辉, 胡少伟. 开口截面钢-混凝土组合梁弯扭性能的理论分析与试验研究[J]. 土木工程学报, 2004, 37(11):6-11.

[155] 聂建国, 唐亮, 胡少伟, 等. 钢-混凝土组合箱梁的抗扭强度[J]. 土木工程学报, 2008, 41(1):1-11.

[156] 杜进生, 刘西拉. 基于结构变形的无粘结预应力筋应力变化研究[J]. 土木工程学报, 2003, 36(8):12-19.

[157] 聂建国, 周天然, 等. 预应力钢-混凝土组合梁的抗弯承载力研究[J]. 工业建筑, 2003, 33(12):1-5.

[158] 张连德, 卫云亭. 钢筋混凝土偏压扭构件抗扭强度的研究[J]. 建筑结构学报, 1991, 12(4):11-21.

[159] 《钢筋混凝土结构设计规范》修订组. 钢筋混凝土及预应力混凝土结构受扭构件设计[J]. 建筑结构, 1984 (3):16-19.

[160] 王仲秋, 王振东. 弯扭共同作用下钢筋混凝土矩形截面构件的极限承载力[J]. 哈尔滨建筑工程学院学报, 1983 (2):23-37.

[161] 赵嘉康, 张连德, 卫云亭. 钢筋混凝土压弯剪扭构件的抗扭强度[J]. 土木工程学报, 1993, 26(1):20-28.

[162] PHATAK D R, DHONE H. Dimensional analysis of reinforced concrete beams subjected to pure torsion[J]. Journal of structural engineering, 2003, 129(11):1559-1563.

[163] TRAHAIR N S. Nonlinear elastic no-uniform torsion[J]. Journal of structural engineering, 2005, 131(7):1135-1142.

[164] LIANG J L, YU S L. Torsion design charts for reinforced concrete rectangular members[J]. Journal of structural engineering, 2000, 126(2):210-218.

[165] BELARBI A, HSU T T C. Constitutive laws of concrete in tension and reinforcing bars stiffened by concrete[J]. ACI structure journal, 1994, 91(4):465-474.

[166] 聂建国, 唐亮. 开口截面钢-混凝土组合梁弯扭性能非线性分析[J]. 土木工程学报, 2006, 39(6):28-35.

[167] 龚洪波. 预应力连续组合梁结构抗弯性能试验及其滑移效应研究[D]. 南京: 南京水利科学研究院, 2013.

[168] 胡少伟, 龚洪波. 部分剪力连接预应力连续组合梁抗弯性能试验研究[J]. 建筑结构, 2013, 43(06):64-67+33.

[169] 胡少伟, 龚洪波. 负弯矩作用下预应力组合梁的抗弯承载能力研究[J]. 水利水运工程学报, 2014 (02):1-7.

[170] HERIAN A R, EVANS H R. The bar simulation method for the calculation of shear lag in mufti-cell and continuous box girders[J]. Proceedings of the institution of civil engineers, 1977 (63):881-896.

[171] SONG Q C, SCORDELIS A C. Shear-lag analysis of T-, I-, and box beams[J]. Journal of structural engineering, 1990, 116(5): 1290-1305.

[172] KRISTEK V, EVANS H R, Ahmad M K H. A shear lag analysis for composite box girders[J]. Journal of constructional Steel Research, 1990(16):1-21.

[173] YOSHIMFLRA J, NIRASAWA N. On the stress distributions and effective width of curved girder bridges by the folded plate theory[J]. Proceedings of the Japan Society of Civil Engineers, 1975(233):45-54.

[174] REISSNER E. Analysis of shear lag in box beam by principle of minimum potential energy[J]. Quarterly of applied mathematics, 1946, 5(3):268-278.

[175] 程昌钧, 王颖坚, 马文华, 等. 弹性力学[M]. 北京: 高等教育出版社, 1999.

[176] 包世华, 周坚. 薄壁杆件结构力学[M]. 北京: 中国建筑工业出版社, 2006.

[177] 朱正伟. 基于能量法的体外预应力筋应力增量计算方法研究[D]. 重庆: 重庆大学, 2005.

[178] 刘钊, 贺志启, 王景全. 基于能量法的体外预应力梁力筋应力增量研究[J]. 东南大学学报(自然科学版), 2008(1): 136-140.

[179] 叶祥飞. 预应力钢-混凝土连续组合梁抗弯性能试验研究与理论分析[D]. 南京: 南京水利科学研究院, 2012.

[180] 胡少伟, 叶祥飞. 预应力连续组合梁负弯矩区抗弯承载力分析[J]. 工程力学, 2013, 30(11):160-165.

[181] 胡少伟, 叶祥飞. 部分剪力连接预应力组合箱梁受弯性能试验研究[J]. 建筑结构学报, 2011, 32(10):153-158.

[182] 胡少伟, 胡汉林. 预应力组合箱梁抗弯承载能力影响参数分析[J]. 桥梁建设, 2012, 42(1):24-29.